Jahrbuch für Wirtschaftsgeschichte BEIHEFT 7

Im Auftrag der Herausgeber
des Jahrbuchs für Wirtschaftsgeschichte
herausgegeben von Reinhard Spree

Titus Kockel

Deutsche Ölpolitik 1928–1938

Akademie Verlag

ISBN 3-05-004071-8

Das eingesetzte Papier ist alterungsbeständig nach DIN/ISO 9706.

Einbandgestaltung: Ingo Ostermaier, Berlin
Druck und Bindung: Druckhaus „Thomas Müntzer", Bad Langensalza

Gedruckt in Deutschland

Inhaltsverzeichnis

Tabellenverzeichnis

Vorwort

Das vorliegende Buch ist die überarbeitete Fassung einer 1994 begonnen, 1998 fortgesetzten und 2003 abgeschlossenen Forschungsarbeit über Alfred Bentz und die Erdölakten des Niedersächsischen Landesamtes für Bodenforschung bzw. der Bundesantstalt für Geowissenschaften und Rohstoffe in Hannover. Es wäre nicht ohne die Hilfe zahlreicher Personen und Institutionen entstanden, bei denen ich mich an dieser Stelle ganz herzlich bedanken möchte.

H. Reif ermutigte mich zu dem Vorhaben, betreute die Forschungen von erster Stunde an, lieferte wertvolle Ratschäge und wurde nicht müde, den Forschungsgegenstand mit mir zu diskutieren. Meinem Vater F. Kockel, der mir die Welt der Geologen und der Geologie erschloß und den Anstoß zu dieser Arbeit gab, gebührt ebenfalls größter Dank. Bedanken möchte ich mich auch beim Leiter des Forschungsinstituts des Deutschen Museums München, H. Trischler, dessen Gastfreundschaft mir die Möglichkeit eröffnete, Fragestellungen der aktuellen Technik- und Wissenschaftsgeschichte in die Arbeit einfließen zu lassen. Für die Zeit am Deutschen Museum mit seinen einzigartigen Arbeitsbedingungen und dem fruchtbaren und regen wissenschaftlichen Austausch kann ich nicht genug danken. Auch bei meinem langjährigen Lehrer R. Hachtmann stehe ich in der Schuld sowie bei A. Ritschl, die beide die Arbeit mit großem Engagement und selbstlosem Einsatz in der Schlußphase unterstützten.

Ermöglicht wurde die Forschung durch ein Stipendium der Heinrich-Böll-Stiftung in Berlin, als deren Stipendiat ich hervorragend betreut wurde. Mein Dank gilt der Stiftung wie auch all jenen in der Bundesrepublik, die das Stipendium mit ihren Steuern finanziert haben.

Ohne die freundliche Erlaubnis des Präsidenten der Bundesanstalt für Geowissenschaften und Rohstoffe, F. Wellmer, der sich persönlich für meine Forschung eingesetzt hat, hätte ich die Arbeit nicht beginnen können. Ihm und der ganzen Bundesanstalt für Geowissenschaften und Rohstoffe bzw. dem Niedersächsischen Landesamt für Bodenforschung gilt mein Dank für die Gastfreundschaft und das stets vermittelte Gefühl, am Stilleweg 2 willkommen zu sein.

Auch dem Bundesarchiv in Berlin und dem Militärarchiv in Freiburg/ Br., die mir in umfänglicher Weise Akteneinsicht ermöglichten, bin ich zu Dank verpflichtet. Dies gilt gleichermaßen für das Preußische Geheime Staatsarchiv Berlin und das Institut für

Zeitgeschichte in München. Dem Public Record Office in London und den National Archives in Washington, bei denen ich Akteneinsicht nehmen bzw. Mikrofilmkopien anfertigen lassen durfte, gilt mein Dank für die effiziente und unkomplizierte Hilfe. In besonderer Weise bin ich dem Archiv des Deutschen Museums in München und seinem Leiter W. Füßl für die kollegiale Hilfestellung zu Dank verpflichtet.

R. Karlsch und D. Eichholtz haben mir vielfältige Anregungen und Hinweise gegeben. Ihnen gilt mein Dank für das erwiesene Vertrauen und für ihr stets offenes Ohr. Für Ratschläge, Diskussionen und Unterstützung bin ich auch den Wissenschaftlern und Mitarbeitern der Bundesanstalt in Hannover verbunden, den Forschern am Institut für Neuere Geschichte der TU Berlin sowie am Forschungsinstitut bzw. Münchner Zentrum im Deutschen Museum. Hier möchte ich R. Baldschuhn, H. Bartels, H. Beyersdorf †, R. Boch, H. Forsbach, A. Gall, M. Hascher, J. Hermann, S. Jennerjahn, J. Kirchhoff, V. Kritzmann, S. Lindner, H.-J. Meyer, H. Mollert, H. Moltrecht, H.-G. und S. Röhling, M. Schuster sowie C. Tapp, T. Wieland und S. Zeilinger nennen. Ein Dankeschön auch an D. Allen, A. Heider, C. Hoeft, M. Ludwig und J. Kockel für Diskussionen und viele Anregungen.

W. Lösche und den Kollegen in der Abteilung für Messen und Ausstellungen der Münchner Handwerkskammer danke ich für das Verständnis, das sie trotz drängender Termine dieser Arbeit entgegengebracht haben. Bei M. Eska und B. Wolff bedanke ich mich fürs abschließende Fehlerlesen und die Engabe von Korrekturen. Ein Wort großen Dankes an meine Familie, an C. und A. Bauers und vor allem meine Mutter M. Kockel, die mir wiederholt und mit zähem Fleiß bei der Korrektur zur Seite standen. Bedanken möchte ich mich auch bei meinem Sohn Jakob für seine Geduld und bei meiner Lebensgefährtin N. Bauers, die wesentlich zur Fertigstellung dieser Arbeit beigetragen hat und dabei stets eine verständnisvolle und hilfsbereite Partnerin war.

Schließlich möchte ich mich bei R. Spree als dem Herausgeber der Beihefte des Jahrbuchs für Wirtschaftsgeschichte sowie bei M. Karras vom Akademie Verlag dafür bedanken, daß die Arbeit in diesem Rahmen erscheinen darf.

Einleitung

Am 28. Juli 1938, als die Sudetenkrise dem Höhepunkt zutrieb, bestellte Göring den Erdölgeologen Alfred Theodor Bentz zu seinem „Bevollmächtigten für die Erdölgewinnung“ mit weitreichenden kriegswirtschaftlichen Kompetenzen. Der Auftrag, der parallel zur Vollmacht an Carl Krauch als Generalbevollmächtigten für Grundfragen Chemischer Erzeugung und zur Einrichtung des Wehrwirtschaftlichen Neuen Erzeugungsplans erging, bedeutete formal das Ende einer nicht oder zum Teil regulierten Kohlenwasserstoffwirtschaft; zugleich bedeutete er den Beginn der unmittelbaren Kriegsvorbereitung.[1] Zum Zeitpunkt des Auftrags leitete Bentz das Institut für Erdölgeologie an der Preußischen Geologischen Landesanstalt (PGLA) in Berlin, dem staatlichen geologischen Dienst in Preußen. Er gehörte nicht der NSDAP an.[2]

Der Doppelauftrag wirkte als logische Konsequenz einer durch das nationalsozialistische Regime betriebenen konsequenten Autarkiepolitik auf einem der wichtigsten Grundstoffsektoren, der je nach Herkunft des Sprechers mit dem Wort „Treibstoff-“ oder „Mineralölgebiet“ bezeichnet wurde und welches die ökonomische Gesamtheit natürlicher und synthetischer Kohlenwasserstoffverbindungen meinte.[3] Auf diesem Gebiet war das Deutsche Reich traditionell besonders importabhängig, so daß der Nestor der Wehrwirtschaft, Georg Thomas, aus der Niederlage im Ersten Weltkrieg die Lehre zog:

> „daß im Kriege der Zukunft die Mineralölversorgung einer der ausschlaggebendsten Faktoren für die Erringung des Sieges sein wird und daß die Erzeugung des notwendigen Treibstoffs viel wichtiger sein kann, als die Herstellung von Waffen und Munition.“[4]

Rückblickend auf die Blockadesituation des Ersten Weltkriegs schienen also Mittel zur Behebung der Importabhängigkeit auf dem Kohlenwasserstoffsektor – zumindest aus

---

1 Dieter Petzina, *Autarkiepolitik im Dritten Reich: der nationalsozialistische Vierjahresplan*, Stuttgart 1968, 116–128.

2 Hans Udluft et al., *Die Preußische Geologische Landesanstalt 1873–1939* (Beihefte zum Geologischen Jahrbuch, Heft 78), Hannover 1968, 100–102.

3 Vgl. Leo Ubbelohde, „Die Entstehung der Deutschen Gesellschaft für Mineralölforschung und des neuen deutschen Mineralölwirtschaftsplanes“, *Oel und Kohle*, 1 (1933), 7–9.

4 Georg Thomas, *Geschichte der deutschen Wehr- und Rüstungswirtschaft (1918–1943/45)*, hg. Wolfgang Birkenfeld, Schriften des Bundesarchivs, Boppard/Rhein 1966, 114.

dieser militärischen Perspektive – notwendig, wenn es an die Planung eines Revanchekrieges ging. Seit Inbetriebnahme des Werks Leuna des Chemiegiganten IG Farbenindustrie AG (IG) bot sich ab 1927 in industriellem Maßstab die Möglichkeit an, Kohlenwasserstoffe aus den „heimischen" Rohstoffen Braunkohle und Wasserstoff zu synthetisieren. Andererseits suggerierte ab 1928 der Zuwachs bei der hannoverschen Erdölindustrie die Chance, auch auf natürlichem Wege zu einer wehrökonomisch vertretbaren Produktionssteigerung zu kommen. Weitere natürliche und synthetische Verfahren zur Substitution oder Verlängerung von Öl – das Fischer-Tropsch-Verfahren, das Braunkohleschwelverfahren, der Versatz mit Benzol, die Streckung mit Spiritus – sollten sich später als untergeordnet erweisen, aber 1928 war dies keineswegs ausgemacht. Der doppelte Weg in der deutschen Kohlenwasserstoffwirtschaft schien vorgezeichnet.[5]

Führte der Doppelweg zu Doppelstrategien? Was war eigentlich die Ölpolitik des Regimes?

Wenn wir heute – in Zeiten der Golfkriege, der Auseinandersetzung um Konzessionen im ehemals sowjetischen Süden und des „Kampfs gegen den Terror" an Ölpolitik denken, sind wir gewiß, ein Thema von Bedeutung vor uns zu haben. Daß internationale Ölkonzerne zu jeder Kabale weltpolitischer Größenordnung fähig sind, steht nicht nur im Katechismus des Vulgärmarxisten – es hat sich auch dank zahlreicher glänzender historischer Studien zu Ölpolitik und -wirtschaft zumindest in geschichtlicher Hinsicht erhärtet. Die berühmten Arbeiten von GERRETSON[6], WILLIAMSON et al.[7], HENRIQUES[8], KENT[9], FERRIER[10], YERGIN[11], NOWELL[12] und BAMBERG[13] haben die globalen Ausmaße von ölpolitischen Initiativen und Entscheidungen der Konzerne im 19. und 20. Jahrhundert deutlich vor Augen geführt. Umso befremdlicher erscheint es, daß weder deutsche noch anglo-amerikanische oder sowjetische Historiker nach „Hitlers Ölpolitik" gefragt haben.

Die Vielzahl der skizzierten Produktionswege, der bürokratiefeindliche Herrschaftsstil, der die Entscheidungsprozesse nur lückenhaft abbildet, die entropische Mutation

---

5 Vgl. Raymond G. Stokes, „The Oil Industry in Nazi Germany 1936–1945", *BHR* 59 (summer 1985), 254–277.

6 Frederic Carl Gerretson, *History of the Royal Dutch*, 4 Bde., Leiden 1958.

7 Harold F. Williamson/Arnold R. Daum, *The American Petroleum Industry: the Age of Illumination 1859–1899*, Evanston 1959. Harold F. Williamson/Ralph L. Anderano/Arnold R. Daum/Gilbert C. Klose, *The American Petroleum Industry: the Age of Energy 1899–1959*, Evanston 1963.

8 Robert Henriques, *Marcus Samuel: First Viscount of Bearsted and Founder of the »Shell« Transport and Trading Company, 1853–1927*, London 1960.

9 Marian Kent, *Oil and Empire: British Policy and Mesopotamian Oil 1900–1920*, London 1976.

10 Robert W. Ferrier, *The History of the British Petroleum Company, Bd. 1: The Developing Years, 1901–1932*, Cambridge 1982.

11 Daniel Yergin, *Der Preis: die Jagd nach Öl, Geld und Macht*, Frankfurt/M. 1991.

12 Gregory P. Nowell, *Mercantile States and the World Oil Cartel, 1900–1939*, Ithaca 1994.

13 James H. Bamberg, *The History of the British Petroleum Company, Bd. 2: the Anglo-Iranian Years, 1928–1954*, Cambridge 1994.

administrativer Strukturen und die damit verbundene problematische Aktenüberlieferung, der Aktenverlust schließlich durch Beweisvernichtung am Kriegsende haben die Erforschung dieses – wie manch anderen Bereichs der NS-Geschichte – zu einer Jahrzehnte dauernden Puzzlearbeit auswachsen lassen, die durch die politische Lagerzugehörigkeit der Forscher im Bipolarismus nicht gerade erleichtert wurde.

Nach dem Zweiten Weltkrieg ist die Kohlenwasserstoffsynthese erstmals in grundlegender Weise durch BIRKENFELD 1964 bearbeitet worden. Mit dem historisch verständlichen Schwerpunkt auf der IG-Synthese nach dem Bergius-Verfahren bezog sich Birkenfeld im wesentlichen auf die Nürnberger Dokumente, insbesondere den Nürnberger Nachfolgeprozess Nr. 6 (USA vs. Carl Krauch et al.), den sog. IG-Farbenprozess, und unter anderem auf Gespräche mit Carl Krauch. Er konnte die verschiedenen Verfahren vorstellen und ihre Bedeutung im politisch-ökonomischen Kontext des „Dritten Reichs" skizzieren. Sein Fazit: Die IG war keine Kriegstreiberorganisation, sondern setzte ihre Verfahren in einem sich wandelnden ökonomischen Klima erst für das Ziel der Motorisierung, dann später unter dem Druck des Regimes für die Kriegssproduktion ein.[14]

Gegen diese Sicht hat PETZINA 1968 in seiner bahnbrechenden Arbeit über die Autarkiepolitik des Vierjahresplans einerseits auf die eminente Bedeutung der Kohlenwasserstoffsynthese für die Aufrüstungspolitik des „Dritten Reichs" hingewiesen, andererseits auf die zum Teil beträchtliche Einflußnahme des IG-Vorstandsmitglieds Krauch auf die KW-Politik. Sein Fazit: der Vierjahresplan war im wesentlichen ein IG-Plan, die Kriegstreiberei ging im wesentlichen auf die IG zurück, die damit höhere ökonomische Ziele verfolgte.[15]

In ähnlicher Weise hat sich nachfolgend EICHHOLTZ in seiner dreibändigen Untersuchung zur deutschen Kriegswirtschaft 1969, 1985 und 1996, sowie in mehreren Quellenpublikationen zur NS-Kriegswirtschaft geäußert. Insbesondere hat er auf die besondere symbiotische Bindung Krauchs, des Reichsamts für Wirtschaftsausbau und der IG an Luftwaffe und Göring'schen Machtblock hingewiesen.[16]

Diesen engen Zusammenhang zwischen der IG, der Luftwaffe und diversen anderen militärischen Stellen hat auf neuer Quellenbasis aus den IG-Nachfolgearchiven (Bayer, BASF, Hoechst etc.) auch Hayes 1987 in einer Arbeit über den Chemiekonzern differenziert dargestellt. Quasi aus der Innenperspektive des Konzerns konnte er die Ausein-

---

14 Wolfgang Birkenfeld, *Der synthetische Treibstoff 1933–1945: ein Beitrag zur nationalsozialistischen Wirtschafts- und Rüstungspolitik*, Göttingen 1964.

15 Dieter Petzina, *Autarkiepolitik* ... (1968).

16 Dietrich Eichholtz, „Zum Anteil des IG-Farben-Konzerns an der Vorbereitung des Zweiten Weltkriegs: ein Dokument zur staatsmonopolistischen Kriegsplanung des faschistischen deutschen Imperialismus", *JWG* 1967/II, 107–115. Ders., *Geschichte der deutschen Kriegswirtschaft 1933–1945: Bd. 1: 1939–1941*, Berlin 1969. Ders., *Geschichte der deutschen Kriegswirtschaft 1933–1945: Bd. 2: 1941–1943*, Berlin 1985. Ders., „Die »Großraumwehrwirtschaft« für den großen Krieg: zwei geheime Memoranden der Reichsstelle für Wirtschaftsausbau vom Frühjahr/ Sommer 1939, *Bulletin des Arbeitskreises „Zweiter Weltkrieg"*, Nr. 1–4 (1986), 70–161. Ders., *Geschichte der deutschen Kriegswirtschaft 1933–1945: Bd. 3: 1943–1945*, Berlin 1996.

andersetzung zwischen den verschiedenen Sparten der IG um die KW-Synthese nachzeichnen – von den Anfängen der Hochdruckchemie bei der IG-Fusion über die der verhängnisvollen Festlegung 1932 bis zum Lobbying des Konzerns für Rüstungsinvestitionen in das unrentable Programm 1934 bis 1938.[17]

Wenn sich in der neueren Forschung immer mehr die Tendenz offenbart, daß die IG gewissermaßen von Anfang an gezielt auf Rüstungsökonomie und Krieg hingearbeitet habe, so hat 1990 PLUMPE in seiner Studie über den Chemiekonzern dem vehement widersprochen. Eine Revision der Nürnberger Quellen und neue Quellen aus den IG-Nachfolgearchiven präsentierten ein Bild, nach dem keineswegs nur IG-Interessen im Vierjahresplan realisiert wurden. Vielmehr habe Göring einen wesentlich größeren Apparat mit wesentlich breiterer Zielsetztung geschaffen, in dem die IG-Interessen nur einen unter vielen Substitutionsbereichen darstellten. PLUMPE hat in diesem Zusammenhang auf Projekte zur KW-Synthese hingewiesen, die seit 1933 maßgeblich durch Albert Vögler/Vereinigte Stahlwerke vorgetragen wurden.[18]

Über diese Kohlenwasserstoffinteressen der Ruhrmontanindustrie haben Mollin 1988[19] und vor allem RASCH 1989 gearbeitet. In einer wissenschaftsgeschichtlichen Arbeit über das Kaiser-Wilhelm-Institut für Kohlenforschung in Mühlheim/Ruhr ist es ihm gelungen, die vielfältigen und zum Teil widersprüchlichen Verbindungen der Montankonzerne zu dieser Forschungseinrichtung und ihrer besonderen Methode der KW-Synthese, dem Fischer-Tropsch-Verfahren aufzuzeigen. Das Fischer-Tropsch-Verfahren wurde in Zeiten der Vernachlässigung durch die Ruhrmontanindustrie maßgeblich durch den persönlichen Wirtschaftsbeauftragten Hitlers, den Autarkisten Wilhelm Keppler politisch betreut.[20] Damit ergab sich eine neue Querverbindung in der Kohlenwasserstoffpolitik des „Dritten Reichs", die sich vor allem in den Ausbauplänen der Braunkohlenzwangsgemeinschaft Braunkohle-Benzin AG (Brabag) ab Ende 1934 zeigen sollte.

Während bei der KW-Synthese die Aussagen über die industrielle Verantwortung divergieren, sind auch die Arbeiten über Bentz und die natürliche Erdölförderung widersprüchlich. Eine erste Arbeit entstand durch den britischen Besatzungsoffizier und Vorgesetzten der ehemaligen NS-Geologen im Amt für Bodenforschung Celle, GUNTHER 1947/48, als Publikation in 14 Folgen der britischen Erdölfachzeitschrift *The Petroleum Times*.[21] Die Arbeit stellt eine populäre und etwas verschlüsselte Version von

17 Peter Hayes, *Industry and Ideology: IG Farben in the Nazi Era*, Cambridge 1987.

18 Gottfried Plumpe, *Die I. G. Farbenindustrie AG: Wirtschaft, Technik und Politik 1904–1945*, Berlin 1990.

19 Gerhard T. Mollin, *Montankonzerne und Drittes Reich*, Göttingen 1988.

20 Manfred Rasch, *Geschichte des Kaiser-Wilhelm-Instituts für Kohlenforschung 1913–1943*, Weinheim 1989.

21 Albert E. Gunther, „The German War for Crude Oil in Europe 1934–1945", *The Petroleum Times* 1947, 1095–99, 1147–52, 1211–15 und 1272–74. Ders., „The German War for Crude Oil in Europe 1934–1945", *The Petroleum Times* 1948, 22–26, 65–68, 84, 113–121, 169–171, 217–222, 266–271, 314–320, 367–373, 421–425, 436 und 470–475.

GUNTHERs offiziellen BIOS-Berichten an das Ministry of Fuel and Power dar, die 1946 entstanden.[22] GUNTHERs Berichte bzw. Publikation haben eher Quellen- als Literaturcharakter, zudem ist Gunther nicht nur kein Fachhistoriker – er ist auch als Akteur der Besatzungspolitik entlastend für die NS-Geologen eingetreten und hat sich insbesondere gegen eine Verhaftung von Alfred Bentz durch das CIB stark gemacht.[23] Die Texte müssen daher auch als Rechtfertigungsschriften für eine besondere Wissenschafts- und Ölpolitik in der Besatzungszeit gelesen werden.

GUNTHER, dem in Celle das bis dahin noch unzerstörte Erdölarchiv der Preußischen Geologischen Landesanstalt (PGLA) bzw. des Reichsamts für Bodenforschung zur Verfügung stand, und der umfängliche Interviews mit Geologen und anderen Persönlichkeiten der NS-Erdölindustrie – nicht zuletzt Bentz selbst – geführt hat, schildert das heimische Erdölgewinnungsprogramm, das unter dem Namen „Reichsbohrprogramm" bekannt geworden ist, als Jungborn technisch-naturwissenschaftlicher Innovation für die hannoversche Erdölindustrie. Die Initiative für das Programm sei dem staatlichen geologischen Dienst zugekommen. Erst ab 1938 sei das Reichsbohrprogramm in den deutschen Expansionen mißbraucht worden. Besonderen Wert hat Gunther auf die Dichotomie der Interessen zwischen der IG und der hannoverschen/preußischen Erdölindustrie gelegt, allerdings meist unter Auslassung von Namen oder Dienststellen. Die BIOS-Berichte sind in dieser Hinsicht weniger vage und schildern den rohstoffpolitischen Dualismus Erdöl vs. Chemie Ende 1937 in Form eines politischen Eklats.

Bentz' Hauptrolle bei dem Reichsbohrprogramm ist sowohl in den Amtschroniken wie in den Arbeiten ehemaliger Akteure wiederzufinden, die sich, wie GUNTHER, in affirmativer Weise über die naturwissenschaftlichen Errungenschaften des Reichsbohrprogramms auslassen.[24] Auf dessen Rolle verweisen auch die durchaus nicht affirmati-

---

22 Major A. E. Gunther, The War Structure of the German Crude Oil Industry 1934–1945: vol. 2 Private Industry (Oil Fields Investigation Part IV, Section 2), BIOS Final Report 1016, London o. J. (1946). Ders., The War Structure of the German Crude Oil Industry 1934–1945: vol. 2 Private Industry (Oil Fields Investigation Part IV, Section 2), BIOS Final Report 1017, London o. J. (1946). Im folgenden zitiert als BIOS 1016 bzw. BIOS 1017.

23 Letzterer warf Bentz vor, im Krieg maßgeblich an der Ausarbeitung des deutschen Eroberungsprogramms beteiligt gewesen zu sein. Vgl. Schriftwechsel zwischen NGOC und CIB über das Entnazifizierungsproblem Alfred Bentz in: PRO, FO 1039/475. Über die Zeit unmittelbar nach 1945 existiert in Geologenkreisen folgende Anekdote: Der ehem. Otto-Wolff-Geologen Wilhelm Kehrer habe sich über die dicke Jacke gewundert, die in Celle stets über Bentz' Stuhl hing. Daraufhin angesprochen, sagte Bentz, man könne nie wissen, vielleicht kämen sie ihn doch noch holen. Auskunft von Dr. Franz Kockel.

24 Hans Udluft, *Preußische* ... (1968). Hans Closs, „Die geophysikalische Reichsaufnahme und ihre Vorgeschichte", in: *Zur Geschichte der Geophysik: Festschrift zur 50-jährigen Wiederkehr der Gründung der Deutschen Physikalischen Gesellschaft*, hg. H. Birett et al., Berlin 1974, 115–130. Dieter Pfeiffer, „Dokumente zur Geschichte des staatlichen geologischen Dienstes in Preußen", *Geol JB*, Serie A, 15 (1974), 141–209.

ven geologiehistorischen Arbeiten des ehemaligen Zentralgeologischen Instituts der DDR.[25]

Dagegen hat KASPER 1974 in einer auf umfangreiches Quellenmaterial des ehemaligen DZA und des ehemaligen Zentralgeologischen Instituts der DDR gestützten Arbeit über die hannoversche/preußische Erdölindustrie und -politik im „Dritten Reich" der Erdölindustrie die Initiative für die technisch-naturwissenschaftlichen Modernisierungsbestrebungen zugeschrieben. Diese habe von Anfang an im Zeichen der deutschen Kriegsplanung gestanden. Ähnlich GUNTHER kommt auch er zum Ergebnis, daß es eine „Auseinandersetzung um den Mineralölplan" zwischen Erdöl- und Chemischer Industrie gegeben habe, allerdings nicht 1937 sondern bereits 1933/34.[26]

Diese Dichotomie hat STOKES 1985 auf der Grundlage der USSBS- und der BIOS-Berichte von GUNTHER zum Paradigma zusammengefaßt. Danach war die hannoversche/preußische Erdölindustrie zu keinem Zeitpunkt der übermächtigen Chemischen Industrie und ihren Initiativen gewachsen.[27]

Während Kasper das Betätigungsfeld der deutschen Ölpolitik in der Vorkriegszeit nur im Deutschen Reich verortet, haben maßgebliche deutsche Initiativen zunächst VOLLAND 1976 für Mexiko und später MEJCHER 1980 und 1990 für den Irak nachgewiesen.[28] In beiden Ölregionen beschrieben die Autoren eine durch Alfred Bentz zum Teil maßgeblich betimmte Ölpolitik des frühen „Dritten Reichs" im Wechselspiel und in Auseinandersetzung mit den westlichen Erdölmächten und Erdölkonzernen. Als deutsche Interessengruppe an den überseeischen Erdölprojekten beschreiben sie Konzerne der rheinisch-westfälischen Schwerindustrie.

Im Hinblick auf diese disparate Forschungslage und angesichts der vielfältigen Emanationen des Erdölgeologen Bentz in ölpolitischen Belangen drängt sich die Frage auf, welche Rolle er in der deutschen Kohlenwasserstoffpolitik spielte und warum gerade er, als parteiferner, bürgerlicher Erdölgeologe, sie spielte. Gab es überhaupt eine einheitliche Kohlenwasserstoffpolitik, und wenn ja, war sie nur an autarkistisch-rüstungspolitischen Zielen orientiert, paßte sie sich in ein globaleres System ölpolitischer Initiativen ein oder war sie dem Wandel unterworfen?

---

25 H. J. Kamps, „Die Bildung und Entwicklung zentraler geologischer Institutionen in Berlin in der Periode von der Entstehung des deutschen Imperialismus bis zum Inferno des faschistischen Krieges", *Zeitschrift für angewandte Geologie* 33 (1987) 6, 148–153. P. Kühn/F. Rohrbeck, „Die Preußische Geologische Landesanstalt in Berlin während der Zeit des Faschismus: Büro Keppler – Reichsamt für Bodenforschung", *WTI*, Serie A, 1/28 (1987), 26–37.

26 Hanns-Heinz Kasper, *Die Erdölgewinnung Deutschlands in der Zeit von 1933–1945*, Dresden (Dismasch.) 1974, 32.

27 Raymond G. Stokes, „The Oil ..." (1985).

28 Klaus Volland, *Das Dritte Reich und Mexiko: Studien zur Entwicklung des deutsch-mexikanischen Verhältnisses 1933–1942 unter besonderer Berücksichtigung der Ölpolitik*, Frankfurt/M. 1976. Helmut Mejcher, *Die Politik und das Öl im Nahen Osten: Bd. 1: Der Kampf der Mächte und Konzerne vor dem Zweiten Weltkrieg*, Stuttgart 1980. Ders. *Die Politik und das Öl im Nahen Osten: Bd. 2: die Teilung der Welt 1938–1950*, Stuttgart 1990.

Das vorliegende Buch möchte diese Fragen bis einschließlich 1938 beantworten, bis zu den organisatorischen Veränderungen des Vierjahresplans im Zeichen der Kriegsvorbereitung und dem Jahr des Auseinanderbrechens des Achnacarry-Hochpreiskartells. Um den historischen Zusammenhang der unterschiedlichen Initiativen, politischen Konstellationen und historischen Kontingenzen fassen zu können, wurde hier die diachrone Betrachtung gewählt. Die Darstellung der deutschen Ölpolitik 1928 – 1938 als „Story" legte es nahe, die Akteure, soweit möglich, zu benennen, und sie nicht zu allgemeinen Strukturen und gesichtslosen Kräften zerfließen zu lassen. Auch sollte die Untersuchung nicht erst 1933 einsetzen, denn die Frage nach Kontinuität und Wandel sollte nicht an einer schalldichten Epochengrenze verhallen. Es bot sich der Jahreswechsel 1927/28 an. Dies war der Beginn der industriellen Produktion von synthetischen Kohlenwasserstoffen in Leuna durch die IG, dies war der Ausgangspunkt für eine gesteigerte Aktivität der hannoverschen Erdölindustrie, 1928 war ferner das Jahr des Red-Line und des Achnacarry-Agreements, die jedes auf seine Weise für die globale Ölpolitik epochemachend waren – als Hochpreis- und als Kooperationskartell. Und nicht zuletzt bezeichnet der Jahreswechsel 1927/28 den Wechsel des jungen Geologen Alfred Theodor Bentz von der Kartierungs- in die unscheinbare Erdölabteilung der Preußischen Geologischen Landesanstalt (PGLA) zu Berlin.

Im ersten Kapitel werden daher – in Gegenüberstellung zur internationalen Erdölindustrie – die deutschen Verhältnisse vor 1928 untersucht und ihre Entwicklung zwischen 1928 und 1933 skizziert. Es werden die Interessenlage der involvierten Industrien historisch und international eingeordnet und die technisch-naturwissenschaftlichen Impulse der Modernisierungsbestrebungen einer kritischen Untersuchung unterzogen. Im zweiten Kapitel werden die erdölgeologischen Initiativen bis zum Sturz Gottfried Feders behandelt. Das dritte Kapitel steht im Zeichen der Ölpolitik des sog. Neuen Plans unter Reichsbankpräsident Schacht und der Konkurrenz mit Görings Vierjahresplan bis zu Schachts Sturz Ende 1937 und der Reorganisation des Reichswirtschaftsministeriums und des Vierjahresplans unter Göring im Februar 1938. Im vierten und letzten Kapitel wird auf die geologischen und ölpolitischen Initiativen der frühen Ära Göring eingegangen bis zum Auseinanderbrechen des Achnacarry-Kartells, bis zur Sudetenkrise, zur abermaligen Reorganisation des Vierjahresplans und des ölpolitischen Einschwenkens auf Kriegskurs im Sommer 1938.

Öl im Deutschen Reich vor 1933

1928 hatte die internationale Erdölindustrie einen bemerkenswert hohen wissenschaftlichen, technischen, organisatorischen und politischen Stand erreicht.[1] Die wesentlichen wirtschaftlichen Entwicklungsstadien hatte sie dabei bereits im 19. Jahrhundert durchlaufen. In den USA, dem Mutterland der 1859 entstandenen Industrie, hatten die Raffinationsgesellschaften vorgemacht, daß ihr Wunsch nach einem wirtschaftlich kalkulierbaren, niedrigen Endverbraucherpreis sich wirkungsvoller durchsetzen ließ als das entgegengesetzte Interesse der Produzenten, möglichst teuer an die Raffinateure zu verkaufen. Da der Konzentrationsprozess in der Raffinationsindustrie infolge des *scale effects* mit großer Geschwindigkeit voranschritt (größere Anlagen verminderten die Kosten), gelang es von dieser Seite her, Transport, Raffination, Vertrieb (*downstream*) und schließlich ab 1890 auch die Produktion (*upstream*) in einer einzigen sog. *vertikal integrierten Gesellschaft* zusammenzufassen und von einer Zentrale aus zu steuern. Der erste vertikal integrierte Ölkonzern, John D. Rockefellers Standard Oil Company,[2] wurde zum Inbegriff der Ölgesellschaft wie des global agierenden Trust an sich.[3]

Während die Zeit bis zum Ersten Weltkrieg durch den Versuch von etwas kleineren aber ebenso vertikal sich integrierenden „Herausforderern“ wie Royal Dutch, Shell, Asiatic, Gulf Oil, Texaco, Nobel, Rothschild, Deutsche Bank, Deutsche Erdöl AG und Anglo Persian geprägt war, einerseits Gewinnungsgebiete, andererseits Marktanteile gegen den übermächtigen Superkonzern Standard Oil in die Hand zu bekommen,[4] so zeichnete sich in der unmittelbaren Vorkriegszeit das Ende des liberalen Systems ab.

---

1 Vgl. im Folgenden Titus Kockel, *Geologie und deutsche Ölpolitik 1928–1938*, Berlin (Diss. online) 2003, 14–274.

2 Im folgenden abgekürzt „SO“. Nach der Entflechtung 1911 behielt die größte „Waise“ Standard Oil of New Jersey dieses Kürzel bei, das später phonetisch zu „Esso“ abgewandelt wurde. Heute ist dieser Nachfahre des Rockefeller-Konzerns, nach Fusion mit der ehemaligen Standard Oil of New York (Mobil Oil), unter dem Signet „Exxon-Mobil“ bekannt.

3 Harold F. Williamson et al., *The American* ... (1959), 630–676. Ed Shaffer, *The United States and the Control of World Oil*, New York 1983, 20–22. Daniel Yergin, *Der Preis* ... (1991), 42–71. Scale: Vgl. Alfred D. Chandler jr., *Scale and Scope: The Dynamics of Industrial Capitalism*, Cambridge/Massachusetts 1990.

4 Harold F. Williamson et al., *The American* ... (1959), 630–676. Daniel Yergin, *Der Preis* ... (1991), 149–173.

Während die Entwicklung in den USA, unterstützt von den „Herausforderern“ Gulf Oil und Texaco, deutlich zur Deregulierung drängte – Ziel der Attacken war der Standard Oil Trust, der 1911 per Gerichtsentscheid entflochten wurde[5] – war diese Tendenz in Europa genau gegenläufig: in Rußland fusionierten die wichtigsten Gesellschaften, im Deutschen Reich versuchte die Deutsche Bank, ein staatliches Petroleummonopol zu installieren (1911),[6] und im britischen Weltreich diente sich die Anglo Persian (APOC, heute BP-Amoco) zur Abwehr des Konkurrenten Royal Dutch-Shell (RD-S) der britischen Regierung an und wurde 1914 von der Admiralität übernommen.[7] Die Verschmelzung imperialer Ziele mit denen der Erdölgesellschaften war im British Empire am deutlichsten. Während des Ersten Weltkriegs prägte sich diese bereits vorgezeichnete Linie noch deutlicher aus, als das British Empire unter dem Einfluß von Royal Dutch-Shell und Anglo Persian eine gesicherte Erdölversorgung als Kriegsziel definierte.[8] Beim Kriegsgegner wurde ein Zusammengehen der verschiedenen militärökonomischen (Wirtschaftsstab) und privaten Erdölinteressen (Deutsche Bank, Deutsche Erdöl AG) dagegen nur teilweise im besetzten Rumänien verwirklicht.[9] Der Kriegsausgang setzte einen Schlußstrich unter die deutschen Kooperationsprobleme, und per Versailler Vertrag gingen die deutschen Gesellschaften ihrer Auslandsanteile verlustig.[10] Ebenso verschwand die russische Erdölindustrie (Nobel, Rothschild) als *global player* von der Bildfläche.[11]

Als großer Gewinner durfte sich das British Empire betrachten, das sich die vielversprechenden Produktionsgebiete in Mesopotamien (Irak) als Mandatsgebiete quasi aus dem Osmanischen Reich herausgeschnitten hatte, und dessen Politik seither darauf bedacht war, die Vormachtstellung im Orient zu behalten. Düpiert vom britischen Ölimperialismus und der Nichteinhaltung von Kriegsversprechen (Sykes-Picot Abkommen) gelang es jedoch der französischen Seite, die ihrer Raffinationsindustrie eine Ölbasis im

---

5 Daniel Yergin, *Der Preis* ... (1991),125–145.

6 Ullrich Brack, *Deutsche Erdölpolitik vor 1914: eine Fallstudie zu den Problemen der Marktbeherrschung und Staatsintervention im Wilhelminischen Deutschland*, Hamburg 1977, 297–494.

7 Marian Kent, *Oil* ... (1976), 38–48.

8 Marian Kent, *Oil* ... (1976). Daniel Yergin, *Der Preis* ... (1991).

9 Fritz Fischer, *Griff nach der Weltmacht: die Kriegszielpolitik des kaiserlichen Deutschland 1914/18*, Düsseldorf 1964 (3. Auflage), 689–696 und 742–755. Renate Günther, „Das Petroleumabkommen im Bukarester Friedensvertrag von 1918“, *Jahrbuch für Wirtschaftsgeschichte* 1968, vi. Maurice Pearton, *Oil and the Romanian State*, Oxford 1971, 82–95. Ullrich Brack, *Deutsche* ... (1977), 498. Stinnes und Ballin: Fritz Fischer, *Griff* ... (1964), 696. Gerald D. Feldman, *Hugo Stinnes: Biographie eines Industriellen 1870–1924*, München 1998, 472 und 992 Fn. 201. Vgl. Rainer Karlsch/Raymond G. Stokes, *»Faktor Öl«: die Mineralölwirtschaft in Deutschland 1859–1974*, München 2003, 407–409.

10 Siehe S. 26 und Fußnote 35.

11 Juri Semjonow, Erdöl *aus dem Osten: die Geschichte der Erdöl- und Erdgasindustrie in der Sowjetunion*, Düsseldorf 1973, 114–144. Yury Napuch, *Die Sowjetunion, das Erdöl und die Ursachen des Kalten Krieges*, Frankfurt/M. 1986, 19–27.

Orient verschaffen wollte,[12] auf dem San-Remo Abkommen von 1920 Anteile an einem großen Explorations- und Produktionskonsortium von Gesellschaften der Versailler Siegermächte im Irak zu erhalten, und es wurde hierfür die Compagnie Française de Pétroles (CFP) als staatliche Gesellschaft gegründet.[13] Ebenso staatlich, aber unberücksichtigt geblieben beim *run* auf den Orient war die faschistische Azienda Generale Italiana Petroli (AGIP), die 1926 ebenfalls im Zusammenhang mit den Konzessionsverhandlungen im Orient gegründet wurde.[14]

In der ersten Dekade des 20. Jahrhunderts wurde das ursprüngliche Hauptprodukt der Erdölindustrie – Lampenöl für Petroleumlampen – mehr und mehr durch den neuen Anwendungsbereich als Brennstoff für die Dampfkessel von Kriegsschiffen (Mazut = Ostatki), dann vor allem durch die in den USA stattfindenden Motorisierungserfolge auch als Motorentreibstoff (Benzin/Diesel) verdrängt. Der Erste Weltkrieg verhalf der Anwendung von Benzin vollends zum Durchbruch. Mit Aufkommen des Autos im ersten Jahrzehnt des 20. Jahrhunderts rückte das ehemalige Abfallprodukt Benzin in den Mittelpunkt des Interesses. Lagerstätten, die ehedem als minderwertig galten, wie die rumänischen oder texanischen, erfreuten sich plötzlich größter Beliebtheit der Ölgesellschaften. Hier fand 1911–1915 eine der wichtigsten Neuerungen statt: Das Hochdruck-Crack-Verfahren nach Burton, das erstmals von der SO-Waise Standard Oil of Indiana 1913 industriell eingesetzt wurde, zerlegte das Rohöl nicht länger nur physikalisch in seine Bestandteile, sondern veränderte diese in ihrer chemischen Molekularstruktur. Dies geschah bei hoher Erhitzung der Rückstände aus der atmosphärischen Benzindestillation unter hohen Drücken. Das Verfahren steigerte die Benzinausbeuten des Rohöls erheblich.[15] Die Klopffestigkeit des Crack-Benzins war überdies besser als bei der herkömmlichen Topp-Destillation.[16] Das Burton-Verfahren arbeitete noch diskontinuierlich und bedurfte qualitätvoller Einsätze (Dieselfraktion). In der Chicagoer Universal Oil Products Company unter der Leitung von Carbon Petroleum Dubbs entwickelten die Chemiker Egloff und Morell zwischen 1917 und 1919 das kontinuierlich ablaufende Dubbs-Crack-Verfahren, welches beliebige Rückstände aus der atmosphärischen Destillation zu Benzin und Koks verarbeitete. Da sonst keine Rückstände übrig blieben, hieß dieses

---

12 Daniel Yergin, *Der Preis* ... (1991), 227–229, 236 f. und 245–247.

13 Helmut Mejcher, *Die Politik* ... (1980), 18–27. Daniel Yergin, *Der Preis* ... (1991), 238–267.

14 Vgl. Helmut Mejcher, *Die Politik* ... (1980), 37–39 und 147 f. Noch 1928 forderten Mussolini und Prinz Caetani gegenüber Cadman/APOC eine Beteiligung der AGIP an der IPC im Gegenzug für albanisches Öl der APOC; als daraus nichts wurde, schloß Italien einen Handelsvertrag mit der UdSSR über konzernfreies Erdöl ab, dessen Liefervolumen Anfang 1930 auf 2 Millionen Tonnen jährlich erhöht wurde.: Robert W. Ferrier, *The History* ... (1982), 550 f und 759 Fn. 48–51. Handelsvertrag UdSSR: Wilhelm Mautner, „Chronik der Erdölwirtschaft und Erdölpolitik. Januar bis Februar 1930", *Petroleum* 26 (1930) Anhang Erdöl-Chronik und -Statistik iii, 1.

15 Harold F. Williamson et al., *The American* ... (1963), 137–147.

16 Daniel Yergin, *Der Preis* ... (1991), 145–147.

Verfahren auch *non-residue*-Verfahren.[17] Auf dem Dubbs-Crack-Verfahren baute ein Großteil rezenterer Verfahren von RD-S und der großen Konzerne in den zwanziger Jahren auf, was zu patentrechtlichen Problemen erster Ordnung führte. Bis in die vierziger Jahre sollten die weiter verfeinerten Dubbs-Crack-Verfahren bestimmend bleiben.[18]

Auch in den Explorationswissenschaften hatten sich die grundsätzlichen Entwicklungen vollzogen. So begann sich seit Beginn des Jahrhunderts die Erdölgeologie gegenüber den Faustregeln (*creekology* und *trendology*)[19] der Bohrpioniere und vorwissenschaftlichen Ölsucher (*wildcatter*) sowie dem Gebrauch der Wünschelrute durchzusetzen. Rüstzeug der Geologen waren die Theorien, die sie in Rußland und den USA seit 1880 über die Lagerung von Erdöl anstellten. Die frühe Antiklinaltheorie – das Vermuten von Öl unter sich an der Oberfläche abzeichnenden Sätteln – wurde ab 1910 zur Strukturtheorie erweitert, die das Öl auch in Strukturfallen, etwa durch Diapirismus gestörten Schichtfolgen, wähnte.[20] Während in Rußland bereits im 19. Jahrhundert sich von Seiten der Akademien ein lebhaftes Interesse an der neuen Industrie entwickelte, angespornt nicht zuletzt durch die Art und Weise, wie sich der Chemiker Mendeleev beim Ausbau der russischen Erdölindustrie engagierte, taten sich die Gelehrten in den USA und im übrigen Europa anfangs schwer, über die Rolle des sporadisch für eine Gesellschaft gutachtenden Universitäts- oder Staatsgeologen hinaus für die Erdölindustrie tätig zu werden. Auch bei den Erdölgesellschaften, deren *upstream* um die Jahrhundertwende noch weitgehend von *wildcatters* bestimmt wurde, bestand wenig Interesse an einer Kooperation. Dies änderte sich 1901, als mit der spektakulären Fontäne von Spindletop die texanische Erdölindustrie geboren wurde. Die Bohrung von Spindletop, einer Salzstocklagerstätte, war nur dank der spezifisch europäischen Salzkenntnisse des aus Österreich-Ungarn eingewanderten Bohrunternehmers überhaupt angesetzt worden. In der Folge waren es zunächst US-amerikanische Eisenbahngesellschaften, die auf ihren Eisenbahnkonzessionen auch das Recht zur Erdölexploration hatten, die Geologen fest anstellten.[21] Der Ruhm von Spindletop setzte bei der Erdölgeologie einen deutlichen Professionalisierungsschub frei, neu entstehende Ölgesellschaften, wie die britische Mexican Eagle Company (Aguila), stellten junge Erdöl-

---

17 Harold F. Williamson et al., *The American* ... (1963), 154–159.

18 Ebd., 603–612.

19 Gerhard Keppner, *Zündstoff Erdöl: das Ende des Öl-Zeitalters*, Wien 1979.

20 Hermann Pätz, „Zur Geschichte des Wissenschaftszweiges »Erdölgeologie«", *Geologie* 19 (1970) 6, 637–659, hier 643 f. und 649–651. Insgesamt John T. Galey, „The anticlinal theory of oil and gas accumulation: its role in the inception of the natural gas and modern oil industries in North America", in: *Geologists and Ideas: a History of North American Geology*, hg. Ellen T. Drake/William M. Jordan, Boulder 1985, 423–442. Strukturtheorie: Wagenbreth, *Geschichte* ... (1999), 212.

21 Edgar Wesley Owen, *Trek of the Oil Finders: a history of exploration for petroleum*, Tulsa/Oklahoma 1975, 196 f.

geologen wie Everette de Golyer ein, die später größte Berühmtheit erlangten.[22] Am sichtbarsten waren die Bestrebungen der auf Borneo tätigen Royal Dutch, sich die Fähigkeiten der neuen Sub-Disziplin bei der Reservenerneuerung zunutze zu machen; als eine der ersten der großen Erdölgesellschaften baute sie einen veritablen geologischen Stab auf, dessen Chefgeologe beträchtliche strategische Entscheidungsgewalt hatte.[23] Diesem Beispiel folgten die anderen großen Gesellschaften, so daß bis Beginn des Ersten Weltkriegs eine Erdölgesellschaft ohne geologische Abteilung zum Ding der Unmöglichkeit geworden war.[24] Berühmteste Beispiele für Geologen in den Chefetagen von Konzernen waren der Amerikaner Everette de Golyer/Mexican Eagle, später Marland, Förderer der erdölwissenschaftlichen Einrichtungen in den USA, und mehr noch der britische Geologe John Cadman/APOC, der in den späten zwanziger Jahren die britische Erdölpolitik maßgeblich beeinflußte.[25]

Beide genannten Geologen hatten großen Anteil an der Gründung öffentlicher wissenschaftlicher Einrichtungen zur Aus- und Fortbildung von Erdölgeologen, Petrochemikern und Erdölingenieuren. 1914 gründeten Cadman und Boverton Redwood von der Anglo Persian Oil Company (APOC) die britische Institution of Petroleum Technologists (IPT),[26] 1917 folgte – auf Anregung von De Goyler und dem niederländischen Erdölgeologen J. A. Willem Waterschoot van der Gracht – die Gründung der American Association of Petroleum Geologists (AAPG) in Tulsa, Oklahoma. Beide Institutionen bildeten Zentren der Forschung und nahmen entscheidenden Einfluß auf die Verwissenschaftlichung der Erdölindustrie nach dem Ersten Weltkrieg.[27]

Seit Mitte der zwanziger Jahre existierte mit dem American Petroleum Institute (API) eine Einrichtung der amerikanischen Erdölgesellschaften, die sich für die Einführung technischer Normung stark machte. Die API-Normen setzten sich seit Kriegsende weltweit in der Erdölindustrie durch.

Von zentraler Bedeutung für die internationale Ölindustrie waren die Kartellierungsbewegungen in der zweiten Hälfte der zwanziger Jahre. Seit Kriegsende fanden die sich

---

22 George Elliot Sweet, *The History of Geophysical Prospecting*, Los Angeles (3. Auflage) 1978, 42–44 und 116 f.

23 Daniel Yergin, *Der Preis* ... (1991), 153 f.

24 Harold F. Williamson et al., *The American* ... (1963), 44 f.

25 Cadman war der Initiator des Achnacarry-Kartells: James H. Bamberg, *The History* ... (1994), 106–109. Vgl. Daniel Yergin, *Der Preis* ... (1991), 340–343. Vgl. Helmut Mejcher, *Die Politik* ... (1980), 194.

26 Hermann Suida, „Ubbelohde als Leiter der Internationalen Petroleum-Kommission", in: *Leo Ubbelohde: sein bisheriges Lebenswerk*, Karlsruhe 1951, 36–42, hier 40. Vgl. August W. Giebelhaus, „The Emergence of the Discipline of Petroleum Engineering: An International Comparison", *ICON – Journal of the International Committee for the History of Technology* 2 (1996), 108–122, hier 111 und 113 f.

27 George Elliot Sweet, *The History* ... (1978[3]), 23. Hermann Pätz, „Zur Geschichte ..." (1970), 651 f. F. R. van Veen, *Willem van Waterschoot van der Gracht 1873–1943: een biografie*, Delft 1996, 37–41.

hinziehenden orientalischen Verhandlungen unter dem – vor allem in den USA herrschenden – Eindruck statt, daß die globalen Kohlenwasserstoffressourcen zu Ende gingen. Verantwortlich für diese Sicht waren vor allem die Ressourcenberechnungen des US-Bureau of Mines, die in regelmäßigen Abständen ein düsteres Bild der Welterdölvorräte zeichneten. 1920 kam man auf gerade 43 Millionen Barrel (ca. 5,9 Millionen t) erbohrte und nicht erbohrte Reserven. Solch ein Ölangebot stand in erheblichem Mißverhältnis zur Nachfrage eines schnell expandierenden Automobilmarkts in den USA. Um die Zukunft des zivilen wie militärischen Marktes sichern zu können, wurde 1924 – auf Betreiben des Intellektuellen und Ölmagnaten Henry Doherty/Cities Service – unter Präsident Coolidge das Federal Oil Conservation Board eingerichtet, dessen Ziel es war, die Ausbeutung der US-amerikanischen Erdöllagerstätten zu rationalisieren.[28]

Aufgrund des Grundeigentümerbergbaus war das Ausbeutungsmuster der Erdöllagerstätten in den USA auch nach dem Ersten Weltkrieg boomhaft; d.h. bei spektakulären Funden setzte der übliche schwunghafte und spekulative Handel mit Parzellen ein, Bohrungen wurden ohne Rücksicht auf den Lagerstättendruck in geringen Abständen voneinander niedergebracht, und die Förderung erfolgte entsprechend der Konjunktur raubbauartig. Mit verbrauchtem Lagerstättendruck und allzuschnell nachdringendem Randwasser verwässerten die Lagerstätten vor der Zeit. Dohertys von Coolidge aufgegriffene Idee bestand darin, die verschiedenen Produzenten auf einer Lagerstätte zu Produktionsgemeinschaften unter bundesbehördlicher Aufsicht zusammenzufassen. In der US-amerikanischen Öffentlichkeit wie in der Erdölindustrie stieß die Idee einer staatlichen Moderation zunächst auf schärfste Ablehnung, aber nach einigen Jahren missionarischer Tätigkeit des Federal Oil Conservation Board kam die sog. Unitization-Bewegung um 1928 in Schwung.[29]

Einen weiteren Kartellierungsschub brachte die Bildung des sog. *Patent Clubs* über Raffinationspatente in den USA ab 1921 mit sich. Die wesentliche Neuerung der Raffination – das thermische Cracken zur Benzinproduktion – hatte eine Vielzahl neuer Verfahren hervorgebracht, die einander sehr ähnelten, was ab 1920 dazu führte, daß die Konzerne wegen Patentverstoßes gegeneinander zu prozessieren begannen. 1921 setzte sich der erste *Patent Club* aus den ehemaligen Kontrahenten Standard Oil of Indiana (Burton- bzw. Holmes-Manley-Verfahren) und Texaco (Adams-Verfahren) zusammen, dem sich 1923 die Pure Oil (Cross-Verfahren) und die SO (*tube and tank*-Verfahren) anschlossen. Innerhalb des sich erweiternden Patentklubs wurden auf Gegenseitigkeit beruhende patentrechtliche Freifahrtscheine ausgestellt, nach außen hin wurde prozessiert. Dadurch unterlief das thermische Cracken weitgehend die Bestimmungen des US-Patentrechts und wurde zu einer Frage der Kartell-Abmachungen. Bis 1931 sollte sich die Universal Oil Products mit ihrem Dubbs-Verfahren, das insbesondere Socal und

---

28 Wilhelm Mautner, „Wie wird die Welt in der Zukunft ihren Petroleumbedarf decken?", *Petroleum* 23 (1927) 7, 273–281. Vgl. Daniel Yergin, *Der Preis* ... (1991), 282–285.

29 Wilhelm Mautner, „»Unitization« der Ölfelder", *Petroleum* 26 (1930) 49, v. 3. Dezember 1930, 1169–1180, hier 1170–1174. Vgl. Daniel Yergin, *Der Preis* ... (1991), 286–289.

RD-S in Kalifornien anwandten, mit ihrer Klage gegen den Patent Club stellen, wurde danach aber einfach durch seine Lizenznehmer aufgekauft und im „Frieden von 1931" dem Patentklub einverleibt.[30]

Die Erdölexploration wurde in den frühen zwanziger Jahren revolutioniert, als insbesondere Marland Oil und Royal Dutch-Shell seismische Methoden, die im Krieg zur Ortung feindlicher Artillerie entwickelt worden waren, zur echolotartigen „Durchleuchtung" des Untergrundes der texanisch-louisianischen Golfküste einsetzen ließen. Andere Methoden, wie das Messen von magnetischen und gravimetrischen Anomalien, wurden von diesen „szientifistischen" Gesellschaften ebenfalls in Auftrag gegeben. An der Golfküste wurden auf diese Weise Salzstöcke im Untergrund aufgespürt, an deren Flanken mit großer Zuverlässigkeit Erdöl erbohrt wurde. Die führenden geophysikalischen Gesellschaften, die sich unmittelbar vor dem Einsatz oder währenddessen bildeten, waren die deutsche Seismos GmbH Ludger Mintrops und die amerikanische Geophysical Research Company von DeGoyler/Karcher. Die neue Explorationsmethode war ab 1926 so erfolgreich, daß alle bisherigen Weltreservenberechnungen in den Papierkorb wanderten und der bislang konstatierte Ölmangel in eine Ölflut umschlug.

Die Streitigkeiten um den Orient als Ölversorger der Zukunft und die geophysikalisch herbeigeführte Ölflut bereiteten einer globalen Wende in der Ölwirtschaft und Ölpolitik den Boden. Angesichts der fallenden Preise bemühten sich die größten Produzenten der Welt 1928 im schottischen Achnacarry, ein weltweites Erdölkartell ins Leben zu rufen. In diesem sollten die bestehenden Marktanteile jeder Gesellschaft als Quote festgeschrieben („As Is") und die Produktion global gedrosselt werden.

Mit Gründung der britisch-amerikanisch-französischen Iraq Petroleum Company im Juli 1928 und dem Achnacarry- oder „As Is" Agreement vom August 1928 wurde das Kapitel der Verteilungskämpfe abgeschlossen und ein neues der internationalen Kartellbemühungen begonnen.[31]

Dem Vergleich mit diesem wirtschaftlich, politisch und wissenschaftlich weit entwickelten System der internationalen Erdölindustrie konnte das deutsche Pendant um 1927/28 nicht entfernt standhalten. Rückschläge, Regression und Zersplitterung kennzeichneten die deutsche Ölindustrie in der späten Weimarer Republik.

Seit den Anfängen der Lampenölindustrie hatte die SO mit ihrer deutschen Tochter Deutsch-Amerikanische Petroleum AG (DAPG) den deutschen Markt in Abhängigkeit gehalten. Dagegen hatten sich seit der Jahrhundertwende vor allem die deutschen Banken in der Ölindustrie engagiert – Deutsche Bank in der Deutschen Petroleum AG (DPAG), Disconto-Gesellschaft und Bankhaus Bleichröder in der Deutschen Erdöl AG (DEA), die in wechselnder Allianz mit dem britischen „Herausforderer" Shell und der russischen Erdölindustrie eine Anti-Standard Oil-Politik betrieben, die noch ganz dem

30 Harold F. Williamson et al., *The American* ... (1963), 374–394.

31 Daniel Yergin, *Der Preis* ... (1991), 289–291 und 343–350. James H. Bamberg, *The History* ... (1994), 112–115.

Denken der Ölkriege des 19. Jahrhunderts verhaftet war. Nach hochfliegenden Plänen in der Vorkriegszeit, die omnipräsente SO mithilfe eines staatlichen Petroleummonopols vom deutschen Markt zu drängen und – via Bagdadbahn – im Osmanischen Reich eine autonome Ölbasis für Europa zu erschließen,[32] formulierte die Reichsregierung während des Ersten Weltkriegs eine imperiale Ölpolitik, die sich vor allem auf das besetzte Rumänien und den Kaukasus als Ölbasis stützte, in deren Mittelpunkt die Gründung einer „Mitteleuropäischen Erdölgesellschaft" stand, die die Interessen der DPAG und DEA in einem vertikal konzentrierten und international konkurrenzfähigen deutschen Ölkonzern zusammenfassen sollte, den es bislang nicht gab[33] – und den es trotz aller Bemühungen in Kaiserzeit, Weimarer Republik, „Drittem Reich" und Bundesrepublik bis auf den heutigen Tag nicht gibt. Gegen diese „mitteleuropäische" Strategie mit der Donau als Rückgrat, bildete sich eine Gegenallianz neuer deutscher Mitspieler im Ölgeschäft, bestehend aus der Hamburg-Amerika-Linie und dem Stinneskonzern, die das Öl über die Häfen der atlantischen Peripherie einführen wollten.[34] Infolge des Kriegsausgangs gingen die Banken ihrer ausländischen Betätigungen verlustig und zogen sich aus dem Ölgeschäft scheu zurück,[35] während Stinnes einen vertikal integrierten, international agierenden und mit SO, RD-S und Sinclair Consolidated Oil (Sinco) kooperierenden[36]

---

32 Insgesamt Helmut Mejcher, „Die Bagdadbahn als Instrument deutschen wirtschaftlichen Einflusses im Osmanischen Reich", *Geschichte und Gesellschaft* 1 (1975) 4, 447–481. Ullrich Brack, *Deutsche* ... (1977). Autonome: Ebd., 165 f. Gregory P. Nowell, *Mercantile* ... (1994), 58–65. Vgl. Frederic Carl Geretson, *History* ... (1955), 79. Maurice Pearton, *Oil* ... (1971), 32.

33 Fritz Fischer, *Griff* ... (1964), 689–696. Maurice Pearton, *Oil* ... (1971), 83–93. Ullrich Brack, *Deutsche* ... (1977), 498. Vgl. Rainer Karlsch, *»Faktor* ...*«* (2003), 110.

34 Fritz Fischer, *Griff* ... (1964), 696. Gerald D. Feldman, *Hugo* ... (1998), 472 und 992 Fn 201. Vgl. Rainer Karlsch, *»Faktor* ...*«* (2003), 109.

35 Ausführungen Direktor von Stauss auf der außerordentlichen Generalversammlung der DPAG am 19. Mai 1922, „Finanzielle Chronik", *Petroleum* 18 (1922) 16, 661. Alfred Faber, „Frankreichs auswärtige Erdölpolitik seit Kriegsende (1918–1923)", *Petroleum* 20 (1924) 1, 13–15. Ebd. 2, 48–51. Ebd., 3, 85–88. Ebd. 4, 117–121, hier 87. Maurice Pearton, *Oil* ... (1971), 82–95 und 107–109. Dirk Bavendamm, „1899–1999: 100 Jahre RWE-DEA: die Geschichte des Unternehmens", in: 1999: 100 Jahre RWE-DEA, hg. RWE-DEA Aktiengesellschaft für Mineralöl und Chemie, Hamburg 1999, 171–277, hier 182–194. Rainer Karlsch, *»Faktor* ...*«* (2003), 115–118.

36 Hubert Berendes, „Die Bergingründungen und andere Ölinteressen der I. G. Farbenindustrie-A.-G." *Petroleum* 24 (1928) 5, 201–205, hier 203. Heinz Flieger, *Unter* ... (1961), 101. Gert Uwe Detlefsen, *Die Stinnes Reedereien: eine Darstellung der Schiffahrtsinteressen des Großindustriellen Hugo Stinnes, seiner Nachfahren Hugo jr., Otto und Matthias Stinnes sowie ihrer Reedereien*, Bad Segeberg 1998, 47. Gerald D. Feldman, *Hugo* ... (1998), 839 f. Vgl. Ausführung Naramore, Präsident der North European Oil Corp (NEOC) und ehemaliger Sinco-Manager, auf der Besprechung zwischen Vertretern der Preußag, NEOC und PGLA im Bankhaus M. Warburg, Hamburg, am 5. Mai 1930, nach Bentz, Geheimer Bericht über die Entstehung, Finanzierung und Pläne der North European Oil Corporation, v. 12. Mai 1930, fol.1, in: NLfB 87991. Danach ging die Idee einer Kooperation zwischen Stinnes und Sinclair auf das Jahr 1919/1920 zurück.

Ölkonzern auf die Beine stellte. Diesem Konzern war jedoch keine große Zukunft beschieden, nach Stinnes Tod 1924 brach er wieder auseinander.[37]

Charakteristisch für die Ölindustrie in der Weimarer Republik war die Vorherrschaft internationaler Ölkonzerne, die vor allem teure Fertigprodukte importierten und über weitgespannte *downstream*-Organisationen auf den begehrten deutschen Markt brachten. Ähnlich der im Kaiserreich gewachsenen Importstruktur standen die Importeure je in Abhängigkeit von US-amerikanischem Kapital (Nord-, Ostseeküste und Hinterland) oder niederländisch-britischem, bzw. deutschem Kapital (Donau). Diese Trennung prägte auch die Firmenlandschaft der Weimarer Republik weitgehend. Der Donauverkehr litt zwar seit 1896 nicht mehr unter den schwierigen Strömungsbedingungen am Eisernen Tor – was durch Kanalbau behoben worden war; aber dennoch mußte Erdöl, das aus Rumänien kam, noch in den zwanziger Jahren zweimal geleichtert werden, um allein bis zur österreichischen Tank- und Raffinerieeinrichtung Wien-Florisdorf zu gelangen. Überdies wurde der Binnenschiffahrtsverkehr erheblich durch winterliche Vereisung und sommerliche Niedrigwasser gestört.[38]

Nach Kriegsende kamen die Importe in der Hauptsache wieder aus den USA über Hamburg ins Deutsche Reich.[39] Gesteuert wurden sie anfänglich durch die zuständige Reichsbehörde, die Erdöl, Rohöl und Produkte bewirtschaftete und nach Kriegsende hierzu zum Teil Kredite bei den internationalen Konzernen aufnahm.[40] Nach Aufhebung der Bewirtschaftung für Benzin am 1. Januar 1922 und für Petroleum am 30. April 1922 nahmen die internationalen Konzerne die Belieferung des deutschen Marktes wieder über ihre Verarbeitungs- und Absatzorganisationen auf.[41] Der Löwenanteil des Petroleumimports lief wieder über die Häfen der atlantischen Nebenmeere, die bedeutendsten Anlagen und Firmen lagen bei und in der Hansestadt Hamburg – im alten Petroleumhafen der Stadt, und im neuen Petroleumhafen an der Süderelbe bei Harburg-Neuhof.[42]

---

37 Hubert Berendes, „Die Bergingründungen ..." (1928), 202. Rainer Karlsch, »*Faktor* ...« (2003), 138–140. Titus Kockel, *Geologie* ... (2003), 89–95.

38 Florisdorf: „Verarbeitung und Verteilung – Österreich: Rohöleinfuhr über Triest", *Petroleum* 20 (1924) 24, 1224. Wintervereisung 1925: „Finanzielle Chronik: Bayerischer Lloyd", *Petroleum* 22 (1926) 22, xi, und 1928: „Finanzielle Chronik: Bayerischer Lloyd", *Petroleum* 25 (1929) 29, 1037. Sommerniedrigwasser: „Finanzielle Chronik: Danubia AG für Mineralölindustrie, Regensburg", *Petroleum* 17 (1921) 15, v. 20. Mai 1921, 531 f. Vor- und Nachteile des Transportwegs insgesamt: Maurice Pearton, *Oil* ... (1971), 40 f.

39 Vgl. „Der erste Rohöldampfer in Hamburg eingetroffen", *Deutscher Mineraloel-Haendler*, 8 (1919) 43, v. 10. Oktober 1919, Beiblatt zu *Petroleum* 15 (1919/1920) 2, v. 10. Oktober 1919, 96.

40 Vgl. Geschäftsbericht 1921 der Oelwerke Rhenania AG, Düsseldorf, „Finanzielle Chronik", *Petroleum* 18 (1922) 14, v. 10. Mai 1922, 557 f.

41 Vgl. „Finanzielle Chronik: DAPG", Petroleum 18 (1922) 28, v. 1. Oktober 1922, 1210.

42 Neuer Petroleumhafen, Harburg: Geschäftsbericht Olea 1923, „Finanzielle Chronik", *Petroleum* 19 (1923) 18, 632. Geschäftsbericht Schindlerwerke 1925 „Finanzielle Chronik", *Petroleum* 22 (1926) 27, x. Geschäftsbericht NITAG 1927, „Finanzielle Chronik", *Petroleum* 24 (1928) 23, 1025.

1928 zeichnete sich jedoch ab, daß unter der Ägide der Derupag/MAWAG ein weiteres Zentrum in Ostermoor am Nordostseekanal entstehen würde, das sich aus den ehemaligen Marinetankeinrichtungen entwickelte, die Hugo Stinnes für seine hochfliegenden Pläne erworben hatte.[43]

Nach dem Intermezzo des Ersten Weltkriegs gelang es der SO-Tochter DAPG weitgehend, ihre marktbeherrschende Stellung wieder einzunehmen. Jedoch erwuchsen ihr in der sowjetischen Derunapht + Derop, sowie der ebenfalls aus dem entflochtenen Trust stammenden DVOAG (Socony) in der Weimarer Republik nicht zu unterschätzende Gegner – vor allem aber bemühte sich die Rhenania-Ossag (Royal Dutch-Shell Group) um Anschluß.

Zur Beherrschung von Import, Handel und Vertrieb hatte der Konzern mehrere deutsche Töchter aufgebaut, wovon die 1890 gegründete „Deutsch-Amerikanische Petroleum AG, Hamburg" die mit Abstand bedeutendste war.[44] 1898 hatte der Konzern als Ableger die „Deutsche Vacuum Oel AG, Hamburg" (DVOAG) gegründet, die den größeren Teil der Veredelungs- und Raffinationsinteressen der SO im Deutschen Reich wahrnahm. Nach der Entflechtung 1911 wurde die DVOAG der SO-Waise „Standard Oil Company of New York" (Socony) zugeschlagen, die in den späten 1920ern mit der US-amerikanischen Vacuum Oil Company zur Socony-Vacuum fusionierte[45] und heute als Mobil Oil bekannt ist.[46]

Die größte Raffinerie im Deutschen Reich, die „Ebano-Asphalt AG" in Harburg, war ein Ableger der DAPG.[47] Der kleinere Teil der SO-Raffination im Deutschen Reich wurde durch die „Raffineriefabrik AG vorm. August Korff, Bremen" übernommen, an der die SO seit 1894 Mehrheitsanteile besaß.[48] Dazu gesellten sich weitere Danziger und Königsberger Organisationen der SO:

---

[43] Vgl. S. 26, 40 und Fn. 124 ff.

[44] Wilhelm Mautner, „Die Standard Oil Company" *Petroleum* 22 (1926), 1012.

[45] In der US-amerikanischen Öffentlichkeit herrschte seit den Enthüllungen des *muckrake* Journalismus' in den achtzehnhundertneunziger Jahren eine besondere Sensibilität gegenüber Trustbildungen: Daniel Yergin, *Der Preis* ... (1991), 131 f. Als die Fusion von Socony und Vacuum Oil Co. bekannt wurde, kam es zu einer Kartellklage vor dem US-Bundesgerichtshof; die neue Socony-Vacuum kontrolliere 9% des US-Marktes: Wilhelm Mautner, „Chronik ..." (1930), ii, 1.

[46] Daniel Yergin, *Der Preis* ... (1991), 144. Der Produktname „Mobiloel" wurde indes bereits auf der IAA-Lastwagen und Betriebsstoffe-Messe in Köln geführt„Betriebsstoffe und Straßenbau auf der internationalen Automobilausstellung in Köln 1927", *Petroleum* 23 (1927) 29, 1255–1270, hier 1259 und 1261.

[47] „Inbetriebnahme der Mineralölraffinerie in Misburg", Petroleum 28 (1932) 18, 21–24, hier 24.

[48] Ullrich Brack, *Deutsche* ... (1977), 66 und 277.

Tabelle 1: Standard Oil Company of New Jersey – deutsche Töchter 1926:[49]

		Kapital
Amerikanische Petroleum Anlagen GmbH (1904):	RM	750.000,-
Baltisch-Amerikanische Petroleum-Import GmbH (1919):	M	250.000,-
Deutsch-Amerikanische Petroleum AG (1890):	RM	3.600.000,-
Deutsche Petroleum Verkaufsgesellschaft (1906):	M	11.300.000,-
Königsberger Handels-Compagnie AG (1872):	M	460.000,-
Mineralöl-Produkte Lager GmbH (1910):	RM	500.000,-
Mineralöl-Raffinerie vorm. Aug. Korff (SO seit 1894)	M	2.700.000,-

Als im Jahr 1923 die Olex begann, im Deutschen Reich ein eigenes Zapfstellennetz aufzubauen, zog die DAPG sogleich nach. In den Bereichen Import, Tanklager und Vertrieb stellte 1927/28 die DAPG den unbestrittenen Marktführer dar, 1927 erzielte die Gesellschaft einen Umsatz von fast RM 7,7 Millionen.[50]

Branchenzweiter wurde bis 1928 die Royal Dutch-Shell Group (RD-S), wofür sie lange kämpfen mußte. Nach dem Ende des Ersten Weltkrieges und der Zwangsbewirtschaftung für Öl wurde die deutsche Tochter der RD-S, Rhenania wieder aktiv. Vor allem ab 1923 sah sie sich einem deutlichen Konkurrenzdruck ausgeliefert, als Olex, DAPG und Benzol-Verband mit dem Ausbau eigener Benzin-Vertriebsnetze mit Tankstellen und Zapfsäulen begannen.[51] 1924 übernahm die RD-S Gruppe die Aktienmajorität des größten deutschen Herstellers von Spezialschmierstoffen, der „Oelwerke Stern-Sonneborn AG, Hamburg", die hochwertige Transformatoren- und Zylinderöle und -emulsionen für Industriemaschinen produzierten, sowie das von Luftfahrt- und Rüstungsindustrie begehrte „Voltöl". 1925 fusionierten die „Mineralölwerke Rhenania AG, Düsseldorf" und die „Oelwerke Stern-Sonneborn AG, Hamburg" offiziell zur „Rhenania-Ossag Mineralölwerke AG, Düsseldorf".[52] Erst ab 1925 begann auch die RD-S-Tochter, zu einem Großbetrieb mit Tanklagernetz, Asphaltbetrieben und Vertriebsnetz und zu einem wirklichen Konkurrenten der DAPG heranzuwachsen,[53] einem Pendant zur internationalen Expansion der RD-S Gruppe mit Produktionsgebieten in Mexiko, Venezuela, USA, und den Aufbau weltweiter Vertriebsnetze ab Mitte der 1920er vorzunehmen.[54] 1927/28 war Rhenania Marktführer auf dem deutschen Schmiermittelmarkt und verfügte mit ca. 4.200 Zapfstellen über das zweitgrößte Tankstellennetz im Reich.[55] Die Gesellschaft erzielte 1927 einen Umsatz von fast RM 2 Millionen.[56]

Als dritter großer Importeur trat um 1924 die unabhängige „Naphta-Industrie und Tankanlagen AG, Berlin (NITAG)" in Erscheinung. Sie war ein Überbleibsel der russi-

---

49 Mautner, „Die Standard ..." (1926), 1009–1020.

50 Geschäftsbericht der DAPG 1927, „Finanzielle Chronik", *Petroleum* 24 (1928) 13, 579. Vgl. Ebd., 32, 1482.

51 Heinz Flieger, *Unter* ... (1961), 98 f.

52 Ebd., 107–115. Fusion: Ebd., 112.

53 Tanklager: Ebd., 116. Asphalt: Ebd., 99 und 132 f.

54 Daniel Yergin, *Der Preis* ... (1991), 295–316 et passim.

55 Heinz Flieger, *Unter* ... (1961), 99.

56 Geschäftsbericht der Rhenania-Ossag 1927, „Finanzielle Chronik", *Petroleum* 24 (1928) 13, 579.

schen Privatindustrie, die seit 1912 auf drei große Gruppen aufgeteilt war: Die britische „Russian General Oil Corporation" (RGOC), in der sich die kaukasischen Produzenten Manatschew, Gukassow, Lianosow sowie viele kleinere zusammengeschlossen hatten und welche nach der Vereinigung von 1912 den größten russischen Produzenten darstellte; die Nobel-Gruppe und die Asiatic-Masut-Gruppe, die zuvor der SA Caspienne et de la Mer Noire (BNITO) des Pariser Bankhauses Rothschild gehört hatte, welche sie im Jahr 1912 zu 80 % an die Royal Dutch-Shell veräußerte. 1917 war es der Nobel-Gruppe in einem Handstreich gelungen, die Aktienmehrheit der RGOC an sich zu bringen, worauf hin sich eine kleinere Gruppe um die „Naphtaproduktionsgesellschaft »Neft«" von der RGOC abspaltete. Als nach dem Zusammenbruch des britisch-türkischen Besatzungsregimes im aserbaidschanischen Erdölrevier (1918–1920) die Gruppe verstaatlicht wurde, besaßen die Nobel-Aktien infolge der außerhalb der UdSSR befindlichen Transportkapazitäten noch immer besonderen Wert, weshalb sowohl RD-S, als auch SO versuchten, eine Mehrheit in die Hand zu bekommen.[57] Die schnell expandierende, kapitalkräftige NITAG unter Leitung der Berliner Familie Kahan konzentrierte sich auf den in der Weimarer Republik – mit Unterbrechung der Preiskrise 1926–1928 – lukrativen Import, wozu sie die Nobel-Töchter „United Caucasus Oil Co., London", die „Caucasian Oil Co., Kopenhagen" und die „Kaukasus-Handels GmbH, Berlin" übernahm[58] und die „Rheinische Naphta Industrie AG, Berlin" als Tochter gründete. Der Ausbau von Flotte und Tankanlagen ging in großen Schritten voran,[59] ab 1926 spielte das Bankhaus „Hardy & Co., New York" eine entscheidende Rolle in der Gesellschaft,[60] womit sich der Einfluß der SO, die ja mit 50 % am Nobelerbe beteiligt war, auf diese Import- und Vertriebsgesellschaft bemerkbar gemacht haben dürfte. Die NITAG verfügte auch über ein eigenes Netz von Tankstellen; 1934 sollte die Wintershall AG die Majorität des Konzerns übernehmen und die Gesellschaft zur Vertriebsorganisation für ihre Produkte umbauen.[61]

Von großer Bedeutung waren die neuen sowjetischen Vertriebseinrichtungen, wenngleich weniger wegen ihres faktischen Marktanteils als wegen der Zielstrebigkeit, mit der sie die weltweite Vorherrschaft der Westmächte in der Ölwirtschaft zu bedrohen schienen.[62] Nachdem sich das Deutsche Reich in Rapallo (1922) zur UdSSR hin geöffnet hatte, war es 1924 zu bilateralen Handelsverträgen gekommen, die die Lieferung von sowjetischen Fertigprodukten (Benzin, Schmieröl, Solaröl) ins Deutsche Reich

---

57 Werner von Knorre, „Die russische Erdölwirtschaft", *Petroleum* 23 (1927) 9, 341–364. Ebd. 12, 495–518. Ebd. 18, 715–750, hier 501–503.

58 „Finanzielle Chronik", *Petroleum* 20 (1924) 29, v. 1. Oktober 1924, 1526.

59 Vgl. „Finanzielle Chronik", *Petroleum* 22 (1926) 24, ix. Ebd., 23 (1927) 15, 625 f. und ebd., 24 (1928) 23, 1025.

60 „Finanzielle Chronik", *Petroleum* 23 (1927) 1, v. 1. Januar 1927, xi.

61 Geschäftsbericht der Nitag für das Jahr 1934: „Firmen-Nachrichten", *Oel und Kohle* 12 (1936) 3, v. 15. Januar 1936, 76. Vgl. „Firmen-Nachrichten", *Oel und Kohle* 12 (1936) 7, 164.

62 Vgl. Yury Napuch, *Die Sowjetunion* ... (1986), 26 f. James H. Bamberg, *The History* ... (1994), 112.

vorsahen, mit DEA, Stinnes-Riebeck Öl, Julius Schindler und Ernst Schliemann als importierenden Firmen.[63] Bei neuen Verhandlungen zwischen der Sowjetregierung und der Regierung des Deutschen Reichs Ende 1925 war ein 150 Millionen-Mark-Kredit im Gespräch, der ausschließlich dem Aufbau der sowjetischen Erdölindustrie zugute kommen sollte. Dieser Kredit wurde zu einem breit angelegten 300 Millionen-Mark-Kredit in Gestalt einer 60%igen Ausfallbürgschaft verwässert, wobei die deutsche Fertigungsindustrie Bohranlagen im Wert von RM 39,5 Millionen an die UdSSR liefern sollte. Im Gegenzug strömte sowjetisches Öl auf den deutschen Markt.[64]

Von deutschen Patrioten als „zweiter Versuch" begrüßt, die Vormachtstellung der SO auf dem europäischen Markt zu brechen,[65] waren die Öllieferungen Teil der sowjetischen Strategie, das bürgerkriegszerstörte, kapitaldrainierte Land mit dem Geld aus der Ölgewinnung wiederaufzubauen. Dazu wurden Produktion und Verarbeitung technisch auf Vordermann gebracht und in Form der neuen sowjetischen Öltrusts organisiert.[66] Der Export lief zunächst über das „Allrussische Naphta-Handelssyndikat", aber nach schlechten Erfahrungen mit westlichen Vertriebsgesellschaften[67] zogen die Sowjets ab 1925/26 ihr eignes Vertriebsnetz in Europa auf. In Großbritannien lud die Russian Oil Products (ROP) den ewigen Zorn Sir Henri Deterdings auf sich.[68] Im Deutschen Reich stieß sie ihre ehemaligen Partner, darunter den Benzol-Verband, vor den Kopf,[69] als sie zusammen mit dem polnischen Importeur „Gallia" im Februar 1928 die „Derop" Deutsche Vertriebsgesellschaft für Russische Öl-Produkte AG (Derop) als eigenständige Ölverkaufsgesellschaft mit Tankstellenkette aus der Taufe hob. Im Aufsichtsrat

---

63 Werner von Knorre, „Die russische ..." (1927), 506.

64 „Die Bedeutung der russischen Erdölproduktion für den deutschen Markt", *Petroleum* 23 (1927) 18, 774–777, hier 776.

65 Rapallo galt dem der Kohlechemie nahestehenden *Petroleum*-Autor Alfred Faber als erster hoffnungsvoller Schritt Richtung nationaler Restitution im Kohlenwasserstoffsektor: Alfred Faber, „Frankreichs ..." (1923), 119. Zweiter Versuch: „Finanzielle Chronik", *Petroleum* 21 (1925) 32, 2027. Ähnlich Walther Wieland auf der Jahresverammlung der Deutschen Ammoniak-Verkaufsvereinigung GmbH, Benzol-Verband GmbH, Bochum, Cumaronharz GmbH und Verkaufsvereinigung für Teererzeugnisse in Godesberg/Rh. am 6. Mai 1927, der eine „eigenständige Ölpolitik" der Reichsregierung einklagte: „Die Bedeutung der russischen Erdölproduktion für den deutschen Markt", *Petroleum* 23 (1927) 18, 776 f.

66 Werner von Knorre, „Die russische ..." (1927), 506 und 516 f. Zur Modernisierung der sowjetischen Erdölindustrie mithilfe eines gewaltigen Investitionsprogramms ab 1924/1925: Helmut Mejcher, *Die Politik* ... (1990), 39–41.

67 Kommissionsverträge waren 1923/24 unter anderem auch mit der britisch-niederländischen Asiatic Petroleum Co. (RD-S) und dem Ungarischen Syndikat abgeschlossen worden: Werner von Knorre, „Die russische ..." (1927), 517. Für den Export mußte die UdSSR auf britische, deutsche, norwegische und griechische Tanker zurückgreifen: Ebd., 513. Die Verluste betrugen 1923/24 6 Millionen Goldrubel: Ebd., 515.

68 James H. Bamberg, *The History* ... (1994), 112.

69 „Finanzielle Chronik", *Petroleum* 22 (1926) 27, x. Vgl. Vortrag des Aufsichtsratsvorsitzenden Belenki auf der ersten Generalversammlung der Derop, 1. Juli 1929, „Finanzielle Chronik", *Petroleum* 25 (1929) 28, 1006.

befanden sich mit Friedrich Rosen und Arnold Schneider auch zwei Vertreter der deutschen Diplomatie.[70] Der Ausbau der Vertriebsorganisation wurde zügig in Angriff genommen, und bald verfügte die Derop über ein reichsweites Tanklager-, Zulieferungs- und Tankstellennetz mit ausgedehntem Fuhrpark und Eisenbahnkesselwagenbestand.[71] Die Derop, die mit ihren Verkaufseinrichtungen in der späten Weimarer Republik recht präsent war, sollte sich im Sommer 1933 den Angriffen der Kriminalpolizei unter Göring ausgesetzt sehen;[72] vor 1937 gingen alle Anlagen und Einrichtung der sowjetischen Gesellschaft in die Vorgängerorganisation der ARAL, des Benzol-Verbands, Bochum, über.[73]

Als weiterer ausländischer Importeur ist schließlich die 1898 durch den alten Standard Oil Trust gegründete „Deutsche Vacuum Oel AG, Hamburg" (DVOAG) zu nennen. In Schulau/Wedel bei Bremen wurde 1905 die Raffinerie der DVOAG in Betrieb genommen, die nicht nur die Veredelungs- und Raffinationsinteressen der SO im Deutschen Reich wahrnahm, sondern grundsätzlich die erste Anlaufstelle für die Raffination hannoverscher Rohöle darstellte; nach Inbetriebnahme der Raffinerie engagierte sich die DVOAG auch in Verladeeinrichtungen in Wietze für die bis zum Beginn des Ersten Weltkriegs bedeutende Tankschiffahrt auf der Aller.[74] Nach der Entflechtung 1911 kam die DVOAG zur neuen Teilgesellschaft „Standard Oil Company of New York" (Socony).[75] In den zwanziger Jahren ließ die Elwerath einen Teil ihrer hannoverschen Produktion in Schulau/Wedel raffinieren.[76] Die DVOAG war in den zwanziger Jahren auf Schmieröl spezialisiert, das sie als „Gargoyle Mobiloel" auf den deutschen Markt

---

70 „Finanzielle Chronik", *Petroleum* 24 (1928) 6, 277. Die Derop zog am 8. April 1928 in die Geschäftsräume in der Budapester Str. 9 um: „Finanzielle Chronik", *Petroleum* 25 (1929) 18, 647. Im Juni 1929 übernahm die Derunapht auch das Aktienpaket der Gallia und erhielt damit 100% Kontrolle über die Vertriebsgesellschaft. „Finanzielle Chronik", *Petroleum* 25 (1929) 28, 1007.

71 Anfang 1928 hatten sie 9 Handelsniederlassungen und Verkaufseinrichtungen, Mitte 1929 bereits 21: „Finanzielle Chronik", *Petroleum* 25 (1929) 28, 1007.

72 Emil Rasche, *Die sechste Großmacht: Männer und Mächte um Erdöl*, Frankfurt/M. 1951, 136 f. Rasche behauptet, der Befehl zur Durchsuchung durch die Kripo sei unmittelbar nach einem Gespräch zwischen Hitler und Sir Henri Deterding gegeben worden.

73 „Firmen-Nachrichten", *Oel und Kohle* 14 (1938) 25, p. 538.

74 Vgl. Ullrich Brack, *Deutsche*... (1977). Ingo Heidbrink, „Mit Erdöl auf Reisen – deutsche Binnentankschiffahrt seit 1887: überarbeitete Fassung des Vortrages am 12.11.1999 im Deutschen Erdölmuseum", *Ölpost* 6 (2000) 2, Beilage, B.1–B.4, hier B.2 f.

75 Daniel Yergin, *Der Preis*... (1991), 144. Der Produktname „Mobiloel" wurde indes bereits auf der IAA-Lastwagen und Betriebsstoffe-Messe in Köln geführt: „Betriebsstoffe ..." (1927), 1259 und 1261.

76 Günther Schlicht, „Erdöl", in: *Die Bergwerke Deutschlands: auf bergwirtschaftlicher und lagerstättenkundlicher Grundlage*, hg. Paul Hülsemann, Stuttgart 1930, 351–373, hier 369 f. Nordöl: Siehe S. 47 und Fr. Behme, „Zur Geschichte der hannoverschen Erdölindustrie", Sondernummer „Das Erdöl in Deutschland", *Petroleum* 27 (1931) 11, 188–192, hier 191 f. DVOAG: BIOS 1017, 13.

brachte – mit dem gotischen Wasserspeier als Markenzeichen.[77] Während sich Elwerath, Preußag, Reichskraftsprit, SO, RD-S und APOC (später AIOC) ab 1932 in der Raffination von Benzin aus deutschen Rohölen engagierten,[78] präsentierte sich die DVOAG noch bis Mitte der dreißiger Jahre als Schmierölgesellschaft.[79] Im „Dritten Reich" sollte sie sich unter ihrem Chefgeologen Walter Kauenhowen zu einer der aktivsten NS-Firmen entwickeln.

Der Zusammenbruch des Stinnes-Ölkonzerns hinterließ ein Vakuum auf dem deutschen Markt, das angesichts weltweit diagnostizierter Ölknappheit und deutscher Entwicklungsaussichten bei der Motorisierung von besonderer Sogwirkung war.[80] Zwei fachfremde, im Deutschen Reich aber traditionell sehr starke Industrien stießen sogleich auf den Zukunftssektor vor, die Chemische Industrie und die Montanindustrie; und auch die von den Banken bestimmte ältere deutsche Ölindustrie, die sich in der frühen Weimarer Republik vom Ölgeschäft aufs Braunkohlegeschäft verlagert hatte, bemühte sich um Konzentration im Ölsektor.

Im Zeitfenster der globalen Ölknappheit (1923 – 1926) bedeutete der Zusammenbruch der Stinnes-Riebeck-Öl AG für die großen Unternehmen der deutschen Chemischen Industrie mehr als eine Gelegenheit, auf zukunftsträchtigem, gleichwohl fremdem Terrain zu wildern. Insbesondere Bayer und BASF steckten mit ihren traditionellen Produktionssparten, der Farbenerzeugung, in einer Krise. Die Aussichten, über Bergius-Patente und Braunkohlehydrierung ein gänzlich neuartiges, dennoch genuin chemisches Betätigungsfeld zu finden und damit den Kohlenwasserstoffdurst der Welt zu löschen waren 1925 so gigantisch, daß sie de facto den Anstoß für die Fusion der Chemischen Industrie zur IG Farbenindustrie AG (IG) lieferten.[81]

Die Sparte I, in der unter Carl Bosch und Carl Krauch die hochdruckchemischen Verfahren bis 1927 zur Ölproduktion in industriellem Maßstab vorangetrieben wurden, setzte sich damit auch als engagierteste Fachsparte gegenüber den traditionellen Farben- und Pharmasparten des 1925 entstandenen Superkonzerns durch.[82] So interessant schien die KW-Synthese, daß SO und RD-S mit vielfältigen vertraglichen Bindungen, erst zur Evag, dann zur IG Farbenindustrie AG (IG) den Anschluß an die neue Technologie suchten.[83]

---

[77] „Betriebsstoffe und Straßenbau auf der internationalen Automobilausstelung in Köln 1927", *Petroleum* 23 (1927) 29, 1259 und 1261.

[78] Vgl. „Inbetriebnahme ..." (1932), 21 und 24.

[79] Vgl. insb. die Propaganda der DVOAG von 1936: *Deutsches Oel* ... (1936).

[80] Wilhelm Mautner, „Wie wird ..." (1927) 274 f. Vgl. Thomas Park Hughes, „Technological Momentum in History: Hydrogenation in Germany 1898–1933", *Past and Present* 44 (Aug 1969), 116–118. Peter Hayes, *Industry* ... (1987), 37.

[81] Ebd., 32 f.

[82] Ebd., 20 et passim.

[83] Ebd., 37 f.

Mit der aus dem Stinnes-Ölkonzern herausgeschnittenen ehemaligen API – jetzt Deutsche Gasolin AG (Degas) – organisierte sich der chemische Global player auch *downstream*. Im Jahr 1926 kaufte sich die IG systematisch Gesellschaften und Patente zusammen.[84] Bis zur Fertigstellung des Leunawerks, dessen Bau gleich nach Übernahme der Degas vom Konzern veranlaßt wurde,[85] vertrieb die Degas jedoch nur das Antiklopfmittel der IG „Motalin".[86] Unter den Bedingungen der weltweiten Erdölknappheit, stellte die Degas die Allianz chemischer Interessen mit den zu dieser Zeit noch bestehenden Synthese-Interessen der beiden internationalen Konzerne RD-S und SO dar, die sich mit jeweils 25 % an dieser deutschen Vertriebsorganisation beteiligten. Nach der Olex der DEA war die Deutsche Gasolin AG (Degas) die zweitgrößte deutsche Absatzorganisation mit Tankstellenkette.[87]

1926 brachte die IG Farbenindustrie AG in ihrem Werk Leuna den ersten Großversuch im industriellen Maßstab hinter sich[88] und ging 1927 mit einem Ausstoß von 100.000 Jahrestonnen synthetischen Benzins – oder „Leunabenzins" – in Produktion. Nach Jahren des Patentstreits und der Entwicklung waren die Verfahren nun voll ausgereift – vergeblich, wie sich seit den enormen Ölfunden in Oklahoma und Osttexas ab 1926 immer deutlicher abzeichnete. Die Ölschwemme ließ den Ölpreis auf dem Weltmarkt deutlich unter den kalkulierten Gestehungspreis für Synthesebenzin rutschen. Seit dem ersten Tag produzierte Leuna unrentables Benzin; und die Erkenntnis, daß die neuen Ölfelder keine Zufallsfunde waren, daß vielmehr mit Hilfe der neuen geophysikalischen Methoden das Erbohren von Giant-Lagerstätten zur Regel werden würde, machte das Projekt KW-Synthese langfristig zum Riesenflop.[89]

Von 1927 bis 1932 engagierte sich der Chemiegigant sogar im traditionellen Erdölgeschäft und -betrieb – wenngleich unprofessionell und erfolglos –[90] Erdölexploration im pfälzischen Bienwald bei Karlsruhe. Als Gutachter trat der Heidelberger Geologieprofessor Wilhelm Salomon-Calvi auf, der sich zugute hielt, den Konzern auf die Idee gebracht zu haben.[91]

---

[84] Vgl. ebd., 36 f.: V.a. die Erdöl- und Kohle Verwertungs AG (Evag), in der alle Bergin-Patente der IG zusammengefaßt wurden: „Finanzielle Chronik", *Petroleum* 22 (1926) 30, ix. Ebenso die Ropa AG für Mineralöl-Industrie, Stuttgart: „Finanzielle Chronik", *Petroleum* 23 (1926) 28, 1234.

[85] Peter Hayes, *Industry* ... (1987), 37.

[86] „Finanzielle Chronik", *Petroleum* 22 (1926) 31, xi. und ebd., 23 (1937)28, 1234.

[87] Siehe S. 26 und 33. Vgl. Heinz Flieger, *Unter* ... (1961), 124 und 127. Vgl. Peter Hayes, *Industry* ... (1987), 37. „Finanzielle Chronik", *Petroleum* 22 (1926) 28, xii.

[88] Peter Hayes, *Industry* ... (1987),116.

[89] Ebd., 37 nach Hughes, „Technological ..." (1969), 116–118. Im Irak bei Kirkuk (Baba Gurgur) wurde der Giant im Oktober 1927 gefunden: Daniel Yergin, *Der Preis* ... (1991), 264–266.

[90] Geheimer Hofrat Prof. Dr. Wilhelm Salomon-Calvi, Bericht über die Ergebnisse der Ölbohrungen der IG Farben im Bienwald, der IG erstattet von Wilhelm Salomon-Calvi, v. 29. Mai 1932, NLfB 103220.

[91] Wilhelm Salomon-Calvi, Gutachten über die Aussichten von Ölbohrungen im südlichen Hessen und nördlichen Baden, v. 10. November 1929, NLfB 103231, Bl. 1. Geheimhaltung: Wilhelm Salomon-Calvi, Gutachten über die Erdölkonzessionen des Hern Ringwald bei Heppenheim-

Auch die Montanindustrie (oder rheinisch-westfälische Schwerindustrie) stieß in das Vakuum vor, das der Stinnes-Ölkonzern hinterließ. Jedoch waren hier die Ölinterressen vielschichtiger verwoben und differenzierter als bei der Chemischen Industrie. Sie lassen sich grob auf zwei Gruppen reduzieren – die Ölinteressen der Konzerne um den größten deutschen Konzern, die Vereinigten Stahlwerke (VSt),[92] und die Ölinteressen der Konzerne um Gutehoffnungshütte (GHH), Otto Wolff (OW), Krupp und Mannesmann.

Eine der einflußreichsten Persönlichkeiten im deutschen Wirtschaftsleben nach dem Tode Hugo Stinnes' war dessen rechte Hand Albert Vögler. Ab 1925 übernahm Vögler – dessen Rolle als Spiritus Rector des „Dritten Reichs", Förderer und väterlicher Freund Hitlers bislang wenig gewürdigt worden ist –[93] die Leitung des größten deutschen Montankonzerns, der Vereinigten Stahlwerke (VSt) aus der Erbmasse des Stinnes-Imperiums.[94] *Upstream*, also bei der KW-Erzeugung, standen im Zeitfenster der Ölknappheit Substitutionstechnologien, deren Entwicklung im Deutschen Reich während des Krieges begonnen worden war, hoch im Kurs. Zudem verfügten die schwerindustriellen Konzerne im reichen Maße über die wichtigsten Ausgangsstoffe für Hydrierbenzine – Braun- und Steinkohle. Die Gruppe um Vöglers VSt setzte auf ein Konkurrenzverfahren des Bergius-Verfahrens, die „Erdölsynthese" nach dem Fischer-Tropsch-Verfahren, das etwa um 1923 in Konkurrenz zum Bergius-Verfahren entwickelt wurde.[95] Auch wenn dieses Verfahren vor allem zur Verarbeitung von Dämpfen aus Steinkohlenkoks gedacht war, konnte es auch Steinkohle und, ähnlich dem Bergius-Verfahren der IG, Braunkohle als Ausgangsstoffe verwenden. Während das von der IG weiterentwickelte Bergius-Verfahren unter hohen Drücken (200–700 Atmosphären) und hohen Temperaturen (400–600 °C) direkt ein relativ hochwertiges Benzin mit hoher Oktanzahl erzeugte, sollte das Fischer-Tropsch-Verfahren, das mit vergleichsweise niedrigen Drücken und Temperaturen arbeitete (20 Atmosphären und 200 °C), über den Umweg eines noch weiter zu raffinierenden synthetischen Rohöls nicht nur Benzin, sondern auch Diesel,

Bensheim in Hessen und bei Weinheim-Ladenburg-Nussloch in Baden, v. 8 Februar 1927, NLfB 103230, Bl. 4. Zur Unternehmung siehe auch: Carl Botzong (Mitarbeiter Salomon-Calvis), Schlußbericht für das Bayerische Oberbergamt über die Bohrprofile des Bienwaldes nach Einstellung der Bohrungen im Herbst 1931, NLfB 103198. Geheimer Hofrat Prof. Dr. Wilhelm Salomon-Calvi, Bericht über die Ergebnisse der Ölbohrungen der IG Farben im Bienwald, der IG erstattet von Wilhelm Salomon-Calvi, v. 29. Mai 1932, NLfB 103220.

92 Größenvergleich: Rainer Karlsch, *»Faktor ...«* (2003), 136 mit Bezug auf Gottfried Plumpe, *Die IG* ... (1990), 175.

93 Den Hinweis verdanke ich Rüdiger Hachtmann. Seine gemeinsam mit Helmut Maier erarbeitete biografische Studie über Albert Vögler erscheint demnächst.

94 Gerhard T. Mollin, *Montankonzerne* ... (1988), 53.

95 Name: Manfred Rasch, *Geschichte* ... (1989), 276. Konkurrenzsituation Chemie vs. Bergbau: Ebd., 198. Raymond G. Stokes, „The Oil ..." (1985) 265 nennt dagegen 1930 als Entwicklungsjahr.

Schmieröl sowie technische Fette und Wachse (Paraffine) ergeben, für die sich der Wirtschaftsbeauftragte Hitlers, Wilhelm Keppler, später besonders interessieren sollte.[96]

Seit seiner ersten Veröffentlichung (1926) erfreute sich das Fischer-Tropsch-Verfahren größten Interesses bei in- und ausländischen Montankonzernen.[97] Doch stand es unter einem Unstern – bereits in der Embryonalphase hatte es wegen patentrechtlicher Überlappungen mit dem Bergius-Verfahren zu kämpfen gehabt;[98] ab 1926 wollte sich das rechte Lizenzfieber nicht einstellen, zum einen, weil die technische Ausreifung auf sich warten ließ,[99] zum anderen, weil die organisatorische Einbettung des entwickelnden Instituts dies nicht zuließ.

Entwickelt wurde das Fischer-Tropsch-Verfahren nicht von einer privaten Gesellschaft, wie dies bei der EVAG Friedrich Bergius' der Fall gewesen war, deren „Berginpatente" um 1925 die IG aufgekauft und weiterentwickelt hatte,[100] sondern im Kaiser-Wilhelm-Institut für Kohlenforschung in Mühlheim/Ruhr (KWI Mühlheim) unter der Leitung eines seiner Erfinder, Franz Fischer, der dieses Institut leitete.[101] Im Kreis der Kaiser-Wilhelm-Institute und innerhalb der Kaiser-Wilhelm-Gesellschaft (KWG) nahm das KWI Mühlheim eine herausgehobene Stellung ein, was sich vor allem darin ausdrückte, daß sich das Institut von der Gesellschaft zu lösen trachtete und einen autonomen Status als Stiftung anstrebte, um etwaige Einflüsse aus der Wissenschaftspolitik abzuwehren. In der Weimarer Republik war dieser Abwehrreflex ein parteipolitischer und richtete sich gegen die sozialdemokratisch geprägte Politik des Freistaats Preußen; später, in der deutschen Diktatur, sollte er wirtschaftspolitische Form annehmen, um die über Vierjahresplan und Reichsforschungsrat vermittelte branchenfremde Einflußnahme der IG Farbenindustrie AG auf das eigene Benzinprogramm abzuwehren.[102]

Um 1927 war das KWI Mühlheim formal eine öffentliche Forschungseinrichtung, in der Praxis zeigte es sich aber als völlig von der Ruhrmontanindustrie abhängig, mit der es personell auf mehreren Ebenen bereits unentwirrbar verflochten war. Manager der Ruhrindustrie stellten den sog. Institutsausschuß, beherrschten das Kuratorium und den

---

96 Arnold Krammer, „Fuelling the Third Reich", *Technology and Culture* 19 (1978), 394–422, hier 396–398. Raymond G. Stokes, „The Oil ..." (1985) 265 f., die allerdings die Eigenschaften von 1944/45 beschreiben. Seit ihrer Entwicklung um 1923 bis Kriegsende wurden beide Syntheseverfahren ständig weiterentwickelt: Vgl. Manfred Rasch, *Geschichte* ... (1989), 276–312.

97 Ebd., 276.

98 Vgl. ebd., 180–184.

99 Ebd., 276. Großversuch Oktober 1933 immer noch nicht: Ebd., 282 f.

100 Peter Hayes, *Industry* ... (1987), 37.

101 Vgl. Manfred Rasch, „Forschung zwischen Staat und Industrie: Überlegungen zu einer Forschungsgeschichte der Kaiser-Wilhelm-Gesellschaft im »Dritten Reich«, in: *Geschichte der Kaiser-Wilhelm-Gesellschaft im Nationalsozialismus: Bestandsaufnahmen und Perspektiven der Forschung, 2 Bde.*, hg. Doris Kaufmann (= Geschichte der Kaiser-Wilhelm-Gesellschaft im Nationalsozialismus, hg. Reinhard Rürup/Wolfgang Schieder i/1), o. O. 2000, 373–397, hier 380.

102 Vgl. Manfred Rasch, *Geschichte* ... (1989), 262–276, der zwar die Frontlinien präzise nachzeichnet, die nötige Interpretation jedoch nicht leistet und dem älteren NSDAP-versus-Industrie-Schema verhaftet bleibt.

Verwaltungsrat mit ihrer Meinung[103] und hatten in den 1920ern eine„Studien-Verwertungsgesellschaft" gegründet, die ihren Gesellschaftern etwaige Erfindungen des Instituts mit bevorzugter Lizenz für die industrielle Verwertung zugänglich machen sollte.[104] Diese privilegierte Studien-Verwertungsgesellschaft – die jedoch nur ein Segment der Ruhrmontanindustrie repräsentierte – war es auch, die einer Lizensierung des Fischer-Tropsch- Verfahrens im Wege gestanden hatte, weshalb man 1927 das eigene Konstrukt umging und die Ruhrchemie AG zur Verwertung und Anwendung der KWI-Patente gründete, die fast alle Ruhrmontankonzerne umfaßte.[105]

Downstream organisierten sich die VSt 1927, dem Gründungsjahr der Ruhrchemie AG, über ihren Beitritt zum Benzol-Verband. Die Geschichte dieser Absatzorganisation für ein Abfallprodukt der deutschen Schwerindustrie reichte weit zurück. In seiner Frühphase um 1905 hatte der deutsche Benzinmarkt mit erheblichen Produktvorurteilen der Verbraucher zu kämpfen, die in den leichten pennsylvanischen Erzeugnissen die höchste Qualitätsstufe erblickten.[106] Der hohe Anteil zyklischer Kohlenwasserstoffe (Aromaten) des rumänischen und indonesischen Benzins gestaltete daher den Vertrieb dieser „schweren" Motorenbenzine seitens des Benzinsyndikats „Vereinigte Benzinfabriken GmbH, Bremen" und durch die Royal Dutch-Gründung „Rhenania Benzinwerke GmbH, Düsseldorf" so schwierig, daß diese mit den Vergaserherstellern kooperierten, um den Absatz zu vergrößern. Von der Ausdehnung der Absatzmöglichkeit von Aromaten profitierte besonders die rheinisch-westfälische Schwerindustrie, die 1898 in der „Westdeutschen Benzol Verkaufsvereinigung" ein Vertriebssyndikat für Benzol gegründet hatte, das 1918 in der „Benzol-Verband GmbH, Bochum" aufging.[107]

Benzol entstand in großen Mengen als Abfallprodukt der Steinkohlenverkokung, welche die rheinisch-westfälische Schwerindustrie für ihre Hochöfen betrieb. Unter den Bedingungen der Kriegswirtschaft, als Benzin zur Mangelware wurde und Substitutionstechnologien wie das Bergin- und das Fischer-Verfahren zur Kohlehydrierung, sowie die Braun- und Steinkohlen- und Ölschieferschwelverfahren in ihrer Entwicklung vorangetrieben wurden, fungierte die Westdeutsche Benzol Verkaufsvereinigung als Lieferstelle der Schwerindustrie für diesen Stoff zur Streckung von Benzin. Wie sich herausstellte, erhöhte Benzol die Klopffestigkeit von Benzin, so daß sich zum kriegswirtschaftlichen Vorteil ein technischer gesellte. Hatte während des Krieges der schiere Mangel an Benzin die Verblendung mittels Benzol vorangetrieben, so diente nach dem Ende der Benzinbewirtschaftung 1922 Benzol vor allem dazu, den dank Devisenverkehrs unerschwinglichen Preis für Importbenzin auf dem deutschen Markt zu senken. Diese preisliche Funktion garantierte dem von einer Lieferstelle zum Vertriebssyndikat sich wandelnden Benzol-Verband eine sichere Zukunft. Da die deutsche Schwerindu-

---

103 Ebd., 275.

104 Vgl. ebd., 276.

105 Ebd., 277. Vgl. Gerhard T. Mollin, *Montankonzerne* ... (1988), 64.

106 Heinz Flieger, *Unter* ... (1961), 64. Ähnliche Qualitätsvorurteile existierten davor schon für Petroleumprodukte: Ullrich Brack, *Deutsche* ... (1977), passim.

107 Heinz Flieger, *Unter* ... (1961), 64. Vgl. folgend auch Rainer Karlsch, *»Faktor* ...*«* (2003), 133 f.

strie infolge des Friedensvertrages umfangreiche Benzollieferungen für Frankreich bereitstellen mußte, wurde der Substitutionsstoff selbst zur Mangelware, was zu einer weiteren Verpanschung führte, die 1921 unter dem Namen Tetralin-Benzol auf den deutschen Markt gebracht wurde: Hier wurde das Motorenbenzol mit Tetralinbenzol und Spiritus gestreckt und im Verhältnis 1:3 mit Benzin gemischt.[108]

1924 beschloß das Verkaufssyndikat, Motorenbenzol, das es seit 1923 in einem Netz von Zapfstellen vertrieb, als Kraftstoff zu normen; dies war die erste Normung von Kraftstoff weltweit.[109] Zunächst bezog der Benzol-Verband das zur Mischung nötige Benzin von der Rhenania (RD-S) und von der DAPG (SO), an die es im Gegenzug Benzol als Antiklopfmittel lieferte. 1926 aber brach dieses Abkommen zwischen deutscher Schwerindustrie und westlichen Erdölkonzernen auseinander, woraufhin der Benzol-Verband für kurze Zeit Abnehmer von sowjetischem Benzin wurde.[110] Auf der Messe 1927 warb der Benzol-Verband vor allem für sein Anti-Klopfmittel „B.V. Aral".[111]

Seit Kriegsende regelte der Benzol-Verband in der Art eines Syndikats die Anteile seiner Mitglieder in regelmäßig erneuerten Verträgen. Diese Anteile waren durch die große Anzahl an Montankonzernen stark gestreut. Durch den Beitritt der VSt, immerhin dem größten deutschen Stahlproduzenten, steigerte sich die Kokserzeugung um 50 %, was die Geschäftsgrundlage dieser *downstream*-Firma über Nacht komplett veränderte.[112] Beim Beitritt 1927 übernahmen die VSt ein Drittel aller Anteile und wurden dadurch mit Abstand zum stärksten Akteur innerhalb des Syndikats. Der Benzol-Verband wurde faktisch zum downstream-Arm der KW-Interessen der VSt.[113]

Die zweite Gruppe der rheinisch-westfälischen Schwerindustrie kristallisierte sich um die Gutehoffnungshütte (GHH) und umfaßte namhafte Konzerne wie Otto Wolff (OW), Thyssen, Krupp und Mannesmann. Die Kohlenwasserstoffinteressen dieser Gruppe waren ähnlich indirekter Natur wie die der VSt-Gruppe. Nachdem das American Petroleum Institute (API) Anfang der zwanziger Jahre standardisierte Normen für Bohranlagen, Fördereinrichtungen und Rohrleitungen erlassen hatte, war die Fertigung solcher Investitionsgüter einer der Exportschwerpunkte der rheinisch-westfälischen Stahlindustrie geworden. Unter anderem zur Erprobung der eigenen Erzeugnisse begann sich die Gutehoffnungshütte mit dem Tiefbohrunternehemen Haniel & Lueg 1924 im hannover-

108 Geschäftsbericht der Benzol-Verband GmbH, Bochum für 1921: „Finanzielle Chronik", *Petroleum* 18 (1922) 19, 827 f. und „Finanzielle Chronik", Petroleum 18 (1922) 18, 773.

109 Heinz Flieger, *Unter* ... (1961), 106.

110 Ebd., 106. Vgl. Rainer Karlsch, »*Faktor* ...« (2003), 134.

111 „Betriebsstoffe ..." (1927), 1259.

112 Geschäftsbericht des Benzol-Verbands für 1927, „Finanzielle Chronik", *Petroleum* 24 (1928) 30, 1374.

113 „Finanzielle Chronik", *Petroleum* 25 (1929) 36, 1226. Vgl. Gerhard T. Mollin, *Montankonzerne* ... (1988), 36–40.

schen Erdölrevier zu betätigen.[114] Später bohrte die GHH mit Haniel & Lueg auch in Rumänien und betätigte sich mit der Pipelinetochter Ferrostaal im Irak.[115] Ähnlich verfuhr der Kölner Stahlkonzern Otto Wolff, dessen Bohrgerätezweig Alfred Wirth & Co. sowohl in Hannover als auch weltweit Lohnbohrungen ausführte und dadurch Branchenerfahrung sammelte. Bis 1933 avancierte Wirth & Co. zur führenden kontinentaleuropäischen Bohrgerätefirma.[116] Vor seinem Ableben sollte sich Alfred Wirth, dem die Belange der Erdölindustrie sehr am Herzen lagen, deutlich für die NSDAP engagieren, wo er 1932 für ein umfassendes staatliches Bohrprogramm eintrat.[117] Auch Thyssen sicherte sich für ihre Bohrsektion Thyssen Schachtbau Mutungsgebiete in Hannover, die sie 1931 an den amerikanischen *outsider* NEOC abtrat.[118]

Der weitere Weg von der Kontraktorbohrung zur Ausbeutung von Ölkonzessionen in Eigenregie war im Grunde konventionell.[119] Dagegen waren Konzerne wie Krupp und Mannesmann vor allem an der Herstellung von Transporteinrichtungen interessiert, Krupp an Eisenbahnen, die Öl transportierten, der Röhrenhersteller Mannesmann an Pipelines. Im Verlauf des „Dritten Reichs“ sollte diese Gruppe der rheinisch-westfälischen Schwerindustrie immer wieder bei relevanten Ölprojekten in Erscheinung treten, sei es in Rumänien, im Irak, in Lateinamerika oder beim Versuch, die sowjetischen Öllagerstätten im Kaukasus zu erobern.

Downstream verfügte die Gutehoffnungshütte (GHH) über die Absatzorganisation Allgemeine Oelhandelsgesellschaft mbH »Oelhag«, Hamburg (Ölhag). Bis 1926 stellte die Ölhag die zusammengefaßten Vertriebsinteressen des zum Gutehoffnungshütte-Konzern gehörenden Bohrgeräteherstellers und Tiefbohrunternehmens Haniel und Lueg und der Maschinenfabrik Augsburg-Nürnberg (MAN) dar. Mit der Beteiligung der US-amerikanischen „Atlantic Refinery Company, Philadelphia“ wurde von Seiten der Ge-

---

114 Albert E. Gunther, „The German ...“ (1947), 1095. Vgl. Gutachten Stille für Gutehoffnugshütte, v. 29. Oktober 1924, in: NLfB 96999. Gutachten Stoller für Rheinmetall, v. 23. Oktober 1924, NLfB 87258.

115 Siehe S. 63 f., 93 f., 117, 179, 193–201 und 206–210. Konzernverbindung Ferrostaal AG, Essen zu Gutehoffnungshütte Oberhausen (vor 1932): Helmut Mejcher, *Die Politik* ... (1980), 117. Konzernverbindung zu Ferrostaal AG, Essen (vor 1932/36): Ost Öl GmbH, Hptm Jäger an Chef OKW Abt Ro V, zHd Kpt z.S. Griebel, re Iraq, v. 23. Jan. 1942, Bl. 17, BA-MA, Wi VI/142, Teil 1. W. Jäger war langjähriger Direktor der Haniel & Lueg, besetzte beim sog. Kaukasus-Projekt 1941/42 in der Kontinentale Öl AG und 1943 in der Dienststelle Ostmarköl zentrale Posten im System der deutschen Kriegswirtschaft: Ebd.

116 Nachruf auf Alfred Wirth, „Personales“, *Petroleum* 29 (1933), 40, 15. 1924 führte „Konsul“ Hermann von Rautenkranz mit seiner Gewerkschaft Krug von Nidda die erste hannoversche Rotary-Bohrung mit einem Gerät von Wirth & Co aus: August Rautenkranz, „Das Rotary-Bohrsystem und seine erste Anwendung im hannoverschen Erdölgebiet Nienhagen“, *Petroleum* 22 (1926) 12, 443–447, hier 443. BIOS 1017, 24 f. Hanns-Heinz Kasper, *Die Erdölgewinnung* ... (1974), 20.

117 Hanns-Heinz Kasper, *Die Erdölgewinnung* ... (1974), 25 (+ 288).

118 Rainer Karlsch, *»Faktor ...«* (2003), 148.

119 Vgl. BIOS 1017, 2.

schäftsleitung versucht, die Ölzufuhr für die Vertriebsorganisation zu sichern. Die Operation wurde mit einiger Geheimhaltung durchgeführt – in der Fachwelt spekulierte man über eine eventuelle Zugehörigkeit der Atlantic Refinery Co. zu einer der SO-Nachfolgerinnen bzw. zur Marland Oil Co., die bei der Aufschließung der Ost-Texas, Oklahoma und Permian Basin-Lagerstätten sehr erfolgreich war.[120] Die Interessen der Haniel-Gruppe in der Ölhag blieben trotz der amerikanischen Verbindung weiterhin von Bedeutung, auch wenn in den frühen 1930ern sowohl SO als auch Rhenania-Ossag (RD-S) mit je 2 Millionen Reichsmark sich in Höhe des Atlantic Refinery Engagements beteiligten.[121] Ab 1932 war die Ölhag als deutsche *downstream*-Gesellschaft dazu auserkoren, irakisches Öl der British Oil Development Company (BOD) auf den deutschen Markt bringen.[122] 1938 wurde sie im Zuge der ölpolitischen Entwicklungen von SO und RD-S geschluckt und die rund 800 Tankstellen unter deren deutschen Töchtern DAPG und Rhenania-Ossag aufgeteilt.[123]

Vom *midstream* her, mit dem reichsweit gespannten Raffinerie- und Tanklagernetz „Mineralöl- und Asphaltwerke AG, Berlin“ (MAWAG) versuchten die Unternehmergruppe um Generaldirektor Michael Melamid („Sichel-Gruppe“) und der badische Schmierölfabrikant Louis Grötzinger ein Fragment des zusammengebrochenen Stinnes-Ölkonzerns zu einem vertikal integrierten Ölkonzern aufzubauen.[124] 1922 hatte sich die „Deutsch-Rumänische Petroleum-AG, Berlin“ (Derupag) mit einem Aktienkapital von M 3.000.000,- als Bestandteil der Gruppe um die Deutsche Länderbank – und sehr wahrscheinlich als Importgesellschaft des Stinnes-Erdölkonzerns – gebildet, den nach dem Zusammenbruch des Konzerns der ehemalige Generaldirektor der Stinnes-Unternehmungen, Friedrich Minoux, an sich zog, und den vor 1926 Louis Grötzinger vom ehemaligen badischen „Sichel-Konzern“ übernahm.[125] Bereits kurz nach der Gründung der Derupag bestand ihr wesentlicher Geschäftsinhalt im Ausbau eines Grundstücks in

---

120 „Finanzielle Chronik“, *Petroleum* 22 (1926) 17, ix f. MAN: Rainer Karlsch, *»Faktor ...«* (2003), 128. Ein Niederländischer Autor aus dem Umkreis der RD-S schlug die Atlantic Refining der Standard zu: „Prijzenoorlog op de Duitsche benzinemarkt“, in: *Petroleumboek 1929/30: uitgave van het dagblad „De Telegraaf“*, oO, oJ, 158–161, hier 159.

121 Vgl. Heinz Flieger, *Unter ...* (1961), 129 und 132, der von einer Übernahme der Ölhag durch RD-S und SO ausgeht. Ebenso Rainer Karlsch, *»Faktor ...«* (2003), 128.

122 Helmut Mejcher, *Die Politik ...* (1980), 121 f. mit Bezug auf den Referenten des Reichsfinanzministeriums Koehler, Vermerk re Finanzierung der inländischen Beteiligung an den Irak-Mineralölunternehmungen. Der Reichsminister der Finanzen, BA, R2/16815 F 7004 Irak – 31, II Ang. – I, p. 7.

123 Heinz Flieger, *Unter ...* (1961), 129.

124 „Finanzielle Chronik“, *Petroleum* 21 (1925) 33, 2091. Vgl. auch „Die finanziellen Zusammenhänge der niedersächsischen Erdölindustrie durch Beteiligungen, Bohrverträge, Lieferungen, persönliche Beziehungen etc.“, *Petroleum* 27 (1931) 11, 202.

125 „Finanzielle Chronik“, *Petroleum* 20 (1924) 14, 638 und Rückblick: „Finanzielle Chronik“, *Petroleum* 22 (1926) 28, x f.

Berlin-Lichtenberg zu einer modernen Tankanlage,[126] zu dem es jedoch infolge der Stinnes-Krise nicht kam.[127] Nach einer längeren Verpachtung des Geländes änderte die Gruppe der Haupteigner (Minoux, Grötzinger und Melamid) Anfang 1927 den Namen der Gesellschaft, die keinerlei Verbindung mehr nach Rumänien hatte, in „Mineralöl- und Asphaltwerke AG, Berlin" (MAWAG), welche sich nun mit der Verarbeitung von Rohöl und Halbfertigprodukten sowie von Asphalt befassen sollte. Hierzu übernahm die immer noch in Planung befindliche Gesellschaft Anteile von Raffinerien aus dem ehemaligen „Sichel-Konzern" von Grötzinger und Melamid.[128] Innerhalb kurzer Zeit begann die Gesellschaft zu expandieren: Das Tanklager in Berlin-Lichtenberg (Rummelsburg) wurde nicht nur ausgebaut, sondern zeigte sich binnen eines Jahres als zu klein; eine Zweigstelle in Hamburg wurde gegründet, die eine im Freihafen befindliche Raffinerie mit 8.000 t Tankkapazität zunächst in Pacht betreiben sollte; weitere Tankanlagen mit 80.000 t Kapazität wurden in Ostermoor am Nordostseekanal aus der Erbmasse des Stinnes-Konzerns für einen ausgeweiteten Import übernommen, und hier wurde mit dem Bau einer „umfangreichen Raffinerieanlage" begonnen.[129] Außerdem beteiligte sich die MAWAG an einem großen Raffinerieprojekt in Berre in der Nähe von Marseilles, worin sich ansonsten französische Chemie-, Petrochemie- und Montangesellschaften engagierten.[130] Die aus der Derupag entstandene MAWAG sollte sich bis 1928 durchaus in der Lage zeigen, nicht zuletzt aus den Bruchstücken der Stinnes-Erdölinteressen einen Tanklager- und Raffinationskonzern aufzubauen, der dank Grötzingers grenzüberschreitender Kontakte sogar von französischer Seite als Geschäftspartner akzeptiert wurde.[131]

Upstream versorgte sich dieser in Entstehung begriffene Ölkonzern über die »Ebag« Erdölbergbau AG (EBAG). Aus der „Mittel-Europäischen Bergbau- und Industriegesellschaft" (MEBIG) des Dr. Schnutz hervorgegangen,[132] befand sich deren Erdölbasis vor allem im hannoverschen Erdölfeld Oberg, wo sie 1925 bereits 90 % der Konzessionen innehatte.[133] Die EBAG hatte ferner Mehrheitsanteile an den Gewerkschaften

---

126 „Finanzielle Chronik", *Petroleum* 19 (1923) 10, 320 und ebd. 19 (1923) 23, 823.

127 „Finanzielle Chronik", *Petroleum* 22 (1926) 30, ix.

128 „Finanzielle Chronik", *Petroleum* 23 (1927) 8, 335 f. Neuer Zweck: „Finanzielle Chronik", *Petroleum* 23 (1927) 17, 707.

129 Geschäftsbericht der MAWAG für 1928: „Finanzielle Chronik", *Petroleum* 24 (1928) 36, 1669 f.

130 Ordentliche Generalversammlung der MAWAG am 10. Dezember 1928, „Finanzielle Chronik", *Petroleum* 24 (1928) 36, 1671.

131 Louis Grötzingers Tod im Jahr 1929 sollte die französisch-badische Kooperation beenden: Vgl. Nachruf Louis Grötzinger *Petroleum* 25 (1929) 29, 1027.

132 Jakob Stoller, „Neuaufschlüsse im nordwestdeutschen Erdölgebiet", Sondernummer „Das Erdöl in Deutschland", *Petroleum* 27 (1931) 11, 183–188, hier 188. Jakob Stoller von der Preußischen Geologischen Landesanstalt war – neben Wilhelm Salomon-Calvi von der Universität Heidelberg – geologischer Betreuer der EBAG und begleitete die Entscheidungen der Firmenleitung seit den frühen zwanziger Jahren: NLfB 86764.

133 Konzessionskarten Oberg 1925, 1928 und 1931, in: NLfB 108167.

Proserpina und Sidonie auf dem Feld Nienhagen; an der Proserpina hielt die DPAG-DEA 45% der Anteile, was bei der Abstimmung öfters zu Komplikationen führte.[134]

Mit der EBAG zusammengenommen fehlte der MAWAG tatsächlich nur noch eine Tankreederei, um die enormen Lager- und Raffineriekapazitäten selbst zu beliefern, die sie in Hamburg, Ostermoor und Marseille sowie an der Binnenwasserstraße des Rheins in Betrieb nahm. Daß sie diese auch noch erworben hätte, wenn Louis Grötzinger nicht im Jahr darauf gestorben wäre, muß zwar historische Spekulation bleiben – in Anbetracht der Zielstrebigkeit, mit der die Gesellschaft seit 1927 jedoch auf den Spuren von Hugo Stinnes expandierte, hätte die Anschaffung eines Transportunternehmens tatsächlich den nächsten logischen Schritt hin zum vertikal integrierten, international kooperierenden Erdölkonzern bedeutet.

Ohne Zweifel waren die Ölinteressen der IG mit der *downstream*-Firma Degas, die Ölinteressen der VSt mit dem ex-Stinnes-Manager Vögler und die Ölinteressen der Grötzinger-Sichel-Gruppe (Olea-Derupag-MAWAG) die wichtigsten Bruchstücke des Stinnes-Ölkonzerns. Doch auch die in Hannover auf dem Feld Nienhagen tätige *upstream*-Gesellschaft Gewerkschaft Elwerath (Elwerath), die kurzzeitig in den Bann des Stinnes-Konzerns geraten war, brachten die Zentrifugalkräfte nach dem Kollaps auf eigene Bahnen. Die Gewerkschaft Elwerath (Elwerath), stammte aus dem Eisenerzbergbau; ihre Kuxe waren im ausschließlichen Besitz der Gebrüder Seifert.[135] 1920 kaufte sich unter Theo Seifert (1883–1946) die Elwerath im Feld Nienhagen-Hänigsen ein und strukturierte sich zu einem Erdölunternehmen um.[136] Nach den dortigen Produktionserfolgen der Bohrungen EH 32 von 1922 und EH 44 von 1925 expandierte die Elwerath 1927, sowohl im Feld Nienhagen durch Erwerb der Gerechtsame von Kleinproduzenten,[137] als auch über die Grenzen des Feldes Nienhagen-Hänigsen hinaus nach Mölme bei Peine. Außerdem betätigte sie sich ab 1928 bei der Erschließung eines bei der alten Lagerstätte Nienhagen gelegenen Erdölvorkommens, dem „Nordwestfeld".[138]

---

134 Hanns-Heinz Kasper, *Die Erdölgewinnung* ... (1974) 18. Abstimmung: Prof. Wilhelm Salomon-Calvi/Uni Heidelberg, an Prof. Jakob Stoller/Preußische Geologische Landesanstalt, v. 1 April 1924, mit Abschrift Salomon-Calvi an Generaldirektor Middendorf/DEA, v. 31. Mz. 1924 in: NLfB 86764.

135 Helmut Fahrion, *Die Gewerkschaft* ... (1987), 6, 8 und 10: 1920, beim Verkauf der Gewerkschaft an Wilhelm Seifert und Otto Falck kostete ein Kux 25 M, die ganze Gewerkschaft Elwerath, die nach Fahrions Berechnung in 100 Kuxe geteilt war, 2.500 M. Vgl. dagegen Günther Schlicht, „Erdöl" (1930), 369, der von einer 1000-teiligen Gewerkschaft Elwerath spricht. Ebenso Hanns-Heinz Kasper, *Die Erdölgewinnung* ... (1974), 17 mit Verweis auf Handbuch der Internationalen Petroleum-Industrie 1934, Berlin 1933, 45.

136 BIOS 1017, 19. Helmut Fahrion, *Die Gewerkschaft* ... (1987), 8.

137 Direktor Brochhaus/Elwerath an Bankhaus von Goldschmidt, Rothschild & Co, Berlin v. 16. März 1928, Bl. 2, in: NLfB 85452.

138 Helmut Fahrion, *Die Gewerkschaft* ... (1987), 22–24.

Bis 1928 mauserte sie sich zur zweitgrößten deutschen Produktionsgesellschaft, hinter der fusionierten DPAG-DEA.[139] Anfang 1928 waren die Aussichten der Elwerath so günstig, daß sie entschlossen war, Exploration in großem Stile zu betreiben, um die Marktführerschaft in Deutschland anzutreten.[140] Hierzu suchte sie nach möglichen Geldgebern auf dem Kapitalmarkt, bereit, ihre bisherige Konstruktion als Kuxen-Gewerkschaft zugunsten der Form Aktiengesellschaft aufzugeben.[141] Zu diesem Zeitpunkt stellte das Unternehmen, das insgesamt 340 Menschen beschäftigte, seinen ersten Erdölgeologen ein – Ernst Strobel (1903–1974).[142] Gleichwohl mochte es auf die geologische Beratung durch den Staatsgeologen Jakob Stoller nicht verzichten, dem es sämtliche Bohrerfolge in Nienhagen zu verdanken hatte und den es in die Besprechungen zur geplanten Expansion miteinband.[143]

Der Grad vertikaler Integration bei Elwerath war im Gegensatz zur DPAG-DEA 1928 verschwindend gering. Bis 1927 hatte die Elwerath ihre Nienhagener Rohöle in der ersten von Georg Greiser gegründeten Raffinerie Dollbergen bei Lehrte, die 1925 Bestandteil des kurzlebigen Stinnes-Öl-Imperiums wurde,[144] und in der in Bremen gelegenen Raffinerie der US-amerikanischen „Deutsche Vacuum Oel AG" (DVOAG = Socony) verarbeiten lassen.[145] Infolge der Produktionssteigerung ab 1927 begann die Elwerath mit dem Bau einer eigenen Raffinerie, der „Mineralölwerke Lichtenberg GmbH". Die neue Raffinerie, die als Tochtergesellschaft der Elwerath mit einem Stammkapital von RM 20.000,- in Berlin-Lichtenberg gebaut wurde, sollte nach einem deutschen Patent, nicht nach dem üblichen Dubbs-Crackverfahren aus den USA arbeiten.[146] Jedoch mußte sie bereits 1928 wegen technischer Schwierigkeiten ihren Betrieb einstellen.[147]

Die genauen Verbindungen lassen sich infolge der Kapitalverschiebungen auf dem Kohlenwasserstoffsektor zwischen 1926 und 1930 schwer nachvollziehen; es ist aber nicht unwahrscheinlich, daß die „Mineralölwerke Lichtenberg AG" Verbindungen zum „Sichel-Konzern" unter Louis Grötzinger und Michael Melamid unterhielt, die mit

---

139 Hanns-Heinz Kasper, *Die Erdölgewinnung* ... (1974), 17. Helmut Fahrion, *Die Gewerkschaft* ... (1987), 6, 8 und 10.

140 Brochhaus an Goldschmidt ... (vom 16. März 1928, siehe Fn. 137), Bl. 4.

141 Ebd., Bl. 3 f. Die Bemühungen zur Erweiterung des Kapitals wurden 1931 von Erfolg gekrönt, als die Wintershall AG (WIAG) 312 der 1000 Elwerath-Kuxe übernahm und damit ins Erdölgeschäft einstieg: Hanns-Heinz Kasper, *Die Erdölgewinnung* ... (1974), 17 mit Verweis auf Handbuch der Internationalen Petroleum-Industrie 1934, Berlin 1933, 45.

142 Helmut Fahrion, *Die Gewerkschaft* ... (1987), 22–24.

143 Brochhaus an Goldschmidt ... (vom 16. März 1928, siehe Fn. 137), Bl. 4.

144 Greisergründung: Fr. Behme, „Zur Geschichte ..." (1931), 191 f. 1925 Degas: Heinz Flieger, *Unter* ... (1961), 124. Die Raffinerie kam wahrscheinlich via Olea (Sichel-Konzern) zum Stinnes-Öl-Imperium.

145 Günther Schlicht, „Erdöl", (1930), 369 f. Nordöl: Siehe S. 47 und Fr. Behme, „Zur Geschichte ..." (1931), 191 f. DVOAG: BIOS 1017, 13.

146 „Finanzielle Chronik", Petroleum 23 (1927) 17, 707.

147 BIOS 1017, 21.

EBAG als Produktions- und MAWAG als Raffineriegesellschaft aus den Trümmern des Stinnes-Ölkonzerns eine neue vertikal integrierte Erdölgesellschaft errichten wollten.[148]

Die Raffinerieinteressen der Elwerath setzten erst 1931 wieder ein, als sie in einem Konsortium mit der 1930 in die Erdölindustrie einsteigenden staatlichen Preußischen Bergwerks- und Hütten AG (Preußag) die Gewerkschaft „Deutsche Erdöl-Raffinerie" in Misburg bei Hannover gründete.[149] Eine Vertriebsorganisation existierte nicht, d.h. die Elwerath setzte ihre Produkte über den organisierten Einzelhandel ab.

Eine Begleiterscheinung des Zusammenbruchs des Stinnes-Ölkonzerns und wichtiges Branchenereignis war die Verschmelzung der ehemaligen Konkurrenten und deutschen Marktführer DPAG (Deutsche Bank) und DEA (Disconto-Gesellschaft), die nach dem Krieg sowohl von Rudolf Nöllenburg/DEA als auch von Emil Georg von Stauß/Deutsche Bank geplant wurde.[150] 1925/26 übernahm die DEA über den Umweg der Interessengemeinschaft mit der Rütgerswerke AG, Berlin von der Deutschen Bank 55 % der zuvor ausgehöhlten DPAG, die – etwas verwirrend – als DPAG den Erdölbetrieb der DEA in Wietze/Hannover weiterführte.[151] Die DEA selbst drängte in den zwanziger Jahren wieder stärker in den Braunkohlebergbau,[152] und nahm auch Interessen im Steinkohlebergbau und in der neuen Synthesetechnik auf.[153] 1923 arbeiteten allein 425 Angestellte für die DEA und 638 Angestellte und 416 Arbeiter für die Olex. Der Erdölgeologe der DPAG, Sommermeier, wurde nicht mit übernommen; offenbar hielt die Geschäftsleitung die Anwesenheit eines einzigen Erdölgeologen für völlig ausreichend.[154]

Bis 1940 führte der Erdölbetrieb dieses Kohle- und Treibstoffunternehmens DEA den Namen DPAG weiter, dann wurde er – infolge der günstigen Aussichten für Erdöl ab

---

148 Vgl. „Finanzielle Chronik", *Petroleum* 19 (1923) 23, 823 f.: Das Lichtenberger Grundstück der späteren MAWAG sollte 1923 bereits ausgebaut werden, dies fand aber bis 1926 nicht statt: „Finanzielle Chronik", *Petroleum* 22 (1926) 28, x f. Zum MAWAG-Imperium zwischen 1926 und 1929 siehe S. 40 f.

149 Am 21. April 1931: Helmut Fahrion, *Die Gewerkschaft* ... (1987), 28.

150 Rainer Karlsch, *»Faktor ...«* (2003), 118–120.

151 Dirk Bavendamm, „Die Geschichte ..." (1999), 193 f. und 196 f. 1929 kam per Fusion der Disconto-Gesellschaft die DPAG-DEA zur Deutschen Bank: Ebd. 194. Zu DEA und DPAG vgl. auch BIOS 1017, 5–8. Aktienkapital und Anteile: Günther Schlicht, „Erdöl" (1930), 368 f. Ab Juli 1931 hielt die DPAG-DEA 96 % der DPAG-Anteile: Dirk Bavendamm, „Die Geschichte ..." (1999), 198. Zur Expansionsgeschichte der DEA als Konkurrentin der DPAG/Deutsche Bank vor dem Ersten Weltkrieg vgl. Ullrich Brack, *Deutsche* ... (1977), 268–274.

152 Hanns-Heinz Kasper, *Die Erdölgewinnung* ... (1974), 16. BIOS 1017, 8.

153 Dirk Bavendamm, „Die Geschichte ..." (1999), 195 f.

154 Vgl. L. Sommermeier, „Vergangenheit und Zukunft der deutschen Erdölproduktion", *Petroleum* 22 (1926) 3, 84–89, hier 84. Beim Erdölgeologischen Austausch ab 1934 wurde Sommermeier nicht unter DPAG-DEA geführt, obwohl er ab 1938 sowohl in Jugoslawien, als auch in den annektierten tschechischen und polnischen Gebieten als Erdölgeologe für deutsche Firmen tätig war: Vgl. (u.a.) NLfB 48628, 49245, 49249, 49304 und 61120.

dem Zweiten Weltkrieg – dem Namen der Konzernmutter angeglichen.[155] 1928 war die DPAG die größte produzierende Erdölgesellschaft im Deutschen Reich mit einem Aktienkapital von RM 35.000.000, während der Mutterkonzern DEA über ein Aktienkapital von RM 100.000.000,- verfügte.[156]

Nach der Übernahme der DPAG (Deutsche Bank) durch die DEA 1925/26 gelangten auch deren Verkaufsorganisationen in den Verfügungsbereich des großen hannoverschen Erdölkonzerns: die als deutsche Verkaufsorganisationen der Steaua Romana gegründeten „Steaua Romana GmbH, Hamburg“, „Steaua Romana GmbH, Berlin“, „Steaua Romana GmbH, Regensburg“[157] und die vor dem Krieg von der amerikanischen DAPG per Vertrag lahmgelegte „Deutsche Petroleum-Verkaufsgesellschaft GmbH, Berlin“.[158] Unter dem ambitionierten Signum „Europäische Petroleum Union GmbH, Berlin“ wurden die Vertriebsgeschäfte der beiden Konzerne 1925 zusammengeführt, um in einer neuformierten „»Olex« Deutsche Petroleum-Verkaufs-Gesellschaft mbH, Berlin“ aufzugehen. Lediglich der „Deutsche Mineralölverkaufsverein GmbH, Berlin“ und das bayerische Geschäft der „»Olex« Bayerische Petroleum-Gesellschaft mbH, München“ blieben organisatorisch unabhängig.[159] Seit 1924 waren Verhandlungen mit der britischen staatlichen Anglo-Persian Oil Company (APOC, ab 1935 AIOC) für eine Beteiligung geführt worden, um für die Verkaufsorganisation das nötige Benzin zu bekommen. Die Briten zeigten sich zunächst nicht allzu interessiert, aber im Jahr 1926 konnte der Vertrag über eine 40 %ige Beteiligung unter Dach und Fach gebracht werden. Von britischer Seite war das Engagement in der Olex zunächst als Reaktion auf die Konzentrationsbewegungen der Stinnes-Riebeck Öl AG und dann der IG Farbenindustrie AG, SO und RD-S in der Degas gedacht.[160] Die so entstandene neue Olex vertrieb die Benzinmarken der beiden Konzerne „Strax“, „Olexin“, „Kraftogen“ und „Citolin“, des weiteren diverse Schmieröle, „Gasöl“ (= Diesel), Petroleum und Putzöle.[161]

Nach der Übernahme durfte die DPAG-DEA – auch ohne die verkaufte vollwertige Steaua Romana – sich als der einzige – wenn auch kleine – vertikal integrierte Ölkonzern mit deutschem Kapital bezeichnen. Dies galt *upstream* ebenso wie *midstream* und *downstream*: Über die „Danubia AG für Mineralölindustrie, Regensburg“ (Danubia) wickelte sie die eigenen Importgeschäfte ab, deren Öl die Binnentankschiffe ihrer „Bayerischen Lloyd Schiffahrts AG, Regensburg“ (Bayerischer Lloyd) transportier-

155 Dirk Bavendamm, „Die Geschichte ...“ (1999), 207.

156 Günther Schlicht, „Erdöl“ (1930), 368 f.

157 W. Schmidt, „Der deutsche Mineralölhandel 1913–1924“, *Petroleum* 21 (1925) 25, 1549–1553, hier 1553.

158 Lahmgelegt: Ullrich Brack, *Deutsche* ... (1977), 187–189. Zusammengeführt: „Finanzielle Chronik“, *Petroleum* 22 (1926) 17, v–ix.

159 Verkaufsverein: BIOS 1017, 8. Bayern: „Finanzielle Chronik“, *Petroleum* 22 (1926) 17, viii f.

160 Robert W. Ferrier, *The History* ... (1982), 494 f. und 754 fn. 64.

161 „Finanzielle Chronik“, *Petroleum* 22 (1926) 17, ix. Zum Wandel der Markennamen vgl. Fren Förster, *Geschichte der deutschen BP 1904–1979*, Hamburg 1979, 173.

ten,[162] sie gebot über eine kleine Flotte von Tankleichtern und einen eigenen Eisenbahnkesselwagenpark, unterhielt 80 ha Umschlags- und Tankanlagen im Hamburger Freihafen und 4 ha im Donauhafen Regensburg,[163] betrieb vier eigene Raffinerien (Hannover-Linden, Grabow, Mannheim-Rheinau und Hamburg-Wilhelmsburg – allerdings nur letztere für heimische Rohöle), lieferte über ihren „Deutschen Mineralölverkaufsverein, Berlin" die Fertigprodukte an den Einzelhandel, bzw. exportierte ausgewählte Produkte ins Ausland,[164] und verfügte mit der „Olex – Deutsche Benzin- und Petroleum Gesellschaft" (Olex) immerhin als einzige deutsche Gesellschaft über ein Tankstellennetz.[165] Für das Jahr 1927 wies der Geschäftsbericht der gesamt-DEA einen Umsatz von fast RM 7,7 Millionen aus, worin auch sämtliche Bergbau-, Synthese-, Erdölproduktions- und Raffinationsinteressen enthalten waren.[166] Dies entsprach dem Umsatz, den der Marktführer DAPG mit Import, Raffination und Vertrieb von Kohlenwasserstoffen im selben Jahr erzielte.[167] Im Tankstellenbereich stellte die Olex auf dem deutschen Markt nach DAPG und Rhenania-Ossag die Nummer Drei dar.[168]

Doch gerade anhand der *downstream*-Organisation Olex zeigt sich, wie wenig die neue Geschäftsleitung der DPAG-DEA den Konzern als Ölkonzern verstand – nach Nöllenburgs Selbstmord im Jahr 1922 führte der Braunkohlenindustrielle Middendorf den Konzern wie einen gewöhnlichen Montankonzern.[169] Im April 1929 sollte sich die DPAG-DEA durch den Versorgungszwang für die Olex so sehr eingeengt fühlen, daß sie weitere 35 % der Olex-Aktien an die APOC verkaufte,[170] womit jene unter britische Kontrolle geriet. Bis 1931 wurde dann noch der Aktienrest an die APOC veräußert.[171] Damit übernahm der umtriebige britische Staatskonzern nach der British Petroleum nun auch noch die andere Verkaufsorganisation der Vorkriegs-EPU.[172]

Neben den drei großen erdölproduzierenden Gesellschaften im hannoverschen Ölrevier – DPAG-DEA, Elwerath und EBAG – bestimmte die Vielzahl der kleinen Unternehmen das Bild. Wagt man den internationalen Vergleich in der wirtschaftlichen Entwicklung,

---

162 Bayerischer Lloyd: „Finanzielle Chronik: Bayerischer Lloyd", *Petroleum* 22 (1926) 22, xi. Danubia: „Finanzielle Chronik", *Petroleum* 15 (1919/1920) 21, 808 f. „Finanzielle Chronik", *Petroleum* 18 (1922) 11, v. 10. April 1922, 421. Ordentliche Hauptversammlung des Zentralverbands des Deutschen Mineralölhandels (ZDM) am 5. Mai 1922: „Finanzielle Chronik: Deutsche Bergbau AG/DPAG", *Petroleum* 18 (1922) 15, v. 20. Mail 1922, 611.

163 „Finanzielle Chronik", *Petroleum* 19 (1923) 36, 1300.

164 Ebd. BIOS 1017, 8.

165 BIOS 1017, 8. Vgl. Dirk Bavendamm, „Die Geschichte ..." (1999), 197.

166 „Finanzielle Chronik", *Petroleum* 24 (1928) 19, 851–858.

167 Titus Kockel, *Geologie* ... (2003), 107–109.

168 Ausführung von Generaldirektor Middendorf auf der ordentlichen Generalversammlung der DEA am 18 Juni 1928, „Finanzielle Chronik", *Petroleum* 24 (1928) 19, 851.

169 Dirk Bavendamm, „Die Geschichte ..." (1999), 175–197.

170 Heinz Flieger, *Unter* ... (1961), 105. Robert W. Ferrier, *The History* ... (1982), 494 f.

171 Dirk Bavendamm, „Die Geschichte ..." (1999), 197 f. Vgl. BIOS 1017, 8.

172 Robert W. Ferrier, *The History* ... (1982), 494 f.

so ähnelte von der Kapitalstruktur her die hannoversche Firmenlandschaft des Jahres 1927/28 derjenigen des Jahres 1890 im US-amerikanischen Lima/Ohio, bevor sich die Standard Oil Company in die Region einkaufte: Bei im großen und ganzen abgeflauter Goldgräberstimmung standen zahlreichen kleinen und wenigen mittleren Produzenten nur einzelne Großunternehmen – wie die Ohio Oil Company – gegenüber, die auf eine Regulierung der Konzessionen hinwirkten.[173]

In Hannover war der viertgrößte Produzent des Jahres 1928 die „Gewerkschaft Thekla, Wesermünde" (Thekla) im Nordwesten des alten Feldes Nienhagen („Thekla-Feld"[174] /„Thekla-Scholle"[175]). Thekla profitierte erheblich von der 1928 begonnenen Erweiterung der alten Lagerstätte, wobei die Bohrung „Thekla 1", die den Auftakt für die eigentliche Erweiterung darstellte, als Lohnbohrung von der Elwerath niedergebracht wurde.[176] Fünftgrößter Produzent des Jahres 1928 war die zwei Jahre zuvor aus der „Georg Greiser Bergbau, Hannover" (Greiserwerke) hervorgegangene „Norddeutsche Mineralöl AG, Hannover" (Nordöl AG)[177] des aus der Raffination stammenden Kaufmanns Georg Greiser. Die Nordöl AG beteiligte sich eifrig an der Erschließung von Oberg und betrieb zwei Raffinerien in Dollbergen bei Peine und in Salzbergen im Emsland. In den letzten Jahren vor der Wirtschaftskrise gelang es der Gesellschaft, die Aktivitäten neben einer in Oberg übermächtigen EBAG auszubauen.[178] Greiser wurde vor 1931 durch die „Deutsche Gasolin AG" übernommen.[179]

Daneben nahm der Bohrunternehmer und Erdölpionier Anton Raky eine Sonderrolle ein, den man – obwohl er im Jahre 1928 keinen Tropfen Öl förderte – getrost als den sechstgrößten Produzenten im hannoverschen Ölrevier bezeichnen konnte. Die „Anton Raky AG, Salzgitter" hatte sich aus einem Kohlebohrunternehmen aus dem Ruhrgebiet entwickelt und bereits 1900 im Feld Moreni/Rumänien nach Erdöl gebohrt. Nachdem sie dieses Erdölbohrinteresse 1905 auf der Krim und in Wietze/Hannover, schließlich 1910 im Elsaß fortgesetzt hatte, galt sie als Archetyp einer habsburgisch-deutschen Erdölbohrgesellschaft.[180] Unter dem Einfluß von Anton Raky war es um die Jahrhundertwende zur ersten Kapitalkonzentration auf der Lagerstätte Wietze und zur Gründung eines Vorläufers der DPAG-DEA gekommen.[181] Das in der hannoverschen Erdölindustrie bis Ende der zwanziger Jahre eingesetzte weiterentwickelte kanadische

---

173 Vgl. Harold F. Williamson et al., *The American* ... (1959), 589–596.

174 Jakob Stoller, „Neuaufschlüsse ..." (1931), 185.

175 Fr. Behme, „Zur Geschichte ..." (1931), 189 et passim.

176 Helmut Fahrion, *Die Gewerkschaft* ... (1987), 24.

177 „Finanzielle Chronik", *Petroleum* 22 (1926) 16, ix und „Finanzielle Chronik", *Petroleum* 22 (1926) 25, ix.

178 „Finanzielle Chronik", *Petroleum* 23 (1927) 19, 829. Für die Geschäftsjahre 1927 und 1928: „Finanzielle Chronik", *Petroleum* 26 (1930) 3, 99. Salzbergen war bis zur Gründung der Deurag die einzige deutsche Raffinerie mit Crack-Einrichtungen: Rainer Karlsch, *»Faktor ...«* (2003), 164.

179 Fr. Behme, „Zur Geschichte ..." (1931), 191 f.

180 BIOS 1017, 9.

181 Der Deutschen Mineralöl-Industrie AG: Röhl, „125 Jahre ..." (1983).

Seilschlagsystem mit gespanntem Gestänge trug den Namen „Raky-Schnellschlagsystem", das mit Bohrspülung eingesetzt wurde.[182] In den Jahren 1924 bis 1928 war die Anton Raky AG an der Erschließung des jungen österreichischen Erdölgebietes (Zistersdorf/Wiener Becken im Dreiländereck Österreich-Tschechoslowakei-Ungarn) beteiligt und 1928 mit der Gewerkschaft Astra an der Erweiterung des Nienhagener Feldes nach Norden;[183] doch war die Gesellschaft an einer Erdölbasis nicht interessiert und verkaufte ihre Produktionsrechte gewöhnlich an andere Gesellschaften weiter.[184] Zugleich betrieb das Unternehmen Eisenerzbohrungen im Raum Salzgitter, einer der *nuclei* der Reichswerke Hermann Göring ab 1936. [185]

1927, als die allgemeinen Rahmenbedingungen für Erdöl auf dem Weltmarkt sowie neue Bohrerfolge in Hannover die Aussichten in der Erdölindustrie rosiger werden ließen, drangen jüngere Kontraktoren in die Hannoversche Erdölgewinnung ein. Sie hatten sich auf „Lohnbohrungen" für andere Gesellschaften spezialisiert und begannen nun – auf dem Weg von „Partizipialbohrungen" als ausführende Firma eines Konsortiums – sich eine eigene Erdölbasis zuzulegen. Dies traf ganz besonders zu auf den Celler Familienbohrbetrieb „Hermann von Rautenkranz – Internationale Tiefbohrkommanditgesellschaft" – ab 1924 „Internationale Tiefbohr AG" (ITAG) mit einem Aktienkapital von RM 100.000.[186] Bis 1928 war sie die bohrausführende Firma der EBAG, mit Sitz und Stimme im Aufsichtsrat der Produktionsgesellschaft. Als Bohrunternehmer hatte „Konsul" von Rautenkranz Erfahrungen in den USA gesammelt, galt als technisch innovativ, und brüstete sich, mit einem Gerät des Bohrgeräteherstellers Alfred Wirth & Co (= Otto Wolff-Konzern) schon im Jahre 1924 das Rotary-Bohrverfahren in Hannover eingeführt zu haben.[187] Als Erdölpionier war Rautenkranz in den ehemals deutsch und österreichisch beherrschten Erdölgebieten Europas[188] zuhause, wobei sich seine Bohraktivitäten auf Jugoslawien und Rumänien konzentrierten.[189] Nach Komplikationen bezüglich der geologischen Interpretation der Lagerstätte Oberg, die

---

182 Paul Stein, *Leitfaden der Tiefbohrtechnik,* Berlin 1932, 34 f.

183 Jakob Stoller, „Neuaufschlüsse ..." (1931), 185.

184 Die bei Günther Schlicht, „Erdöl" (1930), 372 und bei Hanns-Heinz Kasper, *Die Erdölgewinnung* ... (1974), 18 angegebene Produktionszahl weist Anton Raky AG 1929 als fünftgrößten Erdölproduzenten aus. Dies kommt dadurch zustande, daß Anton Raky AG 1929 den Feldesteil Edesse-Ölheim erschloß und kurzfristig tatsächlich über eine eigene Produktion verfügte. Die Gerechtsame verkaufte sie allerdings im darauffolgenden Jahr an die ins Erdölgeschäft einsteigende Preußag: BIOS 1017, 9.

185 BIOS 1017, 9.

186 Günther Schlicht, „Erdöl" (1930), 370.

187 Mit der Rautenkranz gehörenden Gewerkschaft Krug von Nidda: August Rautenkranz, „Das Rotary-Bohrsystem ..." (1926), 443. BIOS 1017, 24 f. Hanns-Heinz Kasper, *Die Erdölgewinnung* ... (1974), 20.

188 Vgl. BIOS 1017, 9.

189 Ebd., 25.

der von Rautenkranz protegierte Geologe der EBAG ausgelöst hatte,[190] schied Rautenkranz 1928 aus dem Aufsichtsrat der EBAG aus[191] und stieg mit seinem Bohrunternehmen selbst in die Produktion von Erdöl ein: mit den Kuxen der Gewerkschaft Etteldorf erwarb er 10 % an der gesamten Lagerstätte in Oberg.[192] Diese neue Strategie sollte 1929 mit dem Ankauf der Gewerkschaften Krug von Nidda und Aurora im Feld Nienhagen, sowie der Gewerkschaft Rödel im Feld Oberg fortgesetzt werden.[193]

Mit anderer Motivation aber langfristig ähnlichem Ergebnis engagierte sich der staatliche Montankonzern Preußische Bergwerks- und Hütten AG (Preußag), dessen in Schönebeck/Elbe ansässige Bohrverwaltung infolge Auftragsmangels[194] spätestens seit 1925 als Kontraktor der Anton Raky AG im Feld Edesse-Ölheim Erdölbohrungen ausführte.[195] Zwischen 1925 und 1930 führte die Preußag vor allem in Rumänien Lohnbohrungen aus, erwarb sogar Anteile an der rumänischen Mirafor, was ihr – nach eigener Darstellung – zwar auf lange Sicht wenig Gewinn, aber dafür die nötige bohrtechnische Erfahrung brachte, um auch in Hannover zu bohren.[196] Ebenso auf die Erschließung von Erdöl und nicht auf die Produktion abonniert war die Gewerkschaft Siegfried, die zu 100 % von der 1927 gegründeten „Petrolifer Rohoel Company" aufgekauft wurde und sich als reine Explorationsgesellschaft betätigte. Gew. Siegfried sollte, wie viele andere kleinere Erdölunternehmen im „Dritten Reich", zunächst am Reichsbohrprogramm teilnehmen.[197]

Die sporadischen Erfolge, die die großen Erdölproduzenten im hannoverschen Erdölrevier erzielten, machten die dörflichen „Erdölmetropolen" Wietze, Groß- und Kleinburgwedel, Ehlershausen und Nienhagen mit ihren abgelegenen Fabrikantenvillen ebenso wie die Kreisstadt Celle zu Pilgerstätten der Glücksritter und Bauernfänger, die sich von der stetigen Aufwärtsentwicklung der Industrie ihre Scheibe abzuschneiden gedachten. Besonders beliebt war der Handel mit Erdölverträgen, in denen der Grundeigentümer eines Areals die Ausbeutungsrechte an einen Unternehmer verpachtete, der – mit welchen Mitteln auch immer – das Land zuvor für „erdölhöffig" erklärt hatte. Bis zum Sprudeln der Ölquelle – d.h. solange nicht gebohrt wurde – versüßte den Bauern

190 Vgl. Bericht Hermann-Halbe, Was bedeuten die Bohrungen Ebag 48 bis 51? Eine Entgegnung an die Herren Professor Dr. Stoller und Dr. Bentz, Bl. 1–11, post Oktober 1927, in: NLfB 86764.

191 „Finanzielle Chronik", *Petroleum*, 26 (1930) 20, 600.

192 „Finanzielle Chronik", *Petroleum* 24 (1928) 5, 210 und Konzessionskarte Oberg, Okt. 1928, in: NLfB 108167.

193 Vgl. Hanns-Heinz Kasper, *Die Erdölgewinnung* ... (1974), 18.

194 „Finanzielle Chronik", *Petroleum* 27 (1931) 1, v. 1. Januar 1931, 17 f.

195 Jakob Stoller, „Neuaufschlüsse ..." (1931) 186 f. und „Finanzielle Chronik", *Petroleum* 27 (1931) 1, v. 1. Januar 1931, 18 f.

196 Protokoll der Sitzung des Bilanzausschusses des Aufsichtsrats im Verwaltungsgebäude der Preußag in Berlin am 10 März 1932, GStA PK, I. HA Rep. 121 E V 8/114(2, Bl. 41. Vgl. „Finanzielle Chronik: Die Erdölinteressen der Preußischen Bergwerks- und Hütten-Aktiengesellschaft »Preußag«", *Petroleum* 27 (1931) 1, v. 1. Januar 1931, 19.

197 BIOS 1017, 23.

und Gutsbesitzern ein sog. Wartegeld die Zeit, welches Bestandteil jedes Erdölvertrags war. Der Handel mit solchen Verträgen konnte in solchen Fällen lukrativ werden, wenn ein Areal durch einen spektakulären Fund in den Mittelpunkt der Aufmerksamkeit rückte. Nicht selten gelang es aber auch einigen Unternehmern, die Grundeigentümer selbst davon zu überzeugen, ihr Geld in Schürf- und Tiefbohrungen zu investieren.[198]

Ein deutliches Beispiel für solche Goldgräberstimmung hatten die Umstände um einen eruptiven Erdölfund im Jahr 1924 gegeben, den die „Rohöl-Industrie-Gesellschaft" („Rig" = DEA + Hamburger Erdöl- und Mineralöl GmbH) noch vor der Fusion von DEA und DPAG-Rüttgers im Feld Nienhagen gemacht hatte.

> „Nach Bekanntwerden dieses großen Fundes setzte das große Ölfieber ein und machte viele Interessenten mobil, um durch Verhandlungen mit den Grundeigentümern sich Bohrgebiete zu sichern, da in der Provinz Hannover, wie überhaupt in Preußen, das Erdöl dem Grundeigentümer gehört. Die Forderungen der Landwirte sind aber dermaßen hoch, daß es kaum zu vernünftigen Abschlüssen kommen kann. Die Mindestforderungen betragen pro Morgen und pro Jahr an Pacht 400 Goldmark, für jeden Bohrpunkt 300 Goldmark, außerdem eine Beteiligung an der Produktion von 10–15 %. [...] Zieht man eine Parallele zwischen den Ausgaben für Grunderwerb und dem Wert des geförderten Erdöles, so findet man, daß die Ausgaben an die Grundbesitzer die Einnahmen aus der Ölproduktion übersteigen."[199]

Doch nicht nur die Landwirte profitierten von diesen seit eh und je angeprangerten Zuständen des Grundeigentümerrechts, sondern es setzte auch „ein sehr spekulativer Handel mit bereits vertragsmäßig abgeschlossenen Erdölfeldern" ein, mit Wartegeldern bis zu M 2.000 pro Jahr und Produktionsbeteiligung von 10–15 %.[200] Die DEA, die eigentlich an der Spekulation kein Interesse haben durfte, schien in diesem Falle selbst den einträglichen Handel mit Verträgen dem Bohr- und Förderhandwerk vorzuziehen.[201]

Spekulation, verdeckte Transaktion und Parzellenaufkauf ließen sich auf das anonyme Walten von „Gründern" und „Schwindelfirmen" schieben, zumal die Firmen nur in punkto Produktionshöhe den Bergbehörden rechenschaftspflichtig waren, weshalb im Erdölrevier regelmäßig die Gerüchteküche überkochte. Die „Schwindler" waren ein bei Fachwelt und Lokalpresse beliebter Topos,[202] den die großen Gesellschaften bemüht waren zu kultivieren und für ihre politischen Zwecke auszuschlachten.

So bemühte Hans Brochhaus, einer der Direktoren der Elwerath, das alte Feindbild in seinem Gutachten für die Preußische Staatsregierung aus dem Jahr 1928 – just als die Elwerath dabei war, Parzellen im Erdölrevier aufzukaufen, um ein großangelegtes Bohrprogramm zu starten. Das Gutachten stand im Zusammenhang mit einer Notverordnung, die die Grundeigentümerrechte in anderen Teilen Preußens suspendierte, und die

---

198 Vgl. Zusammensetzung des Grubenvorstands der Gewerkschaft Drachenfels, in: NLfB 92872.

199 „Produktion – Deutsches Reich: Der Erdölfund bei Nienhagen", *Petroleum* 20 (1924) 13, 560.

200 Ebd., 559.

201 Ebd., 558.

202 Vgl. Ing. Franz Rainer, Hannover, „Sprechsaal: Aus den deutschen Erdölgebieten", *Petroleum* 22 (1926) 16, 618. Pressespiegel 1928–1940, NLfB 88003, Bl. 1.

eine grundsätzliche Regelung der Eigentums- und Pachtverhältnisse erwarten ließ.[203] Aus der Perspektive des geschädigten Monopolisten schilderte Brochhaus, wie sog. „Gründerfirmen" zum Teil wertlose Gerechtsame erwürben, die sie an unkundige Dritte weiterverkauften, „nachdem der Verkauf durch eine beschönigende, bisweilen marktschreierische Reklame vorbereitet ist."[204] Im Falle aussichtsreicher Parzellen beliebten die „Gründer",

> „sich mit ihren Gerechtsamen von kleinem Umfang zwischen die grösseren Flächen der ernsthaften Unternehmer einzuschieben und zunächst untätig den Erfolg der Aufschlussarbeiten in deren Parzellen abzuwarten, um erst, wenn dort ein günstiges Aufschlussergebnis erzielt ist, die eigene Gerechtsame in Ausbeutung zu nehmen und so das Risiko auf fremde Schultern abzuladen und ausserdem bei Wahl des Ansatzpunktes der eigenen Bohrung hart an der Grenze der fündigen Parzelle, den Nachbar möglicherweise durch Entziehung seiner Oelvorräte zu schädigen."[205]

Daß mit solchen „Gründern" auch durchaus ernstzunehmende Konkurrenten denunziert wurden, zeigt das Beispiel des Belgiers J. G. Vingerhoets, der Ende des Ersten Weltkriegs ins hannoversche Erdölrevier gekommen war. In einer Villa in Kleinburgwedel bei Hannover residierend, legte er das Gebaren eines Ölspekulanten, eines Promoters im Westentaschenformat an den Tag.[206] Die nötige *wildcatter*-Reputation erwarb sich Vingerhoets mit der fündigen Erdölbohrung „Merkur", die er im Jahr 1921 in Hornbostel bei Wietze abteufte, in auffälliger Nachbarschaft des DEA-Feldes. Zwischen 1921 und 1925 betrieben die bald nach dem Fund gegründeten „»Merkur« Erdölwerke Wietze-Hannover" einen schwunghaften Handel mit Erdölverträgen.[207] Vingerhoets zahlte offenbar enorme Schmiergelder an die Rechtsvertreter der Grundeigentümer, um eigene, provisionsfreie Verträge mit geringen Wartegeldern und Förderzinsen zu bekommen.[208] Wie sich herausstellte, waren all diese Käufe nicht dazu gedacht, mit windigen Geschäftspraktiken schnelles Geld zu machen, sondern unbehelligt ein möglichst großes Konzessionsgebiet für regionale geophysikalische Explorationsarbeiten in die

---

203 Titus Kockel, *Geologie* ... (2003), 137–139.

204 Hans Brochhaus, Gutachten in Sachen der Notverordnung über einen erweiterten Staatsvorbehalt zur Auffindung von Steinkohle und Erdöl in der Provinz Brandenburg, NLfB 59856, Bl. 9.

205 Ebd. (Fn. 204), Bl. 10.

206 Vgl. K. H. Möker, Bericht über die Anfänge und Weiterentwicklungen ausländischer Erdölinteressen in Deutschland nach dem Kriege 1919, welche u.a. 1930 zur Gründung der Nord-Europäischen Ölgesellschaft in Hannover (deutsche juristische Form für die North European Oil Corporation New York N.E.O.G.) geführt hat, v. 25. Februar 1935, NLfB 104619, Bl. 2. *Promoter* wurden Feldspekulanten genannt, allerdings in US-amerikanischen Dimensionen: Vgl. Wilhelm Mautner, „Chronik der Erdölwirtschaft und Erdölpolitik: März – April 1930, III", *Petroleum* 26 (1930), Anhang Erdöl-Chronik und -Statistik vii, 4. Ebenso: Helmut Mejcher, *Die Politik* ... (1980), 142.

207 Möker, Bericht ... (vom 25. Februar 1935, siehe Fn 206).

208 Vgl. den Fall in Katensen nahe Dollbergen bei Burgdorf i. Han. von 1924, Möker, Bericht ... (vom 25. Februar 1935, siehe Fn 206), Bl. 7–10. Ab 1925 prozessierte Möker gegen Vingerhoets, sowohl vor dem Landgericht Lüneburg, wie in Antwerpen und Brüssel: Ebd.: 11 f.

Hand zu bekommen: Vingerhoets brachte die im Lauf der Jahre zusammengetragenen Parzellen und Gerechtsame um 1929 in die US-amerikanische North European Oil Corporation (NEOC) ein, als deren Gründungsmitglied er auftrat.[209] Die Idee der regionalen Exploration hatte sich im Deutschen Reich noch nicht durchgesetzt, und solchen „Landnahmen" zeigte sich die heimische Industrie nicht gewachsen. Wenngleich Vingerhoets ein undurchsichtiger Geschäftsmann blieb, der von 1935–1939 im Auftrage Görings bohrte, so darf das deutliche Eigeninteresse der Erdölindustrie und des geologischen Dienstes nicht außer Acht gelassen werden, wenn man heute auf die wütenden Berichte über den Belgier zurückblickt, die während des „Dritten Reichs" entstanden.[210] Daß auch große Firmen, wie DEA oder NEOC, selbst Spekulation und verdeckte Ankäufe betrieben, um ihren Feldes- und Konzessionsbesitz zu erweitern, konnte dem Paradigma vom Spekulantentum nichts anhaben.

Schließlich herrschte in der hannoverschen Erdölindustrie 1927/28 ein erstaunlich niedriger Sachverstand. Hatte sie in der wirtschaftlichen Entwicklung schon nicht mithalten können, so galt dies ebenso für die bohr-, produktions- und raffinationstechnische Seite. Tiefbohrtechnisch begann die hannoversche Erdölindustrie Mitte der zwanziger Jahre, auf den internationalen Standard des Rotary-Bohrens einzuschwenken.[211] Damit befand sich 1928 die hannoversche Industrie etwa auf jenem Stand, der in der texanischen Erdölindustrie 1901–1905 erreicht worden war. Ebenso hinkte man auch in der Förder- oder Produktionstechnik nach. Tiefpumpen und Torpedieren – beides Produktionstechnologien aus dem Pennsylvania der achtzehnhundertsiebziger Jahre –[212] erfreuten sich zwar der Bekanntheit, doch hatte sich seither als Neuerung nur der Erdölbergbau der DPAG-DEA (Entwicklung 1919) durchsetzen können.[213] Die neuesten Methoden, die Mitte der zwanziger vor allem in Texas erprobt und gelehrt wurden,[214] allen voran die sekundären *air drive* und *gas drive* – Verfahren (auch *repressuring*-Verfahren), sollten erst zu Beginn der dreißiger Jahre die Aufmerksamkeit einer technologisch interessierten Generation deutscher Erdölfachkräfte erregen.[215] Das gleiche galt für die

---

[209] Bentz – 4572/30-, Geheimer Bericht über die Entstehung, Finanzierung und Pläne der North European Oil Corporation, v. 12. Mai 1930, Bl. 3, in NLfB 87991. Vgl. Titus Kockel, *Geologie ...* (2003), 160.

[210] Siehe 2. Kapitel. Vgl. Schriftwechsel und Stellungnahmen von Bentz, Watershoot van der Gracht, Haack und Deilmann, Mögliche Erschließung von paläozoischem Erdöl im Münsterland durch den Spekulanten Vingerhoets, 1934–1942, NLfB 104629. Vgl. BIOS 1016, 90 und Rainer Karlsch, *»Faktor ...«* (2003), 172 f.

[211] BIOS 1017, 24 f.

[212] Harold F. Williamson et al., *The American ...* (1959), 137–152.

[213] Jakob Stoller, „Neuaufschlüsse ..." (1931), 187. Vgl. Kästner, Die Wietzer Erdölbetriebe des DEA-Konzerns in den Jahren 1919–1929, v. 15. Februar 1930, NLfB 24526, Bl. 19 f. Rainer Karlsch, *»Faktor ...«* (2003), 120 f.

[214] Vgl. Edward W. Constant II, „Science *in* Society: Petroleum Engineers and the Oil Fraternity in Texas, 1925–65", *Social Studies of Science* 19 (1989), 439–472, hier 443–446.

[215] Vgl. W. Gründer, „Erdölgewinnungsmethoden und restlose Entölung ölführender Schichten", *Petroleum* 28 (1932) 44, 1–7, hier 3 f.

Anwendung der Geophysik, die in den USA bei der Entdeckung der Osttexas- und Oklahomafelder von Erfolg zu Erfolg eilte. Obwohl man im Deutschen Reich mit einigem Stolz auf internationale Prospektionserfolge des deutschen Seismikpioniers Ludger Mintrop blickte, [216]wurden die neuen Explorationstechnologien – Refraktions-, bzw. Reflexionsseismik, Gravimetrie, Magnetik – vor allem durch die Deutsche Forschungsgemeinschaft bzw. Notgemeinschaft der deutschen Wissenschaften und die PGLA, nicht aber wie in den USA oder in Großbritannien durch die Ölgesellschaften selbst erprobt.[217] Die rezenteste geophysikalische Methode, das später so genannte „elektrische Kernen“ [218] bzw. „ Schlumberger-Diagramme“,[219] – international *log* genannt, d.h. die Messung des elektrischen Widerstands an der Bohrlochwand, das die aus Frankreich stammenden Brüder Conrad und Marcel Schlumberger 1920 entwickelt hatten, und welches von der Royal Dutch-Shell vor 1927 in den USA erprobt worden war, wurde im Deutschen Reich erst in den dreißiger Jahren bekannt.[220] Orientiertes Kernbohren, das sowohl die technologisch innovative Marland Company sowie die Gesellschaften der Royal Dutch-Shell Gruppe seit 1918 anwandten, um Aussagen über die Richtung des Schichteneinfalls an den untersuchten Strukturen – Salzstöcken oder Antiklinalen – zu treffen,[221] war bei der hannoverschen Erdölindustrie ebenso wenig bekannt wie die Strategie des überregionalen, kombinierten Einsatzes aller verfügbaren geophysikalischen Methoden, um unbekannte Gebiete aufzuschließen, wie es sich in Texas und Oklahoma bis 1927 bewährt hatte.[222]

Besonders auffällig war die beinahe vollkommene Absenz geologischer Beratung und damit von Explorations- und Reservenstrategien in den Gesellschaften. Die meisten Firmen ließen sich durch die staatlichen Geologischen Dienste, vor allem die für Hannover zuständige Preußische Geologische Landesanstalt (PGLA) in Berlin, beraten, was bedeutete, daß ein großer Teil der unternehmerischen Initiative mittelbar auf den

216 Ludger Mintrop, „Die Entwicklung der Sprengseismik“, *Zeitschrift für Geophysik* 1953, Sonderband, 101–122, hier 107–109. Vgl. George Elliot Sweet, *The History* ... (1978^3), 21 und 24.

217 Stoller an Dr. Busemann v. 16. Januar 1923, NLfB 95682. Vgl. BIOS 1016, 75. Titus Kockel, *Geologie* ... (2003), 85 f.

218 Vgl. z. B. O. Barbey, Bericht über die am 4. und 5. Feber 1936 ausgeführten Schlumberger elektrischen Kernmessungen, in: NLfB 48245.

219 Vgl. z. B. Cramer/Riedel, Protokoll der 62. Austauschsitzung der Zweigstelle Hannover des Instituts für Erdölgeologie am 29. Aug. 1940, v. 12. Sep. 1940, Bl. 2 f., NLfB ohne Signatur.

220 George Elliot Sweet, *The History* ... (1978), 24 und 26. Deutsches Reich: BIOS 1016, 75.

221 George Elliot Sweet, *The History* ... (1978), 23 f.

222 Dr. Heermann, Geologische, technische und bergrechtliche Grundlagen der Erdölaufschlusstätigkeit in Nordwest-Deutschland seit 1930. Eine kritische Untersuchung zur Bilanz des Aufschlussprogramms, NLfB 87559, Bl. 10. Heermann war während des Zweiten Weltkriegs Geologe der DVOAG: Protokolle der Erdölgeologischen Austauschsitzungen in der Zweigstelle der PrGLA, Hannover, Löwenstr. 14, Nr. 54–69, 1939–1942, in: NLfB ohne Signatur. Orientiertes Kernen: BIOS 1016, 75.

Schultern des Staates lastete.[223] Dies zeigt beispielhaft der Fall der Elwerath, die noch sieben Jahre nach ihrem Eintritt ins Erdölgeschäft dem Landesgeologen Stoller dankbar war,

> „wenn Sie mit irgendeinem Farbstift eintragen wollten, welches Gebiet Sie noch für besonders wertvoll halten; vielleicht können Sie uns auch, wenn auch nur in ungefähren Grenzen, die Lage des Salzhorstes einzeichnen."[224]

Daraus erklärte sich auch eine besondere Nähe zwischen den geologischen Diensten und den Gesellschaften.[225] Der Professionalisierungsgrad der Erdölgeologie in der hannoverschen Erdölindustrie war minimal.[226] Die Theoriebildung, also die Formulierung und Überprüfung wissenschaftlicher Strategien zum Suchen und Finden von Erdöl, fand ausschließlich an Universitäten bzw. in den geologischen Diensten statt.[227] Die Industrie tat auch nichts für die Methodenentwicklung und die fachgerechte Ausbildung des akademischen und technischen Nachwuchses. Weder investierte sie in eine Bohrmeisterschule, noch in ein nationales Ölinstitut, wie API, IPT oder die Straßburger École supérieure du Pétrole et des combustibles liquides, das man zur Erdölforschung hätte heranziehen können.[228]

Diesem Stand entsprach die unzureichende Qualifikation deutscher Erdölgeologen. Die Ausbildung an den Universitäten ging über eine allgemeine Lehrerausbildung nicht hinaus, die Promotion fand in der philosophischen Fakultät statt, und das kohlenwasserstoffgeologische Rüstzeug mußten sich die Absolventen in der Praxis aneignen.[229] Bei der Professionalisierung der Explorationswissenschaften betrug der Rückstand gegenüber den großen Ölländern um 1928 in der Erdölgeologie etwa 30 Jahre, bei der universitären Lehre 16 Jahre (bzw. 8 Jahre gegenüber der UdSSR); was geophysikalische

---

223 Im Auftrage der Erdölgesellschaften tätig waren vor allem Jakob Stoller/PGLA und Wilhelm Salomon-Calvi von der Universität Heidelberg. Vgl. Titus Kockel, *Geologie* ... (2003), 66, 75 f. und 83 f.

224 Direktor Brochhaus/Elwerath an Stoller, v. 12. September 1927, Bl. 2, in: NLfB 93290.

225 Etwa bei der Personalpolitik der EBAG: Schriftwechsel zwischen Stoller und Konsul Rautenkranz, 12. – 15. März 1925, in: NLfB 86764. Vgl. Titus Kockel, *Geologie* ... (2003), 66–68.

226 Mit Kraiß bzw. Sommermeier hatten lange Zeit nur DEA und DPAG Erdölgeologen auf der Gehaltsliste. Nach der Fusion wurde Sommermeier nicht weiter beschäftigt. Vgl. Titus Kockel, *Geologie* ... (2003), 63.

227 Titus Kockel, *Geologie* ... (2003), 46–58.

228 Walter Kauenhowen, „Durch welche Mittel kann die deutsche Erdölproduktion gehoben werden?", *Petroleum* 24 (1928) 17, 729–739. Zu den Ölinstituten siehe S. 23.

229 Diesen Hinweis verdanke ich dem Gespräch mit zwei Geologen, die ihre Ausbildung in den späten 1920ern bzw. frühen 1930ern an der Universität Tübingen genossen: Prof. Dr. Mayer-Gürr – im „Dritten Reich" rechte Hand von Bentz (Interview am 25. Mai 1994) – und Prof. Dr. Fahrion – im „Dritten Reich" Geologe der Elwerath in Österreich (Interview am 30. März 1999). Zur ebenfalls oberflächlichen Ausbildung an der Universität Jena, vgl. Studienunterlagen Prof. Dr. Deubel/Thüringische Landesuntersuchung (Uni Jena, 1919–1922), Nr. 4, in: BA, R 71/12. Titus Kockel, *Geologie* ... (2003), 83.

Methoden angeht, 6 Jahre.[230] Selbst in der Archivierung der Bohrergebnisse scheint in der hannoverschen Erdölindustrie Ahnungslosigkeit geherrscht zu haben. 1932 fühlte sich der Geologe der Royal Dutch-Shell, Otto Dreher, bemüßigt, Nachhilfestunde in der Ablage von Bohrakten und Profilen nach Meßtischblattnummer (wie das Bohrarchiv der PGLA) oder nach Gemarkung/Lokalitäten zu geben.[231]

Unterentwickelt war auch die zuständige Administration. Ein nationales Ölministerium wie in Großbritannien oder Frankreich[232] existierte nicht, lediglich der auswärtige Ölhandel wurde in einem Ölreferat im Reichswirtschaftsministerium (RWM) epochenübergreifend unter Botho Mulert koordiniert.[233] Dagegen lag die heimische Bergverwaltung bei den Wirtschaftsministerien der jeweiligen Länder. Diesen waren auch die jeweiligen geologischen Dienste nachgeordnet. Während die Dienste in rein beratender Funktion tätig waren, oblag den Bergämtern und Oberbergämtern die wirtschaftliche Aufsicht. Im für die hannoversche Erdölindustrie wichtigsten Land, dem Freistaat Preußen, war das Produktionsgebiet in mehrere Bergamtsbezirke untergliedert;[234] damit huldigten auch statistische Erhebung und bergamtliche Aufsicht einem „föderalen" Prinzip.[235] Eine zentrale Aufsicht existierte bestenfalls bei der Abteilung „Der Oberberghauptmann" des preußischen Wirtschaftsministeriums.[236]

---

230 Titus Kockel, *Geologie* ... (2003), 87.

231 Otto Dreher, „Das Bohrarchiv des Erdölgeologen, erläutert an dem Beispiel »Deutschland«", *Petroleum* 28 (1932) 31, 16–21.

232 Frankreich: Edgar Wesley Owen, *Trek* ... (1975), 1536–1538. Daniel Yergin, *Der Preis* ... (1991), 246 f. und 349 f. Pascale Gemignani-Saxstad, *La France, le pétrole et le proche orient de 1939 à 1958*, Paris (These microfichiée) 1998, 122–137. Großbritannien: Das Petroleum Department entstand 1918 aus der von Sir John Cadman geleiteten Petroleum Executive. 1922 kam es unter das Board of Trade, 1928 wurde es zu einer Unterabteilung des Mines Department im Board of Trade: Marian Kent, *Oil* ... (1976), 137–157. James H. Bamberg, *The* History ... (1994), 175 f. Wenngleich sich in den dreißiger Jahren nur drei Beamte vollzeitlich mit Ölfragen beschäftigten (ebd. und Derek J. Payton-Smith, *Oil: a Study of War-time Policy and Administration*, London 1971, 40), stellte es einen neuralgischen Knoten in der britischen Öldiplomatie zwischen Foreign Office, Colonial Office und Admiralität dar. Generaldirektor Cadman/APOC behielt seinen bestimmenden Einfluß in dieser Behörde: Helmut Mejcher, *Die Politik* ... (1980), 146–148, 190–196 et passim.

233 Willy Boelcke, *Die deutsche Wirtschaft 1930–1945: Interna des Reichswirtschaftsministeriums*, Düsseldorf 1983, 52 f. Mulert war bereits vor dem Ersten Weltkrieg für die deutsche Sektion der Internationalen Petroleum-Kommission, die von Leo Ubbelohde geleitet wurde, tätig: Die Gründung der Gesellschaft am 8. und 9. Mai 1933", *Oel und Kohle*, 1 (1933) 1, 10–16, hier 13.

234 Bergreviere Hannover, Celle und Goslar: Protokolle der Erdölgeologischen Austauschsitzungen in der Zweigstelle der PrGLA, Hannover, Löwenstr. 14, 1–53, 1934–1938, in: NLfB ohne Signatur.

235 BIOS 1016, 49–51.

236 Vgl. Walther Hubatsch, *Entstehung und Entwicklung des Reichswirtschaftsministeriums 1880–1933*, Berlin 1978. Wilhelm Lenz, „Reichswirtschaftsministerium: Behördengeschichte", in: Bundesarchiv Koblenz, *Reichswirtschaftsministerium*, Koblenz 1991, xi–xxv. Vgl. Gerhard T. Mollin, *Montankonzerne* ... (1988), 46 f.

Die bergrechtlichen Bedingungen für die Erdölproduktion hatten einige deutsche Länder abgeändert, um goldrauschartige Zustände bei Erdölfunden zu vermeiden.[237] Dies galt nicht für den Freistaat Preußen, wo sich der Löwenanteil der deutschen Erdölproduktion befand. Dort galt das sogenannte Grundeigentümerrecht, das dem Eigentümer des Bodens auch die unter der Erdoberfläche befindlichen Bodenschätze zubilligte. Rechtlich glich Preußen damit den USA, wo Erdöl nach wie vor gemäß der *rule of capture* exploriert und gefördert wurde.[238]

In diesem historischen und industriellen Kontext wurde um 1927/28 eine doppelte Debatte um einerseits Modernisierung, andererseits Nationalisierung der Treibstoffwirtschaft geführt. Modernisierung wurde in Kreisen der Erdölindustrie eingeklagt. Eine junge Garde von Erdölgeologen mit Auslandserfahrung eiferte, unterstützt von expansionswilligen Firmenvorständen und Vertretern der Bergbehörden vor Ort,[239] gegen die geringe Explorations- und Experimentierfreudigkeit der Industrie. Vor allem im Grundeigentümerrecht erblickten diese Neuerer das „Kernübel" und den „Hemmschuh" der heimischen Erdölindustrie.[240] Obwohl Boom, Spekulation und drohender Raubbau die Innovationsprozesse in den USA stets angeheizt hatten und unter der *rule of capture* die Entwicklung der Industrie im Zeitraffer verlaufen war, sollte nun just der Grundeigentümerbergbau für die Rückständigkeit verantwortlich sein.[241] Dagegen wurden die Argumente einer nationalen autarkiebetonten Politik in den Reihen der Substitutionsindustrie laut, deren hochmoderne Technologie sich, je länger der Siegeszug der Geophysik anhielt, als gigantische Totgeburt offenbarte.[242]

---

237 Etwa der Freistaat Oldenburg.

238 Wilhelm Mautner, „Wie wird ..." (1927), 273–281. Vgl. Daniel Yergin, *Der Preis* ... (1991), 282–285.

239 Gunther nennt sie „technical men" = Fachleute: BIOS 1016, 2.

240 Wilhelm Kauenhowen, „Durch welche ..." (1928), 737. Vgl. Hans Brochhaus, Gutachten ... (siehe Fn. 204), Bl. 9 f. und 36–39. Ebenso äußerte sich der Hannoveraner Erster Bergrat Karl Redepenning, „Aufgaben und Ziele der Erdölgewinnung in Nordwestdeutschland", *Petroleum* 24 (1928) 26, 1173–1175.

241 Der Topos vom entwicklungshemmenden Grundeigentümerbergbau wurde im „Dritten Reich" von der PGLA und den preußischen Ölkonzernen gepflegt, die ihre Reformen als Modernisierung priesen. Dank personeller Kontinuitäten in BRD und DDR hielt sich diese Einschätzung hartnäckig, wie man in *Erdöl und Tektonik in Nordwestdeutschland*, hg. Alfred Bentz, Hannover/Celle 1949 bestens dokumentiert findet. Verschiedene Ölhistoriker haben diese Sicht reproduziert, etwa Hanns-Heinz Kasper und zuletzt Rainer Karlsch, *»Faktor ...«* (2003), 218 f. („Modernisierungsbremse", am polnischen Beispiel). Aufschlußreich ist dagegen eine Analyse aus der unmittelbaren Nachkriegszeit, die gerade die NS-Reformen mit ihrer Bevorzugung der Öleliten als innovationshemmend darstellt: Dr. Heermann, Westercelle (Dr. Hee/UB), Geologische, technische und bergrechtliche Grundlagen der Erdölaufschlußtätigkeit in Nordwest-Deutschland seit 1930: eine kritische Untersuchung und Bilanz des Aufschlussprogramms, v. 14. Februar 1946, NLfB 87559.

242 So die Publikationen des IG-nahen Wirtschaftsautors Alfred Faber, „Die Versorgung Deutschlands mit natürlichen und künstlichen Mineralölen in den Jahren 1914 bis 1927",

Als Modernisierer der Erdölindustrie versuchten sich zunächst jedoch nicht die private Industrie – wie dies international üblich war –, sondern staatliche Institutionen. Anläßlich eines Erdölfundes 1927 im vertraglichen Neuland Brandenburg erließ die Preußische Regierung per Notverordnung den Staatsvorbehalt für Erdöl in dieser Region,[243] die staatliche Bohrgesellschaft Preußag sollte die Ausbeutung übernehmen.[244] Ähnlich gab das Land Mecklenburg großräumige geophysikalische Untersuchungen und sogar Tiefbohrungen in Auftrag.[245] Auch wenn beide Projekte im Sande verliefen, so hatte die öffentliche Hand immerhin ihre grundsätzliche Bereitschaft gezeigt, interventionistisch einzugreifen und für die Industrie die nötigen Vorleistungen zur Modernisierung zu erbringen.

Ende 1927 stieß aus der Kartierungsabteilung der PGLA der junge Alfred Bentz zur immer noch von Jakob Stoller im Ein-Mann-Betrieb geführten Erdölabteilung – ein unscheinbarer Vorgang, wenn man bedenkt, daß zu dieser Zeit im Irak die ersten spektakulären Ölfunde bei Mosul und Kirkuk gemacht wurden und das jahrelange Ringen um die Anteile der Siegermächte in der Iraq Petroleum Company (IPC) sich auszuzahlen begann.[246] Für die Erdölabteilung brachte Bentz' Einstieg eine erhebliche Arbeitserleichterung, denn statt der bisherigen Befahrung per Zug und Kalibahn nach Nienhagen chauffierte der Assistent seinen Landesgeologen nun im Privatauto zu den Bohrplätzen; auf diese Weise konnten wesentlich mehr Orte in der preußischen Provinz besichtigt werden, und die Zahl der Bohrberichte stieg sprunghaft an.[247] Von der ersten Stunde an verteidigte Bentz das Feld der Erdölgeologie gegen vermeintliche Scharlatane, z. B. gegen den EBAG-Geologen Rudolph Herrmann, den er mit einer unschönen Kampagne aus der Firma drängte.[248]

Zu dieser Zeit begann sich das System der hannoverschen Erdölindustrie rapide zu wandeln, sowohl in Größe als auch in Qualität. Obwohl kontinuierliche Produktionser-

---

Petroleum 24 (1928) 15, 644–652 und des Vorsitzenden der IG-Tochter Evag, Generalkonsul Brückmann, „Die Kohleverflüssigung und ihre Bedeutung für die Weltwirtschaft", *Petroleum* 24 (1928) 1, 26–32. Vgl. Titus Kockel, Geologie ... (2003), 131–134.

243 Preußische Notverordnung über die Aufsuchung von Kohle und Erdöl vom 10. Oktober 1927, PrGS. 1927, Nr. 35, 189 f. Die Notverordnung wurde vom Preußischen Staatsrat angezweifelt, und es kam zum Prozess vor dem Staatsgerichtshof in Leipzig: Hans Brochhaus, Gutachten ... (siehe Fn. 204), 1–4.

244 Fr. Behme, „Woher stammt das Erdöl in Deutschland und wo sind neue Erdölfelder zu suchen?", *Petroleum* 24 (1928) 4, 130–134, hier 130. Titus Kockel, *Geologie* ... (2003), 137–139.

245 Stoller, Geologische Bemerkungen zum Bericht der Firma Elbof-Kassel über die Ergebnisse ihrer geophysikalischen Untersuchungen am Salzstock Jessenitz-Lübtheen, v. 11. März 1929, NLfB 30566.

246 Edgar Wesley Owen, *Trek* ... (1975), 1293–1303. Daniel Yergin, *Der Preis* ... (1991), 265 f.

247 Vgl. Aufstellung der geheimen Bohrfahrtberichte von Stoller und Bentz, von 1926 bis 1929, NLfB 8724.

248 Berichte, Vorträge und Schriftwechsel in NLfB 108146, 108148 und 108149. Vgl. Titus Kockel, *Geologie* ... (2003), 38–40.

folge der Gesellschaften Elwerath und EBAG die Entwicklung vorbereitet hatten, war die folgende Mutation der Industrie eine Folge von vielen aufeinander reagierenden kontingenten und stringenten Faktoren. Die Gesellschaften wagten sich vorsichtig über die Grenzen der vier Felder hinaus, wobei sich die Elwerath die attraktiven Gebiete von Stoller „mit irgendeinem Farbstift" in der Karte eintragen ließ – in diesem Fall mit Gelbstift[249]. Spektakuläre Funde in Nienhagen,[250] Oberg[251] und Berkhöpen[252] im Jahr 1928 stießen weiteres Engagement an, lösten aber bei einigen Gesellschaften wegen minderer Qualität des Öls bald eine Absatzkrise aus.[253] Das geologische Wissen der Firmen wurde vor allem bei zwei Geologen – Jakob Stoller und Alfred Bentz – sytematisiert. Die Erdölabteilung der PGLA wurde um zwei Mikropaläontologen erweitert, die die in die Höhe schnellende Zahl an Bohrproben untersuchten.[254] Hier wuchs nicht nur eine enorme Kenntnis der Materie sowie eine systematisierte Berichterstattung heran, sondern es bildete sich auch die Idee, die offizielle Datenerhebung für Ölproduktion der Bergbehörde zu entziehen und der PGLA zu übertragen, weil diese einen überregionalen Blickwinkel einnehmen konnte.[255]

Die Entwicklung erreichte eine neue Qualität, als erstmals ausländische Gesellschaften im Deutschen Reich zu bohren begannen. Zunächst waren dies sog. *outsiders*, die das Achnacarry-Abkommen unterliefen, angelockt durch die hohen Importzölle der IG:[256] die unter anderem von Vingerhoets gegründete US-amerikanische North European Oil Company (NEOC), die Sinclair Consolidated Oil (Sinco) des „Mussolini" der Ölwirtschaft Harry Ford Sinclair,[257] die Bayerische Mineralölindustrie AG (BMI)

---

249 Schriftwechsel Elwerath-Stoller, vom 12. und 16. September 1927, in: NLfB 93290.

250 Helmut Fahrion, *Die Gewerkschaft* ... (1987), 24.

251 Jakob Stoller, „Neuaufschlüsse ..." (1931, 188. „Produktion: Deutschland – Aus dem hannoverschen Erdölgebiet", *Petroleum* 24 (1928) 9, 409, ebd. 28, 1285 und ebd. 32, 1467.

252 Hubert Berendes, „Aus den deutschen Erdölgebieten", *Petroleum* 26 (1930) 1, S. 15 f., hier 15. „Die neuen Tiefbohrungen im Erdölgebiet von Hannover", *Petroleum* 26 (1930) 45, 1093 f.

253 Bentz, 1. Bericht über die Entwicklung des Erdölbergbaus 1930, v. 12. Mai 1930, Bl. 1 f.

254 Tätigkeitsbericht für 1929, Jahrbuch der PGLA 1929, lxiii.

255 Präsident Krusch/Bentz an den Minister für Handel und Gewerbe, Ohne Vorgang, re Entwicklung des Erdölreviers Oberg, vom 31. Januar 1929, NLfB 108153.

256 Bentz, Geheimer Bericht über die Entstehung, Finanzierung und Pläne der North European Oil Corporation, vom 12. Mai 1930, Bl. 2, in: NLfB 87991. Bentz, zu Nr. 503/30, geheim und geheimer Aktenvermerk betr. Den zwischen dem Land Braunschweig und der Oldenburgischen Erdölgesellschaft mbH (North European Oil Co.) abgeschlossenen Erdölgewinnungsvertrag, beide in: NLfB 87991. Schriftwechsel zwischen NEOC und PGLA in: NLfB 87851 Vgl. BIOS 1016, 75. Albert E. Gunther, „The German ..." (1947), 1095. Hanns-Heinz Kasper, *Die Erdölgewinnung* ... (1974), 17 und 283. Zölle: Wolfgang Birkenfeld, *Der synthetische* ... (1964), 13 f.

257 So der österreichische Ölkolumnist Wilhelm Mautner: „Finanzielle Chronik: Sinclair Consolidated Oil Corporation, New York", *Petroleum* 23 (1927) 27, 1199. Sinco-Engagement: Bentz – zu 1527/30 – Der Stand der Erdölhöffigkeit der Gegend von Boitzenburg (Mecklenburg), vom 14. Juni 1930, NLfB 106297 Bl. 1 und Bentz, Geologische Begutachtung der Erdöl-Konzessionen der Nordeuropäischen Ölgesellschaft, vom 21. Januar 1931, NLfB 87992, Bl. 3.

unter dem späteren Leiter der AAPG und Deutschlandkenner Donald C. Barton,[258] sowie anderer *outsiders*, wie die britische Magdalene Syndicate Ltd, die ebenfalls britische Associated European Oil Drillers and Refinders, die US-amerikanische American European Oil und und nicht zuletzt die berühmte Cities Service Company des intellektuellen Öllobbyisten Henry L. Doherty, der in den USA für die Abschaffung der Bergfreiheit kämpfte.[259] Das Engagement der Ausländer führte zu erheblichem Aufruhr, der zum „Erdölzauber“ aufkochte, als im September 1930 Harry Ford Sinclair persönlich die hannoverschen Erdölfelder besuchte.[260] Stimmen, die das ausländische Engagement angesichts des zusammengebrochenen deutschen Kapitalmarkts begrüßten, wurden vom heiseren Geschrei der Patrioten übertönt. Die hannoversche Ölindustrie schrak aus dem Dornröschenschlaf auf, in Panik, vom frisch servierten Kuchen kein Stück mehr abzubekommen.[261]

Dem *scramble for Germany* folgten preußische Konzerne, die bislang keine Ölinteressen hatten. Als Bohrunternehmen für die North European gereift, stieg im Herbst 1930 der Staatskonzern Preußag in die Produktion ein mit der Absicht, den Ausländern ein eigenes staatliches Engagement entgegenzusetzen.[262] Die Entscheidung wurde erheblich erleichtert durch die Schwierigkeiten des Ölpioniers Anton Raky, dessen Gerechtsame der Staatskonzern aufkaufte,[263] wie durch ein Grubenunglück im thüringischen Volkenroda im Juli 1930, bei dem unerwartet Erdöl augetreten war. Um die neugefundenen nordwestdeutschen schweren Rohöle raffinieren zu können, die Raky, die EBAG und die Elwerath in Schwierigkeiten gebracht hatten, bildete die Preußag im April 1931 ein Konsortium mit der Elwerath. Als Deutsche Raffinerie AG (Deurag) wurde in Misburg bei Hannover eine Dubbs-Crack-Anlage nach neuestem US-Amerikanischen Standard errichtet – in Rekordzeit, dank allseits zusammengebrochener

---

258 J.-Elmer Thomas, 3. Halbjahresbericht über die Feldarbeiten: Überreicht dem Oberbergamte des Freistaates Bayern, ohne Datum [II/1932], NLfB 101978, Bl. 40 f. Vgl. J. Elmer Thomas, Bayerische Mineral-Industrie AG. München. Sophienstr. 3, Vierter Halbjahres-Bericht über die Feldarbeiten, 8. Mai 1933–5. September 1935, NLfB 101979. Barton: Edgar Wesley Owen, *Trek* ... (1975), 301 f., 751–766.

259 Hanns-Heinz Kasper, *Die Erdölgewinnung* ... (1974), 284. Vgl. Wilhelm Mautner, „Chronik der Erdölwirtschaft und Erdölpolitik: März–April 1930, III“, *Petroleum* 26 (1930), Anhang Erdöl-Chronik und -Statistik vii, 4. Doherty: Daniel Yergin, *Der Preis* ... (1991, 286–289. Abschaffung: Harold F. Williamson et al., *The American* ... (1963), 317–321 und 327.

260 „Die neuen Tiefbohrungen im Erdölgebiet von Hannover“, *Petroleum* 26 (1930) 45, 1096 f.

261 Zum Diskurs vgl. ebd. 1096–1099. Wilhelm Mautner, „Chronik der Erdölwirtschaft und Erdölpolitik: März – April 1930, III“, *Petroleum* 26 (1930), Anhang Erdöl-Chronik und –Statistik vii, 4. Vgl. Günther Schlicht, „Erdöl“ (1930), 371. Nationalistisch: E. Laske, „Der deutsche Ölbergbau, seine Entwicklung und Zukunft“, *Petroleum* 21 (1930) 45, 1091–1095, hier 1092.

262 Vortrag Generaldirektor Lotz, Protokoll der Sitzung des Bilanzauschusses des AR der Preußag am 12. Februar 1932 in Berlin, Pr Min f Handel und Gewerbe, GStAPK, I. HA Rep. 121 E V 8/114(2, fo.l 78. Vgl. Hanns-Heinz Kasper, *Die Erdölgewinnung* ... (1974), 17 und 273. Absicht : „Finanzielle Chronik: Die Erdölinteressen der Preußischen Bergwerks- und Hütten-Aktiengesellschaft »Preußag«,“ *Petroleum* 27 (1931) 1, v. 1. Januar 1931, 20.

263 Vortrag Generaldirektor Lotz ... (siehe Fußnote 262).

Auftragslage und reichlich zur Verfügung stehenden Arbeitskräften.[264] Von den Anteilen übernahmen SO und RD-S je 16,5 %, Preußag 33 % und Elwerath 34 %.[265] Während mit Hans Brochhaus, Dr. Martin Schunck/ Elwerath und Bergrat Ernst Franke/ Preußag die preußischen Konzerne den Vorstand besetzten, wurde die tatsächliche technisch-betriebswirtschaftliche Leitung durch den Niederländer Wilhelm Meyeringh/Rhenania-Ossag = RD-S wahrgenommen, der die Werksleitung bis April 1940 innehatte.[266] Hier wurde bestes Benzin aus heimischem Rohöl gecrackt, was bald zum Streit mit der IG führen sollte. Abnehmer für die Deurag-Produkte war die Reichspost, die mit der Elwerath seit 1927/28 einen Vertrag hatte.[267]

Durch den Fund von Volkenroda wurden auch zwei preußische Kalikonzerne bewogen, sich im Erdöl zu engagieren: die Burbach Kali AG[268] und die Wintershall AG (WIAG). Dadurch entstand ein vollkommen neues Bild der Firmenlandschaft; statt zweier großer Gesellschaften (DEA, Elwerath) gab es derer nun fünf (DEA, Elwerath, Preußag, Burbach-Kali, WIAG). Die Ölindustrie war nun nicht länger hannoversche Domäne, sie gewann gesamtpreußische Dimensionen, und in der Folge sprach man im Ministerium von den „preußischen Ölkonzernen".[269] Weitere exorbitante Zollerhöhungen, die auf die Initiative der Chemischen Industrie zurückgingen, setzten nun auch die Achnacarry-Konzerne Richtung Norddeutschland in Gang,[270] von denen sich SO und RD-S *upstream* zur Gewerkschaft Brigitta zusammenschlossen[271] und sich *midstream* in der Deurag engagierten.[272]

Dieses neue Explorationsinteresse führte im Jahr 1931 zu einer höchst kontroversen Diskussion darüber, wie man den deutschen Untergrund in Hinblick auf zukünftige Ölchancen interpretieren dürfe. Die Initialzündung hatte der Fund von Volkenroda gegeben, der auf erdölgeologischer *terra incognita* gemacht worden war und nun Phantasie und Theoriebildung anheizte. Eine Gruppe jüngerer Geologen aus den hannover-

---

264 „Inbetriebnahme ..." (1932), 21. April 1931: Rainer Fröbe, „Arbeit für die Mineralölindustrie: das Konzentrationslager Misburg", in: Rainer Fröbe/Claus Füllberg-Stolberg/Christoph Gutmann/Rolf Keller/Herbert Obenaus/Hans Hermann Schröder, *Konzentrationslager in Hannover: Kz-Arbeit und Rüstungsindustrie in der Spätphase des Zweiten Weltkriegs*, Hildesheim 1985, 131–275, hier 131.

265 Rainer Fröbe, „Arbeit ..." (1985), 133.

266 Ebd. Meyeringh und andere Abgesandte der RD-S und SO waren den militärischen Stellen ab 1935 ein Dorn im Auge: Siehe S. 204. Meyeringh wurde im Mai 1940 durch Prof. Dr. Johannes Weller abgelöst, der die Deurag bis 1965 leitete: Rainer Fröbe, „Arbeit ..." (1985), 131 fn 1.

267 „Inbetriebnahme ..." (1932), 21.

268 Helmuth Albrecht, „Das Erdölvorkommen von Volkenroda", Petroleum 28 (1932) 18, 11. D.W. von Seidlitz, Thüringische Landesuntersuchung – VII/31 – geologischer Bericht über das Vorkommen von Erdöl auf dem Kalischacht Volkenroda bei Menteroda in Thür., vom 20. April 1931, NLfB 47424, Bl. 54 f.

269 OBH Winnacker an StS Feder v. 7. September 1933 mit Anlage, Handakten Feder, BA, R 3101/20317, Bl. 16 Rekto–18.

270 Titus Kockel, *Geologie* ... (2003), 180–183.

271 Heinz Flieger, *Unter* ... (1961), 143 f.

272 Rainer Fröbe, „Arbeit ..." (1985), 133.

schen und den neuen, nicht-hannoverschen Erdölkonzernen in Preußen sowie aus öffentlichen geologischen Einrichtungen – die „Erneuerer“ oder „Modernisierer“ – versuchte, indem sie die bislang gültige Theorie für die mesozoische Lagerung des Öls in Nordwestdeutschland in einigen Punkten widerlegte, einer überregional vergleichenden Lagerstättentheorie – mit Volkenroda als Musterbeispiel – zum Recht zu verhelfen, die die kargen deutschen Aussichten in einem ganz anderen Licht erscheinen ließ: Indem sie den paläozoischen Ursprung des Öls von Thüringen auch für Nordwestdeutschland annahmen, weckten sie die Hoffnung, bei jedem Salzstock könnte man Öl finden. Ganz offen wurde in der Fachdiskussion Niedersachsen mit seinen vielen, noch unbekannten Salzstöcken mit Osttexas, der Wiege der Geophysik, verglichen, dessen Salzstöcke Anfang/Mitte der zwanziger Jahre ohne Schürfbohrungen ermittelt worden waren und spektakuläre Ölerfolge gebracht hatten. Allerdings wurde der hypothethische und positivistische Charakter dieser neuen Migrationstheorie bereits zum Zeitpunkt der Auseinandersetzung von ihren Kritikern bemängelt.[273]

Daß sich die Positionen innerhalb weniger Monate zum Jahreswechsel 1931/32 bereits deutlich polarisierten, ohne daß neue empirische Funde die grundsätzlichen Fragen inzwischen beantwortet hätten, lag an der Umbruchssituation, die die gesamte Treibstoffwirtschaft des Landes im Zeitraum 1930–1932 erfaßte. Das Deutsche Reich galt wegen seines Motorisierungspotentials international als einer der aussichtsreichsten Märkte. Dieser Markt wurde heiß umkämpft; von außen durch die Achnacarry-Konzerne, die *outsiders* und die sowjetische Absatzorganisation – von innen durch die diversen deutschen Substitutions- (IG) und Surrogatinteressen (Benzol-Verband, Reichskraftsprit). Nach dem Willen der Achnacarry-Konzerne sollten alle *downstream*-Organisationen in der Betriebsstoffkonvention mit entsprechenden maximalen Verkaufsanteilen zusammengeschlossen sein. Doch nicht nur die sowjetische Derop, sondern auch *outsiders* wie Sinco, der US-amerikanische Ölpromoter William R. Davis mit seiner Crusader Petroleum Industries Ltd.[274] sowie die belgische Schwester der Ölhag (GHH) entzogen sich dem Zugriff des Kartells; Angehörige der Konvention opponierten unter der Hand gegen das Kartell, indem sie Rabatte und Benzingutscheine ausgaben. In mehreren Preiskriegen, in Bayern, im Rheinland, Berlin und anderswo, in denen die *outsiders* mit mittelständischen – i.e. nationalsozialistisch orientierten – deutschen Garagen- und Tankstellenverbänden Allianzen bildeten und Benzin weit unter Kartellpreis anboten, wurde das Regiment der Betriebsstoffkonvention zusehends

---

[273] So etwa Hans Stille, „Zur Frage des Auftretens und Fehlens des Erdöles neben den niedersächsischen Salzpfeilern“ (Diskussionsbemerkung zu den Vorträgen der Herren Schleh, Moos, Strobel und Kraiß), in: *Die Erdöltagung ... (1932)*, 498 f., Otto Stutzer, „Rückblick auf die Erdöltagung in Hannover“, *Petroleum* 28 (1932) 22, 1–3 und Donald C. Barton, „Zur Bildung der Erdöllagerstätten“, *Petroleum* 28 (1932) 22, 9–16. Vgl. Titus Kockel, *Geologie* ... (2003), 168–172 und 183–204.

[274] Vgl. Klaus Volland, *Das Dritte* ... (1976), 83 f. Helmut Mejcher, *Die Politik* ... (1980), 141 f und 206–210.

unterhöhlt.[275] Während dieser Preisoffensiven wurde in der einschlägigen Fachpresse gegen die Betriebsstoffkonvention polemisiert, vor allem von Seiten der Garagenbesitzer, die im Rheinland 1930 einen neuen Verband gründeten, den „Rheinisch-Westfälischen-Garagenbesitzer Verband".[276] Gefordert wurde unter anderem ein staatliches Tankstellenmonopol – eine Wiederauflage des alten Petroleummonopols, das vor dem Krieg als Abwehrmaßnahme gegen den Standard Oil Trust zu Popularität gelangt war.[277] Unter Führung einer „Rheinland-Garagenbetriebs AG" brachte die Allianz von *outsiders* und deutschen Mittelständlern sogar eine Klage beim Kartellgericht gegen die Betriebsstoffkonvention ein. Nach einem Zwischenentscheid des Landgerichts Köln wurde diese immer potenter werden Gruppe mit umfangreichen Unterlagen beim Reichswirtschaftsministerium (RWM) vorstellig, um gegen den deutschen Arm des globalen Ölkartells Politik zu machen.[278]

Einer Forderung der ostelbischen Junker, den Kartoffelanbau zu stärken, schenkte die Reichsregierung im August 1930 Gehör, als sie in einer sog. Spritaktion[279]alle auf dem deutschen Markt vertretenen *downstream*-Organisationen verpflichtete, ihr Benzin mit Spiritus zu strecken.[280] Der die Tankanstriche beschädigende und den Betrieb von Zapfsäulen beeinträchtigende Zusatz wurde über die bereits 1929 gegründete staatliche „Reichskraftsprit GmbH" vertrieben.[281]

Was *downstream* das Bild wie ein Erdrutsch veränderte, waren jedoch die Entwicklungen innerhalb der Betriebsstoffkonvention. Bislang hatten die Achnacarry-Töchter DAPG (SO) und Rhenania Ossag (RD-S) die größten Quoten gehalten. Im immer nationalistischeren Klima gestatteten sie im Mai 1932 eine Überbewertung des Benzol-Verbands (VSt), der mit einer Quote von 27 % über Nacht zum deutschen Marktführer wurde.[282] Offen wurde im Reich diskutiert, ob der Markt nicht über ein staatliches Benzinmonopol gesteuert werden sollte,[283] wobei nur eine „deutsche" *downstream*-Organisation zum Vertrieb in Betracht kam. Ob dies die vergleichsweise kleine Ölhag der

---

275 „Prijzenoorlog ...", in: *Petroleumboek 1929/30: uitgave van het dagblad „De Telegraaf"*, oO, oJ, 158–161. „Situationsbericht", *Petroleum* 25 (1929) 44, 1490. „Verarbeitung und Verteilung: Deutschland: Der Kampf auf dem Betriebsstoffmarkt in Deutschland", Petroleum 25 (1929) 42, 1413 f. „Situationsbericht", vom 1. September 1930, *Petroleum* 26 (1930) Anhang Erdöl-Chronik und –Statistik xii. Vgl. Heinz Flieger, Unter ... (1961). 129 f.

276 „Verarbeitung und Verteilung: Deutschland: Der Kampf auf dem Betriebsstoffmarkt in Deutschland", *Petroleum* 25 (1929) 42, 1413 f. „Situationsbericht" v. 1. September 1930, *Petroleum* 26 (1930) Anhang Erdöl-Chronik und -Statistik xii.

277 „Situationsbericht" (Mitte August 1930), *Petroleum* 26 (1930) Anhang Erdöl-Chronik und -Statistik x, 1.

278 „Situationsbericht", *Petroleum* 25 (1929) 46, ix/1551. Vgl. Prijzenoorlog ..." (1930), 159.

279 Fren Förster, *Geschichte* ... (1979), 172.

280 „Situationsbericht", Petroleum 26 (1930), Anhang Erdöl-Chronik und –Statistik ix, 1.

281 „Finanzielle Chronik", Petroleum 25 (1929) 16, 552. Schäden: Fren Förster, *Geschichte* ... (1979). Heinz Flieger, *Unter* ... (1961), 128.

282 Ebd., 130 f.

283 „Zur Frage eines deutschen Benzin-Monopols", *Petroleum* 28 (1932) 46, Beilage.

GHH,[284] die Degas der IG oder nicht doch der neue Branchenführer Benzol-Verband werden sollte, hing von der Gefolgschaftstreue der jeweiligen Firmen zur Betriebsstoffkonvention ab.

Die Konzerne der rheinisch-westfälischen Schwerindustrie, die sich auf die Herstellung von Bohranlagen, Pipelines und Ölfeldbedarf jeder Art spezialisiert hatten, die sie mit eigenen Tiefbohrgesellschaften – wie der Haniel & Lueg der Gutehoffnungshütte oder der Alfred Wirth des Otto Wolff Konzerns – in Hannover und anderswo bei der Exploration einsetzten,[285] konzentrierten sich, während sie ihre deutschen Konzessionen an Achnacarry-Konzerne veräußerten,[286] auf ein ehrgeiziges Projekt: Das Irak-Industriekonsortium, das MEJCHER mit seinen Arbeiten bekannt gemacht hat.[287] Bald nach den spektakulären Funden bei Kirkuk und Mosul hatte der geschäftsführende Direktor des Reichsverbands der Deutschen Industrie und erste deutsche Vertreter in der Ständigen Mandatskommission des Völkerbunds, Ludwig Kastl, gegen das *„Red Line" Agreement* von 1928 protestiert – jener Exklusivkonzession der Iraq Petroleum Company (IPC) auf dem Gebiet des ehemaligen Osmanischen Reichs –, das in seinen Augen einen eklatanten Verstoß gegen das Freihandelsprinzip bedeutete.[288] Mit Unterstützung des neugeschaffenen Irak und des im Abkommen von San Remo um seinen Teil der Beute geprellten faschistischen Italien wirkten die Deutschen im Völkerbund darauf hin, daß im Zuge des irakischen Unabhängigkeitsvertrags die Exklusivregelung des *„Red Line" Agreements* relativiert und eine eigene Explorationskonzession bei Mosul – mit dem erbohrten Feld Qaiyarah – ausgegliedert würde.[289] Aussichtsreichster Bewerber um diese Konzession war die British Oil Development Company (BOD), eine unabhängige Gesellschaft, in der sich 1930 britische und französisch-schweizerische Banken, britischer Bergbau, britische *outsiders* und der faschistische Staatskonzern AGIP tummelten sowie ein Konsortium der rheinisch-westfälischen Schwerindustrie um Thomas Brown und Max Hirschfeld.[290] Das deutsche Engagement, angeregt von deutschen Geophysikern, die für die IPC arbeiteten, war über die deutschen Diplomaten in Bagdad,

---

284 Die Ölhag kam 1932 z. B. in den Planspielen des Reichsfinanzministeriums vor: Helmut Mejcher, *Die Politik* ... (1980), 121 f.

285 Albert E. Gunther, „The German ..." (1947), 1095.

286 So kaufte die Gewerkschaft Rudolph II. (RD-S), ein Nucleus der Brigitta, die gesamten Explorationsterrains des Otto Wolff-Konzerns auf: „Die Bohrtätigkeit in den deutschen Erdölgebieten", Petroleum 30 (1934) 35, Beilage zwischen S. 16 und 17, Bl. 3.

287 Helmut Mejcher, *Die Politik* ... (1980) und Helmut Mejcher, *Die Politik* ... (1990). Vgl. auch Titus Kockel, *Geologie* ... (2003), 218–226.

288 Helmut Mejcher, *Die Politik* ... (1980), 103 f.

289 Ebd., 37 f., 103 f. und 141 f.

290 Ebd., 40. British Oil Develpment – Liste des principaux participants (1933), Robert Schlumberger, Études sur la B.O.D. Co (Voyages de M. Robert Schlumberger à Londres du 11 au 12 Juin 1934, et en Iraq, du 30 Juin au 13 Juillet 1934, vom August 1934, NLfB 49077, Bl. 77.

Litten und Grobba, im April 1930 vermittelt worden.[291] Die „Deutsche Gruppe“ in der BOD wollte Investitionsgüter an die BOD liefern und im Gegenzug devisenfreies Rohöl importieren.[292] Im März 1931 stellte sich der erste Verhandlungserfolg ein, als die bisherige exklusive Irakkonzession der IPC in eine (bessere) Monopolkonzession östlich des Tigris bei Kirkuk für die IPC und eine (schlechtere) westlich des Tigris bei Mosul zur freien Ausschreibung durch den Irak geteilt wurde.[293] Tatsächlich erhielt die BOD im April 1932 den Zuschlag für diese freie Konzession, doch den in der IPC versammelten Achnacarry-Konzernen war es – im Verein mit dem britischen Petroleum Department – gelungen, daß die Konzessionsgebühren für den Konkurrenten genauso hoch angesetzt wurden, wie die eigenen. Mit jährlich £ 200.000 waren sie für die BOD im Grunde kaum zahlbar, dazu kam, daß RD-S und APOC in London erfolgreich Stimmung gegen die BOD machten und den Kapitalmarkt für diese Gesellschaft austrockneten.[294] Schon vor Unterzeichnung des Konzessionsvertrags mit dem Irak sah sich die BOD in größter finanzieller Verlegenheit. Mitte Februar 1932 wurde der Wortführer der deutschen Gruppe in der BOD, Thomas Brown, beim RWM für einen Kredit der öffentlichen Hand in Höhe von RM 1.000.000 RM vorstellig, um den Anteil der Gruppe in der BOD aufbringen zu können. Die zuständigen Ministerialbeamten Botho Mulert und Otto Schniewind standen – als Repräsentanten der deutschen Industrie im Ausland –[295] dem Projekt wohlwollend gegenüber, regten aber an, es auf eine breite Industriegrundlage zu stellen, die Thomas Brown Ende Mai 1932 schuf, indem er die Ferrostaal AG (GHH), Friedrich Krupp und Otto Wolff ins Boot holte. Bis zur offiziellen Gründung Anfang November 1932 änderte sich die Zusammensetzung dieses Irak-Industriekonsortiums noch etwas – Mannesmann sprang für Krupp ein –, doch schließlich gewährte das Reichsfinanzministerium (RFM), das in der Sache von RWM und Auswärtigem Amt (AA) gedrängt wurde, eine Reichsbürgschaft in Höhe von 50 % des beantragten Kredits: RM 500.000.[296]

In der ölwirtschaftlichen Umbruchsituation erwies sich die Politik der Regierung Brüning als halbherzig und inkonsequent. Zwar steuerte sie einen dezidiert protektionistischen Kurs gegenüber ausländischen Interessen, der sich in den Zollerhöhungen 1930 und 1931 niederschlug. Doch die Folgen – das plötzliche Interesse der internationalen Konzerne an einer Förderung im Deutschen Reich – waren ganz offensicht-

---

291 Fritz Grobba, *Männer und Mächte im Orient: 25 Jahre diplomatischer Tätigkeit im Orient*, Göttingen 1967, 88 f.

292 Wilhelm Mautner, „Chronik der Erdölwirtschaft und der Erdölpolitik: Juli – August 1930“, Petroleum 26 (1930) Anhang Erdöl-Chronik und –Statistik xxvii, 6.

293 Helmut Mejcher, *Die Politik* ... (1980), 38 f.

294 Ebd., 148–153.

295 Vgl. Eckart Teichert, *Autarkie und Großraumwirtschaft in Deutschland 1930–1939*, München 1984, 54–56. Zu Mulert vgl. Willy Boelcke, *Die deutsche* ... (1984), 52 f. und „Die Gründung ...“ (1933), 13.

296 Helmut Mejcher, *Die Politik* ... (1980), 108–110.

lich nicht kalkuliert; außerdem widersprach der Handelsprotektionismus den Vorstellungen der exportorientierten deutschen Schwerindustrie. So wurden denn fünf einander teilweise widersprechende Interessen gefördert: per Beimischungsverordnung im August 1930 das der Agrarlobby, per diplomatischer und administrativer Hilfestellung im Irak das der exportorientierten Schwerindustrie, per Importzoll 1931 das Syntheseinteresse der Chemischen Industrie und durch die gleichzeitige Anhebung der Benzolzölle die Surrogatinteressen der nicht im Irak aktiven Schwerindustrie, namentlich des größten deutschen Konzerns, der VSt unter Albert Vögler. Schließlich intensivierten beide Regierungen in Preußen und im Reich auch das staatliche Engagement: einerseits wurden in Gestalt von Reichspost und Reichskraftsprit staatliche Absatzorganisationen für die klassische Erdölindustrie geschaffen, andererseits in Gestalt der Preußag ein neuer Mitspieler in der Erdölproduktion: für beides wurden nationalistische Argumente hervorgebracht.

Hier offenbarten sich bereits die Zentrifugalkräfte, die die verschiedenen Regierungsagenturen, auf die sich die disparate Politik stützte, auseinandertrieben. Unter Fortlassung einiger Überschneidungen läßt sich sagen: RWM und Auswärtiges Amt (AA) unterstützten das Irak-Projekt der deutschen Schwerindustrie; RWM, Reichsfinanzministerium (RFM) und Militär standen hinter den Interessen der IG Farbenindustrie AG und des Benzol-Verbands; die Preußische Regierung vermittelte für die heimischen Agrar- und Erdölinteressen. Angesichts der verdeckt betriebenen Rüstung nahm das Militär als potentieller Großabnehmer einen besonderen Stellenwert ein. Eine maßgebliche Rolle spielte hier der wehrwirtschaftliche Stab im Reichswehramt, der ab 1928 mit dem Technokraten und Propagandisten des Totalen Kriegs Georg Thomas einen engagierten und bis 1942 äußerst einflußreichen Leiter hatte.[297]

Den einzelnen Akteuren blieb zwar weitgehend verborgen, welche Weichen für welche Konkurrenten gerade gestellt wurden. Sie konnten aber davon ausgehen, daß die aktuell offene Situation mit ihren zum Teil glänzenden Aussichten nicht ewig andauern würde. Von den Akteuren mußte die Situation als *Gelegenheit* wahrgenommen werden; aus der historischen Rückschau präsentiert sie sich als Zeitfenster für Treibstoffinteressen, als *oil industry window*.

In diesem Motivationszusammenhang stand die Tagung der Deutschen Geologischen Gesellschaft, auf der die Gruppe der „Erneuerer“ bzw. „Modernisierer“ eine ungeklärte Fachdiskussion usurpierten, um ihre sehr optimistische Lagerstättentheorie in den Dienst einer beispiellosen Werbeveranstaltung der preußischen Erdölkonzerne und geologischen Dienste für eine heimische Erdölproduktion zu stellen. Hatten sie Niedersachsen bereits im Vorjahr osttexanische Lagerungsverhältnisse – „jeder Salzstock ist erdölhöffig!“ – übergestülpt, präsentierten sie nun ihre professionelle Befähigung, mit Hilfe eines reichsweiten geophysikalischen Erkundungsprogramms diese zahlreichen, bislang verschmähten Strukturen aufspüren zu können. Auf dieser Tagung, zu der die

---

[297] Vgl. Georg Thomas, *Geschichte* ... (1966), 54 f. Richard J. Overy, *War and Economy in the Third Reich*, Oxford 1994, 177–179.

Erneuerer zum fachgeologischen Publikum bezeichnenderweise eigens die wirtschaftlichen und militärischen Regierungsagenturen sowie die übergeordneten Wirtschaftsverbände geladen hatten, wurde die neue Theorie in didaktisch makelloser Form den anwesenden Laien dargereicht, und alles schien so einfach: Der Staat brauche nur noch die erheblichen Kosten für ein Explorationsbohrungsprogramm zu bewilligen, und schon könne das Deutsche Reich den Treibstoff für die bevorstehende Motorisierung devisenfrei aus eigener Scholle pumpen.[298]

Diese Werbeveranstaltung gab auch Impulse für die Schärfung des treibstoffpolitischen Profils der Nazi-Partei, deren wirtschaftspolitische Ausrichtung seit 1930 einen raschen Anpassungsprozess an die bestehenden, industriell relevanten Strömungen durchgemacht hatte. Dieser Prozess zeichnete sich aus durch jene für die Partei und später für das „Dritte Reich" so typischen personellen Verwerfungen. Bereits 1931 waren die von der Chemischen Industrie herangetragenen Synthesevorstellungen auf fruchtbaren Boden gefallen.[299] Doch der zuständige Ansprechpartner, Otto Wagener, war duch Gottfried Feder und Walther Funk längst aus dem Sattel gehoben,[300] als man im Herbst 1932 die neu definierten Erdölaussichten in die Form politischer Forderungen für ein umfassendes Bohrprogramm mit neuer Berggesetzgebung goß.[301] Diese Forderung stellte mitnichten die treibstoffpolitische Emanation eines programmatischen Autarkiestrebens der NSDAP dar. Sie spiegelte die Notlage der Industrie wider, die sich im *oil industry window* einem Modernisierungsdruck ausgesetzt sah, den sie aus sich selbst heraus nicht umsetzen konnte. Wenn bislang von projektunterstützenden Regierungsagenturen gesprochen wurde, so kam hier die NSDAP als weitere öffentliche Agentur ins Spiel, die allerdings noch nicht an der Regierung war.

In den letzten Monaten der Weimarer Republik existierten fünf nationale Projekte zur Treibstoffproduktion nebeneinander, die zum Teil mehr industrielle, zum Teil mehr administrative und zum Teil Parteiunterstützung hatten. Nachfolgendes Modell stellt die Konstellation in der nötigen Vereinfachung dar.

---

298 Titus Kockel, *Geologie* ... (2003), 232–259.

299 Henry A. Turner, *Die Großunternehmer und der Aufstieg Hitlers,* Berlin 1985, 303–305. Vgl. Peter Hayes, *Industry* ... (1987), 65–68. Gottfried Gottfried Plumpe, *Die IG* ... (1990), 337–345.

300 Henry A. Turner, „Otto Wagener – der vergessene Vertraute Hitlers", in: Ronald Smelser/Enrico Syring/Rainer Zitelmann, *Die Braune Elite II: 21 weitere biographische Skizzen*, Darmstadt 1993, 243–253, hier 247–249.

301 Hanns-Heinz Kasper, *Die Erdölgewinnung* ... (1974), 25. Vgl. Titus Kockel, *Geologie* ... (2003), 251–254.

Tabelle 2: Modell der ölpolitischen Initiativen und Agenturen am Ende der Weimarer Republik

Upstream/Rohstoff	Interessengruppe (Firma)	*Downstream*/Vertrieb	Agentur
Synthesebenzin nach Bergius	Chemische Industrie (IG Farbenindustrie AG, Frankfurt)	Degas	RWM RFM Militär (OKW) NSDAP (Wagener 1931/Hitler 1932)
Erdöl aus dem Irak	Schwerindustrie (Gutehoffnungshütte/Otto Wolff/ Schichau-Werke/Mannesmann)	Ölhag	RWM AA
Benzol, Synthesebenzin nach Fischer-Tropsch + Bergius	Schwerindustrie (Benzol-Verband = Vereinigte Stahlwerke Harpener Bergbau etc.)	B.V. (Aral)	RWM RFM
Alkohol	preußischeJunker	Reichskraftsprit	Preußen
Heimisches Erdöl	Erdölindustrie (Deutsche Petroleum AG-Deutsche Erdöl AG/ Gewerkschaft Elwerath Preußische Bergwerks- und Hütten AG Wintershall AG Burbach-Kaliwerke AG)	Reichspost NSDAP (Feder ab 1932)	Preußen

Die staatlichen geologischen Dienste, vor allem die Preußische Geologische Landesanstalt (PGLA), hatten sich in einer merkwürdigen Doppelrolle zu erkennen gegeben. Als öffentliche Einrichtungen zur Industrieförderung hatten sie Agenturfunktion. Als Gutachter, Bohrdatenbearbeiter und als Ausführende geophysikalischer Arbeiten gehörten sie unmittelbar zum System Erdölindustrie, stellten sozusagen die gemeinsame geologische Abteilung der Firmen dar, weil die Firmen selbst nicht oder kaum über geologischen Sachverstand geboten. Ohne solchen geologischen Sachverstand, der die Explorationsstrategien bestimmt, konnte es bei den Firmen keine Reservenplanung und keine Reservenstrategien geben. Im Hinblick auf die angemahnte fällige Modernisierung gaben sie sich zugleich als Sprachrohr der Industrie und als Zugpferd der Modernisierung aus.

Infolge der preußischen Hegemonie und der Reputation der PGLA nahm diese eine bevorzugte Stellung unter den geologischen Diensten ein. In dieser PGLA hatte sich der optimistische, systematische und energetische Alfred Bentz hervorgetan, industrielle Wünsche zu bündeln und ihnen die nötige fachwissenschaftliche Weihe zu verleihen. In der deutschen Ölpolitik hatte dieses partikulare Engagement – angesichts des politischen Rückhalts, den die anderen Industrieprojekte genossen – noch geringen Stellenwert. Dies sollte sich ändern.

Öl in der „Ära Feder", 1933/34

1 Wirtschaftspolitischer Rahmen

Bedenkt man, wie sich die Ereignisse in der deutschen Treibstoffwirtschaft 1930 bis 1932 überstürzten, hätte man annehmen sollen, daß gleich nach der „Machtübernahme" der Regierung Hitler eine Weichenstellung stattgefunden hätte. Doch das erste Jahr wurde von dem neuen Regime vorrangig dazu genutzt, die innenpolitischen Ordnungsversprechen aus der Zeit der Straßenkämpfe einzulösen. Der SA-Terror gegen die politischen Hauptgegner, die Kommunisten, fand in der Gesellschaft breite Zustimmung, aber mit Ausdehnung des Terrors nach den März-Wahlen 1933 auf Sozialdemokraten, mit der Ausschaltung der Gewerkschaften und dem Boykott jüdischer Geschäfte im April 1933 zeigte sich, daß die NS-Bewegung weit mehr wollte. Die Gleichschaltungswelle erfaßte auch die bürgerlichen Parteien und Organisationen, bis Ende Juni 1933 auch der Hort der Reaktion, die DNVP, ihre Auflösung bekanntgab.[1] Ebenso wie alle Verbände und Organisationen fielen bis zum Jahresende auch die einzelnen Landesregierungen dem Prozess der Gleichschaltung zum Opfer.[2]

Hugenberg koppelt Agrar- und Wirtschaftspolitik

Während das neue Regime sich innenpolitisch festigte, blieben die wesentlichen Fragen hinsichtlich der Wirtschaftspolitik offen – Hitler selbst verhielt sich, wie es ihm Hjalmar Schacht zuvor geraten hatte, abwartend.[3] Sollte der deutsche Mittelstand gestärkt und ein Ständesystem errichtet werden, oder sollten die neuen Machthaber Klientelpolitik für die Großunternehmen betreiben, die in ein System von Zwangskartellen münden

---

1 Vgl. Martin Broszat, *Der Staat* ... (1986), 99–129. Vgl. Ian Kershaw, *Hitler 1889–1936*, Stuttgart 1998, 577–605. DNVP: Willy Boelcke, *Die deutsche* ... (1983), 64 f.

2 Martin Broszat, *Der Staat* ... (1986), 130–150.

3 Willy Boelcke, *Die deutsche* ... (1983), 53, 55 und 57.

würde?[4] Die Konzeptlosigkeit konnte sich die neue Regierung im Grunde gar nicht leisten, denn die Arbeitslosigkeit drängte zu staatlichem Handeln,[5] und mit ihrem Aufrüstungwahn setzten sich Hitler, NSDAP, Reichswehr und die anderen Patrioten unter zusätzlichen Erfolgsdruck.[6]

Unter dem ersten Wirtschaftsminister des Regimes, dem DNVP-Führer Hugenberg, konnten diese Fragen auch gar nicht entschieden werden. Nach den Märzwahlen veränderte sich die Machtkonstellation Hitler – Hugenberg und schob den Inhaber vierer Ministerien aufs politische Abstellgleis. Nach heftigen Presseangriffen und einem blamablen Auftritt auf der Londoner Weltwirtschaftskonferenz im Juni 1933, anläßlich dessen ihm seine Ministerialbeamten die Loyalität aufkündigten, mußte er Ende Juni 1933 den Hut nehmen. Dieses Ereignis fiel mit der Bekanntgabe der Selbstauflösung seiner Partei zusammen.[7]

Die Lähmung der Wirtschaftspolitik bis zur Abdankung Hugenbergs hatte vor allem strukturelle Gründe. Hugenberg, als Mann der Junkerinteressen, hatte bei Regierungsantritt im Januar 1933 wohlweislich die antagonistischen Ministerien für Wirtschaft bzw. Landwirtschaft an sich gezogen, sowohl auf Reichs- wie auf preußischer Ebene. Der Agrarpolitik, das heißt der Schutzzollpolitik, gab er deutlich den Vorrang vor den export- wie rüstungsorientierten industriellen Interessen.[8] Abgesehen davon, daß die Wirtschaftspolitik ins Fahrwasser der landwirtschaftlichen Interessen zu geraten drohte, flossen auch für die Rohstoffimporte, die den Arbeitsbeschaffungs- und Rüstungsprogrammen zugute kommen sollten, kostbare Devisen ins Ausland ab, die durch den gehemmten Export nicht wieder hereingebracht werden konnten.[9]

Gegen Hugenbergs Agrarprotektionismus standen die deutlichen Interessen des Militärs – das sich nicht erst seit Hitlers Versprechungen vor Reichswehroffizieren am 3. Februar 1933 in bestem Einvernehmen mit Hitler befand –,[10] der Rüstungsindustrie und der Exportindustrie. Außerdem brannte das ungelöste Problem der Arbeitslosigkeit auf den Nägeln, wozu die Vorgängerregierung Schleicher durch den Reichskommissar für die Arbeitsbeschaffung Gereke bereits die arbeitskonjunkturelle Weichenstellung vorgenommen hatte. Dieses Gereke-Programm in Höhe von bereits bewilligten RM 500 Millionen, welches das Ziel des infrastrukturellen Aufbaus und der Motorisierung verfolgte, wurde am 9. Februar 1933 zu einem Rüstungsrahmenprogramm umgemodelt,

---

4 Hans-Erich Volkmann, „Die NS-Wirtschaft in Vorbereitung des Krieges“, in: Wilhelm Deist et al., *Ursachen und Voraussetzungen der deutschen Kriegspolitik* (Das Deutsche Reich und der Zweite Weltkrieg, Bd. 1, hg. Militärgeschichtliches Forschungsamt), Stuttgart 1979, 177–368, hier 218–220.

5 Willy Boelcke, *Die deutsche* ... (1983), 71 f. Hans-Erich Volkmann, „Die NS-Wirtschaft ...“ (1979), 233–237.

6 Hans-Erich Volkmann, „Die NS-Wirtschaft ...“ (1979), 211, 219 und 234 et passim. Willy Boelcke, *Die deutsche* ... (1983), 55 f.

7 Ebd., 60–65.

8 Ebd., 53 f.

9 Ebd., 72–75.

10 Richard J. Overy, *War* ... (1994), 179 f. 3. Februar: Vgl. Ian Kershaw, *Hitler* ... (1998), 559–563.

dem „Sofortprogramm", das den arbeitskonjunkturellen mit dem rüstungspolitischen Effekt koppeln sollte.[11] Obwohl Rüstung, anders als Export, langfristig keine Konjunktur erzeugt – außer sie wird eingesetzt –, vertrauten Hitler und seine von den „Reformern" beeinflußten Wirtschaftsauguren um Wagener und Feder schon seit 1932 auf das Zaubermittel der produktiven Kreditschöpfung, das nun, gegen Protest Gerekes, zur Finanzierung des neu definierten Sofortprogramms eingesetzt werden sollte.[12]

Eine Neuauflage erhielt die Arbeitsbeschaffung mit dem „Reinhard-Programm" vom 31. Mai 1933, dem Hugenberg nicht zustimmte.[13]

Infolge solch divergierender Interessen trieb die wirtschaftspolitische Orientierungsphase der jungen Regierung bei der Abdankung Hugenbergs ins Chaos, wogegen die Begehrlichkeiten verschiedener Parteimitglieder, Einfluß auf die Wirtschaftsadministration zu erlangen, alles andere als Remedur bot. Gegen die Handlungen selbsternannter NS-Wirtschaftskommissare und die Verhaftungspolitik beispielsweise Gauleiter Mutschmanns gegen Finanzleute erhob Hitler scharfen Protest.[14] Die Nachfolge auf dem Ministersessel, die Otto Wagener anstrebte, wurde von Göring entschieden, der den „Reichskommissar für die Wirtschaft" mit abgehörten Telefongesprächen bei Hitler denunzierte, was das rasche Ende von Wageners Karriere herbeiführte und den Allianz-Direktor und Hitler-Förderer Kurt Schmitt auf den Posten setzte.[15] Unter Kurt Schmitt wurde nun die erwünschte Trennung von Wirtschafts- und Agrarpolitik vollzogen. Aber das Anlaufen der Arbeitsbeschaffungskonjunktur bewirkte Exportmüdigkeit bei der Industrie, was im Sommer 1933 zur ersten von mehreren Devisenkrisen des Regimes führte, sowie zu weitereren Einmischungsversuchen von Parteileuten – in diesem Falle von Werner Daitz vom Außenpolitischen Amt der NSDAP, der sich als Außenhandelskommissar ins Spiel brachte.

Ansprechpartner für Ölprojekte in der Regierung

In dieser Konsolidierungsphase des jungen Regimes konnten einerseits die treibstoffpolitischen Weichen noch nicht gestellt sein. Andererseits hing die einzuschlagende Ölpolitik entscheidend von dem Einfluß ab, den die weiter oben vorgestellten Initiativen von Chemischer Industrie, Schwerindustrie und Erdölindustrie auf die Regierung gewinnen konnten – und dies war wiederum abhängig von der Frage, welche der ebenfalls weiter oben vorgestellten Agenturen sich in der neuen Regierung durchsetzen würde.

---

11 Hans-Erich Volkmann, „Die NS-Wirtschaft ..." (1979), 233 f. Vgl. Hitlers Äußerung zur Priorität auf Ministerbesprechung am 8. Februrar 1933: Willy Boelcke, *Die deutsche* ... (1983), 56. Ian Kershaw, *Hitler* ... (1998), 563.

12 1932/Reformer: Willy Boelcke, *Die deutsche* ... (1983), 37 f. Finanzierung der Rüstung: Hans-Erich Volkmann, „Die NS-Wirtschaft ..." (1979), 235. Protest: Willy Boelcke, *Die deutsche* ... (1983), 55 f.

13 Ebd., 59 f.

14 Ebd., 68 f.

15 Ebd., 65 f. Turner, „Otto ..." (1993), 251.

Für das „Mineralöl"- d.h. das Syntheseprojekt der Chemischen Industrie – war der Gewährsmann in der NSDAP, Otto Wagener, seit Frühjahr 1932 stückweise ausgefallen – Ende Juni 1933 verschwand er endgültig von der Bildfläche. Stattdessen stand im Wehrwirtschaftsstab Georg Thomas' (Reichswehr) eine nicht zu unterschätzende Agentur bereit. Außerdem hatte sich Hitler, als er im Sommer 1932 durch die IG-Abgesandten persönlich über die Aussichten informiert worden war, nicht nur technisch interessiert gezeigt.

Nachdem Otto Wagener aus der Wirtschaftspolitischen Abteilung der NSDAP verdrängt war, blieb als Ansprechpartner für heimische Ölprojekte, vor allem des mittelständischen Tiefbohrtechnischen Verbands (TTV), Gottfried Feder. Sein Eintritt als zweiter Staatssekretär ins RWM Ende Juni 1933 bedeutete eine Stärkung der auf den natürlichen Rohstoff Erdöl abgestellten Initiativen. Auf die Erdölabteilung III/5 nahm er besonderen Einfluß.[16]

Im preußischen Wirtschaftsministerium konzentrierten sich die Interessen der großen Erdölkonzerne, die zum Teil selbständig, zum Teil über die nachgeordnete Wissenschaftsbehörde PGLA (Bentz) bei Oberberghauptmann Winnacker für heimische Aufschlußprojekte intervenierten.

Im RWM und im AA standen die Ministerialbeamten Mulert (RWM), Ritter/AA und Wiehl (AA) bereit, um sich für das Irak-Projekt des Industriekonsortiums der deutschen Schwerindustrie stark zu machen.

16 Willy Boelcke, *Die deutsche* ... (1983), 369 Fn. 241.

2 Der mittelständische Weg: Davis, La Roche, Ubbelohde, Feder und Hitler

In einigen Darstellungen ist die frühe Deutsche Gesellschaft für Mineralölforschung (als sie noch Deutsche Gesellschaft für Erdölforschung hieß) als eine Art nationalsozialistisch gefärbter Interessenverband der Fertigungsindustrie für Bohrgeräte und der mittelständischen Bohrunternehmer interpretiert worden, der zum Aufbau einer autarkistischen Erdölindustrie dienen sollte.[17] Diese Funktion hatte sie jedoch nicht zu jeder Zeit gehabt.

Deutsche Gesellschaft für Erdölforschung 1933

Leo Ubbelohde und die Gründung der Deutschen Gesellschaft für Erdölforschung

Der entscheidende Impuls zur Gründung der Deutschen Gesellschaft für Erdölforschung (DGE) am 9. Mai 1933[18] kam weniger von der innenpolitischen Umbruchssituation und den möglichen arbeits- und rüstungskonjunkturellen Strategien, die in den ersten Monaten des „Dritten Reichs“ noch vollkommen im Nebel lagen. Der Fachwelt war zu dieser Zeit das internationale Hemd noch näher als der nationale Rock. Bezeichnenderweise war die treibende Kraft bei der Gründung kein anderer als Leo Ubbelohde, Professor für Technische Chemie an der TH Karlsruhe, Nachfolger von Carl Engler und langjähriger Leiter der Internationalen Petroleum-Kommission (IPK).[19]

Der Petrochemiker Leo Ubbelohde[20] war ein Pionier der internationalen Zusammenarbeit auf dem Gebiet der Erdölwissenschaften. 1907, mit gerade 30 Jahren, wurde er auf dem internationalen Erdölkongreß in Bukarest zum Leiter der neuformierten IPK berufen, die sich um die internationalen analysenchemischen und technischen Normungen für Erdölindustrie und -handel bemühen sollte.[21] Ubbelohdes organisatorisches Talent hatte sich bald in sog. nationalen Sektionen niedergeschlagen, aus denen vielfach die nationalen, wirtschaftlich-technischen Institute, als erstes das berühmte britische IPT

---

17 Heinz Flieger, *Unter* ... (1961), 148–153. Wolfgang Birkenfeld, *Der synthetische* ... (1964), 24. Hanns-Heinz Kasper, *Die Erdölgewinnung* ... (1974), 39 f. und 288.

18 „Die Gründung ...“ (1933), 10.

19 Insg. W. R. Roederer, „Übersicht über Ubbelohdes Arbeiten als Wissenschaftler und Lehrer“, in: *Leo Ubbelohde: sein bisheriges Lebenswerk*, Karlsruhe 1951, 15–30.

20 * 4. Januar 1877: „Personales“: *Petroleum* 23 (1927) 3, 86.

21 W. R. Roederer, „Übersicht ...“ (1951), 15 f. Hermann Suida, „Ubbelohde ...“ (1951), 36 f. Zur Bedeutung diese Kongresses für die Entwicklung der internationalen, insbesondere der US-amerikanischen Erdölgeologie: Edgar Wesley Owen, *Trek* ... (1975), 266 f.

(1913/14), entstehen sollten.[22] Diese nationalen Petroleum-Institute bildeten sich teils als technisch-wissenschaftliche Forschungs- und Publikationsstätten heraus, wie das IPT oder die Ècole nationale supérieure du pétrole et des combustible liquides (EPC), teilweise flossen auch erhebliche Gelder der Industrie in Forschungsprojekte, wie beim American Petroleum Institute (API), das gegen 1919 in New York gegründet wurde. Angesichts der amerikanischen Probleme von *pool*-Konkurrenz und Überproduktion wuchs das API in seiner Bedeutung weit über die technisch-wissenschafliche Funktion hinaus und geriet zu einer Art nationalem Industrieverband bzw. erdölpolitischem Forum, auf dem sich auch britische Ölpolitiker wie Sir John Cadman blicken zu lassen hatten.[23] Die europäischen Institute, vor allem das britische IPT, waren dagegen viel mehr wissenschaftlich-technisch ausgerichtet und betrieben zum Teil Nachwuchsausbildung. Allerdings hatten auch sie eine entscheidende wirtschaftliche Funktion, da sie bei der galoppierenden Entwicklung beispielsweise im Motoren- und Schmierölbereich sowie in der Benzinveredelung per Produktdefinition den Markt überhaupt erst zugänglich machten.[24]

Durch den Ersten Weltkrieg, der nicht zuletzt auf dem Gebiet der Erdölpolitik für die Siegermächte ganz entscheidende Resultate gezeitigt hatte, wurde die internationale Zusammenarbeit weitgehend abgewürgt, und erst nach dem Achnacarry-Abkommen von 1928 bestand überhaupt wieder ein Interesse an einem länderübergreifenden fachlichen Meinungsaustausch. Ubbelohde, seit 1925 Präsident der Internationalen Petroleum Kommission für die Standardisierung von Erdölderivaten, machte im September 1931 wieder von sich reden anläßlich der Tagungen des (österreichischen) „Internationalen Bohrtechniker-Verbands“ und des „Internationalen Materialprüfungsverbands“ in Zürich.[25] Seine internationale Reputation auf dem Standardisierungsgebiet war ungebro-

[22] Hermann Suida, „Ubbelohde ...“ (1951), 40. Hermann Suida war selbst ein Vorreiter der Bewegung für technisch-wirtschaftliche Erdölinstitute und wurde erster Präsident des am 24. Februar 1933 gegründeten Österreichischen Petroleum-Instituts (ÖPI): Petroleum 30 (1934) 50, Beilage, I. p.

[23] Verband: Daniel Yergin, *Der Preis* ... (1991), 287–290. James H. Bamberg, *The History* ... (1994), 111. Blicken: Robert W. Ferrier, *The History* ... (1982), 513 und 575. James H. Bamberg, *The History* ... (1994), 117. Bezüglich der Gründungsdaten besteht Uneinigkeit. August W. Giebelhaus, „The Emergence ...“ (1996), 112 und 121 für API: 1920. Ebd., 115 für IPT. Dagegen Leo Ubbelohde, „Der Aufstieg der Mineralölwissenschaft: dem Welt-Petroleum-Kongreß in Paris 1937 gewidmet“, *Oel und Kohle* 13 (1937) 23, v. 15. Juni 1937, 521–524, hier 522 für IPT: 1914. Der gleiche Aufsatz erschien in überarbeiteter Form in W. R. Roederer, „Übersicht ... (1951), 19–23. Hier nennt Ubbelohde für API als Gründungsort New York, als Jahr 1919.

[24] Vgl. Robert W. Ferrier, *The History* ... (1982), 284. August W. Giebelhaus, „The Emergence ...“ (1996), 113. Daniel Yergin, *Der Preis* ... (1991), 340.

[25] Leo Ubbelohde, „Die Internationale Petroleum-Kommission (I. P. K.): Zum Wiederbeginn der internationalen Gemeinschaftsarbeit“, *Petroleum* 27 (1931) 41, 739–746, hier 739. Wie Hermann Suida bei Gründung des Österreichischen Petroleum-Instituts im Februar 1933 versicherte, sei vor allem der Züricher Kongreß ausschlaggebend gewesen: Leo Ubbelohde, „Österreichische Petroleum-Kommission“, *Petroleum* 29 (1933) 10, Beilage Druckschrift der IPK 18705, v. 9. März 1933, 2–4, hier 2.

chen, so daß ihm im Herbst 1932 die lebenslange Ehrenmitgliedschaft des britischen IPT verliehen wurde.[26] Er stand in enger Fühlung mit Hermann Suida, der seit 1930 – dem Jahr der österreichischen Erdölfündigkeit – den Aufbau eines Österreichischen Petroleum-Instituts (ÖPI) vorantrieb.[27] In den deutschsprachigen Ländern hinkte die Entwicklung infolge des Ersten Weltkrieges deutlich hinterher, so daß es, trotz der langjährigen deutschen bzw. österreichischen Dominanz in der IPK – die ihren Sitz in Karlsruhe hatte[28] – gerade in diesen beiden Ländern immer noch keine nationalen Erdölinstitute gab.[29]

Als im Herbst 1932 die Einladung des britischen IPT zum Londoner *World Petroleum Congress* im Sommer 1933 erging – „überraschend" und zu kurzfristig nach Ubbelohdes Geschmack –,[30] wurde es notwendig, irgendeine zentrale Anlaufstelle für die Organisation einer deutschen Delegation ins Leben zu rufen. Die anderen, vor allem westlichen Länder konnten diese Organisation durch die entsprechenden Institute erledigen, und man wollte sich in London keinesfalls blamieren. Ein vorbereitender Ausschuß konnte bis zum 23. Januar 1933 den Gründungsplan vorformulieren und in Fachzeitschriften um die gewünschte interdisziplinäre und wirtschaftsnahe Beteiligung werben.[31] In der Ankündigung zur Gründung der DGE als „Deutsches Petroleum-Institut" vom 4. Mai 1933 wurde jedoch als Hauptaufgabe der Gesellschaft die Herstellung interdisziplinärer Forschungs- und Kommunikationsstrukturen genannt, die als „wissenschaftliche Sammelstelle für Erdölfragen" fungieren sollte.[32]

Auf seiner Eröffnungsrede zur Gründungsveranstaltung, zu der am 9. Mai 1933 etwa 300 Fachleute im VDI-Haus in Berlin zusammenkamen, erläuterte Ubbelohde diesen Unterschied zwischen Gründungsanlaß und -ursache. Die Aufgaben der DGE sollten über die Kongreßvorbereitung hinausgehen und in die Vernetzung der einzelnen erdölwissenschaftlichen Fachdisziplinen (Geowissenschaften, Bergbau, Chemie, Maschinenbau, Betriebswirtschaft) münden. Die Gründung eines deutschen Petroleuminstituts, worauf der Gründungsaufruf vom 4. Mai ja anspielte, hielt Ubbelohde am 9. Mai 1933 noch immer für utopisch. Die DGE sollte dabei die Quintessenz der einzelnen Erdöldis-

---

26 „Personales", *Petroleum* 28 (1932) 41, 10. Vgl. Leo Ubbelohde, „Österreichische ..." (1933), 2–4.

27 Vgl. „Die neuesten wissenschaftlichen Forschungsergebnisse aus dem Gebiete des Erdöles und Asphaltes", *Petroleum* 28 (1932) 7, 9 f, hier 9. Das ÖPI wurde am 24. Februar 1933 gegründet: *Petroleum* 30 (1934) 50, Beilage, 1. p.

28 *Leo Ubbelohde: sein bisheriges Lebenswerk*, Karlsruhe 1951, 13.

29 „Gründung einer »Deutschen Gesellschaft für Erdölforschung«. (Deutsches Petroleum-Institut.)", Mitteilungen der IPK, *Petroleum* 29 (1933) 18 Beilage, 2. „Die Gründung ..." (1933), 12. Vgl. Hermann Suida, „Ubbelohde ..." (1951), 40 f., der dies auf die „Ausschaltung Mitteleuropas aus den internationalen Gemeinschaftsarbeiten" zurückführt.

30 „Die Gründung ..." (1933), 11.

31 Oscar Zaepke, „Ubbelohde als Gründer und Leiter der Deutschen Gesellschaft für Mineralölforschung", in: *Leo Ubbelohde: sein bisheriges Lebenswerk*, Karlsruhe 1951, 47–54, 48 f. 23. Januar: „Die Gründung ..." (1933), 10.

32 „Gründung einer »Deutschen Gesellschaft für Erdölforschung«. (Deutsches Petroleum-Institut.)", Mitteilungen der IPK, *Petroleum* 29 (1933) 18 Beilage, 1–3.

ziplinen in übersichtlicher Form für den Generalisten verfügbar machen und darauf dringen, den Gedanken der Interdisziplinarität auch an den Nachwuchs weiterzugeben.[33]

Mehr als der Versuch, eine permanente Konferenz der unterschiedlichen öffentlichen Institute und Institutionen zu etablieren, war dies nicht. Wenn an die DGE Erwartungen politisch-lobbyistischer Natur geknüpft wurden, so von Seiten des Reichswirtschaftministeriums, für welches Ministerialrat Mulert das Wort ergriff. Der Exponent in den Verhandlungen um das Irak-Projekt berichtete von den Erfahrungen mit ausländischen Interessengruppen, denen durch Fachinstitute der Rücken gestärkt werde, was er sich künftig auch für die versprengten deutschen Interessen wünschte.[34]

Zu Beginn stellte die DGE also mitnichten einen wirtschaftspolitischen Interessenverband zur Umsetzung „ständischer" Ziele in der künftigen nationalen Ölpolitik dar, sondern war noch ganz dem älteren internationalen Assoziationsgedanken und der Internationalität der Erdölwirtschaft verpflichtet.

La Roche-Starkenfels und Ubbelohde bei Hitler

Parallel zur DGE existierten bereits auch lobbyistische Tendenzen – jedoch waren diese ebenso wenig „ständisch". Ubbelohde griff eine Denkschrift von Udo Freiherr von La Roche-Starkenfels/Bamag-Menuit AG[35] (Maschinenbau) zum „Aufbau einer deutschen Mineralölwirtschaft" auf und reichte die Vorschläge in mehreren Denkschriften von März bis Mai 1933 bei der neuen Regierung ein.[36] Durch verstärkte Tiefbohrtätigkeit und den Aufbau von Raffinerien sollten einerseits Arbeitsplätze geschaffen, andererseits auch die deutsche Importstruktur von Produkten auf Rohöl aus den USA (*outsiders*)[37] umgestellt und die Verarbeitungsmarge zur Amortisation genutzt werden.[38]

Hinter den Vorschlägen steckte der US-amerikanische *outsider* William R. Davis von Crusader Petroleum Industries Ltd., der den Plan verfolgte, im Deutschen Reich infolge der Devisenbewirtschaftung blockierte Aktiva der First National Bank of Boston zum Bau einer Raffinerie in Hamburg zu nutzen.[39] Seit 1931 betätigte er sich im Deutschen

---

33 „Die Gründung ..." (1933), 12.

34 Ebd., 13.

35 MinR Dr. Willuhn/Reichskanzlei, Vermerk über den Empfang der Herren Feder, Ubbelohde und von La Roche-Starkenfels am 29 Mai 1933, v. 31. Mai 1933, BA, R 43 Film 5126 [alt DZA, Reichskanzlei/3621], 2. Vgl. Willy Boelcke, *Die deutsche* ... (1983), 159 f. Die Mawag-Menuit AG hatte in den vergangenen Jahren erhebliche Verluste erlitten. 1934 mußte sie sich sanieren und setzte ihr Stammkapital von 6 auf 2 Millionen RM herab: „Geschäftsberichte", *Erdöl und Teer* 10 (1934) 15, v. 25. Mai 1934, 179.

36 Wolfgang Birkenfeld, *Der synthetische* ... (1964), 24 f.

37 Willuhn, Vermerk ... (vom 31. Mai 1933, siehe Fn. 35), 3.

38 Leo Ubbelohde, „Die Entstehung ... (1933), 7 Fn. 3. Inhalt der Denkschriften: Wolfgang Birkenfeld, *Der synthetische* ... (1964), 25. Hanns-Heinz Kasper, *Die Erdölgewinnung* ... (1974), 33.

39 Rainer Karlsch, *»Faktor ...«* (2003), 168 und 403 Fn. 130 mit neuen Quellen von bzw. über Crusader.

Reich mit der Tochterfirma Europäische Tanklager- und Transport AG, Hamburg (EUROTANK).[40] Davis nahm frühzeitig Kontakt zu Gottfried Feder auf.[41]

Beim RWM, in dem Feder nun ölpolitisch waltete, lag auch seit 1929 die *downstream*-Initiative der *outsiders* und mittelständischen Garagenverbände, die gerichtlich gegen die Betriebsstoffkonvention der Achnacarry-Konzerne vorgegangen waren.[42] Feder, der sich schon im Herbst 1932 als Kohlenwasserstoffexperte seiner Partei profiliert hatte, protegierte diese Gedanken, und er verschaffte den beiden Lobbyisten am 29. Mai 1933 eine Audienz bei Hitler.[43] Bei dieser Audienz offenbarten sich Differenzen wie Gemeinsamkeiten der Positionen. Mit Bezug auf das französische Ölgesetz von 1928, das Marktregulierungen, Zollschutz und Raffinerieausbau vorsah, warb Ubbelohde für die Finanzierbarkeit des Programms. Sein Argument: die nötigen Investitionen des Reichs in Höhe von RM 100 Millionen würden bald eine Devisenersparnis von RM 200 Millionen erbringen. Beim Kostenargument ging er sogar so weit, die heimischen Erdölproduzenten wegen ihrer hohen Gestehungskosten madig zu machen – gleiches geschah den deutschen Substitutions- und Surrogatbranchen.[44] Hitler dagegen war es um die autarkische Rohstoffbasis zu tun, die er in der Braunkohle erblickte; doch Feder und Ubbelohde zeichneten sogleich ein düsteres Bild für die Braunkohle und Koks-Reserven.[45] Der zweite Punkt – das heimische Bohrprogramm – entsprach noch ganz den Erwartungen des Jahres 1932: Feder und Ubbelohde erhofften sich viel vom Engagement der BMI im Voralpenland und der Achnacarry-Konzerne in Schleswig-Holstein, wo sie die aussichtsreichsten Funde erhofften. Daß ausländisches Kapital sich bei der Erschließung beteiligen werde, sei, so Hitler, „unter den gegenwärtigen Verhältnissen sogar erwünscht"[46] Damit spielte er auf den zusammengebrochenen deutschen Kapitalmarkt an. Für den Fall eines Krieges sollte von den Importen verstärkt auf heimische Rohölförderung umgeschaltet werden.[47]

Ob das Programm zivilen oder kriegsökonomischen Nutzen haben sollte, hielt man sich offen. Zentral war die Gegnerschaft zur Betriebsstoffkonvention der Achnacarry-Konzerne. Feder und Hitler dachten bereits eine Wiederauflage des Petroleummonopols an, das unmittelbar vor dem Ersten Weltkrieg gescheitert war. Nun sollte es als Ben-

---

40 Klaus Volland, *Das Dritte* ... (1976), 83 f. Vgl. Helmut Mejcher, *Die Politik* ... (1980), 141 f. und 206–210.

41 Vgl. Kabinettsitzung v. 1. Dezember 1933, 17: 30 Uhr, BA, R 43 I/1466, Bl. 153–160 und 312, publiziert als Dok. 258, *Akten der Reichskanzlei: Regierung Hitler, Teil I 1933/1934*, Boppard 1983, 987 und Fn. 7 (mit Bezug auf BA, R 43 II/486, Bl. 122). Vgl. Farago, *Das Spiel* ... (1972), 264 f.

42 „Situationsbericht", *Petroleum* 25 (1929) 46, ix/1551. Vgl. Prijzenoorlog ..." (1930), 159. Siehe S. 62.

43 Wolfgang Birkenfeld, *Der synthetische* ... (1964), 25.

44 Willuhn, Vermerk ... (vom 31. Mai 1933, siehe Fn. 35), 2 f. Französisches Gesetz von 1928: Daniel Yergin, *Der Preis* ... (1991), 247.

45 Willuhn, Vermerk ... (vom 31. Mai 1933, siehe Fn. 35), 3.

46 Ebd., 4.

47 Willy Boelcke, *Die deutsche* ... (1983), 160.

zinmonopol, bei dem eine „Reichsbahn-Automobilgesellschaft" mit Tankstellenmonopol an den zu bauenden Autobahnen alle mittelständischen *downstream*-Interessen und die der *outsiders* unter einem Dach zusammenführen.[48] Ein Achnacarry-feindliches, staatliches Ölmonopol hatten in Frankreich die Sozialisten schon 1930 gefordert,[49] und Hitler und Feder blickten in Sachen Öl ja durchaus über den Rhein. Das Programm paßte, wie der protokollierende Ministerialrat Willuhn vermerkte, ebenso in das Südosteuropaprogramm,[50] wofür sich im AA und RWM die wesentlichen Fürsprecher befanden.[51] Um es auf den Weg zu bringen, bedurfte es, wie der Ministerialbeamte den Politikern erklärte, der Rücksprache mit dem Reichswirtschafts- und dem Reichsfinanzministerium zur Vorbereitung der Zollrechtsänderung. Die entsprechenden Kontakte wurden in den folgenden Tagen hergestellt.[52]

Bis zum 22. Juni 1933 waren die Vorbereitungen soweit gediehen, daß die für öffentliche Subventionen zuständige Reichs-Kredit-Gesellschaft AG („Erka") sich bereit erklärte, die Finanzierungsfrage zu klären.[53]

Erdölkongreß in London und Benzinmonopol im Deutschen Reich

Auf dem Welterdölkongreß in London Ende Juli 1933, zu dem aus Deutschland der Erneuerungskritiker Stutzer aus Freiberg, Erdölreferent Mulert aus dem RWM und neben Bentz zwei weitere PGLA-Wissenschaftler anreisten,[54] wiesen die Achnacarry-Konzerne den Weg in die Zukunft. Neben internationaler Zusammenarbeit – der

---

48 Besprechung mit führenden Industriellen über Arbeitsbeschaffung, Autobahnbau und Instandsetzung von Wohnraum am 29. Mai 1933, 16: 15 Uhr, BA, R 43 II/536, Bl. 342–383, publiziert als Dok. 147, *Akten* ... (1983), 512.

49 „Situationsbericht", *Petroleum* 26 (1930) Anhang Erdöl-Chronik und -Statistik vii, 5 f.

50 Willuhn, Vermerk ... (vom 31. Mai 1933, siehe Fn. 35), 5.

51 Eckart Teichert, *Autarkie* ... (1982) 52–55 und 105–117.

52 Min Rat Dr. Willuhn/Reichskanzlei, Vermerk über den Empfang der Herren Feder, Ubbelohde und von la Roche-Starkenfels am 29 Mai 1933, v. 31. Mai 1933, BA, R 43 Film 5126 [alt DZA, Reichskanzlei/3621], 5 f.

53 Wolfgang Birkenfeld, *Der Synthetische* ... (1964), 25 und Fn. 15. Die Erka war noch vor der Weltwirtschaftskrise zum Zweck der Finanzierung von Staatsbetrieben geschaffen worden. Diese Funktion weitete sie jedoch auch auf Privatbetriebe aus und geriet damit zu einem Konkurrenten der deutschen Großbanken: Feldman, „Die Deutsche ..." (1995), 248 f. und 290. Zum vorübergehenden Erfolg des Davis'schen Raffinationsprojekts gibt Farago, *Das Spiel* ... (1972), 265 folgende leider undatierte und unbelegte Anekdote zum besten: „Er [Davis, TK] arbeitete die Sache aus, reiste nach Berlin und forderte Dr. Hjalmar Schacht, den Reichsbankpräsidenten, auf, sich an dem Unternehmen zu beteiligen. Als er von Schacht die kalte Schulter gezeigt bekam und sich im Labyrinth der Bürokratie des Dritten Reichs zu verirren drohte, wandte er sich direkt an Hitler. Die Reaktion war ebenso prompt wie dramatisch. Als Davis das nächste Mal mit Schacht und den deutschen Finanziers zusammensaß und das Vorhaben nicht weiterkam, ging plötzlich die Tür des Sitzungsraums auf und Hitler trat ein. »Meine Herren«, sagte er zu den verblüfften Geldleuten, »ich habe Mr. Davis' Plan studiert und halte ihn für durchführbar. Ich möchte, daß die Reichsbank ihn finanziert.«

54 „Welterdölkongreß in London", Petroleum 29 (1933) 27, p. 11.

cooperation in Bezug auf weltweite Produktionsdrosselung[55] und Normung von Kohlenwasserstoffprodukten – war Wissenschaftlichkeit das große Thema.[56] In der Sektion zur Exploration nahm neben den neuen geophysikalischen Methoden Conrad Schlumbergers aus Frankreich über die geoelektrische Bohrlochvermessung (Neigungswinkel/„elektrisches Kernen") die Frage über die Lagerungsverhältnisse in Nordwestdeutschland nicht wenig Raum ein. Den Fachvortrag hierzu hielt der NEOC-Geologe James Romanes.[57] In der anschließenden Diskussion wurde ebenso kontrovers über die beiden Modelle („wir wissen genug"/„wir wissen zuwenig") gestritten, wie ein Jahr zuvor in Hannover – die Meinungen dienten Stutzer als Munition in seiner weltweiten Umfrage.[58] Hier schwenkte auch der DPAG-DEA-Geologe Kraiß mit einem eingereichten Aufsatz auf die Linie der „Erneuerer" Moos und Bentz ein.[59] Nachdem die deutsche Forderung, Zentraleinrichtungen in allen Ländern zu schaffen, um die neuesten bohrtechnischen Erfindungen zu sammeln und öffentlich zu machen, einhellig und mit schulmeisterlichem Verweis auf das Patentrecht abgelehnt wurde, fuhren die Deutschen mit dem Gefühl nach Hause, von den grandiosen Entwicklungsmöglichkeiten dieses Zukunftssektors ausgeschlossen zu sein.[60]

In unmittelbarer Folge nahmen die Pläne zum Aufbau einer heimischen Erdöl- und Raffinationsindustrie im Sinne Feders, La Roche-Starkenfels' und Ubbelohdes weiter Gestalt an. Auf einer Sitzung am 1. August 1933, an der unter anderem ein Vertreter der Maschinenbauindustrie (Freiherr von Rode/Demag), der Erka (Weis), zwei des RFMs (Ministerialdirigend Dr. Ernst und Ministerialrat Dr. Lerres), sowie Ubbelohde und Feder teilnahmen, wurden die finanziellen Rahmenbedingungen eines solchen Programms weiter geklärt. Zentrales Anliegen war ein straffer Aufbau der deutschen Ölindustrie, um die ungeklärten Marktverhältnisse im Deutschen Reich in den Griff zu bekommen. Hierbei wurde der Charakter des Feder'schen Programms als *downstream* Programm offenbar: die Partikularinteressen der vielfältigen deutschen Vertriebsorgani-

---

55 Nachtrag Techn. Rat Ing. Robert Schwarz zum Vortrag von John Cadman, „Die Wissenschaft in der Erdölindustrie", *Petroleum* 29 (1933) 39, Beilage, 1–8, hier 8 über den entsprechenden Einführungsvortrag von Jean Baptist August Kessler/RD-S.

56 „Welterdölkongreß in London, 19.–25. Juli 1933, *Petroleum* 29 (1933) 21, Beilage Druckschrift der IPK 18815, v. 24. Mai 1933, 1–5. Vgl. den Abendvortrag von John Cadman in der Royal Institution am 21. Juli: John Cadman, „Die Wissenschaft ... (1933), 1–8.

57 „Welterdölkongreß in London, 19.–25. Juli 1933, *Petroleum* 29 (1933) 21, Beilage Druckschrift der IPK 18815, v. 24. Mai 1933, 1.

58 *Proceedings of the World Petroleum Congress London 1933*, London 1934, Bd. i, 29–57. Otto Stutzer, „Rundfrage: »Was ist Ihre Meinung? Lagerte sich die Muttersubstanz des in Hannover geförderten Erdöls im Mesozoikum ab, oder entstammt das Öl dem Zechstein?«", in: *Deutsches Erdöl: II. Folge*, hg. Otto Sutzer (= Schriften aus dem Gebiet der Brennstoff-Geologie, 9), Stuttgart 1934, 77–98, hier 95–98. Inhalt und Kontext der Rundfrage Vgl. Titus Kockel, *Geologie* ... (2003), 248–250.

59 Kraiß, Über die Geologie des deutschen Ölgebietes, mit Anschreiben an Bentz, v. 27. Mai 1933, NLfB 87998, Bl. 4.

60 „World Petroleum Congress, London: iii" Petroleum 29 (1933) 39, Beilage, 1. Die Forderung stammte vermutlich von Alfred Wirth selbst.

sationen sollten befriedigt werden, indem man ein deutsches Zwangskartell schaffen und die „Welterdölmächte“ – also die Achnacarry-Konzerne mit ihrer Betriebsstoffkonvention – ausschalten wollte.[61] Dies lief auf ein staatliches Benzinmonopol hinaus. Bohr- und Raffinationsprogramm stellten hier nur den Beschaffungsaspekt für ein Programm dar, das den Markt regulieren sollte. Die mittelständischen Bohrinteressen hätten in diesem „ständischen“ Modell ihr Gegenüber in den disparaten Vertriebsinteressen der Stahlindustrie gefunden, deren Benzol-Verband sich mit seinem 27 %-Anteil seit 1932 ohnehin zum Marktführer in der neuen Betriebstoffkonvention gemausert hatte.[62]

Transformation der Deutschen Gesellschaft für Erdölforschung

Gegeninitiative der Erdölkonzerne Ende August 1933[63]

Die Finanzierung des Programms war schon recht weit gediehen,[64] als es eine unerwartete Wendung erhielt, und zwar von Seiten der preußischen Erdölkonzerne, deren Bemühungen Ubbelohde noch im Mai 1933 vor Hitler desavouiert hatte.[65] Hierbei spielte die WIAG eine zentrale Rolle, deren Direktor August Rosterg eines der ersten und bedeutendsten Mitglieder des Keppler-Kreises war.[66] Am 24. August 1933 wurde dem Staatssekretär Feder im RWM ein Vorschlag der preußischen Erdölkonzerne unterbreitet, der – wie sich herausstellte – volle Rückendeckung des Preußischen Ministeriums für Wirtschaft und Arbeit/Der Oberberghauptmann genoß und auch der PGLA, deren Vertreter ebenfalls an der Besprechung teilnahmen.[67] Statt der Federschen neuen Marktordnung (mit angeschlossener Förderungssektion der mittelständischen Bohrindustrie) verlangten die Konzerne, daß das Reich jenen

> „Erdölunternehmungen, die zur Durchführung von Tiefbohrungen in neu aufzuschließenden Gebieten bereit und in der Lage sind, auf ihren Antrag darlehensweise einen Betrag bis zu 20

---

61 Sitzung vom 1. August und Denkschrift zur Neuordnung der Mineralölwirtschaft, Handakten Feder, BA, R 3101/20317, Bl. 1–14.

62 Heinz Flieger, *Unter* ... (1961), 131.

63 Vgl. Wolfgang Birkenfeld, *Der synthetische* ... (1964), 25 Fn. 16. Vgl. Hanns-Heinz Kasper, *Die Erdölgewinnung* ... (1974), 32–34.

64 Vgl. Willy Boelcke, *Die deutsche* ... (1983), 158.

65 Besprechung betreffend planmäßige Aufschließung der Erdöllagerstätten am 24. August 1933, Handakten Feder, BA, R 3101/20317, Bl. 19. Anwesend Vertreter der Preußag, DPAG-DEA, Elwerath, WIAG, Burbach-Kaliwerke AG und August Thyssen Hütte. Lokalität: Haack, Entwicklung der Metersätze, v. 29. August 1944, NLfB 86678, Bl. 1.

66 Hanns-Heinz Kasper, *Die Erdölgewinnung* ... (1974), 23 f. Turner, *Die Großunternehmer* ... (1985), 295–297.

67 Vgl. OBH Winnacker an StS Feder v. 7. September 1933 mit Anlage, Handakten Feder, BA, R 3101/20317, Bl. 16 Rekto–18. PGLA: Haack, Entwicklung der Metersätze, v. 29. August 1944, NLfB 86678.

> Millionen RM zur Verfügung [stelle], der sich auf einen Zeitraum von 4 Jahren verteilt. Den Tiefbohrungen werden Aufschlußbohrungen in erdölhöffigen Kalibergwerken gleichgestellt."[68]

Daß die geforderte Qualifikation nichts als ein Ausschlußkriterium für kleine und mittlere Bohrbetriebe war, verdeutlichte die geforderte Zusammensetzung des Ausschusses, der über den Explorationsplan entscheiden sollte. Hier waren neben einem Vorsitzenden aus dem RWM vorgesehen: ein Vertreter der PGLA, ein Vertreter der Preußag, ein Vertreter der Kaliindustrie mit Erdölinteressen (i.e. Burbach-Kaliwerke AG und WIAG), sowie zwei Vertreter der Erdölindustrie ohne Kaliinteressen (i.e. DEA und Elwerath).[69] Mittelständische Vertreter waren bei der Formulierung des Plans nicht vorgesehen.

Die Industrie hatte ursprünglich eine Pauschalbezuschussung für Explorationsbohrungen verlangt, in Höhe von RM 150,- pro Bohrmeter, doch noch während der Besprechung im RWM stellte sich heraus, daß dies angesichts der geologischen Unwägbarkeiten ein zu stumpfes Werkzeug sei – hier bedachte man, daß es sich in hartem Gestein langsamer und damit teurer bohrt als in weichem.[70] So wurde der Grundsatz festgelegt, daß die Zuschüsse in Form von Darlehen erfolgen sollten, die 50 % der reinen Bohrkosten betragen sollten und nur im Falle der Fündigkeit verzinst und aus der laufenden Erdölproduktion an das Reich zurückerstattet werden mußten.[71] Übersetzt hieß das: die öffentliche Hand sollte 50 % des Risikos der Ölindustrie übernehmen – eine in der Geschichte einmalige Forderung.

Der Plan der Erdölindustrie stellte keine Einzelinitiative der Wirtschaftsbosse dar, sondern war die Quintessenz der Überlegungen, die die Industrie im Einvernehmen mit PGLA und Bergbehörde zum Zustand und den Aussichten der Erdölexploration bereits 1932 getroffen und in Hannover vorgestellt hatte. Daß es sich bei diesem Konsensprogramm um eine Initiative der Vernunft handelte, stellte Oberberghauptmann Winnacker Feder gegenüber eindeutig klar:

> „Ich halte es für unbedingt geboten, daß das Reich sich zu dieser Subvention in Maximalhöhe von 20 Millionen Mark entschließt, von denen aber aller Voraussicht nach ein Teil zurückgezahlt wird. Wenn mit dieser Subvention ca. 400 Bohrungen in Hannover und Thüringen niedergebracht werden können, wissen wir einwandfrei, ob wir in Deutschland Erdöl zu erwarten haben oder nicht. Sollte sich der größere Teil der geplanten Bohrungen als Fehlbohrungen herausstellen, so kann die Bohrtätigkeit jederzeit unterbrochen werden. Vermieden wird aber im

---

68 Anlage 1 zu OBH Winnacker an StS Feder v. 7. September 1933, Handakten Feder, BA, R 3101/20317, Bl. 17.

69 Ebd., Bl. 18.

70 Haack, Entwicklung der Metersätze, v. 29. August 1944, NLfB 86678, Bl. 1.

71 Ebd. Vgl. Anlage 1 zu OBH Winnacker an StS Feder v. 7. September 1933, Handakten Feder, BA, R 3101/20317, Bl. 17. Dieser Grundsatz wurde im Januar 1934 dahingehend präzisiert, daß ein industrieller Ausschuß die Höhe der Vorauszahlung für die Bohrmeter nach den geologischen Gegebenheiten festlegte: Siehe S. 104.

allgemeinen volkswirtschaftlichen Interesse, daß Millionen nutzlos durch planlose Bohrungen ausgegeben werden."[72]

Planlose Bohrungen traute man offenbar den von Feder repräsentierten Bohrunternehmern und deren Bohrprogramm für Bayern und Schleswig-Holstein durchaus zu.[73] Doch dies war nicht der einzige Dämpfer, den die wissenschaftlich-administrativ gedeckten Konzerne dem Mittelstand verpaßten. Winnacker an Feder:

„Wie ich gestern bereits sagte, sind alle Gesellschaften einstimmig gegen das Weiterbestehen der Deutschen Gesellschaft für Erdölforschung. Ich würde es daher, wie ich bereits gestern ausführte, für richtig halten, daß Sie noch vor der Tagung am 17. September die Vertreter der Gesellschaften zu einer Aussprache zu sich bitten, an der ich gerne teilnehmen werde."[74]

Diese Ausprache fand am 12. September 1933 statt. Die Vertreter der Erdölkonzerne, die Gottfried Feder aufsuchten, intervenierten offen gegen die DGE und für ihr eigenes Bohrprogramm.[75] Offenbar versuchte Feder, da er sich dem konzertierten Vorgehen von Großindustrie, Wissenschaftsbehörde und Ministerium nicht widersetzen konnte, die DGE als ausführende Instanz des 20-Millionen Bohrprogramms ins Spiel zu bringen – woraufhin er von den Konzernherren angegangen wurde und in erhebliche Erklärungsnöte für die grundsätzliche Existenzberechtigung der DGE geriet. Neben Angriffen auf die Institution der DGE ritten die Industrievertreter auch gegen die Person Leo Ubbelohdes an. Feder holte sich im Anschluß eigens noch den Rat des „Führers" ein:

„Zur Frage Ubbelohde wäre zu sagen: Dem Führer ist die Frage nach eingehender juristischer Prüfung zur Entscheidung vorgelegt worden und er hat sich auf den Standpunkt gestellt, dass die Angelegenheit absolut in Ordnung sei und keinerlei Makel an dem Herrn hafte."[76]

Bis zur Eröffnung der Herbsttagung der DGE am 17. September sollte sich die Situation geklärt haben – nicht in Feders Sinne.

Gegeninitiative der Achnacarry-Konzerne

Wie KARLSCH herausgearbeitet hat, setzten sich auch die Achnacarry-Konzerne gegen das Federsche nationalistische Zwangskartell mit Raffinations- und Bohrprogramm zur Wehr. Entsprechend dem Achnacarry-Abkommen versuchten sie in der unsicheren neuen Situation ab 1933 ihre Vorstellungen der Ölwirtschaft im Deutschen Reich in geschlossener Front durchzusetzen. In einer Denkschrift verfaßte das der NSDAP beigetretene Vorstandsmitglied der Rhenania-Ossag (=RD-S), Walter Kruspig, stellvertre-

[72] OBH Winnacker an StS Feder v. 7. September 1933, Handakten Feder, BA, R 3101/20317, Bl. 16 Rekto/Verso.

[73] Siehe S. 76.

[74] OBH Winnacker an StS Feder v. 7. September 1933, Handakten Feder, BA, R 3101/20317, Bl. 16 Verso.

[75] Feder, Vermerk v. 12. September 1933 zum Besuch von Dr. Beil und Gen., BA, R 3101/21317, Bl. 15 Rekto/Verso. Nur Dr. Beil/WIAG ist namentlich genannt. Daß dies ein Besuch der Konzernvertreter ist, erschließt sich auch aus den vertretenen Positionen.

[76] Ebd.

tend eine Denkschrift, in der eine unbegrenzte Einfuhr von Öl bei Senkung von Steuern und Zöllen für Friedenszeiten gefordert wurde, sowie Einlagerung und Vorratsbildung für Krisenzeiten. Deutsche Exploration und deutsche KW-Synthese wurden als aussichtsarm bzw. unrentabel dargestellt.[77] Hinter den Forderungen stand die Absicht, den wichtigen deutschen Markt auch weiterhin selbst zu beliefern und damit unter Kontrolle des Achnacarry-Systems zu halten.

Als sich jedoch abzeichnete, daß die junge Diktatur mit Davis, Wirth und La Roche ihren eigenen ölpolitischen Weg zu gehen gewillt war, nahm die RD-S, sehr zur Empörung von SO und AIOC, Verhandlungen mit La Roche und anderen Vertretern des „Ubbelohde-Planes" (KARLSCH) auf. Nachdem die beiden brüskierten Konzerne bereits den Einfluß fanatischer Nazis auf die RD-S befürchteten,[78] lenkten sie schließlich in die RD-S-Politik ein, das Federsche *outsider*-Konzept abzufälschen: Auf einer gemeinsamen Besprechung in Den Haag am 13. September 1933 erklärten SO, RD-S und AIOC ein deutsches Raffinationsprogramm zum kleineren Übel und einigten sich darauf, der Regierung Hitler ein eigenes Raffinations-Programm vorzuschlagen.[79] Wie sich zeigen sollte, lenkten sie ihren Vorstoß über Göring und Schacht.[80]

Gegeninitiative von IG Farbenindustrie AG und Ruhrmontanindustrie

Doch nicht nur die preußischen Erdölkonzerne und die Achnacarry-Konzerne beargwöhnten das Ubbelohde-Federsche Ölprojekt. Die IG – entschlossen, das Syntheseprogramm zu retten, knüpfte an die Verhandlungen an, die sie 1932 mit dem RWM aufgenommen hatte, um den gigantischen Flop der Ölsynthese auf öffentliche Schultern abzuwälzen.[81] Diese Verhandlungen, die zwischen dem künftigen Ölvertriebsleiter der IG, Degas-Chef Ernst Rudolf Fischer,[82] und dem Ölexperten im RWM, Botho Mulert, ge-

---

77 Rainer Karlsch, *»Faktor ...«* (2003), 165 und 403 Fn. 115: Denkschrift Kruspig, Bemerkungen zur deutschen Mineralölversorgung, August 1933, RD-S Archiv Den Haag, 10/Nr. 523.

78 Rainer Karlsch, *»Faktor ...«* (2003), 166 und 403 Fn. 119 f.: German refining proposals, 23. August 1933, BP-AMOCO Archiv, Warwick, Nr. 68318. Brief der DAPG an die AIOC vom 21. August 1933, ebd.

79 Rainer Karlsch, *»Faktor ...«* (2003), 167 und 403 Fn. 125: Memorandum vom 13. September 1933, BP-AMOCO Archiv Warwick, Nr. 68318.

80 Siehe S. 97 sowie Fußnoten 152 und 154.

81 Wolfgang Birkenfeld, *Der synthetische ...* (1964), 30.

82 Ernst Rudolf Fischer war im Oktober 1922 in die Griesheim-Elektron, Frankfurt/M. eingetreten, die nach der Fusion von 1925 zum Imperium der IG zählte. Seit 1923 Kaufmännischer Angestellter, erhielt er am 21 Juni 1929 Prokura der IG und wechselte im April 1933 zum wirtschaftspolitischen bzw. Presse- und Öffentlichkeitsableger „NW 7" nach Berlin. Ab 5. April 1934 wurde er als Direktor der IG und der Degas geführt: IG Personalakt Dr. Ernst Rudolf Fischer, BA, ZA VI 3227, A. 12, 1. Seit 1932 hatte er von Carl Bosch und Carl Krauch den Auftrag erhalten, sich ins Ölgebiet einzuarbeiten. Sein Wechsel zu „NW 7" im Frühjahr 1933 war ein politischer Zug der IG, die vom Einfluß seiner Parteimitgliedschaft profitieren wollte: Dietrich Eichholtz, „Der Raubzug des faschistischen deutschen Imperialismus zu den Erdölquellen des Kaukasus 1941–1943", *JfG*, 14 (1976), 445–502, hier 449 Fn. 20.

führt wurden, sah Ernst Rudolf Fischer durch die Ubbelohde/La Roche-Starkenfels-Initiative sogar zeitweilig gefährdet, da angesichts der Ölflut nur eins der beiden Projekte profitabel verwirklicht werden konnte.[83]

Da der Chemiekonzern in den zivilen Verhandlungen beim Verhandlungspartner RWM nicht weiterkam, suchten sich die Manager seiner Sparte Hochdruckchemie andere Wege zur Regierung. Seit etwa Mai 1933 bemühte sich Carl Bosch in Berlin um Verbindungen zum Heereswaffenamt und zum Reichsluftfahrtministerium (RLM).[84] Im Juni 1933 wurde in der IG die umfassende Denkschrift „Die deutsche Treibstoffwirtschaft" ausgearbeitet, die einen Ausbau der Benzinsynthese auf 800.000 Jahrestonnen, finanzierbar durch Preisgarantien für Hydrierprodukte, vorsah, wovon die IG 600.000 Jahrestonnen bestreiten wollte.[85] Die wehrwirtschaftliche Argumentation entpuppte sich als günstiges Vehikel. Am 12. August 1933 traf der IG-Vertreter Müller-Cunradi erst mit La Roche und anschließend mit Gottfried Feder zusammen, und es wurden die Chancen für ein Hydrierprojekt in der nationalsozialistischen Ölpolitik besprochen. Feder fand sich zwar in dieser Besprechung aus wehrwirtschaftlichen Gründen grundsätzlich zu einer begrenzten Syntheseproduktion bereit, praktisch aber stellte er die hohen Gestehungskosten des Synthesebenzins in Rechnung und forderte ein Zusammengehen mit den Ruhrmontankonzernen in der gesamten Hydrierfrage, bevor er sich zu öffentlichen Preisgarantien für das unrentable Leunabenzin hinreißen lassen würde. Ansonsten vertrat er weiterhin das Importprojekt, bei dem der Treibstoff 5 statt 19 Pfennig/Liter kosten würde.[86]

Tatsächlich war die von Albert Vögler repräsentierte Gruppe benzolerzeugender Montankonzerne um die VSt, die die Entwicklung des problematischen Fischer-Tropsch-Programms am KWI Mühlheim seit 1928 vernachlässigten und stattdessen auf ein Zusammengehen mit der IG drängten,[87] offenbar im Sommer 1933 bei der IG vorstellig geworden, um eine gemeinsame Strategie beim Substitutionsprogramm zu finden.[88] Für die IG konnte solch ein Zusammengehen mit der Schwerindustrie allerdings nur Nachteile bringen, denn ihr Problem war nicht, daß zu wenig Treibstoff im Reich verkauft wurde, sondern zuviel und noch dazu zu Dumpingpreisen. Sowohl Fischer-Tropsch-Verfahren als auch Kooperation mußten auf Ablehnung der IG-Kon-

---

83 Wolfgang Birkenfeld, *Der synthetische* ... (1964), 27 und Fn. 23: Nürnberger Prozesse, Fall 6: USA vs. IG Farbenindustrie AG, Verteidigungsdokument Bütefisch 196 = Affidavit E. R. Fischer, Vert.Dok. Buch iv, 11.

84 Eicholtz, *Geschichte* ... (1969), 39.

85 Gottfried Plumpe, *Die IG* ... (1990), 270 f., 273 und 270 Fn. 53: Denkschrift BASF M 02. Vgl. Dok. NI 4718, Fall 6 (USA vs. IG), Film 410. Die Denkschrift zeigte erst im September 1933 Wirkung.

86 Gottfried Plumpe, *Die IG* ... (1990), 272 f.

87 Manfred Rasch, *Geschichte* ... (1989), 278. Gerhard T. Mollin, *Montankonzerne* ... (1988), 67. Zu den Problemen des Fischer-Tropsch-Verfahrens 1928–1930 vgl. ebd., 206 f., 277 f. und 284–286.

88 Die Zusammenkunft der IG mit der Ruhrmontanindustrie, bei der ein gemeinsames Vorgehen in der Hydrierung geplant wurde, variiert bei Plumpe zeitlich zwischen dem 28. Juni und dem 28. Oktober 1933: Gottfried Plumpe, *Die IG* ... (1990), 273 und 273 Fn. 58.

zernspitze stoßen, weil beides der Strategie der IG entgegenlief, nämlich der, die Überproduktion wirkungsvoll in den Griff zu bekommen.[89] Der einzige Vorteil einer Kooperation bot in jenem Zeitfenster zwischen August und September 1933 die Aussicht, überhaupt zu einer Preisgarantie zu kommen und nicht, wie es sich abzeichnete, vom Import- und Raffinationsprogramm à la Ubbelohde an die Wand gedrückt zu werden.[90] Insofern kam es tatsächlich zu einer Verständigung zwischen IG und der Schwerindustrie im August 1933, wobei Carl Bosch (IG) und Albert Vögler (VSt) die beiden Exponenten darstellten.[91]

Im August 1933 knüpfte dann der energischste Verfechter des Syntheseprojekts in der IG, Vorstandsmitglied Carl Krauch, über den väterlichen Freund und Förderer Hitlers, Alber Vögler, Kontakte zum Staatssekretär des unter Göring neugeschaffenen Reichsluftfahrtministeriums (RLM), Erhard Milch. Diesem konnte er in einer Besprechung deutlich machen, daß sich weder aus den anvisierten heimischen noch importierten Rohölen hochwertige Flugbenzine (Isooktan) in genügender Menge raffinieren ließen, die für den Aufbau einer Luftwaffe unerläßlich waren.[92] Dagegen schien das Synthesebenzin aus Leuna, das nach dem Bergiusverfahren hergestellt wurde, gerade über die gewünschten Eigenschaften eines Flugbenzins zu verfügen.[93] Milch ließ sich daraufhin von Krauch eine Denkschrift erstellen, die Krauch am 14. September 1933 an Milch absandte und am 15. September 1933 einem Publikum von Militärs aus dem RLM und dem Heereswaffenamt (Generalleutnant von Bockelberg) vorstellte.[94] Hierin forderte Krauch einen „Vierjahresplan", nach dem mit Reichsgarantien die heimische Treibstofferzeugung (vor allem der IG) von jährlich 500.000 t auf jährlich 1.800.000 t gesteigert werden sollten.[95] Zur Durchführung dieses Vierjahresplans mahnte Krauch auch die Einsetzung eines Treibstoffkommissars an.[96]

---

89 Peter Hayes, *Industry* ... (1987), 116.

90 Siehe S. 75 ff.

91 Gottfried Plumpe, *Die IG* ... (1990), 273 f. Bezeichnenderweise wurden diese beiden Industriekapitäne nacheinander auch zu Präsidenten der Kaiser-Wilhelm-Gesellschaft im „Dritten Reich": Manfred Rasch, „Forschung ..." (2000), 376–379.

92 Wolfgang Birkenfeld, *Der synthetische* ... (1964), 62 und Fn. 6. Zitat zeigt, daß die Initiative von den Industriellen ausging, und nicht, wie von Birkenfeld dargestellt, von Milch. Gleiche Einschätzung und fundierte Kritik an Birkenfeld: Eicholtz, *Geschichte* ... (1969), 40. Vgl. Willy Boelcke, *Die deutsche* ... (1983), 161.

93 Raymond G. Stokes, „The Oil ..." (1985), 265 f.

94 Denkschrift: Eicholtz, *Geschichte* ... (1969), 40 mit Bezug auf Fall 6 (USA vs. IG Farbenindustrie AG), Dok. NI-4718. Vgl. Peter Hayes, *Industry* ... (1987), 116 f. Vorlegte: Wolfgang Birkenfeld, *Der synthetische* ... (1964), 62 f. Dieter Petzina, *Autarkiepolitik* ... (1968), 27 f.

95 Wolfgang Birkenfeld, *Der synthetische* ... (1964), 62 f. Dieter Petzina, *Autarkiepolitik* ... (1968), 27 f. Peter Hayes, *Industry* ... (1987), 117, spricht von 8-facher Steigerung bis 1937, davon die Hälfte in IG-Werken. Bis 1937 sollte die Bedarfsdeckung durch heimisch erzeugte Treibstoffe von 38% auf 63% gesteigert werden.

96 Eicholtz, *Geschichte* ... (1969), 40.

Die Militärs waren offensichtlich sehr angetan von den Möglichkeiten der IG, und von Bockelberg versprach Prüfung der Denkschrift und gemeinsames Vorgehen. Milch hingegen hielt Vortrag bei Göring, der entsprechende Schritte einleiten wollte.[97]

Die Reaktion hierauf kam sehr schnell. Obwohl Hitler noch am 12. September 1933 grünes Licht für Ubbelohde gegeben hatte, wurde nun desses Projekt abgeblasen und dem Hydrierprojekt in aller Förmlichkeit der Vorrang eingeräumt.[98]

Während die Erdölallianz ihre Angriffslinien gegen das am Raffinerieprogramm hängende Bohrprogramm in der Besprechung am 12. September 1933 zuspitzte, kam Krauchs Vorstoß vor Milch am 14. September zustande. Es läßt sich rekonstruieren, daß auch Vögler von seiner Seite arbeitete. Möglicherweise waren der Vorstoß der Erdölallianz und der Synthese-Konföderation konzertiert; wahrscheinlicher ist, daß der als drohend bevorstehend empfundene Termin für die Eröffnung der Herbsttagung der DGE bei den Gegnern der Importversorgung für Aktionismus sorgte und die Ereignisse beschleunigte. Bei der Eröffnung der DGE am 17. September verkündete der Geschäftsführer der Gesellschaft eine Namensänderung, die zwar die Vergleichbarkeit mit anderen Einrichtungen auf internationaler Ebene erschwere, aber darin begründet sei, daß

> „bei uns in Deutschland [...] die Dinge doch wesentlich anders [liegen], insofern als bei uns eine sehr beachtliche Mineralölerzeugung aus Braun- und Steinkohle vorhanden ist, die unbedingt im Zusammenhang mit den Erdölfragen behandelt werden muß“[99]

Noch etwas verschleierter war die Reaktion Ubbelohdes auf den plötzlichen Richtungswechsel:

> „Die Gesellschaft hieß ursprünglich »Deutsche Gesellschaft für Erdölforschung«, änderte ihren Namen aber bei der Herbsttagung im September 1933 in »Deutsche Gesellschaft für Mineralölforschung«. So nennen wir sie im folgenden immer.“[100]

Die Weichen waren gestellt. Wie Reichswirtschaftsminister Kurt Schmitt bei der ersten Sitzung eines eingeweiht wirkenden Generalrates der Wirtschaft (GdW) am 20. September 1933 verkündete, sollte die Hydrierung nun auch in das Programm aufgenommen werden.[101] Nicht wegen begrenzter Reichsmittel, sondern weil bei überflutetem Markt nur eine gedrosselte Produktion in Betracht kam, bedeutete diese Entscheidung das Aus für das Import- und Raffinationsprogramm. Vögler, Mitglied im GdW, wies auf die beiden Punkte hin, die angesichts einer zusammengebrochenen Wirtschaft wichtiger

---

97 Wolfgang Birkenfeld, *Der synthetische* ... (1964), 62 f. Dieter Petzina, *Autarkiepolitik* ... (1968), 27 f.

98 Wolfgang Birkenfeld, *Der synthetische* ... (1964), 27 und Fn. 24: Fall 6, Vert. Dok. Bütefisch 208 (Vert.-Dok.-Buch iv, 2).

99 Zaepke, „Geschäftsbericht und Änderung des Namens der Gesellschaft“, Hauptsitzung der Tagung der Gesellschaft am 17. September 1933, *Oel und Kohle* 1 (1933) 1, 18.

100 Leo Ubbelohde, „Die Entstehung ...“ (1933), 7 Fn. 2.

101 Erste Sitzung des Generalrates der Wirtschaft, v. 20. September 1933, 10:15 Uhr, BA, R 43 II/320, Bl. 37–41, publiziert als Dok. 213, *Akten* ... (1983), 756.

waren als alle wehrpolitischen Argumente: Zum einen würden „Hunderte von Millionen an Devisen eingespart", zum anderen die Arbeitskonjunktur angekurbelt.

> „Einmal ergeben sich durch den Anbau [sic] solcher Anlagen sofort Beschäftigungsmöglichkeiten, sodann aber durch den dauernden Gebrauch auch eine Mehrbeschäftigung von Arbeitern. Eine Lösung des Ölproblems nach dieser Richtung kann zu einer dauernden Mehrbeschäftigung von mindestens 150.000 Leuten in Deutschland führen. Und von diesem Gesichtspunkt muß man alle Programme betrachten: daß Mehrarbeit für dauernd und nicht nur vorübergehend geschaffen wird. Aus der dauernden Mehrarbeit wird dann die Belebung auf der ganzen Linie kommen, die wir uns doch alle erhoffen [...]"[102]

Wenn die günstige Verwendbarkeit des Synthesebenzins für die geplanten Luftstreitkräfte auch das Argument darstellte, welches den Gegner aus dem Felde stach, so zeigten sich anhand dieser und ähnlicher Äußerungen, daß es den beteiligten Industrien immer wieder um die zivile Nutzung und den zivilen Aspekt der Substitutionsprogramme ging, die kurzfristig die Krise lindern helfen sollten und langfristig große Profite versprachen. Zum anderen ließ sich das zivile Argument im Moment publikumswirksamer darstellen.

Auf dem Höhepunkt des Zweiten Weltkriegs, als Arbeitskraft einen gänzlich anderen Stellenwert hatte, sollte sich die Arbeitsintensität zum größten Nachteil des Hydrierprogramms auswirken – zugunsten der Erdölallianz und ihrer Akteure. Daß jedoch das wehrpolitische Argument bei den bürgerlichen und nationalsozialistischen Eliten allezeit Gültigkeit besaß, wußte auch Gottfried Feder, als er zähneknirschend die Niederlage des wirtschaftlich vernünftigeren Importprogramms eingestand:

> „Ich darf mit wenigen Worten diese Idee darlegen, die sich ganz in der Richtung der von verschiedenen Seiten zum Ausdruck gebrachten Wünsche bewegt. Die deutsche Erzeugung von synthetischem Öl ist aus rein nationalpolitischen Gesichtspunkten ungeheuer wichtig. Sie müssen sich darüber klar sein, daß es sich privatwirtschaftlich gesehen absolut nicht rechtfertigen würde, auch nur einen einzigen Liter synthetischen Benzins herzustellen, weil die Produktionskosten in gar keinem Verhältnis zu den Preisen stehen, zu dem wir Benzin auf dem Weltmarkt kaufen können. Hier setzen einzig und allein nationalpolitische Gesichtspunkte ein. Deshalb war es zwingend notwendig, auf diesem Gebiete nicht die freie privatwirtschaftliche Initiative allein walten zu lassen, die sich heute nur hinter dem gewaltigen Schutz der Zollmauern, hinter diesem gewaltigen Benzinzoll, der aus einem ursprünglichen Finanzzoll ein reiner Schutzzoll geworden ist, betätigen können."[103]

Der nationalen Entschlossenheit, die im Andenken früherer Äußerungen debil wirkte und hinter der Feder seine Niederlage versteckte, war die Wut über Vögler und Bosch deutlich anzumerken. Daß jedoch tatsächlich aus „nationalpolitischen" Gründen – die Feder wie ein Schimpfwort im Munde führte – die Entscheidung pro Hydrierung ausgefallen wäre, läßt sich beim besten Willen nicht belegen. Hitler sollte noch 1934 den Bau

---

[102] Ebd., 779.

[103] Ebd.

von Hydrierwerken als Allheilmittel zur Förderung von strukturschwachen Gebieten – sogar in Grenzlage zu Polen – empfehlen.[104]

Noch im November 1941, stellte Hitler, der anfänglich in das Raffinerieprojekt Feders und Ubbelohdes eingewilligt hatte, seine Position als eine ungewandelt synthesefreundliche dar:

> „Zunächst hatte mir Vögler für die Benzingewinnung einen Vorschlag unterbreitet. Bei uns im Wirtschaftsministerium war das nicht durchzusetzen. Wir bekommen doch das Benzin von außen für neun Pfennige, wozu dann jetzt Benzin aus dem Inland für 18 Pfennige? Ich habe ihnen entgegengehalten: Dafür müssen wir an unsere Arbeitslosen soundsoviele Milliarden bezahlen, die wegfallen, wenn die Menschen in den Arbeitsprozess eingereiht werden. Dann sagten sie, die Verfahren [Hydrierung, TK] seien nicht geklärt. Aber unsere Industriellen sind doch die letzten, die ein Unternehmen beginnen, solange sie das Verfahren nicht besitzen! Später habe ich mir die bittersten Vorwürfe gemacht, daß ich damals nicht die ganze Gesellschaft hinausgeworfen habe. Von Feder habe ich mich getrennt, weil er das Verfahren nicht in Angriff genommen hat. Dann kam Keppler, der dem Schwindler von Düsseldorf auf den Leim gekrochen ist. Neun Monate haben wir dadurch verloren!“[105]

Zwei Monate später, als die Treibstoffrage bereits über Sein oder Nichtsein des Systems entschied, war seine Sicht der Dinge ebenso teleologisch:

> „1933 wurde mir von Vögler der Vorschlag gemacht, im Verlauf von drei Jahren zwei Millionen Tonnen Benzin zu liefern, falls wir uns verpflichten, den Liter zum Preis von soundsoviel Pfennigen abzunehmen. Es wäre das der gesamte Benzinkonsum gewesen, den wir für 1934 gebraucht hätten. Das Wirtschaftsministerium hat das sabotiert. 1933 auf 1934 hätten die IG-Farben den Bau der Fabriken finanziert, dabei wären soundsoviele hunderttausend Arbeiter dauernd beschäftigt gewesen. Ich habe ein paar Leute rausgeschmissen und dann Keppler eingesetzt, ihm haben sie den Benzin-Halunken von Düsseldorf in den Pelz gesetzt. Damit gingen wieder neun Monate verloren.“[106]

Tatsächlich hatte sich Hitler diese ganz der Chemischen und der Ruhrmontanindustrie verpflichtete Sicht der Dinge erst nach dem Einschreiten von IG und Benzolgruppe zu eigen gemacht, die zum Schutze ihres Syntheseprogramms im September 1933 das militärische Register zogen.

Ob die Entscheidung für das Substitutionsprogramm aus dem Willen getroffen wurde, die Wirtschaftskrise in den Griff zu bekommen, oder aus dem Willen, möglichst bald Krieg zu führen, läßt sich anhand dieser Äußerungen nicht beantworten. Der wirk-

---

104 Vermerk Ministerialrat Willuhn über einen Empfang einer Anordnung des Deutschen Industrie- und Handelstages am 15. Februar 1934 beim Reichskanzler, BA, R 43 II/348, Bl. 46 f., publiziert als Dok. 300, *Akten* ... (1983), 1125. Vermerk des Ministerialrats Willuhn über eine Besprechung des Reichskanzlers mit dem Präsidenten der deutsch-polnischen Handelskammer Breslau über Wirtschaftspflege in Oberschlesien. Warentausch mit Polen. Fettversorgung Schlesiens, am 26. April 1934, BA, R 43 II/324, fol.s 87 f., publiziert als Dok. 336, *Akten* ... (1983), 1243.

105 Am 12. November 1941 im Führerhauptquartier: Adolf Hitler, *Monologe im Führerhauptquartier 1941–1944*, hg. Werner Jochmann, Hamburg 1980, 137 f.

106 Am 27. Januar 1941 in der Wolfsschanze. Hitler, *Monologe* ... (1980), 239. Düsseldorf: Der Ehrentitel galt entweder Friedrich Martin/Ruhrchemie AG oder dem Chemiker Franz Fischer vom Kaiser-Wilhelm-Institut für Kohlenforschung, Mühlheim/Ruhr.

liche Grund wird vielmehr in der momentanen Not gelegen haben, einen Konkurrenten abwehren zu müssen, der die Profitaussichten wichtiger deutscher Industrien in einem bedeutenden Wachstumssektor in Frage stellte. Dafür war jedes Argument recht.

Tagung der Gesellschaft, 17.–19. September 1933

Programmatik

Die Herbsttagung der DGE, in deren Vorbereitungsphase, wie gezeigt werden konnte, ein grundlegender Strategiewechsel vorgenommen worden war, wurde am Sonntag, dem 17. September 1933 im Saal des Langenbeck-Virchow-Hauses zu Berlin als Tagung der Deutschen Gesellschaft für Mineralölforschung (DGM) eröffnet – mit den bekannten Einlassungen des Geschäftsführers zur plötzlichen Namensänderung.[107] Die Tagung erfreute sich erhöhter Aufmerksamkeit, anwesend waren Vertreter von neun Reichs-, zwei preußischen Ministerien[108] sowie des Thüringischen Staatsministeriums, der Generalinspekteur für das deutsche Straßenwesen, Vertreter mehrerer wissenschaftlicher, technisch-wirtschaftlicher und normativer Reichsanstalten, des staatlichen Branntweinmonopols (als *downstream*-Interessent), der Reichsbahn, der geologischen Landesanstalten, Vertreter und Angehörige verschiedener Universitäten, Hochschulen und Bergakademien, ferner Vertreter mehrerer wissenschaftlicher Gesellschaften,[109] der Städte- und Gemeindetage, der Industrie- und Handelskammern, des Reichsstands der Deutschen Industrie und zahlreicher Industrieverbände, insbesondere aus dem Erdöl- und sonstigem Montanbereich, dem Öltransport und -handel und dem Straßenbau- und KfZ-Bereich. Besonders hervorzuheben, weil den Syntheseinteressen der Braunkohlenindustrie zuzuordnen, waren der Geheimrat Franz Fischer (Fischer-Tropsch-Verfahren) vom Institut für Kohlenforschung der Kaiser-Wilhelm-Gesellschaft in Mühlheim/R. und Prof. Hofmann vom Schlesischen Kohlenforschungsinstitut und der Wissenschaftlichen Gesellschaft für Braunkohlen- und Mineralölforschung an der TH Berlin-Charlottenburg. Die Syntheseinteressen der Chemischen Industrie waren lediglich durch den Verein deutscher Chemiker repräsentiert.[110]

---

107 Zaepke, „Geschäftsbericht und Änderung des Namens der Gesellschaft", Hauptsitzung der Tagung der Gesellschaft am 17. September 1933, *Oel und Kohle* 1 (1933) 1, 18.

108 Auswärtiges Amt, Reichswirtschafts-, -arbeits-, -finanz-, -luftfahrt-, -post-, -propaganda-, -verkehrs- und -wehrministerium.

109 Brennkrafttechnische Gesellschaft, Deutsche Bunsen-Gesellschaft, Deutsche Geologische Gesellschaft, Deutsche Geophysikalische Gesellschaft, Deutsche Kolloidgesellschaft, Deutsche Gesellschaft für Metallkunde, Deutsche Maschinentechnische Gesellschaft, Deutscher Normenausschuß, Deutscher Markscheider-Verein, Deutscher Verband für die Materialprüfungen der Technik, Gesellschaft Deutscher Metallhütten und Bergleute.

110 „Begrüßung: Tagung der Gesellschaft am 17. bis 19. September 1933: Hauptsitzung am 17. September", *Oel und Kohle* 1 (1933) 1, 17 f.

Den Partikularinteressen der mittelständischen Bohr- bzw. Raffinationsindustrie, welche Ubbelohde und Feder zunächst hatten verwirklichen wollen, war durch die Anwesenheit aller – sei es als Erzeuger, Verarbeiter oder Abnehmer – irgendwie an Kohlenwasserstoffen interessierten Gruppen die Spitze genommen. Die Bruchlinien innerhalb dieses Konglomerats, die vor allem durch gegenläufige Wirtschaftsinteressen hervorgerufen waren und die bereits im Vorfeld der Tagung zu erheblichen Konkurrenzkämpfen geführt hatten, übertünchten Ubbelohde und Feder in ihren programmatischen Ansprachen mit der Rhetorik von rationaler Zusammenfassung und wissenschaftlicher Kooperation aller Kohlenwasserstoff-Bereiche.[111] Auch der preußische Oberberghauptmann Winnacker konnte den Konflikt nicht lösen, der sich aus der Koexistenz verschiedener Industrien, Ausgangsrohstoffe und Verfahren auf demselben Markt ergab, und in seiner Begrüßung gesellte er den ohnehin schon angedeuteten Brüchen einen weiteren hinzu, in dem er die Bedeutung der geowissenschaftlichen Exploration deutlich heraushob und der Erdölproduktion, -verarbeitung und Ersatzstoffproduktion zur Seite stellte.[112] Wissenschaftlichkeit sollte denn auch der größte gemeinsame Nenner bei den Anwesenden bleiben.[113]

Als Ziel gaben sowohl Ubbelohde wie Feder eine tendenziell unabhängige Ölversorgung aus „nationalpolitischen" und „devisenpolitischen" Gründen an, wobei die Arbeitsbeschaffungsrhetorik noch deutlich die wehrwirtschaftliche Argumentation überwog. Im Vordergrund stand die Versorgung mit Kohlenwasserstoffen als Treib- und Schmierstoffe für das Motorisierungsprogramm und in Gestalt von Asphalten für das Straßenbauprogramm. Feder erhob noch einmal die Forderung nach einer allgemeinen Bergrechtsänderung, um die Erdölförderung auf eine rationale Grundlage zu stellen.[114]

Die staatlichen Geowissenschaftler in der DGM

Das Programm der Tagung zeichneten die sechs Übersichtsvorträge vor, die von den Fachgruppen in den darauffolgenden Tagen vertieft wurden. Sie umfaßten die Themen Erdölerschließung und Bohrprogramm (Bentz), Erdölverarbeitung (Hock), Steinkohlen-

---

[111] Ubbelohde, „Der Aufbau der Vorträge unserer Tagung", *Oel und Kohle* 1 (1933) 1, 19. Gottfried Feder, „Wirtschaftspolitische Grundlagen der Versorgung Deutschlands mit Mineralölen und bituminösen Stoffen", Rahmenvortrag gehalten auf der Tagung der Deutschen Gesellschaft für Mineralölforschung vom 17.–19. September 1933, *Oel und Kohle*, 1 (1933), Heft 1 v. 1. Dezember 1933, 20–24, 22 f. und 23 f. Ubbelohde, „Die wissenschaftlich-technischen ..." (1933), 26 f.

[112] Grußwort Winnacker, *Oel und Kohle* 1 (1933) 1, 25.

[113] Heinz Flieger, *Unter* ... (1961), 153. Hanns-Heinz Kasper, *Die Erdölgewinnung* ... (1974), 288.

[114] Gottfried Feder, „Wirtschaftspolitische ..." (1933), 20 f. Ubbelohde, Die wissenschaftlich-technischen ..." (1933), 26. Nationalpolitische etc. Gründe: Gottfried Feder, „Wirtschaftspolitische ..." (1933), 23. Bergrecht: Ebd.

entgasung (Müller), Braunkohlenentgasung (Heinze), Hydrierung und Synthese (Pier) und Anwendungsbereiche für Rückstände im Straßenbau (Kluge).

Mit den wissenschaftlichen und industriellen Grundlagen für das diskutierte Bohrprogramm offenbarte Bentz in seinem Vortrag den Anteil der Geowissenschaften an der Urheberschaft. Die Frage, ob sich die deutsche Erdölförderung steigern lasse, könne nur durch ein wissenschaftlich fundiertes Bohrprogramm geklärt werden.[115] Hierzu stellte er die nunmehr bekannte Lagerstättentheorie nebst methodischem Apparat[116] für eine Erdölexploration vor und kam – mit Rekurs auf die Verhältnisse in Texas – zum Schluß, es bestünden

> „nach den bisherigen Ergebnissen der geologischen und geophysikalischen Erforschung des deutschen Bodens noch recht bemerkenswerte Möglichkeiten, unsere heimische Erdölförderung zu steigern."

Um diese Möglichkeiten zu nutzen, forderte er noch einmal konkret die planmäßige Erforschung aller erdölhöffigen Gebiete, insbesondere der Salzstockstrukturen in Nordwestdeutschland mittels Tiefbohrungen. Dabei sollte, um eine effiziente Nutzung der Ergebnisse zu ermöglichen, „jede Bohrprobe von jeder Bohrung nach einheitlichen Gesichtspunkten untersucht und ausgewertet" werden. Hierbei wies er auf die Gefahren der Unwissenschaftlichkeit hin – ein altes und auch kommendes Lieblingsthema der Geowissenschaftler:

> „Ein großer Teil dieser Fehlbohrungen ist auf das Schuldkonto des mittelalterlichen Aberglaubens der Wünschelrute zu setzen."

Die Steuerung des Bohrprogramms – war implizit damit gesagt – sollte in die Hände einer wissenschaftlichen Dienststelle gelegt werden. Daß Bentz damit keine der Privatindustrien meinte, verdeutlichete er noch einmal am Ende seines Vortrags:

> „Planmäßiges Arbeiten unter Zurücksetzung gewisser egoistischer Bestrebungen ist allerdings die Voraussetzung für ein Bohrprogramm, das Aussicht auf Erfolg haben soll. Möge nunmehr für den deutschen Erdölbergbau ebenfalls die Stunde der vertrauensvollen Zusammenarbeit zum Wohle der Allgemeinheit gekommen sein."[117]

In den Fachgruppensitzungen wurden dann von den Naturwissenschaftlern der PGLA die Programme, die sie für die Erdölaufsuchung für unerläßlich hielten, näher bestimmt und die Methoden vorgestellt. Aufmerksame Beobachter erkannten in dem Kanon an Methoden bereits die in der Hannoveraner Erdöltagung von 1932 vorgestellten – und geforderten – Maßnahmen wieder. Auch auf der DGM-Tagung trug Otto Barsch vor, der Leiter der geophysikalischen Abteilung der PGLA. Zunächst sollte ein grobmaschiger regionaler Überblick erstellt werden, um auf schnelle Weise die Fragen der

---

[115] Alfred Bentz, „Das Erdöl in Deutschland und seine Aufschließung", (Übersichtsvortrag auf der Tagung der Deutschen Gesellschaft für Mineralölforschung), *Oel und Kohle*, 1 (1933), 29–31, hier 29.

[116] Titus Kockel, *Geologie* ... (2003), 183–204 und 232–259.

[117] Alfred Bentz, „Das Erdöl ..." (1933), 30 f.

Großtektonik zu klären, die weitestgehend unbekannt war, und danach alle nicht-erdölhöffigen Gebiete auszusortieren. Auf diese Weise sollten alle Strukturen tektonischer Auffälligkeit (Salzstöcke, Antiklinalen) ermittelt werden. Erst im Anschluß sollten diese einzelnen Strukturen mittels genauerer Methoden untersucht werden.[118] Barsch schlug für die regionalen Untersuchungen gravimetrische Pendelmessungen mit 10–20 km Stationsabstand und Magnetikmessungen mit 5 km Stationsabstand vor, wobei er auf der Kombination beider Verfahren bestand, wie man es bei der Brigitta beobachtet hatte.[119] Für die dergestalt gefundenen Strukturen sollten dann Spezialuntersuchungen mit Seismik und gravimetrischer Drehwaage durchgeführt werden. Die regionale Übersicht sollte als Dienstleistung des Staates für die Erdölindustrie gefertigt werden, die die Interessenten auch vor Drucklegung einsehen könnten; die Spezialuntersuchungen würden dann durch die Industrie selbst ausgeführt.[120]

Habe man die geographische Lage der Bohrpunkte per Geophysik ermittelt, so sollten im nächsten Schritt Tiefbohrungen eines Explorationsbohrprogramms die ermittelten Strukturen abbohren, wie Bentz im Fachvortrag der Geowissenschaftlichen Sektion erläuterte. Hierbei sei eine genaue Kenntnis der Stratigraphie vonnöten, und diese käme vor allem durch solide sedimentpetrographische und mikropaläontologische Probenuntersuchungen zustande, „wie sie an der Geologischen Landesanstalt seit langen Jahren durchgeführt werden".[121] Bentz stellte hiermit wenig explizit, aber für jedermann verständlich, heraus, welche Institution letzten Endes die Entscheidung treffen werde, an welcher Stelle bei diesem Bohrprogramm der Bohrturm aufzustellen sei. Daß mit der Entscheidungsgewalt die Verantwortung für Fehlbohrungen einherging, akzeptierte der Geologe mit Hinweis auf die US-amerikanische Statistik der Fehlbohrungen, die in „einfachen" Gebieten mit überwiegend Antiklinalen bei 17 %, in „schwierigen" Gebieten wie der texanischen Golfküste bei 36 % liege.[122] Am Ende seines Vortrags mahnte Bentz vor übertriebenen Hoffnungen, aber auch vor übertriebener Vorsicht.[123]

Art und Weise der Vortragsorganisation und die Ausgabe der Parolen durch die Geowissenschaftler lassen darauf schließen, daß das vor der Herbsttagung intern diskutierte und nun auf der Herbsttagung öffentlich geforderte Bohrprogramm zwischen den industriellen, administrativen und wissenschaftlichen Stellen bereits festgestanden hatte – wie auch Winnackers Hinweis auf die Sonderrolle der Geowissenschaften einen be-

---

118 Otto Barsch, „Die planmäßige geophysikalische Erforschung Deutschlands als Grundlage weiterer erdölgeologischer Aufschlußarbeiten", *Oel und Kohle* 1 (1933) 1, 79–81, hier 79.

119 Ebd. und 80 f. Brigitta: BIOS 1016, 75.

120 Ebd., 81 und Diskussion im Anschluß: Ebd.

121 Alfred Bentz, „Erdölgeologie als Grundlage eines planmäßigen Bohrprogrammes" (Fachgruppenvortrag auf der Tagung der Deutschen Gesellschaft für Mineralölforschung), *Oel und Kohle*, 1 (1933), 82–84, hier 83.

122 Alfred Bentz, „Erdölgeologie ..." (1933), 83. Diese Zahlen beziehen sich m.E. auf die Gesamtheit der Bohrungen (inkl der „sicheren" Produktionsbohrungen) – das Verhältnis bei reinen Explorationsbohrungen wurde normalerweise mit einer fündigen auf zehn nicht-fündige Bohrungen angegeben (heutzutage setzt man das Verhältnis 1:5).

123 Ebd., 84.

deutenden Anteil der Staatsgeologen an dem Programm vermuten läßt. Am 10. November 1933, bei Publikation des Tagungsbandes, verkündete Ubbelohde, daß es bereits abgesegnet sei.[124]

Die Frage, auf wessen Initiative dieses Reichsbohrprogramm zurückgeht, ist später in unterschiedlicher Weise beantwortet worden. KASPER vermutet dahinter die Interessen der preußischen Erdölkonzerne,[125] BOELCKE vor allem das Wirken der Bergabteilung des Wirtschaftsministeriums.[126] CLOSS, späterer Mitarbeiter von Bentz im Reichsamt für Bodenforschung und Akteur bei der Geophysikalischen Reichsaufnahme, kam zu der Ansicht:

> „War zu einem erheblichen Teil dem Wirken von Barsch das Lagerstättengesetz zu verdanken, so ist in ähnlicher Weise Bentz als der Schöpfer eines Reichs-Erdöl-Bohrprogramms zu betrachten."[127]

Hierin folgen ihm die DDR-Geologen KÜHN/ROHRBECK.[128] Die dargestellte Entwicklung der Ideen und des Methodenkatalogs in der *upstream*-Sektion der deutschen Erdölindustrie seit 1930 zeigt einen sehr wechselseitigen Prozess zwischen wissenschaftlicher, industrieller und administrativer Seite, der seine öffentliche Zuspitzung bei der DGG-Tagung in Hannover erhalten hatte. Sicher wird man, wie Gunther, nicht fehlgehen, von einem Konsensprogramm der „technical men" zu sprechen.[129] Mit großer Wahrscheinlichkeit hat das Programm seine 20-Millionen-Gestalt ebenso wie den szientifischen Lack erst nach den Darbietungen des World Petroleum Congress in London erhalten; und auch wenn man die Rolle von Bentz und der PGLA-Geowissenschaftler nicht überschätzen darf, so zeigt doch der ganz auf die Geowissenschaften abgestellte Charakter des Programms deutlich deren Handschrift.

---

124 Leo Ubbelohde, „Die Entstehung ..." (1933), 9.

125 Hanns-Heinz Kasper, „*Die Erdölgewinnung* ..." (1974), 36.

126 Willy Boelcke, „*Die deutsche* ..." (1983), 158 f.

127 Hans Closs, „Die geophysikalische ..." (1974), 118. Vgl. abweichend Hans Udluft, „Die Preußische ..." (1968), 100, der Bentz auch die Urheberschaft am Lagerstättengesetz zuweist.

128 Kühn/Rohrbeck, „Die Preußische ..." (1987), 31.

129 BIOS 1016, 2.

3 Weichenstellung in der deutschen Ölpolitik 1933/34

Irak-Projekt 1933 bis Februar 1934

Ein bedeutender Konkurrent erwuchs den heimischen Programmen im Irak-Projekt der Montangruppe um die Guttehoffnungshütte, zu dem die Industrie- und Ressortverhandlungen bereits weit gediehen waren. Seit dem grundsätzlichen Plazet des Wirtschaftsministers Warmbold vom Juni 1932 war die Reichsbürgschaft für die Industriekredite an die deutsche Gruppe in der BOD am Wankelmut der Friedrich Krupp AG gescheitert, die im Juli 1932 aus dem Konsortium wieder ausstieg. Doch die übrigen Interessenten der rheinisch-westfälischen Schwerindustrie rekonstituierten sich am 4. November 1932[130] als „Irak-Industriekonsortium" (Otto Wolff, Köln; Ferrostaal = Gutehoffnungshütte, Essen; Mannesmann-Röhrenwerke, Düsseldorf; Stahlunion-Export GmbH= Vereinigte Stahlwerke, Düsseldorf) und erhielten die vorerwähnte 50 % Reichsgarantie in Höhe von RM 500.000,- verbindlich per 30. Januar 1933 zugesagt. Im Gegenzug sollte die deutsche Gruppe die Hälfte ihres 12%igen Anteils an der BOD auf das Irak-Industriekonsortium übertragen, statt zuvor ein Viertel – die hinzugekommenen 3 % stellte das Konsortium der Reichsregierung als Option in Aussicht. Die Mitsprache des Reichs wuchs dadurch erheblich an.[131] Auch wenn der devisenfreie Rohölanteil, den die deutsche Gruppe aus der künftigen Produktion der BOD an das Irak-Industriekonsortium abtreten sollte, eine große Bedeutung für das devisenschwache und importabhängige Reich darstellte, war Hauptzweck der Beteiligung der Schwerindustrie nach wie vor die 38 % Lieferaufträge für die zu konstituierende Tochter der BOD, die Mosul Oil Fields Ltd. (MOF), und die daran hängenden Arbeitsplätze. In den Ressortverhandlungen zeigte sich vor allem das RFM unter Schwerin von Krosigk äußerst bedenkenvoll, das Anschlußfinanzierungen befürchtete, die die anfängliche Unterstützung des Projekts bei weitem übersteigen würden.[132]

Die Interna der bislang immer noch kaum produzierenden BOD[133] entwickelten jedoch die übliche Eigendynamik: ein optimistisches Gutachten des britischen Chefgeo-

---

130 Datum nach Hpt Jäger/Ferrostaal und Ost Öl GmbH im Januar 1942: Memorandum über die Mosul Oil Fields Ltd., als Anlage zum Schreiben von Hptm Jäger/Ost Öl GmbH, an Chef OKW Abt Ro V, z Hd Kpt z. S. Griebel, re Iraq, v. 23. Jan. 1942, BA-MA, Wi VI/142, Bl. 17.

131 Helmut Mejcher, *Die Politik* ... (1980), 115–117.

132 Ebd., 115.

133 Lediglich die Bohrungen Qaiyarah 1 und 2, die noch zu Zeiten der IPC zwischen 1927 und 20.4.1932 (Erteilung der westlichen Konzession an die BOD) von deren Bohrtrupps niedergebracht worden waren, produzierten schweres, hochviskoses und schwefliges Erdöl: Edgar Wesley Owen, *Trek* ... (1975), 1301.

logen der BOD, Beeby Thomson, löste bei den Briten im Verwaltungsrat der BOD im Februar 1933 die Überzeugung aus, eine Kapitalerhöhung sei angeraten. Verhandlungen der französisch-schweizerischen Gruppe mit der belgisch-französischen „Petrofina" ab März 1933, die den Absatz des zu fördernden Öls auf dem streng regulierten französischen Markt in Aussicht stellten, schienen diese Ansicht zu rechtfertigen.[134]

Im Zuge dieser geplanten Kapitalerweiterung stießen jedoch die Briten in der BOD auf argen Widerstand ihrer Konkurrentin IPC, der es keine Mühe bereitete, den Londoner Kapitalmarkt für BOD-Finanzierungen eintrocknen zu lassen.[135] Thomas Brown, Führer der deutschen Gruppe in der BOD, gelang es nun bis zur zweiten Jahreshälfte 1933, eine bis zum 31. Januar 1934 geltende Option auf einen Großteil der britischen Aktienquote von den Briten zu erwerben. In der zweiten Jahreshälfte stand damit eine Kontrolle der BOD durch die deutsche und die italienische Gruppe unmittelbar bevor.[136]

Diese Verschiebung des internen Kräfteverhältnisses in der BOD beinhaltete einen neuen Großauftrag, den die deutschen mit den italienischen Gesellschaftern ausführen wollten: den Bau der Pipeline Mosul-Alexandretta im Volumen von RM 50–60 Millionen. Für die am 31. Januar 1934 auslaufende Option mußte die deutsche Gruppe den Betrag von RM 2 Millionen aufbringen; für den Pipeline-Auftrag mußten zudem weitere Kreditbürgschaften beschafft werden. Hierfür wandte sich die deutsche Gruppe abermals an die deutsche Reichsregierung. Der vom RFM befürchtete Fall der Anschlußfinanzierungen war eingetreten. Bis zum Jahresende sperrte sich das RFM denn auch gegen jede über das bisherige Maß hinausgehende Unterstützung des Projekts.[137] Dennoch gingen die Verhandlungen im RWM weiter.

Das geplatzte Mineralölgesetz vom 1. Dezember 1933

Nachdem das mittelständische Bohr- und Raffinationsprogramm Feders am Widerstand der Achnacarry-Konzerne sowie der heimischen Erdöl-, Chemie- und Montankonzerne gescheitert war, sollte zumindest der zweite Teil des Feder'schen Ölkonzepts umgesetzt werden – die Marktregulierung, um die beim Mittelstand verhaßten Achnacarry-Konzerne vom deutschen Markt zu vertreiben. Hierfür war ein Gesetz in Aussicht genommen, das die deutsche KW-Wirtschaft im Ganzen für die Motorisierung fit machen sollte.[138] Die Grundlage bildete ein Gesetzesentwurf, den das RWM am 14. Oktober 1933 an die Ressorts versandte und der auf einer Ressortbesprechung am 20. Oktober

---

[134] Helmut Mejcher, *Die Politik* ... (1980), 118 f. Zum regulierten französischen Markt seit 1928 vgl. Daniel Yergin, *Der Preis* ... (1991), 349. James H. Bamberg, *The History* ... (1994), 131.

[135] Helmut Mejcher, *Die Politik* ... (1980), 157.

[136] Ebd., 119 f.

[137] Ebd., 121 f.

[138] Vgl. Gottfried Plumpe, *Die IG* ... (1990), 272–277, insb. 274, der Datenbasis erschließt, aber die Zusammenhänge nur aus der IG-Perspektive und damit verkürzt darstellt.

1933 diskutiert wurde. Auch hier fiel die Begründung für eine Förderung der deutschen Eigenproduktion beziehungsweise dafür, warum eine Auslandsabhängigkeit bei steigender Motorisierung zu vermeiden sei, bemerkenswert zweideutig aus:

> „Die Folge [einer erhöhten Auslandsabhängigkeit, TK] wäre erhöhte Abhängigkeit Deutschlands vom Weltmarkt und starke Inanspruchnahme der Devisenbestände. Der Ausbau der Eigenerzeugung ist vor allem auch aus wehrpolitischen Gründen notwendig, wenn vorläufig auch noch keine Aussicht besteht, den Bedarf im eigenen Lande ganz zu decken."[139]

Der Entwurf des RWMs vom 14. Oktober und die Besprechung vom 20. Oktober 1933 stellten die damals wahrgenommenen Möglichkeiten für eine Steigerung der Eigenerzeugung nebeneinander:

> Steigerung der Benzolgewinnung, die jedoch vom Koksabsatz abhängig sei, also mittelbar an den *output* von Stahl gekoppelt,
>
> Steigerung der Erdölgewinnung, die allerdings an ein vorheriges Explorationsprogramm gebunden sei, wobei man sich überlegte, ob nachgewiesene neue Lagerstätten nicht besser als strategische Reserve im Boden verbleiben sollten und
>
> Hydrierung von Braun- und Steinkohle.[140]

Auch der Import von Rohöl zur Raffination im Reich sollte in Form einer Restgröße noch berücksichtigt werden. Wahrscheinlich war hier von seiten Feders an eine Belieferung durch den *outsider* Davis und seine EUROTANK, gedacht, mit dem Feder zu dieser Zeit in Verhandlungen stand.[141]

> „Man wird jedoch in der Zulassung von Raffinerieanlagen, zumindest bis zu einer starken Steigerung des deutschen Verbrauchs, vorsichtig sein müssen, um nicht die Entwicklung der Kohlehydrierung zu behindern."

In dem geplanten sog. Mineralölgesetz sollte eine staatliche Förderung der Synthese-Interessen auf eine rechtlich verbindliche Grundlage gestellt werden. Hierfür war eine Absatz- und Preisgarantie des Staates für das Synthesebenzin vorgesehen, die allerdings ein bestimmtes oberes Limit haben sollte, um „unwirtschaftlich arbeitende Anlagen von vornherein" auszuschließen. Der zweite Punkt, den das Gesetz behandelte, war die Frage der Abnahme solch preisgarantiert hergestellten Benzins. Träger sowohl der Preis- als auch der Absatzgarantie sollte eine reichseigene „Deutsche Mineralöl-Gesellschaft mbH" sein, „an der die Hersteller bis zu 40 % beteiligt werden können".[142] Diese sollte das Benzin ohne Gewinnausfälle, die durch die Garantie eventuell entstünden, „an einen Zwangsverband weiter[geben], der aus den Vertriebsunternehmungen der Impor-

---

139 Vermerk des Ministerialrats Willuhn über eine Ressortbesprechung betreffend den Entwurf eines Gesetzes zur Förderung der deutschen Mineralölwirtschaft [folgend „Mineralölgesetz"] am 20. Oktober 1933 im Reichswirtschaftsministerium, v. 21. Oktober 1933, BA, R 43 II/486, Bl. 18–20, publiziert als Dok. 235, *Akten* ... (1983), 918 f.

140 Ebd., 919.

141 Kabinettsitzung v. 1. Dezember 1933 ... (siehe Fn. 41), Dok. 258, *Akten* ... (1983), 987 und Fn. 7.

142 Willuhn, Vermerk ... (vom 21. Oktober 1933, siehe Fn. 139), Dok. 235, *Akten* ... (1983), 919 und Fn. 6.

teure und Hersteller besteht". Laut RWM-Entwurf sollte dies ein sog. „Betriebsstoffverband" sein, in dem die Importeure von Benzin/Benzol (auch die ausländischen), die Hersteller und Verarbeiter von Benzin/Benzol (auch die ausländischen), die Wirtschaftliche Vereinigung der Deutschen Gaswerke und die staatliche Monopolgesellschaft Deutsche Mineralöl-Gesellschaft mbH vereinigt sein sollten. „Fehlbeträge", die durch ein Sinken des Erlöses unter die Garantiepreise entstünden, sollten auf die Allgemeinheit der im „Betriebsstoffverband" zusammengeschlossenen Gesellschaften umgelegt werden.[143]

Hier zeigte sich, daß noch immer eine Gesamtlösung angestrebt war und daß die Ölpolitik unter Gottfried Feder tatsächlich eine Politik der Marktregulierung war, und keine Erzeugerpolitik. Es zeigte sich ebenso, daß diese Ölpolitik noch sehr stark den Bedingungen der vorausgegangenen globalen Entwicklung seit dem Achnacarry-Abkommen von 1928 verpflichtet war und versuchte, deren spezifisch deutsche Probleme zu lösen, anstatt neue Probleme in Gestalt von Weltkriegsvorbereitungen zu schaffen. Das Benzinmonopol, das in Hitlers verquasten Äußerungen zum Autobahnbau von Ende Mai 1933 die Form einer „Reichsbahn-Automobilgesellschaft"[144] angenommen hatte, war hier deutlich angestrebt, um die Interessen der mittelständischen Klientel, die die internationalen Konzerne fürchtete, zu befriedigen. Der „Betriebsstoffverband", der Erinnerungen an die Betriebsstoffkonvention wachruft, wäre tatsächlich eine Neuauflage der Konvention gewesen, wobei diesmal jedoch nicht die größten oder einflußreichsten Vertriebsgesellschaften die Quoten bestimmt hätten, sondern der Mittelstand über staatliche Mediation zu seinem Recht gekommen wäre.

Obwohl das RWM auf Grundlage dieser Ressortbesprechung eine Gesetzesvorlage, datiert vom 17. November 1933, ausarbeitete, wurde von einem Erlaß des Gesetzes auf der Kabinettsitzung am 1. Dezember 1933 recht unvermittelt Abstand genommen.[145] Schon auf der Ressortbesprechung am 20. Oktober 1933 war man davon ausgegangen, daß das Gesetz, das sich im wesentlichen gegen die Achnacarry-Konzerne richtete,

---

[143] Ebd., 919 f. und 919 Fn. 7.

[144] Besprechung mit führenden Industriellen über Arbeitsbeschaffung, Autobahnbau und Instandsetzung von Wohnraum am 29. Mai 1933, 16: 15 Uhr, BA, R 43 II/536, Bl. 342–383, publiziert als Dok. 147, *Akten* ... (1983), 512. Auf der Ressortbesprechung wurde Hitlers (bzw. Feders) Vision von einer staatlichen Tankstellengesellschaft an den Reichsautobahnen endgültig ad acta gelegt, mit dem Hinweis auf 20.000 überzählige Tankstellen im Reich: Willuhn, Vermerk ... (vom 21. Oktober 1933, siehe Fn. 139), Dok. 235, *Akten* ... (1983), 920. Es dürfte hierbei auch an die Tankstellen des Vöglerschen Benzol-Verbands gedacht worden sein.

[145] Vgl. Gottfried Plumpe, *Die IG* ... (1990), 274, berichtet von einer Äußerung Vöglers an Bosch über eine Mitteilung von RWM Kurt Schmitt vom 6. November 1933, daß das Mineralölgesetz nicht erlassen werden würde. Angesichts des Diskussionsgebarens Kurt Schmitts, der auf der Kabinettsitzung am 1. Dezember 1933 den Erlaß des Gesetzes gegen Schacht vehement verteidigte – was etwas merkwürdig anmuten würde, wenn er schon vorher vom Nichterlaß des Gesetzes informiert gewesen wäre –, und angesichts des unzureichenden Quellenverweises bei Plumpe wage ich, das Datum dieser Mitteilung an Vögler in Zweifel zu ziehen.

kaum ohne außenpolitische Konsequenzen bleiben würde.[146] Vor allem die deutsch-sowjetischen Handelsbeziehungen wurden durch das Gesetz berührt, da die Lieferverträge, die der Benzol-Verband mit der Derop/Derunapht hatte, 1934 ausliefen und im Falle einer gesteigerten deutschen Hydrierung nicht erneuert würden.[147] Mit Verweis auf die außenpolitische Situation und die „Gegner Deutschlands" wurde das Gesetz nicht erlassen, stattdessen wurde beschlossen, daß der Reichsfinanzminister informelle Garantievollmachten für Hydrierwerke erlassen könne.[148]

Der Verlauf der Sitzung zeigte jedoch, daß etwas ganz anderes als eine vorübergehende außenpolitische Situation dem Gesetz im Wege stand.

Nachdem Kurt Schmitt die Bedeutung des Gesetzes für die Arbeitsbeschaffung herausgestellt hatte, machte Feder, der die Vorlage vortrug, deutlich, daß sich an dem Programm nicht nur IG und Ruhrmontanindustrie, die etwa seit Mitte November 1933 untereinander ihr gemeinsames Hydrierprogramm planten und dennoch gegeneinander intrigierten, beteiligen würden.[149] Mit der WIAG sei auch ein deutscher Erdölkonzern im Boot,[150] sowie ein nicht-genannter US-amerikanischer, offensichtlich der *outsider* Davis, der den Bau einer Raffinerie in Hamburg plane, die Crusader-eigenes Öl aus Mexiko und Peru verarbeiten und gegen „Maschinen und Waren für ihre Unternehmungen drüben" an das Reich abgeben sollte.[151]

Hierauf machte Göring geltend, er habe mit Henri Deterding/RD-S verhandelt zwecks Einlagerung von Treibstoffvorräten in Stettin, Magdeburg und Frankfurt/Oder, und er stellte Feder die scheinheilige Frage, „ob eine derartige Bevorratung volkswirtschaftlich richtig sei".[152] Sowohl Feder als auch sein Minister Kurt Schmitt tappten in

---

146 Willuhn, Vermerk ... (vom 21. Oktober 1933, siehe Fn. 139), Dok. 235, *Akten* ... (1983), 920.

147 Mitteilung Ministerialrat Mulert/RWM an Ministerialrat Sabath/Vizekanzleramt v. 18. November 1933, BA, R 53/35, Bl. 95, zitiert in Dok. 258, *Akten* ... (1983), 988 Fn. 11. Die Interessen der RD-S sah Mulert dagegen nicht gefährdet.

148 Kabinettsitzung v. 1. Dezember 1933 ... (siehe Fn. 41), Dok. 258, *Akten* ... (1983), 989. Vgl. Gottfried Plumpe, *Die IG* ... (1990), 274 f.

149 Ebd., 274 f. und 274 Fn. 64, ohne Quellenangabe.

150 Vgl. Gottfried Plumpe, *Die IG* ... (1990), 274 f. Die WIAG hatte sich bereits im Oktober 1933 am Fischer-Tropsch-Verfahren des Kaiser-Wilhelm-Instituts für Kohlenforschung in Mühleim/R. interessiert gezeigt, für welches sie auch weiterhin in Verhandlungen mit der dem KWI nahestehenden Ruhrchemie AG (Friedrich Martin) und mit Wilhelm Keppler blieb: Manfred Rasch, *Geschichte* ... (1989), 284 f. Das gemeinsame Angebot von Ruhrmontanindustrie (Vögler) und WIAG (August Rosterg) läßt auch eine weitere Scharnierfunktion Kepplers erkennen, die gerade in treibstoffpolitischer Hinsicht von Bedeutung war. August Rosterg, Direktor der Wintershall AG (WIAG), gehörte von Anfang an zu den prominentesten Mitgliedern des Keppler-Kreises, einem 1932 gegründeten großindustriellen Interessenkreis zur Förderung der Reichskanzlerschaft Hitlers, der als wirtschaftspolitischer Thinktank der Frühzeit des „Dritten Reichs" fungierte: Hanns-Heinz Kasper, *Die Erdölgewinnung* ... (1974), 23 f.. Turner, *Die Großunternehmer* ... 296. Zu Vögler bestanden Kontakte: Ebd.

151 Kabinettsitzung v. 1. Dezember 1933 ... (siehe Fn. 41), Dok. 258, *Akten* ... (1983), 987 und Fn. 7.

152 Kabinettsitzung v. 1. Dezember 1933 ... (siehe Fn. 41), Dok. 258, *Akten* ... (1983), 988. Folgend ebd.

die Falle, indem sie die Bedeutung einer solchen Bevorratung „mit Rücksicht auf die außenpolitische Situation" zu erkennen meinten. Doch obwohl Kurt Schmitt in dem Gesetz keine Gefährdung für auswärtige Interessen, wie beispielsweise das der Royal Dutch-Shell Group, erblickte, außer für die Sowjets, die mit Beruhigungsfloskeln abgespeist werden müßten, wandte sich Hitler dagegen, das Gesetz öffentlich zu machen. Reichsbankpräsident Schacht versetzte endlich dem Gesetz den Todesstoß. Er sei nicht nur gegen eine Veröffentlichung des Gesetzes, sondern grundsätzlich dagegen, es überhaupt zu erlassen:

> „Die ausländischen Interessenten [SO, RD-S etc., TK] wären über den Inhalt des Gesetzes unterrichtet.[153] Patentrechtliche und vertragsrechtliche Verpflichtungen [vermutl. seitens der IG, TK] hätten diese Kenntnis verursacht. Der Erlaß des Gesetzes sei mit Rücksicht auf die außenpolitische Situation unmöglich. Es käme lediglich in Frage, daß der Reichsminister der Finanzen die erforderlichen Verpflichtungen einginge. Es müsse eine Bevorratung an Treibstoffen betrieben werden, um die ausländischen Interessenten zu Bundesgenossen zu gewinnen. Durch die Bevorratung werde der Absatz für die ausländischen Interessenten für die nächsten Jahre gesichert werden. Die Finanzierung würde das Ausland selbst übernehmen. Auf diese Weise würde Deutschland das Geld zum Bau der Anlagen erhalten."[154]

Die Absatzinteressen der Achnacarry-Konzerne aber wurden durch die Gesetzesvorlage in Frage gestellt, ebenso wie die der Synthese-Konföderation. Da diese über recht vitale Vertriebsorganisationen auf dem deutschen Markt geboten, von denen die DAPG und die Rhenania-Ossag auch Abnahmeverträge mit der IG ausgehandelt hatten,[155] mußte das Federsche, vom Reich bestimmte Vertriebskartell bei ihnen mehr als Befremden auslösen, womit sie sich in einer ähnlichen Lage befanden wie die IG (mit ihrer Degas) und die Ruhrmontanindustrie (mit Benzol-Verband und Ölhag). Schachts kaufmännisches *powerplay*, eine Finanzierung der Hydrieranlagen von Deterdings Plazet abhängig zu machen, überzeugte ungemein, und trotz der verzweifelten Bitte Kurt Schmitts, dem Entwurf jetzt zuzustimmen, beschloß das Kabinett seine Zurückstellung. Kurt Schmitt konnte eben noch verhindern, daß anstelle des Reichswirtschaftsministers ausschließlich der Reichsfinanzminister mit den Garantieerklärungen beauftragt würde; aber die Frage einer staatlichen Abnahmegesellschaft oder gar eines Zwangsvertriebskartells war endgültig vom Tisch.[156]

Wie PLUMPE zeigt, begannen die Verhandlungen der Regierung mit der IG erst, nachdem der Weg für die mannigfachen Interessen in- und ausländischer Konzerne dergestalt bereinigt worden war. Am 4. Dezember 1933 reichte Ernst Rudolf Fischer dem RWM einen „Vertragsentwurf, der sich an das Mineralölgesetz anlehnt" ein, der 10 Tage später als Benzinvertrag zwischen dem Deutschen Reich und der IG Farbenindu-

---

153 Kurt Schmitt hatte zugegeben, daß die Achnacarry-Konzerne seit Sommer 1933 informiert seien: Kabinettsitzung v. 1. Dezember 1933 ... (siehe Fn. 41), Dok. 258, *Akten* ... (1983), 988.

154 Ebd., 988 f. Tatsächlich verfolgte Schacht diese Linie im Jahr 1934 weiter, die Rechnung sollte aber nicht aufgehen: Siehe S. 119.

155 Wolfgang Birkenfeld, *Der synthetische* ... (1964), 32.

156 Kabinettsitzung v. 1. Dezember 1933 ... (siehe Fn. 41), Dok. 258, *Akten* ... (1983), 989.

strie AG fertig ausgehandelt war.[157] Die Verhandlungen wurden auf seiten der IG von Ernst Rudolf Fischer, auf seiten des Reichs von Ministerialrat Mulert/RWM geführt.[158] Wie RASCH darstellt, trat die IG in die Verhandlungen ein, ohne die Benzolgruppe um die VSt zu informieren, und fiel ihr damit in den Rücken. Die Synthese-Konföderation hatte ihre Schuldigkeit getan.[159]

---

157 Gottfried Plumpe, *Die IG* ... (1990), 275 f.

158 Vgl. Wolfgang Birkenfeld, *Der synthetische* ... (1964), 30.

159 Manfred Rasch, *Geschichte* ... (1989), 279. Vögler war über den Benzinvertrag vom 14. Dezember sehr verärgert und vermied eine Zusammenarbeit mit der IG bis 1936: Ebd., 279 f.

Synthetisches Öl: Benzinvertrag vom 14. Dezember 1933

Nachdem das Import- und Raffinationsprogramm Mitte September 1933 und das Mineralölgesetz mit Benzinmonopol und Zwangskartell am 1. Dezember 1933 offiziell beerdigt worden waren, konnten die Verhandlungen zur öffentlichen Stützung des IG-Hydrierprogramms zügig zuende gebracht werden. 10 Tage nach Verhandlungsbeginn, am 14. Dezember 1933, unterzeichneten der Reichsfinanzminister Schwerin von Krosigk und Staatssekretär Feder für das Reich, Bosch und Schmitz für die Ammoniakwerke Merseburg (= IG) den bekannten Benzinvertrag,[160] in dem das Reich einen festen Gestehungspreis für Leunabenzin von 18,5 Pf pro Liter garantierte. Hierbei ging es *nicht* um eine Abnahmegarantie, die die IG wegen verzahnter Verträge mit den internationalen Erdölkonzernen SO und RD-S weder brauchte noch wünschte.[161]

Dieser Gestehungspreis enthielt einen Profit in Gestalt von Abschreibung und 5 % Verzinsung des Anlagekapitals. Für den Fall – der bis Ende 1935 eintrat –, daß die IG teurer als diese 18,5 Pf pro Liter produzierte, wurde ihr eine Zahlung der Differenz aus Reichsmitteln (Zolleinnahmen) garantiert. Im Gegenzug verpflichtete sich die IG, bis Ende 1935 ihre Werke auf eine Produktion von minimal 300.000 t und maximal 350.000 t Synthesebenzin auszubauen, um mögliche Bedürfnisse des Reichs befriedigen zu können. Der Gestehungspreis sollte jährlich neu festgelegt werden, womit sich das Reich erhebliche Einblicksrechte in die Buchführung der IG sicherte. Der Vertrag trat mit Wirkung vom 1. Juli 1934 in Kraft.[162] Bis Ende Dezember 1935 kostete das Reich dieses autarkistische Projekt RM 4,8 Millionen, und dies war absehbar gewesen. Danach erwies sich die Garantie überraschend als Gewinnmöglichkeit für den Staat, da bei der IG die Gestehungskosten unter den Verkaufserlös gesunken waren.[163]

Downstream hatte sich die IG mittels eines reziproken Belieferungsvertrags mit den Erdölkonzernen SO und RD-S für den zivilen Markt abgesichert, wonach die Degas im Falle von Unterproduktion Achnacarry-Öl verkaufen mußte, im Falle von Überproduktion der IG aber DAPG und Rhenania-Ossag Leunabenzin auf dem deutschen Markt abzusetzen hatten.[164]

Seit dem Entschluß der IG, trotz Ölflut und Preisverfall an dem Leunaprojekt festzuhalten, hatte sich ein Stück für Stück ineinander verzahntes Vertragswerk mit den beiden großen Erdölkonzernen herausgebildet. Dabei hatte sich die IG immer mehr vom Weltmarkt abgekehrt in dem Bemühen, zumindest den deutschen Markt – der ja immer noch als Zukunftsmarkt galt – ganz für sich zu gewinnen.[165] Ökonomisch gesehen ließ

---

160 Gottfried Plumpe, *Die IG* ... (1990), 275 f.
161 Vgl. Wolfgang Birkenfeld, *Der synthetische* ... (1964), 32.
162 Ebd., 28. Wirkung: Ebd., 32.
163 Ebd., 32.
164 Ebd., 29.
165 Vgl. Peter Hayes, *Industry* ... (1987), 37 f. Gregory P. Nowell, *Mercantile* ... (1994), 236–251.

sich der Chemiekonzern noch alle Möglichkeiten offen, auch wenn mit der Krauch-Denkschrift an Milch die zivilwirtschaftlichen Harmonien vom militärischen Tritonus zerschnitten wurden, dem kommenden Leitmotiv der IG.

Auch für die Regierung, die sich bis September 1933 sehr wankelmütig in dieser Hinsicht gezeigt hatte, war das wehrpolitische Kriterium der Hydrierung zu diesem Zeitpunkt nur eine ferne Option, wenngleich sie sich durch den Benzinvertrag durchaus konkretisierte.[166] Nach der Abkehr vom Import- und Raffinationsprogramm im September 1933 wußte in der Regierung niemand so recht, was mit der staatlich geförderten Benzinsynthese – die mit Arbeitsbeschaffungsrhetorik durchgeboxt worden war – anzufangen sei, außer, daß sie die IG um einige Sorgen erleichterte. Das wehrpolitische Argument wurde – wie oben gezeigt – immer nur halbherzig und mehr als Lippenbekenntnis vor jenen „Vaterland“ und „Militär“ genannten Gottheiten vorgebracht, denen auch die bürgerlichen Ministerialbürokraten huldigten. Dagegen standen kritische Rentabilitätsrechnungen. Aus der Perspektive der Arbeitsbeschaffungsadministration, die die öffentliche Hand nicht gern verschuldete, galt eine Erschließung von neuen Erdölquellen und der Ausbau der Elektrowirtschaft als langfristig wünschenswerteres Ziel staatlicher Konjunkturmaßnahmen.[167]

Auch im Frühjahr 1934 hielt diese Unschlüssigkeit an, Hitler empfahl den Bau von Hydrierwerken gar als Maßnahme zur Förderung von Gebieten, die die Arbeitslosigkeit strukturell am härtesten getroffen hatte – dem Ruhrgebiet und „Mitteldeutschland“.[168] Daß nicht auch das dritte Bergbaugebiet – Oberschlesien – in diesen Strukturförderungskatalog aufgenommen wurde, verhinderte das RWM, das mit Blick auf die Grenznähe zu Polen ablehnte.[169]

Es scheint, daß die Hydrierung, die wegen ihrer Arbeitsintensität als Arbeitsbeschaffung *par excellence* für eine Betreibung der Motorisierung von IG und Ruhrmontanindustrie verkauft und von der Regierung abgekauft worden war, sich erst im Zuge der Beseitigung von Widerständen (Feder) das wehrökonomische Bett bereitete, in welches sie sich legen sollte. Auf jeden Fall aber stellte der Benzinvertrag den Trauschein zu jener unguten Ehe zwischen nationalsozialistischer Bewegung und mili-

---

166 Vgl. Richard J. Overy, *War* ... (1994), 179 f.

167 So Ministerialrat Ronde/RWM, Vermerk Ministerialrat Stephan über Ressortbesprechung betreffend Maßnahmen zur Bekämpfung der Arbeitslosigkeit im Jahre 1934 am 3. November 1933 im Reichsarbeitsministerium, BA, R 43 II/537, Bl. 66 f. , publiziert als Dok. 241, *Akten* ... (1983), 936.

168 Vermerk Ministerialrat Willuhn über einen Empfang einer Abordnung des Deutschen Industrie- und Handelstages am 15. Februar 1934 beim Reichskanzler, BA, R 43 II/348, Bl. 46 f., publiziert als Dok. 300, *Akten* ... (1983), 1125.

169 Vermerk des Ministerialrats Willuhn über eine Besprechung des Reichskanzlers mit dem Präsidenten der deutsch-polnischen Handelskammer Breslau über Wirtschaftspflege in Oberschlesien. Warentausch mit Polen. Fettversorgung Schlesiens, am 26. April 1934, BA, R 43 II/324, fol.s 87 f., publiziert als Dok. 336, *Akten* ... (1983), 1243.

tärisch-industriellem Block dar, die das „Dritte Reich" und seine Expansionspolitik ausmachen sollte.[170]

Erdöl: Reichsbohrprogramm vom 10. Januar 1934

Einen Monat später konnte auch die preußische Erdölindustrie einen Erfolg verbuchen. Am 10. Januar 1934 versammelten sich im RWM die Erdölindustriellen, Ministerialrat Klewitz vom Preußischen Ministerium für Wirtschaft und Arbeit, Alfred Bentz/PGLA sowie zwei Vertreter der Deutschen Gesellschaft für Öffentliche Arbeiten (Öffa), einer 1930 vom Reich ins Leben gerufenen zentralen Verwaltungsstelle zur Darlehensvergabe im Rahmen von Arbeitsbeschaffungsprogrammen. Geheimrat Pasel vom RWM verkündete den Anwesenden, daß die Reichsregierung einer Ausstattung des Bohrprogramms mit einmalig RM 5 Millionen zugestimmt habe.[171] Wie sich bereits bei der ersten Besprechung im RWM vom 24. August 1933 abgezeichnet hatte, sollten diese RM 5 Millionen jedoch nur die Zahlung einer ersten Etappe sein, die grundsätzliche Höffigkeitsfragen in Nordwestdeutschland und Thüringen klären sollte; hier sollten vier Fünftel des Geldes zum Einsatz kommen. Sollten sich die Ergebnisse dieser Etappe als nicht allzu niederschmetternd herausstellen – wovon die Beteiligten dank ihres festen Glaubens an die Migrationstheorie nicht ausgingen –[172] waren weitere drei Etappen in Aussicht genommen, die mit dieser ersten zusammen RM 20 Millionen ausmachten.[173]

Das Bohrprogramm sah Darlehen ausschließlich für reine *wildcats* vor, also Explorationsbohrungen in bislang unerschlossenen Gebieten, was die Investitionen stimulieren sollte. Die im August 1933 noch sehr pauschal gehaltenen Bestimmungen bezüglich der Rückzahlung hatten am 10. Januar 1934 bereits eine erhebliche geologische Einschränkung erhalten, die die Urheberschaft der PGLA durchscheinen läßt. Sollten anfangs nur die fündigen Bohrungen von der Industrie zurückgezahlt werden, so galt dies nun für alle Bohrungen in einem „einheitlichen geologischen Aufschlussgebiet", in dem nur eine einzige fündig geworden war.[174] Damit sollte eine systematische Erschließung gefördert werden, die nicht die Fündigkeit der Einzelbohrung in den Mittelpunkt rückte, sondern die Fündigkeit eines „Aufschlußgebietes" bzw. Feldes. Hiermit sollte dem Übel gewehrt werden, das man aus Hannover sattsam kannte und um welches abzustellen die Gesellschaften in den USA seit Jahren versuchten, Produktionsabkommen zu schließen und die Explorationskonsortien so exklusiv wie möglich zu gestalten: nämlich, daß die neugefundenen Felder von einem Schwarm von Glücksrittern befallen und geologisch

---

170 Vgl. Dieter Petzina, *Autarkiepolitik* ... (1968). Dietrich Eichholtz, *Die Geschichte* ... (1969).

171 Bentz, Bericht über die geplanten Reichsdarlehen für Erdölaufschlüsse, v. 12. Januar 1934, NLfB 58293, Bl. 1. Öffa: Wolfgang Benz, „Deutsche Gesellschaft für Öffentliche Arbeiten (Öffa)", in: *Enzyklopädie* ... (1997), 421.

172 Vgl. Titus Kockel, *Geologie* ... (2003), 183–204 und 232–259.

173 OBH Winnacker an StS Feder v. 7. September 1933, Handakten Feder, BA, R 3101/20317, Bl. 16 Rekto/Verso. Siehe S. 79.

174 Bentz, Bericht ... (vom 12. Januar 1934, siehe Fn. 171), Bl. 1 f.

ruiniert wurden, wobei hier vor allem das Glücksrittertum der explorierenden Gesellschaften selbst gemeint war. Für eine rationale, systematische und kollegiale Exploration sollten die Gesellschaften auch Explorationskonsortien bilden, was, wieder je Aufschlußgebiet, über die Fremdhaftungsklausel erreicht werden sollte.[175]

Die nähere Aufgabenverteilung wurde auf der anschließenden Besprechung vorgenommen, wobei die Rolle der PGLA ins Auge sprang. Die Landesanstalt sollte

- definieren, was eine Explorationseinheit sei, und damit nicht zuletzt die Kriterien für die Solidarhaftung festlegen,
- aus der Menge der definierten Einheiten oder bereits bestehenden Explorationsgerechtsamen die aussichtsreichsten für das Bohrprogramm aussuchen,
- hierfür Einsicht in das gesamte geheime geophysikalische und geologische Datenmaterial der sich bewerbenden Firmen erhalten,
- nach Prüfung der Unterlagen Veto einlegen oder Plazet erteilen,
- und schließlich bei der Durchführung der Bohrungen diese fortlaufend überwachen, wobei ihr enorme Eingriffsrechte in die Bohrautonomie der Gesellschaften eingeräumt wurden, vor allem in den sensiblen Fragen, wann gekernt[176] werden sollte und wann Ölspuren als Ölspuren galten und wann die Bohrung eingestellt werden sollte.

Die endgültige Vergabe der Mittel blieb dem Wortlaut nach dem RWM vorbehalten, wobei zur Kontrolle der PGLA nun wiederum Gutachter aus der Industrie bestellt werden konnten.[177] Tatsächlich war die Mittelvergabe bereits in der PGLA entschieden, da hier alle praktischen Informationen zusammenliefen. Man darf jedoch den hier angelegten Gegensatz nicht überbetonen, zeigen Quellen und Entstehungsgeschichte des Programms doch, wie hoch die Akteure „die engste Zusammenarbeit der ausführenden Firmen mit der Geologischen Landesanstalt" einschätzten.[178]

---

175 Bentz, Bericht ... (vom 12. Januar 1934, siehe Fn. 171), Bl. 2.

176 Beim modernen Spülungsbohrverfahren wurde das wegzubohrende Material im Untergrund, dem „Berg", durch den Bohrmeißel entweder durch Aufprall (Seilschlag-Verfahren) oder kontinuierliches Drehen (Rotary-Verfahren) zerkleinert und auf einer hochdichten Schlammspülung als „Bohrklein" an die Oberfläche getragen. Dort kam es mit einiger zeitlicher Verzögerung an und wurde geologisch untersucht, damit bestimmt werden konnte, in welcher geologischen Schicht der Meißel sich gerade befand. Da die nötigen Leitfossilien im Bohrklein zerstört sind, waren bis weit in die vierziger Jahre hinein nur unpräzise Aussagen möglich. Um ein genaues Abbild des Bergs zu erhalten, was vor allem beim Erreichen der erdölführenden Horizonte wichtig ist, wurde „gekernt": mit einem speziellen Schneidewerkzeug wurde ein „Bohrkern" von 15–20 cm Durchmesser und einem bis zwei Metern Länge als zusammenhängende Gesteinsprobe aus dem Berg herausgedreht. Kernen war und ist enorm kostspielig, nicht nur, weil das eigentliche Schneiden sehr lange dauert, sondern auch, weil der Meißel extra gewechselt werden muß. Hierzu muß in tagelanger Arbeit das gesamte Gestänge „gezogen" und Stück für Stück auseinandermontiert werden, um es anschließend Stück für Stück ins Bohrloch wieder einzubringen.

177 Bentz, Bericht ... (vom 12. Januar 1934, siehe Fn. 171), Bl. 2 f.

178 Ebd., Bl. 3. Bei der Reaktivierung der deutschen Erdölindustrie ab Sommer 1945 sollte der ehemalige Ministerialdirigent des Vierjahresplans Gramsch in diesem Zusammenhang von Partnerschaft zwischen Reich und Industrie sprechen: Gramsch, Über die Reichsdarlehn [sic] für Erdöl-

Die Grundsätze zu Antragstellung und Durchführung wurden in einem offiziellen Papier des RWM vom 16. Januar 1934 festgehalten, an dessen Entwurf Bentz mitgearbeitet hatte. Innerhalb einer bis zum 31. Januar 1934 geltenden Ausschlußfrist konnten sich Gesellschaften mit überwiegend deutschem Kapital für Reichsmittel bewerben, wobei sie sich mit Einreichen ihrer Antragsunterlagen verpflichteten, „erschöpfende Auskunft über die wirtschaftliche Lage des Unternehmens" zu erteilen sowie genaue Daten über „Art und Umfang" des Explorationsvorhabens (Auskunft über geowissenschaftliche Vorarbeiten, geologische Begründung und Karte mit Konzenzessionsabgrenzung, geschätzte Bohrkosten, anvisierte Bohrteufe). Notfalls sollten die geologischen Angaben „durch Sachverständige" überprüft werden.[179] Die Beurteilung der Förderungswürdigkeit behielt sich danach das RWM vor, das im positiven Fall den Antrag an die Oeffa weiterleitete, die den Darlehensvertrag mit dem Antragsteller abschließen sollte. Die Höhe des Darlehens orientierte sich an den geschätzten reinen Bohrkosten, wobei festgelegt wurde, daß es keinesfalls 50 % dieser Kosten übersteigen sollte.[180] Der Antragsteller war verpflichtet, dem RWM 125 % der Darlehenshöhe als Eigenbeteiligung in flüssigen Mitteln nachzuweisen, die „auf Verlangen" auf ein Sperrkonto zu Gunsten der Oeffa überwiesen werden sollten. Die Auszahlung des Darlehens sollte dann in monatlichen Teilbeträgen erfolgen, die sich nach den tatsächlich abgeteuften Bohrmetern bemaßen, entsprechend dem geologischen Schlüssel für die unterschiedlichen Arten des Gebirges.[181] Nach Abschluß der Bohrung war eine endgültige Rechnungslegung gegenüber der Oeffa vorgesehen.[182] Die Rückzahlung des Darlehens war nur im Falle der Fündigkeit der betreffenden Bohrung vorgesehen. In diesem Fall verzinste sich das Darlehen ab 1. Januar 1936 mit 5 %, und sollte mit 35 % des Bruttoerlöses aus der laufenden Produktion des Darlehensnehmers zurückgezahlt werden, die dieser aus all jenen Bohrlöchern gewann, die mit Reichsmitteln bezuschußt waren; die Zahlungen sollten solange erfolgen, bis das dem Antragsteller für alle diese Bohrungen gewährte Gesamtdarlehen abbezahlt war.[183] Eine Solidarhaftungsklausel sah vor, daß

---

bohrungen im Raum Hannover/Braunschweig/Oldenburg, v. 10. Dezember 1945, Bl. 5 et passim., in: NLfB 86424. Auch NLfB 80251.

179 Rundschreiben Kralik/Reichswirtschaftsministerium – I Ko 2412/33 II – an die Preußag, Gewerkschaft Florentine, DPAG-DEA, Elwerath, WIAG, EBAG, Burbach-Kali, August Thyssen-Hütte, Verband der deutschen Erdölindustrie Wietze mit Entwurf in der Anlage: Grundzüge des Verfahrens und der Bedingungen für die Gewährung von Reichsdarlehen an Erdölunternehmen, v. 16. Januar 1934, Punkt A 1, Bl. 1 f., in: NLfB 86424.

180 Der Reichswirtschaftsminister, Abschrift I Ko 2412/33. 2. Entwurf. Grundzüge des Verfahrens und der Bedingungen für die Gewährung von Reichsdarlehen an Erdölunternehmen, v. 16. Januar 1934, Punkt A 2, Bl. 2 f., in: NLfB 86424.

181 Diese „Metersätze" wurden bis 1945 immer wieder neu an die jeweiligen Gegebenheiten der betreffenden Gebiete (was vor allem im Zuge der kriegerischen Expansion nötig wurde) angepaßt: Zahlreiche Unterlagen hierzu in NLfB 86424. Vgl. Haack, Entwicklung der Metersätze, v. 29. August 1944, NLfB 86678.

182 2. Entwurf RWM- I Ko 2412/33 ... (vom 16. Januar 1934, siehe Fn. 180), A 3 und 4, Bl. 2 f.

183 Ebd., B 1 a, Bl. 4.

nach Tilgung dieser Darlehen auch jene Bohrbeihilfen durch den erfolgreichen Darlehensnehmer zurückzuzahlen waren, die andere Gesellschaften für Arbeiten im gleichen geologisch definierten Aufschlußgebiet in Anspruch genommen hatten – wiederum mit 35 % aus der laufenden Produktion. Das gleiche galt für den Fall, daß ein Darlehensnehmer mit einer nicht bezuschußten Bohrung in solch einem Gebiet fündig wurde, in dem bereits bezuschußte Bohrungen – eigene oder fremde – niedergebracht waren. Hier sollte die Tilgung in Höhe von 20 % aus der laufenden Produktion dieser „Anschlußbohrung" bis zur vollständigen Tilgung aller betreffenden Darlehen erfolgen.[184] Im abschließenden Teil wurden die durch RWM, RFM, Rechnungshof, Oeffa „durch eigene Organe oder durch besondere Sachverständige" wahrzunehmenden Kompetenzen genannt, die anzuerkennen der Darlehensnehmer sich zu verpflichten hatte. Dies betraf vor allem die Festlegung der Grenzen der Aufschlußgebiete, die Berichtspflicht des Darlehensnehmers und die geologisch-technische Aufsicht – Kompetenzen, die die PGLA für sich reklamiert hatte.[185]

Die enge Zusammenarbeit zwischen PGLA und Industrie erläuterte Bentz noch einmal anläßlich einer Sitzung, die etwas über einen Monat später zwecks Gründung einer internen Stelle zur Beaufsichtigung des Bohrprogramms in den Räumen der PGLA in der Invalidenstraße stattfand: die Geologen sollten sich von den Gesellschaften beraten lassen, sie sollten aber auch gegebenenfalls eingreifen.[186]

Vor allem wurde die dienende Funktion der PGLA deutlich: das neuzuschaffende „Institut für Erdölgeologie" sollte Proben bearbeiten, Kartothek und Nomenklatur für eine einheitliche Bearbeitung der Stratigraphie schaffen (die zu diesem Zeitpunkt in der deutschen Geologie nicht hinreichend existierten), interne Besprechungen abhalten und vor allem einen Gedankenaustausch organisieren, der alle beteiligten Unternehmen auf einen Kenntnisstand bringen sollte bezüglich der Geologie der Explorationsgebiete. Für die Überwachung der Bohrungen in den Hauptexplorationsgebieten sollten Außenstellen in Hannover und Thüringen eingerichtetet werden. Sonderkosten des Instituts sollte infolge des Dienstleistungscharakters seiner Tätigkeit deshalb auch die Industrie tragen.[187] Als Leiter des Instituts war Alfred Bentz auserkoren.[188]

Die Gründung des Instituts für Erdölgeologie bedeutete einen wichtigen organisatorischen Schritt zur wissenschaftlichen Koordination einer bislang ineffizienten und unkooperativen Erdölindustrie durch die sachkundigste und engagierteste Gruppe von Erdölwissenschaftlern. Unter Anwendung neuester Hilfswissenschaften und unter den Bedingungen einer optimierten fachlichen Kommunikation der Erdölfirmen untereinander sowie mit dem staatlichen Wissenschaftsapparat sollte nun die Erdölexploration in

---

184 Ebd., B 1 b und c, Bl. 4 f.

185 Ebd., C, Bl. 6 f.

186 Gropp/von Seidlitz, Niederschrift der Sitzung zur Begründung eines Instituts für Erdölgeologie an der Geologischen Landesanstalt am 22. Februar 1934, v. 4. März 1934, NLfB 86629, Bl. 2.

187 Ebd., Bl. 2 f.

188 Ebd., Bl. 1.

Gang gebracht und die Zukunftschancen der Industrie – mit ein wenig staatlicher Hilfestellung – wahrgenommen werden.

Für das Reichsbohrprogramm, das Feder bereits auf der Herbsttagung der DGM am 17. September 1933 angekündigt hatte, bewarb sich noch im November 1933 die US-amerikanische Bayerische Mineral-Industrie AG (BMI), Tochter der Bavarian Oil and Gas Corporation, Delaware (90 %) mit Beteiligung der Bayerischen Staatsregierung (5 %).[189] Hierbei ging es um die ersten beiden Bohrungen „Pockinger Heide" und „Taufkirchen", für die die BMI Gesamtkosten von RM 400.000,- errechnete. Bentz/PGLA, der den Antrag prüfte, gab dem Ministerium zunächst grundsätzlich grünes Licht, jedoch sollten genauere geologische und geophysikalische Unterlagen eingereicht werden.[190] Der BMI wurde vom RWM daraufhin ein Reichsdarlehen von RM 200.000,- in Aussicht gestellt, wohl mit der Auflage, die nötigen geologischen und geophysikalischen Ergebnisse ihrer Exploration einzureichen.[191] Die US-amerikanischen Hauptaktionäre Harris Hammond und J. Elmer Thomas erbaten sich hierfür Aufschub bis zum 1. April,[192] doch von Pasel/RWM unter Druck gesetzt, die Zusage so lange nicht aufrecht erhalten zu können,[193] reichte die BMI die Antragsunterlagen bereits am 19. Februar 1934 beim RWM ein. Hierbei handelte es sich zunächst um Karten mit magnetischen Messungen.[194] Der Bericht des bearbeitenden Geologen und Geophysikers Donald C. Barton sollte erst am 8. Mai 1934 nachgereicht werden.[195]

Es scheint, daß von deutscher Seite die Beteiligung der US-amerikanischen Gesellschaft am Reichsbohrprogramm bis zu diesem Zeitpunkt noch nicht auf Ablehnung stieß. Schwierigkeiten sollte die BMI auch nicht vom RWM bekommen, sondern vor allem von den Geowissenschaftlern der PGLA.[196]

---

189 Abschrift Sterner und Gundermann/BMI an das Reichswirtschaftsministerium, re Erdschließung von Erdöl-Vorkommen, v. 23. November 1933, in: NLfB 101967.

190 Gundermann/BMI an RWM, re Schreiben I A 2860/34 vom 5.2.1934, v. 19. Februar 1934, Bl. 1, in: NLfB 101967.

191 Abschrift BMI an RWM, re Erschliessung von Erdölvorkommen, v. 30. Januar 1934, in: NLfB 101967.

192 Abschrift J. Elmer Thomas, BMI, Vierter Halbjahresbericht über die Feldarbeiten. Überreicht dem Oberbergamte des Freistaates Bayern, v. 8. Mai 1933, NLfB 101979, Bl. 1.

193 Abschrift Geheimer Bergrat Pasel/RWM – I A 2860/34. – an die BMI, v. 5. Februar 1934, in: NLfB: 101967.

194 Gundermann/BMI an RWM, re Schreiben I A 2860/34 vom 5.2.1934, v. 19. Februar 1934, Bl. 1, in: NLfB 101967.

195 Bayerische Mineral-Industrie AG, Donald C. Barton/J. Elmer Thomas, 4. Halbjahresbericht über die Feldarbeiten Überreicht dem Oberbergamte des Freistaates Bayern, ohne Datum, NLfB 101978.

196 Siehe S. 111 f.

Vier Dinge sind festzuhalten:

- Erstens kursierten weit mehr Ölprojekte in den ölpolitischen Entscheidungsgremien als sich tatsächlich am Ende durchsetzten. Obwohl einige von ihnen noch recht fiktiv waren, konnten sie als wirksame politische Waffen eingesetzt werden.
- Zweitens setzten sich gegen das ursprüngliche universelle Konzept Feders, das *upstream* und *downstream* regeln wollte, zwei begrenzte Erzeugerkonzepte durch. In einem kurzen Zeitraum Mitte September 1933 brachten die separaten Vorstöße der Erdölallianz und der Synthese-Konföderation das Federsche Programm zum Einsturz; die Aussicht auf eine Marktordung wurde endgültig beseitigt.
- Drittens wurde der Strategiewechsel, dessen erfolgreichstes Argument ein beschäftigungspolitisches, kein wehrökonomisches war, nicht aus Gründen einer autarkistischen Prädisposition der Nazi-Regierung vorgenommen, sondern um die Partikularinteressen der Konzerne, mittelbar sogar des britisch-niederländischen und des US-amerikanischen Erdölkonzerns, an der Motorisierung im Deutschen Reich zu befriedigen. Der Strategiewechsel stellte mithin keine Abkehr vom Weltmarkt dar, sondern eine Abkehr vom Mittelstand. Im Interesse der Konzerne und ihrer Absatzorganisationen mußte eine dauerhafte Marktregelung verhindert werden mit der Folge, daß die vielen gegensätzlichen Interessen auch weiterhin nebeneinander bestehen blieben und sich verschärften. Im Dezember 1933 wurden kurzfristige Ziele und Vorteile angestrebt, und erst infolge solch überflexiblen Lavierens zwischen unterschiedlichsten Optionen sollten die Probleme auftreten, die in Autarkiepolitik und Kriegsvorbereitung mündeten.

Tabelle 3: Ölprojekte unter der Regierung Hitler 1933/34

Programm	Realisierung		Subvention insgesamt	in Millionen RM pro Jahr
Importe und Raffination (*outsiders*)	1933	abgeblockt	100	
Irak (Ruhrmontan)	1934	vorl. eingestellt	2	
Devisenfreie Achnacarry-Importe	1935	gescheitert	-	-
Syntheseförderung (IG)	ab Dez. 1933	realisiert		4,8
Bohrprogramm (pr. Erdölkonzerne)	ab Jan. 1934	realisiert	20	5

Viertens bedeutete zum Jahreswechsel 1933/34, als die Projekte abgesegnet wurden, die erste Etappe des Bohrprogramms absehbar eine größere finanzielle Belastung für das Reich als die erste Ausbaustufe des Hydrierprogramms. Die Einschätzung, Erdöl habe im „Dritten Reich" gegenüber den diversen Syntheseverfahren eine geringere Bedeutung besessen,[197] läßt sich für das erste Jahr der Diktatur nicht aufrecht erhalten.

---

[197] So bei Raymond G. Stokes, „The Oil ... (1985), 276 f. et passim.

4 Ölpolitik in der Regimekrise 1934

Nachdem sich die Subventionsprojekte Benzinvertrag und Bohrprogramm in der geschilderten Weise durchgesetzt hatten, stellte sich die Frage, mit welchem Erfolg sie sich bewähren würden – wobei „Erfolg“ sowohl für die öffentliche Seite wie die privatindustrielle zu definieren war.

Erdöl

Reichsbohrprogramm

Geophysikalische Reichsaufnahme

Auf der DGM-Tagung vom September 1933 – Fachgruppe Geologie – Geophysik – hatten die staatlichen Geophysiker und Professoren Otto Barsch und Hermann Reich festgestellt, daß ohne einen umfassenden Einsatz geophysikalischer Methoden bei der Suche nach erdölhöffigen Strukturen jedes systematische Explorationsprogramm wirkungslos bleiben müßte; dies ensprach ganz dem im Mai 1932 in Hannover von PGLA und Industrie vorgestellten Stufenplan zur Erschließung unbekannter Lagerstätten.[198] Außerdem hatte Hermann Reich auf der DGM-Tagung gefordert, ausschließlich naturwissenschaftlich reproduzierbare Methoden bei der Erdölsuche anzuwenden, und bei dieser Gelegenheit zum Kreuzzug gegen die Wünschelrute, den Polarisator, den Radiumemanator und andere „Verfahren zur Ermittlung subjektiver Empfindungsvorgänge“ aufgerufen, den strukturellen Konkurrenten der Geowissenschaft bei der Prospektion.[199]

Mit Unterstützung der Notgemeinschaft der Deutschen Wissenschaften hatte die Abteilung Geophysik der PGLA mit einer Neuaufnahme der alten magnetischen Landesüberblicke begonnen, die nicht einheitlich waren. Dies war mit den Mitteln der PGLA durchaus zu leisten.[200] Es standen aber noch die übrigen, kostspieligeren Metho-

---

198 Otto Barsch, „Die planmäßige ...“ (1933). Hermann Reich, „Welche praktischen Anforderungen müssen an neu auftauchende gewophysikalische Verfahren und Instrumente gestellt werden?“, *Oel und Kohle* 1 (1933) 1, 84–87.

199 Hermann Reich, „Welche praktischen ...“ (1933), 84 f. Zum Kampf gegen subjektive Explorationsmethoden: F. Michels, „Prüfung eines Wünschelrutengängers durch die Deutsche Gesellschaft für Mineralölforschung“, *Oel und Kohle* 2 (1934) 1, v. 31. Januar 1934, 15–17 sowie Akten im NLfB-Archiv zum Schlagwort „Wünschelrute“ und im BA, NS 19/1085 und R 3101/alt R 7/522.

200 So Otto Barsch, Protokoll über die Sitzung der Geophysikalischen Institute in der Geologischen Landesanstalt am 12. Mai 1934, Bl. 2, in: NLfB 68050. Zur Ökonomie der magnetischen Messungen vgl. Vortrag des mecklenburger Staatsgeologen Schuh, „Die Isanomalenkarte der magneti-

den, Schweremessung (eigentlich zwei Methoden: per Gravimeter und per Drehwaage) und vor allem die arbeitsintensive Seismik, aus.[201] Um diese einzufordern, d.h. zu organisieren, fanden sich noch 1933 innerhalb der Erdölallianz in der DGM die staatlichen Geowissenschaftler Bentz und Barsch, der DEA-Chefgeologe Kraiß und ein Dr. Zaepke als Mitglieder des ständigen Ausschusses der Fachgruppe Geologie – Geophysik der DGM, die sich an Ministerialrat Klewitz/PrMWuA, der hier für das RWM auftrat, wandten. Dieser vermerkte, daß „diese Kommission aber in irgend einer Weise zur Durchführung dieser Aufgabe legitimiert werden“ müßte; außerdem sollte eine „amtliche Stelle“ eingesetzt werden, „die für das ganze Reich zuständig ist. Empfehlenswert wäre, diese Stelle in der Preuss. Geologischen Landesanstalt zu errichten.“ Das RWM wollte hier den Kontakt mit der Bergbauabteilung des Preußischen Ministeriums für Wirtschaft und Arbeit suchen, bevor es weitere Schritte unternahm.[202] Damit ging Klewitz auf die langjährigen Bemühungen ein, die die geologischen Dienste in Preußen (Beyschlag, Barsch, Hermann Reich), in Mecklenburg (Schuh) sowie das Geodätische Institut und das Magnetische Observatorium in Potsdam (Nippoldt) seit dem Ersten Weltkrieg im Sinne der industrieorientierten, praktischen Wissenschaft verfolgten.[203]

Die erste Denkschrift für eine allgemeine geophysikalische Untersuchung kam jedoch nicht, wie man hätte erwarten können, aus den Reihen der PGLA, sondern aus dem universitären Kontext. Das Arbeitsgebiet Geophysik war zwar noch etwas spezieller als das der Erdölgeologie, aber im Gegensatz zur Erdölgeologie, die im wesentlichen nur an drei öffentlichen Instituten mit minimaler personeller Besetzung präsent waren

schen Vertikalintensität von Mecklenburg und die neue Kossmat'sche Karte der Schwereanomalien Nordwestdeutschlands“ (Vortrag gehalten auf der Erdöltagung in Hannover am 5. Mai 1932)“, in: *Erdöltagung der Deutschen Geologischen Gesellschaft in Hannover: 5.–7. Mai 1932: Vorträge und Verhandlungen* (= *ZDGG* 84 (1932) 6, 361–512 und 6 Tafeln), Berlin/Stuttgart 1932, 449–454 auf der Hannoveraner DGG-Tagung im Mai 1932. Notgemeinschaft/alte Landesüberblicke: Kommission zur geophysikalischen Reichsaufnahme – zu IV a 2223/27.5. Anlage 2 –, Denkschrift über die Notwendigkeit einer geophysikalischen Untersuchung Deutschlands und Antrag auf Bereitstellung von Mitteln für eine geophysikalische Untersuchung Deutschlands, v. 27. Mai 1934, Bl. 4, NLfB 66179. Hier zeigt sich, daß Barsch allerdings auch das Netz nicht engmaschig genug war – ein Mangel, dem er mit Variometermessungen beizukommen suchte.

201 Otto Barsch, „Die planmäßige ...“ (1933), 80 f.

202 Vermerk Ministerialrat Klewitz/RWM betreffend Plan zur geophysikalischen Untersuchung des deutschen Bodens auf Erdöl, oD, in: NLfB 66179. Quelle datierbar auf 1933.

203 Hans Closs/Wilhelm Wolff, „Die Entwicklung der Geophysikalischen Reichsaufnahme Deutschlands bis Ende 1938“, *Oel und Kohle vereinigt mit Erdoel und Teer* 15 (1939) 14, v. 9. April 1939, 275–284, hier 275. Vgl. Alfred Bentz/Hans Closs, „Erdöl und geophysikalische Reichsaufnahme in Großdeutschland“, *Oel und Kohle vereinigt mit Erdoel und Teer*, 15/35 (1939) 41, v. 1. November 1939, 731–740, hier 731. Vgl. Hanns-Heinz Kasper, *Die Erdölgewinnung ...* (1974), 304. Um 1927 war bereits ein solcher Survey bei der Notgemeinschaft der Deutschen Wissenschaften beantragt worden. Von Fritz Haber wurde den Geophysikern angeraten, sich an die Industrie zu wenden, um dem Projekt größeren Rückhalt zu geben. Hinweis von Ralph Boch mit Verweis auf Schreiben Mintrops vom 29. August 1938, Brandenburgisches Landesarchiv, Rep. 465 ZIPE A 163.

(Bentz in der PGLA, Stutzer an der Freiberger Bergakademie und Kauenhowen an der Bergakademie Clausthal), galt Geophysik infolge der Erdbebenforschung des auslaufenden 19. Jahrhunderts – und der Verankerung einer Internationalen Seismologischen Konferenz an der Universität Straßburg – seit der Jahrhundertwende als beliebte Spielart der angewandten Physik und war an vielen Universitäten mit einem eigenen Lehrstuhl, wenn nicht gar Institut vertreten. Das prominenteste dieser Art war ohne Zweifel das Geophysikalische Institut Göttingen, an dem Ludger Mintrop seine refraktionsseismischen Versuche 1917 zur Patentreife geführt und wo der Professor Angenheister die Nachfolge des berühmten Seismologen Emil Wiechert angetreten hatte.[204] Angenheister aus Göttingen verfaßte vor dem 12. Mai 1933 eine Denkschrift, die von der Regierung eine „geophysikalische Erforschung des deutschen Reichsgebietes“ forderte und die wohl – neben der Erfassung von Steinkohlenprospektion – einen allgemeinen Erkenntnisgewinn im Auge hatte, vergleichbar der geologischen Karte 1:25.000 etwa, die die geologischen Dienste herausgaben; die Denkschrift wurde am 12. Mai 1934 bei einer Sitzung der geophysikalischen Institute in der PGLA in der Invalidenstraße diskutiert.[205] Teilnehmer waren das Geodätische Institut Potsdam (Geheimrat Kohlschütter, Prof. Schmehl), das Magnetische Observatorium Potsdam (Prof. Nippoldt), die Reichsanstalt für Erdbebenforschung Jena (Prof. Sieberg, Dr. Meisser), das Geophysikalische Institut Göttingen (Prof. Angenheister) und schließlich die PGLA (Prof. von Seidlitz, Prof. Barsch, Dr. Bentz, Prof. Hermann Reich).[206]

Angenheisters Forderung nach Grundlagen stieß dabei auf harsche Kritik der preußischen Staatsgeologen.[207] Von Seidlitz (ehemals TGL), der neue, nationalsozialistische Präsident der PGLA, drängte, die in der Denkschrift geforderten Methoden auf die Bedürfnisse des Erdölprogramms zurechtzustutzen; und der Nicht-Nationalsozialist Bentz führte aus, aus welchen Gründen der wissenschaftliche Forschungseifer des Göttingers gebremst werden müsse:

> „Dr. Bentz präzisierte die geologische Fragestellung der geplanten Untersuchung im einzelnen. Unterlage [sic] muss das Erdölbohrprogramm des Reiches sein und bleiben. Südbayern muss ausfallen, da dort amerikanisches Kapital die Erdölkonzession in Händen hat [BMI, TK]. In den anderen Erdölprovinzen handelt es sich darum, die Lücken in den geophysikalischen Untersuchungen der Privatfirmen, die an ihren Konzessionsbesitz gebunden sind, auszufüllen.

---

204 Vgl. Walter Kertz, *Geschichte der Geophysik,* hg. Ruth Kertz/Karl-Heinz Glaßmeier, Hildesheim 1999, 272–299. Wiechert: Ebd., 277 f. Straßburg: Ebd., 281 f. Mintrop: Hans Closs „Die geophysikalische ...“ (1974), 117.

205 Protokoll über die Sitzung der Geophysikalischen Institute in der Geologischen Landesanstalt am 12. Mai 1934, Bl. 1, in: NLfB 68050. Steinkohlen: Ebd., Bl. 2.

206 Vgl. Kühn/Rohrbeck, „Die Preußische ...“ (1987), 27 f.

207 Die Auseinandersetzung zwischen Grundlagenforschern und Pragmatikern reichte weiter zurück. 1927 hatte Ludger Mintrop auf einer Sitzung der Notgemeinschaft unter Vorsitz von Schmitt-Ott dagegen protestiert, daß Ergebnisse deutscher Forschungsinstitute veröffentlicht würden, weil dies der „deutschen Wirtschaft“ schadete. Mintrops nationalistische Argumentation in der Notgemeinschaft wurde durch Fritz Haber unterstützt: Hinweis von Ralph Boch mit Verweis auf Schreiben Mintrops vom 29. August 1938, Brandenburgisches Landesarchiv, Rep. 465 ZIPE A 163.

> Durch regionale Messungen muss allem der grosse Rahmen gegeben werden. Unter allen Umständen muss das aufzustellende Programm den derzeitigen Rechtsverhältnissen Rechnung tragen."[208]

Daß Bentz plötzlich gegen die BMI, die noch im Februrar 1934 in der Gunst des RWMs gestanden hatte, Politik machte, ging auf den geologisch-geophysikalischen Bericht von Donald C. Barton zurück, der für die Gesellschaft die geophysikalische Exploration übernahm und den die BMI am 8. Mai 1933 beim Bayerischen Oberbergamt eingereicht hatte. Die dürftigen bodengeologischen und magnetischen Untersuchungen, von denen Barton sagte,

> „we have acquired as much information about the general structure and about local structure favorable for oil as we can reasonably expect from the extent of the work which has been done [...],"[209]

reichten den Geowissenschaftlern der PGLA offensichtlich ebenso wenig aus wie die Ankündigung der Gesellschaft, in ausgewählten Fällen genauere Spezialuntersuchungen durchführen zu wollen.[210] In ihren Augen waren die geophysikalischen Vorarbeiten der BMI keineswegs abgeschlossen, und sie mochten sich auch nicht mit optimistischen Statements der Amerikaner abspeisen lassen.[211] Der ins Auge springenden Nachlässigkeit der BMI in ihrer geophysikalischen Exploration mochte die Strategie zugrunde gelegen haben, solange zu warten, bis die öffentliche Hand die Spezialuntersuchungen (Schweremessung per Drehwaage sowie Seismik) für sie erledigte; denn nach den Ankündigungen auf der Herbsttagung der DGM 1933 war genau dieses zu erwarten. Bartons wortreiches Eingeständnis der Untätigkeit war zudem mit einer Lockerheit formuliert, die in deutschen Ohren arrogant klingen mußte, nicht zuletzt weil die deutschen Geowissenschaftler seit ihrer Kooperation mit der NEOC durchaus mit der Arbeitsweise amerikanischer Firmen vertraut waren und sich nicht auf den Arm nehmen lassen mußten. Nicht zuletzt hatte Barton in seiner Interpretation des Voralpenlandes keine Gelegenheit ausgelassen, die neue Migrationstheorie der deutschen Geowissenschaftler anzufechten, was ihm bei Bentz, seinem erklärten Widersacher, nicht unbedingt Sympathien eintragen konnte. Welches ihre Motive auch waren, nach dem BMI-Bericht vom 8. Mai 1934 galt die Gesellschaft bei den deutschen Behörden als unko-

---

208 Protokoll über die Sitzung der Geophysikalischen Institute in der Geologischen Landesanstalt am 12. Mai 1934, Bl. 2, in: NLfB 68050.

209 Bayerische Mineral-Industrie AG, Donald C. Barton/J. -Elmer Thomas, 4. Halbjahresbericht über die Feldarbeiten. Überreicht dem Oberbergamte des Freistaates Bayern, ohne Datum, NLfB 101978, Bl. 40.

210 Abschrift J. Elmer Thomas, BMI, Vierter Halbjahresbericht über die Feldarbeiten. Überreicht dem Oberbergamte des Freistaates Bayern, v. 8. Mai 1933, NLfB 101979, Bl. 2 f. Gravimetrie/Seismik/Geoelektrik/Flachbohrungen: Ebd., Bl. 4. In BMI, Barton/Elmer Thomas, 4. Halbjahresbericht ... (siehe Fn. 209), Bl. 40 f.

211 BMI, Barton/Elmer Thomas, 4. Halbjahresbericht ... (siehe Fn. 209), Bl. 40.

operativ. Sogenannte „nationalwirtschaftliche“ Gründe für eine Ausgrenzung der BMI wurden erst ab 1935 vom Ministerium geltend gemacht.[212]

Angenheister bat darum, die Gründe für die Nichtbearbeitung ganzer Regionen explizit aufzunehmen, doch in der nachfolgenden Diskussion zeigte sich, daß sein Gebäude durch die PGLA-Geowissenschaftler bereits abgetragen worden war, die auf den Fundamenten fleißig neue Mauern errichteten. Barsch blockte jegliche klare Aussage für die Einzeluntersuchungen ab, da die Erdölgesellschaften hier ihre Wünsche erst noch artikulieren mußten.[213] Bentz gab bekannt, wie er sich eine industrieorientierte geophysikalische Untersuchung vorstellte:

> „Es sollen gemacht werden:
>
> 1. Regionale Pendel-Untersuchungen, regionale seismische Untersuchungen, regionale magnetische Untersuchungen,
>
> 2. Spezial-Untersuchungen in den Lücken zwischen den von Privaten untersuchten Gebieten, und zwar mit der Drehwaage, mit dem seismischen Verfahren und – nur, wenn sich dafür günstige Aussichten bieten – auch mit dem elektrischen Verfahren.“[214]

Zwei seismische Verfahren waren bei der Erdölexploration in Gebrauch, wobei man die Refraktionsseismik, die Ludger Mintrop gegen Kriegsende entwickelt hatte und die von seiner Firma Seismos GmbH vor allem in Texas angewandt wurde, als die „deutsche“ Variante bezeichnen könnte. Sie war preisgünstiger und ließ mit dem sogenannten „Fächerschießen“[215] schnelle, großräumige Übersichtsuntersuchungen zu, war allerdings viel ungenauer als ihr „amerikanisches“ Pendant, die Reflexionsseismik, ebenfalls ein Abfallprodukt der Artillerieortung aus dem Ersten Weltkrieg, das von Marland Oil (Everette de Golyer), der Geophysical Research Company (J.C. Karcher/Everette de Golyer) und ihren Nachfolgern ebenfalls bei der Erschließung der Texanischen Salzstöcke zum Einsatz gekommen war.[216] In der Sitzung wurde unterschiedslos von Seismik gesprochen, als wäre die Entwicklung der wissenschaftlichen Revolution der US-amerikanischen Erdölindustrie, die sie doch so sehnlichst nachzuahmen wünschten, an den deutschen Akteuren vorübergegangen; gemeint war, wie sich später in der methodischen Sackgasse herausstellen sollte, allein die Refraktionsseismik.[217]

---

212 Vgl. Oberberghauptmann Schlattmann/RWM – III 8654/35 an das Bayerische Oberbergamt München, auf den Bericht vom 18. Oktober 1935 re Erdölkonzession der Bayerischen Mineral-Industrie A.G., v. 18. November 1935, Bl. 1 f., in: NLfB 101967.

213 Protokoll über die Sitzung der Geophysikalischen Institute in der Geologischen Landesanstalt am 12. Mai 1934, Bl. 2 f., in: NLfB 68050.

214 Ebd. (Protokoll über die Sitzung am 12. Mai 1934), Bl. 3.

215 Vgl. Hans Closs „Die geophysikalische ...“ (1974), 124.

216 George Elliot Sweet, *The History* ... (1978), 24–27.

217 Heermann, Geologische, technische und bergrechtliche Grundlagen der Erdölaufschlusstätigkeit in Nordwest-Deutschland seit 1930: eine kritische Untersuchung zur Bilanz des Aufschlussprogramms, v. 14. Februar 1946, NLfB 87559, Bl. 5 f. Vgl. Hans Closs „Die geophysikalische ...“ (1974), 124.

Die Arbeiten sollten – ähnlich dem geophysikalischen Überblick, den das mecklenburgische Landesamt bereits erstellt hatte,[218] – von den öffentlichen Einrichtungen durchgeführt werden, zum Teil mit eigenen Apparaten, zum Teil über zu beauftragende Firmen wie die Seismos.[219] Pro Jahr sollten hierfür Gelder in Höhe von RM 335.000,- bereitgestellt werden, wobei man sich in der Form des klassischen Projektantrags zum einen an das RWM wandte, zum anderen an die Notgemeinschaft der deutschen Wissenschaft und an die DGM. Um die Zusammenarbeit bei den Untersuchungen zu gewährleisten, bildeten die Institutsvertreter eine „Kommission zur geophysikalischen Reichsaufnahme“, deren Vorsitz Präsident von Seidlitz übernahm. Die neu zu erarbeitende Denkschrift sollte „ausdrücklich darauf hinweisen, dass diese Untersuchungen der Arbeitsbeschaffung auf weite Sicht dienen“.[220] Wie bereits dargestellt, war in dieser Phase der Diktatur noch das arbeitskonjunkturelle Argument das schlagende, wenngleich valutarische und wehrökonomische Gründe gleichfalls hergebetet zu werden pflegten.

Die offizielle Denkschrift, die diese Kommission nun für das RWM – mit je einer Kopie für die Notgemeinschaft und die DGM – erarbeitete, war gut zwei Wochen später, am 27. Mai 1934, fertig und enthielt im wesentlichen die Maßnahmen, die Bentz für die Industrie eingefordert hatte:

- Um eine solche Reichsaufnahme gegenüber dem Ministerium zu rechtfertigen, meinten die Geowissenschaftler zu diesem Zeitpunkt, als notwendiges Kriterium am sinnvollsten die Motorisierung anzuführen. Erst im zweiten Atemzug kamen die Argumente der Devisenersparnis und der wehrökonomischen Rohstoffsicherheit (in dieser Reihenfolge) zum Einsatz.[221]
- Die geophysikalische Reichsaufnahme sollte nicht dem Selbstzweck geophysikalischer Forschung genügen, sondern in kostensparender, auf die Bedürfnisse der Erdölindustrie zurechtgeschnittener Weise Lücken schließen und die notwendigen Vorerkenntnisse für das Erdölbohrprogramm liefern.[222]

---

218 Vgl. Schuh, „Die Isanomalenkarte ...“ (1932).

219 Apparate: Protokoll über die Sitzung der Geophysikalischen Institute in der Geologischen Landesanstalt am 12. Mai 1934, Bl. 4, in: NLfB 68050. Beteiligte Institute: PGLA (magnetische Großvermessung, gravimetrische Spezialvermessung mit Drehwage)/Preußisches Geodätisches Institut (gravimetrische Großvermessung mit Pendel)/Reichsanstalt für Erdbebenforschung Jena (gravimetrische Großvermessung mit Pendel und regionale Seismik)/Geophysikalisches Institut Göttingen (gravimetrische Großvermessung mit Pendel und regionale Seismik)/Bergakademie Clausthal (gravimetrische Großvermessung mit Pendel)/Private (gravimetrische Spezialvermessung mit Drehwaage und lokale Seismik): Antrag auf Bereitstellung von Mitteln für eine geophysikalische Untersuchung Deutschlands, in: NLfB 68050. Vgl. Hans Closs „Die geophysikalische ...“ (1974), 119.

220 Protokoll über die Sitzung der Geophysikalischen Institute in der Geologischen Landesanstalt am 12. Mai 1934, Bl. 4 f., in: NLfB 68050.

221 Kommission, Denkschrift ... (vom 27. Mai 1934, siehe Fn. 200), Bl. 1 und 5 f.

222 Ebd., Bl. 1.

- Der Überblick hatte ausschließlich der deutschen Erdölindustrie zu dienen. Das gesamte Alpenvorland, wiewohl aussichtsreich, sollte ausgespart werden, damit nicht US-amerikanische Interessen wahrgenommen würden.[223]
- Die verbliebenen zu untersuchenden Ölprovinzen waren Nordwestdeutschland und der Oberrheintalgraben.[224] Hier sollten jene geologischen „Strukturen" (unterirdische Aufwölbungen und Aufbrüche aller Art) aufgesucht werden, die nach der 1932 in Hannover vorgestellten Theorie der sekundären Lagerstätten zum Bohren aussichtsreich waren. Dies waren in Nordwestdeutschland vor allem Salzstöcke, im Rheintalgraben Antiklinalen (unterirdische Sättel).
- Das Programm war unterteilt in zwei Schritte, denen sich ein dritter – von der Erdölindustrie auszuführender – Arbeitsschritt anschließen würde. Der erste Schritt war eine staatlicherseits auszuführende regionale, großräumige Untersuchung (Schweremessung per Pendel, bzw. Gravimeter; magnetische Messung per Variometer; regionale Refraktionsseismik), die die Großtektonik klären würde, i.e. die Lage und Tiefenlage der großen Sedimentationsbecken bzw. Höhenzüge („alte Massive"). Der zweite Schritt umfaßte die staatlichen Spezialuntersuchungen (nähere Schweremessung per Drehwaage; nähere Refraktionsseismik), die an den Randlagen dieser Becken bzw. Höhenzüge die einzelnen Strukturen ausfindig machen sollten, die als Konzessionen an die Industrie vergeben werden würden. Der dritte Schritt, kein Bestandteil des Programms, sah die Untersuchung der lokalen Kleintektonik der Strukturen per Drehwaage, Refraktions- und Reflexionsseismik durch die Industrie vor bis zur Festlegung des Bohransatzpunktes.[225]
- Erster und zweiter Schritt sollten gleichzeitig ausgeführt werden. Der Grund hierfür war wirtschaftspolitischer Natur: der zwischen den bereits vergebenen Konzessionen liegende „Verschnitt" sollte für die Konzerne attraktiv gemacht werden. Diese Forderung betraf vor allem die traditionelle Erdölregion Hannover, wo die Gesellschaften eigene Untersuchungen bereits angestellt hatten und wo zwischen ihren Konzessionen unschöne Gebietsreste existierten, die, von den Konzernen vernachlässigt, kleinere Firmen anzogen. Eine zügige Ermittlung von weiteren Strukturen und ihre Auschreibung als Konzessionen würde einerseits einer kleinsträumigen, kleinstunternehmerischen Bohrtätigkeit alten Stils einen Riegel vorlegen, andererseits kontrollierbare Bohrdaten für die Staatsgeologen liefern. Offiziell mußte das Argument herhalten, daß die die Erdölerschließung dadurch beschleunigt würde.[226]

---

223 Ebd., Bl. 2 f.

224 Thüringen war bereits vor 1934 magnetisch vermessen, die für Bohrungen in Betracht kommenden Strukturen waren zu diesem Zeitpunkt also schon bekannt: Vgl. Hans Closs/Wilhelm Wolff, „Entwicklung ..." (1939), 280.

225 Kommission, Denkschrift ... (vom 27. Mai 1934, siehe Fn. 200), Bl. 4 f. Vgl. R. Köhler, „Anfänge der Reflexionsseismik in Deutschland", in: *Zur Geschichte der Geophysik: Festschrift zur 50-jährigen Wiederkehr der Gründung der Deutschen Physikalischen Gesellschaft*, hg. H. Birett et al., Berlin 1974, 99–113.

226 Kommission, Denkschrift ... (vom 27. Mai 1934, siehe Fn. 200), Bl. 5.

Organisation und Durchführung der geophysikalischen Reichsaufnahme war als reine öffentliche Veranstaltung der unterschiedlichen geophysikalischen Institute gedacht. Zwar trat auch die preußische Erdölindustrie „mit ähnlichen Plänen" auf den Plan, doch da ein gesamtdeutscher Überblick nicht im Interesse einzelner Gesellschaften lag, schlugen auch sie die rein öffentliche Durchführung vor.[227] „Wichtig war", wie Präsident von Seidlitz einen Monat später feststellte,

> „die Stellung der Wintershall A.G. [WIAG, TK]. Die Herren Rosterg und Beil haben den Plan warm befürwortet und ihre gesamten geophysikalischen Unterlagen in Aussicht gestellt. Das Beispiel sollte von den anderen Firmen nachgeahmt werden."[228]

Mit ihrem Plan rannte die am 12. Mai 1934 gebildete Kommission zur geophysikalischen Reichsaufnahme bei der Regierung offene Türen ein. Wie PGLA-Präsident von Seidlitz einem anderen Mitglied der Kommission am 12. Juni 1934 mitteilte, suchte das RWM bereits nach einer Unterbringung des Programms im Etat des Bohrprogramms für 1935. Reichsfinanzminister und Reichskanzler seien informiert und äußerten sich zustimmend, eine Entscheidung werde „binnen kurzem" erwartet. Für die Durchführungsplanung wurden den Geowissenschaftlern rote Teppiche ausgerollt:

> „Grundlegend bei diesen Erwägungen war, dass die Arbeiten sofort und mit vollem Kräfteeinsatz in Angriff genommen werden müssten. Das würde heissen: Alle Mann auf Deck – Klar zum Gefecht! Es sollte dann nicht zu viel Zeit verloren werden mit Erörterungen über Personal- und Gerätefragen, mit der örtlichen und zeitlichen Verteilung der Aufgaben. Deshalb setze ich Sie schon jetzt von dem Stand der Dinge in Kenntnis, damit die Einladung zu einer neuen Sitzung der Kommission, die kurzfristig angesetzt werden müsste, Sie nicht überrascht."[229]

Deswegen sollten die Institute ihre Planungen und ihre Wunschlisten vervollständigen, denn „nach der eingangs gekennzeichneten Einstellung der obersten Reichsbehörden dürfte es kein voreiliger Optimismus sein, wenn wir schon jetzt damit beginnen."[230] Wenngleich von Seidlitz den Vorsitz der Kommission innehatte, sollte „die tatsächliche Führung der Reichsaufnahme" später bei niemand anderem als Otto Barsch, dem Leiter der Abteilung Geophysik der PGLA, liegen, der auch die gravimetrische Abteilung der Aufnahme leitete. Die seismische und magnetische Abteilung sollte Hermann Reich/PGLA übernehmen, die elektrische und radioaktive A. Ebert.[231]

227 Durchschrift Präsident von Seidlitz, re Kommission zur geophysikalischen Reichsaufnahme, v. 12. Juni 1934, Bl. 2, in: NLfB 68050.

228 Präsident von Seidlitz, v. 12. Juni 1934, Bl. 1, in: NLfB 68050.

229 von Seidlitz, re Kommission ... (vom 12. Juni 1934, siehe Fn. 227), Bl. 1.

230 Ebd., Bl. 2.

231 Alfred Bentz/Hans Closs, „Erdöl und geophysikalische ..." (1939), 731.

Erste bergrechtliche Eingriffe im „Dritten Reich"

Die von der Industrie seit den zwanziger Jahren immer wieder geforderte Änderung des preußischen Bergrechts – vor allem die Abschaffung des Grundeigentümerbergbaus – hatte Gottfried Feder im Herbst 1932 in Aussicht gestellt. Unter seiner Staatssekretärsschaft sollte es jedoch nicht mehr dazu kommen. Lediglich auf Veranlassung des Preußischen Ministeriums für Wirtschaft und Arbeit wurde vom preußischen Ministerpräsidenten (Göring) und seinem Staatsministerium (Carl Schmitt) das „Gesetz zur Erschließung von Erdöl und anderen Bodenschätzen (Erdölgesetz)" vom 12. Mai 1934 erlassen.[232] Dieses dehnte die allgemeinen bergrechtlichen Bestimmungen des preußischen Berggesetzes von 1865 auf die Erdölgewinnung aus.[233] Explizit wurde die bergpolizeiliche Aufsicht auf den Aspekt des Lagerstättenschutzes (vor Raubbau) ausgedehnt,[234] außerdem hatten Erdölunternehmungen einen im „Inland wohnenden Repräsentanten" zu bestellen, um die Kontrolle durch die Bergbehörden zu erleichtern.[235] Obwohl das Gesetz zunächst dem Verwaltungsinteresse an Vereinheitlichung der bestehenden preußischen Gesetze, insbesondere der Klauseln über den erweiterten Staatsvorbehalt von 1929, diente,[236] war es zweifelsohne auch dazu gedacht, die bergbehördliche Kontrolle der Erdölgebiete besser zu verankern und der Spekulation entgegenzutreten, die auch unter der Diktatur Blüten trieb.[237] Ein weiterer Aspekt war der der Enteignung von Grundbesitz zugunsten der großen Erdölkonzerne.[238] Obwohl das Gesetz im allgemeinen als vorbereitende Initiative für eine reichseinheitliche Berggesetzgebung mit Abschaffung des Grundeigentümerbergbaus verstanden wurde,[239] sollte diese zentrale Forderung der preußischen Erdölkonzerne noch nicht erfüllt werden.

Noch bevor das Reichsbohrprogramm so recht in Gang kam, wurde auf der Hauptversammlung der DGM vom 26. bis 28. April 1934 noch einmal die zentrale Bedeutung der Motorisierung und ihrer Auswirkungen auf den Arbeitsmarkt herausgestellt. An eine wehrökonomische Ausrichtung war erst in zweiter Linie gedacht.[240] Dies entsprach

---

232 PrGS. 1934, 257 f.

233 Ebd., 257, § 2.

234 Ebd., 258, § 3. Vgl. „Die Bedeutung des preußischen Erdölgesetzes vom 12. 5. 1934 für die Erschließung neuer Lagerstätten", *Erdöl und Teer* 10 (1934) 17, v. 15. Juni 1934, 201.

235 PrGS. 1934, 258, § 4.

236 Vgl. „Ein preußisches Erdölgesetz", *Erdöl und Teer* 10 (1934) 15, v. 25. Mai 1934, 176 f.

237 Vgl. Pressespiegel über „Schwindelfirmen", NLfB 88003. Vgl. auch Bentz' Kommentar zur Spekulation: „Aufschließung der Erdölgebiete", Beilage Das hannoversche Erdölgebiet, *Niedersächsische Tages-Zeitung* Nr. 145, v. 23/34. Juni 1934, 29 f.

238 PrGS. 1934, 257, § 2 (1) Abs. 1–9.

239 „Die Bedeutung des preußischen Erdölgesetzes vom 12. 5. 1934 für die Erschließung neuer Lagerstätten", *Erdöl und Teer* 10 (1934) 17, v. 15. Juni 1934, 201.

240 Vgl. Vorträge von Gottfried Feder, *Oel und Kohle* 2 (1934) 4, 138, Arbeitsminister Franz Seldte, *Oel und Kohle* 2 (1934) 5, 184–186 und u.a. Präsident von Seidlitz, *Oel und Kohle* 2 (1934) 4, 141.

jedoch nicht mehr ganz dem Stand der Dinge in den Abteilungen des Reichswirtschaftsministeriums.[241]

Das Irak-Projekt von Februar 1934 bis Juli 1934

Anläßlich einer Ressortbesprechung am 13. Februrar 1934, die sich an eine Anhörung Thomas Browns anschloß, trat ein offenkundiger Wandel der deutschen Politik zutage, die nun dem Irakprojekt der Ruhrmontanindustrie viel geringere Chancen einräumte und eine Garantieerklärung für Thomas Brown und die BOD einschränkte.[242] Beteiligt waren neben dem RFM (Nasse, Heintze) das RWM (Mulert) und das AA (Prüfer). Der wesentliche Punkt war nun, daß Mulert vom RWM den früheren Plänen zum Bau einer großen Raffinerie im Irak eine Absage erteilte.[243] In zwei Folgebesprechungen vom 24. Februar und 27. März 1934 wurde deutlich, daß die Ressorts auch mögliche außenpolitische Verwicklungen fürchteten. Außerdem wünschte Hitler, so der RFM-Vertreter Heintze, nicht länger die Übernahme der Aktienmehrheit der BOD-Tochter Mosul Oil Fields Ltd. (MOF), die für die Aufträge zuständig war; nur noch arbeitsmarktpolitische Gründe sprächen für das Irakprojekt.[244] Für diesen Wandel hat MEJCHER rüstungsstrategische Überlegungen geltend gemacht, die zu dieser Zeit zusehends in den Vordergrund traten.[245] Tatsächlich hatten sowohl das Reichswehrministerium (RWeM) als auch die einzelnen Waffengattungen vermehrt Forderungen zur Aufrüstung gestellt, die sich zum Jahreswechsel 1933/34 in den ersten, anfänglich noch recht bescheidenen Rüstungsprogrammen niederschlugen.[246] Rohstoffpolitisch hatten die Wirtschaftsstrategen des Heereswaffenamtes und ihres Wehrwirtschaftsstabs, General d. Ari. von Bockelberg und Oberstleutnant Thomas sowie der Vertreter der Luftwaffe *in spe*, Staatssekretär im RLM Erhard Milch, sehr genaue Vorstellungen. Hatte er schon im Jahre 1928 aus seiner Vorliebe für das Bergius-Verfahren keinen Hehl gemacht, so geriet nach der Krauch-Denkschrift vom 14. September 1933 der militärische Abnehmer immer stärker ins Fahrwasser der IG. Hier war es vor allem die Flugbenzintauglichkeit, die dem teuren Sprit aus dem Hochdruckreaktor argumentativ voranhalf, denn erstens war der Aufbau einer Luftwaffe das prestigeträchtigste aller Rüstungsprojekte – und mithin nicht umsonst aus der Reichswehr ausgekoppelt und Göring zugedacht –,[247] und zweitens ließ sich Flugbenzin nicht aus heimischen Erdölen raffinieren. Deren Verarbeitung zu Motorenbenzinen seit den Investitionen in die Dubbs-Crack-Anlage in Misburg war 1932 überhaupt erst möglich geworden, aber die Deurag hatte seither

241 Vgl. Helmut Mejcher, *Die Politik* ... (1980), 123.
242 Vgl. ebd., 123–125.
243 Ebd., 123 f.
244 Ebd., 124.
245 Ebd., 124.
246 Richard J. Overy, *War* ... (1994), 180–182.
247 Vgl. Richard J. Overy, *Goering: the ‚iron man'*, London 1984, 33.

keine Reforminganlagen zur höheren Oktanausbeute nachgerüstet.[248] Tatsächlich sollten Heer und Luftwaffe später mit ihrer IG-Bemutterung ein abweichendes Fourageverhalten bei der Kriegsmarine provozieren, die an leichten Treibstoffen kein Interesse hatte, sondern Schiffsdiesel und Heizöle benötigte.[249] Am 6. November 1933 trafen die potentiellen Abnehmer für synthetische Treibstoffe (von Bockelberg: Heer, Milch: Luftwaffe) wieder zusammen und trugen Wirtschaftsminister Kurt Schmitt ihre Forderungen vor. Diese Wünsche faßte zum Jahreswechsel 1933/34 Georg Thomas vom Wehrwirtschaftsstab des Heereswaffenamtes in einer Denkschrift zusammen, wo er den Vorschlag eines Fünfjahresplans zum Aufbau einer heimischen Rohstoffindustrie unterbreitete. Diese Denkschrift wurde vom Reichswehrminister Blomberg Hitler vorgetragen.[250] Dank unablässigen Forderns gewann der militärische Faktor zum Jahreswechsel 1933/34 immer größeres Gewicht in den Regierungsentscheidungen.

Wichtiger für die ölpolitische Meinungsbildung in der Regierung waren jedoch die Verhandlungen sowohl Feders mit dem *outsider* Davis/Crusader Petroleum (zum Bau der Raffinerie bei Hamburg, der EUROTANK) als auch Görings mit Deterding/RD-S (zur Anlage von Treibstoffreserven), die sich zum Jahreswechsel 1933/34 konkretisierten.[251] Neben der inländischen Erzeugung von Synthesebenzin (IG) und Erdöl (Erdölallianz) rückte eine Treibstoffversorgung über auswärtige Erdölkonzerne in den Mittelpunkt, wobei Feder in traditionell nationalistischer Manier die *outsiders* bevorzugte, Schacht – und mit ihm Göring und Hitler – dagegen die Achnacarry-Konzerne.[252] Die Ablehnung allzu deutlicher Unterstützung des Konkurrenten der IPC, dem irakischen Konsortium der Achnacarry-Konzerne, dürfte also zu diesem Zeitpunkt eher im Zusammenhang der Verhandlungen Görings mit Deterding gestanden haben; auch waren außenpolitische Verwicklungen mit Großbritannien zu fürchten, zu dessen Interessensphäre der Irak zählte. Wenn anderseits Davis eine Raffinerie in Hamburg plante, wäre ein Konkurrenzunternehmen im Orient ebenso wenig hilfreich gewesen. Hitler tat also nichts anderes, als der Linie Schachts zuzustimmen, ohne eine eigenständige Ölpolitik zu verfolgen. Mit eigenen, wehrpolitischen Vorstellungen hätte er nicht zugelassen, daß Schacht die internationalen Konzerne hofierte, sondern hätte sie in ähnlicher Weise herausgefordert, wie es ab Herbst 1934 offizielle Politik wurde. Noch war es aber nicht so weit.

---

248 Vgl. Harold F. Williamson et al., *The American* ... (1963), 603–643.

249 Vgl. Hans-Jürgen Zetzsche, *Logistik und Operationen: die Mineralölversorgung der Kriegsmarine im Zweiten Weltkrieg*, Kiel 1986, 52 f., 65–72 et passim.

250 Georg Thomas, *Geschichte* ... (1966), 111. vgl.: Wolfgang Birkenfeld, *Der synthetische* ... (1964), 53. Denkschrift nicht überliefert.

251 Feder/Davis: Vortrag Feder bei Hitler am 23. April 1934, BA, R 43 II/486, Bl. 122, vgl. *Akten* ... (1983), 987 Fn. 9. Göring/Deterding: Kabinettsitzung v. 1. Dezember 1933 ... (siehe Fn. 41), Dok. 258, *Akten* ... (1983), 988.

252 Letzteres zeichnet – aus britischer Perspektive – Mejcher selbst nach: Helmut Mejcher, *Die Politik* ... (1980), 160–169.

Achnacarry-Belieferung bis Sommer 1934

Die von Göring am 1. Dezember 1933 dem Kabinett bekanntgegebenen Verhandlungen mit Deterding/RD-S[253] konkretisierten sich und mündeten in ein Angebot der deutschen Regierung an die Achnacarry-Konzerne RD-S, SO und APOC, sie sollten in ihren deutschen Tanklagern eine viermonatige Öl- und Treibstoffreserve einlagern und darüber hinaus an das Reich eine Treibstoffreserve von 1 Million t einmalig liefern.[254] Diese 1 Million t hätten nach britischen Schätzungen dem entsprochen, was das Deutsche Reich pro Jahr an Rohöl importierte,[255] bzw. etwa dreiviertel des deutschen Jahresverbrauchs von 1933, den sie mit 1.500.000 t veranschlagten.[256] Die Zahlungsbedingungen entsprachen ganz jenem Plan, den Schacht auf der Kabinettsitzung am 1. Dezember 1933 in groben Strichen skizziert hatte: Die internationalen Konzerne sollten in Zukunftsaussichten, statt in harten Devisen, bezahlt werden – und unter anderem auch weitere Hydrierwerke vorfinanzieren.[257] Im einzelnen hieß dies, daß die fälligen Devisenbeträge (die dem Deutschen Reich in immer geringerem Maße zur Verfügung standen) in Reichsmark errechnet werden sollten, und diese hätten die liefernden ausländischen Konzerne in Form von Krediten mit fünfjähriger Laufzeit für Motorisierungsprojekte dem Reich zur Verfügung zu stellen. Im Falle einer Ablehnung würde der jeweilige Erdölkonzern ganz vom Devisenzahlungsverfahren ausgeschlossen – ungeachtet bestehender Zahlungsabkommen. Auch drohte das Reich mit einer Verstärkung seiner Autarkieanstrengungen, mit Umschwenken auf sowjetische und rumänische Importe und mit einer Schließung des eigenen Marktes.[258] Im Gegenzug „für diese recht monströsen und ultimativ anmutenden Forderungen" (MEJCHER) stellte die deutsche Regierung jene Gewinne in Aussicht, die die internationalen Konzerne auf einem anwachsend motorisierten deutschen Markt einfahren könnten.[259] Die Forderungen waren in der Tat hart und grenzten an Erpressung. Die deutsche Regierung schien den Wert genau zu kennen, den der deutsche Zukunftsmarkt in den Augen der Achnacarry-Kon-

---

253 Kabinettsitzung v. 1. Dezember 1933 ... (siehe Fn. 41), Dok. 258, *Akten* ... (1983), 988.

254 Ebd., 160 und 160 Fn. 51. Aus Quellen des Foreign Office.

255 Ebd., 162, Tabelle.

256 Ebd., 164, Tabelle.

257 Kabinettsitzung v. 1. Dezember 1933 ... (siehe Fn. 41), Dok. 258, *Akten* ... (1983), 988 f.

258 Helmut Mejcher, *Die Politik* ... (1980), 160 f. Dieser devisenpolitische Schachzug zählt zum sog. ASKI-Verfahren [„Ausländersonderkonten für Inlandszahlung": Willy Boelcke, *Die deutsche* ... (1983), 113], das die Reichsbank seit dem Teilmoratorium vom Juni 1933 praktizierte. Hier wurden die ausländischen Importeure vor die Wahl gestellt zwischen Reichsmarkgeschäft oder Verbot des Geschäfts. Die deutschen Guthaben wurden international in Devisen gehandelt, aber ihre Zweckgebundenheit bewirkte, daß sie stetig abgewertet wurden. Da viele Importeure von Anfang an höhere Preise forderten, stieg damit auch die Wettbewerbsfähigkeit der deutschen Exportwirtschaft – beides erwünschte Ziele der Reichsbank, um die deutschen Schulden zu minimieren und den Außenhandel zu stimulieren: Eckart Teichert, *Autarkie* ... (1984), 33. Zur Anbindung des ASKI-Verfahrens an den „Schachtianismus" der Reichsbank und das gesamte Clearing-System ab Juli 1934, insb. die „Scrips" bei Zinszahlungen: Ebd., 29.

259 Helmut Mejcher, *Die Politik* ... (1980), 161.

zerne seit einigen Jahren hatte, – gerade jener, die über bedeutende Vertriebsorganisationen im Reich verfügten bzw. sich zugelegt hatten (DAPG = SO, Rhenania-Ossag = RD-S, Olex = APOC). Um die Früchte all jener Vorbereitungen gebracht zu werden, die sie für eine deutsche Marktpräsenz seit 1926 getroffen hatten, war eine recht handfeste Drohung. Ob diese Forderungen für die Konzerne tatsächlich „völlig unannehmbar" (MEJCHER) waren oder ob sie lediglich versuchten, um günstigere Bedingungen zu pokern, steht dahin; bereits vor dem 26. Juni 1934 machten sie ihre ablehnende Haltung deutlich. In der Folge kündigte die deutsche Regierung einen Handelskrieg mit Großbritannien an.[260] Am 30. Juni 1934 fanden die bekannten innenpolitischen Säuberungen statt.

Am 30. Juli 1934 übernahm Schacht – zunächst in Vertretung für den erkrankten Kurt Schmitt – das Wirtschaftsressort. Durch die personelle Veränderung an der Spitze verschob sich auch das wirtschaftspolitische Konzept der Diktatur: Hatte zuvor der zivile Markt, seine nationalistische Neuordnung und die Förderung seines Wachstums die wichtigste Rolle gespielt, so schob sich nun recht unvermittelt der militärische Verbraucher in den Vordergrund. Ob die neue Wirtschaftspolitik unter Schacht nur eine Phase der Aufrüstung oder bereits eine der Kriegsvorbereitung einläutete, mag dahingestellt bleiben. Bislang hatte es das Regime nicht verstanden, die vielen disparaten Probleme und Akteure der KW-Wirtschaft unter einen Hut zu bekommen; die Abkehr vom zivilen Markt versprach zumindest, die Politik zu vereinfachen.

Die notwendigen Schritte wurden zügig unternommen. Als die Verhandlungen mit den Achnacarry-Konzernen, auf deren Vorratshaltung die Reichsregierung spekuliert hatte, im August 1934 endgültig scheiterten,[261] kamen wieder die heimischen Treibstofflobbyisten zum Zuge.[262] Nachdem Müller-Cunradi/IG auf einer grundlegenden Besprechung zwischen den Vertretern von Heereswaffenamt, RLM, IG und RWM am 20. August 1934 Erfolgsmeldungen über die Herstellung von Flugbenzin in Leuna gemacht hatte und die IG sich die nötigen Anordnungen zur weiteren Produktion (Lizenzverträge mit Standard Oil betreffend Bleitetraäthyl) hatte erteilen lassen,[263] ordnete Wirtschaftsminister Schacht am 24. August 1934 eine staatliche Lagerhaltung für Treibstoffe an, die über den Bau von Großtanklagern für Importbenzine und Flugbenzine erreicht werden sollte. Als Gesellschafter dieser Tanklagergesellschaft, die im Deutschen Reich eine Monopolstellung erreichen sollte, fungierten öffentliche Hand (Öffa) und IG.[264] Sie erhielt zur Tarnung den Namen „Wirtschaftliche Forschungsgesellschaft mbH" (Wifo).[265] Bezeichnend für das technikgläubige Zeitalter

---

260 Ebd., 161 und 161 Fn. 57.

261 Rainer Karlsch, *»Faktor ...«* (2003), 180 und 405 Fn. 33.

262 Wolfgang Birkenfeld, *Der synthetische ...* (1964), 58 f.

263 Ebd., 63.

264 Rainer Karlsch, *»Faktor ...«* (2003), 180 und 405 Fn. 34: Nachkriegsmanuskript Gottfried Griebel (ex-OKW/Wi Rü Amt), Deutsche Mineralölprobleme V.2.

265 Wolfgang Birkenfeld, *Der synthetische ...* (1964), 58 f. Vgl. Hans-Erich Volkmann „Die NS-Wirtschaft ..." (1979), 272 f.

war Schachts Vorstellung, Rohstoff- und Finanzprobleme – und sei es zur Irreführung – mit Hilfe von „Forschung" in den Griff bekommen zu wollen.[266]

Nächster Schritt der neuen, wehrwirtschaftlich motivierten Ölpolitik war die am 21. September 1934 von Schacht angeordnete Gründung der „Pflichtgemeinschaft der Braunkohlenindustrie" zur Erzeugung synthetischen Benzins,[267] aus der die „Braunkohle-Benzin AG" (Brabag) hervorging.[268] Die Drohung an die Achnacarry-Konzerne, einen autarkistischen Kurs zu steuern, wurde wahrgemacht. Allerdings hatten sich, seit die deutsche Seite das Angebot unterbreitet hatte, in der wirtschaftlichen, gesellschaftlichen und politischen Struktur des „Dritten Reichs" bedeutende Zäsuren ereignet – die Wirtschaftskrise, die Röhmkrise und der Tod Hindenburgs –, aus denen ein bedeutend aggressiveres „Drittes Reich" hervorging. Die maßgebliche Rolle bei diesem Schritt der Radikalisierung spielte das Militär.

Synthetisches Öl

Hydrierprojekt der IG

Der Ausbau des Leunawerks ging nach Abschluß des Vertrags zügig voran und sollte bis Ende 1935 die im Vertrag angepeilte Kapazität erfüllen.[269] Aufgrund sinkender Gestehungspreise sollte sich später herausstellen, daß die Verdienstmöglichkeiten der IG weit unter der angestrebten Zielmarke lagen und daß das Hydrierprojekt abermals Gegenstand trügerischer Zukunftseuphorie von deutschen Chemikern gewesen war, das selbst unter den durch den Konzern mitbestimmten Bedingungen der Diktatur unrentabel blieb.[270]

---

266 Die ungedeckten Schecks (Anleihen auf die Zukunft), mit denen Schacht die Aufrüstung im „Neuen Plan" finanzierte, wurden folgerichtig Wechsel der „Metallurgischen Forschungsgesellschaft" (Mefo-Wechsel) getauft: Zur Namensähnlichkeit vgl. Wolfgang Birkenfeld, *Der synthetische* ... (1964), 59 Fn. 28.

267 Zunächst war nur von Hydrierung (= Bergius-Verfahren der IG) die Rede, doch am 26. Oktober 1934 gestand Schacht den zwangsbeteiligten Unternehmern zu, auch andere Verfahren (Schwelung und Fischer-Tropsch-Verfahren) anwenden zu dürfen: Wolfgang Birkenfeld, *Der synthetische* ... 40. Verfahren: Arnold Krammer, „Fuelling ..." (1978) und Raymond G. Stokes, „The Oil ..." (1985).

268 Helmut Mejcher, *Die Politik* ... (1980), 161 f. Vgl. Wolfgang Birkenfeld, *Der synthetische* ... 37 f.

269 Ebd., 32.

270 Vgl. ebd., 32–34.

Keppler, KWI Mühlheim, Ruhrchemie AG und das Fischer-Tropsch-Verfahren im Sommer 1934

Nach dem „Dolchstoß“ der IG, die im Spätherbst 1933 alle Pläne, mit der Ruhrmontanindustrie in der Synthese zu kooperieren, über Bord geworfen und am 14. Dezember 1933 ein Privatabkommen mit dem Reich geschlossen hatte,[271] war die Ruhrmontanindustrie – allen voran Vögler selbst – so ungehalten über die Chemiker, daß sie dem „eigenen“ Fischer-Tropsch-Verfahren wieder mehr Pflege angedeihen ließen, um es gegen das Bergius-Verfahren konkurrenzfähig zu machen.[272] Bislang hatte die Ruhrmontanindustrie dieses problematische, noch immer nicht ausgereifte Verfahren sehr stiefmütterlich behandelt und ihm das IG-Verfahren vorgezogen. Nachdem sich aber herausstellte, daß am 14. Dezember 1933 ein unerbittlicher Sieger triumphiert hatte,[273] begann beim Vorstand der Ruhrchemie AG (Fritz Müller und Friedrich Martin) der Umdenkprozess. Dieses drückte sich im Februar und März 1934 in Gesprächen mit Franz Fischer im KWI Mühlheim aus, bei denen die Ruhrchemie AG sich über Rentabilität und Risiken einer Übertragung der Institutsversuchsanlage auf die Dimension des Großversuchs ins Bild setzen ließ.[274] Die Nebenprodukte (Diesel, Heizöl, Schmieröl, künstliche Fette, Paraffin), die als wirtschaftspolitisches Argument gegen das Bergius-Verfahren der IG ins Feld geführt werden konnten, wurden im März 1934 im Institut gesondert diskutiert; schließlich wurde die Institutsanlage von Ruhrchemie AG-Chemikern auf Herz und Nieren geprüft. Die bislang so skeptische Ruhrchemie AG zeigte sich von dem problematischen Verfahren nun plötzlich zufriedengestellt, so sehr, daß sie im April 1934 dem RWM den Vorschlag unterbreitete, eine Großversuchsanlage für 5.000 Jahrestonnen in Oberhausen-Holten zu bauen. Das Reich sollte für den Kapitaldienst eine Garantie leisten. Als sich im Juni 1934 abzeichnete, daß das Ministerium just diese Garantie zu leisten nicht bereit war, schaltete Friedrich Martin einen Hitler treu ergebenen, hochdekorierten Antagonisten des Ministeriums ein, den er schon zuvor für das Fischer-Tropsch-Verfahren zu begeistern versucht hatte: Wilhelm Keppler.[275]

Zu dieser Zeit erscheint Wilhelm Keppler als ein hybrider, zwischen NSDAP und bürgerlichen Eliten vermittelnder, einflußreicher Wirtschaftspolitiker. Seit 1927

---

271 Allerdings war es Vögler gewesen, der die Kooperation mit der IG am Vorabend der Kabinettsitzung vom 1. Dezember 1933 mit unvermittelt eingereichten Benzinplänen (mit Beteiligung des Erdölkonzerns WIAG) unterlaufen hatte: Gottfried Plumpe, *Die IG* ... (1990), 274 f.

272 Ungehalten: Manfred Rasch, *Geschichte* ... (1989), 279 und 408 Fn. 701 = Brief Vögler an Krauch v. 25. Januar 1934 und Notiz Vögler über Besprechung mit Blomberg am 24. Januar 1934, in BASF, Ordner 42. Vgl. Gottfried Plumpe, Die IG ... (1990), 273 f. Beine: Manfred Rasch, *Geschichte* ... (1989), 280–286.

273 Im Februar 1934 scheiterten weitere Lizenzverhandlungen, die die Ruhrchemie AG mit der IG über im Ruhrgebiet zu bauende Hydrieranlagen geführt hatte, wegen unnachgebieger Forderungen der IG: Manfred Rasch, *Geschichte* ... (1989), 282 f.

274 Manfred Rasch, *Geschichte* ... (1989), 282 f.

275 Manfred Rasch, *Geschichte* ... (1989), 281–285.

NSDAP-Mitglied war der mittelständische Unternehmer[276] Ende 1931 von Hitler zu seinem „persönlichen Wirtschaftsberater" gekürt worden, hatte den industriefreundlichen Kurswandel der NSDAP im Jahr 1932 initiiert und 1932 den Keppler-Kreis der Großindustrie (später Freundeskreis Heinrich Himmler) gegründet – ein industrielles Gremium, dessen Wirksamkeit von der Forschung sehr unterschiedlich eingeschätzt wird;[277] er war maßgeblich beteiligt bei der Installierung Hitlers als Reichskanzler durch die Kamarilla und dürfte wegen seiner allenthalben kolportierten persönlichen Sanftheit und seiner nach großen Anfängen ab 1936 eher unspektakulär verlaufenden Karriere wohl der am meisten unterschätzte Politiker des „Dritten Reichs" gewesen sein.[278] Seit der Machtergreifung hatte er eine Sonderstellung in der Reichskanzlei. Er stellte ein wichtiges Bindeglied zur deutschen Groß- und Kohlenwasserstoffindustrie dar, deren Interessen mit August Rosterg /WIAG und dem Präsidenten der Hannoverschen Industrie- und Handelskammer, Ewald Hecker, in seinem Keppler-Kreis gut vertreten waren.[279] Dieses Gremium hatte seit 1932 die Linien einer deutschen Wirtschaftspolitik unter den Anforderungen der industriellen Umstrukturierung diskutiert und als grundlegende Bedingung gefordert, die Gewerkschaften auszuschalten.[280] Keppler, der im Sommer 1933 Kurt Schmitt als Reichswirtschaftsminister vorgeschlagen hatte, besaß zu diesem Zeitpunkt großen Einfluß in der Wirtschaftspolitik.[281]

Bei einer in Kepplers Räumlichkeiten in der Reichskanzlei stattfindenden Besprechung am 20. Juli 1934, an der Keppler, RWM-, RFM- und Reichswehrvertreter sowie interessierte Firmen, darunter die Ruhrchemie AG und die WIAG, teilnahmen, brachte es die Ruhrchemie AG zuwege, daß nun ein Reichsinteresse am Fischer-Tropsch-Verfahren formuliert wurde: Keppler kam Martin/Ruhrchemie AG und Franz Fischer entgegen und forderte, deren Produktion müsse unverzüglich in industriellem Maßstab aufgenommen werden.[282] Hiermit wurden die Wege einerseits zur technischen Ausreifung des Verfahrens, andererseits zum ersehnten Generallizenzvertrag geebnet, wobei es in

---

276 Turner, *Die Großunternehmer* ... (1985), 244.

277 Große Bedeutung und große Wirksameit: Czichon, *Wer verhalf Hitler zur Macht? Zum Anteil der deutschen Industrie an der Zerstörung der Weimarer Republik*, Köln 1967³. Dietrich Eichholtz, Dietrich/Kurt Gossweiler, *Faschismusforschung: Positionen – Probleme – Polemik*, Berlin 1980. Geringe Bedeutung und geringe Wirksamkeit: Turner, *Die Großunternehmer* ... (1985).

278 Ebd., 293 f. Vgl. Hans-Erich Volkmann, „Die NS-Wirtschaft ... (1979), 199. Ian Kershaw, Hitler ... (1998), 488 f. und 512–515. Sanftheit: Hans Kehrl, *Krisenmanager im Dritten Reich. 6 Jahre Frieden – 6 Jahre Krieg. Erinnerungen*, Düsseldorf 1973, 41 f. et passim. Unterschätzt: Vgl. Dieter Petzina, Autarkiepolitik ... 59, Hans Kehrl, *Krisenmanager* ... (1973), passim. Nicht unterschätzt: Kühn/Rohrbeck, „Die Preußische ..." (1987).

279 Turner, *Die Großunternehmer* ... (1985), 295 und 297 f., der jedoch die Bedeutung der Kohlenwasserstoffindustrie für industrielle Umstrukturierung und damit ihre Bedeutung im Keppler-Kreis verkennt. Hierzu: Vgl. Hanns-Heinz Kasper, *Die Erdölgewinnung* ... (1974), 23 f. und Peter Hayes, *Industry* ... (1987),32 f.

280 Hanns-Heinz Kasper, *Die Erdölgewinnung* ... (1974), 24. Vgl. Hans-Erich Volkmann, „Die NS-Wirtschaft ..." (1979), 199.

281 Vgl. Eckart Teichert, *Autarkie* ... (1984), 69 und 72.

282 Manfred Rasch, *Geschichte* ... (1989), 285 f.

den anschließenden Monaten Martin/Ruhrchemie AG gelang, die an die KWI-Studienverwertungsgesellschaft abzuführenden Lizenzgebühren auf ein Minimum zu drücken. Der Generallizenzvertrag des KWI Mühlheim mit der Ruhrchemie AG wurde im Oktober 1934 unterzeichnet, während die Ruhrchemie AG ihren Anlagenbau in Oberhausen-Holten vorantrieb. Wirtschaftspolitisch wurde das Unternehmen dank der Einschaltung Kepplers zu einem vollen Erfolg; nach bestandenem Test sollte Oberhausen-Holten gleich auf 50.000 Jahrestonnen ausgebaut werden. Außerdem standen bereits die Lizenznehmer Schlange: die WIAG, die sich bereits seit 1933 für das Verfahren stark gemacht hatte, Klöckner, Gewerkschaft Victor und Gewerkschaft Rheinpreußen. 1936 sollte die erste Anlage der Ruhrchemie AG in Oberhausen-Holten unter dem Namen „Ruhrbenzin AG, Oberhausen-Holten" mit einer Kapazität von 25.000 Jahrestonnen in Produktion gehen, die – wie das RWM 1934 versprochen („befohlen") hatte – noch im gleichen Jahr auf 50.000 ausgebaut wurde.[283]

Die Ruhrmontanindustrie – vertreten durch die Ruhrchemie AG – durfte sich Kepplers Protektion als kleine Wiedergutmachung für den Benzinvertrag anrechnen. Der Ölsektor, der im Deutschen Reich durch keine eigene Branche vertreten wurde und nur darauf zu warten schien, durch die wichtigsten Branchen der deutschen Wirtschaft besetzt zu werden, war beiden Industrien viel zu wichtig, als daß sie ihn kampflos der anderen überlassen hätten.[284]

Regimekrise und Ende der „Ära Feder": Von Kurt Schmitt zu Schacht

Personelle Veränderungen

Das erste Jahr nationalsozialistischer Herrschaft erbrachte zwar bereits einige Maßnahmen zur Ankurbelung der Wirtschaft in Form der beiden Reinhard-Programme (1. Juni und 21. September 1933) – zur Treibstoffwirtschaft wie oben –,[285] doch die wesentliche Aufgabe, vor welche sich das Regime gestellt sah, nämlich die zusammengebrochene Wirtschaft aufzurichten und die Arbeitslosigkeit zu mildern, war noch längst nicht gelöst. Bis Ende 1933 hatte das Arbeitsbeschaffungsprogramm der Regierung Hitler weniger gebracht als das ihrer nicht-nationalsozialistischen Vorgänger, außerdem schuf es mit unvorhergesehenen Betriebsstillegungen neue Probleme und stieß auf den Widerstand der Großindustrie. Ab Frühjahr 1934 zeichnete sich eine Belebung der Binnenkonjunktur ab; doch diese wurde mit einem Rückgang der Außenwirtschaft erkauft,

283 Ebd., 285–288.

284 Vgl. dagegen Gerhard T. Mollin, *Montankonzerne* ... (1988), 66 f., der feststellt, der Kohlenwasserstoffsektor sei weder für die Chemische noch für die Ruhrmontanindustrie interessant gewesen. Allerdings beruft er sich auf Produktionszahlen aus dem Jahr 1935, als die meisten Anlagen noch nicht fertiggestellt waren. Zahlen einer vergangenen Produktion sind überdies schlecht geeignet, Aussagen über die zukünftigen Pläne eines Konzerns zu machen.

285 Hans-Erich Volkmann, „Die NS-Wirtschaft ..." (1979), 236.

deren deutlichstes Zeichen der Abfluß von Gold und Devisen war.[286] Auch die ersten zögerlichen Rüstungsprogramme forderten ihren Preis an wegfallenden Außengeschäften, an zu importierenden Rohstoffen und in letzter Konsequenz an Devisen.[287]

In dieser Konstellation drängte auf der einen Seite im Mai 1934 die Reichswehr auf beschleunigte Rüstung und auf zentrale Regulierung der Wirtschaft für diesen Zweck,[288] auf der anderen Seite forderten die exportorientierten Hafenstädte Hamburg und Bremen die Einsetzung eines „Außenhandelskommissars", den sie im Leiter des Außenpolitischen Amts der NSDAP, Werner Daitz suchten. Die dritte Front wurde durch die Außenhandelskreise der klassischen Ministerialbürokratie im RWM und im RFM aufgemacht, die sich Daitz auf keinen Fall vor die Nase setzen lassen wollten. Auch der amtierende Reichsbankpräsident und Hitler-Förderer, Hjalmar Schacht, führte eine eigene Partei an, die der deutschen Schwerindustrie,[289] und schließlich existierte auch beim persönlichen Wirtschaftsbeauftragten des „Führers" und Leiter des Keppler-Kreises der Deutschen Industrie, Wilhelm Keppler, genügend Selbstvertrauen, die Krise mit Hilfe von Rohstoffsubstitution – vor allem durch Bunaproduktion und synthetischen Treibtoff nach dem Fischer-Tropsch Verfahren – in den Griff zu bekommen.[290]

Gegen alle diese Bemühungen verschiedener Gruppierungen, die unter dem Vorwand, die Devisenkrise lösen zu wollen, Partikularinteressen verfolgten und Ressortpolitik betrieben, setzte Reichswirtschaftsminister Kurt Schmitt im Frühjahr 1934 selbst einen Rohstoffkommissar in seinem Ministerium ein, der allerdings wirkungslos blieb.[291] Im Frühsommer kulminierte die Wirtschaftskrise derart, daß Hitlers Sturz vorausgesagt wurde und die nationalkonservativen Kräfte eine zweite Chance witterten, das ihnen entglittene System wieder an sich zu bringen. Die aufgeheizte innenpolitische Stimmung wurde schließlich in der „Nacht der Langen Messer" ventiliert.[292]

Bevor Kurt Schmitt, der im Laufe der Zuspitzung der Export- bzw. Devisenkrise im Frühsommer 1934 zunehmend unter Beschuß durch Schacht geriet, ein neues System des bilateralen Außenhandels einführen konnte, erkrankte er und wurde am 30. Juli

---

286 Willy Boelcke, *Die deutsche* ... (1983), 71–74.

287 Richard J. Overy, *War* ... (1994), 181 f. Vgl. Hans-Erich Volkmann, „Die NS-Wirtschaft ..." (1979), 250

288 Richard J. Overy, *War* ... (1994), 180–182. Hans-Erich Volkmann, „Die NS-Wirtschaft ..." (1979), 250 f.

289 Willy Boelcke, *Die deutsche* ... (1983), 74–76

290 Zur Vorgeschichte des Amts für deutsche Roh- und Werkstoffe: Vgl. Hans Kehrl, *Krisenmanager* ... (1973), 60 f. Fischer-Tropsch: Wolfgang Birkenfeld, *Der synthetische* ... (1964), 46–48. Zu Kepplers Eintritt in die KW-Wirtschaft vgl. ebenfalls Hitlers etwas kryptische Äußerungen vom 12. November 1941 („Schwindler von Düsseldorf") und vom 27. Januar 1942 („Benzin-Halunke [...] von Düsseldorf"): Hitler, *Monologe* ... (1980), 138 und 426 Fn. 127 bzw. 239 f. Zum Amt für deutsche Roh- und Werkstoffe: Hans Kehrl, *Krisenmanager* ... (1973), 61–64. Willy Boelcke, *Die deutsche* ... (1983), 165. Vgl. Hans-Erich Volkmann, „Die NS-Wirtschaft ..." (1979), 251 Fn. 77.

291 Dieter Petzina, *Autarkiepolitik* ... (1968), 24.

292 Ian Kershaw, *Hitler* ... (1998), 638–640.

1934 durch Hjalmar Schacht abgelöst.[293] Das System des Bilateralismus auf Clearingbasis – das heißt des Kaufs von Rohstoffen im Ausland durch Bezahlung in Exportgütern bzw. durch Schuldigbleiben derselben – sollte unter Schacht im sog. Neuen Plan als neues Außenhandels- und wirtschaftliches Aufrüstungsprogramm des „Dritten Reichs" festgeschrieben werden.[294]

Reorganisation der Wirtschaft

Nicht nur in der Konjunktur-, Handels- und Rüstungspolitik bekam das junge „Dritte Reich" die Probleme nicht in den Griff. Auch in der Frage der Wirtschaftsorganisation war, trotz großer Ankündigungen Gottfried Feders im Jahr 1933, nichts geschehen. Dies betraf sowohl die Zentralisierung der Wirtschaftsadministration von den Ländern auf das Reich, die Neuregelung der industriellen Beziehungen nach der Zerschlagung der Gewerkschaften, als auch die Neuregelung der Verbandsorganisation bzw. der Industrie- und Handelskammern.[295] Die Neuorganisation nahm indessen einen Verlauf, der von den nationalsozialistischen Theoretikern des Ständestaates und des „Deutschen Sozialismus" in keiner Weise beabsichtig war. Nach mehreren abgewehrten Faschisierungsversuchen konnte sich ab Anfang 1934 das ökonomische Establishment gegen die nationalsozialistischen Wirtschaftskommissare durchsetzen.[296]

Ende Februar 1934 schlug sich Kepplers wirtschaftspolitischer Einfluß im „Gesetz zur Ordnung der nationalen Arbeit" nieder, das die industriellen Beziehungen regelte.[297] Zeitgleich kam das „Gesetz zur Vorbereitung des organischen Aufbaus der gewerblichen Wirtschaft" heraus, dem Gesetz zum Neuaufbau der Verbände und Kammern, welches Gottfried Feder zur Verwirklichung der Ständestaatlichen Idee zu nutzen versuchte. Gegen seinen allzu starken staatlichen Einfluß bekam er scharfen Widerstand aus der Reichswehr zu spüren.[298] Tatsächlich sollten erst nach der Entlassung Feders aus dem RWM mit der 1. Durchführungsverordnung zu diesem Gesetz die wirtschaftlichen Selbstverwaltungsorgane neu strukturiert werden. In den neuen Wirtschaftsgruppen der Reichsgruppen Industrie, Banken und Handel erhielten die größten Gesellschaften nun ein Weisungsrecht gegenüber den kleineren Mitgliedern und übten hoheitliche Funktionen aus.[299] Personelle Vernetzungen reichten auch in die Mittelinstanz der

---

293 Hans-Erich Volkmann, „Die NS-Wirtschaft ..." (1979), 251–253. Willy Boelcke, *Die deutsche* ... (1983), 74–77. Vgl. Hans Kehrl, *Krisenmanager* ... (1976), 57 f.

294 Vgl. Hans-Erich Volkmann, „Die NS-Wirtschaft ..." (1979), 254–264. Willy Boelcke, *Die deutsche* ... (1983), 100–117.

295 Ebd., 67 f.

296 Vgl. Dieter Petzina, Autarkiepolitik ... (1968), 22 f. Willy Boelcke, *Die deutsche* ... (1983), 66–71.

297 Hans Kehrl, *Krisenmanager* ... (1973), 42 f. Gesetz v. 27. Februar 1934, RGBl. 1934 I, 45–51.

298 RGBl. 1934 I, 185. Willy Boelcke, *Die deutsche* ... (1983), 96.

299 1. Durchführungsverordnung erst am 27. November 1934, RGBl. 1934 I, 1194–98. Vgl. Franz Neumann, *Behemoth: Struktur und Praxis des Nationalsozialismus 1933–1945*, hg. Gert Schäfer, Frankfurt 1998[n] (1. Auflage 1944), 292–299. Hans Kehrl, *Krisenmanager* ... (1973), 46–48. Willy

Industrie- und Handelskammern, insbesondere dort, wo die Region von besonderer Bedeutung für die Industrie war, wie bei der preußischen Erdölindustrie die IHK Hannover.[300]

Im Juli 1934 begann die organisatorische Verschmelzung des RWM mit dem Preußischen Ministerium für Wirtschaft und Arbeit (vor 1932 „für Handel und Gewerbe"), Mittelinstanz und „Mitteleuropa" wuchsen in diesem neuen Reichs- und Preußischen Wirtschaftsministerium (RPrWM) zusammen.[301] Von entscheidender Bedeutung für die verschiedenen Treibstoffprojekte, die nebeneinander existierten, sollte vor allem die Übernahme der preußischen Bergbauadministration sein.[302]

Röhmkrise

Die ungelösten wirtschafts- und wirtschaftspolitischen Probleme wurden verschärft durch den Druck, den die SA sowohl auf die Wirtschaft als auch auf das militärische Monopol der Reichswehr seit Anfang 1934 zunehmend ausübte, und der sich im Schlagwort von der „zweiten Revolution" verdichtete.[303] Begleitet von einem enormen Popularitätsverlust stand das NS-Regime im Frühsommer 1934 vor der „ersten drohenden Existenzkrise" (Kershaw).[304] Die Probleme wurden keineswegs dadurch gelindert, daß die „Reaktionäre" um Papen Mitte Juni versuchten, die Krise zu einem abermaligen Zähmungsversuch zu nutzen. Am 21. Juni 1934, kurz nach Papens Marburger Rede vom 17. Juni, sah sich Hitler von Hindenburg und Blomberg vor die Wahl gestellt, entweder „die revolutionären Unruhestifter endlich zur Räson zu bringen" oder einen Militärputsch gewärtigen zu müssen.[305] Bekanntermaßen wählten Hitler, Göring und Himmler zwischen dem 28. Juni und dem 2. Juli 1934 die erste Variante.[306]

Mit der „Nacht der langen Messer" wurden auch in der Wirtschaftspolitik die Weichen neu gestellt. Hitler schwenkte nun voll auf die Linie eines verschärften Rüstungstempos ein, die ihm die Reichswehr seit Jahresbeginn vorgegeben hatte. Als Reichswirtschaftsminister Kurt Schmitt und Reichsbankpräsident Schacht zu einem gemeinsamen Vortrag über den volkswirtschaftlich vertretbaren Rüstungsetat 1935 bestellt wurden, sprachen sie untereinander den Betrag von grob RM 15 Milliarden ab.

Boelcke, *Die deutsche* ... (1983), 96. Montanindustrie: Gerhard T. Mollin, *Montankonzerne* ... (1988), 41 f.

300 *Handbuch des Aufbaus der gewerblichen Wirtschaft*, Bd. 3, hg. Hermann Teschemacher, Leipzig 1937, 259 f. Hier übernahm Elwerath-Direktor Hans Brochhaus das Amt des Vizepräsidenten der IHK: Ebd. 258.

301 Willy Boelcke, *Die deutsche* ... (1983), 84 und 86. Zur „Mitteleuropa"-Strategie des RWM vor 1933: Eckart Teichert, *Autarkie* ... (1984), 52–54, 106, 108–111 und 138 f.

302 Zur Bergverwaltung vgl. Gerhard T. Mollin, *Montankonzerne* ... (1988), 44 f.

303 Vgl. Ian Kershaw, *Hitler* ... (1998), 631–636.

304 Ebd., 638 f.

305 Ebd., 643. Zitat Hindenburg zu Hitler: Ebd. mit Verweis auf Otto Meissner, *Staatssekretär unter Ebert – Hindenburg – Hitler*, Hamburg 1950, 363.

306 Ian Kershaw, *Hitler* ... (1998), 644–650.

Während des Vortrags fiel Schacht dem Reichwirtschaftsminister jedoch in den Rücken mit den Worten: „Für diese große nationale Aufgabe ist mir kein Betrag zu hoch".[307] Mit der Bloßstellung führte Schacht zuende, was er ölpolitisch am 1. Dezember 1933 begonnen hatte; vor allem aber blockte er die halb begonnenen und steckengebliebenen Versuche zur Reorganisierung der deutschen Wirtschaft nach mittelständischen Vorstellungen ab, für die Kurt Schmitt stand, und brachte sich als Wirtschaftsminister der Konzerne ins Spiel. Kurz danach, im Juni 1934, brach Kurt Schmitt gesundheitlich zusammen. Anläßlich des ebenfalls anekdotisch bekannt gewordenen Bayreuth-Besuchs Schachts Ende Juli 1934 wurde dieser von Hitler mit dem Wirtschaftsressort betraut.[308]

Gottfried Feder, der bislang die Ölpolitik des Regimes getragen hatte, wurde im Wirtschaftsministerium marginalisiert und schied am 16. November 1934 offiziell aus.[309] Der Ölpolitik des neuen Wirtschaftsministers, deren erstes Zeichen die Gründung der Brabag wurde, lagen Forderungen vom Reichswehrministerium (RWeM) und von Parteidienststellen zugrunde, die nach einem Reichskommissar für Kohlenwasserstoffe zur Bewältigung der Treibstoffkrise riefen.[310] Spätestens im Sommer 1934 hatten Arbeitskonjunktur und Motorisierung als Hauptargument aller Ölprojekte ausgedient. Durch die Niederlage jener Parteiflügel und -gliederungen, die in Konkurrenz zu Reichswehr und Konzernen getretenen waren, fand das Regime auch zu seiner neuen Wirtschaftsstrategie: der Wehrökonomie.

---

307 Hans Kehrl, *Krisenmanager* ... (1973), 58. Anekdote kolportiert durch Keppler von Kurt Schmitt.

308 Bayreuth: Hans Kehrl, *Krisenmanager* ... (1973), 58. Willy Boelcke, *Die deutsche* ... (1983), 87 f. Zusammenbruch: Ebd., 76.

309 Vgl. Willy Boelcke, *Die deutsche* ... (1983), 67.

310 Ebd., 161 f.

Öl in der „Ära Schacht", 1934 bis 1938

1 Öl im Zeichen des Neuen Plans bis 1935

Agenturen und Agenten

Reichs- und Preußisches Wirtschaftsministerium

Auch für die Ölpolitik wurde Aufrüstung nun zum Leitbild. Gemacht wurde sie ab Sommer 1934 vorrangig im zusammengelegten Reichs- und Preußischen Wirtschaftsministerium (RPrWM) unter dem neuen Wirtschaftsminister Hjalmar Schacht. Schacht galt zunächst gleichermaßen als Garant der Erzeugerseite (Chemische Industrie, Ruhrmontanindustrie, Erdölkonzerne) wie der neuen Verbraucherseite (RWeM/Heereswaffenamt, RLM).

Wehrwirtschaftsstab/Abteilung Wehrwirtschafts- und Waffenwesen

Obwohl Schacht den militärischen Wünschen entgegenkam, entstand mit der anwachsenden Wehrwirtschaftsorganisation unter Oberst Georg Thomas eine ehrgeizige Konkurrenzbehörde, die eng bis zur Intimität mit den Planern der IG zusammenarbeitete, von denen sie ihr Zahlenmaterial und die Grundforderungen ihrer Denkschriften bezog.[1] Der Wehrwirtschaftsstab des Heereswaffenamtes unter Georg Thomas erfuhr eine deutliche Aufwertung, als er Anfang November 1934 der einzelnen Waffengattung entnommen und als Abteilung „Wehrwirtschafts- und Waffenwesen" (W Wi) in das übergeordnete neue Wehrmachtamt unter General Walter von Reichenau eingegliedert wurde. Kernstück bildete die Wehrwirtschaftliche Abteilung unter Major Walter Warlimont, in der die Gruppe Rohstoffe unter Major Ernst Becht die Fragen der KW-

---

1 Vgl. Wolfgang Birkenfeld, *Der synthetische* ... (1964), 52–56.

Planung übernahm.[2] Hieran zeigte sich bereits die Bedeutung, die das RWeM kriegswirtschaftlicher Planung und Steuerung beimaß. Die rüstungswirtschaftlichen Teile der wehrwirtschaftlichen Kompetenz verblieben jedoch beim Heereswaffenamt und sollten dort zu Thomas' innermilitärischer Dauerkonkurrenz heranreifen.[3]

Reichsluftfahrtministerium/Luftwaffe

Der Aufbau der deutschen Luftwaffe erfolgte bis zur offenen Aufrüstung ab Februar 1935 als Tarnprojekt des Reichsluftfahrtministeriums (RLM) unter Göring. Sein Staatssekretär Erich Milch – vormals Lufthansa-Direktor[4] – übte in diesem Ministerium die zentrale Rüstungs- und Rohstoffbeschaffungskompetenz aus, die er nach 1935 in der Luftwaffe weiterführte. Bereits 1933 war Milch als einer der wichtigsten Kunden für das IG Synthesebenzin in Betracht gekommen und hatte sich als eifriger Förderer des Hydrierausbaus bewiesen.[5] Wenn auch Milch und seine wehrwirtschaftliche Organisation der Luftwaffe mit der uneingeschränkten Unterstützung der IG Treibstoffsubstitution zunächst ähnliche Wege gingen wie Georg Thomas, sollte spätestens 1942 die institutionelle Todfeindschaft offenkundig werden, die mit der Auflösung von Thomas' Organisation und der Einrichtung der totalen Kriegswirtschaft unter Speer endete.[6]

Erstes Büro Keppler

Doch war im Sommer 1934, als die Ruhrmontanindustrie eine staatliche Förderung des Fischer-Tropsch-Verfahrens verfolgte, nun auch Wilhelm Keppler als Agent eines Ölprojekts auf den Plan getreten, der sich zusehends verselbständigen sollte. Kepplers Bedeutung für das Fischer-Tropsch-Verfahren wuchs im Oktober/November 1934 noch erheblich an, als er sich von Hitler einen Sonderauftrag erteilen ließ, um solchen nichtindustriell verwerteten Verfahren zum wirtschaftlichen Durchbruch zu verhelfen.[7] Keppler gründete daraufhin sein erstes Büro „Sonderaufgabe Deutsche Roh- und Werkstoffe" mit Kehrl, Pleiger und Schieber als parteitreuen Funktionären – insgesamt 25 Mitarbeitern.[8] Zwar sollte er sich zwischen 1934 und 1936 gegenüber der strukturellen Konkurrenz im neuen, übermächtigen Reichs- und Preußischen Wirtschaftsministerium

---

2 Organisation und Stab ab 1. November 1934: Georg Thomas, *Geschichte* ... (1966), 63–66. Vgl. Wolfgang Birkenfeld, *Der synthetische* ... (1964), 52.

3 Vgl. Rolf Dieter Müller, „Die Mobilisierung der deutschen Wirtschaft für Hitlers Kriegführung", in: Bernhard R. Kroener et al., *Kriegsverwaltung, Wirtschaft und personelle Ressourcen 1939–1945* (Das Deutsche Reich und der Zweite Weltkrieg, Bd. 5/1, hg. Militärgeschichtliches Forschungsamt), Stuttgart 1988, 347–689.

4 Richard J. Overy, *Goering* ... (1984), 33.

5 Vgl. Dietrich Eichholtz, *Geschichte* ... (1969), 40 f.

6 Vgl. Ebd. Rolf Dieter Müller, „Die Mobilisierung ... (1988).

7 Hans Kehrl, *Krisenmanager* ... (1973), 60. Dokument zitiert bei Dieter Petzina, *Autarkiepolitik* ... (1968), 24 Fn. 14 mit Verweis auf BA, R 26 I/1a.

8 Vgl. Hans Kehrl, *Krisenmanager* ... (1973). 25: Dieter Petzina, *Autarkiepolitik* ... (1968), 24 f.

nicht durchsetzen – Schacht verpaßte ihm gar Hausverbot im Ministerium –, doch legte sein engagiertes Büro die Grundlagen für eine gezielte Autarkiepolitik und leistete „Stabsarbeit für eine Revision der Schachtschen Wirtschaftspolitik“ (Petzina).[9] Für das Fischer-Tropsch-Verfahren mit seiner schwachen industriellen Lobby geriet der einflußreiche Keppler durch den „Führerauftrag“ zu einer veritablen Agentur auf ministerieller Ebene; durch Kepplers Impulse aufgeschreckt, nahm sich auch bald die Bergbauabteilung des RPrWM unter OBH Schlattmann des ungeliebten Verfahrens an.[10]

Synthetisches Öl

Braunkohle-Benzin AG

Erster Schritt Schachts war die Zwangsgemeinschaft der Braunkohlenindustrie in der Braunkohle-Benzin AG (Brabag), die den Industriellen am 21. September 1934 verkündet und durch den Wirtschaftsminister per Verordnung vom 28. September und per Erlaß vom 25. Oktober 1934 mit allen beteiligten Unternehmen festgeschrieben wurde.[11] Der Vorstand der Brabag spiegelte denn auch sehr deutlich das neue wehrwirtschaftliche Interesse wider, das durch den Akteur Chemische Industrie (IG) und seine zwei Agenturen Heereswaffenamt und Luftfahrtministerium wahrgenommen wurde, die über die Köpfe der Braunkohlenindustriellen hinweg agierten: hier bestimmten Carl Krauch (der IG-Experte für technokratische Hochdruckchemie und Vierjahresplandenkschriften), General d. Ari. z.V. Alfred von Vollard-Bockelberg (Leiter des Heereswaffenamtes und Ziehvater von Georg Thomas) und der „Baulöwe“ Heinrich Koppenberg, der seit der Regimeverweigerung von Hugo Junkers 1933 die Junkerswerke leitete, die Politik.[12] Schließlich wurde nach Direktgesprächen zwischen Keppler, Hitler und Schacht ein Verwandter und späterer Mitarbeiter Wilhelm Kepplers, Fritz Kranefuß/SS in den Brabag-Vorstand gehievt.[13] Damit wurde auch das technische Interesse am

---

9 Ebd., 25.

10 Auf der Treibstoffkommissarbesprechung im Juli 1935 rechnete sich Schlattmann an, die Ausrichtung des dritten Brabagwerks Ruhland auf das Fischer-Tropsch-Verfahren durchgesetzt zu haben; seinen Äußerungen nach zu schließen hatte er „mit der Stelle Keppler“ offenbar „Hand in Hand“ zusammengearbeitet: Dok. 193, Chefbesprechung im Reichskriegsministerium vom 27. Juli 1935, *Akten der Reichskanzlei: Regierung Hitler, Teil II 1934/35*, Boppard 1999, 693; Zitat 694. Vgl. Wolfgang Birkenfeld, *Der synthetische* ... (1964), 46 f. der dagegen Kepplers maßgeblichen Einfluß bei der Entscheidung herausstellt.

11 Wolfgang Birkenfeld, *Der synthetische* ... (1964), 37–41.

12 Vgl. ebd., 42 f. Deutung der Akteure nach Dietrich Eichholtz, *Geschichte* ... (1969), 39–42 und 48–51. Ders., „Zum Anteil ...“ (1969), 84 f. Koppenberg: Hans Kehrl, *Krisenmanager* ... (1973), 187.

13 Wolfgang Birkenfeld, *Der synthetische* ... (1964), 43. Verwandter: Hermann Weiß, „Freundeskreis Reichsführer SS“, in: *Enzyklopädie des Nationalsozialismus*, hg. Wolfgang Benz/Hermann Graml/Hermann Weiß, München 1997, 471 f. Kranefuß wurde später Geschäftsführer der Brabag

Fischer-Tropsch-Verfahren repräsentiert, das bei Keppler als Schirmherr des Kaiser-Wilhelm-Instituts für Kohlenforschung in Mühlheim/Ruhr lag.[14] Keppler selbst nahm neben dem Vertrauensmann Schachts im Reichs- und Preußischen Wirtschaftsministerium (RPrWM), Helmuth Wohlthat, als einziger Nicht-Industrieller der Braunkohle im Aufsichtsrat Platz.[15] Als sich auf der Aufsichtsratssitzung die Braunkohlenindustriellen, die weder Bergius- noch Fischer-Tropsch-, sondern viel lieber ihr eigenes Verfahren der Braunkohlenteerschwelung verwirklicht hätten,[16] gegen das aufgezwungene Bergius-Verfahren „nach den ungaren Plänen einer Einzelgruppe“[17] aufsässig zeigten, bekamen sie den neuen Geschäftston dieser Einzelgruppe (Heer-Luftwaffe-IG) zu hören, als Georg Thomas „mit erhobener Stimme“ die Forderungen des Militärs geltend machte und zügige Planung und Fertigstellung der Anlagen befahl.[18]

Schließlich wurde die Braunkohlenindustrie gezwungen, das IG-Verfahren anzuwenden; Lizenzverträge mit dem Chemiekonzern und der für die Rentabilität nötige Garantievertrag mit dem Reich wurden jedoch erst nachträglich im Jahr 1935 abgeschlossen.[19]

IG-Flugbenzin

Bereits in seiner Vierjahresplandenkschrift vom 14. September 1933 hatte Carl Krauch auf die Flugbenzintauglichkeit des Leunabenzins hingewiesen, als Hersteller den Bedarf des zukünftigen Kunden Luftwaffe errechnet und damit als Lobbyist blank gezogen. Die Verwertbarkeit des Benzins aus Leuna für Flugmotoren war zwar nicht erwiesen, doch berichtete am 20. August 1934 Müller-Cunradi/IG von den Produktionserfolgen, die in Leuna noch innerhalb der Kapazitäten der vertraglich gesicherten Ausbaustufe bis 1935 (350.000 jato) hatten abgewickelt werden können.[20] Wenn das erweiterte Werk Leuna schon nicht als rüstungsrelevante Benzinfaktorei geplant war, wurde es von den IG-Spezialisten zumindest gleich dazu gemacht. Allerdings handelte es sich bei den von Müller-Cunradi angepriesenen Erzeugnissen um unverbleite Grundbenzine, denen zur Steigerung der Klopffestigkeit der giftige Spezialzusatz Bleitetraäthyl fehlte. Die Flugbenzinbesprechung vom 20. August 1934 trug Früchte in Form einer weiteren Reichs-

---

und stellvertretender Leiter des aus dem Keppler-Kreis hervorgegangen Freundeskreises Heinrich Himmler: Ebd. und *Enzyklopädie*, 854. Vgl. Hans Kehrl, *Krisenmanager* ... (1973), 283 et passim.

14 Birkenfeld interpretiert ihn als Akteur der SS, bzw. als reinen „Parteivertreter“. Diese Rolle spielte Kranefuß tatsächlich auch, der in der Folgezeit als wichtiger Informant Himmlers fungierte. Hier ist jedoch der andere Aspekt von Kranefuß‘ Doppelrolle wichtiger, da Himmler – außer in der Schieferölfrage – niemals wirkliches Gewicht in der NS-Ölpolitik gewinnen konnte.

15 Wolfgang Birkenfeld, *Der synthetische* ... (1964), 42.

16 Ebd., 38 und 44.

17 So der Braunkohlenindustrielle Bube, der mit einem Rundschreiben vom 24. Oktober 1934 Protest gegen die Zwangsvereinigung zu wecken versuchte: Wolfgang Birkenfeld, *Der synthetische* ... (1964), 44.

18 Ebd., 44. Verweis auf Dok. NI-3975.

19 Wolfgang Birkenfeld, *Der synthetische* ... (1964), 45 f.

20 Ebd., 63.

förderung, mit der der Chemiekonzern den Aufbau von „Schatten-“ bzw. „Bereitschaftsanlagen“[21] vorantreiben wollte, die mit amerikanischer Lizenz (SO) Bleitetraäthyl erzeugen sollten.[22]

Innerhalb der IG war mit dem Management der Flugbenzinentwicklung neben dem Leuna-Direktor Bütefisch vor allem der Vertriebsleiter für KW-Produkte, Ernst Rudolf Fischer, befaßt.[23] Fischer, der bereits im Dezember 1933 den Benzinvertrag mit dem Reich ausgehandelt hatte, sollte sich zum Flugbenzinspezialisten auf der kaufmännischen Seite entwickeln und 1936 auch den Flugbenzinvertrag mit der Luftwaffe abschließen.[24]

Fischer-Tropsch-Verfahren

Auch wenn die Initiative zur wirtschaftspolitischen Förderung des Fischer-Tropsch-Verfahrens von der Ruhrmontanindustrie ausging, so wurde Keppler als sein wirtschaftspolitischer Agent immer wichtiger. Dies lag nicht so sehr daran, daß sich in der Ruhrchemie AG der wirtschaftliche Ansporn auf zu viele Konzerne verteilte und damit zerstreute, sondern eher an der Reibungshitze, die an der Schnittstelle zwischen Forschungsinstitution und Ruhrchemie AG entstand. Der Forschungsfreude Franz Fischers und seiner Institutsleute setzten sich immer wieder die Rentabilitäts- und Profitwünsche der Ruhrmanager entgegen; dazu kamen die forschungspolitischen Probleme des Instituts innerhalb der Kaiser-Wilhelm-Gesellschaft und der Bildungsinstanzen des NS-Regimes (Rust/Reichserziehungsministerium, Mentzel/Reichsforschungsrat ab 1937).[25] Durch die enge personelle Verflechtung mit der Ruhrmontanindustrie hatte sich das KWI Mühlheim zu sehr in deren Abhängigkeit begeben, unfähig, eine Symbiose mit ihr einzugehen, wie dies die Erdölkonzerne und der Geologische Dienst als gleichberechtigte Partner mit ihrem Bohrprogramm in der Erdölallianz taten.

Gegen die vielfältigen Reibungsverluste half nun Kepplers ölpolitischer Einfluß, und er machte sich zum Fürsprecher des Fischer-Tropsch-Verfahrens. So wichtig wie der „Führerauftrag“, der ihm einen administrativen Anstrich verpaßte, war seine Schlüsselstellung in der ebenfalls im Herbst 1934 geschaffenen Brabag.[26] Noch bevor irgendwelches in industriellem Maßstab erzeugte Benzin sich aus Oberhausen-Holten ergießen konnte und man gesehen hatte, von welcher Beschaffenheit dieses wäre, erwirkte

---

21 Anlagen, die in Friedenszeiten nicht genutzt wurden und nur zur erhöhten Produktion im Kriegsfall dienten: Wolfgang Birkenfeld, *Der synthetische* ... (1964), 59 Fn. 28.

22 Ebd., 63–65.

23 Vgl. ebd., 61.

24 Ebd., 68.

25 Vgl. Nachbesserungswüsche der Ruhrchemie AG am Generallizenzvertrag zwischen Ende 1937 und Frühjahr 1939, als die Verteilung der Lizenzgebühren zu Lasten der Studienverwertungsgesellschaft und zugunsten der Ruhrchemie AG neu vereinbart wurde: Manfred Rasch, *Geschichte* ... (1989), 292. KWI Mühlheim auf dem Wege zur Eigenständigkeit in der KWG: Ebd., 261–276.

26 Vgl. Wolfgang Birkenfeld, *Der synthetische* ... (1964), 40–43.

Keppler im Jahr 1935, daß auch eins der Brabag-Werke (Ruhland/Schwarzheide)[27] nicht als Hydrierwerk nach dem Bergius-IG-Verfahren, sondern als Fischer-Tropsch-Anlage ausgestaltet würde. In dieser Anlage, die auf 160.000 Jahrestonnen Benzin ausgelegt war (RM 72 Millionen), sollte sich jedoch bei der Inbetriebnahme 1937 zeigen, daß das Verfahren einer industriellen Produktion noch immer nicht gewachsen war; große Teile mußten wieder abgerissen werden.[28] Vor allem aber kam das Produkt auf eine Oktanzahl von gerade 45–55, und nicht 75, wie der Vorstand der Ruhrchemie 1935 angekündigt hatte.[29] Birkenfeld nimmt an, daß die Rückschläge von Ruhland/Schwarzheide für die bescheidene Anwendung des Fischer-Tropsch-Verfahrens im weiteren Verlauf des „Dritten Reichs" bestimmend waren.[30] In den darauf folgenden Jahren sollte das KWI Mühlheim ständig um eine Verbesserung der Endprodukte (Erhöhung der Klopffestigkeit, synthetische Fette und Schmieröle) bemüht bleiben und ab Ende dreißiger Jahre verstärkt für die Luftwaffe arbeiten.[31]

Nicht nur Keppler, sondern auch das Reichs- und Preußische Wirtschaftsministerium (RPrWM) unter Hjalmar Schacht begann, sich ab Anfang 1935 für das Fischer-Tropsch-Verfahren einzusetzen, womit sein unglückliches Dasein als Spielzeug zweier Kinder begann. Das Interesse des RPrWM war zweifach: zum einen sollte der Leiter der Bergbauabteilung, Oberberghauptmann Schlattmann, das Fischer-Tropsch-Verfahren, an dem die Steinkohlenbergbauinteressen hingen, dazu benutzen, um gegen die Hegemonialbestrebungen der IG Farbenindustrie AG auf dem Kohlenwasserstoffgebiet möglichst viele Produzenten hinter sich zu vereinen. Hierbei kooperierte Schlattmann, der Anfang 1935 dabei war, mittels Zentralisierung die bergbehördlichen Belange der deutschen Länder zusammenzufassen und so erstmals eine einheitliche Administration für Kohlenwasserstoffe im DR herzustellen, eng mit Keppler. Der Streit um die administrative Zuständigkeit auf diesem Gebiet sollte im späten Frühjahr 1935 in der Frage des „Treibstoffkommissars" einem ersten Höhepunkt entgegeneilen.[32] Der zweite Aspekt, den das RPrWM am Fischer-Tropsch-Verfahren interessierte, betraf die Lizenzierung, denn auf diese Weise ließen sich die begehrten Devisen ins Land bringen. Vertragsverhandlun-

---

27 Als Schwarzheide firmiert die Anlage bei Manfred Rasch, *Geschichte* ... (1989), 293 und 414 Fn. 734.

28 Wolfgang Birkenfeld, *Der synthetische* ... (1964), 46 f. Manfred Rasch, *Geschichte* ... (1989), 292 f. Allerdings sollte sich zu diesem Zeitpunkt auch der Leiter der Bergbauabteilung des RPrWM, Oberberghauptmann Schlattmann, diese Entscheidung als Verdienst anrechnen – auch dieser „Erfolg" kannte viele Väter. Schlattmann arbeitete mit Keppler offenbar eng zusammen: Dok. 193, Chefbesprechung im Reichskriegsministerium vom 27. Juli 1935, *Akten* ... (1999), 693 f.

29 Manfred Rasch, *Geschichte* ... (1989), 293 und 414 Fn. 734.

30 Wolfgang Birkenfeld, *Der synthetische* ... (1964), 47.

31 Manfred Rasch, *Geschichte* ... (1989), 296–303. Für die Marine hatte das Verfahren geringe Bedeutung: Hans-Jürgen Zetzsche, *Logistik* ... (1986), 33 Fn. 34.

32 Fischer-Tropsch und Schlattmann: Chefbesprechung im Reichskriegsministerium vom 27. Juli 1935, Dok 193, *Akten* ... (1999), 693 f. Zum Streit um den „Treibstoffkommissar", siehe S. 181–205.

gen über Lizenzen bzw. Anlagenbau (z. B. durch den Otto Wolff-Konzern) fanden mit Frankreich, Japan, Südafrika, der Türkei, Finnland, Nigeria, Großbritannien und Italien, der Tschechoslowakei, der UdSSR und den USA statt. Im Zuge des Abessinienkrieges und der damit verbundenen ölpolitischen Frontstellung des Deutschen Reichs im Jahr 1935 sollten die Verhandlungen mit Großbritannien und Italien aus wehrpolitischen Gründen scheitern.[33]

Erdöl

Heimische Erzeugung: Das Reichsbohrprogramm

Ende März 1934 (offiziell ab April 1934) begannen die ersten Explorationsbohrungen, die planmäßig außerhalb der bekannten Gebiete über Reichsdarlehen angesetzt wurden, und im Mai 1934 starteten die Untersuchungen der (rein staatlichen) Geophysikalischen Reichsaufnahme.[34] Seit Geheimrat Pasel/RWM am 10. Januar 1934 bekanntgegeben hatte, daß das damalige Reichswirtschaftsministerium (RWM) [35] erhebliche Mittel für das Bohrprogramm bereitstellen würde,[36] hatte die PGLA mehrere Schritte unternommen, um die von ihr seit Herbst 1933 beanspruchte moderierende Rolle mit Leben zu füllen. Nach der Gründung des Instituts für Erdölgeologie an der PGLA unter Bentz' Leitung am 22. Februar 1934 war dies vor allem die Einflußnahme der Staatsgeologen auf die Kommission zur Geophysikalischen Reichsaufnahme, mit ihrer gegen Donald C. Bartons BMI gerichteten Spitze, wodurch Oberbayern bis weit in den Krieg aus dem Untersuchungsraster herausfallen sollte.

Am 7. Juni 1934 baten – wie vorgesehen – die PGLA-Geologen erstmals zu einer „erdölgeologischen Austauschsitzung" in die Räume ihrer Hannoveraner Zweigstelle in der Löwenstraße, um die ersten Ergebnisse vorzustellen. Zu diesem Zeitpunkt befanden sich 22 sog. Reichsbohrungen (RB, 50 % Bohrdarlehen des Staates) im Abteufen, und auch die geophysikalischen Trupps der PGLA steuerten Punkt für Punkt ihres vereinbarten Rasters an, um magnetische und gravimetrische Messungen durchzufüh-

33 Manfred Rasch, *Geschichte* ... (1989), 289–291. Scheitern: Ebd., 290. Ölpolitik und Abessinienkrieg: Helmut Mejcher, *Die Politik* ... (1980), 131–140 und 170–210.

34 Vgl. Liste der Reichsbohrungen 1.–9. Etappe, ca. 1943, in NLfB 86424. Geophysik: Major A. E. Gunther/British Oil Fields Investigation 912 Military Government, German Geophysical Surveys 1934–1945, Celle, December 1945, Bl. 9 f. in: NLfB 95686.

35 Zur ehemaligen Aufgabentrennung und zur Fusion des Reichswirtschaftsministeriums mit dem Preußischen Ministerium für Wirtschaft und Arbeit im Sommer 1934 vgl. Willy Boelcke, *Die deutsche* ... (1983), 84 und 86.

36 Die offizielle Bekanntgabe des Programms erfolgte wohl erst am 1. April 1934: Prof. Alfred Bentz, Celle, Supplement to my questionnaire, v. 11. Februar 1946, PRO, FO 1039/496, Bl. 1.

ren.[37] Neben den Vertretern der PGLA erschienen Abgesandte der Bergämter, der Konzerne und einiger größerer mittelständischer Betriebe, wobei die meisten vom Fach waren, sei es Bergingenieure, sei es Geologen. Der Kreis sollte im Verlauf des „Dritten Reichs" bis auf einige Ausnahmen unverändert bleiben.[38] Er war größer als die „Erdölallianz", die Ende 1933/Anfang 1934 das Bohrprogramm ins Leben gerufen hatte, jener noch elitärere, vor allem aus gegenseitigen Kontaktaufnahmen bestehende und nahezu unsichtbare Initiativclub der Konzernvertreter, der staatlichen Erdölgeologie um Bentz und der ministeriellen Agenten.[39] Doch bezeichnete er auch keineswegs die Gesamtheit der Erdölindustrie deutschen Kapitals; kleine Mittelständler und Kleinstunternehmen, die einzelne Parzellen im hannoverschen Revier besaßen oder mit einer einzigen Bohranlage im traditionellen Sinne explorierten, waren nicht zugegen. Die Gesellschaften ausländischen Kapitals fehlten anfangs ebenfalls.

Präsident von Seidlitz, der die Sitzung eröffnete, stellte die Schiedsrichterrolle der PGLA beim Bohrprogramm heraus.[40] Sinn und Zweck des Austauschs war die Schaffung eines Pools geologischer und geophysikalischer Daten, auf den alle am Bohrprogramm beteiligten Firmen zurückgreifen konnten, und der eine systematische Auswertung im Institut für Erdölgeologie der PGLA erlaubte. Dies war das erste Mal, das eine staatliche Stelle in der Lage war, exakte Schichtenverzeichnisse der Bohrungen, Bohr-

---

[37] Rerefat Haack: Riedel, Protokoll der 1. Austauschsitzung am 7. Juni 1934, Bl. 2, in: Protokolle ... (1–53, 1934–1938, siehe Kapitel 1, Fn. 234). Zur Praxis der Geophysikalischen Reichsaufnahme Vgl. Hans Closs, „Die geophysikalische ..." (1974), 121–125.

[38] Anwesend am 7. Juni 1934 waren die Vertreter der PGLA (Präs. v. Seidlitz, Professoren Wilhelm Haack, Otto Barsch, Doktoren Alfred Th. Bentz, L. Riedel), des Bergreviers Hannover (Willert, der im Krieg als Erster Bergrat im Oberbergamt Clausthal Karriere machen sollte; Gutdeutsch), des Bergreviers Celle (Erster Bergrat H. Werner), des Bergreviers Goslar (Poth), der Preußag (Dir. Roessing, Geologe Dr. August Moos), der DPAG-DEA (Dir. Große; Geologe Alfred Kraiß, später im „Dritten Reich" ppa zeichnend), der Gewerkschaft Anschluß/Thyssen (Dr.-Ing. Kurt E. Dittmann, 1945 WIAG Manager/Heise), der Gewerkschaft Elwerath (Geologe Dr. Ernst Strobel), der Burbach-Kaliwerke AG (Dir. Helmuth Albrecht), der WIAG (Markscheider Hoffmann aus dem Vorstand), der Gewerkschaft Siegfried (Persch; Hans Paul; im Krieg Gew. Siegfried, wurde im Verlauf der folgenden Jahre von der Vacuum übernommen), der Deutag (Bergassessor a.D. Carl Deilmann) und der Degas/IG Farbenindustrie AG (Dr. Bernhard Bessin, vor 1938 zur Preußag, bei Kriegsende dort im Management; Konsul, später Generalkonsul Hermann (von) Rautenkranz von der ITAG; nicht zu verwechseln mit dessen Verwandtem, dem späteren Konsul Hary von Rautenkranz, den er im Krieg bei der ITAG Wien einsetzen sollte): Riedel, Protokoll der 1. Austauschsitzung am 7. Juni 1934, Bl. 1, in: Protokolle ... (1–53, 1934–1938, siehe Kapitel 1, Fn. 234). Vgl. übrige Protokolle, ebd. und in: Protokolle ... (54–67, 1939–1942, siehe Kapitel 1, Fn. 222).

[39] Vgl. S. 79 ff.

[40] Riedel, Protokoll der 1. Austauschsitzung am 7. Juni 1934, Bl. 1, in: Protokolle ... (1–53, 1934–1938, siehe Kapitel 1, Fn. 234). Schon in der Folgesitzung übernahm Bentz den Vorsitz und führte die Sitzungen bis 1938 persönlich. Danach sollte er – infolge seines enorm angewachsenen Aufgabenbereichs in der deutschen Kriegswirtschaft – öfters durch seinen Stellvertreter im Institut für Erdölgeologie, Prof. Haack, bzw. seine Mitarbeiter Kühne, Riedel und Wager vertreten werden: Vgl. ebd. und Protokolle ... (54–67, 1939–1942, siehe Kapitel 1, Fn. 222).

proben, geophysikalische Profile etc. von allen Erdölgesellschaften einzufordern; auch konnte dies nur durch die Gegenseitigkeit des Verhältnisses gelingen, denn mit der Übernahme von 50 % des Risikos ließ sich der Staat das Privileg durchaus etwas kosten. Diese Daten hatten die jeweilige Gesellschaft bereits erhebliche Explorationsinvestitionen gekostet, und daher schlug Bentz vor, sie grundsätzlich als Geheimdaten zu behandeln; davon unabhängig war es den Firmen freigestellt, ihre eigenen Daten an Außenstehende weiterzugeben.[41] Hierin folgte er der internen PGLA Tradition, Erdöldaten grundsätzlich als Geheimsachen zu behandeln.[42]

Solch ein Austausch war bereits auf der Sitzung der Erdölindustrie im RWM am 10. Januar 1934 angeraten worden.[43] Das heißt jedoch nicht, daß der Austausch gegen den Willen oder gegen die Interessen der Industriellen eingerichtet worden wäre. Tatsächlich fanden sich gerade unter ihnen die eifrigsten Verfechter des Austauschgedankens; so forderte Direktor Roessing von der Preußag nun nicht nur die geologischen und geophysikalischen Geheimdaten untereinander auszutauschen, sondern alle technischen Informationen über Bohrapparate und Feldeseinrichtung noch dazu. Der Wunsch mußte jedoch vertagt werden, da die anwesenden Geologen und Vertreter der übrigen Firmen keine Vollmachten mit sich führten.[44] In der nächsten Sitzung, einen Monat später, stellte Bentz mit Berufung auf das RWM fest, daß ein Transfer über die geowissenschaftlichen Informationen hinaus auch der bohr- und fördertechnischen Belange unerwünscht sei.[45] Angesichts der im folgenden beschriebenen Aufgabenfülle hätte solches nämlich den Rahmen der Veranstaltung vollkommen gesprengt.

In der Tat waren die Sitzungen mit den geowissenschaftlichen Fragen mehr als ausgefüllt; und sie wurden von den Beteiligten mit erheblichem Engagement, ja geradezu euphorischem Aktionismus angegangen.[46] Der war durchaus am Platze, da aus den

---

41 Riedel, Protokoll der 1. Austauschsitzung am 7. Juni 1934, Bl. 2, in: Protokolle ... (1–53, 1934–1938, siehe Kapitel 1, Fn. 234). Bereits in der Folgesitzung wünschte Bentz allerdings, daß die PGLA von solchen Datentransfers informiert würde und Zugang zu etwaigen „Gegengaben“ erhalten dürfe: Bentz/Haack/Riedel, Protokoll der 2. Austauschsitzung am 19. Juli 1934, Bl. 1, in: Protokolle ... (1–53, 1934–1938, siehe Kapitel 1, Fn. 234).

42 Diese Handhabung wurde für diese Arbeit anhand der Akten des NLfB-Archivs bis 1918 zurückverfolgt. Sie ist wahrscheinlich älter.

43 Siehe S. 102.

44 Riedel, Protokoll der 1. Austauschsitzung am 7. Juni 1934, Bl. 1, in: Protokolle ... (1–53, 1934–1938, siehe Kapitel 1, Fn. 234).

45 Bentz/Haack/Riedel, Protokoll der 2. Austauschsitzung am 19. Juli 1934, Bl. 1, in: Protokolle ... (1–53, 1934–1938, siehe Kapitel 1, Fn. 234).

46 Vgl. Hans Closs, „Die geophysikalische ...“ (1974), 128, der, selbst Akteur, am Ende seiner Darstellung den damaligen Esprit wiederaufleben läßt: „Die ausgewogenen Verflechtungen, das gegenseitige Verständnis und Vertrauen der Agierenden bei Regierung, Behörden, Hochschulen und in der Industrie, ein so gut wie vollständiges Fehlen von Intrigen, echtes Engagement von Jung und Alt, eine gesunde Mischung aus autoritärer Führung und weitgehender Mitbestimmung, ein hartes Sichbehaupten der führenden Wissenschaftler unter manchmal sehr schwierigen Bedingungen – diese nicht alltägliche Gleichphasigkeit von Intelligenz, Wissen, Willen und Geschick

Reichsbohrungen und der Geophysikalischen Reichsaufnahme eine Flut neuer Daten über die PGLA hereinbrach, die mit Blick auf die möglichen Erkenntniserträge schnellstens kanalisiert und systematisiert werden mußte. Gleich auf der zweiten Austauschsitzung wurden Weichen gestellt: so schlugen Moos/Preußag und Bessin/Degas = IG für die Arbeit der „Foraminiferen-Abteilung" (wie die Mikropaläontologische Stelle in der PGLA nach den wichtigsten Vertretern von Mikrofossilien salopp genannt wurde; später erhielt sie den Namen „Mikrostelle") vor, die Foraminiferen, von denen zahlreiche bis dato unbekannte Spezies zu Tage gefördert wurden, zu benennen. Ebenso fand hier eine beinahe schicksalhafte Entscheidung über das allgemein anzuwendende Verfahren beim „elektrischen Kernen", also der geoelektrischen Messung im Bohrloch statt: statt auf das Martinsen-Verfahren, das die Messung nur in verrohrtem Zustand erlaubte, legte man sich auf das Log-Verfahren der zu dieser Zeit gerade sehr erfolgreichen französischen Spezialfirma Schlumberger fest, die auch die wichtigsten internationalen Konzerne zu ihren Kunden zählte.[47] Mit der schnelleren Variante entschied man sich, ohne es zu wissen und anders als bei der Festlegung der seismischen Methode, dafür, den Anschluß an die westliche Entwicklung nicht zu verlieren.[48] Erfahrungen mit diesem Verfahren sollten es 1940 den deutschen Erdölspezialisten ermöglichen, sich in kürzester Zeit eine umfassende Kenntnis der rumänischen Erdölfelder anzueignen.[49]

Die Systematisierung der geophysikalischen Methoden in der Hand der PGLA seit Anlaufen der geophysikalischen Reichsaufnahme schlug sich im Kartenbild nieder. Wenn zu Stollers Zeit überwiegend noch die einfache Handskizze bei geologischen Entscheidungen vorgelegen hatte, so kamen nun die neuen geophysikalischen Daten in Gestalt von Isobathen und Isanomalen zum Vorschein. Dies gab einerseits den erweiterten Datenstrom der Explorationswissenschaften wieder. Auf der anderen Seite verströmten diese Karten mit ihrer komplexen Ästhetik die Zuversicht, in ihrer Wissenschaftlichkeit genauer zu sein und höhere Formen der Erkenntnis liefern zu können als bisher.[50]

---

ist mit ihrer Aufsummierung in besonderem Maße kennzeichnend für jenen wichtigen Abschnitt der Geschichte der angewandten Geophysik in Deutschland."

47 Bentz/Haack/Riedel, Protokoll der 2. Austauschsitzung am 19. Juli 1934, Bl. 3 f., in: Protokolle ... (1–53, 1934–1938, siehe Kapitel 1, Fn. 234). Schlumberger gelang 1933 der Sprung in die USA und damit der Durchbruch: Geoffrey C. Bowker, *Science on the Run: information management and industrial geophysics at Schlumberger 1920 – 1940,* Cambridge/Massachusetts 1994, 100–108.

48 Vgl. S. 112.

49 Titus Kockel, „Eine Quelle zur Kontinentalen Öl AG aus dem Jahr 1940: Ernst Rudolf Fischer (Reichswirtschaftsministerium, II Min.Öl), Die Versorgung Europas mit Mineraloel vor dem Kriege, Ermittlung des Nachkriegsverbrauchs und Sicherung der Belieferung, 1940, September 1940", *JWG* 2003/1, 175–208, hier 183.

50 Der Umbruch bei der Kartendarstellung fällt recht genau mit Bentz' Reise in die USA im Juni 1934 zusammen und ist wahrscheinlich zu gewissen Teilen durch diese begründet: Vgl. Alfred Bentz, „Geologische Studienreise in Nordamerikanischen Erdölfeldern", *Petroleum* 30 (1934) 22, 1–16. Ebd. 27, 5–12. Ebd. 31, 7–14. Ebd. 35, 5–15.

Das Bohrprogramm und seine koordinierende Instanz Erdölgeologischer Austausch sollten aus dem Verhältnis zwischen den beteiligten Gesellschaften und der PGLA bzw. ihren Nachfolgeinstitutionen spätestens bis zum Kriegsbeginn ein intimes Verhältnis werden lassen. Profitinteressen und wissenschaftliche Interessen waren hier symbiotisch miteinander verbunden. Für die Staatsgeologen bedeutete das Bohrprogramm nicht weniger, als daß Licht ins Dunkel des Untergrundes gebracht werden konnte, und daß sie es wären, die die Hand am Lichtschalter hatten.

Der Erdölgeologische Austausch sollte denn auch direkt auf einen der zentralen Bereiche der Wissenschaft zurückwirken: Die Masse neu hereinfließenden Datenmaterials machte sehr bald eine Vereinheitlichung der Nomenklatur nötig, wobei zu sagen ist, daß die Nomenklatur bei deskriptiven Disziplinen wie der Geologie bereits die halbe Wissenschaft ist. Ab November 1934 wurde deswegen eine spezielle Nomenklatursitzung in der Löwenstraße anberaumt, um die Stratigraphie des deutschen Tertiär und Mesozoikums mit einer neuen Feineinteilung und mit verbindlichen Formationsbezeichnungen zu versehen;[51] entsprechend den neu entdeckten Phänomenen kam es auch weiterhin immer wieder zu Nomenklatursitzungen; und im weiteren Verlauf des Bohrprogramms sollten die PGLA-Geologen hinter Bentz sehr darauf bedacht sein, Verstöße gegen „ihre" Nomenklatur zu ahnden.[52] Ähnlich wie sich durch die Daten aus immer mehr Reichsbohrungen das Bild der Geologen von der Beschaffenheit des Untergrundes differenzierte, so wurde nun auch ihre Fachsprache einem tiefgreifenden Wandel unterzogen.

Eine weitere „modernisierende" Entwicklung – das heißt auch in diesem Sinne wieder: Fixierung – sollte die Klassifikation der Kohlenwasserstoffbohrungen durchmachen: Für das Bohrprogramm sollte mit der bis dato existenten Vielzahl und Beliebigkeit von Bohrungsbezeichnungen aufgeräumt und ein einheitliches System für das Erkenntnisziel und die Risikostufe der Bohrungen eingeführt werden. Danach gab es nun:

– „Schürfbohrungen" (preisgünstige Flachbohrungen bis auf die Oberkante des Mesozoikums (je nach dem ca. 200 m Teufe), die in größerer Zahl angesetzt werden konnten, und die sozusagen eine Oberflächenkartierung des unterhalb des Tertiärs anstehenden Mesozoikums erlaubten). Der Begriff Untersuchungsbohrung setzte sich kaum durch.[53]

51 Haack, Riedel, Schott, Protokoll der Nomenklatur-Sitzung am 15. November 1934, in: Protokolle ... (1–53, 1934–1938, siehe Kapitel 1, Fn. 234).

52 Vgl. Schriftwechsel zwischen Hasemann vom Badischen Geologischen Landesamt und Bentz Anfang November 1935 anläßlich der Bohrungen im Oberrheintalgraben. Als Hasemann am 5. November freimütig eingestand, er habe aus der Bohrung WIAG-Baden RB 67 „den Stephanoceras mumpiesi [...] zu einem Coeloceras sp degradiert", vergaß Bentz den Altersunterschied, erklärte Hasemanns Interpretation insgesamt für ungültig und forderte das Originalprobenmaterial an, um die Bohrungen selbst auszuwerten: NA, RBF 177, kein Titel, NA, T 401/7, 161–163 und 154.

53 Vgl. H.-J. Meyer, Klassifikation von Kohlenwasserstoffbohrungen, Stand 15.3.1989, interne Übersicht des Niedersächsischen Landesamts für Bodenforschung Hannover (der archivalischen Nachfolgebehörde der PGLA).

- Aufschlußbohrungen (teure und sehr risikoreiche Tiefbohrungen bis zu 2.000 m in geologisch nicht erschlossenem Gebiet, entsprechend der US-amerikanischen *wildcats*. Das Reichsbohrprogramm trug 50 % des Aufschlußrisikos),
- „Anschlußbohrungen" (dito, vor allem aber ein fiskalischer Begriff für die Rückzahlung des Bohrdarlehens: Anschlußbohrungen waren Bohrungen der Darlehensnehmerin oder ihrer Konsorten im gleichen von der PGLA zugewiesenen Aufschlußgebiet, die fündig wurden, wenn schon eine erste Aufschlußbohrung sich als trocken – und damit als nicht rückzahlpflichtig – erwiesen hatte. Wurde eine Anschlußbohrung fündig, mußten die Darlehen sämtlicher Aufschlußbohrungen in dem jeweiligen Gebiet zurückgezahlt werden. Rückzahlung erfolgte jedoch nur aus dem Erlös der jeweiligen Produktion),[54]
- Produktionsbohrungen (teure aber risikoarme Tiefbohrung innerhalb eines bekannten Feldes, um die Produktion des Feldes zu steigern oder um einer absinkenden Produktion entgegenzuwirken; hierfür gab es keine staatlichen Darlehen),
- Hilfsbohrungen (z. B. bei Bohrunfällen, festgefressenem Bohrmeißel oder bei zerstörten Produktionseinrichtungen etc. Die Bezeichnung sollte vor allem bei den Planungen zur Aneignung der kaukasischen Ölfelder im Jahr 1942 häufiger benutzt werden.[55]

Im Zuge der Austauschsitzungen kam es auch zu einer Fixierung des Begriffs „Konzession". Konzession hieß nun alles, was vorher „Mutungsgebiet" oder „Schürfgebiet" oder „Freischürfe" (alles Explorationsgebiete im weiteren Sinne) geheißen hatte. Die „Gerechtsame", also die kleine Parzelle innerhalb eines Erdölfeldes, geriet allmählich in Vergessenheit, da die Konzerne die Klein- und Kleinstproduzenten aufzukaufen begannen und schließlich nur noch ganze „Felder" oder bestenfalls „Feldesteile" übrigblieben. Die Konzession wurde zum Inbegriff der nationalsozialistischen Erdölwirtschaft. Sie wurde auf Antrag vom RPrWM erteilt, abhängig von der wissenschaftlichen Zustimmung oder Ablehnung des Instituts für Erdölgeologie der PGLA (Bentz), das damit die eigentliche Vergabe ausübte. Im Gegensatz zu international üblichen Konzessionen (größeren zusammenhängenden Mutungs- bzw. Schürfgebieten) mußte bei der NS-Konzession die antragstellende Gesellschaft *keinerlei exploratorische Vorleistungen* erbringen.[56] Die Vergabe erfolgte vielmehr nur aufgrund der Ergebnisse der geophysikalischen Reichsaufnahme der PGLA, die Auswahl der Gesellschaft nach Gutdünken, nicht selten im Wirtshaus.[57]

Der Erdölgeologische Austausch, der als Fachgremium des Reichsbohrprogramms eine neue fachsprachliche und fiskalisch-juristische Realität schuf, blieb bis zuletzt auf

---

54 Siehe S. 102 f.: Sitzung im RWM am 10. Januar 1934.

55 Vgl. H.-J. Meyer, Klassifikation von Kohlenwasserstoffbohrungen, Stand 15.3.1989, interne Übersicht des Niedersächsischen Landesamts für Bodenforschung Hannover (der archivalischen Nachfolgebehörde der PGLA). UdSSR: Vgl. NLfB 65936 und 65808.

56 Dr. Heermann, Kritische Untersuchung ... (vom 14. Februar 1946, siehe Fußnote 241), Bl. 6–8.

57 Siehe S. 142 f.

einen elitären Kreis beschränkt, womit die nicht vertretenen Gesellschaften von der erdölgeologischen und -wirtschaftlichen Entwicklung ausgeschlossen wurden. Allerdings ließ der autoritäre und planhafte Charakter des Bohrprogramms wenig Platz für individuelle Beobachtungen und Phänomene, womit sich – bei aller Fortentwicklung der geologischen Disziplin – der Erkenntnisgewinn auch wieder auf das beschränkte, was das starre Korsett zu beobachten und zu beschreiben zuließ. Hier offenbarte sich das Dilemma des von reaktionären Eliten verordneten Modernisierungsversuchs.

Der elitäre Charakter der Sitzungen in der Hannoveraner Löwenstraße wurde durch die Geheimhaltung besonders unterstrichen, die bis 1942 zu Beginn jeder Sitzung beschworen werden sollte.[58] Im Laufe der Zeit kristallisierte sich auch ein besonderer Gruppenzusammenhalt aller am Austausch Beteiligten heraus, der angesichts der geringen Größe der Industrie nur weniges bedurfte, um intim zu wirken. Im März 1939 wurde anläßlich einer Feier von Mitarbeitern des Instituts für Erdölgeologie eine launige Synthese dessen geboten, was im Erdölgeologischen Austausch als beruflicher Alltag des „Dritten Reichs“ anfiel:

„Austauschsitzung. Melodie: Wenn die Soldaten ...

Wenn die Geologen Austauschsitzung machen,/ Sprechen sie von vielen höchst geheimen Sachen./ Ja warum – ja darum, ja warum – ja darum./ Ei blos [!] wegen dem Tschinderassa-Bumderassa .../ Ei, blos wegen dem Tschinderassa-Bumderassa-Bum./ Wenn die Sitzung anfängt, gibt Herr Bentz zu wissen,/ Dass wir allertiefstes Schweigen wahren müssen./ Ja warum – ja darum ... u.s.f.

Produktion erfahr'n wir – wegen Langer Leitung –/ Immer etwas später aus 'ner alten Zeitung./ Ja warum – ja darum ... u.s.f./ Aber danach hör'n wir, was wir wissen wollen,/ Denn die Löwen [Mitarbeiter der PGLA-Außenstelle in der Hannoveraner Löwenstraße, TK] reden mit verteilten Rollen./ Ja warum – ja darum ... u.s.f.

Fleissig wird geschrieben, nur die Bergreviere/ Denken schon im Voraus an die hellen Biere./ Ja warum – ja darum ... u.s.f./ Wenn die Sitzung aus ist, gehn wir nicht nach Hause,/ Sondern machen höchstens 10 Minuten Pause./ Ja warum – ja darum ... u.s.f.

Danach kommt ein Vortrag, um uns zu belohnen,/ Auf den Vortrag folgen schöne Diskussionen./ Ja warum – ja darum ... u.s.f./ Wenn die Geologen ihren Speach beenden/ Schiesst die Gravimetrik mit schweren Argumenten/ Ja warum – ja darum ... u.s.f.

Manche Gesichter werden dabei bänglich,/ Weil die Gravimetrick [!] ziemlich laut und länglich./ Ja warum – ja darum ... u.s.f./ Endlich kommt das Schlusswort und man reckt die Glieder,/ Gleich darauf im Bierhaus sieht man sich schon wieder./ Ja warum – ja darum ... u.s.f.

Dann im Bierhaus steigen lange Konferenzen,/ Und die Leute löchern dort den guten Bentzen./ Ja warum – ja darum ... u.s.f./ Kurz vor 12 da geht man, vielfach schon geladen,/ Denn um Null Uhr achte fährt der Zug nach Baden.[59] / Ja warum – ja darum ... u.s.f.

---

[58] Vgl. Protokolle ... (1–53, 1934–1938, siehe Kapitel 1, Fn. 234) und Protokolle ... (54–67, 1939–1942, siehe Kapitel 1, Fn. 222).

[59] Ab 1935 besuchte Bentz regelmäßig die Bohrungen, die im Oberrheintalgraben ausgeführt wurden: Vgl. Korrespondenz Hasemann – Bentz, RBF 177, kein Titel, NA, T 401/7, 135–181.

> Was verbleibt sind alles dauerhafte Gäste/ Bilden dann bei »Bols« noch unlösliche Reste./ Ja warum – ja darum, ja warum – ja darum,/ Wir haben uns so lange nicht, so lange nicht gesehen,/ Weil wir im Monat einmal nur zur Austauschsitzung gehen."[60]

Der zweite Teil der Veranstaltung war keineswegs eine Bagatelle. So baten im Juli 1934 die Direktoren der WIAG zu einer Besprechung im Anschluß an die 2. Austauschsitzung, auf der sie mit Barsch und dem Biertrinker Bentz[61] über die Größe ihrer Konzession in Baden verhandeln wollten.[62] Auch wenn Konzerndirektoren nicht anwesend sein konnten, bedeutete dies nicht, daß sie sich der Möglichkeit begaben, informell über ihre Konzessionen zu verhandeln. So sollten im April 1935 die Direktoren der Preußag ihren Chefgeologen Moos mit der Verhandlungsführung beauftragen.[63] Angesichts der bürokratiefeindlichen Tendenz und der sich auflösenden ordentlichen Verwaltung im „Dritten Reich"[64] ist es sehr wahrscheinlich, daß die informellen Verhandlungen mit Bentz im Wirtshaus bald wichtiger wurden als der formale Antragsweg über das RPrWM. In jedem Fall dienten sie zur Herausprägung einer elitären Gruppenstruktur und eines spezifischen Eigengruppenverhaltens.

Jedoch brach sich der elitäre Anspruch des Erdölgeologischen Austauschs nicht nur in wissenschaftlicher und geselliger Richtung Bahn, sondern entwickelte gleich zu Beginn seine durchaus praktische Seite. So wies der Preußagdirektor Roessing gleich auf der ersten Sitzung am 7. Juni 1934

> „ [...] auf die weitverbreitete Propaganda zum Vertrieb von Anteilen durch gewisse Firmen hin und bespricht die Notwendigkeit, dieses Treiben zu kontrollieren und zu unterbinden. Dies soll mit Hilfe des Ministeriums, der Parteistellen und durch Aufklärung der Presse bewerkstelligt werden."[65]

Nach Rücksprache im RPrWM bezüglich dieses Anliegens eröffnete Bentz in der 2. Austauschsitzung am 19. Juli 1934, daß es genüge, wenn Presse und Parteistellen die entsprechenden Maßnahmen ergriffen, wahrscheinlich, weil sich das Ministerium be-

---

60 Austauschsitzung, in: Lieder zur St. Quirinus Feier März 1939, NLfB 75078.

61 Das Goldene Erdölgeologische Alphabet gab die bezeichnenden Charakterisierungen: „Herr Bentz nicht für Bewegung schwärmt – Am Bier er sich den Bauch erwärmt. [...] Bentz lebt nur noch im Bahncoupé – Als Brauchtum gilt der Bullentee. [...]". Goldenes Erdölgeologische Alphabet, Lieder zur St. Quirinus Feier März 1939, NLfB 75078.

62 WIAG – Oel-T. Ho./St. 38260/38162 – an Bentz re Erdölschürfgebiete in Baden, v. 16. Juli 1934, in: NLfB 41922. Über die badische Konzession verhandelte die WIAG (vor allem einer ihrer Direktoren Markscheider A. Hoffmann) seit 1933 mit Bentz: Vgl. NLfB 103235 und NLfB 103234. Der Konzern ließ sich hierbei genauestens von Bentz beraten, der die passenden Konzessionen vorschlug: Bentz an Hoffmann/WIAG, re Ringwald-Konzessionen im Rheintalgraben, v. 30. August 1934, in: NLfB 103230. Ende 1935 wurde auch der badische Wirtschaftsminister Ministerialrat Naumann eingeschaltet: Korrespondenz Bentz – MinR Naumann, RBF 177, kein Titel, NA, T 401/7, 155–160.

63 Vgl. Preußag – Hu/Sz. an Bentz re Bohrung Baden Oos, v. 13. April 1935, in: NLfB 30593.

64 Vgl. Martin Broszat, *Der Staat* ... (1986), 162–172.

65 Riedel, Protokoll der 1. Austauschsitzung am 7. Juni 1934, Bl. 3 f., in: Protokolle ... (1–53, 1934–1938, siehe Kapitel 1, Fn. 234).

deckt halten wollte. In dieser Sitzung wurde das Vorgehen gegen weitere strukturelle Feinde – die vermeintlich geophysikalischen Apparate nach Stähle-Futterknecht und der mittelständische „Reichsverband der Deutschen Erdölindustrie, seine Methoden und die beteiligten Persönlichkeiten" – besprochen.[66] Mit der „Propaganda" zum Anteilsvertrieb waren die sog. Erdölprospekte gemeint, professionell aufgemachte Druckschriften, in denen mit Gutachten namhafter Erdölgeologen – wie des verstorbenen Stoller oder Bentz – für die Leistungsfähigkeit der Bohrfirmen geworben wurde, nicht selten in Verbindung mit Gutachten von Wünschelrutengängern, die vor dem „Dritten Reich" noch einiges Ansehen genossen. Die Werbung mittels Erdölprospekten stellte den üblichen Weg kleiner Unternehmen dar, um Kapital für ihre Bohrunternehmungen zusammenzubekommen. Sie wurden sowohl von als seriös geltenden Unternehmen benutzt,[67] als auch von Spekulanten oder gar Trickbetrügern, die sich an den Bauern in Osthannover schadlos hielten. Gegen das Phänomen der Spekulanten hatten die Organe und Vertreter der hannoverschen Erdölindustrie seit 1918 polemisiert. Wie bereits gezeigt worden ist, wurde das Phänomen – das nichts weiter als den Entwicklungsstand der Branche illustrierte – jedoch zu einem Schreckensbild aufgeblasen, in dessen Schatten sich ausgezeichnet eine Politik für die großen Konzerne betreiben ließ. Seitdem sich die Erdölallianz mit ihrem Bohrprogramm etabliert hatte – offiziell am 10. Januar 1934, – mehrten sich nun in der regionalen Presse wieder die Schlagzeilen über das vermeintliche Spekulantenunwesen, und in bemerkenswerter Verlogenheit wurde dazu aufgerufen, den Bauern Schutz vor der Anlagefreiheit und sich selbst zu gewähren.[68] Kurze Zeit vor der Austauschsitzung, am 22. Mai 1934, hatte in der Niedersächsischen Tageszeitung (NTZ) der Autor des Artikels „'Genügend flüssiges Gold' – Erdöl-Prospekte, wie sie nicht sein sollen" gegen die Werbestrategie der Gewerkschaft Vereinigte Borgholzhausen (Bankhaus Matthias Blum, Düsseldorf) polemisiert mit der unmißverständlichen Aufforderung „Das Publikum lasse seine Hände von solchen Dingen!".[69] Die betreffende Gewerkschaft, die durch die Pressekampagne Anteilskäufer verlor, zählte zum mittelständischen „Reichsverband der Vereinigten Deutschen Erdölindustrie e.V., Hannover", den der Ständepolitiker und Bohrunternehmer Schmiedekampf/BEAG gegen den Verband der Konzerne, den Verband der Deutschen Erdölindustrie, Hannover-Wietze" aus der Taufe gehoben hatte,[70] über den sie nun eine Gegendarstellung an die NTZ-Redaktion zukommen ließ. Hierin versuchte die Gewerkschaft, die durch die Pressekampagne bereits Schaden erlitten hatte, ihre Seriosität argumentativ unter Beweis zu

66 Protokoll der 2. Austauschsitzung vom 19. Juli 1934, Bl. 4, in: Protokolle ... (1–53, 1934–1938, siehe Kapitel 1, Fn. 234).

67 Vgl. Prospekte der MEBIG (1919), NLfB 108143; der Erdölbohrgesellschaft Sachsenwald-Sottorf, Erdölbohrgesellschaft Martha (1929), NLfB 84568; und für Österreich von Trauzl (einem wichtigen Bohrgerätehersteller, nach 1933), NLfB 65462.

68 Vgl. Presseausschnitte in NLfB 88003.

69 „Genügend flüssiges Gold – Erdölprospekte, wie sie nicht sein sollen", NTZ., v. 22. Mai 1934, in: NLfB 88003.

70 Hanns-Heinz Kasper, *Die Erdölgewinnung* ... (1974), 288.

stellen und appellierte an die – wie Blum und Reichsverband dachten – unvoreingenommene Instanz der PGLA. Die Gegendarstellung wurde von der NTZ-Redaktion am 13. Juni 1934 zusammen mit einem vernichtenden Kommentar abgedruckt.[71] Bentz, alles andere als unvoreingenommen, arbeitete in der Folge Hand in Hand mit der NTZ-Redaktion als Sprachrohr der sich formierenden Erdölgroßindustrie zusammen. Allerdings konnten weder er, dem das wissenschaftliche Gutachten des Prospekts zur Prüfung zugeschickt wurde, noch die NTZ-Redaktion der Vereinigten Borgholzhausen betrügerisches Geschäftsgebaren wirklich vorwerfen; das geologische Gutachten, das gewisse marktschreierische Topoi nicht ausließ, glänzte keineswegs durch die szientifische Ausdrucksweise der „Erneuerer“ um Bentz, Moos und Krejci-Graf; aber deren Jargon war auch erst dabei, sich durchzusetzen,[72] und die geowissenschaftlichen Grundlagen des Gutachtens ließen sich nicht von der Hand weisen.[73] In der Wochenendbeilage „Das hannoversche Erdölgebiet“ der NTZ vom 23./24. Juni 1934 erschien daher in einem geschickten Doppelpack ein Artikel von Bentz, der mit optimistischem Schwung die neue „planmäßige Aufschließung“ möglicher Erdölvorkommen durch die NS-Regierung (namentlich Feder!) pries, zusammen mit einem programmatischen Aufsatz eines Dr. Fritz Wilutzky von der NTZ-Redaktion, dem der „Kampf gegen den Erdölschwindel“[74] fortan zur heiligen Sache werden sollte.[75] Unter dem Titel „Säuberungsaktion in der Erdölwirtschaft“ stellte Wilutzky einen acht Punkte umfassenden Maßnahmenkatalog auf, der Neugründungen von Erdölunternehmen mittels Anteilsverkauf unterbinden und eine rigorose Kontrolle durch die IHK Hannover gewährleisten sollte. Hier gab es zwar bereits seit 1928 eine „Prüfungsstelle für Erdölunternehmungen“,[76] doch waren neue Unternehmen bislang nicht verpflichtet, den Gründungshergang überprüfen oder eine Nachrevision durchführen zu lassen.[77] Wilutzky forderte jetzt sogar die verpflichtende nachträgliche Prüfung aller spekulativen Unternehmen, außerdem sollten seiner Ansicht nach keine Mutungsrechte mehr in die Grün-

---

71 „Wieder einmal: Erdöl-Prospekte! Die ‚Gewerkschaft Vereinigte Borgholzhausen‘ und der ‚Reichsverband der Vereinigten Deutschen Erdölindustrie e.V.‘“ in: NLfB 88003.

72 Zum Wandel der wissenschaftlichen Terminologie und zum Entstehen einheitlicher Nomenklaturen in der NS-Erdölgeologie vgl. S. 139.

73 Vgl. Alfred Weinreich, Abschrift eines Gutachtens über die der Preussischen Gewerkschaft Vereinigte Borgholzhausen, Sitz Düsseldorf, gehörigen Mutungsrechte der Gemarkung Ankensen und Blumenhagen im Kreise Peine (Hannover), v. 14. Mai 1934, in: NLfB 888003.

74 Bentz an Wilutzky, v. 17. Mai 1937, in: NLfB 88003.

75 Prospekt der Vereinigte Borgholzhausen in: NLfB 88003. Bentz, „Aufschließung der Erdölgebiete“, Das hannoversche Erdölgebiet – Beilage zur Niedersächsischen Tages-Zeitung, Nr. 145, v. 23./24. Juni 1934, in: NLfB 88003.

76 Vgl. „Produktion: Deutschland: Die amtliche Bewertung von Erdölgerechtsamen in Hannover“, *Petroleum* 26 (1930) 3, 90. Artikel beruhte auf einem Bericht von Oberbergrat Redepenning, Clausthal von 1928: Vgl. Paul von der Warth, „Rechtsformen und wirtschaftliche Struktur der Erdöl-Unternehmungen“, *Oel und Kohle* 12 (1936) 42, v. 8. November 1936, 975–982, hier 979.

77 „Wie Erdöl-Anteile vertrieben werden – Der Fall ‚Alemannia‘ als Beispiel für volks- und wirtschaftsfeindliche Methoden in der Erdölwirtschaft“ (Autor wahrscheinlich Wilutzky), Beilage Das hannoversche Erdölgebiet, NTZ 218 v. 18. September 1934, in: NLfB 88003.

dungen eingebracht werden dürfen, weil diese in Gestalt von Wartegeldern Zahlungsverpflichtungen beinhalteten,[78] von denen die Anteilszeichnenden vorher im allgemeinen nicht informiert würden.[79] Wilutzky verschwieg geflissentlich, daß sich hinter der scheinbar objektiven Prufüngsinstanz des „erweiterten Erdölausschuß" der IHK Hannover niemand anderers als die großen hannoverschen Erdölgesellschaften verbargen. Der Schachzug war äußerst geschickt, da suggeriert wurde, das grandiose neue Bohrprogramm werde durch die „schwarzen Schafe" in Gefahr gebracht. Auf diese Weise ließ sich über kurz oder lang ein Handlungsbedarf konstruieren, um volkswirtschaftlichen Schaden abzuwenden, wobei am Ende nur noch definiert zu werden brauchte, wer in diese Kategorie der Schädlinge fiel. Daß kleine Unternehmen einen größeren volkswirtschaftlichen Schaden anrichten würden als große, war außerdem ein Argument, dessen Absurdität nur deswegen nicht auffiel, weil die Fürsorgesemantik der Journalisten alles übertönte. Denn zu jenem Zeitpunkt scheuten sich selbst die großen Konzerne und die PGLA, das Risiko bei der Erdölsuche exakt vorherzusagen; und sie waren den Beweis schuldig geblieben, daß ihre geowissenschaftliche Systematik mehr Erfolg haben würde als das beliebte Werfen des Hutes auf der Wiese.[80]

Es folgte eine beispielhafte Pressekampagne,[81] bei der Wilutzki und Bentz Hand in Hand arbeiteten, um die unliebsamen Erdölunternehmen zu diffamieren. Währenddessen kamen aus dem Kreis der Erdöleliten weitere Forderungen nach Transparenz – und damit Kontrolle – der wirtschaftlichen Verhältnisse der angeprangerten Konkurrenten.[82] Bereits im September schien dem „erweiterten Erdölauschuß" der IHK Hannover die Temperatur des Diskurses ausreichend, selbst in Erscheinung zu treten und zum 19. September 1934 eine von Presse und Börse in Hannover unterstützte Tagung mit dem

---

78 Vgl. Hanns-Heinz Kasper, *Die Erdölgewinnung* ... (1974), 314.

79 Wilutzky, „Säuberungsaktion in der Erdölwirtschaft", Beilage Das hannoversche Erdölgebiet, NTZ 145, v. 23./24. Juni 1934.

80 Zur Kritik des Erfolgs des Reichsbohrprogramms siehe S. 176 f.

81 Wilutzky, „Wir stellen vor: Erdölgesellschaft ‚Herfordia': ein weiterer Beitrag zum Thema: ‚Erdölprospekte, wie sie nicht sein sollen' – So wird es gemacht!", NTZ, v. 24. Juli 1934, in: NLfB 88003. id., „Herr Radeke und die Erdölgesellschaft Südwinsen: Staatsanwalt klagt an ‚wegen unlauteren Wettbewerbs' – Ist die Südwinsen als ‚geeignetes Objekt' anzusehen?", NTZ, v. 11. September 1934, in NLfB 88003. Material hierzu erhielt er unter anderem von Bentz, der mit ihm bezüglich der Wissenschaftlichkeit der Gutachten in den Prospekten korrespondierte: Vgl. Abschrift I/4 v. 6. August 1934, Hdt, des Schreibens von Stamm/Reichsverband der Vereinigten Deutschen Erdölindustrie e.V. an die Gewerkschaft Drachenfels, Geschäftsführerin der Erdölgesellschaft Südwinsen, v. 16. Juni 1934, in: NLfB 88003. Vgl. Bentz an Wilutzky re Erdöl in Westfalen, v. 1. November 1934, in: NLfB 88003. Beispielhaft war sie insofern, als am Ende der mittelständischen Phase des „Dritten Reichs" unter den Begriffen „Säuberung" oder „Selbstreinigung" der Industrie in fast allen Wirtschaftsbereichen ähnliche Kampagnen zu beobachten waren: Franz Neumann, *Behemoth* ... (1998), 316–334.

82 Vorschläge Roessing/Preußag und Dittmann/Anschluß: Protokoll der 3. Austauschsitzung am 16. August 1934, Bl. 3, in: Protokolle ... (1–53, 1934–1938, siehe Kapitel 1, Fn. 234).

programmatischen Titel „Kampf dem Spekulantentum“ anzuberaumen.[83] In diese propagandistische Allianz waren auch die Bauernschaften eingebunden, die vor Ort Aufklärung betreiben sollten, was im Münsterland im Krieg gegen Vingerhoets bereits gewisse Erfolge erzielt hatte.[84] Im Verlauf dieses „Selbstreinigungs“-Prozesses wurde der Gesetzgeber dazu gebracht, weitere hoheitliche Funktionen auf die Kammer zu übertragen und insbesondere das Revisionsverfahren von 1928 in der verschärften Form anzuordnen, wie es Wilutzky im Sommer 1934 gefordert hatte. Es wurde eigens ein „Dezernent für Erdölfragen“ bei der IHK berufen, ein Posten, der mit dem promovierten Wirtschaftsjuristen Paul von der Warth – aktivem Manager der Kontinentalen Öl AG ab 1941 – einen fähigen Inhaber fand. Das neue Revisionsverfahren, das von der Warth 1936 in einem nachgereichten Essay in *Oel und Kohle* der Fachwelt vorstellte, hatte die nicht ganz einfache Aufgabe, die „seriösen“ von den „unseriösen“ Unternehmen zu scheiden – was immer diese Attribute besagten. Die auf den ersten Blick plausibel scheinende Prüfung war gespickt mit Kriterien, die nicht auf die Redlichkeit der Unternehmen abhoben, sondern auf ihre Größe und Etabliertheit.[85] Eine der zentralen Forderungen der Konzerne, welche die IHK nun realisierte, war, Einblick in die vertraglichen Verhältnisse der Gesellschaften zu erhalten. Nicht-etablierte Gesellschaften mußten vor den Revisoren der IHK die Gesamtheit ihrer Vertragsverhältnisse offenlegen, die nun die „Art der Verträge mit Bohrunternehmern, Grundeigentümern, wie überhaupt alle sonstigen Verträge im Original“ einsehen durften. Ferner erlaubte sich die IHK eine „Prüfung der Persönlichkeit der Gründer und Leiter“.[86]

Die erste Durchführungsverordnung zum – noch unter Feder ausgearbeiteten – *Gesetz zur Vorbereitung des organischen Aufbaus der deutschen Wirtschaft* (27. Februar 1934), die unter Schacht am 28. November 1934 erlassen wurde, um die Wirtschaftsverbände und Handelskammern in konzernpolitischem Sinne „gleichzuschalten“, erhob die verschärfte Revision in den Rang einer hoheitlichen Aufgabe. Indem die Herrschaft der größten Konzerne in den Branchenverbänden und in den Regionalorganisationen, die im Falle der Erdölindustrie wegen ihrer Konzentrierung auf das Territorium Hannovers zusammenfiel, Gesetzeskraft erhielt, wurde sichergestellt, daß auch in der IHK keine Positionen vertreten werden konnten, die den Konzerninteressen zuwiderliefen.[87] Unter von der Warth sollten im Verlauf der folgenden zwei Jahre (bis November 1936) 59

---

83 „Kampf dem Spekulantentum“, NTZ 218, v. 18. September 1934, in: NLfB 88003. Vgl. Hanns-Heinz Kasper, *Die Erdölgewinnung* ... (1974), 288 f.

84 Bergassessor Deilmann/Deutag auf der 2. Sitzung des Erdölgeologischen Austauschs am 19. Juli 1934, Bentz, Haack, Riedel, Protokoll der 2. Austauschsitzung der Zweigstelle Hannover des Instituts für Erdölgeologie vom 19. Juli 1934. Preußische Geologische Landesanstalt. Verhandelt: Hannover, Löwenstrasse 14., Bl. 4, in: Protokolle ... (1–53, 1934–1938, siehe Kapitel 1, Fn. 234).

85 Paul von der Warth, „Rechtsformen ...“ (1936), 979 f.

86 Ebd., 980.

87 RGBl. 1934, Teil I, 1193. Übersicht und Kontext: Franz Neumann, *Behemoth* ... (1998), 292–299. Konzernpolitisch: Ebd., 313–347. Für Erdöl: Hanns-Heinz Kasper, *Die Erdölgewinnung* ... (1974), 288–290.

Unternehmungen durch die verschärfte Revision erfaßt werden.[88] Die Revisionsberichte, die in voreingenommener und rigoroser Weise über die auserkorenen „schwarzen Schafe" herzogen, gingen nicht selten Hand in Hand mit einer Klage bei der Oberstaatsanwaltschaft.[89] Daß einige dieser nicht-etablierten Unternehmer Parteigänger der NSDAP waren, wie Oberingenieur Schmiedekampf/BEAG, der im Ausschuß für Bergbau der Kommission für Wirtschaftspolitik bei der Reichsleitung der NSDAP den Unterausschuß für Erdöl leitete, oder den Erdölspekulanten, Ex-NEOC-Manager und Göring-Intimus J. Vingerhoets aus Belgien, der das Münsterland für erdölhöffig erklärte,[90] hat die Auseinandersetzung im Nachhinein als eine zwischen „demokratischen" und „nationalsozialistischen" Kräften erscheinen lassen.[91] Von den Konzernen mochte die Säuberung auch als Mittel der „Vernunft" interpretiert werden, um mit den unübersichtlichen und unwirtschaftlichen alten Verhältnissen aufzuräumen. Dieses sowohl elitaristische wie technokratische Bemühen, „Partei"-Leute am Eindringen in „die Wirtschaft" zu hindern, charakterisierte im Herbst 1934 die Interessen weiter Teile der deutschen Großunternehmerschaft und sollte schließlich noch einmal in der Auseinandersetzung zwischen Pleigers „Reichswerken" mit der etablierten Montanindustrie in einer das Geschichtsbewußtsein prägenden Weise aufleuchten.[92] Wenn die Front denn wirklich zwischen „Demokraten" und „Nationalsozialisten"/„Faschisten" verlief – und nicht zwischen Mittelstand und Konzernen – müssen wir hinnehmen, daß in der Ölwirtschaft ab 1934 die „Demokraten" herrschten.[93]

Um die Maßnahmen legitimieren zu können, mußten gesellschaftlich akzeptierte Motive herhalten, und keins war so akzeptiert, wie das der Angst. Für beide Seiten fielen genügend Gründe ab, sich unbequem zu fühlen. Wenn sich die großen Gesellschaften durch die unkontrollierbaren Kleinunternehmen bei der pfleglichen Ausbeutung der Felder gestört fühlten, so garantierten die Erdölspekulanten auch bei den PGLA-Geologen allergische Reaktionen. Vor allem jene Firmen, die sich auf der Basis von Mutungsverträgen gründeten, drohten Löcher in das Raster von geologisch definierten Konzessionen zu reißen, das die Geologen über ein jungfräuliches Reichsgebiet zu

---

88 Paul von der Warth, „Rechtsformen ..." (1936), 980.

89 Vgl. Beherens/von der Warth, Bericht über die Revision der 1000-teiligen thüringischen Gewerkschaft „Fortuna", der deutschen Erdölgesellschaft „Born", der 100-teiligen preußischen Gewerkschaft „Born", der 100-teiligen preußischen Gewerkschaft „Elise" an die IHK Hannover, v. 12. Juni 1937, Bl. 1, NLfB 76550.

90 Vgl. BIOS 1016, 90. Vgl. Rainer Karlsch, *»Faktor ...«* (2003), 172 f.

91 In diesem Sinne interpretiert Albert E. Gunther, „The German ..." (1947), 1095 f. die Auseinandersetzung als „Struggle of Party and Technologists". Für das folgende ebd.

92 Vgl. Franz Neumann, *Behemoth* ... (1998), 354–360. Vgl. Gerhard T. Mollin, *Montankonzerne* ... (1988), 129–133. Bei Gerhard T. Mollin bildet das Konstatieren der Auseinandersetzung zwischen etablierter und Parteiwirtschaft das Ende, bei Neumann den Anfang der Untersuchung. Einordnung dieser Auseinandersetzung und der großunternehmerischen Bewußtseinslage in den größeren wirtschaftsgeschichtlichen Zusammenhang: Richard J. Overy, *Goering* ... (1984), 43 und Richard J. Overy, *War* ... (1994), 144 f. et passim.

93 Für das Öl: Bentz an RWM, v. 28. März 1935, Bl. 1–5, in: NLfB 86424.

breiten gedachten. Kleine Gesellschaften, wie die Herfordia im Münsterland, erschienen hier zweifellos weniger gefährlich, als das Konsortium von SO und RD-S – die Brigitta –, die sich in einigen Gebieten in Nordwestdeutschland auf eigene Faust zusammenhängende Explorationsgebiete gesichert hatten, oder die NEOC, die sich großflächig in Oldenburg eingenistet hatte, was Bentz auf der 4. erdölgeologischen Austauschsitzung am 20. September 1934 als „unerträglichen Zustand" bezeichnete.[94] Ebenso gereizt vermeldete er an Pasel/RPrWM, daß die in Oberg tätige Gesellschaft Greiser, die inzwischen mit der ebenfalls in Oberg alteingesessenen Hannoverschen Tiefbohrgesellschaft (*Hatege*) fusioniert war,[95] sich den Regionaluntersuchungen sperre. Dies entsprach nicht ganz den Tatsachen, denn die Gesellschaft, die noch zum äußeren Kreis der Privilegierten zählte, weigerte sich lediglich, geophysikalische Untersuchungen auf Gebieten durchzuführen, die ihr nicht gehörten.[96] Eine solche Beschränkung auf eigenes Terrain aber störte die geowissenschaftliche Systematik empfindlich, weil auf diese Weise zwischen den vertraglich vergebenen Gebieten ein wenig lukrativer Verschnitt anfiel, auf dessen Bearbeitung die PGLA bis zum Sanktnimmerleinstag warten konnte. Im Vorgehen gegen Greiser-Hatege zeigte sich, wie sehr sich das Verhältnis der staatlichen Geologie zu Firmen, die nicht zur Großindustrie zählten, bereits gewandelt hatte:[97]

Seit sie ihr großflächig und systematisch angelegtes Bohrprogramm hatten, bei dem die Explorationskonzession 1:1 von der ermittelten geologischen Struktur abhängig gemacht wurde, blieb den staatlichen Geologen im Grunde kaum etwas anderes übrig, als solche Firmen als Störenfriede zu empfinden, die nicht leistungsfähig genug waren, ganze geologische Strukturen zu bearbeiten bzw. Konsortien zu bilden, die dies konnten. Solange Gesellschaften aber leistungsfähig genug waren, das Eine-Struktur-eine-Konzession-ein-Konsortium-Kriterium zu erfüllen, und sich kooperationswillig zeigten, bestanden keine Bedenken, sie am Bohrprogramm und am Erdölgeologischen Austausch zu beteiligen. Dies galt vor allem für die Vertreter der Gesellschaften ausländischen Kapitals, Gewerkschaft Rudolph I (RD-S) und Deutsche Vacuum AG (DVOAG = Socony), die, wie Bentz in seiner Begrüßung mitteilte, „aufgrund eines Austauschabkommens mit dem Herrn Reichswirtschaftsminister" ab der 5. Austauschsitzung am 18. Oktober 1934 am Erdölgeologischen Austausch teilnahmen.[98] Schon vor dem 16. Au-

94 Bentz/Riedel, Protokoll der 4. Austauschsitzung am 20. September 1934, Bl. 2, in: Protokolle ... (1–53, 1934–1938, siehe Kapitel 1, Fn. 234). Vgl. BIOS 1017, 75 f.

95 Vgl. Besitzverhältnisse und Konzessionskarten Oberg,. Feb. 1925, Okt. 1928, 22. Apr. 1931, in: NLfB 108167. Beratungsverhältnisse seit 1922: Vgl. NLfB 86764.

96 Bentz an Geheimrat Pasel, RWM, zum Schreiben III 1533/34. betrifft: Hatege, v. 26. Sep. 1934., RBF 177, NA, T 401/7, 133 f.

97 Die Firmen waren in den späten zwanziger Jahren am Austausch der Daten in Oberg immerhin beteiligt: NLfB 86764.

98 Bentz, Haack, Riedel, Protokoll der 5. Austauschsitzung der Zweigstelle Hannover des Instituts für Erdölgeologie am 18. 10. 1934, in: Protokolle ... (1–53, 1934–1938, siehe Kapitel 1, Fn. 234). Für Rudolph I kamen die Shell-Geologen Otto Dreher, Heinrich Schlüter und L. Happel. Für die DVOAG erschien Walter Kauenhowen. Die RD-S wurde im „Dritten Reich" und ab 1935 vor allem über ihr Konsortium mit der SO, Gewerkschaft Brigitta, auf dem Feld Steimbke-Rodewald

gust hatte die DVOAG Bereitschaft signalisiert, die eigenen Meßergebnisse auszutauschen,[99] und wahrscheinlich hatten die RD-S Vertreter sich in ähnlicher Weise vernehmen lassen.

Bis Ende 1934 hatte sich der Erdölgeologische Austausch in Gestalt, Arbeitsweise und Zweck als Plattform etabliert, von welcher aus die Modernisierung der preußischen Erdölwirtschaft herbeigeführt werden sollte. Bergbehörde, geologischer Dienst und Industrie bildeten ein scheinbar unabhängiges, neutrales Gremium. Die elitaristische Denkweise der Akteure jedoch bewirkte, daß die verschiedenen Besonderheiten und Disparitäten in der preußischen Erdölindustrie als Probleme wahrgenommen wurden, die sich dem Bohrprogramm in den Weg stellten. Deswegen mutierte das Bohrprogramm noch in der Anlaufphase sehr schnell zu einer Exklusivveranstaltung für die Konzerne, deren Wunsch nach freier Hand bei der Erdölerschließung und -produktion sich auf symbiotische Weise mit der zwanghaften Forschungssystematik der Staatsgeologen ergänzte. Einen Ausschluß nach spezifisch nationalwirtschaftlichen Kriterien gab es vor allem im zweiten Halbjahr 1934 weniger denn je, da die nationalistische Klientel der Mittelständler gegen Hjalmar Schacht eine empfindliche Schlappe erlitten hatte, und die ausländischen Konzerne, die, solange sie kooperierten, dem Forschungsinteresse der Geowissenschaftler dienten, keine Anfeindungen befürchten mußten.

Durch die Verwaltung und zentrale Bearbeitung der sensiblen geowissenschaftlichen Daten, die sich die PGLA mit den für das Bohrprogramm bereitgestellten Steuergeldern quasi erkauft hatte, gelangten ihre Geologen in eine überlegene Position gegenüber den Firmengeologen. Die Zentralisierung von geologischen Daten sollte über kurz oder lang zu grundsätzlichen Forderungen der PGLA gegenüber den anderen Landesanstalten führen. Außerdem stärkten die Konzerne dadurch, daß sie den Erdölgeologischen Austausch für ihre konzernpolitischen Interessen zweckentfremdeten und Bentz zu konzernpolitischem Handeln gegenüber dem Ministerium und der Presse anleiteten, ohne es zu ahnen seinen Einfluß in der Wirtschaftspolitik, in der der Behördengeologe im Grunde nichts verloren hatte. Die staatlichen Geowissenschaftler sollten – indem sie sich instrumentalisieren ließen – sehr bald über jene moderierende Rolle hinauswachsen, die sie sich ausbedungen hatten und die die Konzerne bereit waren, ihnen zuzugestehen.

Bekanntlich wurde dieser Kampf der preußischen Konzerne gegen „Gründer", Spekulanten und Mittelständler von jener grundsätzlichen Auseinandersetzung zwischen Mittelstand und Großindustrie überstrahlt, die mit dem Triumph Hjalmar Schachts über Gottfried Feder im Juli 1934 ihren sichtbaren Ausgang nahm.[100] Das veränderte wirtschaftspolitische Klima nach der Röhmkrise erleichterte es nun, daß die Konzerne, die –

---

bei Nienburg/Weser aktiv: Bentz, Klingner, Riedel, Schott, Protokoll der 8. Austauschsitzung der Zweigstelle Hannover des Instituts für Erdölgeologie am 24. Januar 1935, in: Protokolle ... (1–53, 1934–1938, siehe Kapitel 1, Fn. 234).

99 So Bentz auf Anfrage von Roessing: Riedel/Bentz, Protokoll der 3. Austauschsitzung am 16. August 1934, Bl. 2, in: Protokolle ... (1–53, 1934–1938, siehe Kapitel 1, Fn. 234).

100 Vgl. S. 124 ff.

von August Rostergs Engagement im Keppler-Kreis einmal abgesehen – traditionell weniger Rückhalt in nationalsozialistischen Gliederungen hatten als ihre mittelständischen Konkurrenten, ihrer deutlich anti-ständischen Politik Gesetzeskraft verleihen konnten. An dieser Stelle sei auf die wichtigsten Gesetze für die weitere Erdölpolitik eingegangen, die sich als *ad-hoc*-Reaktion auf die Probleme niederschlugen, die sich beim Anlaufen des Bohrprogramms im Laufe des Sommers 1934 offenbart hatten und im Erdölgeologischen Austausch erörtert worden waren.[101]

Das am 12. Mai 1934 durch das Preußische Staatsministerium erlassene *Gesetz zur Erschließung von Erdöl und anderen Bodenschätzen* (Erdölgesetz) hatte keine grundsätzlichen Änderungen für die preußiche Erdölindustrie herbeigeführt, vor allem keine Abschaffung oder grundlegende Modifikation des Grundeigentümerbergbaus.[102] Nun, nachdem sich die Erdölelite im Erdölgeologischen Austausch formiert und ihre Zielvorstellungen und Bedrohungsszenarien entworfen hatte, schien im November 1934 die Zeit reif, eine Entscheidung der prinzipiellen Art zu treffen. Die erste grundlegende Änderung der Gesetzeslage ging wahrscheinlich auf einen Entwurf Otto Barschs, des Leiters der Abteilung Geophysik der PGLA, um Ende Oktober 1934 zurück. Da sich offenbar eine Außenstelle des ehemaligen Preußischen Ministeriums für Wirtschaft und Arbeit im Gebäude der PGLA in der Berliner Invalidenstraße 44 befand, waren die Wege zum Ministerium nicht allzu lang;[103] vertraute Ansprechpartner waren die Bergabteilung des mittlerweile im RPrWM integrierten preußischen Wirtschaftsministeriums (Ministerialrat Klewitz) und das RPrWM selbst (Oberberghauptmann Schlattmann, Geheimrat Pasel).[104] Am 7. November 1934 versandte Schacht bereits den Entwurf zu einer Vorlage zu einem *Gesetz über die Durchforschung des Reichsgebietes nach nutzbaren Lagerstätten (Lagerstättengesetz)*

---

[101] Quellenbelege für die Initiativen ließen sich im Rahmen dieser Untersuchung nicht recherchieren. Es ist jedoch nachträglich von Geowissenschaftlern, die an dem Programm beteiligt waren, auf Bentz' und Barschs aktive Mitwirkung bei der Ausgestaltung des Lagerstättengesetzes und der Erdölverordnung hingewiesen worden: Hans Udluft et al., *Die Preußische* ... (1968), 100. Hans Closs, „Die geophysikalische ..." (1974), 118. Hierauf bezugnehmend Kühn/Rohrbeck, „Die Preußische ..." (1987), 28. In ähnlicher Weise äußert sich Bentz' Vorgesetzter zwischen 1945–1948: Albert E. Gunther, „The German ..." (1947), 1150. Die Paragraphen des Lagerstättengesetzes entsprechen so ungeschminkt den Aspirationen der PGLA nach zentraler Kompetenz, daß man für den Entwurf der Gesetzesvorlage schwerlich einen anstaltsexternen Autor annehmen kann.

[102] Vgl. S. 116.

[103] Der Kopf des Schreibens Bentz an RPrWM v. 28. März 1935, in: NLfB 86424 legt diesen Schluß nahe.

[104] Verbindungen: Hans Closs, „Die geophysikalische ..." (1974), 118. Ohne Beleg. Vgl. Kühn/Rohrbeck, „Die Preußische ..." (1987), 28. Heinrich Schlattmann, zuvor Berghauptmann in Breslau und Rivale des OBH Winnacker, löste diesen bei der Fusion des Preußischen Ministeriums für Wirtschaft und Arbeit mit dem Reichswirtschaftsministerium im Sommer 1934 als OBH ab: Willy Boelcke, *Die deutsche* ... (1983), 86. Schlattmann und Schacht sollten Bentz 1936 gegen die Bedenken der NSDAP/Der Stellvertreter des Führers protegieren: Bentz, Supplement ... (11. Februar 1946, Fn. 36), Bl. 2.

an die Reichskanzlei.[105] Der Entwurf schrieb die Vorreiterrolle der PGLA beim Reichsbohrprogramm als Gesetz fest, und zwar auf mehreren Ebenen. § 1 nannte die PGLA sowie die übrigen geologischen Landesanstalten als Durchführungsbeauftragte des Reichswirtschaftsministers für das Bohrprogramm, wobei eine Zusammenfassung aller geologischen Landesanstalten mit der PGLA zu einer „Geologischen Reichsanstalt" in Aussicht genommen wurde. Bis dahin sollten die geologischen Landesanstalten der deutschen Länder sämtliche Ergebnisse an Preußen weiterleiten.[106] In der Begründung wurden für die komplette Delegierung des Programms an die Geowissenschaftler als Grund aufgeführt, nur sie verfügten „über einen Stamm theoretisch und praktisch gut vorgebildeter Geologen und über die erforderlichen Hilfsmittel". Die gesetzliche Verankerung der PGLA als „Landeskirche"[107] begründete man mit der nötigen Einheitlichkeit bei der Durchführung des Programms, die nur die größte aller Landesanstalten gewährleisten könne.[108] Neben Sachverstand zählten vor allem die geophysikalischen Produktionsmittel der PGLA, ein technologischer Vorsprung, der bereits Ende 1933 Ministerialrat Klewitz vom RWM veranlaßt hatte, eine zentrale „amtliche Stelle" für die geophysikalischen Arbeiten bei der PGLA zu fordern.[109] Für die Durchführung der Geophysikalischen Reichsaufnahme hatten sich die preußischen Geologen seither eigens neue Geräte, je einen Gravimeter von Thyssen und von Haalck angeschafft, wie Bentz am 20. September 1934 in Hannover verkündete.[110]

§ 2 des Entwurfs stellte den in GRA oder RBP tätigen Geowissenschaftlern des Staates erstmals eine allgemeine Zutrittsvollmacht zu allen Privatgrundstücken im

---

105 Der mit der Führung der Geschäfte des RWM beauftragte Präsident des Reichsbankdirektoriums Schacht – III 2359 – an den Staatssekretär der Reichskanzlei, v. 7. November 1934 mit dem Entwurf in der Anlage, BA, R 43 I/1471, Bl. 11 und 12 Rekto–15 Verso. Vgl. Zusammenfassung des Entwurfs durch Ministerialrat Willuhn/RKei, als Tischvorlage für Hitler am 15. November 1934: *Akten* ... (1999), 203 Fn. 7.

106 Entwurf einer Gesetzesvorlage für ein Gesetz über die Durchforschung des Reichsgebietes nach nutzbaren Lagerstätten (Lagerstättengesetz), Anlage Schacht – III 2359 – an den Staatssekretär der Reichskanzlei, v. 7. November 1934, § 1, BA, R 43 I/1471, Bl. 12 Rekto.

107 Unter Geologen verbreitete scherzhafte Bezeichnung für die Hegemoniebestrebungen der PGLA: Hinweis durch den ehemaligen Keppler-Geologen Prof. Dr. Hanfried Putzer, Interview am 8. Oktober 1993, sowie durch Bentz' Assistent ab 1938, Prof. Dr. Mayer-Gürr, Interview am 25. Mai 1994. BIOS 1 016, 7 und 77, deutete den Begriff dagegen als Belustigung über Amtsschimmel und Verschlafenheit der Behörde.

108 Entwurf ... (vom 7. November 1934, siehe Fn. 106), Bl. 14 Rekto.

109 Vermerk Ministerialrat Klewitz/PrMWuA betreffend Plan zur geophysikalischen Untersuchung des deutschen Bodens auf Erdöl, oD, in: NLfB 66179. Quelle datierbar auf 1933. Hans Closs, „Die geophysikalische ..." (1974), 118 und Kühn/Rohrbeck, „Die Preußische ..." (1987), 27 f. sind sich in der Urheberschaft Barschs für die Geophysikalische Reichsaufnahme so sicher, daß man annehmen darf, Barsch habe Klewitz souffliert. Die Apparate der PGLA waren auch bei der Sitzung über die Geophysikalische Reichsaufnahme im Mai 1934 als Argument für eine Führungsrolle der PGLA ins Feld geführt worden: Siehe S. 110 ff.

110 Bentz/Riedel, Protokoll der 4. Austauschsitzung am 20. September 1934, Bl. 2, in: Protokolle ... (1–53, 1934–1938, siehe Kapitel 1, Fn. 234).

Reichsgebiet „mit Ausnahme der Wohngebäude" aus.[111] § 3 sah vor, daß die Ergebnisse sämtlicher geophysikalischer Untersuchungen der PGLA angezeigt werden müßten, sowohl von der geophysikalischen Firma als auch von der beauftragenden Erdölgesellschaft.[112] Damit wurde der PGLA ein viel umfassenderes Einblicksrecht zugesichert, als ihr ohnehin über den Erdölgeologischen Austausch bereits zustand, denn von einer gesetzlichen Meldepflicht waren alle im Deutschen Reich tätigen Gesellschaften betroffen, nicht nur die am Reichsbohrprogramm beteiligten. Da diese Bestimmung für beide Seiten solch geophysikalischer Auftragsarbeiten galt, war der PGLA garantiert, daß ihr keine Meßergebnisse vorenthalten wurden. Außerdem konnte sie sich, da die Verfahren angegeben werden mußten, einen statistischen Überblick zur Überwachung der allenthalben tätigen Wünschelrutengänger verschaffen.[113] Die §§ 4 und 5 regelten eins der ältesten Probleme, das die erdölgeologische Arbeit der PGLA seit den zwanziger Jahren entschieden behindert hatte: daß ihr Bohrdaten vorenthalten wurden.[114] Nun sollten der PGLA „Zutritt zu allen Bohrungen" und die Entnahme von Proben gestattet sein (§ 5), außerdem war eine Meldepflicht aller mechanisch angetriebenen Bohrungen an die PGLA zwei Wochen vor Bohrbeginn vorgesehen (§ 4).[115] Auf diese Weise würden schwarze Bohrungen verhindert werden, die einen allgemeingültigen geologischen Überblick über die Boomfelder des 19. Jahrhunderts, Ölheim und Wietze, verhindert hatten. § 7 schließlich sah vor, daß sämtliche Gerechtsamen-, Mutungs-, Schürf-, Konzessions- und ähnliche Vertragsverhältnisse zwischen Grundeigentümern und Erdölunternehmungen bzw. geophysikalischen Kontraktoren auf eigenen Karten, die den räumlichen Umfang der betreffenden Gebiete angaben, der PGLA angezeigt werden müßten.[116] Dies war im Grunde die von Roessing im Kampf gegen die „Gründer" geforderte Offenlegung der Vertragsverhältnisse nach rumänischem Muster. Weitere formaljuristische Bestimmungen, etwa die Erhebung von Geldstrafen bei Zuwiderhandlung und die Aufrechterhaltung anderer bergbehördlicher Bestimmungen, bildeten den Abschluß.[117]

---

[111] Entwurf ... (vom 7. November 1934, siehe Fn. 106), Bl. 12 Rekto/Verso.

[112] Ebd., Bl. 12 Verso.

[113] Wörtlich: „Wer für eigene oder fremde Rechnung geophysikalische Untersuchungen zur Erforschung des Untergrundes ausführt, ist verpflichtet, vor Beginn der Arbeiten das Gebiet und den voraussichtlichen Umfang der Messungen sowie das hierbei anzuwendende Verfahren der zuständigen Anstalt (§ 1) anzuzeigen und ihr demnächst das Ergebnis der Untersuchungen unter Beifügung sämtlicher Unterlagen mitzuteilen.": Entwurf einer Gesetzesvorlage für ein Gesetz über die Durchforschung des Reichsgebietes nach nutzbaren Lagerstätten (Lagerstättengesetz), Anlage zu Schacht – III 2359 – an den Staatssekretär der Reichskanzlei, v. 7. November 1934, § 3, BA, R 43 I/1471, Bl. 12 v. Vgl. RGBl. 1934, Teil I, 1223 f.

[114] Siehe hierzu Stollers Klage, die DEA hülle „sich bekanntlich in vollständiges Stillschweigen bezüglich ihrer Bohrungen": Jakob Stoller, Bericht zu No. 5522/24 betr. Dienstreise nach Hannover, Celle-Nienhagen und Wietze vom 15. ff. Sept. 1924, v. 16. Oktober 1924, NLfB 23400, 3. Bl.

[115] Entwurf ... (vom 7. November 1934, siehe Fn. 106), Bl. 12 v und 13Rekto.

[116] Ebd., Bl. 13 Rekto/Verso.

[117] Ebd., Bl. 13 v.

Doch auch wenn die Begründung für § 8 versicherte, die Zuständigkeit der ordentlichen Bergbehörden bei der Beaufsichtigung der Erdölindustrie würde nicht angetastet,[118] so mußten alle vorangegangenen §§ diese Behauptung als reine Beschwichtigungsformel erscheinen lassen. Tatsächlich wurde mit der allumfassenden Datenerhebungskompetenz für Reichsbohrprogramm und Geophysikalische Reichsaufnahme ein länderübergreifender, zentralistischer Zugriff auf Bergbaudaten gefordert. Die preußische Forschungsanstalt für angewandte Naturwissenschaft wollte sich zu einer Art Reichsbergamt für Erdöl und Erdgas mausern.

Der Entwurf, der durch eine Ergänzungsvorlage vom 24. November 1934 modifiziert wurde,[119] fand Kritik lediglich bei Reichserziehungsminister Rust, der am 29. November 1934 die Autokratie der PGLA in Sachen Geophysikalischer Reichsaufnahme schriftlich ablehnte und eine mit Vertretern der Universitäten und Technischen Hochschulen bestückte Kommission forderte.[120] Bei der Kabinettssitzung am 4. Dezember 1934 gelang es Schacht jedoch, diese Forderung mit dem Argument abzuschmettern, solch eine Kommission könne die nötige Geheimhaltung nicht gewährleisten.[121] Das

---

[118] Ebd., Bl. 13 v.

[119] *Akten* ... (1999), 203 Fn. 7 mit Verweis auf BA, R 43 II/483, Bl. 6–21.

[120] Ministerbesprechung und Kabinettssitzung vom 4. Dezember 1934, 16:30 Uhr, BA, R 43 I, Bl. 2–10 = Dok. Nr. 53, *Akten* ... (1999), 203 Fn. 8.

[121] Vgl. die Ablehnung der Universitätsgeowissenschaftler im Rust-Ministerium, die mit der „Deutschen Geologie" eine rassistisch-ideologisch begründete Naturwissenschaft lehrten, durch die praktischen Geologen in der PGLA bei der Geophysikalischen Reichsaufnahme: S 109–112. Die nationalsozialistischen „Deutschen Geologen" um Beuerlen in München sollten ironischerweise einen viel geringeren Einfluß im NS-Regime gewinnen als die „Demokraten-Dickschädel" (so Göring über Bentz, frei nach Bentz: Walter E. H. Carlé, *Werner- Beyrich – v. Koenen – Stille: ein geistiger Stammbaum wegweisender Geologen* (= Geol JB, Ser. A, 108), Hannover 1988, 132) in der PGLA. Zu den „Deutschen" bzw. „»faschistischen«" (Mehrtens) Naturwissenschaften (Aryan science movement) vgl. Herbert Mehrtens, „Das »Dritte Reich« in der Naturwissenschaftsgeschichte: Literaturbericht und Problemskizze, in: *Naturwissenschaft, Technik und NS-Ideologie: Beiträge zur Wissenschaftsgeschichte des Dritten Reichs*, hg. Herbert Mehrtens/ Steffen Richter, Frankfurt 1980, 15–87, hier 28–30. Monika Renneberg/Mark Walker, *Science, Technology and National Socialism*, Cambridge 1994, 9–11. Zur Auseinandersetzung der vermeintlich sauberen weil unideologischen Naturwissenschaften mit dem putativen Dilettantismus der „Deutschen" bzw. „faschistischen" Naturwissenschaften, die auch das wissenschaftsgeschichtliche Bewußtsein der frühen Bundesrepublik prägte: (allg.:) Herbert Mehrtens, „Das »Dritte ...«" (1980), 33–36. Ders., „Irresponsible Purity", in: Renneberg/ Walker, *Science* ... (1994), 329–331. Ders., „Kollaborationsverhältnisse: Natur- und Technikwissenschaftler im NS-Staat und ihre Historie", in: *Medizin, Naturwissenschaft, Technik und Nationalsozialismus: Kontinuitäten und Diskontinuitäten*, hg. Christoph Meinel, Stuttgart 1994, 13–32, hier 17. (Physiker:) Alan D. Beyerchen, *Scientists under Hitler: politics and the physics community in the Third Reich*, New Haven 1977, 206 f. (Mathematik:) Herbert Mehrtens, „Der französische Stil und der deutsche Stil: Nationalismus, Nationalsozialismus und Mathematik 1900–1940", in: Y. Cohen/ K. Manfrass (Hg.), *Frankreich und Deutschland: Forschung, Technologie und industrielle Entwicklung im 19. und 20. Jahrhundert*, München 1990, 116–129. (Geographie:) H. D. Schultz, „Versuch einer Historisierung der Geographie des Dritten Reichs am Beispiel des geographischen Großraumdenkens", in: *Geographie und Nationalsozialismus* (Urbs et Regio, 51) Kassel 1989, 1–

Kabinett stimmte der von Schacht vorgetragenen Vorlage zu, und das Gesetz wurde als *Gesetz über die Durchforschung des Reichsgebietes nach nutzbaren Lagerstätten (Lagerstättengesetz)* ausgefertigt.[122] Am 13. Dezember konnte Bentz das neue Gesetz und seine Auswirkungen für die Geophysikalische Reichsaufnahme den anwesenden Firmenvertretern im Erdölgeologischen Austausch vorstellen. Darüber hinaus hatte sich das Ministerium bereit erklärt, den von Industrieseite geforderten Ausschluß nicht-akzeptierter geophysikalischer Prospektionsmethoden (namentlich derer nach Dobler, Gebrüder Hennig und nach Stähle-Futterknecht) mittels einer Prüfungskommission zu verfolgen.[123]

Für solch eine Initiative war der Zeitpunkt günstig gewählt, da seit dem frühen Herbst 1934 das aus der alten Dachorganisation RWM und dem preußischen Wirtschaftsministerium entstandene neue Superministerium für Wirtschaft (RPrWM) bereits seine erste gefährliche Krise durchmachte. Eine zentrale Administration für kohlenwasserstoffpolitische Belange beim RPrWM zu schaffen, war bereits die Idee des alten RWM gewesen, vor allem seines Zweiten Staatssekretärs Feder, die sich in jenem am 1. Dezember 1933 abgeschmetterten Entwurf für ein reichseinheitliches Mineralölgesetzt am deutlichsten manifestiert hatte.[124] Im Zuge der Sommerkrise bot sich den rivalisierenden NSDAP- und traditionellen Eliten im Deutschen Reich – neben der Frage, wer nun Waffenträger der Nation sein dürfe – gerade die auswärtige Kohlenwasserstoffpolitik als ein ideales, weil wehr- und zivilwirtschaftlich bedeutungsvolles Kampffeld an, um die ungelösten Grundsatzfragen des jungen Regimes zu klären, und Schacht hatte hier – ohne greifbare Ergebnisse, wenn man von seiner Bestallung zum Minister absieht – seine devisenpolitischen Trümpfe ausgespielt.[125] Ob die KW-Wirtschaft mit ihrer evident strategischen Bedeutung für die wirtschaftspolitische Weichen-

---

75. (Überblick:) Margit Szöllösi-Janze, „National Socialism and the Sciences: Reflections, Conclusions and Historical Perspectives", in: Dies. (Hg.), *Science in the Third Reich*, New York 2001, 1–35, hier 4–9.

[122] Ministerbesprechung und Kabinettssitzung vom 4. Dezember 1934, 16:30 Uhr, BA, R 43 I, Bl. 2–10 = Dok. Nr. 53, *Akten* ... (1999), 203. Ausfertigung unter RGBl. 1934, Teil I, 1223 f.

[123] Bentz, Haack, Riedel, Schott, Protokoll der 7. Austauschsitzung der Zweigstelle Hannover des Instituts für Erdölgeologie am 13. 12. 34, in: Protokolle ... (1–53, 1934–1938, siehe Kapitel 1, Fn. 234). Industrieseite: Roessing auf der 2. Sitzung des Erdölgeologischen Austauschs am 19. Juli 1934, Bentz, Haack, Riedel, Protokoll der 2. Austauschsitzung der Zweigstelle Hannover des Instituts für Erdölgeologie vom 19. Juli 1934, in: Protokolle ... (1–53, 1934–1938, siehe Kapitel 1, Fn. 234).

[124] Kabinettssitzung v. 1. Dezember 1933, 17: 30 Uhr, BA, R 43 I/1466, Bl. 153–160 und 312, publiziert als Dok. 258, *Akten* ... (1983), 988 f. Siehe S. 96–98.

[125] Zum „Schachtianismus" (Teichert) der Reichsbank und der außenhandels- und machtpolitischen Bedeutung der vor- und frühnationalsozialistischen Devisenbewirtschaftung und ihre desintegrierende Wirkung für die Stellung des Deutschen Reichs in der Weltwirtschaft vgl. Franz Neumann, *Behemoth* ... (1998n), 390–393. Hans-Erich Volkmann, „Die NS-Wirtschaft ..." (1979), 254–264. Eckart Teichert, *Autarkie* ... (1984), 27–31.

stellung von 1934 auch ursächlich war, soll hier nicht entschieden werden.[126] Zweifellos aber waren ölpolitische Fragen von großer Wichtigkeit, und kaum, daß sich das Blatt zu seinen Gunsten gewendet hatte, zog Schacht Feders Abteilungen ein, wozu vor allem die Abt. III/5 Erdölwirtschaft (Mulert etc.) gehörte, die für die auswärtige Kohlenwasserstoffpolitik und die Handelspolitik im Inland sowie, im Zuge des Benzinvertrags vom Dezember 1933, auch für die einheimische synthetische Kohlenwasserstoffproduktion die Zuständigkeit innehatte.[127] Mit der Eingliederung des PrMWuA im Spätsommer 1934 kam dessen Abteilung für Bergbau, „Der Oberberghauptmann", die die einheimische Erdölproduktion administrierte, ebenfalls in den Einzugsbereich des Reichsministeriums.[128] Seit dem Bedeutungszuwachs der heimischen Erdölindustrie ab 1930 existierte hier das Referat „Mineralöl" unter der Leitung des Ministerialdirigenten Geheimer Bergrat Pasel, der die Belange in für die Erdölindustrie zufriedenstellender Weise verwaltet hatte.[129] Damit war unter Schacht zum erstenmal in der kurzen deutschen Geschichte eine Instanz geschaffen, die die bislang auf mehrere Länder, Branchen und Verarbeitungsstadien zerstückelte Kohlenwassertoffkompetenz in einer Hand zusammenfaßte, um zu einer einheitlichen Ölpolitik zu kommen – etwas, das der französischen Regierung bereits 1924/28 mit ihrer nationalen Ölpolitik eindrucksvoll gelungen war und was das Petroleum Department als Hort britschen Ölimperialismus' ohnehin seit dem Ersten Weltkrieg praktizierte.[130]

Auch in verwaltungspolitischer Hinsicht trieb die Rohstoffrage die Entwicklung voran. Seit Gründung der Weimarer Republik hatte die sog. Reichsreform auf der politischen Tagesordnung gestanden, um das von einer Integration noch weit entfernte, historische Konglomerat von ehemaligen Königreichen und Fürstentümern (nunmehr Republiken oder „Freistaaten") in einen modernen Nationalstaat mit harmonisierter

---

126 Vgl. Hans-Erich Volkmann, „Die NS-Wirtschaft ..." (1979), 269–277. Seine systhematische Trennung von Außen- und Binnenwirtschaft, die einen einheitlichen autarkistischen Plan suggeriert, ist angesichts der engen ölwirtschaftlich-diplomatischen Zusammenhänge jedoch problematisch.

127 Vgl. Willy Boelcke, *Die deutsche* ... (1983), 369 f. Fn. 241.

128 Vgl. Gerhard T. Mollin, *Montankonzerne* ... (1988), 44 f. und 288 Fn. 48 mit Verweis auf *Erste Verordnung zur Vereinheitlichung und Verbilligung der Verwaltung* vom 19. Juli 1934, RGBl. 1934, Teil I, 719. Die Deutung des Prozesses als Emanation eines „totalitären Zentralismus" (44) ist jedoch anachronistisch; ohne auch nur eine der historischen wirtschaftspolitischen Frontstellungen und Entwicklungen seit 1933 zu berücksichtigen, erhebt sie die geschichtsphilosophische Annahme in den Rang eines Ergebnisses.

129 Karl Schirner/DEA, The Way of the German Crude Oil Industry (Supplement to Part IV, Section 1), DMM, Reports on German and Japanese Industry (BIOS, CIOS, FIAT)/BIOS Final Report 1016, Supplement, London o. J. (1946. Im Folgenden: Karl Schirner, BIOS 1016, Supplement), 22 f. Zufriedenstellend: Ebd.

130 Siehe S. 55. Im Grunde war dies ein weiterer Indikator für den niedrigen Entwicklungsstand der Kohlenwasserstoffindustrie und der Motorisierung im Deutschen Reich. Die Diktatur, die sich die Motorisierung auf die Fahnen geschrieben hatte, befand sich noch im Stadium des Probierens mehrerer Wege, und ihre Administration formte sich flexibel, entsprechend den Impulsen aus der Industrie. Dies sollte sich bis 1945 nicht wesentlich ändern.

Gesetzgebung zu verwandeln.[131] Den Zeitgenossen war dieser Zustand ein Tort: Nicht nur wurde das Deutsche Reich durch den Versailler Vertrag in seiner innen- und außenpolitischen Entwicklung gehemmt, nein, es durfte sich noch nicht einmal Nation im klassischen westlichen Sinne nennen. Auch wenn durch die Niederlage im Ersten Weltkrieg, in dem die militärischen Verbände der deutschen Königreiche und Fürstentümer lose nebeneinander gekämpft hatten, die nationale Identität – und sei es als Schützengrabennation und „Schicksalsgemeinschaft" – in greifbare Nähe gerückt war, so hatte „Deutschland" während der Weimarer Republik noch immer mehr ideellen Wert denn realen Gehalt. Diesen Zustand zu ändern, hatten sich junge Anti-Aufklärer und mythologische Staatsrechtler wie Carl Schmitt und Helmuth Nicolai auf die Fahnen geschrieben; und sie bemühten sich, analog zur politischen Aufbruchstimmung der Diktatur ab 1933, in Fricks Reichsinnenministerium und in Görings Preußischem Staatsministerium um die verwaltungsrechtliche Erschaffung „Deutschlands" aus den Staaten des Deutschen Reichs. Ein erster Schritt war das *Gesetz über den Neuaufbau des Reiches* vom 30. Januar 1934, eine grundsätzliche Absichtserklärung, die Reichsreform im neuen Regime durchzuführen, die der Reichsinnenminister tags darauf im „Volksempfänger" mit den Worten verbrämte:

> „Der Traum von Jahrhunderten ist erfüllt. Deutschland ist kein schwacher Bundesstaat mehr, sondern ein starker nationaler Einheitsstaat."[132]

Die weiteren Bestrebungen, zu einer deutschen Nation zu gelangen, mündeten Ende 1934 in eine Anzahl vorbereitender Gesetze und Erlasse. Die große Reform, die man sich im Innenministerium durch das geplante „Reichsstatthaltergesetz" erhoffte, scheiterte jedoch in der Auseinandersetzung mit den neuen Partikulargewalten (Gauleitern) und in der sich verschärfenden Ressortkonkurrenz bereits Anfang 1935.[133] „Deutschland", d.h. eine deutsche Nation, per Gesetz ins Leben zu rufen, sollte sich schließlich auf die Erschaffung der deutschen Identität beschränken, die in den Nürnberger Rassegesetzen von 1935 ihre spezifisch anti-aufklärerische, antisemitische und rassistische Ausprägung erhielt.[134]

Während Ende 1934 Innenministerium und preußisches Staatsministerium anstanden, sich den Lorbeer für die Erfindung „Deutschlands" zu teilen, wurde die Modeströmung

---

[131] Heiko Pollmeier, „Reichsreform", in: *Enzyklopädie des Nationalsozialismus*, hg. Wolfgang Benz/Hermann Graml/Hermann Weiß, München 1997, 689.

[132] Zitat nach Martin Broszat, *Der Staat* ... (1986), 151.

[133] Martin Broszat, *Der Staat* ... (1986), 151–161.

[134] Vgl. Raphael Gross, *Carl Schmitt und die Juden: eine deutsche Rechtslehre*, Fankfurt/M. 2000. Vgl. Juliane Wetzel, „Nürnberger Gesetze", in: *Enzyklopädie des Nationalsozialismus*, hg. Wolfgang Benz/Hermann Graml/Hermann Weiß, München 1997, 620. Mit wachsendem außenpolitischem Erfolg (Saarland, Rheinland, Österreich) und neugewonnenem „deutschem" Selbstbewußtsein stellte sich die Verquickung von Patriotismus und Antisemitismus als bürgerliches Erfolgsrezept heraus, und selbst erklärte Nicht-Pgs. wie Bentz sollten bereits 1936 ohne Not antisemitische Berichte verfassen: Vgl. Bentz, Bericht ueber die Moeglichkeiten von Erdoelbeteiligungen in Mexiko, v. 30. Oktober 1936: NLfB 49035, Bl. 5.

der Verreichlichung im fusionierten bzw. fusionierenden RPrWM weit effizienter genutzt. Bekanntlich fehlte im noch sehr jungen Deutschen Reich eine einheitliche Bergbaugesetzgebung, und auch eine Harmonisierung der Landesgesetzgebungen im heutigen Sinne war keineswegs realisiert. Da der traditionelle Schlüsselrohstoff Kohle hauptsächlich in preußischen und von Preußen annektierten Gebieten zu finden war, war eine Abstimmung der diversen und zum Teil einander widersprechenden Bergbaugesetzgebungen bislang gar nicht notwendig gewesen. Sowie aber der neue Schlüsselrohstoff Erdöl auch außerhalb Preußens gefunden werden konnte – in den Freistaaten Braunschweig, Oldenburg, Thüringen und Bayern, in Baden, Bayerisch Pfalz und an der Bergstraße in Hessen (Rheinhessen) – drängte sich eine Zentralisierung der Verwaltung förmlich auf. OBH Schlattmann, der für Bergbau zuständige Abteilungsleiter im RPrWM, nahm die Impulse, die von den Erdöleliten in Industrie und PGLA bezüglich der Erdöllegislation ausgingen, im Januar zum Anlaß, um auch in den anderen Zweigen des Bergbaus die Verwaltungskompetenz bei der obersten Reichsbehörde zu zentralisieren (Gesetz vom 28. Februar 1935). Das hierdurch im RPrWM entstehende „deutsche" Kohlenwasserstoffressort verdankte sich also den Bestrebungen, sowohl in horizontaler als auch vertikaler Richtung, Kompetenzen zu akkumulieren.[135] Diese Zentralisierung der KW-Kompetenz bei der Bergbauabteilung des RPrWM (Hauptabteilung III)[136] wurde Anfang 1935 noch gefestigt dadurch, daß man eine eigene „Fachgruppe Erdölbergbau" in der Wirtschaftsgruppe Bergbau einrichtete. Damit erhielt die Erdölindustrie eine stärkere Lobby als bisher, verpflichtete sich aber zugleich dem Bergbau im Ministerium.[137]

Doch die frisch gewonnenen Kompetenzen des RPrWM auf dem KW-Gebiet wurden durch konkurrierende Interessengruppen gleich wieder in Frage gestellt. Seit die Pläne gescheitert waren, die Achnacarry-Konzerne mit Hilfe des ASKI-Verfahrens zur devisengünstigen Bildung einer 1-Millionen-Tonnen-Reserve heranzuziehen,[138] wurde Schacht vom RWeM unter Druck gesetzt, der Treibstoff- und Devisenkrise durch Zusammenfassung der vielfältigen Erzeugungsinitiativen unter einem „Reichskommissar für Mineralöl" zu begegnen.[139] Hierbei hatte die Reichswehrführung die von ihr favorisierten „Mineralöl"-Technokraten der IG Farbenindustrie AG (Krauch, Ernst Rudolf Fischer) im Sinne, die bereits im September 1933 den Heeres- und Luftwaffenbedarf ausgerechnet und als Vierjahresplan auf den Tisch gelegt hatten. Deren Wünsche hatte sich damals der Wehrwirtschaftsstab des Heereswaffenamtes

135 Erst die Ausfertigung des Lagerstättengesetzes am 4. Dezember 1934 gab den Anstoß für eine Zentralisierung der Bergbehörden der Länder: *Akten* ... (1999), 203 Fn. 9 und Aufzeichnung des Oberberghauptmanns Schlattmann v. 21. Januar 1935: Ebd., Dok. Nr. 82, 318 f. Vgl. Willy Boelcke, *Die deutsche* ... (1983), 158 f. Gesetz: Vgl. Karl Schirner, BIOS 1016, Supplement, 23.

136 Willy Boelcke, *Die deutsche* ... (1983), 86.

137 Karl Schirner, BIOS 1016, Supplement, 7 f. Vgl. BIOS 1017, 48.

138 Siehe S. 119 f. ASKI-Verfahren: Vgl. Eckart Teichert, *Autarkie* ... (1984), 33. Willy Boelcke, *Die deutsche* ... (1983), 113.

139 Willy Boelcke, *Die deutsche* ... (1983), 161 f.

(Thomas) ohne Abstriche zu eigen gemacht und durch Blomberg unter anderem auch Hitler vortragen lassen.[140] Im August 1934 verlangte dann Blomberg von Schacht, daß vom RPrWM – gemeinsam mit RWeM und RLM – „ein »Mineralölplan« mit klaren Zielen aufgestellt wird, in dem alle zu seiner Durchführung nötigen Maßnahmen festzulegen sind und der vom Kabinett zu genehmigen ist".[141] Ende September 1934 forderte Staatsekretär Milch/RLM gar eine staatlich-industrielle Rüstungsanleihe zum Aufbau von Rüstungs- und Ersatzstoffanlagen, die selbst dem RWeM zu weit ging.[142] Schacht konnte jedoch bis 1936 die Einrichtung jeglicher von IG-Managern besetzten Enquetekommissionen und IG-Treibstoffdiktatoren nach militärischer Maßgabe verhindern, die nicht irgendeinen Übergriff auf sein Ressort bedeutet hätte, sondern eine veritable „Nebenregierung" (BOELCKE);[143] hierbei galt ihm die gesamtwirtschaftliche Untragbarkeit einer solchen rein auf militärische Bedürfnisse zugeschnittenen Behörde als Argument.[144]

Aber nicht nur von Seiten der aus Wehrwirtschaftsstab der Reichswehr, Luftfahrtministerium und IG bestehenden Verbraucher-Erzeuger-Gruppe drohten zu diesem Zeitpunkt Gefahren. Durch den Wirtschaftsbeauftragten Hitlers, Wilhelm Keppler, wurde bekanntlich jener Ausschnitt der Kohlenwasserstoffinteressen der Ruhrmontanindustrie vertreten, der sich mit dem Forschungsvorhaben des KWI-Mühlheim unter Franz Fischer deckte.[145] Am 11. November 1934 ließ sich Keppler von Hitler die „Sonderaufgabe [übertragen], alle diejenigen wirtschaftlichen Maßnahmen durchzuführen, welche in Anbetracht der Devisenlage erforderlich sind, um ausländische Rohstoffe durch inländische Erzeugung zu ersetzen."[146] Obschon er diesen Auftrag zunächst mit ausdrücklicher Billigung Schachts erhielt, der ihn wohl auf ein „technisch-ingenieurwissenschaftliches Arbeitsfeld" abdrängen wollte (Boelcke),[147] sollte der Autarkiekurs von Kepplers erstem Büro „Sonderaufgabe Deutsche Roh- und Werkstoffe" in der Folge deutlich mit Schachts Außenhandelskurs kollidieren.[148]

---

[140] September 1933: Siehe S. 84. Vgl. Wolfgang Birkenfeld, *Der synthetische* ... (1964), 53. 1935 sollte denn auch Ernst Rudolf Fischer/IG für die im folgenden immer wieder geforderte Rolle des „Treibstoff-Kommissar" bzw. „Treibstoff-Diktator" von Blomberg vorgeschlagen werden: Ebd., 54 Fn. 10. Vgl. Richard J. Overy, *Goering* ... (1984), 41.

[141] *Akten* ... (1999), 194 Fn. 1. Zitat ebd. mit Verweis auf Vortragsnotiz in: BAMA, RW 19/923, Bl. 309–311.

[142] *Akten* ... (1999), 194 Fn. 1 mit Verweis auf BAMA, RW 19/1596, Bl. 111.

[143] Willy Boelcke, *Die deutsche* ... (1983), 163. Vgl. Wolfgang Birkenfeld, *Der synthetische* ... (1964), 54.

[144] Ebd., 54.

[145] Siehe S. 122 ff.

[146] *Akten* ... (1999), 194 Fn. 1 mit Verweis auf BA, R 2/16103, Bl. 17 und BA, R 43 II/374. Beauftragung auch bei Willy Boelcke, *Die deutsche* ... (1983), 165 und 370 Fn. 259 mit Verweis auf BA, R 43 II/1602. Vgl. Dieter Petzina, *Autarkiepolitik* ... (1968), 24 f.. Hans-Erich Volkmann, „Die NS-Wirtschaft ..." (1979), 269.

[147] Willy Boelcke, *Die deutsche* ... (1983), 165.

[148] Vgl. Dieter Petzina, *Autarkiepolitik* ... (1968), 24 f. Die Tätigkeit des ersten Büros Keppler sollte sich denn auch nicht auf Kohlenwasserstoffsubstitution beschränken, wo Keppler über die Brabag

Zur Abwehr etwaiger Übergriffe hatte das RPrWM verschiedene Maßnahmen ergriffen. Hierzu gehörte die Einrichtung einer Überwachungsstelle für Mineralöl im RWM mit Begründung des sog. Neuen Plans am 3. September 1934,[149] ein wichtiges Steuerungsinstrument, um die Außenhandelsaktivitäten mit den spärlichen Devisenvorräten zu korrelieren, deren Bewirtschaftung bereits seit August 1931 der Reichsbank oblag.[150] Hierzu gehörte ebenso die Einrichtung der Brabag und ihre gesetzliche Verankerung als Instrument des Reichswirtschaftsministers Mitte bis Ende September 1934.[151]

Ende Oktober/Anfang November 1934 muß die Idee, die Erschließung natürlicher Rohstoffe (vor allem des Erdöls) per Gesetz zentralistisch zu ordnen, den naheliegenden und verlockenden Gedanken geweckt haben, auch die synthetische Seite der KW-Politik per Gesetz zu ordnen – und zwar in so deutlicher Weise zu Gunsten des Reichswirtschaftsministers, daß allen nach Kompetenzen schielenden Piraten auf die Finger geschlagen wäre.

Ein Jahr zuvor, auf der bedeutsamen Kabinettssitzung am 1. Dezember 1933, hatte Schacht noch dafür votiert, Garantieerklärungen allein durch den Reichsfinanzminister aussprechen zu lassen.[152] Nun, am 1. Dezember 1934, drei Wochen, nachdem der Entwurf für eine Lagerstättengesetzesvorlage an die Ressorts verschickt worden war, übersandte Schacht der Reichskanzlei den Entwurf zu einem *Gesetz über die Übernahme von Garantien zum Ausbau der Rohstoffwirtschaft*, der die Zuständigkeit des Reichsfinanzministers zugunsten des Reichswirtschaftsministers löste, indem dem letzteren sämtliche Maßnahmen- und Verordnungskompetenz eingeräumt wurde (§§ 2 und 3).[153] Die Begründung verdeutlichte das Anliegen des RPrWM, sämtliche Planungsgewalt bei

---

mit Krauch von der IG kooperierte, sondern vor allem im Bereich Textilfasern (Kehrl) und Eisenerzbergbau (Pleiger) wirksam werden: Hans Kehrl, Krisenmanager ... (1973), 60–65. Willy Boelcke, *Die deutsche* ... (1983), 165–169.

149 Seyboth auf der Besprechung im RWM: Durchführung des Neuen Plans im Außenhandel, v. 3. September 1934, BA, R 2501/6603, Bl. 16–23, publiziert als Dok. 9, *Akten* ... (1999), hier 36.

150 Per Verordnung des Reichspräsidenten vom 1. August 1931, RGBl. 1931, Teil I, 421 ff: Eckart Teichert, *Autarkie* ... (1984), 29 und 284 Fn. 157. Franz Neumann, *Behemoth* ... (1998), 390 f. gibt hierfür den Juli 1931 an.

151 Vgl. Wolfgang Birkenfeld, *Der synthetische* ... (1964), 37–43. Verordnung über die Errichtung wirtschaftlicher Pflichtgemeinschaften in der Braunkohlenwirtschaft. Vom 28. September 1934, publiziert 29. September 1934, RGBl. 1934, Teil I, 863 f.: Wolfgang Birkenfeld, *Der synthetische* ... (1964), 39 f.

152 Kabinettssitzung v. 1. Dezember 1933, 17: 30 Uhr, BA, R 43 I/1466, Bl. 153–160 und 312, publiziert als Dok. 258, *Akten* ... (1983), 988 f. Siehe S. 96–98.

153 Schachts Ministerium hatte diesen Entwurf bereits mit den beiden anderen Ressorts abgeklärt, die hier Einspruch hätten erheben können: dem Reichsfinanzministerium (MinR Nasse) und dem Reichsernährungsministerium (MinR Weber): Anschreiben Schacht an Lammers, v. 1. Dezember 1934, BA, R 43 I/1471, Bl. 141 mit Entwurf in der Anlage, ebd., Bl. 142 Rekto/Verso. Äußerlich ging die Initiative auf einen Vorschlag des Reichsfinanzministers Schwerin von Krosigk vom 10. September 1934 zurück, der eine einfache, umfassende Regelung für künftige Substitutionsgarantieen des Reichs wünschte: *Akten* ... (1999), 194 Fn. 1 mit Verweis auf R2/16103, Bl. 2 f.

der Rohstofferzeugung und -substitution im Rahmen eines großangelegten, einheitlichen Rohstoffprogramms bei sich selbst festzuschreiben. Vier förderungswürdige Industriebranchen wurden aufgezählt: die Textilindustrie (mit rund 120 Millionen RM zu fördern); die KW-Synthese („Mineralölerzeugung") mit alten Garantieverträgen für die IG über 350.000 t und neuen über weitere 95.000 t sowie mit der Brabag über 500.000 t; die Wiederinbetriebnahme stillgelegter Erzlagerstätten (Fe und Non-Fe, insg. 25 Millionen RM); die Neuerschließung (10 Millionen RM) und das Hüttenwesen (10 Millionen RM); und schließlich auf chemischem Gebiet zur Reinigung von Harzen und von Mineralölen (je 100.000 RM). Vor allem sah sie ausdrücklich vor, die bereits im Dezember 1933 ausgesprochene Garantie für das IG-Benzin rückwirkend bis zum 1. Dezember 1933 zu regeln.[154] Alle genannten Sektoren betrafen Schwerpunktgebiete des ersten Büros Keppler, und in der Folge sollte es auf dem Rohstoffgebiet zur direkten Konkurrenz und Konfrontation kommen.[155]

In die Serie von Rohstoffgesetzen[156] paßte sich schließlich auch die *Preußische Verordnung über die Berechtigung zur Aufsuchung und Gewinnung von Erdöl und anderen Bodenschätzen* (Erdölverordnung) ein, die am 13. Dezember 1934 erlassen wurde und jegliche vertragliche oder spekulative Vereinbarung bei der Erdölexploration unterband, indem sie Erdöl unter „Staatsvorbehalt" stellte.[157] Danach stand die „Aufsuchung und Gewinnung von Erdöl [...] allein dem Staate zu" (§ 1), der dieses Recht „anderen Personen übertragen konnte" (§ 2), mit der Folge, daß „mit Inkraftreten dieser Verordnung [...] das Recht des Grundeigentümers zur Aufsuchung und Gewinnung von Erdöl" erlosch (§ 3 Abs. 1).[158] Mit diesem Gesetz wurde eine der ältesten Forderungen der großen deutschen Erdölgesellschaften eingelöst, die unüberschaubaren Verhältnisse in den hannoverschen Erdölfeldern zu bereinigen und die Branche von nicht kontrollierbarer Konkurrenz zu säubern. Die Wachstumsmöglichkeiten, welche das beginnende Reichsbohrprogramm in Aussicht stellte, hatte die Notwendigkeit, eine endgültige und radikalere Lösung als die 1928/29 geforderte zu finden, so recht erst vor Augen geführt.

Ein kausaler Zusammenhang zwischen den Konzernwünschen, die sich in der Phase ihrer „Selbstreinigung" zwischen Sommer und Herbst 1934 herauskristallisiert hatten, und dem preußischen Gesetz, das diese Bedürfnisse in idealer Weise befriedigte, läßt sich nicht direkt belegen. Die Formulierungen des IHK-Akteurs von der Warth von 1936, der dieses Gesetz als wirksamste aller Maßnahmen gegen den vermeintlichen

---

[154] BA, R 43 I/1471, Bl. 143 Rekto/Verso und 144 Rekto. Publiziert als *Akten* ... (1999), 194–196. Rückwirkend: Ebd., 194 f.

[155] Vgl. Dieter Petzina, *Autarkiepolitik* ... (1968), 24 f. Hans Kehrl, Krisenmanager ... (1973), 60–65. Willy Boelcke, *Die deutsche* ... (1983), 165–169.

[156] Hierzu gehörte auch das Phosphoritgesetz vom 16. Oktober 1934: Gerhard T. Mollin, *Montankonzerne* ... (1988), 43.

[157] PGs 1934, 463 f. Vgl. Hanns-Heinz Kasper, *Die Erdölgewinnung* ... (1974), 316 f.. Gerhard T. Mollin, *Montankonzerne* ... (1988), 43 f.

[158] PrGS. 1934, 463 f.

Schwindel feierte, läßt zumindest den Schluß einer sehr großen Nähe zwischen Nutznießern und Gesetzgeber zu.[159]

Nachdem die Lage Ende 1934 durch diese vielfältigen und ineinander verzahnten Maßnahmen im Sinne der preußischen Ölkonzerne bereinigt worden war, sollte das Reichsbohrprogramm in der von seinen Urhebern gewünschten Form – mit eingeengtem Nutznießerkreis – zügig umgesetzt werden. 1935 schlug es als eine von drei Hauptbelastungen des RPrWM-Etats zu Buche.[160] Nominell lag die Verantwortung bei der Bergbauabteilung des RPrWM, der Abteilung III.,[161] die bis Schachts Sturz 1937/38 die Mittel zuteilte.[162]

Das RPrWM erhielt vierteljährlich Bericht über den Fortschritt des Programms – sowie über private Bohrungen außerhalb des Programms.[163] Außerdem erhielt das Ministerium das Original des Protokolls, das bei Beendigung jeder Reichsbohrung zwischen dem überwachenden Geologen der PGLA und der jeweiligen Firma ausgefertigt wurde, um Streitigkeiten bei der Feststellung der Endteufe zu vermeiden.[164]

Tatächlich organisierten Bentz und die Geowissenschaftler der PGLA den Ablauf des Programms mehr oder weniger eigenständig; sie führten die Korrespondenz, besprachen die Initiativen mit den Vertretern der Erdölindustrie im Erdölgeologischen Austausch oder im Anschluß daran[165] und bestimmten mit ihren geophysikalischen und geologischen Kriterien den geographischen Verlauf des Programms. Die Lage der einzelnen Bohrungen wurde in Chefbesprechungen zwischen Bentz und den jeweiligen Direktoren gemeinschaftlich festgelegt.[166] Über jede Reichsbohrung erhielten sie von der jeweiligen Firma wöchentlich Bericht.[167] In wirtschaftspolitischen Fragen bestand jedoch eine enge Kooperation mit dem Ministerium; meist holte Bentz für von Industrieseite vorge-

---

159 Paul von der Warth, „Rechtsformen ..." (1936), 980.

160 Umdruck, Aufzeichnungen des Reichsministers der Finanzen zur Haushaltslage des Reichs, v. 26. März 1935, BA, R 43 I/1472, 623–632, publiziert als *Akten* ... (1999), Nr. 129, 479.

161 Willy Boelcke, *Die deutsche* ... (1983), 87 f.

162 Vgl. Wolfgang Birkenfeld, *Der synthetische* ... (1964), 96. Nach der neuerlichen Aufteilung der Kompetenzen 1938 (Mineralölabteilung des RWM für *downstream*, Krauch für Synthese-*upstream* und Bentz für Erdöl-*upstream*) sowie der Schaffung der Reichsstelle für Bodenforschung als Nachfolgerin der PGLA 1939 ging auch der Etat auf den geologischen Dienst über.

163 Bentz, Vierteljahresberichte über die Entwicklung des deutschen Erdölbergbaus 1930–1940, NLfB 73861–73872. Vgl. Kühne, Vierteljahresberichte über die Entwicklung des deutschen Erdölbergbaus einschließlich Elsaß, Protektorat, Ostmark 1941–1944, NLfB 78873.

164 PGLA – IVe 4430/11.7.34 – an das Preußische Oberbergamt Clausthal-Zellerfeld, vom 18. Juli 1934, in: NLfB 86424.

165 Vgl. WIAG – Oel-T. Ho./St. 38260/38162 – an Bentz re Erdölschürfgebiete in Baden, v. 16. Juli 1934, in: NLfB 41922.

166 Etwa die Bohrungen Holstein 4 und 5 der DPAG-DEA im Anschluß an die fündige Bohrung RB 205, die auf einer Besprechung zwischen Bentz/PGLA, Große und Schlicht/DPAG-DEA festgelegt wurden: DPAG-DEA an Pasel/RPrWM re Aufschlußgebiet Heide in Holstein, in: NLfB 87077.

167 PGLA an OBA Clausthal-Zellerfeld ... (vom 18. Juli 1934, siehe Fn. 164).

schlagene Maßnahmen beim Ministerium Rückendeckung ein,[168] oder man stimmte das Vorgehen gegenüber auswärtigen Interessen ab, wie bei der kurzfristigen Wiederaufnahme von Explorationsarbeiten der durch die DVOAG aufgekauften BMI im Herbst 1935.[169] Diese Zusammenarbeit im Sinne der Erdölindustrie erstreckte sich auch auf andere Ministerien, wie das Reichsministerium für Volksaufklärung und Propaganda (RMVuP), mit dem sich auf Veranlassung der PGLA das RPrWM kurzschloß, um Veröffentlichungen über Bohrungen im Münsterland, und damit eine Werbung für J. Vingerhoets, zu vermeiden.[170]

Gegenüber den anderen geologischen Landesanstalten und -untersuchungen trat die PGLA, entsprechend ihrem im Lagerstättengesetz vom 4. Dezember 1934 festgeschriebenen Hegemonialanspruch, als zentrale Koordinierungsinstanz auf. Die wöchentlichen Berichte, die dort erstellt wurden, gingen ebenfalls an die PGLA, und es fand eine enge Abstimmung mit den verantwortlichen Landesgeologen vor Ort statt, nicht selten mit Anweisungen zum weiteren Abteufen oder Abbrechen von Bohrungen.[171] Dies betraf vor allem zunächst die geologischen Dienste in Thüringen (Deubel) und Baden (Hasemann).[172] Die Einbindung der anderen Landesanstalten, die jeweils auch an ihre Wirtschaftsministerien und Oberbergämter berichteten, in das Programm war fest und erfolgte im kollegialen Ton.[173]

Die sog. Bohrbeihilfen oder -darlehen wurden an Firmen gemäß formalisierter Bestimmungen erteilt, die ab 1935 nur noch bestimmten Gesellschaften innerhalb der im Erdölgeologischen Austausch anwesenden Gruppe zur Kenntnis gebracht wurden. Es handelte sich hierbei um die Gruppe derjenigen großen Gesellschaften, die die Erdölklientel am deutlichsten repräsentierte – die neue deutsche Erdölelite: die preußischen Erdölkonzerne (DPAG/DEA, Burbach-Kali, WIAG, Elwerath, Preußag), die großen Bohrgesellschaften ITAG, ab 1935 auch DEUTAG, und einige kleinere Firmen (Bergbaugesellschaft Mariaglück Celle, Gewerkschaft Siegfried Hannover = Petrolifer Rohoel Company, Consolidierte Alkaliwerke Empelde).[174] Für die zweite Etappe des

168 Vgl. Korrespondenz über die Verbandsstrukturen zwischen Bentz/PGLA und RWM, 1934–1936, in: NLfB 86424. Vgl. Korrespondenz über die Ausschaltung der Gewerkschaft Drachenfels zwischen Bentz/PGLA, Klewitz/RPrWM und OBA Clausthal, Dezember 1934–März 1937,: NLfB 92868.

169 Korrespondenz zwischen Bentz, Reich/PGLA, OBH Schlattmann/RPrWM und Fink/OBA München, in: NLfB 101967.

170 Stephan/RMVuP – IV 4053/6.6.36/73-6 – an RPrWM, v. 22. Juni 1936, NLfB 47966, Bl. 71.

171 Vgl. Hasemann/BGLA an Bentz v. 5. Nov. 1935, RBF 177, kein Titel, NA, T 401/7, 161–163.

172 Thüringen: Betrifft Erdölbohrungen auf thüringischpreußischem Gebiet mit Reichsdarlehen. Beaufsichtigung der Bohrungen, 6. März 1934–26. 8. 1937, NLfB 47956. Vgl. Deubel an Bentz vom 30. August 1935, RBF 177, kein Titel, NA, T 401/7, 182. Baden: Korrespondenz Bentz mit Hasemann 1935, ebd., 139–175.

173 Vgl. Bentz an Hasemann über eine Bohrung im Bienwald/Pfalz, v. 2. Juni 1936, RBF 177, kein Titel, NA, T 401/7, 141.

174 RWM, Umdruck Grundzüge des Verfahrens und der Bedingungen für die Gewährung von Reichsdarlehen an Erdölunternehmungen, in: NLfB 86424.

Reichsbohrprogramms fanden die Kriterien der elitären Auslese, die in der politischen Auseinandersetzung des Vorjahres gereift waren, bereits ihren Niederschlag: Antragssteller mußten ihre wirtschaftliche Situation offenlegen und zur Not die Kosten eines Revisionsverfahrens selbst tragen; dies diente mehr der Überwachung als einer tatsächlichen Antragsbearbeitung. Firmen überwiegend ausländischen Kapitals blieben weiterhin explizit von einer Gewährung von Beihilfen ausgeschlossen.[175] Das bedeutete jedoch nicht, daß ausländische Konzerntöchter nicht doch von dem Programm profitierten. Über den Erdölgeologischen Austausch nahmen ihre Geologen am zentralen Umschlag erdölgeologischer Erkenntnisse teil, wo sie ihre Initiativen einbringen konnten;[176] über Konsortialverträge mit der Preußag gelang es der DVOAG sogar bis weit in den Krieg hinein, selbst in den Genuß der Beihilfen zu kommen und Teil der deutschen Erdölelite zu werden.[177] Auch wenn die Bereitschaft etwa der Brigitta (RD-S/SO), sich in die deutsche Ölpolitik einbinden zu lassen, etwas weniger offensichtlich war als bei der DVOAG, sollten doch die meisten deutschen Töchter westlicher Konzerne auch nach Kriegsbeginn recht vorbehaltlos zur nationalsozialistischen KW-Politik beitragen.[178]

Welches Eigengruppendenken bei Bentz' Institut für Erdölgeologie vorherrschte, zeigte seine Stellungnahme zum Antrag der GHH, Oberhausen bzw. deren Tochter, der Bohrfirma Haniel & Lueg, Düsseldorf, die sich im Juli 1936 als federführende Gesellschaft in einem Konsortium mit der WIAG für Bohrdarlehen im aussichtsreichen Gebiet Rixförde-Hambühren-Südwinsen bewarb.[179] Die GHH hatte die Exploration auf einem älteren Schürfgebiet bei Hambühren lange Zeit vernachlässigt und das Gebiet schließlich abgestoßen, woraufhin sich eine Tochter der RD-S, die Weser-Aller-Schurfgesellschaft, dieses Gebiet mit Privatverträgen sicherte und dort 5 Schürfbohrungen und 2 Tiefbohrungen niederbrachte:

> „In Anbetracht dieser Aufschlußtätigkeit der Weser-Aller-Schürfgesellschaft erscheint es uns nicht gerechtfertigt, nunmehr dem Antrag der Gutehoffnungshütte Oberhausen A.G. zu folgen und etwaige Restparzellen an diesem Teil des Salzstockrandes an eine Gesellschaft zu vergeben, die sich seit längerer Zeit von Aufschlußarbeiten zurückgezogen hat."[180]

---

175 Zweite Bohrhilfeetappe (1.4.1935–31.3.1936), Februar 1935 und Rundschreiben Bentz re Bohrbeihilfe 1935, v. 22. Mai 1935, in: NLfB 86424.

176 So traten die Vertreter der Brigitta (Schlüter/Brand) auf der 21. Sitzung am 13. Februar 1936 für eine erhöhte Geheimhaltung gegenüber der Presse ein: Kühne/Riedel/Mempel, Protokoll der 21. Austauschsitzung der Zweigstelle Hannover des Instituts für Erdölgeologie am 13. 2. 1936. Preußische Geologische Landesanstalt. Verhandelt: Löwenstraße 14, Bl. 2, in: NLfB, Ordner Austauschsitzungen 1–53 (1934–1938).

177 Vgl. Liste der Reichsbohrungen 1934–1944, in: NLfB 86424.

178 Vgl. Heinz Flieger, *Unter* ... (1961), 154–157, 167 et passim.

179 Funcke, Kipper/GHH – B.A. III Ki/Bö – an das OBA Clausthal, v. 13. Juli 1936, mit Antrag in der Anlage, in: NLfB 97000.

180 Bentz – VI 8032/36, Geologische Stellungnahme zu dem Antrag der Gutehoffnungshütte Oberhausen A.G. betr. Rixförde, Hambühren und Südwinsen, v. 14. August 1936, in: NLfB 97000.

Auch im weiteren Verlauf des Reichsbohrprogramms sollte die GHH/Haniel & Lueg nur als Lohnbohrunternehmen auftreten können.[181]

Nachdem das Lagerstättengesetz eine Grundlage für reichsweite geophysikalische Erhebungen geschaffen hatte, wurde auch der Austausch dieser wissenschaftlichen Daten formalisiert. Am 14. Februar 1935 beraumte das Institut für Erdölgeologie in Hannover eine Besprechung zur Freigabe geophysikalischer Untersuchungen durch die Privatindustrie an, die den Weg zum allgemeinen Datentransfer ebnete und den Modus klärte, welche Unterlagen von den Firmen im einzelnen freigestellt werden konnten.[182] In der Berliner Invalidenstraße 44 fanden unterdessen die regelmäßigen Sitzungen der öffentlichen Institute statt, die die geophysikalische Reichsaufnahme durchführten. Neben den rein wissenschaftlichen Ergebnissen wurden hier auch Etatfragen und der Gegensatz zu den diversen Substitutionsindustrien erörtert.[183]

Den Ablauf des Bohrprogramms[184] hatte bereits die technokratisch argumentierende Erdölallianz im Herbst 1933 vorskizziert. Danach sollte sich die Exploration zunächst

---

181 Vgl. Liste der Reichsbohrungen 1934–1944, in: NLfB 86424.

182 Protokoll über eine Besprechung zur Freigabe geophysikalischer Untersuchungen durch die Privatindustrie. Verhandelt vor einer Austauschsitzung im Institut für Erdölgeologie Zweigstelle Hannover, Löwenstr. 14, am 14. Februar 1935, in: NLfB 68050. Anwesend: Barsch, Haack, Reich, Bentz, Riedel, Schott, Klingner (PGLA); Hartwig/Burbach-Kaliwerke AG; Bessin/Degas=IG; Kauenhowen, Brinkmeier, Müller (DVOAG= Socony); Dittmann/Gew. Anschluß = Thyssen; Schlüter/Gew. Brigitta = RD-S und SO; Roessing, Moos, Breyer (Preußag); Gornick, Müller-Liebenau, Röpke, Schander (Seismos GmbH); Hoffmann/WIAG.

183 Vgl. Protokoll der Sitzung der „Kommission zur Geophysikalischen Reichsaufnahme" am 30. April 1935 im Kleinen Sitzungssaal der Geologischen Landesanstalt, Bl. 7. Ebenso weitere Protokolle von Kommissionssitzungen, in: NLfB 68050.

184 Zu Dimension und Verlauf des Reichsbohrprogramms (RBP) auf der Grundlage der Kartei des Reichsamts für Bodenforschung (RfB), die im ZGI der DDR einlagerte, vgl. Hanns-Heinz Kasper, *Die Erdölgewinnung* ... (1974), 295–303. Das in der BGR/NLfB lagernde umfangreiche Material des Erdölarchivs des RfB, das Kasper nicht zugänglich war (vgl. Ebd., 297 Fn. 3) läßt heute den Schluß zu, daß das RBP doch erheblich umfänglicher war, als von Kasper berechnet (zwischen 128% und 160 %). Bis zur Niederschrift dieser Arbeit (2002) war das RBP nicht vollständig abgewickelt. Seit 1998 ist ein Mitarbeiter der BGR mit der Erfassung des in Hannover gelagerten Materials beauftragt (Auskunft H.-J. Meyer/BGR). Für die quantitative Neubewertung des RBP ist folgende archivalische Notiz hilfreich: Die Kartei widerspiegelt die vertragsrechtliche und finanzielle Seite des Programms, die 1939 vom RWM auf die Reichsstelle für Bodenforschung überging, und sie lag ab Januar 1945 in der Hand eines Verwaltungsbeamten (Funder) [Notiz RfB – I-Dir.Kro/Ad. an Bentz re Einschaltung von Abt. RT – ORR Funder – bei den Reichsbohrungen, v. 26. Januar 1945 und Bentz/RfB, Celle – Btz/Schr. – an Engel/Fachgruppe Erdölgewinnung und -verarbeitung, Hamburg, v. 16. Oktober 1945, Bl. 1, in NLfB 86424.] Das Erdölarchiv stellt dagegen den quantitativ und qualitativ bedeutenderen Aktenbestand dar, der von den Geologen unter Bentz erzeugt und benutzt wurde. Es wurde in den letzten Kriegstagen auf Bentz' Geheiß ins Gebäude der DVOAG in Westercelle bei Celle evakuiert, ein kleinerer Teil, vor allem statistische Unterlagen, gelangte in das Salzbergwerk Heringen/Hessen [Bentz, Supplement ... (11. Februar 1946, siehe Fn. 36), Bl. 13]. Noch in den ersten Monaten der britischen Besatzung

auf die aussichtsreichen Ölprovinzen in Hannover und Thüringen beschränken, „damit nicht Millionen nutzlos durch planlose Bohrungen ausgegeben werden.“[185] Obwohl in dem seit 1930 von der Erdölelite propagierten systematischen Explorationsprogramm die geophysikalischen Untersuchungen dem Bohrprogramm eigentlich hätten vorgeschaltet sein sollen, war die geophysikalische Reichsaufnahme materiell und institutionell erst gesichert, nachdem erste Bohrungen in der Erdölregion Hannover bereits ab-

---

erwirkte Bentz bei der Besatzungsbehörde (Major A. E. Gunther) den Fortgang des RBPs. Dies wurde mit einer friedenswirtschaftlichen Notwendigkeit der Erdölsuche begründet, doch vor allem standen noch Zahlungen des Reichs an die deutschen Erdölgesellschaften für Bohrungen der letzten (elften) Bohretappe aus. Die Argumentation gegenüber dem Military Government in Minden und gegenüber dem Ministry of Fuel and Power in London machte es nötig, das RBP als historischen Erfolg darzustellen [Vgl. Bentz an RfB, Berlin re Reichsbohrprogramm, v. 13. September 1945. Bentz – Btz/O, Notiz für Barsch, vom 13. November 1945, beide in: NLfB 86424. Vgl. Schriftwechsel der NGOC über Wiederinbetriebnahme der Hydrieranlagen vom Herbst 1945, in: PRO, FO 1039/552]. Bevor sich Bentz vom Oberpräsidenten von Hannover die volle Abwicklungskompetenz für das RBP erteilen ließ, war er bestrebt, durch Rundfragen bei der Erdölindustrie das Material des Erdölarchivs zu ergänzen, das infolge der chaotischen Bewilligungspraxis in den letzten Kriegsmonaten ebenfalls unvollständig war [Gramsch, Über die Reichsbohrdarlehen für Erdölbohrungen im Raum Hannover/Braunschweig/Oldenburg, Celle, v. 10. Dezember 1945 mit einem Entwurf in der Anlage. Bentz/Geologisches Landesamt, Celle an Barsch/Deutsche Geologische Landesanstalt, Berlin, v. 18. Dezember 1945. Ergänzen: Ebd., und umfangreicher Schriftwechsel zw. August und November 1945. Alles in : NLfB 86424]. Hieraus resultierte im September 1945 eine erste Liste der Reichsbohrungen, beschränkt auf „Altreich“, Elsaß, Protektorat, Slowakei (also ohne Österreich und alle anderen besetzten Länder, die zum Teil in der Kartei dokumentiert sind) [Zusammenstellung der mit Reichsdarlehen versehenen Reichs-Aufschlußbohrungen in den 11 Bohretappen 1934–1944, Anlage zu Btz/Schr., Fragen zu der Übersicht über das RBP, v. 10. September 1945, in: NLfB 86424]. Die Beschränkung lag in dem Wunsch begründet, den Erfolg des Programms abzubilden. Für die anderen besetzten Gebiete ließen sich keine an den NS-Staat zurückgeflossenen Royalties und Steuern in Rechnung stellen, was die Bilanz des RBP drastisch verschlechtert hätte. Die Liste war jedoch unvollständig, weshalb Gunther und Bentz im Oktober 1945 Heringen in der amerikanischen Besatzungszone aufsuchten und mit Erfolg die dort eingelagerten statistischen Akten für die britische Militärregierung requirierten [Anlage Gunther/912 Mil. Gov. Det. Celle an Oil Branch/Econ. Div./Advanced Headquarters, Control Commission for Germany (British Element), Berlin BAOR, re Geological and Oil Records of the Reichsamt für Bodenforschung, v. 29 October 1945 zur Notiz PM Loliwith/MG Econ 18, HQ BAOR, BAOR 7900/MG Econ.18 ref. no. 576 an Oil Section-attention Mr. Bigg-Wither/Economic Division/Control Commission for Germany, London SW7, re Oil Fields Investigations. Mit Anlagen # 31, in PRO, FO 1039/447.]. Auf dieser Grundlage fußte Bentz‘ Kosten-Nutzen-Rechnung, die Darlehensrückzahlungen und Produktion bis 1950 antizipierte und die Zahl der Reichsbohrungen im Altreich um 10 % nach oben korrigierte [Bentz, Drilling Subsidy – Altreich: Profit and Loss Account, in: NLfB 86424]. Auch diese Zahlen, die in Gunthers Berichte nach London einflossen, waren noch nicht der letzte Stand der Dinge. In der populären Darstellung seiner BIOS-Berichte von 1947 und 1948 korrigiert Gunther die Gesamtzahl für das „Altreich“ noch einmal herauf [Albert E. Gunther, „The German ...“ (1947), 1095].

185 OBH Winnacker an StS Feder v. 7. September 1933, Handakten Feder, BA, R 3101/20317, Bl. 16 Rekto/Verso. Siehe S. 81.

geteuft worden waren; und die wirtschaftlichen und rechtlichen Startschwierigkeiten des gesamten Explorationsprogramms waren erst mit der Erdölgesetzgebung von Ende 1934 bereinigt. 1935 konnte das Programm seinen geplanten Gang nehmen, das heißt, den bezuschußten Schürf- und Explorationsbohrungen liefen nun erst die weitmaschigen regionalen (Schweremessung, Magnetik), dann die engmaschigen lokalen geophysikalischen Untersuchungen (Drehwaage, Seismik) voraus. Die regionalen Messungen sollten bekanntlich die paläogeographischen Hebungs- und Senkungsgebiete abgrenzen, die lokalen Messungen dagegen Lage und Form der einzelnen Strukturen ausfindig machen.[186]

Geophysikalische Reichsaufnahme und Reichsbohrprogramm waren 1934/35 eng aufeinander abgestimmt worden, erleichtert dadurch, daß beide von der PGLA koordiniert wurden.[187] Die PGLA-Wissenschaftler werteten die Ergebnisse der geophysikalischen Feldarbeit, die im wesentlichen von eigenen Meßtrupps gewonnen wurden,[188] halbmonatlich in Form von Karten für die interessierten Firmen aus, die die Grundlage für die Konzessionsvergabe bildeten.[189] Außerdem trugen sie sie bis Sommer 1937 auf den erdölgeologischen Austauschsitzungen vor; danach wurde ein eigenständiger geophysikalischer Austausch eingerichtet.[190] Zugang zu den Ergebnissen hatte allerdings nur der bereits beschriebene elitäre Kreis der Erdölkonzerne und der größten Mittelständler.

Als erste Region kam die traditionelle Erdölregion Hannover (Weser-Aller-Gebiet, Gebiet V) der Ölprovinz Nordwestdeutschland an die Reihe, wo bereits 1934 das Geodätische Institut Potsdam, die Reichsstelle für Erdbebenforschung Jena und das Geophysikalische Institut Göttingen Schweremessungen mit dem Pendel vorgenommen hatten. Das Meßnetz wurde 1935 verändert, als sich die Messungen mit den neuen Gravimetern der PGLA (Thyssen bzw. Haalck) als zuverlässiger und schneller erwiesen. Ebenso fanden hier auch 1934/35 die ersten regionalen magnetischen Messungen statt (erster Schritt).[191] Die Ergebnisse dieser weitmaschigen Untersuchung wurden durch

---

186 Vgl. insg. Otto Barsch, „Die geophysikalische Reichsaufnahme als Grundlage für die Erschließung neuer Lagerstätten: Vortrag anläßlich der wissenschaftlichen Tagung der Deutschen Gesellschaft für Mineralölforschung und der Brennkrafttechnischen Gesellschaft e. V am 5. November 1936“, *Oel und Kohle vereinigt mit Erdoel und Teer* 12 (1936) 45, v. 1. Dezember 1936, 1035–1039. Vgl. Hanns-Heinz Kasper, *Die Erdölgewinnung* ... (1974), 306.

187 Vgl. Hanns-Heinz Kasper, *Die Erdölgewinnung* ... (1974), 297 und 305 f.

188 Hans Closs/Wilhelm Wolff, „Die Entwicklung ...“ (1938), 277. Beteiligt waren auch die Seismos GmbH, ab 1937 die Gesellschaft für Praktische Lagerstättenforschung (Prakla) und Schlumberger: Hanns-Heinz Kasper, *Die Erdölgewinnung* ... (1974), 306.

189 Ebd.

190 Protokoll der geophysikalischen Austauschsitzung vom 30. Juli 1937, in: NLfB 68050.

191 Hans Closs/Wilhelm Wolff, „Die Entwicklung ...“ (1938), 277. Magnetik: Ebd., 280. Vgl. dagegen abweichenden Überblick bei Hanns-Heinz Kasper, *Die Erdölgewinnung* ... (1974), 307 f.

Refraktionsseismik und Drehwaagemessungen der Spezialuntersuchung präzisiert, d.h. die einzelnen Strukturen in der Randlage der großtektonischen Einheiten ermittelt (zweiter Schritt). Von den mindestens 81 Reichsbohrungen, die nach 1934 begonnen und noch im Jahr 1935 beendet wurden, wurden hier mindestens 40 in dieser traditionellen Erdölregion niedergebracht.[192] In dieser bislang wichtigsten Erdölregion engagierten sich die Konzerne bis Ende 1935 wie folgt:

Tabelle 4: Reichsbohrungen in Hannover bis Ende 1935

Gesellschaft	RBen	davon	in Konsortium mit Gesellschaft
DPAG-DEA	12		
Elwerath	11	4	WIAG
		1	ITAG
Preußag	10		
Degas (= IG)	6		
WIAG	4	4	Elwerath
ITAG	1	1	Elwerath
Cons. Alc.	1		
andere	0		

Zugleich konzentrierte man sich auf die Erdölprovinzen Thüringen und Oberrheintalgraben. Thüringen, dessen Volkenrodaer Fund seit 1930 der Idee den Weg gebahnt hatte, das Deutsche Reich könnte ein namhafter Erdölproduzent sein, war schon vor 1934 regional magnetisch untersucht worden, und die für Bohrungen in Betracht kommenden zwölf Strukturen waren bekannt.[193] Zwischen 1934 und Ende 1935 wurden hier sieben Bohrungen niedergebracht, davon wurden noch zwei im Jahr 1934 beendet (RB 5, Stadtwald 1 der Burbach-Kali und RB 11, Arnold 1 der Preußag); jedoch entpuppte sich die Provinz bald als erdölgeologischer Flop. Auch wenn sich Bentz in seinem Vortrag auf der wissenschaftlichen Tagung der DGM und der Brennkrafttechnischen Gesellschaft e.V. am 26. September 1935 noch verhalten optimistisch zeigte, war zu diesem Zeitpunkt bereits absehbar, daß Thüringen nicht viel hergeben würde.[194] 1937 wurde die elfte und letzte Bohrung (RB 314, Thüringen 5, WIAG) eingestellt.[195] Infolge

---

[192] Ohne RB 29, Gifhorn 1 der DPAG DEA, für die laut Bentz 1945 kein Darlehen gewährt wurde. Vgl. Zusammenstellung der mit Reichsdarlehen versehenen Reichs-Aufschlußbohrungen in den 11 Bohretappen 1934–1944, Anlage zu Btz/Schr., Fragen zu der Übersicht über das RBP, v. 10. September 1945, in: NLfB 86424. Zur Kritik dieser Quelle siehe Fußnote 184.

[193] Hans Closs/Wilhelm Wolff, „Die Entwicklung ..." (1938), 280.

[194] Alfred Bentz, „Wie ist die Erdölhöffigkeit Deutschlands heute zu beurteilen?" *Oel und Kohle vereinigt mit Erdoel und Teer*, 11 (1935), 847–850, hier 848. Die Migrationstheorie, die für Thüringen nicht mehr zutreffen wollte, dehnte er stattdessen auf die benachbarten, geologisch ähnlichen Gebiete Südhannover bzw. Elm aus: Ebd., 849.

[195] Einstellung am 23. März 1935. Vgl. Deubel/v. Seidlitz, Betrifft Erdölbohrungen auf thüringisch-preußischem Gebiet mit Reichsdarlehen. Beaufsichtigung der Bohrungen. 6. März 1934–26. 8. 1937, Bl. 123, in: NLfB 47965. Vgl. Zusammenstellung der mit Reichsdarlehen versehenen Reichs-Aufschlußbohrungen in den 11 Bohretappen 1934–1944, Anlage zu Btz/Schr., Fragen zu der Übersicht über das RBP, v. 10. September 1945, in: NLfB 86424. Zur Kritik dieser Quelle siehe Fußnote 184.

des harten Gesteins wurden für Thüringen höhere Metersätze angelegt; und weil im Durchschnitt sehr tief gebohrt wurde (ca. 1120 m), lagen hier die Kosten pro Bohrung beträchtlich höher als in anderen Ölprovinzen (ca. RM 103.250,- gegenüber RM ca. 60.120,- im Weser-Aller-Gebiet).[196]
In Thüringen engagierten sich die Gesellschaften bis Ende 1935 wie folgt:

Tabelle 5: Reichsbohrungen in Thüringen bis Ende 1935

Gesellschaft	RBen	davon	in Konsortium mit Gesellschaft	fündig?
WIAG	4	2	Preußag + Elwerath	1 (Gas)
Preußag	3	2	WIAG + Elwerath	1 (Gas)
Elwerath	3	2	WIAG + Preußag	1 (Gas)
Burbach-Kali	1		0	
andere	0			

Im Oberrheintalgraben, der wegen des alten DEA-Feldes Pechelbronn im Elsaß als sehr aussichtsreich galt, hatte die Raky AG bereits 1921 auf der badischen Seite exploriert, jedoch war – trotz Ölspuren – ein wirtschaftlicher Erfolg ausgeblieben.[197] Auf Baden stürzte sich zu Beginn des Bohrprogramms nun die ITAG des Konsul Rautenkranz und wurde im Dezember 1934 und im Juni 1935 mit ihren ersten beiden Reichsbohrungen auf der Struktur Forst fündig.[198] Auch die WIAG, der in Thüringen das Glück nicht gelächelt hatte, und ebenso die DPAG-DEA investierten seit November/Dezember 1934 in diese Region; allerdings blieben ihnen die Erfolge des Konsuls verwehrt.

In Baden setzten die geophysikalischen Untersuchungen erst 1936 ein;[199] daher erfolgte die Konzessionsvergabe nach dem älteren, nicht-technokratischen Muster: die preußischen Erdölkonzerne kauften von kleineren Gesellschaften mehr oder weniger aussichtsreiche lokale Schürfkonzessionen auf, die sie sich, wie im Falle der WIAG, von Bentz zuvor absegnen ließen, der nicht selten als Gutachter in die Verhandlungen eingeschaltet wurde.[200]

Bis Ende 1935 engagierten sich die Gesellschaften in Baden wie folgt:

---

196 Durchschnitt für alle 11 thüringer Bohrungen 1937 und für alle 203 Bohrungen im Weser-Aller-Gebiet 1945; die Häufigkeit sehr tiefer Bohrungen im Jahr 1944 hob jedoch den Durchschnitt in letzterer Region etwas an. Ebd.

197 Alfred Bentz, „Wie ist die Erdölhöffigkeit ...“ (1935), 847 f. Vgl. Stoller, Bericht von Stoller über die Raky-Bohrungen in Baden vom 24. Mai 1927, NLfB 103181 und Bentz, Bericht über eine Bereisung der Erdölbohrungen in Baden und in der Pfalz, v. 8. Juni 1929, NLfB 103180.

198 Vgl. Zusammenstellung der mit Reichsdarlehen versehenen Reichs-Aufschlußbohrungen in den 11 Bohretappen 1934–1944, Anlage zu Btz/Schr., Fragen zu der Übersicht über das RBP, v. 10. September 1945, in: NLfB 86424. Zur Kritik dieser Quelle siehe Fußnote 184.

199 Vgl. Hans Closs/Wilhelm Wolff, „Die Entwicklung ...“ (1938), 279–282.

200 WIAG – Oel-T. Ho./St. 38260/38162 – an Bentz re Erdölschürfgebiete in Baden, v. 16. Juli 1934, in: NLfB 41922. Über die badische Konzession verhandelte die WIAG (vor allem einer ihrer Direktoren Markscheider A. Hoffmann) seit 1933 mit Bentz: Vgl. NLfB 103235 und NLfB 103234. Ende 1935 wurde auch der badische Wirtschaftsminister Ministerialrat Naumann eingeschaltet: Korrespondenz Bentz – MinR Naumann, RBF 177, kein Titel, NA, T 401/7, 155–160.

Tabelle 6: Reichsbohrungen in Baden bis Ende 1935

Gesellschaft	RBen	davon	in Konsortium mit Gesellschaft	fündig?
WIAG	5	1	Deutag	0
DPAG-DEA	4			0
ITAG		3		2
Deutag	1	1	WIAG	0

Hatte sich 1934 vor allem die WIAG auf die Untersuchung Thüringens geworfen, so mußte, als diese Ergebnisse absehbar wurden, es als notwendig erscheinen, für Exploration und mögliche Expansion auf andere Gebiete auszuweichen. Deswegen tat sich auch die WIAG in dem Bemühen um Konzessionen im Oberrheintalgraben, Erdölregion Baden, am deutlichsten hervor. Da hier 1934/35 noch keine Erkenntnisse aus der geophysikalischen Reichsaufnahme vorlagen, orientierte sich die WIAG an Angeboten von Gerechtsamen, die – seriös oder nicht – auf dem Markt zu haben waren. Doch erst im Verlauf des Jahres 1936 gelang es ihr im Konsortium mit der Deutag auf der Struktur Weingarten, sich in zahlreichen Reichsbohrungen an ein existierendes Erdölvorkommen heranzutasten, das sie im Herbst 1936 mit einer mageren Anfangsproduktion (0,5–1 t/Tag) erschloß.[201] Die Wachstumschancen, die ihr in Thüringen verwehrt geblieben waren und sich auch in Baden nicht zeigen wollten, nahm der jüngste preußische Erdölkonzern jedoch auf andere Weise wahr, nämlich *downstream*: durch billige Übernahme der Importfirma und Tankstellenkette NITAG und durch billigen Aufkauf ihrer bisherigen Vertragsraffinerie Salzbergen in einem von ihr selbst initiierten Zwangsversteigerungsverfahren, wodurch sie den Raky-Nachfolger Homeyer aus dem Vertrag drängte.[202] Hierdurch gelang es ihr, zu den drei anderen Großen – DPAG-DEA, Preußag, Elwerath – aufzuschließen. Gunthers Beobachtung von den „Big Four" in der deutschen Erdölbranche galt erst, nachdem die Wirtschaftsmethoden der deutschen Elitenherrschaft so recht gegriffen hatten.[203] Auch was das Engagement in der KW-Substitution betraf, spielte der Aufsteigerkonzern eine Vorreiterrolle. 1935 investierte sie RM 30.000.000 in den Aufbau einer Anlage zur Benzinsynthese in Geisental, wobei sie gleichzeitig ihre Mitgliedschaft in der Betriebsstoffkonvention aufkündigte.[204]

Ebenso entwickelte auch die ITAG, der es gelang, ihre Position als größter Mittelständler zu sichern, in Baden ein besonderes Selbstverständnis. Nach dem Anfangserfolg von Forst bei Bruchsal (RB 53, ITAG-Baden 1 im Dezember 1934 mit 4–5 t/Tag Anfangsproduktion und RB 54, ITAG-Baden 2 im Juni 1935 mit 9–10 t/Tag Anfangsproduktion), der ihm recht zu geben schien, betrachtete „Konsul" Hermann „von"

201 Liste der Reichsbohrungen, 1.–9. Etappe, ca. 1943, in: NLfB 86424.

202 Vgl. „Firmen-Nachrichten", *Oel und Kohle vereinigt mit Erdoel und Teer*, 13 (1937) 1, v. 1. Januar 1937, 28.

203 Vgl. BIOS 1017. Vgl. Albert E. Gunther, „The German ..." (1947), 1095.

204 Peter Hayes, *Industry* ... (1987), 154 f.

Rautenkranz[205] Baden als seine Domäne, in die ihm auch geologisch niemand hineinreden durfte. Einem allzu selbstherrlichen Vorgehen des Konsuls bemühte sich Bentz im Sommer 1935 einen Riegel vorzulegen, indem er die Produktionsbohrungen der ITAG als Anschlußbohrungen deklarierte, womit auch sie unter die Berichtspflicht des Reichsbohrprogramms fielen.[206]

Während sich ITAG und WIAG in Baden verwirklichten, explorierte die DPAG-DEA auf zwei Strukturen, an denen sie schon lange vor der Installierung Hitlers als Reichskanzler Interesse hatte. Im Weser-Aller-Gebiet, in direkter Nachbarschaft der traditionellen hannoverschen Erdölregion, setzte der größte preußische Konzern mit einer ganzen Serie von subventionierten Bohrungen alles daran, die Struktur Gifhorn zu perforieren. Bis zum ersten Fund mit der RB 201a, Gifhorn 7 mit etwa 6–7 t/Tag Anfangsproduktion hatte sie 6 Reichsbohrungen abgeteuft, und in der Erwartung weiterer Funde ging das Bohren weiter – bis Ende 1936 waren es 17 Reichsbohrungen, und bis zum Ende des „Dritten Reichs“ sollten es 21 werden; insgesamt 15.475,62 Bohrmeter mit einer Gesamtbelastung für den Steuerzahler in Höhe von RM 829.212,64. Der Betrag hätte eigentlich dem Reich zurückerstattet werden müssen, da die DPAG-DEA ja auf der Struktur fündig geworden war; aber 1939, als das Bohrprogramm aus den Händen des RWM genommen und ganz auf den geologischen Dienst überschrieben wurde, erwirkte der Konzern, daß die Funde der ersten Etappe nicht im Sinne des Reichsbohrprogramms als Funde deklariert wurden, das heißt, die im Zeitraum 1934/35 entdeckten Felder ersparten den Gesellschaften nicht nur das Explorationsrisiko, sondern die Explorationskosten insgesamt – ein kleines Geschenk der steuerzahlenden Bevölkerung an die notleidende preußische Erdölindustrie.[207] Das zweite Interessengebiet der DPAG-DEA lag bei Heide in Schleswig-Holstein, ihrer alten Konzession, wo die alte DPAG zwischen 1904 und 1919 ein bißchen Öl aus der Kreide gefördert hatte und immer wieder Ölspuren aufgetreten waren. Ohne staatliche Subvention aber hatte sich der bankeigene Erdölkonzern auch nach der Fusion nicht bereitfinden können, diesen Hoffnungszeichen nachzugehen, und so lag Heide als Mutungsgebiet brach.[208] Ab Frühjahr 1935 teufte die DPAG-DEA auf der nun als geologische Struktur vergebenen und von Konkurrenz befreiten Konzession Heide bezuschußte Explorationsbohrungen ab und wurde im Sommer 1935 mit der RB 205a, DPAG-Holstein 2 fündig, mit einer Anfangspro-

---

[205] Vgl. verwirrte Nachfrage von Hasemann, was das für ein Adel sei: Hasemann an Bentz, v. 28. Oktober 1935, RBF 177, kein Titel, NA, T 401/7, 165. Zum Konsul, später Generalkonsul Hermann von Rautenkranz (nicht zu verwechseln mit seinem Verwandten und Angestellten, ebenfalls Konsul, Hary von Rautenkranz in Österreich) vgl. BIOS 1017, 25.

[206] Rautenkranz: Bentz an Hasemann/BGLA, v. 13. September 1935, RBF 177, kein Titel, NA, T 401/7, 167 f. Bohrungen: Liste der Reichsbohrungen, 1.–9. Etappe, ca. 1943, in: NLfB 86424.

[207] Schreiben DEA an Bentz von August 1945, in: NLfB 86424.

[208] Karl-Heinrich von Thümen, *Die deutsche Mineralölwirtschaft: Jahrbuch der deutschen Mineralölwirtschaft 1939/40*, Frankfurt/M. 1939, 523 f.

duktion von 19–20 t/Tag.[209] Solche Mengen waren, international gesehen, durchaus erwähnenswert und im deutschen Vergleich viel. Auch wenn sie nicht den Traum vom nordwestdeutschen Texas erfüllten, gaben sie zu der Hoffnung Anlaß, daß das deutsche Erdöl eine passable Wachstumsbranche sein könnte.

Nach diesem spektakulären Erfolg der DPAG-DEA verlagerte sich der Schwerpunkt des Reichsbohrprogramms wieder in die Erdölprovinz Nordwestdeutschland. Neben Schleswig-Holstein, wo vor allem die DPAG-DEA prospektierte, kam die Erdölregion „Nordhannover" verstärkt in den Blick, das heißt die Lüneburger Heide, die Gegend südlich und südwestlich von Hamburg (Vierlande und Harburg) sowie das Alte Land bis Stade und Wilhelmshaven. Hier hatte bereits 1930 die Preußag im Auftrag der NEOC auf der Struktur Sottorf bei Harburg gebohrt, und hier wurden Anfang bis Frühjahr 1936 Reichsbohrdarlehen von der „Vereinigte Erdöl GmbH" in Anspruch genommen, einem Konsortium, bestehend aus Preußag und DVOAG, die als Tochter eines US-amerikanischen Konzerns vom Bohrprogramm eigentlich ausgeschlossen war. Hier wurden sie im Juni 1936 fündig.

In Reitbrook bei Bergedorf südöstlich von Hamburg wurde die subventionierte Bohraktivität zum durchschlagenden Erfolg: Im Sommer 1937 stieß dort mit der RB 431, Reitbrook 1 das gleiche Konsortium (Preußag/DVOAG) auf eine Erdöllagerstätte, die mit etwa 150 t/Tag Anfangsproduktion im internationalen Vergleich beachtenswert war und für deutsche Verhältnisse als *giant* bezeichnet werden mußte – der erste wirklich nennenswerte Erdölerfolg des „Dritten Reichs". Die Erfolge in Nordhannover konzentrierten im Vorkrieg die weitere Exploration auf diese Region (Feld Meckelfeld: WIAG/Elwerath).[210]

Die staatliche Förderung der Erdölindustrie über das staatliche Bohrprogramm vollzog sich jedoch nicht ohne weitere Störungen aus „Parteikreisen". Zwar hatte die Erdölallianz im Krieg gegen die Mittelständler im Reichsverband durch die „Verstaatlichung" des deutschen Erdöls Ende 1934 einen entscheidenden Sieg gewonnen – das Problem untechnokratischer Einflußnahme aus der NSDAP war damit keineswegs aus der Welt. Vor allem tat sich Oberingenieur Schmiedekampf/BEAG als Leiter des Unterausschusses Erdöl im Ausschuß für Bergbau der Kommission für Wirtschaftspolitik bei der Reichsleitung der NSDAP hervor. Diesem Gremium gesellte sich Bentz als Berater bei, der seinen Unabhängigkeitsanspruch aus der angesehenen staatlichen Funktion bezog. Tatsächlich nutzte Bentz diese Rolle als Gutachter für die NSDAP, um kräftig Konzernpolitik zu betreiben. Dies tat er in Abstimmung mit dem RPrWM.[211]

Bekanntlich war im Münsterland der Belgier J. Vingerhoets – in den 1920ern als Erdölspekulant und in den frühen 1930ern als NEOC-Manager in Hannover und

---

209 Liste der Reichsbohrungen, 1.–9. Etappe, c. 1943, in: NLfB 86424.

210 Liste der Reichsbohrungen, 1.–9. Etappe, c. 1943, in: NLfB 86424.

211 Vgl. Bentz an RWM, v. 28. März 1935, Bl. 1–5, in: NLfB 86424.

Preußen bekannt geworden – mit Bohrungen an die Öffentlichkeit getreten.[212] Obwohl Vingerhoets mit seinen nicht auf dem Wege der kanonisierten Geophysik gewonnenen Explorationsvorarbeiten, den Höffigkeitsgutachten von Geologen, die nicht zum Kartell der jungen Migrationstheoretiker zählten, und seiner marktschreierischen Verkaufsstrategie dem Feindbild, das die Erdölallianz in Hannover entwickelt hatte, in perfekter Weise entsprach, ließ er sich nicht so einfach unterkriegen wie andere hannoversche Spekulanten. Mit internationalem Einfluß noch aus seiner NEOC-Zeit ausgestattet, hatte der Belgier das Ohr des Reichsluftfahrtministers Göring gefunden, dem er weismachen konnte, die Kohlenwasserstoffmengen und -qualitäten, die dieser für seine im Entstehen begriffene Luftwaffe einforderte, mit eben jenen Bohrungen im Münsterländer Paläozoikum erschließen zu können.[213] Bentz, gleichzeitig ans RPrWM Berichte schreibend und im Erdölausschuß der NSDAP Position beziehend, warf ihm vor, mit seinen unwissenschaftlichen Methoden das Reichsbohrprogramm zu stören und damit die nationale Erdölpolitik zu hintertreiben.[214] Tatsächlich folgte Vingerhoets den Metanspuren (Erdgas, CH_4) aus den paläozoischen Kohleflözen, die in die darüber liegenden Schichten eingedrungen waren. Damit outete er sich als Anhänger der Theorie von der Erdölgenese aus zwar organischer, aber pflanzlicher Substanz. Diese Theorie war im Deutschen Reich seit den Arbeiten H. Potoniés über die Sapropele vom Anfang des Jahrhunderts nicht mehr *en vogue*. Doch war das Wissen der Zeit über Entstehung und Ablagerung von flüssigen Kohlenwasserstoffen noch so bruchstückhaft und im Werden begriffen und existierten zu diesem Zeitpunkt mit der anorganischen Genesetheorie der Liebig-Adepten in der UdSSR nahezu gleichstarke Hausmächte, die den Sapropeltheoretikern entgegentraten, daß es vom heutigen Standpunkt schwerfällt, wie Bentz im Jahr 1935, nur fünf Jahre nach Krejci-Grafs Systematik der Erdölmuttergesteine, über Vingerhoets „Wissenschaftlichkeit" den Stab zu brechen.[215]

Gegen Bentz, der vom RPrWM gedeckt und dessen geologisches Urteil für die preußische Erdölindustrie infolge seiner Schlüsselstellung im Bohrprogramm mittlerweile Gesetzescharakter hatte, rief der argumentativ bedrängte Vingerhoets eine Koryphäe der internationalen Erdölgeologie um Beistand an – den Rumänienspezialisten, langjährigen RD-S- und Marland-Geologen, Pionier für texanische Salztektonik, Mitinitiator der AAPG in Tulsa/Oklahoma und nunmehrigen Leiter des niederländischen

---

[212] Deilmann/Deutag auf der 2. Sitzung des Erdölgeologischen Austauschs am 19. Juli 1934 über Erfolge bei der Mobilisierung der Landesbauernschaft Westfalen: Bentz, Haack, Riedel, Protokoll der 2. Austauschsitzung der Zweigstelle Hannover des Instituts für Erdölgeologie vom 19. Juli 1934, in: Protokolle ... (1–53, 1934–1938, siehe Kapitel 1, Fn. 234). Siehe S. 147.

[213] Handakten (Schriftverkehr, Verträge und Berichte betreffend die Finanzierung der Vingerhoets-Bohrungen 90–95 mit Reichsmitteln, 1936–1939), NLfB 104627. Vgl. BIOS 1016, 90. Zu Erdöl und Luftwaffe vgl. BIOS 1017, 3b.

[214] Bentz an RPrWM, v. 28. März 1935, Bl. 2, in: NLfB 86424.

[215] Karl Krejci-Graf, *Grundfragen der Ölgeologie* (= Schriften aus dem Gebiet der Brennstoff-Geologie, 4), Stuttgart 1930. Zum Kontext der Genesetheorien: Titus Kockel, *Geologie* ... (2003), 20 f.

geologischen Dienstes, Willem van Waterschoot van der Gracht.[216] Nicht nur hatte van der Gracht einen Teil seiner Ausbildung in der Bergakademie Freiberg/Sachsen genossen, wo er in Vorlesungen bei dem Liebig-„Enkel"[217] Mendelejew mit dessen „Karbidtheorie" (anorganische KW-Genese)[218] Bekanntschaft gemacht hatte, sondern auch die Genesediskussion Anfang des Jahrhunderts ebenso wie die Erschließung von Salzstocklagerstätten in Osttexas aktiv miterlebt, so daß ihm die unerschütterliche Gewißheit, die die jungen deutschen Erdöltechnokraten aus der bestechenden Systematik von Krejci-Grafs Literaturarbeit von 1930 sogen, vielleicht nicht ganz so sehr ins Blut übergegangen war.[219] Trotz dieser prominenten Schützenhilfe gelang es Vingerhoets jedoch nicht, sich vom Makel der „Unwissenschaftlichkeit" zu reinigen, und im Verein mit RPrWM und Selbstverwaltungsorganen der Erdölkonzerne (Fachgruppe Erdölgewinnung der Wirtschaftsgruppe Bergbau und IHK Hannover) gelang es Bentz, diesem Erzfeind die Segnungen des Bohrprogramms vorzuenthalten. Zwar trug ihm dies wenig Liebe bei den Parteistellen ein, die ihm im Herbst 1936 die Beförderung zum Landesgeologen und Benennung zum Honorarprofessor an der TH Hannover verwehren wollten, doch mit Hilfe des OBH Schlattmann und des Reichswirtschaftsministers Schacht konnte – wie Bentz nach dem Krieg selbst feststellte – dieses Hindernis aus dem Weg geräumt werden.[220] 1938, als Bentz mitsamt Reichsbohrprogramm in Görings Lager überwechselte, erübrigten sich weitere Befürchtungen; Vingerhoets fiel aus dessen Gunst, und seine Gesellschaften wurden mit Hilfe der verschärften Revision zur Strecke gebracht.[221]

Erfolgreicher dagegen war ein anderer *newcomer*, der unter Zuhilfenahme nationalsozialistischer Überzeugung Ende 1934 in die feine Gesellschaft vorzustoßen gedachte:[222] die mittelständische Deutag unter Carl Deilmann und Friedrich Ermisch. Ermisch tat sich als beißwütiger Nazi-Aktivist im von ihm geleiteten Verband der mit-

---

216 Vgl. Schriftwechsel Bentz/Watershoot van der Gracht/Riedel, L./Haack, W./Puender, H./Deilmann 1934–1942, NLfB 104629.

217 Hinweis von Viktor A. Kritzmann.

218 Vgl. Hermann Pätz, „Die anorganischen Kohlenwasserstoffgenesevorstellungen und ihre Beziehungen zum inneren Aufbau der Erde", in: *Erdölgeologie: Geschichte und Gegenwart*, Berlin 1989, 105–111.

219 Vgl. Wilhelm Mautner, „»Unitization« ..." (1930), 1169 f. Edgar Wesley Owen, *Trek* ... (1975), 434 f. R. R. van Veen, *Willem* ... (1996). Ders., „Van der Gracht's Introduction of European Geoligical Ideas to the USA in the Early Part of the 20th Century", *Oil-Industry History*, 1 (2000) 1, 3–9.

220 Bentz, Supplement ... (11. Februar 1946, siehe Fn. 36), Bl. 1 f.

221 Vgl. DRT/RWM, Dr. Römer, Berichte Nr. 11912 & 11913 der Deutschen Revisions- und Treuhand-AG Berlin über die bei der Gewerkschaft Augsburg & Wilhelm Friedrich, beide Hannover, vorgenommenen Sonderprüfungen [20. Sept. 1939] mit Anschreiben Dr. Römer RWM an Bentz re Ölbohrungen im Münsterland vom 19. Okt. 1939, NLfB 104626. Vgl. Schriftwechsel Bentz, Deutag, Vingerhoets, van der Gracht, NLfB 104629.

222 Zu dieser Einschätzung von „Partei"-Firmen im deutschen Wirtschaftsleben vgl. Franz Neumann, *Behemoth* ... (1998) und Richard J. Overy, *War* ... (1994).

telständischen Bohrgesellschaften, dem Tiefbohrtechnischen Verein (TTV), hervor.[223] Da die Deutag sich jedoch dem Wissenschaftskartell der Erdölallianz unterwarf und keine Anstalten machte, dessen Regeln zu unterlaufen, wurde ihr die Teilnahme am Reichsbohrprogramm zugesagt – mithin staatlich gefördertes Wachstum. Bereits seit der ersten Stunde im Erdölgeologischen Austausch vertreten, verfolgte die Deutag den praktischen Einstieg ins Bohrprogramm Ende 1934 über eine Konzession, die sie von der Braunschweiger Bohrgesellschaft erwerben wollte, die jedoch nicht allzu vielversprechend wirkte. Vielleicht mutet es nach den bislang bereits gezeigten parteiunabhängigen Allianzen nicht mehr ganz so erstaunlich an, daß der „Demokrat" Bentz für die Sorgen des „Nazis" und Mittelständlers Ermisch ein offenes Ohr hatte: Während das RPrWM es von der Deutag gern gesehen hätte, wenn sie sich für eine im voraus festgelegte Mindestanzahl von 1.200 Bohrungen verpflichtet hätte, riet der geologische Gutachter des Reichsbohrprogramms dem Deutag-Geschäftsführer zu, für geologische Eventualitäten, die dieser nicht kalkulieren konnte, flexibel zu bleiben und eine entsprechende Klausel in die Vertragsverhandlungen einzubringen. Da niemand anders als Bentz solche geologischen Eventualiäten definierte, kam diese wohlwollende Anregung einer Blankovollmacht gleich.[224] Mit der intimen Verständigung zwischen Bentz und Ermisch begann die Laufbahn der Deutag als Nutznießerin des Reichsbohrprogramms.

Welchen Stellenwert hatte das Reichsbohrprogramm in der „Ära Schacht"? Brachte es vorzeigbare Erfolge? Mit grob RM 5 Millionen pro Etappe schlug das Reichsbohrprogramm als eine von drei Hauptbelastungen des RPrWM-Etats zu Buche.[225] Bis Ende 1935 überstieg es die Belastungen, die dem Staat aus der Förderung der IG-Farbensynthese erwuchsen (RM 5 Millionen gegenüber RM 4,8 Millionen).[226] Finanziell war das Bohrprogramm damit eins der beiden großen Wirtschaftsförderungsprojekte der Diktatur, von höchster Bedeutung für die seit längerem anstehende Umstrukturierung des industriell rückständigen Deutschen Reichs und von wachsender militärischer Bedeutung. Dementsprechend hoch war das Prestige, das sich aus seiner Durchführung, aber auch aus seiner Administrierung herleitete.
In den ersten drei Etappen (Antragsgenehmigung 1934/35, 1935/36 und 1936/37) wurden insgesamt 213 RB mit insgesamt 155.713,29 Metern abgeteuft, die insgesamt RM 14.295.067,01 an reinen Reichsdarlehen verschlangen – die 50 % Eigenbeteiligung nicht mitgerechnet. Von den Darlehen der ersten Etappe wurde, trotz Fündigkeit, niemals etwas an den Staat zurückgezahlt, weil die DPAG-DEA 1939 hierfür

223 Vgl. Ermischs Rolle beim Anschluß des österreichischen Internationalen Bohrtechniker Verbands (IBV), RBF 177, kein Titel, NA, T 401/7, 252–294.
224 Bentz an Ermisch, Deutag, Aschersleben, v. 15. Januar 1935. RBF 179, NA, T 401/7, 642 f.
225 Aufzeichnungen des RMF ... (vom 26. März 1935, siehe Fn. 160), *Akten* ... (1999), Nr. 129, 479.
226 Wolfgang Birkenfeld, *Der synthetische* ... (1964), 32.

bekanntlich einen Generalerlaß von der dann zuständigen neuen Reichsstelle für Bodenforschung erwirkte.[227]

Unter diesen Dispens fielen die mit Reichsmitteln neuentdeckten Erdöllagerstätten der ersten Etappe, die den preußischen Erdölkonzernen zum Geschenk gemacht wurden:

Tabelle 7: Neugefundene KW-Lagerstätten aus der 1. Etappe des Reichsbohrprogramms

Name (Struktur)	Meßtischblatt (alte Nummern)	Nutznießer	Art	Einstellung	Ölprovinz der fündigen Reichsbohrung
Forst	Bruchsal 46	ITAG	Öl	31. Dez. 1934	DR: Rhein: Bad
Mühlhausen	Schlotheim 24	Erdöl-Betriebsgemeinschaft (WIAG/Elwerath/ Preußag)	Gas	5. Apr. 1935	DR: Thür
Fallstein	Hessen 2162	Gew. Ottilie (Preußag/Elwerath)	Öl	9. Sep. 1935	DR: NW: Han: S
Mölme	Hohenhameln 2023	Elwerath	Öl	24. Sep. 1935	DR: NW: Han: S
Thannbrück	Langensalza 3	WIAG	Gas	1936	DR: Thür

Auch einige der in der zweiten und dritten Etappe entdeckten Lagerstätten fielen unter die Geschenkregelung, wenn ein Großteil der vorausgegangenen nichtfündigen Explorationsbohrungen in der ersten Etappe abgeteuft worden waren. Dies galt unter anderem für die Lagerstätte Gifhorn der DPAG-DEA.

[227] Personell und institutionell größtenteils mit der PGLA identischer geologischer Dienst für das gesamte Deutsche Reich, mit Keppler als Präsident 1939 eingerichtet und im Verlauf des Krieges in „Reichsamt für Bodenforschung" umbenannt. Residierte im heute noch existierenden, seit 1990 nicht mehr der Geologie dienenden Stammhaus der PGLA, Invalidenstr. 44 in Ostberlin. Generalerlaß: Schreiben DEA an Bentz von August 1945, in: NLfB 86424.

Tabelle 8: Neugefundene KW-Lagerstätten aus der 2. und 3. Etappe des Reichsbohrprogramms

Name (Struktur)	Meßtischblatt (alte Nummern)	Nutznießer	Art	Einstellung	Ölprovinz der fündigen Reichsbohrung
Heide	Heide 490	DPAG-DEA	Öl	5. Sep. 1935	DR: NW: SH
Gifhorn	Meinersen 1890	DPAG-DEA	Öl	20. Sep. 1935	DR: NW: Han
Weingarten	Weingarten	DPAG-DEA	Öl	1936	DR: Rhein: Bad
Weiher*	Bruchsal 46	ITAG	Öl	29 Mai 1936	DR: Rhein: Bad
Sottorf	Harburg 1112	Vereinigte Erdöl GmbH (Preußag/DVOAG)	Öl	10. Okt. 1936	DR: NW: HH
Hope/ Adolfsglück	Schwarmstedt 1742	DPAG-DEA	Öl	12. Nov. 1936	DR: NW: Han
Weingarten	Weingarten 52	WIAG/Deutag	Öl	4. Dez. 1936	DR: Rhein: Bad
Wienhausen	Bröckel 1818	WIAG	Öl	24. Jun. 1937	DR: NW: Han
Wiessee		DPAG-DEA	Öl	1937	DR: Bay
Reppner/ Broistedt	Lesse 2092	Gew. Küchenberg (Preußag/Elwerath)	Öl	17. Feb. 1937	DR: NW: Han: S
Worms	Worms 70	Elwerath	Öl	19. Jul. 1937	DR: Rhein: He
Bentheimer Sattel	Bentheim 1938	Gew. Norddeutschland (Deutag)	Gas	2. Okt. 1939	DR: NW: Ems

* 1943 wurde ein Teil der Lagerstätten durch das Reichsamt für Bodenforschung zusammengelegt oder umbenannt. So bildeten Forst und seine Erweiterung Weiher danach eine statistische Einheit: Verfügung Prof. Haack re Umbenennung der Felder in der Statistik, v. 22. Feb. 1943, in: NLfB 76309. cf. Statistik bei Bentz, Erdöl ... (1947)

Nicht alle fündigen Reichsbohrungen waren Explorationsbohrungen, sondern einige wurden zur Klärung eventueller Lagerstättenerweiterungen und bei Schwierigkeiten jeder Art, deren Risiko die jeweilige Firma nicht tragen wollte, in bereits entdeckte Lagerstätten gesenkt.[228] Diese sicheren „Erkundungen" miteingerechnet stand bei 28 fündigen RB von 213 RB der ersten drei Etappen die Explorationsquote bei gut 1: 7,6. Die Faustregel der internationalen Erdölindustrie gestattete ein Verhältnis von 1: 10;[229] damit war das Ergebnis für zeitgenössische Statistikleser im Ministerium also durchaus vorzeigbar. Zählt man allerdings nur die fündigen *wildcats* – wie es die internationale Faustformel eigentlich erfordert –, also nur die Bohrungen, die in wirklich unbekanntem Gebiet fündig wurden, verschlechtert sich das Verhältnis auf 17 fündige von insgesamt 213 RB = 1: 12,5 – was zeigte, daß man im Deutschen Reich neuerdings ineffizienter explorierte als anderswo. Im weiteren Verlauf sollte sich das Bohrprogramm zu einem – von seinen Managern und Administratoren als Dauererfolg gefeierten – gigantischen Flop entwickeln, woran die autoritär durchgesetzte Lagerstättentheorie und die methodische Sackgasse der schnellen, aber ungenauen, Refraktionsseismik einen entscheidenden Anteil hatten. Die meisten Lagerstätten auf dem Territorium des Deutschen Reichs

[228] Vor allem bei Heide, Sottorf, Gifhorn, Weiher: Liste der fündigen Bohrungen und Liste der Reichsbohrungen, 1.–9. Etappe, ca. 1943, beide in: NLfB 86424. Vgl. Tabelle bei Hanns-Heinz Kasper, *Die Erdölgewinnung* ... (1974), 298.

[229] Vgl. Albert E. Gunther, „The German ..." (1947). Vgl. Hans-Jürgen Zetzsche, *Logistik* ... (1986), 26 f. mit Verweis auf H. Ruf, *Technologie des Erdöls*, Basel 1963, 15 und 33.

sollten nicht im Nationalsozialismus entdeckt werden sondern danach, als die autoritären Fesseln langsam fielen; und 1974 überstieg die westdeutsche Produktion von fast 8 Millionen Jahrestonnen die höchste NS-Produktion von etwas über 1 Million Jahrestonnen bei weitem, in der Größenordnung des gesamten deutschen Kriegsbedarfs, der sich womöglich hätte decken lassen können[230] – mit einer nicht-elitären und nicht-autoritären Philosophie.[231]

Import und auswärtige Interessen

Erfolg kennt viele Väter, und dank seiner frisch akkumulierten Zuständigkeit auf dem KW-Gebiet fiel es dem RPrWM nicht schwer, sich die zum Jahresbeginn 1935 sprudelnden ersten heimischen Ölfunde als eigenes Verdienst anzurechnen.[232] Das Bohrprogramm von Industrie und PGLA schien sich auszuzahlen, und zwar recht prompt. Doch reichte die sachte Steigerung der Inlandsproduktion von 313.000 t im Jahr 1934 auf 425.000 t im Jahr 1935 noch lange nicht aus, den zivilen Bedarf zu decken, der durch die vorangetriebene zivile Motorisierung entstand und 1935 mit fast 3 Millionen t das Siebenfache der heimischen Erdölproduktion ausmachte; von den Forderungen, die IG und Reichswehrführung seit Jahr und Tag stellten, ganz zu schweigen.[233] Der wichtigste Faktor in der Ölpolitik des RPrWM blieb also der Import.

Hier bemühte sich das RPrWM um devisenfreien Einkauf. Durch seine Kontrollhoheit über alle Devisen gelang es ihm, die Importe von den traditionellen Lieferanten des Deutschen Reichs in Venezuela, USA und Mexiko umzusteuern auf Länder, mit denen sich Clearingabkommen abschließen ließen, vor allem Rumänien und die UdSSR.[234] In Rumänien bemühte sich das RPrWM ab Februar 1935 sogar um ein direkteres Engage-

---

230 Vgl. Tabellen bei Wolfgang Birkenfeld, *Der synthetische* ... (1964), 217–219. Die Zahlen von Birkenfeld gehen auf Thümen zurück, der sich auf die Zahlen aus der PGLA/RfB/BfB stützt: Hanns-Heinz Kasper, *Die Erdölgewinnung* ... (1974), 300 Fn. 3. Der Gedanke von der historischen Ironie gehört zum Inventar der Branchengenealogie und wird ebenso von Willy Boelcke, *Die deutsche* ... (1983), und von Hans-Jürgen Zetzsche, *Logistik* ... (1986), 28. ventiliert.

231 Dieses Argument verfocht unmittelbar nach dem Krieg der ehemalige NEOC- und ab 1934 DVOAG-Geologe Heermann: Dr. Heermann, Westercelle (Dr. Hee/UB), Geologische, technische und bergrechtliche Grundlagen der Erdölaufschlußtätigkeit in Nordwest-Deutschland seit 1930: eine kritische Untersuchung zur Bilanz des Aufschlußprogramms. (fol. 1-31), v. 14. Februar 1946, NLfB 87599, Bl. 1–9 et passim.

232 Vgl. Rückblick des OBH Gabel zur Ölpolitik: Willy Boelcke, *Die deutsche* ... (1983), 159 und 369 Fn. 237.

233 Siehe Tabellen im Anhang. Hans-Erich Volkmann, „Die NS-Wirtschaft ..." (1979), 270 stellt den Verbrauchszahlen des Statistischen Jahrbuchs 1928–1945 die höheren Birkenfelds gegenüber. Der Unterschied ergibt sich aus der Tatsache, daß Birkenfeld die Zahlen der IG bzw. W Wi (Thomas) wiedergibt, die aus politischen Gründen zu hoch gegriffen waren.

234 Karl-Heinrich von Thümen, *Die deutsche* ... (1939), 540 . 542. Vgl. Hans-Erich Volkmann, „Die NS-Wirtschaft ..." (1979), 258. Rumänien: Maurice Pearton, *Oil* ... (1971), 194.

ment. Das tendenziell einseitige Clearing-Geschäft sollte durch einen Bohrgerätelieferverttrag ausbalanciert werden, den die deutsche Schwerindustrie mit einer rumänischen Ölgesellschaft aushandeln sollte. Hierfür war kurzzeitig die größte nicht-westliche Gesellschaft in Rumänien, Creditul Minier, ausersehen, die auch bei der Exploration deutsche Unterstützung erhalten und ihre Rechnungen in Öllieferungen begleichen sollte. Das Geschäft kam jedoch wegen der Interessen des rumänischen Malaxakonzerns nicht zustande, der selbst Bohrgeräte für den rumänischen Markt herstellen wollte; außerdem war zweifelhaft, daß im langjährigen Erdölerzeugerland Rumänien gerade deutsche Entwicklungshilfe gebraucht wurde. Ende 1937 sollten die Verhandlungen wieder aufgenommen werden, allerdings mit dem in rumänischen Augen sinnvolleren Tauschobjekt Waffen.[235] Leichte Kraftstoffe machten nach wie vor den Löwenanteil des Imports aus, da die deutschen Raffineriekapazitäten infolge der politischen Entscheidung gegen das La Roche-Starkenfels/Ubbelohdesche Raffineriebauprogramm nicht wesentlich angewachsen waren.[236]

Tabelle 9: Öleinfuhren (in 1.000 t) nach Ländern und Sorten

Jahr	Rumänien	UdSSR	Iran	USA	Mexiko	Venezuela	Peru	übr. Amerika	andere	Σ
1933	186,6	427,9	158,5	464,3	285,5	0	139,9	957	136,1	2755,8
1934	254,6	395,3	233,7	441,4	270,8	26	178,4	1260,2	176,5	3236,9
1935	688,2	404,2	52,8	686	321,6	21,7	81,4	1322,1	310,5	3888,5
1936	900,5	321,4	80,3	825,9	387,3	61,9	80,6	1417,4	212,9	4288,2
1937	532,3	301,7	148,2	1007,4	352,9	151,2	150,0	1463,6	244,3	4351,6
1938	450,4	79,9	188	1188,5	434,4	280,8	130,1	1951,8	298,9	5002,8

Quelle: Karl-Heinrich von Thümen, *Die deutsche* ... (1939), 540–542.

Diese Importe wurden sowohl zivilen als auch militärischen Zwecken zugeführt. Als militärische Versorgung mußte zunächst die vorbereitende Einlagerung gelten, die ebenfalls vom RPrWM organisiert wurde, und zwar durch die am 24. August 1934 gegründete „Wirtschaftliche Forschungsgesellschaft mbH“ (Wifo). Die Wifo war eine Tarnorganisation des Reichs, die einerseits den Bau von „Bereitschaftsanlagen“ oder „Schattenfabriken“ für die KW-Produktion für militärische Zwecke vorantrieb, die nach den bisherigen Bestimmungen des Versailler Vertrags nicht erlaubt waren, und andererseits ein Netz von Großtanklagern und Verladeeinrichtungen über die zivile Infrastruktur breitete, das ebenfalls dem rein militärischen KW-Konsum diente. In den Tanklagern wurden mehrheitlich verbrauchsfähige Derivate eingelagert, vor allem Hydrier-Flugbenzin der IG (1937 ca. 28 %), importierte Flug- und andere Benzine (1937 ca. 39 %) und Schmieröle.[237]

[235] Maurice Pearton, *Oil* ... (1971), 195 f.

[236] Karl-Heinrich von Thümen, *Die deutsche* ... (1939), Für die Einfuhrzahlen grob nach Derivaten vgl. auch Wolfgang Birkenfeld, *Der synthetische* ... (1964), 218.

[237] Wolfgang Birkenfeld, *Der synthetische* ... (1964), 58 f.

Einige Bohrfirmen, namentlich die ITAG, Celle und Haniel & Lueg, Düsseldorf (GHH), waren auch außerhalb der Reichsgrenzen aktiv. Schon seit 1924 betätigte sich die ITAG als Bohrunternehmen in Jugoslawien, wo sie auf Erdöl, Erdgas und Mineralwasser bohrte. Über ihre Tochterfirma Excelsior SA war sie vor 1937 auch in Rumänien im Lohnbohrgeschäft tätig und sicherte sich Produktionsanteile auf den bekannten Lagerstätten Moreni, Runou and Gura Ocnitai in der Muntenia, der in Südostrumänien gelegenen Hauptölprovinz des Landes. 1936 und 1937 nahm die ITAG Bohrverträge im griechischen Mazedonien wahr.[238] Auch die Haniel & Lueg (GHH) unterhielt einen Bohrbetrieb in Rumänien, aus dem sie 1936 Fachkräfte für das irakische Unternehmen ihrer Essener Schwesterfirma Ferrostaal abzweigte.[239] Diese auswärtigen Aktivitäten wurden ebenso über das RPrWM administriert, von denen die irakische zur Auseinandersetzung mit Großbritannien führen sollte.

Tabelle 10: Deutsches Reich: Erdöl, Import, Synthese 1929–1935

Mengen in t

Erdölproduktion: alte Felder (vor Einsetzen des Reichsbohrprogramms)/NS-Felder (durch Reichsbohrprogramm gefundene Felder)

Jahr	alte Felder (a	NS-Felder (b	∑ Erdöl DR	Ölimport (c	∑ Erdöl	Synthese (d	∑
1929	103.306	0	103.306	2.711.062	2.814.368	67.600	2.881.968
1930	173.859	0	173.859	3.049.881	3.223.740	81.200	3.304.940
1931	228.522	0	228.522	2.968.155	3.196.677	197.600	3.304.277
1932	229.799	0	229.799	2.478.089	2.707.888	93.200	2.801.088
1933	238.511	0	238.511	2.755.800	2.994.311	108.400	3.102.711
1934	314.635	0	314.635	3.236.900	3.551.535	153.200	3.704.735
1935	415.457	11.925	427.382	3.888.500	4.315.882	240.800	4.556.682

Wietze, Nienhagen, Oberg, Ölheim, Tegernsee, Volkenroda (produzierte von 1930 – 1938). 1929 – 1932: Karl-Heinrich von Thümen, *Die deutsche* ... (1939), 524. 1933 – 1935: berechnet nach Hanns-Heinz Kasper, *Die Erdölgewinnung* ... (1974), 151 – 169.

1929 – 1932: Karl-Heinrich von Thümen, *Die deutsche* ... (1939), 524. 1933 – 1935: berechnet nach Hanns-Heinz Kasper, *Die Erdölgewinnung* ... (1974), 151 – 169.

1929 – 1932: „Erdölchronik und Statistik: der deutsche Mineralölhandel im Jahre 1931: Vergleichende Jahresübersicht", 2 – 4, Petroleum 28 (1932). Ab 1933: Karl-Heinrich von Thümen, *Die deutsche* ... (1939), 542.

Wolfgang Birkenfeld, *Der synthetische* ... (1964), 225.

War OBH Schlattmann mit seiner Bergbauabteilung (III) für die innere Erdölerschließung der Repräsentant Schachtscher Ölpolitik, so stellte die zentrale Figur im Außenhandel der ehemalige Industrielle, Handelsspezialist für Speiseölsaaten und Speisefette, Ministerialdirektor Helmuth Wohlthat dar, der mit Schacht ins Ministerium gekommen war und nun die Abteilung für Devisenbewirtschaftung (VI) des RPrWM leitete. Bezeichnenderweise besetzte er die Planstelle, die Feder innegehabt hatte.[240] In der auswärtigen Ölpolitik arbeitete er mit der Außenhandelsabteilung (II) des RPrWM unter

[238] BIOS 1017, 25 f.

[239] Ost Öl GmbH, Hptm. Jäger. an Chef OKW Abt. Ro V, zHd Kpt. z.S. Griebel, re Iraq, v. 23. Januar 1942, BA-MA, Wi VI/142, Teil 2, Bl. 17.

[240] Willy Boelcke, *Die deutsche* ... (1983), 88, 92 und 100–108.

Staatssekretär Posse (Referat A.K., Mulert)[241] zusammen, die die traditionelle RWM-Elite verkörperte, und auf deren „mitteleuropäischem" Imperialismus mit südöstlicher Stoßrichtung der Neue Plan nun aufbaute. Diese beiden Abteilungen kooperierten wiederum eng mit der Wirtschaftspolitischen Abteilung des AA unter Ministerialdirektor Wiehl und der Handelspolitischen Abteilung des AA unter Ritter/AA, ebenfalls traditionelle „Mittel-" und „Südosteuropäer".[242] Wohlthat, der bereits bei der Brabag-Gründung als Schachts Mann auftrat und offensichtlich dessen Meinungen stark beeinflußte,[243] übernahm im RPrWM eine ölpolitische Multifunktion, die immer deutlicher sichtbar werden sollte: Erst als eigentlicher Verantwortlicher für das Amt des „Generalbeauftragten für die Kriegswirtschaft" (GBW) am 31. Mai 1935 mit der Leitung der Wifo,[244] neben OBH Schlattmann als einer der Kandidaten Schachts für das Amt des „Treibstoffkommissars" im Februar 1936[245], ab 1938 als Rumänienbeauftragter des Vierjahresplans und Verantwortlicher für das Wirtschafts- und insbesondere Ölabkommen.[246]

2 Kompetenzstreit, Ölschock, Rohstoff- und Devisenstab 1935/36

Zum Jahreswechsel 1934/35 war es dem RPrWM gelungen, die Kompetenz sowohl für die auswärtigen als auch für die heimischen Ölprojekte bei sich zu konzentrieren. Die Ölpolitik dieses neuen Wirtschaftsministeriums bevorzugte den traditionellen Rohstoff Erdöl und seine Raffinationsverfahren gegenüber den synthetischen Verfahren; vor allem war man bemüht, leichte Kraftstoffe auf dem Wege des Imports per Clearing zu beschaffen. Diese offizielle Ölpolitik geriet in gefährliche Konkurrenz zur Synthese der IG, denn die Stärke der Hydrierung lag ja genau auf diesem Gebiet. Im Verein mit der neu geschaffenen Wehrmacht übten die Manager des Chemiekonzerns im Jahr 1935

---

241 Vgl. Entwurf einer Dienstanweisung für den 2. Verbindungsoffizier beim Reichswirtschaftsministerium, Anlage zu der RKM – Aktz. 11 d. W Wi (II) Nr. 540/36 geh., v. 21. Januar 1936, BA-MA, RW 347, Bl. 48.

242 Eckart Teichert, *Autarkie* ... (1984), 52–54. Posses Konzepte für eine imperialistische Großraumwirtschaft seit 1924 und wieder seit 1930: Ebd., 106, 108–111 und 138 f. Vgl. Hans-Erich Volkmann, „Die NS-Wirtschaft ...", 258 f. und Willy Boelcke, *Die deutsche* ... (1983), 99.

243 Willy Boelcke, *Die deutsche* ... (1983), 62 f.

244 Das Amt wurde per unveröffentlichtem Reichsverteidigungsgesetz vom 21. 5. 1935 für Schacht geschaffen, das er in Personalunion zum Amt des Wirtschaftministers ausüben sollte: Vgl. Dieter Petzina, *Autarkiepolitik* ... (1968), 68 f. Die kriegswirtschaftliche Funktion delegierte Schacht an Wohlthat, der fortan als Ansprechpartner der Wehrmacht auftrat: Willy Boelcke, *Die deutsche* ... (1983), 151 und 154 f.

245 Wolfgang Birkenfeld, *Der synthetische* ... (1964), 54.

246 Vgl. Willy Boelcke, *Die deutsche* ... (1983), 181, 185 und 199 f. Vgl. Dietrich Eichholtz, *Deutsche Politik und rumänisches Öl (1938–1941)*, Leipzig 2005, 17–32.

immer größeren Druck auf das RPrWM aus, um das Hydrierprojekt vor einem Zurücksinken in den Dornröschenschlaf zu bewahren. Ergebnis dieser Initiativen und der komplexen Reaktionen darauf sollte die Einrichtung des Vierjahresplans sein – das offene Bekenntnis des Regimes, die wirtschaftliche Genesung hinter die Ziele der Aufrüstung zurückzustellen.

Chemie vs. Bergbau: „Treibstoffkommissar“, Mai bis August 1935

Chemische Industrie: Initiative von IG und W Wi

Nach der Röhmkrise ruhte das RWeM unter dem Falken Blomberg keinen Augenblick, die Aufrüstung voranzutreiben. Von besonderer Bedeutung war, des Prestiges wegen, der Aufbau der Luftwaffe, welcher infolge der Versailler Bestimmungen im Geheimen stattfand, eingebaut in das zivile Reichsministerium für Luftfahrt (RLM).[247] Geführt wurde das ehrgeizige Projekt durch den ehemaligen Lufthansa-Direktor und nun Staatssekretär im RLM, Erich Milch, die politische Schirmherrschaft hatte Göring übernommen.[248] Wegen der Luftrüstung war Carl Krauch/IG bereits im September 1933 an Milch herangetreten, da sich die Hydrierung in Leuna auch für Flugzeugmotoren eignete – einige kostspielige Anlagenerweiterungen und Verfahrensänderungen vorausgesetzt. Die wirtschaftspolitische Orientierung der jungen Diktatur auf den Außenhandelskurs Schachts hatte jedoch ein staatsmonopolistisches Vertragswerk im Sinne der IG verhindert, und nachdem sich Schacht und seine Ölexperten in und hinter dem RPrWM 1934/35 durchgesetzt hatten, geriet nicht nur die Flugbenzininitiative der IG, sondern ihr gesamtes Engagement in der Benzinsynthese aufs Nebengleis. Im Juli und August 1934 unternahmen die IG-Manager Krauch und Müller-Cunradi deswegen Vorstöße bei Thomas und Milch und wiesen insbesondere auf die aviatorischen Vorzüge ihres Hydrierbenzins hin. Zwei verschiedene flugmotorentaugliche Produkte konnte der Chemiekonzern anbieten: Bleitetraäthylbenzin und das qualitativ hochwertigere Iso-Oktan. Für beide Verfahren mußten indessen noch Lizenzen aus den USA eingeholt werden; die Produktionsumstellung erforderte erhebliche Unterstützung durch die öffentliche Hand, und es war von vornherein klar, daß die Produkte weit über dem Weltmarktpreis hergestellt werden würden.[249]

Nicht zuletzt wegen der Aussicht auf qualitativ hochwertiges Iso-Oktan bissen RWeM und RLM an.[250] Blomberg verlangte – wie bereits ausgeführt – im August 1934 von Schacht, daß vom RPrWM – gemeinsam mit RWeM und RLM – „ein »Mineralöl-

[247] Hermann Weiß, „Reichsluftfahrtministerium“, in: *Enzyklopädie des Nationalsozialismus*, hg. Wolfgang Benz/Hermann Graml/Hermann Weiß, München 1997, 682 f.

[248] Siehe S. 130. Richard J. Overy, *Goering* ... (1984, 32 f.

[249] Peter Hayes, *Industry* ... (1987), 139 f.

[250] Iso-Oktan: Peter Hayes, *Industry* ... (1987), 140.

plan« mit klaren Zielen aufgestellt wird, in dem alle zu seiner Durchführung nötigen Maßnahmen festzulegen sind und der vom Kabinett zu genehmigen ist".[251] Ende September 1934 forderte dann Staatsekretär Milch/RLM gar eine staatlich-industrielle Rüstungsanleihe zum Aufbau von Rüstungs- und Ersatzstoffanlagen, die selbst dem RWeM zu weit ging.[252] Als Schacht sich dieser Übergriffe auf sein Ressort mit Hilfe der Brabaggründung im September 1934 wirksam erwehrte, gaben sich die militärisch/aviatorischen Stellen mit den dualen Maßnahmen des Wirtschaftsministers (Umsteuerung des Imports sowie Steigerung der heimischen Erzeugung)[253] sowie der Vormachtstellung des RPrWM auch für die militärische Versorgung zufrieden.

Auch von Seiten der ambitionierten Wehrwirtschaftsorganisation unter Georg Thomas wurde die Schacht'sche Zuständigkeit einstweilen nicht angezweifelt. Aus den Fehlern der überstürzten Rüstung des Jahres 1934 lernend, die zur Devisenkrise geführt hatten, machte sich Thomas zum Jahreswechsel 1934/35 gar zum Fürsprecher der exportorientierten Politik des Neuen Plans, auch wenn sie „weniger in der Absicherung des wehrwirtschaftlichen Potentials Deutschlands als in dem Kampf um internationale ökonomische Macht und Einfluß bei weiterhin krisenhafter weltwirtschaftlicher Entwicklung" (Geyer) bestand.[254] Im Februar 1935 preschte er mit einer innermilitärischen Denkschrift vor, in der er – gegen die Operationsabteilung und den Chef des Truppenamtes Beck sowie den Ob.d.H. Fritsch – forderte, die Rüstung über einen längeren Zeitraum zu strecken und auf die Grundlage einer soliden Friedenswirtschaft zu stellen. Im Mai 1935 faßte Thomas noch einmal die Grundsätze einer solchen innenpolitisch wie international ausbalancierten Rüstung in einer Denkschrift für Hitler zusammen. Sie enthielt all jene Punkte, die auch Schacht forderte: Hitler sollte sich an die Spitze des Exportprogramms stellen, Lohn- und Preissteigerungen sollten verhindert werden, die den Export schädigenden antisemitischen Kampagnen sollten eingestellt und der „Stürmer" verboten werden. Angesichts der weiter unten geschilderten ultra-autarkistischen Politik Thomas' sind diese Mäßigungsappelle bemerkenswert, und es ist wahrscheinlich, daß Thomas im innermilitärischen Kampf um Positionen in der künftigen Wehrmacht Schacht als Partner suchte.[255] Vorübergehend oder nicht – Anfang 1935 anerkannten die Wehrwirtschaftsorganisatoren die Zuständigkeit des RPrWM in Wirtschaftsfragen und unterstützten seinen exportorientierten Kurs.

Nicht so die IG-Manager, die aus Angst vor Konkurrenzverfahren auf einen baldigen Vertragsabschluß mit dem Reich über Flugbenzin drängten und dabei in einem Auf-

---

251 *Akten* ... (1999), 194 Fn. 1. Zitat ebd. mit Verweis auf Vortragsnotiz in: BAMA, RW 19/923, Bl. 309–311.

252 *Akten* ... (1999), 194 Fn. 1 mit Verweis auf BAMA, RW 19/1596, Bl. 111.

253 Siehe S. 120 f. und 131 f. Vgl. Hans-Erich Volkmann, „Die NS-Wirtschaft ..." (1979), 259–277.

254 Michael Geyer, *Aufrüstung oder Sicherheit: die Reichswehr in der Krise der Machtpolitik 1924–1936*, Wiesbaden 1980, 454.

255 Michael Geyer, *Aufrüstung* ... (1980), 450–456.

wasch die ölpolitischen Zuständigkeiten neu zu regeln gedachten.[256] Bereits am 6./8. Oktober 1934 entstand in der Verbindungsstelle „W“, die die IG zwecks enger Kooperation mit Regierungsstellen bei der Deutschen Länderbank in Berlin eingerichtet hatte, ein erster Entwurf für die deutsche Kohlenwasserstoffversorgung im A-Fall für ein Jahr. Autor war der Leiter der Verbindungsstelle und Krauch-Gehilfe, Dr. Gerhard Ritter/IG. Die Statistik trug generalistische Züge, auch Import, Einlagerung, Bau von Tanklagerkapazitäten etc. wurden berücksichtigt und mit genauen Preisangaben quantifiziert.[257] Dieser Entwurf bildete die Grundlage für eine weitere Ausarbeitung von Gerhard Ritter/IG vom 12./15. Oktober 1934, die wahrscheinlich als Initiativpapier für die militärischen Stellen diente.[258]

Das Papier, das den sich ständig ändernden ölpolitischen Realitäten (Brabag-Verträge und -Gesetz) anpaßte, muß Thomas und die anderen militärischen Stellen stark beeindruckt haben.[259] Mit größter Wahrscheinlichkeit veranlaßte es sie, die im Sommer 1934 mit Schacht getroffenen Abmachungen bezüglich der militärischen Versorgung neu zu überdenken und die IG als eine Art Beschaffungsgesellschaft für *jedwede* Art von Kohlenwasserstoffen ins Kalkül aufzunehmen, die sich unabhängig vom RPrWM und seiner Wifo zu Fouragezwecken einsetzen ließ. Jedenfalls finden wir den Chemiekonzern kurze Zeit später, im November 1934, in Verhandlungen wieder, die er im Auftrag des RWeMs mit den Achnacarry-Konzernen APOC, RD-S und SO über eine Großbelieferung mit KW-Derivaten führte. Besonders der Hitler-Bewunderer Deterding schien dem Plan einer exklusiven Belieferung der Reichswehr nicht abgeneigt.[260]

Die internationalen Verhandlungen des Chemiegiganten mit den Achnacarry-Konzernen, zu denen er seit dem *world patent pool* gute Beziehungen unterhielt, knüpften an jene Bemühungen an, die unter Schacht wegen seiner „monströsen und ultimativ anmutenden Forderungen“ (MEJCHER)[261] im Sommer 1934 geplatzt waren. Dagegen bot nun die IG den Ölkonzernen weitaus annehmbarere Konditionen an: Über einen Zeitraum von fünf Jahren sollten die Konzerne KW-Derivate im Wert von £ 4 Millionen ins Deutsche Reich liefern – ausschließlich über die IG, die damit über Nacht zum deutschen Importmonopolisten avanciert wäre. In einer Sonderklausel behielt sich die IG vor, die Lieferungen auch in einem gedrängteren Zeitraum von nur zwei Jahren abzurufen. Im Gegenzug bot sie sofortige Barzahlung von 10 % des Preises, den Rest in sechs Monatsraten.[262] Von den Gesellschaften, insbesondere der APOC und der RD-S, wurde dieses Angebot mit großem Interesse zur Kenntnis genommen, da sich hier die

---

256 Dieter Petzina, *Autarkiepolitik* ... (1968), 37. Peter Hayes, *Industry* ... (1987), 140 und ebd. Fn. 67 mit Verweis auf den Uhde-Prozess der GHH.

257 Wolfgang Birkenfeld, *Der synthetische* ... (1964), 54 f. Peter Hayes, *Industry* ... (1987), 140. Länderbank/Gehilfe: Ebd.

258 Vgl. Peter Hayes, *Industry* ... (1987), 140.

259 Peter Hayes, *Industry* ... (1987), 140.

260 Helmut Mejcher, *Die Politik* ... (1980), 161 und 162 Fn. 60.

261 Ebd., 161. Siehe S. 119.

262 Ebd., 165.

lang ersehnten Gewinne abzeichneten, die man sich von der deutschen Motorisierung unter dem Auto-Kanzler Hitler versprochen hatte; außerdem stand der Weltmarkt trotz aller *As Is* Bemühungen des Achnacarry-Kartells immer noch unter dem Unstern von Überproduktion, Preisverfall und Absatzkrise.[263] Foreign Office und Petroleum Department, die über die staatliche APOC von dem Angebot erfuhren, zeigten sich jedoch weitaus skeptischer über den friedlichen Charakter der deutschen Motorisierung. Was die britischen Ressorts in jedem Fall verhindern wollten, war eine integrierte Autarkisierung des Deutschen Reichs, und die „Zwei-Jahres-Optionsklausel“ für die IG (MEJCHER) schien die schlimmsten Befürchtungen zu bestätigen: daß das Deutsche Reich die Importe für den militärischen Ernstfall einlagern und ansonsten die Hydrierung weiter auszubauen gedachte, um sich immer weiter unabhängig zu machen. Daher untersagte die britische Regierung ihrer Ölgesellschaft APOC, an dem Liefergeschäft teilzunehmen, und versuchte Ende November 1934, auf die RD-S und die amerikanische SO, die sich bereits grundsätzlich mit den deutschen Konditionen einverstanden erklärt hatten, Druck auszuüben.[264] Trotz der deutlichen Ablehnung der britischen Regierung sollten die Verhandlungen das folgende Jahr über (1935) weitergeführt werden.[265]

Mit Hilfe dieser überaus bedeutsamen Verhandlungen war der Chemiekonzern Ende 1934 drauf und dran, sich im Auftrag des deutschen Militärs eine Art Ressortzuständigkeit im Ölaußenhandel anzueignen, wobei im Falle eines Erfolgs der Deal mit den Achnacarry-Konzernen die Clearing-Verträge des RPrWM weit in den Schatten gestellt hätten. Aus den Verhandlungen bezog die IG zumindest das nötige Selbstbewußtsein, ihre statistischen Ausarbeitungen auf die gesamte deutsche Kohlenwasserstoffpolitik zu beziehen und zu suggerieren, sie habe eine Befähigung, dies alles besser zu planen, zu steuern und zu verwalten als das Wirtschaftsministerium.

Die allgemeine politische Situation zum Jahreswechsel, allem voran der unerwartete Erfolg der Saarland-Abstimmung vom 13. Januar 1935, gab der deutschen Rüstungslobby enormen Aufwind, und noch im Januar entschied das Regime, den Aufbau der Luftwaffe offen zu verfolgen (am 10. März 1935 deckte Göring die Existenz der Luftwaffe auf) – wie auch eine Reihe anderer Entscheidungen im Frühjahr 1935 den neuen, militärisch selbstbewußten Kurs der Diktatur festlegten: die Einführung der allgemeinen Wehrpflicht am 16. März 1935,[266] die Bestellung Schachts zum Generalbeauftragten für

---

263 Vgl. ebd., 164 f. und 168 f.

264 Helmut Mejcher, *Die Politik* ... (1980), 165 f. November: Vgl. auch ebd., 162 Fn. 60. Diplomatische Vorbereitungen zu einer gemeinsamen ölpolitischen Front mit den Sowjets und den US-Amerikanern hatte Sir Robert Vansittart bereits im Sommer 1934 getroffen. Im November 1934 wurden die bereits bestehenden Kanäle benutzt, und die amerikanische Regierung erbat von SO, über die Verhandlungen mit der IG laufend unterrichtet zu werden: Ebd., 163 Fn. 61.

265 Vgl. ebd.., 167–170.

266 Karsten Krieger, „Wehrpflicht“, in: *Enzyklopädie des Nationalsozialismus*, Wolfang Benz/Hermann Graml/Hermann Weiß (Hg.), Stuttgart 1997, 799 f. Vgl. Bernd-Jürgen Wendt, „Außenpolitik“, in: *Enzyklopädie des Nationalsozialismus*, Wolfang Benz/Hermann Graml/Hermann Weiß (Hg.), Stuttgart 1997, 66–84, hier 71. Vgl. Wolf Kaiser „Saarland“, in: *En-*

die Kriegswirtschaft (GBW) am 31. Mai 1935,[267] die Restrukturierung des RWeM zum Reichskriegsministerium (RKM) bis 1. Juni 1935[268] und schließlich das deutsch-britische Flottenabkommen vom 18. Juni 1935.[269] Das politische Klima, in dem die Wiederherstellung der militärischen Normalität nach den Restriktionen von Versailles gefeiert wurde, erwies sich für Argumente, die eine unabhängige Beschaffung für das Militär und mehr forderten, als besonders freundlich. Für den Rüstungsbeirat der Reichswehr[270] formulierte im März 1935 die IG die Grundlinien einer nach wehrökonomischen Gesichtspunkten ausgerichteten Wirtschaftspolitik und forderte „den Aufbau einer alle Kräfte des Volkes zusammenschließenden Wirtschaftsorganisation“:[271]

> „Die gesamte Organisation muß von dem Gedanken getragen werden, trotz einer straffen Zentralisierung der Planung die private Entwicklungsfreudigkeit zu fördern und vor allem die Organisation nicht bürokratisch erstarren zu lassen.“[272]

Mit dieser Denkschrift konkretisierte der Großkonzern auf seine Weise jene Forderung einer auf die Erfordernisse des totalen Kriegs zugeschnittenen Wirtschaftsadministration, die Georg Thomas seit Ende der zwanziger Jahre nicht müde wurde zu stellen, wobei der tagespolitische Interessenkonflikt mit der montanistischen Ausrichtung des neu entstandenen Superministeriums unter Schacht den Ausschlag gab.[273] Die aufgewertete Wehrwirtschaftsorganisation von Georg Thomas[274] erteilte nunmehr Gerhard Ritter/IG in der Verbindungsstelle „W“ den „Auftrag“, eine offizielle KW-

---

zyklopädie des Nationalsozialismus, Wolfang Benz/Hermann Graml/Hermann Weiß (Hg.), Stuttgart 1997, 708 f., hier 709.

267 Siehe S. 180 und Fn. 244.

268 Gerd R. Ueberschär, „Wehrmacht“, in: *Enzyklopädie des Nationalsozialismus*, hg. Wolfgang Benz/Hermann Graml/Hermann Weiß, München 1997, 98–107, 98.

269 Hermann Weiß, „Reichsluftfahrtministerium“ (1997), 682. Hans-Jürgen Zetzsche, *Logistik* ... (1986), 20 f. Wilhelm Deist, „Die Aufrüstung der Wehrmacht“, in: Wilhelm Deist et al., *Ursachen und Voraussetzungen der deutschen Kriegspolitik* (Das Deutsche Reich und der Zweite Weltkrieg, Bd. 1, hg. Militärgeschichtliches Forschungsamt), Stuttgart 1979, 371–529.

270 Mitglieder: Reichswehrminister von Blomberg, Generäle von Reichenau und Keitel/Reichswehr, Robert Bosch und Carl Krauch/IG, Konrad von Borsig, Paul Reusch/GHH, Hermann Röchling, Carl Friedrich von Siemens, Fritz Springorum, Fritz Thyssen und Albert Vögler/VSt: *Anatomie des Krieges: neue Dokumente über die Rolle des deutschen Monopolkapitals bei der Vorbereitung und Durchführung des Zweiten Weltkrieges*, hg. Dietrich Eichholtz/Wolfgang Schumann, Berlin 1969, 132 Fn. 1.

271 Denkschrift der IG Farbenindustrie AG für den Rüstungsbeirat des Reichswehrministeriums vom März 1935 über die Militarisierung der Wirtschaft zur Vorbereitung der Industrie auf den Krieg, Dok. 38, *Anatomie* ... (1969), 130–132, hier 130.

272 Ebd., 132.

273 Vgl. Georg Thomas, *Geschichte* ... (1966), 54–68. Vgl. Rolf Dieter Müller, „Die Mobilisierung ...“ (1988), 351 und ebd., Fn. 6.

274 Erst am 12. Februar 1935 waren die Bezirkswirtschaftsoffiziere, die neu geschaffene Mittelinstanz der Wehrwirtschaftsorganisation, von Thomas und Keitel in ihre Aufgaben eingewiesen worden: Georg Thomas, *Geschichte* ... (1966), 67.

Planung für den A-Fall vorzunehmen; diesen Bericht stellte der IG-Manager am 22. Mai 1935 fertig, als „gemeinsame Ausarbeitung mit „W Wi", die später im „Dritten Reich" als „Mineralölplan" bekannt wurde.[275]

Dieser Mineralölplan ging für das Jahr 1937 von einem Friedensbedarf von 1.620.000 t aus, dagegen von einem militärischen A-Fallbedarf an leichten Treibstoffen von 2.860.000 Jahrestonnen, wovon Flugbenzin mehr als ein Drittel eingeräumt wurde (1.060.000 Jahrestonnen). Dies war nicht nur schnödes Eigeninteresse sondern sichtlich eine Reverenz an das im März 1935 offen verkündete Prestige in der Luft.[276] Zur Deckung dieses Bedarfs zog Gerhard Ritter/IG die zur Verfügung stehenden „sicheren" Versorgungsmöglichkeiten heran: Einerseits die heimische KW- bzw. Surrogaterzeugung außerhalb der Hydrierung (Erdöl, Benzol, Kartoffelspiritus), andererseits die Hydrierung (Leunaausbau, Brabag-Werke Böhlen, Magdeburg, Ruhland und Steinkohlehydrierungswerk Scholven). Er berücksichtigte all die Einzelpositionen der Kohlenwassertoffwirtschaft, die für die Glaubhaftigkeit der Schrift unabdingbar waren. Wie erwartet kam er zu einem erschreckenden Ergebnis: Im Falle eines Krieges im Jahre 1938 würden der erhöhte militärische Bedarf und die absinkende heimische Produktion zu einer Fehlmenge von 1.345.000 t an leichten Treibstoffen (Auto- und Flugbenzin) führen, die nur durch Sondereinfuhr und Einlagerung gedeckt werden könnte. Für den Ausbau der Tanklagerkapazitäten hatten sich die für Gerhard Ritter/IG arbeitenden und nunmehr mit militärischem Auftrag gutachtenden IG-Spezialisten ebenso Gedanken gemacht wie für den Import; für ersteren setzten sie Neubaukosten in Höhe von RM 400 Millionen an, für letzteren einen einmaligen Devisenbedarf von RM 250 Millionen.[277]

Bezeichnend für den „gemeinsamen" Mineralölplan war, daß die IG-Spezialisten eine Steigerung der heimischen Erdölförderung über den Stand von 1934 – Bohrprogramm hin oder her – für ausgeschlossen hielten; und auch andere Zahlen, z. B. für Kartoffelspiritus und Benzol, waren bedenklich niedrig eingesetzt.[278]

Mit einigen Korrekturen verwandte der frischgebackene Reichskriegsminister Blomberg – wahrscheinlich war es Thomas selbst, die Unterschrift des Vorgesetzten antizipierend,[279] – dieses Papier am 3. Juni 1935 als Grundlage für ein Schreiben an

---

275 Dok. NI-7295, 22–45. Vgl. Wolfgang Birkenfeld, *Der synthetische* ... (1964), 54 f. Ebd. Fn. 11 und 13. Revision seiner historischen Einordnung („historisch unverbindlich", ebd., 56): Peter Hayes, *Industry* ... (1987), 140 f.

276 Die Bedarfszahlen stammten von Thomas' „W Wi": Wolfgang Birkenfeld, *Der synthetische* ... (1964), 55. Eigeninteresse/Reverenz: Vgl. Dieter Petzina, *Autarkiepolitik* ... (1968), vgl. 28 und 36.

277 Wolfgang Birkenfeld, *Der synthetische* ... (1964), 54 f.

278 Ebd., 55. In der Folge kritisierte OBH Schlattmann diese Zahlen: *Akten* ... (1999), 611 Fn. 1.

279 In einem späteren offiziellen Schreiben des RKM an den RWM in der gleichen Angelegenheit bekannte sich Thomas Keppler gegenüber der Autorschaft: Vgl. BA-MA, RW 19/347, Bl. 15 f. Daß in der Angelegenheit Thomas, und nicht Blomberg, die treibende militärische Kraft darstellte, zeigt die Besprechung in der Reichskanzlei am 9. Juli 1935: S 190 ff.

Schacht,[280] in dem er Kriegsbedarf und -versorgung bis 1938 gegenüberstellte und anprangerte:

> „Der Ausbau der Erzeugung hält mit der Steigerung des Bedarfs nicht Schritt, sodaß sich die Versorgungslage nicht bessern, sondern im Gegenteil verschlechtern wird."[281]

Hieraus leitete „Blomberg" die mittlerweile bekannte Forderung ab, daß die militärischen Belange in der Ölpolitik auch in administratorischer Hinsicht berücksichtigt werden sollten. Daß er damit nichts anderes tat, als den staatsmonopolistischen Forderungen der IG, die sich ins Hintertreffen geraten sah, das Gewicht eines Reichsministers zu verleihen, erschloß sich dem Adressaten Schacht ohne weiteres im Subtext:

> „Angesichts der kriegsentscheidenden Bedeutung einer gesicherten Mineralölversorgung ist es unbedingt erforderlich, daß der Ausbau der Mineralölerzeugung mit allen Mitteln und in allen Zweigen der Mineralölwirtschaft weitergetrieben werden muß. Insbesondere ist es nötig, diejenigen Gebiete mit Nachdruck zu fördern, bei denen ein Zurückbleiben gegenüber anderen vorauszusehen ist. [...] Die Lösung dieser großen nationalen Aufgabe ist nur in gemeinsamer Arbeit zwischen dem Reichswirtschaftsministerium und der Wehrmacht möglich. Die Durchführung der hierzu nötigen Maßnahmen muß aber unbedingt in eine Hand gelegt werden, welche in die Lage gesetzt werden muß, dem heute vielfach vorhandenen Neben- und Gegeneinanderarbeiten in Forschung und Erzeugung ein Ende zu machen und die wirtschaftliche und finanzielle Voraussetzung für den weiteren Ausbau der Produktion zu schaffen."[282]

„Blomberg" propagierte – einem archetypischen Argument der Vorlage folgend – jedoch weder die militärische noch die ministerielle Leitung, sondern schlug eine gänzlich neue Form der Öladministration vor, nämlich die durch sog. Fachleute aus der Industrie:

> „Wie diese Stelle zu gestalten ist, bedarf noch der Klärung durch die zuständigen Ministerien. In Frage käme entweder ein Treibstoff-Kommissar mit einem kleinen Stabe oder eine mit außerordentlichen Machtmitteln ausgestattete Dachgesellschaft, durch die die betreffenden Erzeugungsgesellschaften gelenkt und kontrolliert werden. Unbedingt erforderlich erscheint es aber, dieser Stelle ein Arbeiten außerhalb des ministeriellen Bürokratismus zu sichern und bei den untergeordneten Erzeugungsgesellschaften die freie Initiative des Unternehmers zu gewährleisten. Die Brabag wäre in diese Organisation einzubauen. [...] Bei der großen Bedeutung dieser Frage halte ich es für geboten, daß der Führer dem Reichswirtschaftsminister einen Sonderauftrag zur Einrichtung der oben angedeuteten Stelle erteilt."[283]

Das Stereotyp von der freien Unternehmerinitiative – das Schacht unbesehen unterzeichnet hätte – war indessen kaum geeignet, den Frontalangriff auf die Ölpolitik

---

[280] Vgl. Dieter Petzina, *Autarkiepolitik* ... (1968), 37 f.. Hanns-Heinz Kasper, *Die Erdölgewinnung* ... (1974), 43 f. Peter Hayes, *Industry* ... (1987), 140.

[281] Der Reichskriegsminister an den Reichswirtschaftsminister, 3. Juni 1935, Dok. 169, *Akten* ... (1999), 611–613, hier 612. Mit Verweis auf BA-MA, RW 19/2641, Bl. 368–372. Kopien des Schreibens erhielten die Anfang 1935 neu bestallten Oberbefehlshaber des Heeres (Werner Frh. v. Fritsch), der Marine (Erich Raeder) und der Luftwaffe (Göring), sowie der Sonderbeauftragte Keppler: BA-MA, RW 19/347, Bl. 9.

[282] Reichskriegsminister an Reichswirtschaftsminister ... (vom 3. Juni 1935, siehe Fn. 281), 612. Subtext: Dieter Petzina, *Autarkiepolitik* ... (1968), 37 f.

[283] Reichskriegsminister an Reichswirtschaftsminister ... (vom 3. Juni 1935, siehe Fn. 281), 612.

des RPrWM zu beschönigen. Die Position der IG wie auch des alten Reichswehr- und neuen Reichskriegsministeriums waren dem RPrWM seit Sommer 1934 bestens bekannt, und genau gegen diese Vereinnahmungsversuche hatten Schlattmann und Schacht die horizontale und vertikale Konzentration von Kohlenwasserstoffkompetenzen bei ihrem Ministerium gefördert. Just die Brabag einem IG-Kommissar oder einer von der IG dominierten Dachgesellschaft unterstellen zu sollen, mußte ihnen als Pervertierung des eigenen Tuns vorkommen.

Tabelle 11: Politische Zahlen für eine KW-Versorgung im A-Fall, von 1934/35*
(in 1000 t)

	Ritter/IG + W Wi**	„Blomberg"***	Warlimont****	Schlattmann****
Autobenzin				
Bedarf	1.800	1.700		-
Erzeugung				
Leuna				
Benzin aus Erdöl			30	mindestens **75**
Spiritus			40	mindestens **250**
∑	495	860		-
Fehl	1305	840		-
Vorräte	325	300		-
Fehl abzgl Vorräte*****	980	540		-
Flugbenzin				
Bedarf	1.060	1.030		1.030
Erzeugung				
Leuna	450			
Benzol	200		200	mindestens **350**
∑	¿ 650	365		-
Fehl	410	665		-
Vorräte	¿¿ 45	240		-
Fehl abzgl Vorräte*****	365	425		-
∑ leichte Kraftstoffe				
Bedarf	2.860	*2.730*		2.730
Erzeugung	*1.145*	*1.225*		1.700
Fehl	*1.715*	*1.550*		ca. 1.000
Vorräte	*370*	*540*		-
Fehl abzgl. Vorräte*****	*1.345*	*965*		-

(Fortsetzung) Politische Zahlen für eine KW-Versorgung im A-Fall, von 1934/35*
(in 1.000 t)

	Ritter/IG + W Wi**	„Blomberg"***	Warlimont****	Schlattmann****
Gasöl, Treiböl (= Diesel)				
Bedarf		1.250	†2.000	†2.000
Erzeugung		135	65	200
Fehl		1.115		-
Vorräte		260		-
Fehl abzgl Vorräte*****		855		-
Heizöl				
Bedarf		800	†1.500	-
Erzeugung		325		-
Fehl		475		-
Vorräte		120		-
Fehl abzgl Vorräte*****		355		-
∑ Diesel + Treiböl				
Bedarf		*2.250*		
Deckung		*460*		
Fahrzeugmotorenöl				
Bedarf		215		
Erzeugung		31		
Fehl		184		
Vorräte		54		
Fehl abzgl Vorräte*****		130		
Flugmotorenöl				
Bedarf		100		
Erzeugung		+		
Fehl		100		
Vorräte		26		
Fehl abzgl Vorräte*****		74		

* ausgehend von einer angenommenen Betriebsstoff-Bilanz am 1. April 1937.
** vom 22. Mai 1935: Dok. NI-7295, 113–128: Birkenfeld, Der synthetische ... (1964) 55 f.
*** vom 3. Juni 1935: Anlage zu Blomberg an Schacht, v. 3. 6. 35, BA-MA, RW 19/347, fol. 10.
**** Zahlen auf der Besprechung im RPrWM am 9. August 1935: BA-MA, RW 19/347, fol. 20–25.
***** = Bedarfsdeckung im 1. Jahr des A-Falls.
- weder spezifische Angaben im Text noch Rückrechnung möglich.
Fette Zahlen: implizit im Text. Mureck/W Wi warf dem RPrWM vor, diese Friedenszahlen mit der Kriegsproduktion gleichzusetzen. Tatsächlich ging das RPrWM von einer noch größeren Kriegsdeckung aus, als W Wi für Friedenszeiten annahm, cf. Mureck, BA-MA, RW 19/347, fol. 21.
Kursive Zahlen: von mir errechnet.
¿ Leunaproduktion (450) + Benzolproduktion (200).
¿¿ Benzolvorräte.
† Unter Berücksichtigung eines nach dem Flottenabkommens (18. Juni 1935) gesteigerten Marinebedarfs. Statt für Dieselmotoren entschied sich die Marine für Hochdruckheißdampfturbinen, die mit Heizöl betrieben wurden: Zetzsche, Logistik ... (1986), 20 f.

Der Kriegsminister konkretisierte seine Zahlen und Forderungen in einem weiteren Schreiben vom 29. Juni 1935, woraufhin es am 9. Juli 1935 zu einer grundsätzlichen Besprechung bei Keppler in der Reichskanzlei kam, an der außer Keppler Oberst Thomas und Dr.-Ing. Mureck vom RKM sowie OBH Schlattmann und Dr. Petri vom RPrWM teilnahmen.[284]

Keppler führte sich in dieser Besprechung als Schiedsrichter auf. Daß er der Rolle gewachsen sein würde, war zumindest fragwürdig, zeigte er doch bereits Neigung, die ganze Angelegenheit zur Intrige bei Hitler zu nutzen. Im April 1935 hatte er – das RPrWM zu umgehen meinend – über die Aussichten der Erdölförderung bei der PGLA eine Ausarbeitung angefordert, um sie „für einen Vortrag beim Führer" zu verwenden. Das Ministerium war jedoch sofort von Präsident von Seidlitz über Kepplers Aktivität informiert worden und hatte eine Kopie des Vortragspapiers erhalten.[285] Der Vortrag bei Hitler trug Keppler allerdings keineswegs die bestimmende Rolle in der Roh- und KW-Politik ein, die er sich erträumen mochte, seit seine Aspirationen auf das Wirtschaftsministerium im Sommer 1934 ins Leere gelaufen waren.[286]

In der Besprechung kritisierten die Kontrahenten Thomas und Schlattmann Zahlen und Erhebungsgrundlagen der jeweils anderen Partei, wobei das wehrwirtschaftliche Weltbild Georg Thomas' und der IG (sichere, d.h. kontinentale Zufuhr) ungebremst auf das handelsimperialistische des RPrWM prallte.[287] Schlattmann, auf Schachts Auftrag als Generalbevollmächtigten für die Kriegswirtschaft von Anfang des Jahres hinweisend, verteidigte die Zuständigkeit des Wirtschaftsressorts auch für die militärischen Kohlenwasserstoffbelange. Thomas erklärte darauf, die

---

284 Aktenvermerk – Wi II Aktz. 66 b 2134/VI Wi (IIb) – über eine Besprechung in der Reichskanzlei am 9.7.1935 re Treibstoff-Kommissar, v. 11. Juli 1935, BA-MA, RW 19/347, Bl. 12–14. Erwähnung des Schreibens v. 29. Juni 1935: Ebd., Bl. 12. Besprechung auch exzerpiert in *Akten* ... (1999), 611 Fn. 8.

285 von Seidlitz, Entwicklung und Aussichten des deutschen Erdölbergbaues, v. 15. April 1935 mit Anschreiben an den Reichs- und Preußischen Wirtschaftsminister v. 16. April 1935, NLfB 88000.

286 Vgl. Kepplers Aussage über seine Besprechung mit Hitler im Konflikt mit Schacht: „Zum Schluss fand ich speziell in meinen Rohstoffaufgaben eine sehr grosse Opposition des Wirtschaftsministeriums, sodass ich eines Tages zu Hitler ging und ihm sagte, ich waere immer bereit, mich durchzusetzen, aber es wuerde schwere Konflikte bringen. Daraufhin entgegnete Hitler, er wolle in der ganzen politischen Lage keine derartigen Konflikte, ich solle mich zurueckhalten, er wisse ja, dass ich nicht in dem Umfange arbeiten koenne, wie ich es gerne wollte. Ich habe daraufhin Hitler erwidert, selbstverstaendlich wuerde ich mich fuegen, und ich wuerde diesen Auftrag in seine Hand zuruecklegen. Hitler erklaerte, das kommt ueberhaupt nicht in Betracht, denn wenn wir das dem Wirtschaftsministerium allein ueberlassen, dann kommt gar nichts mehr heraus.", Fall 11, Nr. 169, 19345. Vgl. Dieter Petzina, *Autarkiepolitik* ... (1968), 25. Die Auseinandersetzung zwischen Schacht und Keppler beschränkte sich nicht auf KW, sondern wurde vor allem auf dem Gebiet der Stahlproduktion zwischen Schlattmann/RPrWM und Pleiger/Büro Keppler ausgetragen: Willy Boelcke, *Die deutsche* ... (1983), 166 f. Aspirationen: Ebd., 165. Vgl. Dieter Petzina, *Autarkiepolitik* ... (1968), 25. Hans Kehrl, *Krisenmanager* ... (1973), 66 f.

287 Aktenvermerk – Wi II Aktz. 66 b 2134/VI Wi (IIb) – über eine Besprechung in der Reichskanzlei am 9.7.1935 re Treibstoff-Kommissar, v. 11. Juli 1935, BA-MA, RW 19/347, Bl. 12 f.

> „Wehrmacht würde damit einverstanden sein, daß das Treibstoffkommissariat in den Rahmen des ‚Generalbevollmächtigten für die Kriegswirtschaft' eingegliedert wird, sie muß jedoch fordern, daß bei der kriegsentscheidenden Wichtigkeit der Betriebsstoffe diese in einem klar umgrenzten Kreis von einer Sonderstelle (Einzelpersönlichkeit mit Mitarbeiterstab) bearbeitet werden, die sich ausschließlich diesen Fragen widmet. Der Einbau der Fachressorts in diese Stelle ist dabei unerwünscht, weil hierdurch deren Beweglichkeit vermindert würde."[288]

Dieses Scheinzugeständnis trug Thomas die Zustimmung des Ex-Unternehmers Keppler ein, der bekanntermaßen vom industriellen „Führerprinzip" ebenso sehr überzeugt war und glaubte, „daß nur ein neuer Mann mit neuen Energien fruchtbare Arbeit leisten kann."[289]

Mit dem Glaubenssatz von der „freien Unternehmerinitiative" und dem „technischen Sachverstand" hatte Thomas in der Frage der Zuständigkeit einen Trumpf ausgespielt, der stechen würde, auch wenn sich das RPrWM in völliger Ablehnung verhärten sollte. Zwei Tage später faßte er, unter Blombergs Briefkopf, bei Schacht mit dem gleichen Argument nach. Gegen die Lösung, auch die militärische KW-Versorgung durch das RPrWM zu steuern, trage er

> „Bedenken, da Ausmaß und Dringlichkeit der Maßnahmen den Einsatz einer ganzen Persönlichkeit erfordern werden, um schnell das Ziel zu erreichen, das im Interesse der Landesverteidigung notwendig ist. Die Aufgaben liegen zum großen Teil auf praktischem Gebiet und außerhalb der eigentlichen Tätigkeit des Reichswirtschaftsministeriums."[290]

Im Streit der Ressorts um die Zuständigkeit in der Ölpolitik offenbarte sich zusehends, wie sehr der Widerspruch an der jeweiligen ölpolitischen Orientierung hing, also der Frage, welche Rohstoffe und Verfahren zu fördern, welche Industriebranchen zu begünstigen und welche spezifischen administrativen Fertigkeiten hierzu notwendig waren. Inzwischen dürfte auch dem Wirtschaftsminister und seinen Fachreferenten aufgrund der Goebbels-Presse nicht verborgen geblieben sein, daß der ehemalige Generaldirektor der RD-S, Sir Henri Deterding, sich auffallend häufig im Nazi-Reich blicken ließ und Anstalten traf, sich auf einem Altersruhesitz in Mecklenburg niederzulassen.[291] Spätestens Mitte Juli muß Schacht Wind von den Verhandlungen bekommen haben, die zwischen RKM und IG auf der einen Seite und Deterding auf der anderen Seite liefen,[292]

---

288 Ebd., Bl. 13 f.

289 Ebd., Bl. 14.

290 Der Reichskriegsminister und Oberbefehlshaber der Wehrmacht – Nr. 1340.35.gKdos.W. – an den Herrn Reichsbankpräsident Dr. Schacht, v. 11. Juli 1935, BA-MA, RW 19/347, Bl. 16. Briefkopf: Entwurf, Leiter des Wehrwirtschafts- und Waffenwesens beim Wehrmachtsamt an Keppler, v. 12. Juli 1935, ebd., Bl. 15.

291 Vgl. Emil Rasche, *Die sechste* ... (1951), 137–139. Zur britischen Wahrnehmung der Besuche und Verhandlungen Deterdings: Helmut Mejcher, *Die Politik* ... (1980), 167–170.

292 Diese Verhandlungen sind nur indirekt über Nachfragen der britischen Regierung bei der RD-S vom September 1935 dokumentiert. Mejcher bezeichnet sie als die „damals schwer durchschaubaren Aktivitäten Deterdings in Deutschland": Helmut Mejcher, *Die Politik* ... (1980), 167 und ebd. Fn. 79. Schachts Kenntnis hiervon erklärt sich aus seinen Äußerungen auf der im Folgenden zitierten Chefbesprechung am 27. Juli 1935: Siehe unten, S. 201 f.

und die nicht nur die Alleinzuständigkeit des RPrWM in der KW-Versorgung in Frage stellten, sondern drohten, dessen allgemeine außenhandels- und devisenpolitische Befähigung *ad absurdum* zu führen. Am 19. oder 20. Juli 1935 nahm er Kontakt zu Blomberg auf, wobei die grundlegenden Streitfragen um die Zuständigkeit in der KW-Frage erörtert und geklärt wurden.[293]

Bergbau: Kriegsmarine als Verbraucher des RPrWM

Da die Diskussion um die Kompetenz in der deutschen Ölpolitik nunmehr mit kriegsökonomischen Argumenten geführt wurde, hätte das Wirtschaftsministerium die Allianz eines militärischen Verbrauchers gut gebrauchen können. Dieser fand sich überraschend im neugeschaffenen Oberkommando der Kriegsmarine (OKM), das seit dem deutsch-britischen Flottenabkommen vom 18. Juni 1935 einem erheblichen Zuwachs an Kriegsschiffen entgegenblicken konnte. Allerdings stand zum Zeitpunkt des Abkommens nicht fest, ob sich das OKM in seinen Flottenausbauplänen für dieselgetriebene Schiffsmotoren oder für heizölgetriebene Hochdruckheißdampfturbinen entscheiden würde.[294] Zum Zeitpunkt der Entscheidung erlaubten letztere bei den prestigeträchtigen großen Schlachtschiffen höhere Geschwindigkeiten,[295] und so wurde denn – auf Initiative des frischgebackenen Ob.d.M. Admiral Raeder – der gesamte Neubauplan über zwei große Schlachtschiffe, zwei schwere Kreuzer, sechzehn Zerstörer und sämtliche Geleitboote eines neuen Typs auf den Antrieb mit Hochdruckheißdampfturbinen, d.h. auf Heizölbetrieb ausgelegt.[296]

Für die Marine eines Landes mit großer Erdölindustrie wäre diese Entscheidung vorteilhaft gewesen, da Heizöl bei der klassischen Top-Destillation im Raffinationsprozess als Rückstand übrigblieb und der Schiffstreibstoff quasi als Abfallprodukt anderer Treibstoffherstellung billig und in großen Mengen angefallen wäre. Im Deutschen Reich dagegen, wo als Folge der politischen Entscheidungen die Raffinationskapazitäten seit Inbetriebnahme der Deurag in Misburg bei Hannover (1932) nicht weiter gewachsen waren, mußte Heizöl eigens erzeugt werden. Das konnte auf dem Wege der Synthese geschehen, wobei jedoch die spezifischen großen Kohlenwasserstoffmoleküle des Heizöls (vorwiegend die kettenförmigen Paraffine $C_{10}H_{24}$ bis $C_{32}H_{66}$, Naphthene und zyklische Aromate) einen erhöhten Einsatz von Braunkohle als Ausgangsstoff verlangten. Außerdem bedeutete ein Abwälzen der Heizölerzeugung auf die existierenden Hydrier- oder die im Bau befindlichen Fischer-Tropsch-Kapazitäten, daß dort erheblich weniger Benzin, Flugbenzin und Diesel produziert werden konnte. Das gleiche galt für

---

[293] Diese Besprechung ist nicht durch Akten dokumentiert. Jedoch bezeichnete Blomberg sie am 27. Juli 1935 als grundlegend für die Beilegung des Kompetenzstreits: Chefbesprechung im Reichskriegsministerium vom 27. Juli 1935, Dok., 193, *Akten*... (1999), 693 f., hier 694 und Fn. 7. Siehe unten, S. 201.

[294] Vgl. Hans-Jürgen Zetzsche, *Logistik*... (1986), 20 f.

[295] Ebd., 23.

[296] Ebd., 20 f.

Benzol, das direkt in den Turbinen eingesetzt werden konnte, das aber als Beimischstoff bei Auto- und Flugbenzin gefehlt hätte.[297] Schließlich hätte sich auch aus heimischem Erdöl Heizöl gewinnen lassen können. Zwar war bei den deutschen Erdölen der Anteil der Heizölfraktionen sehr hoch (Wietze: 46,9%),[298] doch drängten die militärischen Wirtschaftsplaner (W Wi) darauf, das heimische Erdöl für die Schmierölproduktion zu reservieren.[299] Eine gesicherte Heizölversorgung der Marine aus deutscher Produktion war im Grunde noch illusorischer als eine Versorgung mit synthetischem oder natürlichem Diesel; und die Entscheidung für den besonderen Brennstoff machte die deutsche Flotte vom Zeitpunkt ihrer Entstehung an importabhängig.[300]

Einen hohen Heizölanteil hatten mexikanische (48,1 %), venezolanische (46,6 %) und texanische Erdöle (34,2 %), die vorwiegend von Achnacarry-Konzernen, die lateinamerikanischen vor allem von der RD-S gefördert wurden und mit harten Devisen bezahlt werden mußten. Dagegen war der Heizölanteil der dem Deutschen Reich über Clearing eher zur Verfügung stehenden leichten rumänischen Erdöle gering (11,0–18,9 %), das gleiche galt für die benzinreichen sowjetischen Erdöle aus dem Kaukasus (27,4 %).[301] Eine Heizölversorgung für die Marine schien aus Gründen der Devisenökonomie eher problematisch. Bislang hatte sich die Marine für das im Frühjahr 1934 von Gottfried Feder geförderte Importprojekt des *outsider* William R. Davis interessiert, dessen deutsche Gesellschaft EUROTANK ab Sommer 1934 im Hamburger Hafen eine Raffinerie für nord- und südamerikanische Erdöle errichtete. Wegen des Plans, die Achnacarry-Konzerne für die deutsche Treibstoffversorgung einzuspannen, war Davis zwischenzeitlich vom RPrWM und AA fallengelassen worden; außerdem kam das Projekt wegen schleppender Konzessionsverhandlungen in Mexiko im Jahr 1935 nicht voran.[302]

Die Entscheidung, die das OKM zu treffen hatte, wurde jedoch entschieden erleichtert, als sich, offenbar über das Hamburger Raffinerieunternehmen MAWAG,[303] ein Kontakt zwischen Thomas Brown, dem Führer der deutschen Gruppe in der irakischen BOD, die bekanntlich zur Hälfte durch das Irak-Konsortium der deutschen Schwerindu-

---

297 Vgl. ebd., 28–37.

298 Tabelle A – Eigenschaften der Destillate von Roherdölen nach Angaben US-Bureau of Mines, Hans-Jürgen Zetzsche, *Logistik* ... (1986), 38a und 38 Fn. 44 mit Verweis auf Veröffentlichungen von A. J. Kraemer und anderen im US-Bureu auf Mines Bulletin 401 (1937), 291 (1928), 346 (1925) und Report of Investigations 2807 (1927).

299 Vgl. Hans-Jürgen Zetzsche, *Logistik* ... (1986), 28. Drängten: Siehe unten, S. 203.

300 Ebd., 23 f.

301 Tabelle A – Eigenschaften der Destillate von Roherdölen, ebd., 38a und 38 Fn. 44. Achnacarry-Konzerne in Lateinamerika: Als größte in Mexiko: Mexican Eagle (RD-S), dann SO, Sinclair (outsider), Cities Service (outsider), Gulf: Daniel Yergin, *Der Preis* ... (1991), 354. Venezuela: RD-S, Gulf, Standard Oil of Indiana: Ebd., 305 f.

302 Klaus Volland, *Das Dritte* ... (1976), 83- 85 und 252 Fn. 10.

303 Vgl. Fritz Grobba, *Männer* ... (1967), 93. Die MAWAG war ehedem Bestandteil des Grötzingerimperiums („Sichelkonzern“, bis 1924/25 mit Stinnes liiert), zu dem auch die EBAG in Oberg zählte.

strie unter Federführung der Ferrostaal AG, Essen (= Gutehoffnungshütte, Oberhausen) repräsentiert wurde, und der Amtsgruppe „Betriebsstoffbewirtschaftung" („BB") des OKM unter Ministerialrat Dr. Friedrich Fetzer, Konteradmiral Dr.-Ing. Lüttge und Konteradmiral Dr.-Ing. Adam herstellte.[304]

Die BOD befand sich wieder einmal in finanziellen Schwierigkeiten.[305] Ursprünglich existierten auf ihrer ganzen Konzession nur die Bohrungen Qaiyarah 1 und 2, die beide noch zu Zeiten der IPC abgeteuft und bei Ausschreibung der BOD-Konzession am 20. April 1934 in Besitz der BOD übergegangen waren. Dabei stellte Qaiyarah 1 mit einer Anfangsproduktion von 4.000 Barrel/Tag hochasphaltösen, schwefligen Öls die Grundlage aller bisheriger Regierungsverhandlungen dar.[306] Nachdem der zum Jahreswechsel 1933/34 abgelöste britische Chefgeologe der BOD, Arthur Beeby-Thompson, eine hastige Erkundung durchgeführt und zu seinen sehr optimistischen Stellungnahmen gelangt war,[307] hatte sein deutscher Nachfolger, C. Schmidt,[308] auf der Struktur von Qaiyarah-Najmah-Jawan sechs weitere Bohrungen niederbringen lassen – die erste, immer noch sehr zögerliche, Erschließung der Konzession.[309] Die im Vergleich zu den Versprechungen von Thomas Brown recht magere Substanz der BOD vor Ort war weniger dem Mangel an Produktionsmitteln geschuldet – immerhin hatte die Schwester der Ferrostaal AG, Haniel & Lueg (= GHH), drei ihrer rumänischen Rotary-Anlagen auf der Struktur in Betrieb, wozu noch zwei traditionelle Pennsylvania-Seilschlaganlagen und ein fahrbares Bohrgerät Edeco 1200 kamen –[310] als vielmehr der Tatsache, daß es außer dem Chefgeologen Dr. C. Schmidt, seinem Assistenten Dr. Brodie und dem aus der BOD ausscheidenden Mr. Burnett keine Geologen in der BOD gab, so daß die systematische geologische Vorerkundung – das heißt, die allererste Vorarbeit bei der Erschließung einer Konzession – im wesentlichen noch immer nicht stattgefunden hatte.[311] Deswegen hatte sich C. Schmidt bei der Auswahl der Bohrpunkte auf die

---

304 Amtsgruppe: Hans-Jürgen Zetzsche, *Logistik* ... (1986), 6 f. Herstellte: Vgl. ebd., 62, der hierfür kein Datum nennt. Jedoch waren am 13. Juli 1935 die Initiativen zwischen Brown, OKM, RPrWM und AA bereits genauestens abgestimmt: Helmut Mejcher, *Die Politik* ... (1980), 128 f.

305 Vgl. Ebd., 107 et passim.

306 Edgar Wesley Owen, *Trek* ... (1975), 1301. Zu den Bohrungen vgl. auch Schlumberger, Études ... (vom August 1934, siehe Kapitel 1, Fn. 290), Bl. 14 f.

307 Hastig: Edgar Wesley Owen, *Trek* ... (1975), 1306. Abgelöst: Helmut Mejcher, *Die Politik* ... (1980), 121 und ebd., Fn. 61. Optimistisch: Ebd., 118.

308 C. Schmidt war im Irak von 1933 bis 1938 tätig: Dr. A. Mayer-Gürr, Die Erdölfelder des Irak. Eine Zusammenfassung unserer heutigen Kenntnisse über die Geologie und Entwicklung der irakischen Erdölfelder, v. 22. März 1941, NLfB 49073 Bd. 1, Bl. 1.

309 Oreste Jacobini, Etat actuel des traveaux de recherche dans la Concession de la B.O.D. en Iraq: constatation et deductions principales [sic], 18. Mai 1935, Bl. 3 f., in: NLfB 49070. Vgl. die etwas geraffte Darstellung bei Fritz Grobba, *Männer* ... (1967), 93.

310 Annexe No. 2 B.O.D. Co Ltd.: rapport technique avec évaluation des frais necessaires jusq'au Ier, Janvier 1937, Qaiyarah 15 Mai 1935, Bl. 1, Anhang zu Jacobini, Etat ... (vom 18. Mai 1935, siehe Fn. 309). Diese Anlagen waren zum September 1934 in den Irak bestellt worden: Schlumberger, Études ... (vom August 1934, siehe Kapitel 1, Fn. 290), Bl. 46.

311 C. Schmidt, Memorandum re Geological Staff, v. 19. Mai 1935, in: NLfB 49070.

Struktur Qaiyarah-Najmah-Jawan konzentriert, die bereits durch die internationale Geologenkommission von 1925/26 und die IPC-Bohrungen von 1927 als fündig erschlossen war.[312]

Fünf dieser Bohrungen wurden mit ähnlich hochviskosem, schwefligem Erdöl in den Asmari-Schichten fündig und ergaben mit der noch produzierenden Qaiyarah 1 eine Gesamt-Anfangsproduktuion von 3.030 t pro Tag.[313] Diese neuen, wenngleich zähen, Fluten versetzten die BOD, die vorher mehr in den Köpfen ihrer multinationalen Unternehmer existiert hatte, in den Stand einer veritablen Ölgesellschaft mit Erdölbasis. Hoffnungsvoll reisten die Mitglieder des Verwaltungsrats der BOD teils einzeln, teils in Gruppen an, um die Lage in Augenschein zu nehmen und mit den Experten vor Ort zu erörtern. Zwischen dem 12. und 20. Mai 1935 kamen gemeinsam P. L. Hunting/britische Gruppe, Thomas Brown/deutsche Gruppe und Oreste Jacobini/italienische Gruppe (AGIP) in den Irak und hielten mit externen und internen geologischen Sachverständigen sowie dem angereisten leitenden technischen Personal am 13. Mai 1935 eine Konferenz in Qaiyarah ab, auf der das weitere Programm der BOD diskutiert und festgelegt wurde.[314] Die Ergebnisse legte Jacobini am 18. Mai 1935 in einem Bericht an den Verwaltungsrat der BOD nieder.[315]

Hierbei gab C. Schmidt den Gesamtinhalt der erschlossenen Lagerstätte Qaiyarah-Najmah-Jawan mit minimal 45.000.000 t an. Ein zweiter Ölhorizont („Pilsener"-Schichten), der jedoch nicht erschlossen worden war, wurde bei dieser Schätzung nicht berücksichtigt.[316] Auf Wunsch von Thomas Brown, einen Plan für die Ausbeutungsaussichten vorzulegen, machte C. Schmidt mit einigem Sträuben eine sehr vage Hochrechnung der Anfagsproduktionen,[317] die 45 neue Bohrungen vorsah, wozu ab Dezember 1935 drei weitere Rotary-Analagen eingesetzt werden sollten.

---

[312] Jacobini, Etat ... (vom 18. Mai 1935, siehe Fn. 309), Bl. 3. Geologenkommission: Edgar Wesley Owen, *Trek* ... (1975), 1293–1301.

[313] Jacobini, Etat ... (vom 18. Mai 1935, siehe Fn. 309), Bl. 8.

[314] Dr. C. Schmidt, Minutes of the Conference held in Qaiyarah on May, 13th. 1935, Bl. 1, Annexe 1 zu Jacobini, Etat ... (vom 18. Mai 1935, siehe Fn. 309). Anwesend waren Jacobini, Brown und Hunting vom Verwaltungsrat der BOD; die angereisten beratenden Geologen Prof. Ramiro Fabiani, Prof. Stanislas Zuber und Dr. R.L.C. Bleeck; die BOD-Geologen Dr. C. Schmidt und Dr. Brodie; der Technische Direktor der BOD (Directeur des Chantiers) Ing. I. Veneziani; der Chef des zentralen technischen Büros der AGIP, Ing. G. Patrizi und R. de Grenet vom Technischen Büro der BOD in London.

[315] Jacobini, Etat ... (vom 18. Mai 1935, siehe Fn. 309), Bl. 1–24.

[316] Bei einer Länge von als fündig erwiesenen 35 km, einer Breite von einem 3/4 km und einer durchschnittlichen Mächtigkeit der fündigen Asmari-Schichten von 60 m und einer Porosität von 5% und einer (wegen der hohen Viskosität des Öls) 10%igen Gesamtausbeute: Ebd., Bl. 5.

[317] Über das Druckabfallverhalten der Bohrungen war nichts bekannt, also rechnete C. Schmidt mit dem Handbuchkoeffizienten von 33%: Jacobini, Etat ... (vom 18. Mai 1935, siehe Fn. 309), Bl. 5 und 8 f., in NLfB 49070.

Tabelle 12: Produktionsplan der BOD vom 18. Mai 1935

Zum 1. April 1936	690.000	Jahrestonnen
Zum 1. Juli 1936	1.110.000	Jahrestonnen
Zum 1. Januar 1937	1.890.000	Jahrestonnen.[318]

Ein Hauptproblem war die Qualität des Erdöls. Zwar hatte man den grundsätzlichen Eindruck gewonnen, Öl besonders geringer Qualität gefunden zu haben; genaue Analysedaten fehlten jedoch, die Aufschluß darüber gegeben hätten, in welcher Weise, zu welchen Produkten, mit welchen Profitmargen und für welchen Markt das Erdöl nun weiterverarbeitet werden sollte. Hier riet Jacobini, sofort Proben in genügender Menge für einen Test in halb-industriellem Maßstab an solche Raffinerieunternehmen zu versenden, die in der Verarbeitung schwerer, asphaltreicher Erdöle spezialisiert seien. Für die Rentabilitätsaussichten der Produkte forderte er außerdem eine genaue Untersuchung in der Raffinerie ROMSA (= AGIP) in Fiume und im Chemielabor Montecatini, die als Abnehmer in Frage kämen.[319]

Entgegen solcher Vorsicht – und wahrscheinlich mit einer fertigen Analyse französischer Raffinateure, die sich zeitweise für ein Cracken des minderwertigen BOD-Öls zu ebenso minderwertigem, aber günstigem Benzin interessierten, in der Tasche[320] – preschte Thomas Brown bei der Gestaltung des *downstream* voran. Er hatte sogleich den orientalischen Markt ins Auge gefaßt (Irak, Türkei, Syrien und Persien) und wollte hierfür, neben einer kleinen Raffinerie in Qaiyarah, eine Großraffinerie in Bagdad mit einer Kapazität von 60.000 Jahrestonnen bauen. Der Transport zur und von der Raffinerie sollte per Eisenbahn abgewickelt werden, die ebenfalls noch gebaut werden sollte.[321] Diese Eisenbahnpläne, von denen Jacobini wegen fehlender Rentabilitätsdaten energisch abriet,[322] verdankten sich, wie MEJCHER nachgewiesen hat, der „Verschränkung der deutschen Gruppe mit dem vornehmlich an Liefergeschäften interessierten Irak-Industriekonsortium".[323]

318 Jacobini, Etat ... (vom 18. Mai 1935, siehe Fn. 309), Bl. 8.

319 Jacobini, Etat ... (vom 18. Mai 1935, siehe Fn. 309), Bl. 11 f.. Genannte Unternehmen: Universal Oil Products, New York; High Vacuum Process Co., Chicago; Foster Wheeler, London; Compagnie technique des Pétroles, Paris; MAWAG, Hamburg,; Hydrogenation Chemical Company, Den Haag; Berry-Wiggins, London. Raffineriestrategie der Italiener: Vgl. Helmut Mejcher, *Die Politik* ... (1980), 125 und 133.

320 Genaue Analyseangaben: Schlumberger, Études ... (vom August 1934, siehe Kapitel 1, Fn. 290), Bl. 29–41. Interesse: Ebd., Bl. 37 f. Zur Raffination stellte der Bericht der hier als *scout* und als Emissär tätigen geophysikalischen Firma zusammenfassend fest: „l'huile brute de la B.O.D. [...] peut difficilement être exportée telle quelle; il y aurait lieu de la distiller sur place pour éliminer son brai, et ne'expédier que 74% de distillat total à toper et craquer en Europe": Ebd., Bl. 41. Vgl. ebd., Bl. 73. Diesen Standpunkt machte sich auch Brown zu eigen.

321 Jacobini, Etat ... (vom 18. Mai 1935, siehe Fn. 309), Bl. 11 f., in NLfB 49070. Genannte Unternehmen: Universal Oil Products, New York; High Vacuum Process Co., Chicago; Foster Wheeler, London; Compagnie technique des Pétroles, Paris; MAWAG, Hamburg; Hydrogenation Chemical Company, Den Haag; Berry-Wiggins, London.

322 Jacobini, Etat ... (vom 18. Mai 1935, siehe Fn. 309), Bl. 13.

323 Helmut Mejcher, *Die Politik* ... (1980), 178. Vgl. ebd., 110 f.

Für die geologische Betreuung der Bohrungen forderte C. Schmidt eine erhebliche Aufstockung des geowissenschaftlichen Personals (Feldgeologen),[324] während für die weitere Erforschung der nur zu 10% erkundeten und nur zu 4% kartierten Konzession[325] die Luftbildaufnahme eingesetzt werden sollte. Zur Durchführung dieser personalsparenden aber sehr kostenintensiven Methode schlug Hunting die in Bagdad stationierte Royal Air Force vor, wogegen Jacobini es lieber gesehen hätte, wenn statt des britischen Militärs die italienische Firma Mistri beauftragt würde, die für die AGIP in Albanien Luftbildaufnahmen gemacht hatte.[326]

Der Irak-Aufenthalt der wichtigsten Verwaltungsratsmitglieder der BOD Mitte Mai 1935 zeigte die Konzeptlosigkeit der Ölgesellschaft angesichts des erbohrten Ölsegens. Während für die deutsche Gruppe die Frage des Transports bereits festzustehen schien, war die Produktenfrage noch gar nicht geklärt. Wenn sich Jacobini in seinem Bericht auch vorsichtig ausdrückte und Analysen einforderte, so überschattete doch bereits das endgültige Aus die Aussichten des „Mosulöls", das schon zuvor u.a. wegen seines hohen Paraffin- und geringen Benzingehalts amtlicherseits als unrentabel und für den Transport in Pipelines gar als ungeeignet klassifiziert worden war.[327] Im internen Tauziehen um die Firmenstrategie und um die Verwendung des Öls ging Thomas Brown daher eigene Wege und fand schließlich einen potentiellen Großabnehmer im Oberkommando der Kriegsmarine.

Als idealen Abnehmer für Minderqualitäten zählte für das OKM nicht die Rentabilität des Öls, sondern der devisenfreie Bezug. Immerhin konnte Brown für den Fall, daß dem Irak-Projekt eine Reichsbürgschaft gewährt würde, eben diese Belieferung zu Reichsmarkzahlung in Aussicht stellen. Eine Analyse der Proben fand bei der ehemaligen Grötzinger-Raffinerie MAWAG in Hamburg statt, die sich bereit erklärte, das Öl aufzuarbeiten. Analyseergebnisse und Raffineriezusage in der Tasche,[328] gelangte OKM/BB bezüglich des „Mosulöls" zu einem überraschend positiven Ergebnis:

---

324 C. Schmidt, Memorandum re Geological Staff, v. 20. Mai 1935, Annexe 1 zu Jacobini, Etat ... (vom 18. Mai 1935, siehe Fn. 309).

325 C. Schmidt, Minutes of the Conference held in Qaiyarah on May, 13th. 1935, Bd. 1, Annexe 1 zu Jacobini, Etat ... (vom 18. Mai 1935, siehe Fn. 309).

326 Jacobini, Etat ... (vom 18. Mai 1935, siehe Fn. 309), Bl. 14.

327 Vgl. Helmut Mejcher, *Die Politik* ... (1980), 107 mit Bezug auf die Besprechungen von 1932. Zur Kritik der je nach Opportunität stark voneinander abweichenden Qualitätsbeurteilungen: Ebd., 107 Fn. 16.

328 Vgl. Fritz Grobba, *Männer* ... (1967), 93.

„Die Marine sieht bei einer erfolgreichen Durchführung der deutschen Beteiligung an der BOD eine Möglichkeit, zu sehr niedrigen Preisen schon in Friedenszeiten devisenfreie Vorratswirtschaft an hochwertigem Benzin, Gas-, Heiz- und Schmieröl zu betreiben.“[329]

Selbst für den Kriegsfall schloß die Marine eine Bevorratung aus dem Irak nicht aus.[330] In der schwebenden Auseinandersetzung um den Treibstoffkommissar war das Abnehmerinteresse der Kriegsmarine für das RPrWM von größter Bedeutung, da hier gegen die Ansprüche von IG, Heer und Luftwaffe eine militärische Kohlenwassertoffkompetenz glaubhaft ins Feld geführt und eine wertvolle Ressort-Allianz geschmiedet werden konnte.[331] Daher entsandte die Kriegsmarine – in inoffizieller Mission –[332] im späten Frühjahr 1935 den Erdölspezialisten des RPrWM, Alfred Bentz/PGLA zur Begutachtung der erdölgeologischen Aussichten der BOD-Konzession nach Qaiyarah/Irak.[333] Er wurde mit dem Jacobini-Bericht und seinen technischen und geologischen Daten ausgestattet.[334]

Inwieweit die Exkursion mit Bentz‘ vorgesetzter Reichsbehörde, dem RPrWM, abgestimmt war, bleibt unklar. Bentz, dem das Reichsministerium für Wissenschaft, Erziehung und Volksbildung (Bernhard Rust) zuvor die Ernennung zum Bezirksgeologen und Honorarprofessor an der TH Hannover schwer gemacht hatte, weil er kein NSDAP-Parteimitglied war, wurde jedoch mit erheblicher Rückendeckung des RPrWM doch noch auf diese Position geschoben,[335] womit der etwas blasse „Dr. Bentz“ des Reichsbohrprogramms nach außen hin mehr Staat machte.[336] Auch das Gutachten über die Aussichten der BOD-Konzession konnte im Rahmen dieser Arbeit nicht ermittelt

---

329 Adam/Der Oberbefehlshaber der Kriegsmarine – B.-Nr. 17785/35 BB V b – an den Reichsminister der Finanzen re Deutsche Beteiligung an der BOD (Ölkonzessionsgesellschaft im Irak), v. 13. Januar 1936, BA, R 2/16816 F 7004 Irak-64 I. Faksimile der Quelle bei Helmut Mejcher, *Die Politik* ... (1980), 235–238, hier 235.

330 Ebd.

331 Vgl. Meier-Dörnberg, *Die Ölversorgung* ... (1973), 36, der für den Beginn des Marineinteresses und damit den Beginn der wehrpolitischen Auseinandersetzung um die BOD-Konzession Mai 1935 angibt.

332 Ebd., 37.

333 Die Daten von Bentz‘ Reise erschließen sich aus dem Memorandum des Ferrostaal-Angehörigen Jäger von 1942: „Nach Durchführung der ersten fünf Bohrungen auf verschiedenen Feldern, die eine Produktion von 1.800.000 Tonnen pro Jahr erschlossen, ist auch Herr Professor Dr. Bentz von der Geologischen Landesanstalt zur Begutachtung entsandt worden [...]“ Bentz‘ Exkursion fand also nach dem Bericht von Jacobini, also post 20. Mai 1935, statt.

334 Zum Bericht siehe S. 195–197.

335 Kartei Reichserziehungsministerium, personenbezogene Überlieferung des ehem. BDC, BA, Einträge vom 18. April 1934, 28. Januar 1935 und 8. Februar 1935. Vgl. Bentz, Supplement ... (11. Februar 1946, siehe Fn. 36), Bl. 2.

336 In der TH Hannover leitete Professor Bentz ab 1935 das Institut für Erdölforschung, das er während des Krieges zu einem deutschen Gegenstück der Londoner Institution for Petroleum Technologists (IPT) auszubauen versuchte: Vgl. Alfred Bentz, „Wie ist ...“ (1935), 847.

werden.[337] Doch geben indirekte Zeugnisse über seine Reservenschätzung der BOD-Felder Zahlen zwischen 90.000.000 t[338] und 100.000.000–150.000.000 t an, letztere ebenfalls ohne Berücksichtigung des „Pilsener“-Horizonts.[339] Entweder hatte der führende Erdölgeologe des Nazi-Reichs vom vorgesetzten Ministerium klare Weisung erhalten, wie sein Gutachten auszufallen habe, oder er ließ sich von jenem „unbeirrbaren Optimismus“ hinreißen, „der allezeit eine der stärksten Kraftquellen seines Handelns war“ (UDLUFT);[340] fest steht, daß er die Reservenschätzungen des BOD-Geologen um 100 bis 150% übertraf. Mit anderen Worten: mehr als eine sehr gewagte Extrapolation der Kenntnisse über die fündige Struktur Qaiyarah-Najmah-Jawan auf die gesamte Konzession der BOD konnte seine Reservenberechnung nicht sein. Dies deuteten auch die Reaktionen der Marinestelle an, bei der Bentz‘ Bericht geradezu Euphorie auslöste:

> „Durch die Gutachten von Sachverständigen, insbesondere des Herrn Prof. Bentz, ist auf dem Konzessionsgebiet der M.O.F. das Vorkommen reicher Öllager festgestellt. Die bisher vorgenommene Erschließung durch die Bohrtätigkeit hat Ergebnisse gezeitigt, die alle Erwartungen übertroffen haben. Die jetzt schon durch Bohrungen erschlossenen Erdölquellen sichern eine Produktion von mehreren Millionen Tonnen pro Jahr, während in Wirklichkeit ein im Verhältnis zum ganzen Konzessionsgebiet sehr geringfügiger Teil durch Bohrungen untersucht worden ist. Über das Vorhandensein eines ungewöhnlich starken Erdölvorkommens, das wahrscheinlich zu den bedeutendsten der Erde überhaupt zählt, dürfte ein Zweifel nicht mehr bestehen.“[341]

Auf C. Schmidts Reservenberechnung und Bentz‘ Extrapolation stützte sich im Juni 1935 Thomas Brown, um beim RFM eine Reichsbürgschaft für sein Eisenbahnprojekt zu erwirken, das von der MOF (Ferrostaal/GHH) im wesentlichen im Bau einer Eisenbahnlinie zwischen Mosul und dem nordsyrisch-türkischen Grenzort Tell Kotchek bestand, das die BOD-Konzession an den türkischen Mittelmeerhafen Alexandretta (heute Iskenderun) und an das europäische Eisenbahnnetz anbinden sollte – eine Wiederauflage der wilhelminischen Bagdadbahn.[342] Das Projekt war gekoppelt an eine Anhebung des deutschen Anteils am BOD-Kapital, an dem infolge des ständigen Gerangels zwischen der britischen, italienischen und deutschen Gruppe seit dem 28. September

---

337 Es wird in einem Schreiben des OKM an das RFM von 1936 erwähnt: Wilhelm Meier-Dörnberg, *Die Ölversorgung der Kriegsmarine 1935–1945* (Einzelschriften zur militärischen Geschichte des Zweiten Weltkriegs 11), Freiburg 1973, 37. Faksimile desselben bei Helmut Mejcher, *Die Politik* ... (1980), 239–246.

338 So der AA-Vertreter auf einer Ressortbesprechung am 19. August 1935: Ebd., 130.

339 Memorandum über die Mosul Oil Fields Ltd., als Anlage zum Schreiben von Hptm. Jäger/Ost Öl GmbH, an Chef OKW Abt Ro V, zHd Kpt. z.S. Griebel, re Iraq, v. 23. Jan. 1942, BA-MA, Wi VI/142, Bl. 15.

340 Hans Udluft, *Die Preußische* ... (1968), 102.

341 Ausführungen zu dem Projekt MOSUL OIL FIELD COMPANY, Anlage zu Der Oberbefehlshaber der Kriegsmarine – B.-Nr. 17785/35 BB V b 2.Ang. – an den Reichsminister der Finanzen re Deutsche Beteiligung an der BOD (Ölkonzessionsgesellschaft im Irak), v. 29. Januar 1936, BA, R 2/16816 F 7004 Irak-64 I. Faksimile der Quelle bei Helmut Mejcher, *Die Politik* ... (1980), 239–246, hier 241.

342 Helmut Mejcher, *Die Politik* ... (1980), 128. Bagdadbahn: Ebd. und 178–180 et passim.

1934 die AGIP eine – wenngleich instabile – Kontrollmehrheit von 52% hielt.[343] Denn war es 1932 bis 1934 der deutschen Gruppe und dem mit ihm verquickten Irak-Industriekonsortium (Irak-Ölkonsortium) der deutschen Schwerindustrie noch vorrangig um die Exportaufträge für die MOF gegangen,[344] so spielte nun der Bezug von devisenfreiem Öl frei Mittelmeerhafen die zentrale Rolle, der sich nur über eine Erhöhung des deutschen Aktienanteils an der BOD bewerkstelligen ließ. Jetzt sollte der deutsche Aktienanteil auf 41% angehoben werden, der Anteil der italienischen AGIP sollte auf 37%, der britische Anteil auf 18% und der französische auf 4% verringert werden. Schon zum Zeitpunkt seines Antrags wurde Brown durch das OKM, das AA und das RPrWM unterstützt.[345] Die Festigkeit der neuen Erdölallianz zeigte sich in einem Schreiben des Wirtschafts- an den Finanzminister vom 13. Juli 1935, dem der Antrag zugrunde lag; durch dieses sah sich das RFM – einzig uneingeweiht und auf die bisherige abschlägige Politik gegenüber der BOD vertrauend – vor ein *fait accompli* gestellt:

> „Das RWiM[346] befürwortet in dem vom Herrn Präsidenten Dr. Schacht unterzeichneten Schreiben vom 13. 7. 1935 nachdrücklich die Garantieübernahme und bittet zunächst um grundsätzliche Zustimmung hierzu. Das RWiM ist auf Grund verschiedener Begutachtungen von zuverlässiger sachverständiger Seite der Ansicht, daß die Ölvorkommen außerordentlich groß und die Gewinnungs- und Transportmöglichkeiten sehr günstig seien. Es würden etwa ab Mitte 1936 insgesamt 300.000 bis 350.000 Tonnen Rohöl und 1937 etwa 700.000 Tonnen Rohöl abgenommen werden können. Das RWiM mißt der deutschen Beteiligung nicht nur arbeitsmarktpolitische sondern vor allem eine sehr erhebliche ölpolitische, devisenwirtschaftliche und wehrpolitische Bedeutung bei. Es weist darauf hin, daß sowohl die Reichsmarineleitung wie auch das Auswärtige Amt lebhaftes Interesse an der Entwicklung der Angelegenheit nehmen.
>
> Demgegenüber muß daran erinnert werden, daß das RWiM bei früheren Verhandlungen erklärt hat, daß es das Irak-Projekt vom Standpunkt der Ölpolitik aus nicht mehr in gleicher Weise wie früher befürworten könne. Auch das Auswärtige Amt hat außenpolitische Gründe nicht mehr geltend gemacht. Das Irak-Projekt schien damit für das Reich erledigt zu sein. In einer Besprechung vom 24. 2. 1934 wurde ausdrücklich hervorgehoben, daß eine Garantie der öffentlichen Hand für den Kapitalbedarf der folgenden Jahre nicht mehr in Frage komme.“[347]

Das Finanzministerium erbat eine weitere, klärende Besprechung, die auf den 19. August 1935 anberaumt wurde. Doch offenbar hatte sich die Kriegsmarine – riesige Mengen irakischen Heizöls in ihrer Hand wähnend – bereits zur Entscheidung durchgerungen, die neuen Schiffe mit Heizöl anzutreiben und sich damit auf die Politik des RPrWM festgelegt. Ohne daß eine Klärung im Aufsichts- und Verwaltungsrat der BOD im Sinne der deutschen Gruppe stattgefunden hätte, war die innenpolitische neue Erdölallianz aus OKM, AA und RPrWM bereits am 13. Juli 1935 sicher genug, daß Schacht

---

343 Ebd., 126.

344 Ebd., 115. Grundsätzlich zum Wandel der Strategie 1935: Ebd., 128.

345 Ebd., 128 f. und 127 Fn. 83.

346 = RPrWM, TK.

347 Zitat nach Helmut Mejcher, *Die Politik*... (1980), 128 f. und ebd., 128 Fn. 86 mit Verweis auf: Vermerk re Deutsche Beteiligung an der Ölgewinnung im Irak. Berlin 31.7.1935, BA, R2/16816 F 7004 Irak – 51 I.

den Anwürfen von Kriegsminister Blomberg und den Verfechtern der IG-Synthese unter Oberst Thomas entgegentreten konnte.

Vorübergehende Beilegung des Konflikts 1935

Die Besprechung zwischen Schacht und Blomberg am 19. oder 20. Juli 1935, auf der die Zuständigkeit in der Ölpolitik vorerst geklärt wurde, ist außer durch Blombergs Bemerkung eine Woche darauf nicht dokumentiert.[348] Trotzdem muß angenommen werden, daß Schacht dem Kriegsminister hier die prinzipielle Notwendigkeit eines interministeriellen Vorgehens zur Sicherung des Marinetreibstoffbedarfs aus dem Orient plausibel machte, zu dem die IG, sei sie in internationalen Verhandlungen noch so versiert, niemals in der Lage sein könnte. Das IG-Angebot an die Achnacarry-Konzerne, eine Millionen t in Produkten abzunehmen, beinhaltete zu jeder Zeit die Zahlung in kostbaren Devisen;[349] Schacht konnte dagegen den devisenfreien Ölbezug aus dem Irak über 300.000–350.000 t 1936 und über 700.000 t im Jahr 1937 in Aussicht stellen,[350] wobei die angestrebte deutsche Führung in der BOD, die weitere Erschließung der Lagerstätten durch Bohrungen und der Ausbau von Transporteinrichtungen vor Ort ein schnelles Anwachsen des Liefervolumens versprachen. Die freiwerdenden Devisen ließen sich für den Erwerb anderer Mangelrohstoffe einsetzen. Mit der Konzertierung des Irak-Projekts konnte das RPrWM eine Versorgungssicherung aller drei Waffengattungen in Aussicht stellen, während W Wi und die IG realistischerweise nur Heer und Luftwaffe würden versorgen können.

Blomberg mußte sich den Schacht'schen Argumenten beugen. Am 27. Juli 1935 beraumten dann beide Ressorts in der Frage des Treibstoffkommissars eine Chefbesprechung im RKM am Tirpitzufer an, die den Charakter einer kleinen Friedenskonferenz trug. Hier stellte OBH Schlattmann, der sich nun offen dazu bekannte, die treibende Kraft in der Ölpolitik des RPrWM zu sein, sein Konzept zur Lösung etwaiger Ölversorgungsprobleme vor: der verstärkte Einsatz der Steinkohle, vor allem im Fischer-Tropsch-Verfahren, als dessen Förderer er sich stilisierte.[351] Hiermit grub er nicht nur dessen bisherigem Förderer – und seinem strukturellen Gegner in der Stahlfrage –[352] Keppler das Wasser ab, sondern er streifte dem gesamten Syntheseprogramm ein neues, auf den Bergbau im allgemeinen und auf die rheinisch-westfälische Montanindustrie im

---

348 Chefbesprechung im Reichskriegsministerium vom 27. Juli 1935, Dok., 193, *Akten* ... (1999), 693 f., hier 694 und Fn. 7.

349 Siehe S. 183 f.

350 Zitat nach Helmut Mejcher, *Die Politik* ... (1980), 128 f. und ebd., 128 Fn. 86 mit Verweis auf: Vermerk re Deutsche Beteiligung an der Ölgewinnung im Irak. Berlin 31.7.1935, BA, R2/16816 F 7004 Irak – 51 I.

351 An der Besprechung nahmen teil für das RKM GenOst v. Blomberg, GenMaj von Reichenau/Wehrmachtamt und Major Warlimont/W Wi; für das RPrWM Präsident Schacht, StS Posse, OBH Schlattmann, MinDk Wohltat: Chefbesprechung im Reichskriegsministerium vom 27. Juli 1935, Dok., 193, *Akten* ... (1999), 693 f., hier 693. Stilisierte: ebd.

352 Willy Boelcke, *Die deutsche* ... (1983) 166 f.

besonderen zugeschnittenes Kleid über. Sachargument war auch die Rentabilität des Fischer-Tropsch-Verfahrens, das größere Ausbeuten zu geringerem Preis als das Bergiusverfahren der IG versprach.[353] Als zweites Argument führte Schlattmann die „Entwicklung des deutschen Erdöls" an, die „sehr günstig zu beurteilen" sei.[354] Gegen diese Produktionsvarianten zur IG-Synthese – beide in der Domäne des ehemals preußischen Wirtschaftsressorts gelegen – konnten die Militärs „wehrpolitische" Argumente schlecht geltend machen, da sie beide dem Autarkiemodell gehorchten. Nachdem Schlattmann auf diese Weise klargestellt hatte,

> „daß die Aufgaben auf dem Treibstoffgebiet: Forschung, Erzeugung und Verteilung bei ihm in den besten Händen seien. Einsetzung eines Treibstoffkommissars erübrige sich also"[355]

konnte sich Schacht den Hinweis nicht verkneifen, daß die Berufung eines Treibstoffkommissars im Hinblick auf die Außenwirkung auch dem RKM eigentlich unerwünscht sein müßte. Auf die Verhandlungen mit Sir Henri Deterding/RD-S und die möglichen Probleme anspielend, die von der IPC und dem britischen Petroleum Department drohten, bemerkte er sarkastisch: „Das Entgegenkommen der ausl. Gesellschaften würde durch solche Maßnahmen nicht gewinnen."

Inwieweit solch hinterhältige Bemerkungen die Militärs im Moment der Verhandlung anfochten, muß dahingestellt bleiben, da aus den Quellen nicht hervorgeht, ob die Wehrökonomen von W Wi durch ihren Kriegsminister in das Irak-Projekt der Marine eingeweiht worden waren. Am Ende jedoch erklärte Blomberg, mit Verweis auf die persönliche Unterredung eine Woche zuvor, daß er auf die Einsetzung des Treibstoffkommissars verzichten werde. Im Gegenzug erließ ihm Schacht die formelle Antragsrückziehung, und Schlattmann gelobte in Sachen Kriegsbedarf engere Fühlung mit den militärischen Planern unter Georg Thomas.[356]

Wie diese ausgestaltet werden sollte, besprachen Schlattmann und der inzwischen zum Oberstleutnant beförderte Warlimont nebst ihren Koreferenten am 9. August 1935 im RPrWM.[357] Ein Vergleich der jeweiligen Zahlen offenbarte noch erhebliche Differenzen. Diese betrafen vor allem die Steigerungsmöglichkeiten der deutschen Erdölproduktion und die anzunehmenden Erzeugungsausfälle im Krieg für Benzol im Saarland und für Spiritus durch anderweitige Verwendung (Kartoffeln zur Ernährung, Methanole für Munitionserzeugung).[358]

---

[353] Gottfried Plumpe, *Die IG* ... (1990), 281. Berechnung für 1937.

[354] Chefbesprechung im Reichskriegsministerium vom 27. Juli 1935, Dok., 193, *Akten* ... (1999), 693 f., hier 693.

[355] Ebd.

[356] Ebd., 694.

[357] Aktenvermerk – Wi II Aktz. 66 b 34/I Wi (IIb) – über eine Besprechung im R.Wi.Min., am 9.8.1935 re Maßnahmen zur Sicherstellung der deutschen Betriebsstoffversorgung im Mob.-Fall, BA-MA, RW 19/347, Bl. 20–25. Verweis auf diese Besprechung in *Akten* ... (1999), 694 Fn. 8. Anwesend für RKM (W Wi): Otl Warlimont, Hptm. Czimatis, Dr.-Ing. Mureck. Für RPrWM: OBH Schlattmann, MinR Dr. Mulert, Dr. Petri, Dr. Lenz.

[358] Ebd., Bl. 21.

Schlattmann – durch die grundsätzliche Chefbesprechung vom 27. Juli 1935 gestärkt – erteilte den Zahlen der Militärplaner, und damit deren Vorliebe für nach dem Bergiusverfahren der IG erzeugte leichte Treibstoffe, eine gründliche Abfuhr. Seiner maßgeblichen Ansicht nach sollten heimische Erdölerzeugung und dieselfähiges Fischer-Tropsch-Verfahren die Lücken stopfen:

> „Oberberghauptmann Schlattmann glaubt, daß man sich bei dem Aufbau der Brabag in Bezug auf Hydrierung bereits übernommen habe und daß eine synth. Gewinnung über in bisherigen Planungen hinaus [sic] nicht in Frage komme. Dagegen beurteilt er die deutsche Erdölgewinnung in der Zukunft sehr günstig. [...] Vorschlag: Bis auf weiteres werden neue Erzeugungspläne auf dem Gebiet der leichten Kraftstoffe nicht in Betracht gezogen. Besprechungen hierüber sollen im Sommer 1936 wieder aufgenommen werden, wenn die techn. und wirtsch. Entwicklung auf der bisherigen Grundlage ein sicheres Urteil erlaubt. Dann Entscheidung, ob Mehrerzeugung oder techn. Vorbereitung für Mob.-Fall in größerem Umfange."[359]

Zweifellos hielten die Referenten des RPrWM die technischen Verfahren der IG für unausgereift und die Art und Weise für dubios, wie der Konzern die Qualität seines Flugbenzins – statt im internen Großversuch – gleich in der militärischen Anwendung zu prüfen gedachte. Dem Bedarf der künftigen Luftwaffe und des Heeres hielt Schlattmann den künftigen Bedarf der Marine entgegen. Hier erwarteten sowohl W Wi als auch RPrWM neben dem Heizölbedarf auch einen erhöhten Bedarf an Diesel. Diesel ließ sich zu diesem Zeitpunkt mittels Hochdruckhydrierung nach dem Bergius-Verfahren noch nicht herstellen,[360] dafür aber durch Braunkohlenteerschwelung, durch Hochtemperaturverkokung von Steinkohlenteerölen, durch das Schwelen von Erdölmuttergestein (Posidonienschiefern = „Ölschiefer"), vor allem aber mit Hilfe des Fischer-Tropsch-Verfahrens, dessen „aliphatische", unverzweigte KW-Produkte sich besonders gut für die Anwendung in Dieselmotoren eignete, und eben durch traditionelle Erdölraffination, aus der noch 1937 95% aller im Deutschen Reich verbrauchten Dieselkraftstoffe stammten.[361]

Gegen diese fraglos militärisch – wenngleich marinespezifisch – orientierte Produktionssteuerung konnten die Militärplaner schlecht etwas einwenden. Daher beschränkte Hauptmann Dr.Ing. Czimatis seine Kritik auf ein anderes Produktionsfeld der Schlattmann-Klientel: Anläßlich seines Besuchs bei der Deurag in Misburg habe er den Eindruck gewonnen, die Raffinerie werde mit weiteren Crackanlagen ausgestattet, um die Benzinproduktion zu erhöhen. Eine höhere Benzinausbeute aus deutschem Erdöl sei

---

359 Ebd., Bl. 22.

360 Vgl. Tabelle Erzeugung der Hydrierwerke, Hans-Jürgen Zetzsche, *Logistik* ... (1986), 28 c mit Verweis auf Karl-Heinz von Thümen, *Die deutsche* ... (1956), 626. Danach setzte die Produktion von Diesel aus der Hochdruckhydrierung erst 1937 ein und blieb bis zur Inbetriebnahme des Werks Zeitz 1939 verschwindend gering. Im Werk Zeitz wurde ab 1939 im sog. TTH-Verfahren aus Braunkohlenteer vor allem Dieselöl, Schmieröl und Paraffin gewonnen: Karl-Heinz von Thümen, *Die deutsche* ... (1956), 129 f. Zetzsches Aussagen zur Dieselproduktion aus Hochdruckhydrierung treffen erst für den Zeitraum des Kriegs zu: Hans-Jürgen Zetzsche, *Logistik* ... (1986), 43 f.

361 Ebd., 42–45. Diesel aus Steinkohlenteeröl kam jedoch nicht zur Anwendung: Ebd., 43.

aber vom militärischen Standpunkt aus äußerst unerwünscht, da sie den Anteil an Schmier- und Spezialölen vermindere.[362] So technisch der Punkt auch scheinen wollte – die guten Eigenschaften der deutschen Erdöle für die Herstellung von Schmierölen waren seit Beginn des Jahrhunderts bekannt –[363], war die Kritik doch eine politische: wenn die Deurag auf Schmierölherstellung festgelegt würde, konnte sie der IG auf dem Feld der Benzinproduktion nicht zur Konkurrenz werden. Daß sich aber aus deutschem Erdöl sehr wohl auch Benzin raffinieren ließ, hatte ja erst 1931/32 zu Gründung und Bau der Großanlage mit ihren neuartigen Dubbs-Crack-Öfen geführt, die die damals nicht absetzbaren Rohölfluten aus Nienhagen und Berkhöpen zu Benzin verarbeiten sollten. Die Herstellung von heimischem Benzin aus heimischem Rohöl war eine erklärte Strategie in- und ausländischer Erdölkonzerne gewesen und hatte den Bau der Deurag überhaupt erst möglich gemacht.[364] 1934/35 hatte man dank der Dubbs-Anlagen in Misburg stolze 43% Benzin aus dem heimischen Rohöl gecrackt, 7,5% Petroleum, 16,5 % Diesel, 19% Petrolkoks, 7,5% Gas und 6,5% Rückstände.[365] Die Benzinproduktion der deutschen Erdölindustrie abzuwürgen, war hier bereits eine der wichtigen taktischen Forderungen, die zwischen IG und W Wi abgestimmt waren.

Czimatis' taktische Kritik sollte inhaltlich fruchtbar werden: Noch im Sommer 1935 wurde „wegen fehlender Verarbeitungskapazität" (Kasper) die Produktion in Nienhagen gedrosselt,[366] und ab dem 1. Dezember 1935 wurde eine Erhöhung des Schmierölzolls eingeführt, um die Umstellung von Crack-Benzin auf Schmieröl attraktiv zu machen. Im Jahr 1936 sollten mit dem Bau der Nachbarraffinerie in Misburg, „Neue Raffinerie AG" (Nerag), zusätzliche Kapazitäten für Schmieröle geschaffen werden.[367] Im Augenblick jedoch wurden die Vorwürfe seitens des RPrWM mit Beschwichtigungsformeln abgebogen, ebenso wie Czimatis' Kritik an der Anwesenheit von „Ausländern" – Repräsentanten der Konzerne SO und RD-S – in leitenden Stellungen in der Misburger Raffinerie.[368] Mit dem kalten Hinweis auf die Außenwirkung in Zeiten der Verhandlungen mit Deterding gaben Schlattmann und Mulert zu verstehen, daß das RPrWM die Erdölproduktion und -raffination als seine Domäne betrachtete und sich von Thomas' IG-Wehrwirtschaftlern nicht in die Suppe spucken lassen wollte. Auch auf die grundsätzliche Frage Warlimonts, wie sich Schlattmann die Verbrauchssteuerung vorstelle, kam von Seiten des RPrWM spärliche bis ausweichende Antwort, deutliches Zeichen,

[362] Aktenvermerk – Wi II Aktz. 66 b 34/I Wi (IIb), siehe Fn. 357, Bl. 23 f.

[363] Die ältesten Raffinerien im Deutschen Reich waren Schmierölraffinerien: Raffinerie Salzbergen (1860, ab 1935 WIAG), Raffinerie Wedel (1906, DVOAG), Raffinerie Oelwerke Julius Schindler (1907), Raffinerie Bremen (1911, DVOAG) und Raffinerie Harburg (1916, Oelwerke Stern Sonneborn AG, ab 1925 Rhenania-Ossag = RD-S). Vgl. Tabelle Standorte und Einsatzkapazitäten der westdeutschen Schmierölraffinerien, Karl-Heinz von Thümen, *Die deutsche* ... (1956), 108.

[364] Siehe S. 59 f.

[365] Hanns-Heinz Kasper, *Die Erdölgewinnung* ... (1974), 126 Fn. 2.

[366] Ebd., 128.

[367] Ebd., 126. Rainer Fröbe, „Arbeit ..." (1985), 136.

[368] Aktenvermerk – Wi II Aktz. 66 b 34/I Wi (IIb), siehe Fn. 357, Bl. 24 f. Hiermit war der technische Leiter der Raffinerie, der Niederländer Wilhelm Meyeringh/RD-S, gemeint. Vgl. S. 60.

daß die Referenten des Wirtschaftsressorts nicht im Traum daran dachten, wichtige Informationen an das RKM weiterzugeben, geschweige denn mit ihm in der Frage der militärischen Versorgung zu kooperieren.[369] Als Ergebnis dieser durch die Wirtschaftsplaner von W Wi protokollierten Sitzung vermerkte Warlimont denn auch am Rande: „Damit ist Schl. nun endgültig der maßgebende Mann!“[370]

Einlassungen von Oberst Thomas im September 1935, in denen er Schlattmann noch einmal in eindringlicher Weise zur Kooperation aufforderte,[371] zeigten die ganze Ohnmacht seiner Wehrwirtschaftsorganisation auf dem Ölgebiet, die allerdings eine sehr vorläufige bleiben sollte.

---

369 Aktenvermerk – Wi II Aktz. 66 b 34/I Wi (IIb), siehe Fn. 357, Bl. 24 f.

370 *Akten* ... (1999), 694 Fn. 8.

371 Der Reichskriegsminister und Oberbefehlshaber der Wehrmacht, gez. Thomas – Aktz. 66 b 2134/IV W Wi (IIb) – an den Herrn Reichswirtschaftsminister z.Hd. des Herrn Oberberghauptmann Schlattmann, re Programm für die zukünftigen Maßnahmen auf dem Gebiet der Mineralölwirtschaft, BA-MA, RW 19/347, Bl. 26–28. Ebenso BA-MA, RW 19/2641, Bl. 316–318: Vgl. *Akten* ... (1999), 694 Fn. 8.

Irak-Projekt bis zum Ölschock Ende 1935

Orientträume der Gutehoffnungshütte

Während und nach dieser Auseinandersetzung bemühten sich Schlattmann und Schacht, die KW-Versorgung immer stärker mit den ihnen zu Gebote stehenden Mitteln zu lösen. Dies waren vor allem die Steuerungsinstrumente für den Bergbau, wobei sich das RPrWM bei Hitler um eine Besserung der wirtschaftlichen Lage der Bergleute bemühte.[372] Dies stand vor dem Hintergrund des verstärkten Engagements der Ruhrmontanindustrie in die KW-Produktion ab Mitte 1935: Im Juli 1935 hatte die staatliche Steinkohlebergbaugesellschaft Hibernia die „Hydrierwerke Scholven AG" gegründet, die ab 1936 zu produzieren beginnen sollten. Daraufhin schlossen sich 22 private Montankonzerne unter der bestimmenden Herrschaft der Vereinigten Stahlwerke sowie Flick, GHH, Hoesch, Krupp und Mannesmann zur „Ruhrbenzin AG" zusammen, die mit Lizenz der artverwandten Ruhrchemie AG nach dem Fischer-Tropsch-Verfahren KW synthetisieren wollten.[373] Später sollte Schlattmann von Czimatis und Warlimont just diese einseitige Ausrichtung der Ölpolitik auf die montanistischen Interessen vorgeworfen werden.[374]

Andererseits trieb das RPrWM die Angelegenheit der Reichsbürgschaft für die BOD/MOF – damit für die im Irak-Konsortium federführende Ferrostaal AG (= GHH) – voran, da vom Glücken der devisenfreien Großversorgung der Marine aus dem Orient nun die KW-Zuständigkeit abhing. In einer am 19. August 1935 zur Klärung anberaumten Ressortbesprechung, die „im Zeichen dieser neuen öl- und wehrpolitischen Überlegungen" (MEJCHER) stand, trugen die einzelnen Vertreter die Sichtweisen ihrer Ministerien vor.[375] Das OKM trat nun nicht mehr allein auf, sondern mit Rückendeckung des Kriegsministers Blomberg.[376]

Während das RPrWM ein prinzipielles wirtschafts- und handelspolitisches Interesse an einer ausländischen Rohölbasis mit deutschem Mitbestimmungs- und Bezugsrecht geltend machte, um nicht zuletzt ein Gegengewicht gegen die Achnacarry-Konzerne im Orient zu schaffen, verwies nun das RKM – für die bislang stiefmütterlich behandelte Waffengattung eintretend – auf den steigenden Heizölbedarf der Marine bei ungenügender Deckung und reklamierte ebenfalls ein deutsches Engagement im Orient. Das

372 Vgl. Der Reichs- und Preußische Wirtschaftsminister an Hitler. 29. Juli 1935, Dok. 195, *Akten* ... (1999), 698–700, hier 699.

373 Gerhard T. Mollin, *Montankonzerne* ... (1988), 66 f.

374 Vgl. Der Reichskriegsminister an den Reichs- und Preußischen Wirtschaftsminister. 25. Oktober 1935, Dok. 253, *Akten* ... (1999), 897 f. und 897 Fn. 1.

375 Helmut Mejcher, *Die Politik* ... (1980), 129.

376 Ebd., 130 Fn. 94 mit Verweis auf BA, R2/16816 F 7004 Irak – 52 I.

AA stellte dagegen den günstigen Zeitpunkt einer deutschen Anteilsausweitung heraus, an welcher der britischen Regierung im sich zuspitzenden italienisch-britischen Konflikt gelegen sei. Der deutsche Gesandte im Irak, Fritz Grobba, verwies dagegen auf die gesamtwirtschaftliche Bedeutung der Eisenbahntrasse für die Anrainerländer Türkei und Syrien und plädierte in wilhelminisch-imperialistischer Tradition für ein insgesamt größeres deutsches Engagement im Orient.[377]

Das RFM ließ sich durch die Argumente überzeugen und stimmte einen Monat später schließlich der Reichsbürgschaft für die in dem Konsortium federführende Ferrostaal AG (= GHH) zu, nicht ohne auf die wegen der italienischen Abessinienkriegsvorbereitungen steigenden Ölpreise in Rumänien zu verweisen.[378]

Die Bürgschaft war das Elexier, das die kränkelnde BOD wiederbelebte. Die beiden Töchter der Gutehoffnungshütte, Ferrostaal AG und Haniel & Lueg, entwickelten nun große Aktivität; die Haniel & Lueg stockte den Bohrgerätepark im Irak aus ihrem deutschen und rumänischen Betrieb auf,[379] die Gutehoffnungshütte stellte Bohrgerätelogistik, Kraftstationen, Wasserversorgung, Tankanlagen, Röhren etc.; der Haniel & Lueg-Bohrleiter Hahn gelangte – neben Veniziani und Zanmatti – auf den Posten des stellvertretenden Bohrleiters der BOD, und die gemischtnationale Gesellschaft nahm neben zehn britischen Bohrfachleuten fünfzehn Bohrmeister und Inspektoren der Haniel & Lueg neu auf.[380] C. Schmidt, dessen Engagement bei der BOD die Gutehoffnungshütte später für sich reklamieren sollte, stellte weitere Geologen ein, unter anderem im September 1935 den späteren Bentz-Assistenten Alfred Mayer-Gürr.[381]

Dreh- und Angelpunkt des ganzen Unternehmens lag im *midstream* beim Eisenbahntransport zur türkischen Mittelmeerküste. Bekanntlich gehorchte diese Transportweise der Logik des Öls nur zum Teil, dessen hohe Viskosität für das Pumpen in Pipelines eine Raffination vor Ort notwendig gemacht hätte. Der Raffineriebau im Irak kam aus wehrpolitischen Gründen nicht in Betracht, stattdessen sollte mit dem Eisenbahnausbau

377 Helmut Mejcher, *Die Politik* ... (1980), 129–131. Mejcher weist darauf hin, daß Grobba damit direkt an die wilhelminische Bagdadbahnpolitik anknüpfte – die die Britische Regierung vor dem Ersten Weltkrieg in höchste Alarmbereitschaft versetzt hatte – und damit die Argumentation seines AA nicht gerade stützte. Allerdings dürfte den Beteiligten die historische Befindlichkeit der Briten weniger ins Auge gestochen haben als Mejcher.

378 Ebd., 131. Rumänien: Ebd., 127 Fn. 83.

379 Schlumberger, Études ... (vom August 1934, siehe Kapitel 1, Fn. 290), Bl. 46 f.

380 Nach Rekapitulation von Hptm. Jäger/Ferrostaal und Ost Öl GmbH im Januar 1942, Memorandum über die Mosul Oil Fields Ltd., als Anlage zum Schreiben von Hptm. Jäger/Ost Öl GmbH, an Chef OKW Abt Ro V, zHd Kpt. z.S. Griebel, re Iraq, v. 23. Jan. 1942, BA-MA, Wi VI/142, Bl. 17 f.

381 Vorbemerkung zu Dr. A. Mayer-Gürr, Die Erdölfelder des Irak. Eine Zusammenfassung unserer heutigen Kenntnisse über die Geologie und Entwicklung der irakischen Erdölfelder, v. 22. März 1941, NLfB 49073, Bd. 1, Bl. 1. vgl.: Kartei der SS-Offiziere, personenbezogene Überlieferung des ehem. BDC, BA und Interview TK mit Prof. Mayer-Gürr am 25. Mai 1994 in Bad Urach.

von Qaiyarah über Mosul nach Tell Kotchek die wirtschaftspolitische Interessensphäre des Deutschen Reichs ganz generell in den Orient ausgeweitet werden.[382] Vorgespräche zur Realisierung der Bahnstrecke fanden nun mit der französischen Mandatsverwaltung in Syrien und mit der Irakischen Regierung statt, die beide ein Interesse an der Eisenbahnlinie bekundeten und ihre Unterstützung zusagten. Für die Finanzierung verlangte die Ferrostaal AG eine Reichsbürgschaft über RM 15,5 Millionen.[383]

Während Bohr- und Gewinnungsbetrieb sowie der Transport der BOD faktisch zu einer Angelegenheit der Gutehoffnungshütte wurden, stiegen *downstream* die erwähnte MAWAG, Hamburg, und die mit ihr verbundene britische Raffinerie Berry Wiggins ein, zu der das britische Verwaltungsratsmitglied der BOD, Hunting, Kontakt hielt.[384]

Die von Thomas Brown vorgeschlagene Änderung der Kapitalverhältnisse hatte vor allem zum Ziel, die Aktienmehrheit der Italiener zu beenden und damit einerseits die adriatischen Raffinationspläne zu verhindern, andererseits die deutsche Erdölquote heraufzusetzen. Um internationale Komplikationen, besonders mit Großbritannien, zu vermeiden, wurde der Anschluß an die britische und die französische Gruppe der BOD gesucht, auch sollte die Transaktion das britisch-französische Bankhaus, Lazard Bros. & Co Ltd., vermitteln. Im Zuge einer hierfür notwendigen Kapitalerweiterung wollte die deutsche Gruppe nunmehr 33 % der Aktien – und damit der Förderquote –[385] übernehmen, während sie die Herrschaft über die BOD im Verein mit der britischen und französischen Gruppe auszuüben gedachte, mit denen sie einen Pool bilden wollte.[386] Als Ziel dieser Politik resümierte das RFM im November 1935, es solle die Möglichkeit geschaffen werden,

> „sich eine gegenüber allen Angriffen der Öltrusts genügend starke, unabhängige Stellung auf dem Ölmarkt zu schaffen, und dies in einer alle außenpolitischen Reibungsmöglichkeiten ausschließenden Form."[387]

Vom „Mosulöl" zum Ölschock

Das Vorhaben scheiterte jedoch am teils verdeckten, teils offenen Widerstand der britischen Regierung, die seit November 1934 ihre Illusionen bezüglich eines britischen Profitierens vom deutschen Öldurst über Bord warf und das Deutsche Reich mit seinem weithin sichtbaren Ausbau der KW-Synthese als potentiellen Kriegsgegner zu identifizieren begann.[388] Das neue Engagement der deutschen Gruppe in der BOD im Jahr 1935, vor allem aber ihre Eisenbahnbaupläne, über die das Petroleum Department noch

---

382 Helmut Mejcher, *Die Politik* ... (1980), 129–131. Fritz Grobba, *Männer* ... (1967), 92.

383 Ebd., 136.

384 Ebd., 137.

385 Fritz Grobba, *Männer* ... (1967), 93.

386 Helmut Mejcher, *Die Politik* ... (1980), 135 f.

387 Zitat nach Ebd., 136 mit Verweis auf Zusammenfassende Darstellung über Mosul Oil Fields Ltd, 18.11.1935, BA, R2/16816 F 7004 Irak – 59 I.

388 Helmut Mejcher, *Die Politik* ... (1980), 165–170. Vgl. Derek J. Payton-Smith, *Oil* ... (1971), 41.

im Mai 1935 von Hunting informiert wurde, stießen bei der britischen Regierung, insbesondere beim Petroleum Department, auf größtes Mißtrauen, sah man sich hier mit einer Wiederauflage des wilhelminischen Bagdadbahnprojekts konfrontiert, die die britischen Ölinteressen im Irak grundsätzlich in Frage stellte.[389]

Das deutsche Engagement im Irak wurde daher als unmittelbare Bedrohung verstanden. Weil die britisch-irakischen Beziehungen im Jahr 1935 außerordentlich belastet waren, konnte die britische Regierung nicht offen gegen die Eisenbahnpläne vorgehen.[390] Das wurde zusätzlich dadurch erschwert, daß die deutsche Gruppe sich eng an die britische und französisch-schweizerische Gruppe der BOD anlehnte, von denen erstere bei der Suche nach dem nötigen neuen Kapital für die geplante Anteilsverschiebung ironischerweise um die Unterstützung durch die britische Regierung warb. Um den Schein von Neutralität und Nichteinmischung – gegenüber dem Irak, gegenüber der britischen Gruppe in der BOD und gegenüber den auf ihre orientalische Stunde wartenden Amerikanern – zu wahren, brachte die britische Regierung, vertreten durch Petroleum Department, Foreign Office und Admiralität und beraten durch Sir John Cadman[391] von der in Anglo-Iranian Oil Company (AIOC) umgetauften ehemaligen APOC, ab September 1935 ein Arsenal wirtschafts- und außenpolitischer Maßnahmen auf verschiedenen Ebenen gegen die BOD und damit gegen die deutschen Pläne zum Einsatz, deren Subtilität bemerkenswert war:

Erstens sagte das Petroleum Department (Lord Oliphant/F. C. Starling) im Oktober 1935 dem Führer der britischen Gruppe und Generaldirektor der BOD, Lord Glenconner, Unterstützung auf dem Londoner Kapitalmarkt zu, allerdings nur, um das Achnacarry-Konsortium IPC und die AIOC in Alarmbereitschaft zu versetzen und mittels diskreter Rufschädigung die Kapitalmärkte in London und Kairo für die BOD zu verschließen. Damit konnte diese die geplante Kapitalerweiterung nicht vornehmen.[392] Zweitens versuchte man, das Verhältnis zur anti-britisch eingestellten irakischen Regierung Yasin al-Hashimi grundsätzlich zu verbessern und sie von den Eisenbahnplänen der Gutehoffnungshütte wieder abzubringen, indem man ihr die Übernahme des bis dahin britisch geleiteten Eisenbahnnetzes anbot. Bis Dezember 1935 schwenkten nicht nur die Iraker auf die britische Linie ein, es besserten sich auch die britischen Beziehungen zu den anderen Ländern des fruchtbaren Halbmondes, die für die Avancen des antisemitischen Deutschlands anfällig waren.[393]

Drittens unternahm es die Admiralität, die den deutschen Plänen entgegenstehende italienische Position in der BOD (AGIP) zu stärken. Dies erreichte sie, indem die admiralitätseigene APOC – dem Völkerbundembargo zum Trotz – ab dem 2. Oktober 1935 die Treibstoffbelieferung für Mussolinis Abessinienkrieg übernahm und dafür den

---

[389] Helmut Mejcher, *Die Politik* ... (1980), 177–180 und 185 f.

[390] Ebd., 182–184.

[391] Ebd., 194.

[392] Ebd., 186–203.

[393] Ebd., 182–184 und 199 f.

italienischen noch-Mehrheitsanteil an der BOD aufkaufte und in die große IPC einbrachte.[394]

Viertens bemühte sich das Foreign Office unter Sir Robert Vansittart, diplomatischen Einfluß auf die US-amerikanische, die sowjetische und die rumänische Regierung auszuüben, um eine unkontrollierte, d.h. nicht durch die Achnacarry-Konzerne kontrollierte, Ölversorgung des Deutschen Reichs und damit seine Vorbereitung auf einen Krieg weitgehend auszuschließen. Kontakte hierzu hatte Whitehall bereits im Spätsommer 1934 aufgenommen, als Schacht sein Angebot an die Achnacarry-Konzerne mit der Drohung gewürzt hatte, auf nicht-Achnacarry-Versorger auszuweichen.[395] Sowohl das Deutsche Reich als auch Italien so lange wie möglich in Abhängigkeit von britisch kontrolliertem Öl zu halten, war die Generallinie britischer Nahostpolitik, als dessen „chief protagonist“ Foreign Secretary Sir Robert Vansittart figurierte.[396] Im Oktober 1935 konnte der britische Botschafter Sir Eric Phipps bereits darüber berichten, daß die sowjetische Regierung die Neuaushandlung des deutsch-sowjetischen Wirtschaftsabkommens mit der Androhung eines Ölboykotts zu beeinflussen suchte. Dem Benzol-Verband (Aral) hatte die sowjetische Ölverwaltung bereits die weitere Nutzung des Derop-Vertriebsnetzes untersagt.[397] Kurze Zeit später erließ die UdSSR ein Ausfuhrverbot für Kohlenwasserstoffe.[398]

Beim rumänischen Versorger des „Dritten Reichs“, der mit Italien ebenso ein Clearing-Abkommen geschlossen hatte, schnellten am Vorabend und zu Beginn des Abessinienkrieges die Clearing-Preise in die Höhe:[399] Als Folge einer Überschwemmung mit Reichsmark und Lire[400] verlangte die rumänische Regierung von den deutschen Partnern Bardevisen oder erheblich höhere Preise in Reichsmark. Da diese Forderung nicht erfüllt wurde, gerieten zum Jahreswechsel 1935/36 auch hier die Lieferungen ins Stocken. Damit fielen 50% der Importe für das „Dritte Reich“ aus.[401] Der Ölschock war eingetreten.

---

394 Ebd., 209 f.

395 Ebd., 163.

396 Helmut Mejcher, „The International Petroleum Cartel (1928), Arab and Turkish Oil Aspirations and German Oil Policy towards the Middle East on the Eve of World War II“, in: Gantzel et al., *Oil* ... (1984), 27–59, hier 47.

397 Helmut Mejcher, *Die Politik* ... (1980), 169.

398 Wolfgang Birkenfeld, *Der synthetische* ... (1964), 80.

399 Helmut Mejcher, *Die Politik* ... (1980), 127. Vgl. Maurice Pearton, *Oil* ... (1971), 194.

400 Vgl. ebd.

401 Wolfgang Birkenfeld, *Der synthetische* ... (1964), 80.

Öl und die Revision der deutschen Wirtschaftspolitik 1936

Neuauflage der Wehrmachtsforderungen

Daß Schachts orientalisches Ölabenteuer den internationalen Widerstand selbst heraufbeschworen hatte, wurde zwar von seinen Gegnern im Wehrmachtamt (Thomas) nicht erkannt; die Schwierigkeiten, in die die von Schacht geleitete Außenhandelspolitik geraten war, machte man sich bekanntlich dennoch zunutze.[402] Bereits am 17. Oktober 1935 hatte bei Hitler eine Grundsatzbesprechung zur „Besserung der Mineralölversorgungslage“ stattgefunden,[403] in der Schachts Forderung nach einer Wirtschaftsverträglichkeit der Aufrüstung rundheraus abgelehnt wurde.[404] Durch diese Besprechung wurden die Wirtschaftsstrategen in Georg Thomas‘ Dienststelle W Wi, ab Oktober 1935 zur Dienststelle Wehrwirtschaftsstab (WStb) aufgewertet,[405] entscheidend gestärkt, und am 25. Oktober 1935 brachten sie die gesamte Angelegenheit der KW-Zuständigkeit Schacht gegenüber wieder aufs Tapet.[406] Auch Görings RLM setzte sich wieder für den Treibstoffkommissar, bzw. den „Benzin- und Gummiprogrammdiktator“ ein, wie es Milch im April 1935 ausgedrückt hatte.[407] Im Sommer 1935 war das RLM gezielt von Krauch/IG wegen der Flugbenzin- und Bunaherstellung hofiert worden,[408] und seit Ende Juli arbeitete der Krauch-Mitarbeiter Gerhard Ritter/IG im RLM als von Milch eingesetzter „Verbindungsoffizier“ im (technischen) Amt C der Luftwaffe, wo er sich für die – noch immer nicht reife – IG-Flugbenzinproduktion stark machte.[409] Mitte Dezember 1935 willigte der in der gesamten Devisenfrage durch Landwirtschaftsminister Darré unter Druck geratene Schacht[410] in einem

402 Zur Entstehung des Vierjahresplans aus der Treibstoffkalamität vgl. Wolfgang Birkenfeld, *Der synthetische* ... (1964), 80 ff. und Dieter Petzina, *Autarkiepolitik* ... (1968), 36–41.

403 Dieter Petzina, *Autarkiepolitik* ... (1968), 38 Fn. 59.

404 Michael Geyer, *Aufrüstung* ... (1980), 446.

405 Vgl. Die Entwicklung der militärischen Wehrwirtschaftsorganisation 1924–1945, Georg Thomas, *Geschichte* ... (1966), vor 55.

406 Der Reichskriegsminister an den Reichs- und Preußischen Wirtschaftsminister. 25. Oktober 1935 re Einheitliche Treibstoffpolitik, BA-MA, RW 19/2641, Bl. 293 f. Veröffentlicht als Dok. 253, *Akten* ... (1999), 897 f. Entwurf stammte von Hptm. Czimatis.

407 Dieter Petzina, *Autarkiepolitik* ... (1968), 38 f. Gummiprogramm-Diktator: Alfred Kube, *Pour le mérite und Hakenkreuz: Hermann Göring im Dritten Reich*, München 1986, 139.

408 Peter Hayes, *Industry* ... (1987), 140 f.

409 Dietrich Eichholtz, *Geschichte* ... (1969), 41. Die von Milch am 23. Juli 1935 Krauch versprochene Audienz in Karinhall in der Schorfheide, auf die Krauch so sehr setzte, hatte jedoch nicht stattgefunden: Peter Hayes, *Industry* ... (1987), 141.

410 Zur Außenhandels- und Devisenkrise im Herbst 1935 und der Auseinandersetzung zwischen Darré und Schacht, in der Göring zum Schlichter berufen wurde, vgl. Dieter Petzina, *Autarkiepolitik* ... (1968), 30–36.

Vieraugengespräch mit Oberst Thomas, der treibenden Kraft hinter der ganzen Debatte,[411] schließlich ein, Schlattmann als Treibstoffkommissar im Rahmen seines Auftrages als Generalbevollmächtigten für die Kriegswirtschaft (GBW) einzusetzen – wie es Thomas bereits im Juli 1935 gefordert hatte.[412] Der Auftrag gerade an OBH Schlattmann entsprach indessen den Wünschen der Wirtschaftsstrategen in keinster Weise, hatten sie doch zuvor festgestellt:

> „Es ist unmöglich, daß der Leiter dieser Stelle [Treibstoffkommissar, TK], wie es z.Zt. der Fall ist, die gesamte Frage einmal hauptsächlich vom bergmännischen Standpunkt aus ansieht und zudem noch mit all den anderen drängenden Fragen der deutschen Kohle-, Eisen- und Metallerz-Wirtschaft befaßt ist."[413]

Diese Entscheidung wurde jedoch im Januar 1936 – vermutlich unter dem Eindruck einer Intervention Kepplers, der selbst gerne Treibstoffkommissar werden wollte,[414] von Hitler verworfen.[415] Keppler, dessen Montanreferent Pleiger zum Jahreswechsel 1935/36 in der Frage des Salzgitter Eisenerzes zu dem Eisenerzeugungsplan des RPrWM (sog. Schlattmannplan) auf Kollisionskurs gegangen war, intrigierte bei Hitler gegen Schacht, dem er und Landwirtschaftsminister Darré die Schuld an der desolaten Devisenlage gaben,[416] und in dessen Ministerium Keppler sogar das Gerücht streute, Schacht würde bald „vom Führer abgesägt werden" – woraufhin ihm Schacht Hausverbot erteilte.[417]

Nun rückte Thomas' Wehrwirtschaftsstab von der bisherigen Vorstellung ab, den Treibstoffkommissar Schacht zu unterstellen. Anlaß zu dieser Neuorientierung mag die Tatsache geliefert haben, daß in Leuna die Produktion des ersten Flugbenzins „A4" (später „B4") aus Grundbenzin „Leuna II" und mittlerweile lizensiertem Bleitetraethyl ab Februar angelaufen war.[418] Dadurch gewann die Flugbenzinfrage erheblich an Dringlichkeit, denn die IG, die infolge ihrer unrentablen Produktion seit 1935 voll auf den militärischen Verbraucher setzte, war auf einen Exklusivvertrag mit dem Reich angewiesen und bemühte sich, Konkurrenzversorgungen von vornherein auszuschal-

---

[411] Vgl. Entwurf zu einer Vortragsnotiz über die Notwendigkeit einheitlich geleiteter Treibstoffpolitik, BA-MA, RW 19/347, Bl. 34–37 und W Wi II, Notiz re Treibstoffkommissar, v. 17. Dezember 1935, ebd., Bl. 38 f.

[412] Zwischen dem 18. und 23. Dezember 1935: *Akten* ... (1999), 898 Fn. 4 mit Verweis auf BA-MA, RW 19/2641, Bl. 184 f. und 237. Vgl. Blomberg an Schacht – Aktz. 66 b 2134/VIII W Wi (IIb), v. 24. Dezember 1935, BA-MA, RW 19/347, Bl. 43.

[413] Entwurf zu einer Vortragsnotiz über die Notwendigkeit einheitlich geleiteter Treibstoffpolitik, BA-MA, RW 19/347, Bl. 34–37, hier 35. Der Entwurf des Wehrwirtschaftsstabs stammt aus der Zeit zwischen 30. November und 17. Dezember 1935.

[414] Vgl. Dieter Petzina, *Autarkiepolitik* ... (1968), 39.

[415] *Akten* ... (1999), 898 Fn. 4.

[416] Alfred Kube, *Pour le* ... (1986), 140 mit Verweis auf Vermerk der Reichskanzlei vom 21. Januar 1936, BA, R 43 II/331, Bl. 105 f.

[417] Willy Boelcke, *Die deutsche* ... (1983), 167 f. Vgl. Richard J. Overy, *Goering* ... (1984), 41.

[418] Wolfgang Birkenfeld, *Der synthetische* ... (1964), 54.

ten.[419] In einer Besprechung bei Keppler am 10. Februar 1936 wurde nun Ernst Rudolf Fischer („Mineralölfischer"),[420] KW-Vertriebsleiter der IG und kaufmännischer Spezialist für die Entwicklung des Flugbenzinprojekts,[421] von Blomberg als Treibstoffkommissar vorgeschlagen, von Keppler gegen Schachts Gegenvorschläge (Schlattmann bzw. Wohlthat) unterstützt, der sein Büro einem Kommissar aus dem RPrWM nicht unterstellen wollte.[422]

Anfang März 1936 verstärkte das Amt unter Oberst Thomas seine Kritik gegen den Wirtschaftsminister, dessen gescheiterter Außenhandelspolitik es nun das Ausbleiben der sowjetischen und rumänischen Öllieferungen zuschrieb, und forderte „einschneidende Maßnahmen zur Lösung der Krise" (PETZINA).[423] Daraufhin nahm Göring, der durch sein Forschungsamt die relevanten Telefone abhören ließ und sich durch häufigen Vortrag bei Hitler die besten Startchancen sicherte,[424] die Gelegenheit wahr, sich selbst als „Treibstoffdiktator" ins Spiel zu bringen, um die Kohlenwasserstoffrage im Sinne der Luftwaffe zu regeln.[425] In geheimen Absprachen mit Blomberg Anfang April wurde beschlossen, das Amt des Treibstoffkommissars ganz aus der Zuständigkeit des Wirtschaftsministeriums herauszulösen. Schacht, der im letzten Augenblick Wind von diesen Absprachen bekam, versuchte daraufhin, Göring taktisch vor den Karren der Devisenfrage zu spannen und damit für unpopuläre Sparmaßnahmen zu instrumentalisieren.[426] Gemeinsam mit Göring legte er am 4. April 1936 Hitler einen Erlaßentwurf vor, der Göring mit der Beauftragung als „Rohstoff- und Devisenkommissar" vorsah – einer viel weiter gesteckten Zuständigkeit, als Thomas und Blomberg intendiert hatten. Schacht, der das tagespolitische Problem der Außenhandelskrise zu lösen versuchte, erkannte nicht, daß er sich durch diesen Auftrag eine strukturelle Konkurrenz ins Haus holte.[427]

Neuorganisation der Ölpolitik im Frühsommer 1936

Göring ließ sehr bald erkennen, daß er den Auftrag nutzen würde, die wirtschaftspolitische Zuständigkeit des RPrWM zu unterhöhlen. Ab Mai 1936 befaßten sich zwei Arbeitsstäbe mit den beiden Mangelgebieten: Unter dem preußischen Finanzminister Popitz wurden Pläne zur Linderung des Devisenabflusses entworfen (Devisenstab). Dagegen entwarf der Rohstoffstab unter Oberstleutnant Löb/ RLM Pläne für die

419 Peter Hayes, *Industry* ... (1987), 142.
420 Hans Kehrl, *Krisenmanager* ... (1973), 227.
421 Wolfgang Birkenfeld, *Der synthetische* ... (1964), 61 und 68.
422 Wolfgang Birkenfeld, *Der synthetische* ... (1964), 54.
423 Ebd, 80. Dieter Petzina, *Autarkiepolitik* ... (1968), 39.
424 Richard J. Overy, *Goering* ... (1984), 41.
425 Göring gegenüber General Kesselring/Luftwaffe am 14. März 1936: Dieter Petzina, *Autarkiepolitik* ... (1968), 39.
426 Dieter Petzina, *Autarkiepolitik* ... (1968), 40. Alfred Kube, *Pour le* ... (1986), 141.
427 Dieter Petzina, *Autarkiepolitik* ... (1968), 40. Richard J. Overy, *Goering* ... (1984), 41. Alfred Kube, *Pour le* ... (1986), 141.

Ausweitung der Rohstoffsubstitution, wobei er von der Dienststelle Wehrwirtschaftsstab der Wehrmacht politisch und inhaltlich unterstützt wurde, die die militärischen Bedarfszahlen lieferte.[428] Technische Plangrundlagen des Rohstoffstabs entstammten seiner Abteilung „Forschung und Entwicklung", die von niemand anderem als Carl Krauch/ IG Farben geleitet wurde,[429] und die den *nucleus* des späteren Reichsamt für Wirtschaftsausbau (im NS-Jargon „Reichsamt für IG-Ausbau") bildete.

Der doppelte Stab repräsentierte Görings Hausmacht *par excellence.* Im Devisenstab tummelten sich die Vertreter des Preußischen Staatsministeriums, dem Göring seit 1933 als Preußischer Ministerpräsident vorstand, und auf dessen organisatorisches *know how* er bislang hatte zurückgreifen können.[430] Innerhalb dieses Ministeriums und aus dessen Mitgliedern hatte sich Göring das sog. Stabsamt geschaffen, quasi als Schaltzentrale seines im Wachsen begriffenen Imperiums. Weitere nützliche Bestandteile innerhalb der intriganten Herrschaftsstruktur einer Diktatur waren das preußische Geheime Staatspolizeiamt (Gestapa) unter Rudolf Diels und *last, not least* das „Forschungsamt der Luftwaffe" (tatsächlich ebenfalls eine Einrichtung des Preußischen Staatsministeriums), das nichts anderes tat, als mit großem personellen und technischen Aufwand Telefone, Telegrammübermittlungen, in- und ausländische Sender sowie militärische und diplomatische Geheimsender zu überwachen und zu dechiffrieren. Die morgendliche Lektüre der in den „Braunen Blättern" zusammengefaßten Abhörergebnisse brachte Göring einen unschätzbaren Informationsvorteil gegenüber Gegnern beim Antichambrieren bei Hitler, sowohl was das Intrigieren selbst anging, als auch den kurzen Weg der Nachrichten, die Hitler selbst von Nutzen waren.[431] Abhörergebnisse des Forschungsamtes ließ Göring auch dem AA, dem RWeM und rüstungswirtschaftlichen Dienststellen (Thomas) zukommen.[432] Das im Preußischen Staatsministerium residierende Stabsamt unter dem DNVP-Konvertit Gritzbach stellte eine politisch äußerst heterogene Gruppe meist konservativer, aber auch einiger weniger Nationalsozialisten bzw. 1933 zum Nationalsozialismus übergetretener („Märzgefallener") und auch sozialdemokratischer Beamter dar; ihre besondere Loyalität wurde Göring gerade durch ihre „Unabhängigkeit von jeglicher Parteidoktrin" (Kube) garantiert.[433]

Oberst Löb und die militärischen Technokraten des Rohstoffstabes dagegen entstammten dem rüstungswirtschaftlichen Sektor der Göringschen Hausmacht – dem RLM bzw. der darin integrierten Luftwaffe.[434] Nicht zu Görings Hausmacht zählten

---

428 Dieter Petzina, *Autarkiepolitik* ... (1968), 42–45.

429 *Anatomie* ... (1969), 142 Fn. 1.

430 Alfred Kube, *Pour le* ... (1986), 57.

431 Ebd., 60–64. Hitler begegnete – je deutlicher sich Heydrichs Engagement auf dem gleichen Terrain abzeichnete – dem nachrichtendienstlichen Eifer unter Göring mit wachsendem Mißtrauen: Ebd. und Shlomo Aronson, *Reinhard Heydrich und die Frühgeschichte von Gestapo und SD*, Stuttgart 1971.

432 Alfred Kube, *Pour le* ... (1986), 64. Vgl. Richard J. Overy, *Goering* ... (1984), 35 und 41.

433 Alfred Kube, *Pour le* ... (1986), 56–60.

434 Dietrich Eichholtz, „Vierjahresplan", in: *Enzyklopädie des Nationalsozialismus*, hg. Wolfgang Benz/Hermann Graml/Hermann Weiß, München 1997, 782.

dagegen die führenden IG-Manager unter Carl Krauch, die die Abteilung „Forschung und Entwicklung" beherrschten und als autarkiepolitischer *think tank* zur wichtigsten Abteilung des Rohstoffstabes wurden.[435]

Beide Stäbe vollzogen die Abkehr vom bisher geltenden wirtschaftspolitischen Paradigma der wirtschaftlichen Verträglichkeit der Aufrüstung.[436] In Verfolgung der Generalstrategie, Devisen für die unbeschränkte Rüstung einzusparen, beschritten sie getrennte Wege: Popitz' Devisenstab kümmerte sich um die Einsparung von Devisen im Außenhandel – Löbs Rohstoffstab um die Einsparung von Devisen durch Rohstoffsubstitution. Ölpolitisch sollten beide Stäbe in Erscheinung treten, wobei der Devisenstab sich darum bemühte, die bisherige Zuständigkeit des RPrWM für die außenwirtschaftlichen Ölprojekte der Ruhrmontanindustrie (z. B. Irak) an sich zu ziehen.[437] Dies entsprach Görings Bestreben, sich die Zuständigkeit für die gesamte „Mineralölwirtschaft", d.h. alle in- und auswärtigen Bereiche der Kohlenwasserstoffindustrien, unterzuordnen.[438] Allerdings sollten für die kurze Zeit seines Bestehens bis zum Sommer 1936 nur die autarkistischen Arbeiten Wirkung erzielen.[439] Die Aufrüstung erhielt, wie Göring am 12. Mai 1936 im Ministerrat feststellte – und damit erstmals offen auf Konfrontation zu Schacht ging,[440] jetzt volle Priorität.[441]

Die Planungstätigkeit entfaltete sich vor dem Hintergrund der Verhandlungen zum Flugbenzinvertrag zwischen der IG (Bütefisch/ Ernst Rudolf Fischer) und der Luftwaffe (Kesselring). Im April 1936 hatte die Luftwaffe das neue Flugbenzin der IG für einsatzfähig erklärt, so daß nun die seit einem Jahr geplante Exklusivregelung ausgehandelt werden konnte. Am 10. Juni 1936 lag das Vertragswerk vor, worin sich die IG zur Inbetriebnahme und -erhaltung einer Flugbenzinproduktionskapazität von 200.000 t jährlich verpflichtete. Im Gegenzug versprach das Reich der IG einen Anteil an öffentlichen Flugbenzinaufträgen entsprechend dem bisherigen Marktsegment der IG bei der

---

435 Vgl. Dieter Petzina, *Autarkiepolitik* ... (1968), 49. *Anatomie* ... (1969), 142 Fn. 1. Vgl. Dietrich Eichholtz, „Zum Anteil ..." (1969), 85. Ders., „Das Expansionsprogramm des deutschen Finanzkapitals am Vorabend des Zweiten Weltkrieges", in: *Der Weg in den Krieg: Studien zur Geschichte der Vorkriegsjahre (1935/36 bis 1939)*, hg. Dietrich Eichholtz/Kurt Pätzold, Köln 1989, 1–39, hier 8.

436 Norbert Schausberger, *Der Griff nach Österreich: der Anschluß*, Wien 1978, 364 und 612 Fn. 148.

437 Auf Initiative des Ruhrmontankonzerns Otto Wolff, Köln ab August 1936 schlug der Rohstoff- und Devisenstab die Gründung eines Studienkonsortiums für eine deutsche Erdölkonzession in Ecuador und Venezuela vor: VP/GGru Rov., Sitzung über die Frage des Erwerbs einer Ölkonzession in Ecuador und Venezuela am 16. Dezember 1936, Bl. 2. Dieses wurde am 22. September 1936 gegründet: Elwerath, Entwurf ... (nach 18. Dezember 1936, siehe Fn. 539), Bl. 1, beide in NLfB 49022. Siehe unten, S. 230 ff.

438 Vgl. Dieter Petzina, *Autarkiepolitik* ... (1968), 42.

439 Siehe unten, S. 218 f.

440 Norbert Schausberger, *Der Griff* ... (1978) 364 und 612 Fn. 148.

441 Dieter Petzina, *Autarkiepolitik* ... (1968), 43.

Synthese. Dazu übernahm das Reich die gesamten Ausbau- und Betriebskosten in Form einer jährlichen Abschreibung von 11,11 % und garantierte 5% Profit. Die befürchteten Konkurrenten aus der Ruhrmontanindustrie (Uhde-Verfahren der GHH) wurden durch diesen Vertrag ausgeschlossen.[442]

Für die IG bedeutete der Vertrag einen vollen Erfolg. Doch von größerer Tragweite waren die Vorstöße, die die IG im Sommer 1936 zur Neuordnung des industriellen Verbandswesens unternahm. Hier war es Ernst Rudolf Fischer gelungen, die alten Fronten zwischen der Chemischen Industrie und der Montanindustrie aufzubrechen und eine Allianz herzustellen, die sich in einer gemeinsamen Denkschrift mit der Automobilindustrie niederschlug.[443] Die bereits im Sommer 1935 von den Wehrwirtschaftlern ventilierte Idee, die preußische Erdölindustrie am Cracken ihrer Destillationsrückstände zu hindern und ihr als strategischem Schmierölproduzenten die Hände zu binden,[444] tauchte nun wieder auf, garniert mit technischen Vorschlägen zur Minimierung des zivilen Treibstoffbedarfs (Umstellung auf Diesel und Verwendung von Ersatztreibstoffen):

> „Kraftwagenbenzin, a) Die Benzinerzeugung aus deutschem Erdöl im Destillations- und Crackprozess beträgt zurzeit 75 000 to. Eine wesentliche Steigerung ist hier nicht zu erwarten und auch keineswegs erwünscht, da selbst unter Berücksichtigung der letzten Bohrergebnisse das deutsche Erdölvorkommen [sic] eine Reserve darstellt, die in erster Linie für den sehr erheblichen Schmierölverbrauch in einem Kriege heranzuziehen ist, wofür sie [sic] der geeignete und vorläufig einzige Rohstoff ist. Eine gesteigerte Benzinerzeugung aus deutschem Erdöl kommt also nicht in Betracht."[445]

Eine der ungelösten Fragen der preußischen Erdölindustrie war ihr mangelnder Grad an vertikaler Integration. Zwar hatten die DPAG-DEA, Preußag und Elwerath seit 1931 in der Deurag Raffinationsinteressen und die WIAG seit 1935 in der Raffinerie Salzbergen, doch existierte neben diesen Produzenteninteressen eine eigenständige, kaum mo-

---

[442] Peter Hayes, *Industry* ... (1987), 141. Uhde: Ebd., 140. Vgl. Wolfgang Birkenfeld, *Der synthetische* ... (1964), 68 f.

[443] Deutschlands Treibstoff- und Mineralölversorgung: Gemeinsame Denkschrift der Mineralölindustrie, der Automobilindustrie, des Steinkohle – und Braunkohlebergbaus (Verfielfältigung /Umdruck), BA, R 13 XXIII/4. Entgegen der Datierung des DZA-Findbuchs („um 1934") verweisen einige Statistiken der undatierten Denkschrift auf ein frühestes Entstehungsdatum nach dem 1. April 1935: Anlage 5, Bl. 2; die Firmenauflistung („Ruhrbenzin AG") auf Anlage 2, Bl. 1 impliziert eine Entstehung der Quelle erst nach dem 28. Oktober 1935: Vgl. Gerhard T. Mollin, *Montankonzerne* ... (1988), 66 f. Aussagen über die laufende Alkohol- und Flüssiggasproduktion von 1936 legen nahe, daß die Denkschrift tatsächlich erst im Jahr 1936 entstand: Anlage 2, Bl. 3

[444] Begriff in Anlehnung an die *strategic reserve* der USA (Ickes) ab 1943–1945 – dem Beschluß, die US-amerikanischen Erdöllagerstätten nicht weiter auszubeuten, sondern auf Dritte, vor allem den Orient auszuweichen: Helmut Mejcher, *Die Politik* ... (1990). Daniel Yergin, *Der Preis* ... (1991), 502–517.

[445] Heimische Erzeugung von Vergasertreibstoffen, Bl. 1 f., Anlage 2 zu Deutschlands Treibstoff- und Mineralölversorgung – gemeinsame Denkschrift und Vorschläge der Mineralölindustrie, der Automobilindustrie, des Steinkohlen- und Braunkohlenbergbaues [undatiert, nach 1. April 1935], BA, R 13 XXIII/4.

nopolisierte, vor-Rockefellersche Raffinationsindustrie.[446] In der Verbandsorganisation seit 1935 machte sich diese Zersplitterung deutlich bemerkbar, da die Raffinationsindustrie durch die Wirtschaftsgruppe Chemie vertreten wurde, die Erdölproduzenten jedoch durch die Wirtschaftsgruppe Bergbau. Auf Initiative von Ernst Rudolf Fischer erließ – „against the desire of the [petroleum, TK] industry" (Schirner/ DEA) – das RPrWM am 8. August 1936 eine allgemeine Änderung der Verbandsorganisation:[447] Die Fachgruppe Erdölbergbau wurde aus der Wirtschaftsgruppe Bergbau herausgelöst und als Fachgruppe Erdölgewinnung einer neugegründeten Wirtschaftsgruppe Kraftstoffindustrie einverleibt, deren Leitung Ernst Rudolf Fischer / IG bis zu seinem Wechsel ins Wirtschaftsministerium 1939 übernahm.[448] Durch diese einschneidende Maßnahme im Verbandswesen sollte die von der IG als Bedrohung wahrgenommene Erdölindustrie „gleichgeschaltet" werden.[449]

Schacht war so sehr angeschlagen, daß er die ostentative Entmachtung des OBH Schlattmann vortäuschen mußte. Bald darauf, im August 1936, legte der Rohstoffstab seine Planzahlen vor. Der Ausbau der KW-Synthese stellte dabei das Kernstück dar. Sich auf Planungen des Wehrwirtschaftsstabs stützend, entwickelte Löb im Frühsommer 1936 zunächst die Vorstellung einer vollen Treibstoffautarkie innerhalb von 12 Monaten.[450] Von einem staatlichen Investitionsprogramm für die heimische Rohstoffindustrie von RM 3 Milliarden sollten allein RM 2 Milliarden in den Ausbau der KW-Synthese fließen, der sich vor allem auf das Ruhrgebiet konzentrieren sollte, RM 280 Millionen in die Kautschuksynthese (Buna), die ebenfalls einen produktiven Schwerpunkt der IG darstellte, ferner RM 80 Millionen in die Textil- und RM 60 Millionen in die heimische Fe-Erzgewinnung (Pleiger).[451]

Carl Krauch, als Leiter der Abteilung „Forschung und Entwicklung", verursachte eine deutliche IG-Lastigkeit in Löbs Rohstoffstab. Andererseits spiegelten die Treibstoffpläne den Versuch wider, die unterschiedlichen Produzenten synthetischer Kohlenwasserstoffe im Deutschen Reich unter einen Hut zu bekommen und gleichzeitig das zum Teil nicht allzu begeisterte Engagement der Ruhrmontanindustrie und des niederrheinischen Braunkohlebergbaus anzufachen. Hierbei wurde Krauch deutlich von

---

[446] Siehe 1. Kapitel. Vgl. Harold F. Williamson et al., *The American* ... (1959), 343–486 und 547–551. Daniel Yergin, *Der Preis* ... (1991), 42–71.

[447] Datum: von Heemskeerck/Amt für deutsche Roh- und Werkstoffe Abteilung II Mineralölwirtschaft, Richtlinien für die Tätigkeit der Wirtschaftsgruppe Kraftstoffindustrie bei Durchführung des Vierjahresplans (Mineralöl), v. 27. November 1936, BA-MA, RW 19/347, Bl. 51–56, hier 52.

[448] Karl Schirner, BIOS 1016, Supplement, Bl. 8 f. Wechsel: Rundschreiben Ernst Rudolf Fischer/WiGru KSI an alle Mitglieder, v. 19. September 1939, BA, R 13 XXIII/1.

[449] Vgl. Karl Schirner, BIOS 1016, Supplement, Bl. 8 f., der ansonsten die Bedeutung der Wirtschaftsgruppe Kraftstoffindustrie herunterspielt.

[450] Dies wurde im Bericht der Abteilung Forschung und Entwicklung auf 18 Monate korrigiert.

[451] Dieter Petzina, *Autarkiepolitik* ... (1968), 44 f. Ruhrgebiet: Wolfgang Birkenfeld, *Der synthetische* ... (1964), 82.

Keppler unterstützt, der in der Substitutionsfrage den härtesten Autarkiekurs steuerte,[452] sowie von Ernst Rudolf Fischer/ IG, der für die Montanindustrie Zwangszusammenschlüsse nach Muster der Brabag befürwortete.[453] Zwischen dem 21. Juli und dem 15. August 1936 stellte die IG die Pläne fertig, die Hitler Ende August 1936 bei der Abfassung seiner Vierjahresplandenkschrift als Grundlage dienten.[454]

Görings Rohstoff- und Devisenstab konnte den strukturellen Widerspruch zwischen Aufrüstung und Außenhandel nicht lösen. Anfang August 1936 zeichnete sich bei einem Devisendefizit von mehr als einer halben Milliarde RM daher ab, daß das Rüstungstempo wegen mangelnder Rohstoffe verlangsamt werden müßte. Eine solche Drosselung der Rüstung kam für den Kriegsminister nicht in Betracht, stattdessen forderte er Ende August 1936 eine weitere Erhöhung des Wehretats.[455]

Unterdessen forderte Göring Denkschriften ein, die Wege aus der Krise weisen sollten. Zum Zankapfel wurde Ende August 1936 das Memorandum des Leipziger Oberbürgermeisters Carl Goerdeler, der jede Form von Autarkiepolitik ablehnte und stattdessen Sparmaßnahmen, Außenhandelsbelebung und vor allem tiefe Einschnitte in die Rüstung forderte. Schacht machte sich zum Fürsprecher dieser Sicht, doch bei Göring und Hitler stieß diese Schrift auf völlige Ablehnung.[456]

Im Verlauf der Krise erstatte Göring Hitler laufend Bericht, so daß dieser über die unterschiedlichen Positionen, vor allem über die Widerstände in der deutschen Schwer- und Exportindustrie, bestens informiert war. Auf der Grundlage der Planzahlen, die Görings (Löbs) Rohstoffstab zum 15. August 1936 erstellt hatte, entwarf Hitler am 26. August 1936 eine „Denkschrift", die als Leitlinie für die Wirtschaftspolitik bestimmt war. Nur Göring und Blomberg erhielten Anfang September 1936 ein Exemplar, Schacht wurde bewußt ausmanövriert. In dieser Schrift richtete sich Hitler scharf gegen die rüstungsbremsenden Tendenzen in der Wirtschaft und vor allem gegen die außenhandelsorientierte Politik seines Wirtschaftsministers Schacht.[457] Stattdessen forderte er die Unterwerfung der Wirtschaftspolitik unter die Bedürfnisse des Militärs, das er als Instrument zur Erlangung neuer „Lebensräume" betrachtete.[458] In einem Katalog handelte Hitler die wesentlichen Forderungen der Autarkisten ab:

452 Vgl. Gerhard T. Mollin, *Montankonzerne* ... (1988), 67.

453 Wolfgang Birkenfeld, *Der synthetische* ... (1964), 83.

454 Dieter Petzina, *Autarkiepolitik* ... (1968), 49. *Anatomie* ... (1969), 142 Fn. 1. Vgl. Dietrich Eichholtz, „Zum Anteil ..." (1969), 85. Ders., „Das Expansionsprogramm ..." (1989), 8.

455 Dieter Petzina, *Autarkiepolitik* ... (1968), 45 f.

456 Ebd., 47 f.

457 Ebd., 48 f. 26. August: Dietrich Eichholtz, *Geschichte* ... (1969), 36 Fn. 70 mit Verweis auf Schweitzer.

458 Dieter Petzina, *Autarkiepolitik* ... (1968), 50 f.

- Zur Deviseneinsparung sollten Substitutionsverfahren forciert werden.
- Die Autarkisierung der „Brennstoffversorgung“ sei innerhalb von 18 Monaten abzuschließen (IG Forderung aus dem 18-Monateplan vom 10. August 1936).[459]
- Synthetisches Gummi solle in industriellem Maßstab erzeugt werden (IG Forderung).
- Deutsche Fe-Erzvorkommen sollten ausgebeutet werden (Forderung Pleigers/ Büro Keppler). Verfahren zur Synthetisierung von Fetten sollten beschleunigt entwickelt werden (Forderung Kepplers).

Das bekannte Pamphlet schloß mit der rohstoffpolitischen Maxime:

> „Es sind jetzt fast 4 kostbare Jahre vergangen. Es gibt keinen Zweifel, daß wir schon heute auf dem Gebiet der Brennstoff-, der Gummi- und zum Teil auch der Eisenerzversorgung vom Ausland restlos unabhängig sein könnten. [...] Man hat nun genug Zeit gehabt, in 4 Jahren festzustellen, was wir nicht können. Es ist jetzt notwendig, auszuführen, das was wir können. Ich stelle damit folgende Aufgabe:. Die deutsche Armee muß in 4 Jahren einsatzfähig sein.. Die deutsche Wirtschaft muß in 4 Jahren kriegsfähig sein.“[460]

Auch wenn hier zum ersten Mal das Votum für eine forcierte Autarkiepolitik und Aufrüstung unmittelbar in den größeren Kontext der kriegerischen Expansion gestellt wurde, gab diese „Denkschrift“ nicht mehr als eine Generallinie an. Die extrem pauschale Forderung nach Kriegsfähigkeit in vier Jahren offenbarte im Grunde weniger einen pathologischen Kriegswillen des Diktators als vielmehr den immer noch vollkommen unzureichenden Stand der wirtschaftlichen Genesung, die noch nicht einmal etwas so Banales wie die Einsatzfähigkeit der Armee innerhalb eines halben Jahres ermöglichte. „Lebensraum“ – als Hitlers „lockere Metapher für Expansionspolitik“ (KERSHAW), gegen die bereits 1933 weder das Militär noch die Ministerialbürokratie und andere konservative Eliten etwas einzuwenden hatten,[461] bedeutete in dieser auf den Effekt konzipierten Form[462] nichts anderes, als daß die Aufrüstung Priorität erhalten sollte – nicht mehr, aber auch nicht weniger. In diesem Punkt stellte die Denkschrift vor allem eine Grundsatzentscheidung gegen die Person Schachts dar, der den Autarkieplänen der IG kein Gehör schenken mochte.

Auf der Ministerratssitzung am 4. September 1936 stellte Göring die Kabinettsmitglieder vor vollendete Tatsachen, indem er die geheime Denkschrift als „Generalanweisung“ für die Revision der Wirtschaftspolitik nach militärischer Maßgabe heranzog. In ähnlicher Weise verkündete Hitler die neue Wirtschaftspolitik fünf Tage später auf dem Nürnberger Parteitag als zweiten Vierjahresplan – ohne den martialischen Zusatz.[463]

---

459 Vgl. Dieter Petzina, *Autarkiepolitik* ... (1968), 84.

460 Wilhelm Treue, „Hitlers Denkschrift zum Vierjahresplan 1936“, *VfZG* 3 (1955), 184–210, 208. Zitat ebd. Bl. 210.

461 Vgl. Ian Kershaw, *Hitler* ... (1998), 561. Ministerialbürokratie: Ebd., 620 und 682.

462 Wilhelm Treue, „Hitlers ...“ (1955), 185–188.

463 Dieter Petzina, *Autarkiepolitik* ... (1968), 53.

3 Öl im Zeichen des Vierjahresplans, 1936 bis Sommer 1938

Kompetenzen in der Vierjahresplanbehörde (VP)

Danach ging es mit dem organisatorischen Aufbau schnell voran. Mit der *Verordnung zur Durchführung des Vierjahresplans* vom 18. Oktober 1936 legte Hitler den Grundstein zu einem neuen Superministerium unter Göring, das die wirtschaftliche Mobilmachung betreiben und Weisungsbefugnis gegenüber allen andern obersten Reichsbehörden haben sollte: dem sog. Vierjahresplan (VP).[464] Görings erster VP-Erlaß errichtete auf diesem Fundament das ministerielle Bauwerk, dessen tragende Teile aus dem Devisenstab (Preußisches Statsministerium), und dem Rohstoffstab (RLM und IG-Manager) übernommen wurden.[465] Räumlich operierte der VP zunächst von Görings Preußischem Staatsministerium in der Leipziger Str. 3 aus, dessen Ministerialbeamte Paul Körner, Erich Neumann, Friedrich Gramsch und andere leitende Funktionen in der neuen Behörde erhielten.[466] Der universelle Anspruch des neuen Ministeriums drückte sich in einer zweifachen Verankerung auf interministerieller Ebene aus (sog. kleiner Ministerrat, sog. Generalrat) sowie in einer Aufteilung in sechs sog. Geschäftsgruppen, die nach Ansicht Görings die gesamte Wirtschafts- und Sozialpolitik neu ordnen sollten. Wenn in Wirklichkeit geplant war, ein Gegenministerium zu Schachts RPrWM zu schaffen, so machte sich der Hang zur Überorganisation – den ursprünglichen Forderungen nach unbürokratischer Flexibilität zum Trotz – sehr bald bemerkbar, und nur einige Teile des Ministeriums sollten denn auch wirksam in Erscheinung treten.[467] Dies waren die Geschäftsgruppe Devisen unter Erich Neumann vom Preußischen Staatsministerium, der zugleich als Zweiter Staatssekretär zur verwaltungsrechtlichen Schaltzentrale des VP avancierte, die Geschäftsgruppe Rohstoffverteilung unter dem badischen Ministerpräsidenten Köhler, in Doppelfunktion VP-Reichskommissar für die Preisbildung, der an-

---

464 RGBl. 1936, Teil I, 887.

465 Dieter Petzina, *Autarkiepolitik* ... (1968), 58. Tragende Teile: Dietrich Eichholtz, „Vierjahresplan“ (1997), 782.

466 Sitz: Hans-Erich Volkmann, „Die NS-Wirtschaft ...“ (1979), 289. Adresse: „Berliner Adressen“ in: *Der Krieg gegen die Sowjetunion 1941–1945: eine Dokumentation zum 50. Jahrestag des Überfalls auf die Sowjetunion*, hg. Reinhard Rürup, Berlin 1991, 54. Körner: Gerhard T. Mollin, *Montankonzerne* ... (1988), 60. Erich Neumann und Gramsch: Dieter Petzina, *Autarkiepolitik* ... (1968), 60 f.

467 Dieter Petzina, *Autarkiepolitik* ... (1968), 58–61. Ansicht Görings: Ebd., 57. Gegenministerium: Richard J. Overy, *Goering* ... (1984), 45. Wirksam: Ebd., 58 f.

fangs mit großen Ambitionen auf eine Art 2. Wirtschaftsministerium antrat,[468] und das Amt für deutsche Roh- und Werkstoffe („Rohstoffamt"), das „Herz der gesamten Vierjahresplanorganisation" (Petzina), unter dem inzwischen zum Oberst der Luftwaffe beförderten Löb.[469] Ferner wurden aus anderen Ministerien leitende Ministerialbeamte zu Leitern von „Geschäftsgruppen" bestellt, die sie jedoch ohne eigenen VP-Stab von ihren Ministerien aus leiteten, so StS Backe aus dem Landwirtschaftsministerium und StS Syrup aus dem Arbeitsministerium.[470]

Daneben übernahm Keppler, dem Hitler und Göring – wenn sie denn je eine eigene konsistente Wirtschaftsphilosophie entwickelten –[471] die autarkistischen und großraumwirtschaftlichen Versatzstücke verdankten, und der sich bis zum Sommer 1936 Hoffnung auf den nun von Göring eingenommenen Posten hatte machen dürfen, mit dem Amt 1b für industrielle Fette und dem geowissenschaftlichen Arbeitsgebiet Keppler: Erforschung des deutschen Bodens[472] im VP sehr unauffällige Posten.[473] Der Sinn bestand wahrscheinlich weniger in einer von seinem ehemaligen Mitarbeiter Hans Kehrl konstatierten Demütigung des bisherigen Wirtschaftsberaters Hitlers,[474] als vielmehr darin, Keppler für den brisanten Auftrag freizustellen, den er ab Sommer 1936 in Österreich übernahm, nämlich den Anschluß wirtschaftlich und politisch vorzubereiten.[475]

Von seiner Zusammensetzung her war der VP keineswegs ein „nationalsozialistisches" Ministerium,[476] vielmehr ein Sammelbecken für die unterschiedlichsten

---

468 Hans Kehrl, *Krisenmanager* ... (1973), 98.

469 Dieter Petzina, *Autarkiepolitik* ... (1968), 61 f. Narrenfreiheit: Ebd., 63.

470 Dieter Petzina, *Autarkiepolitik* ... (1968), 61. Hans-Erich Volkmann, „Die NS-Wirtschaft ... (1979), 286.

471 Vgl. Richard J. Overy, *Goering* ... (1984), 44. id., *War* ... (1994), 183, 188 et passim. Die Tatsache daß der VP selbst keine einheitliche Politik betrieb, sondern bis 1937/1938 auch mit überseeischen Projekten in Erscheinung trat, nimmt dieser Annahme die Plausibilität. Wahrscheinlicher ist, daß Hitler und Göring nach bewährtem Muster des *divide et impera* sowohl der autarkistischen wie der außenwirtschaftlichen Strömung solange eine Chance gaben, bis sich der Stärkere herausgestellt hätte. Zu diesem für das „Dritte Reich" typischen Entscheidungsprinzip von unten nach oben („dem Führer entgegenarbeiten") vgl. Ian Kershaw, *Hitler* ... (1998), passim.

472 Keesings-Archiv, 24. Oktober 1936, 2777. Vgl. die unpräzise Formulierung („Oberaufsicht über das Reichsamt für Bodenforschung") bei Hans Kehrl, *Krisenmanager* ... (1973), 80. Das Reichsamt entstand als Reichsstelle für Bodenforschung erst 1939.

473 Vgl. Organigramm bei Dieter Petzina, *Autarkiepolitik* ... (1968), 60.

474 Hans Kehrl, *Krisenmanager* ... (1973), 75 et passim. Vgl. Richard J. Overy, *Goering* ... (1984), 47.

475 Norbert Schausberger, *Der Griff* ... (1978), 410 f.

476 Vgl. dagegen Richard J. Overy, *Goering* ... (1984), 44 et passim.. id., *War* ... (1994), 118. und Gerhard T. Mollin, *Montankonzerne* ... (1988), 61 f. et passim. Vor der endgültigen Klärung der Frage, was ein „nationalsozialistisches" Ministerium, bzw. eine „nationalsozialistische" Wirtschaftspolitik denn sei, wird man definieren müssen, ob das Attribut nun die Parteizugehörigkeit von Funktionsträgern vor 1933 meint oder nach 1933, oder eine spezifisch autarkistische Wirtschaftstheorie (etwa in Abgrenzung zur Außenhandelskonzeption des APolA der NSDAP), oder allgemein die Epoche; oder ob es eher die Dringlichkeit des Wunsches beschreibt, deutsche Eliten nach 1945 von ihrem Engagement vor 1945 reinzuwaschen.

exportwirtschaftlichen, autarkistischen, devisenpolitischen, staatsrechtlichen, innen- sowie kultuspolitischen Strömungen. Ihr größter gemeinsamer Teiler war die Gegnerschaft zu Schachts RPrWM, jenem ersten Superministerium, das die deutsche Diktatur ermöglicht hatte; und der sich schnell entwickelnde Gegensatz war weniger programmatischer als institutioneller Natur. Andererseits versuchte Schacht, diesem strukturellen Gegner das Wasser abzugraben, indem er mit ihm kooperierte. Im Falle der VP-Geschäftsgruppe Rohstoffverteilung war das personnelle Übergewicht der RPrWM und der traditionelle Lobbyismus für die Ruhrmontanindustrie bemerkenswert.[477]

Da sich der ursprünglich von der IG ausgegangene Impuls zur „Flexibilisierung" der KW-Politik in der Erschaffung eines neuen Ministeriums Bahn gebrochen hatte, wurden die bürokratischen Reibungsverluste kaum geringer dadurch, daß im Amt für deutsche Roh- und Werkstoffe statt Ministerialbeamten Stabsoffiziersdienstgrade die Planung übernahmen. Die spezifische Ineffizienz der ersten VP-Organisation, hervorgerufen weniger durch Amtsschimmel als durch „übereifrige und ehrgeizige Referenten", die ihre Einzelplanungen „in übertriebenen Ausmaßen" aufzogen (Thomas/WStb), und die daraus resultierende Doppelarbeit[478] traten schon gegen Ende 1936 zutage. Das Amt für deutsche Roh- und Werkstoffe wuchs rasch zu einer Behörde mit mehr als hundert Referenten – Ende 1937 mit, nach Kepplers Einschätzung, „etwas über 1000" Köpfen – heran.[479] Göring sollte bald selbst eingestehen, daß die Überbürokratisierung die fristgemäße Durchführung des Vierjahresplans gefährde,[480] und – sekundiert vom IG-Management im Rohstoffamt – im Sommer 1937 gegen diese administrative Hybris die erste VP-Reform durchführen. Im Ersatz für das ehemalige Amt Rohstoffverteilung sollte auf Druck der Wehrmacht der erste Bevollmächtigte des VP eingesetzt werden: Oberst von Hannecken/HWA als Generalbevollmächtigter für die Eisen- und Stahlwirtschaft. Eine zweite VP-Reform im Februar 1938 sollte dann die Eingliederung des heimgefallenen Wirtschaftsministeriums zum Inhalt haben; und eine dritte VP-Reform im Sommer 1938 sollte schließlich die Organisation des VP nochmals ausdünnen und die Planungsaktivität auf die kriegswichtigen Rohstoffe einschränken.[481]

---

[477] Vgl. Sitzungsprotokolle in VP, Ecuador allgemein, NLfB 49022.

[478] Georg Thomas, *Geschichte* ... (1966), 114. Vgl. Hans-Erich Volkmann, „Die NS-Wirtschaft ... (1979), 286 f.

[479] Wolfgang Birkenfeld, *Der synthetische* ... (1964), 93 f. Zitat von Keppler, ebd., 94 Fn. 71 nach Fall 11, 19360.

[480] Hans-Erich Volkmann, „Die NS-Wirtschaft ... (1979), 287.

[481] Dieter Petzina, *Autarkiepolitik* ... (1968), 63–67 und 116–123. Dietrich Eichholtz, *Geschichte* ... (1969), 43–45.

Die Ölprojekte des VP 1936 bis 1938

Wenn es auch gelungen war, die bisherige militärische Lobby der IG in Gestalt eines Ministeriums zu etablieren, verblieben doch die Bereiche, mit denen das RPrWM seine Zuständigkeit auf dem KW-Sektor durchgesetzt hatte, im Wirtschaftsressort. Gegen diese Pfründe unternahm Göring am 26. November 1936 einen Vorstoß bei Schacht, mit dem er die alleinige Zuständigkeit in der KW-Politik für sein Amt für deutsche Roh- und Werkstoffe forderte und im einzelnen die Unterstellung der Überwachungsstelle für Mineralöle, der Wifo und der Wirtschaftsgruppe Kraftstoffindustrie unter den VP beanspruchte.[482] Es war Schacht zu diesem Zeitpunkt jedoch noch möglich, den Ressortübergriff abzuwehren und vor allem das Mineralölreferat unter Botho Mulert bei seinem Ministerium zu halten.[483]

Dagegen arbeiteten im VP gleich mehrere Gliederungen auf dem Feld der Ölpolitik. Die Dichotomie, die sich zu Zeiten des Rohstoff- und Devisenstabes abgezeichnet hatte, begann sich nach der Konstituierung des VP voll auszuprägen. Das neue Ministerium verfolgte sowohl eine (wohlbekannte) autarkistische Linie als auch eine (weniger bekannte) außenwirtschaftliche, bzw. im klassischen Sinne imperialistisch orientierte Politik, die überseeische Erdölkonzessionen für das Deutsche Reich zu gewinnen suchte. Organisatorisch verteilten sich diese einander widersprechenden Ansätze zunächst auf die Untergliederung VP/1 b: Amt für deutsche Roh- und Werkstoffe unter Oberst Löb (VP/Roa) bzw. auf die Untergliederung VP/2: Geschäftsgruppe Rohstoffverteilung unter dem schlesischen Gauleiter Josef Wagner (VP/Rov). Die Ölpolitik dieser VP-Gliederung betrieben die Direktoren Acker und Eckert, die gleichzeitig als Abteilung I des VP/Roa auftraten. Im Zuge der ersten VP-Reform im Sommer 1937 sollten die Geschäftsgruppe VP/Rov dem VP/Roa einverleibt und die außenwirtschaftlichen Bemühungen des VP eingestellt werden.

Ölpolitik im Amt für deutsche Roh- und Werkstoffe (Rohstoffamt, VP/Roa)

Die Substitutionspolitik wurde durch Löbs Amt für deutsche Roh- und Werkstoffe, dem ehemaligen Rohstoffstab, betrieben, das die staatlichen Investitionen zum Ausbau der Synthesekapazitäten plante und steuerte. Hier waren zunächst unter Major Czimatis, dann Major Geist (Abteilung I, Energiewirtschaft), Major von Heemskerck (Abteilung II, Mineralöl) und Carl Krauch/IG (Abteilung III, Forschung und Entwicklung) anfangs gleich drei Abteilungen mit der Herstellungs- und Verteilungsplanung von KW beschäftigt.[484]

---

482 Wolfgang Birkenfeld, *Der synthetische* ... (1964), 95 f. mit Verweis auf Schreiben Görings an Schacht v. 26. November 1936 , Dok. EC-243, IMT 36, 233 ff.

483 Wolfgang Birkenfeld, *Der synthetische* ... (1964), 96.

484 Vgl. Dieter Petzina, *Autarkiepolitik* ... (1968), 60 und 62.

Den Charakter der KW-Planungen bestimmte die Interessenidentität, die Georg Thomas/WStb mit Carl Krauch/IG verbinden sollte.[485] Die Zusammenarbeit zwischen VP-Abteilungen und WStb war in der Folgezeit „sehr eng und führte zu einer erfreulichen Arbeit“, wie Thomas 1944 in der ihm eigenen Sprache feststellte:

> „Besonderes Interesse wendete der WStb für das Mineralölgebiet auf, und alle Bestrebungen, die synthetische Mineralölerzeugung zu erhöhen, wurden mit großer Tatkraft unterstützt. Diese Feststellung ist besonders wichtig für den weiteren Aufbau der Rüstung, da die Wehrmachtteile und das spätere Reichsministerium für Bewaffnung und Munition immer dazu neigte, den Ausbau der Mineralölindustrie hinter den eigenen Rüstungsvorhaben zurückzustellen. Es wurde daher bei jeder sich bietenden Gelegenheit von dem WStb betont, daß in einem Kriege der Zukunft die Mineralölerzeugung einer der ausschlaggebendsten Faktoren für die Erringung des Sieges sein wird und daß die Erzeugung des notwendigen Treibstoffes mal wichtiger sein kann, als die Herstellung von Waffen und Munition.“[486]

Das Amt für deutsche Roh- und Werkstoffe erstellte die Pläne auf Grundlage einer statistischen Erhebung der industriellen Ist-Kapazitäten und des durch den WStb ermittelten militärischen Bedarfs, des sog. Mob.-Bedarfs. Sowohl die statistische Grundlage für die Industrien als auch die militärische Bedarfserrechnung war disparat, punktuell und teilweise bruchstückhaft, denn die Wehrmachtteile verweigerten dem WStb vollen Einblick in ihre Datenerhebung, und auch die zivilen Schätzungen fußten auf den unterschiedlichen Erhebungsmethoden rivalisierender Erhebungsinstanzen, beim RPrWM bzw. beim GBW. Als Jahr für den Kriegsfall („Mob.-Fall“) wurde – gemäß der erwirkten und nun verbindlichen Propaganda – 1940 anvisiert.[487]

Kohlenwasserstoffe nahmen den ersten Platz ein. Hatte das Amt für deutsche Roh- und Werkstoffe – seinerzeit als Rohstoffstab – am 10. August 1936 Autarkie noch innerhalb von 18 Monaten vorgesehen, so wurde man im Laufe der Jahre 1936 und 1937 realistischer – bis man ab Mai 1937 mit einer vollständigen Unabhängigkeit von Importen nicht vor 4 Jahren rechnete.[488] Leitende Strategie war der Ausbau der KW-Synthese, deshalb räumte man der heimischen Erdölförderung auch nur geringe Chancen ein – für die Benzinproduktion.[489]

Kennzeichnend für die KW-Pläne des VP/ Roa war, daß sie – wie sich das bereits in den Vorformen der Planungen seit 1935 abgezeichnet hatte – einen Ausbau der Heizölproduktion für die Kriegsmarine nicht oder nur kaum in Betracht zogen.[490] Stattdessen profilierte man sich beim weiteren Ausbau der Synthesebenzin-Kapazitäten sowie beim Aufbau der Kapazitäten für synthetisches Flugbenzin und synthetischen Diesel (im IG-Werk Zeitz bei Magdeburg). Lediglich im neu geplanten Werk Wellheim (Stinnes/IG)

---

485 Zu dieser Interessenidentität vgl. Rolf Dieter Müller, „Die Mobilisierung ...“ (1988), passim.

486 Georg Thomas, *Geschichte* ... (1966), 114.

487 Dieter Petzina, *Autarkiepolitik* ... (1968), 79–81.

488 Ebd., 82–84.

489 Ebd., 98.

490 Hans-Jürgen Zetzsche, *Logistik* ... (1986), 24 und 51 et passim.

sollte Heizöl nach dem noch unerprobten Kohleextraktionsverfahren nach Pott-Broche aus Steinkohle gewonnen und anschließend nach IG-Verfahren hydriert werden. Das Pott-Broche-Verfahren krankte jedoch 1936 und 1937 noch an verschiedenen Mängeln, so daß tatsächlich nur der Hydrierteil der Anlage errichtet wurde.[491] Der Schwerpunkt des Ausbauprogramms für alle Produktgruppen lag bei den Hydrierwerken der IG bzw. mit IG-Lizenzen, so daß „der Vierjahresplan auf dem Mineralölgebiet im wesentlichen nichts anderes als ein Ausbauplan für das Hydrierverfahren" darstellte (Birkenfeld).[492]

Durch die Investitionsplanungen wurde der Bau mehrerer bereits geplanter Werke beschleunigt in Angriff genommen.

Tabelle 13: KW-Neu- und Ausbauplanungen des VP 1936/37*

Werk	Gesellschaft	VP-Plan	Derivat	gepl. Kapazität
Scholven (Ausbau)	Hibernia AG	1936	l.Tr.	75.000 t
			Treibgas	10.000 t
Zeitz (neu)	Brabag	27. 5. 1937	Benzin	50.000 t
			Diesel	35.000 t
Gelsenberg (neu)	Gels. Bergw. AG	RPrWM + 1936		
			Benzin	50.000 t
Wellheim (neu)	Stinnes/IG	27. 5. 1937	Heizöl	22.000 t
			l.Tr.	10.000 t
Wesseling (neu)	Union-Krafstoff**	RPrWM +		
		27. 5. 1937	Benzin	150.000 t
Pölitz	Norddeutsche Hydrier-			
	werke AG***	27. 5. 1937	Benzin	450.000 t

* Zusammenstellung nach Birkenfeld, *Der synthetische* ... (1964), 107–111.

** Union Rheinische Braunkohlen Kraftstoff AG, Konsortium des rheinischen Braunkohlebergbaus.

*** Konsortium aus RD-S, SO und IG (je ein Drittel) cf. Vernehmung August von Knieriem 1947, Dok. 50, *Anatomie* ... (1969), 152 f.; erstes Hydrierwerk an der Küste bei Stettin.

Zusätzlich wurden 12 neue Werke nach dem Fischer-Tropsch-Verfahren mit einer Gesamtkapazität von 630.000 t geplant, von denen bis 1945 gerade 9 mit insgesamt 450.000 t realisiert wurden. Der Bau aller Werke nahm wesentlich länger in Anspruch als geplant, so daß bis Mitte 1938 nur ein Bruchteil der angestrebten KW-Produktion erreicht wurde.[493] Das vornehmste Ziel des VP, die Auslandsabhängigkeit vor allem im KW-Bereich zu verringern, wurde verfehlt, 1938 betrug sie 60% und war damit ebenso hoch wie 1936.[494]

Ein wesentlicher Bestandteil der Mob-Vorbereitung im Kohlenwasserstoffsektor war die Umsteuerung der Erdölraffination von der Vercrackung der Rohöle zu Benzin (seit

491 Wolfgang Birkenfeld, *Der synthetische* ... (1964), 108.

492 Ebd., 104. Vgl. ebd., 102–107.

493 Ebd., 109.

494 Dieter Petzina, *Autarkiepolitik* ... (1968), 99.

1932) auf Vacuum-Destillation und Top-Vacuumdestillation zu Schmierölen, Motorenölen und Flugmotorenölen.[495] Hier hatte 1935 der von der IG instruierte Wehrwirtschaftsplaner Czimatis eine fatale Auslandsabhängigkeit entdeckt und auf Abhilfe gedrängt. Da man das Rohöl nur *entweder* zu Benzin *oder* zu Schmieröl verarbeiten konnte, diente die wehrwirtschaftliche Panikmache jedoch zu nichts anderem, als die Erdölindustrie als Konkurrenten der IG bei der Benzinproduktion auszuschalten und hierbei das marktpolitisch Angenehme mit dem wehrwirtschaftlich Nützlichen zu verbinden.

Am 1. Dezember 1935 war auf Drängen der sich unter Führung der IG (Ernst Rudolf Fischer) konstituierenden Wirtschaftsgruppe Kraftstoffindustrie der Schmierölzoll erhöht worden, um Anreize zu schaffen.[496] Unter dem Vierjahresplan wurden nun durch das VP/Roa erhebliche öffentliche Gelder als Investitionshilfen zugeschossen. All dieses Werben galt der Misburger Benzinraffinerie Deurag der Elwerath (34%) und der Preußag (33%), in der sich auch die RD-S und die SO mit je 16,5% engagierten, seit 1932 der Hauptkonkurrent der IG bei der Benzinherstellung. 1936 gründeten die beiden deutschen Gesellschaften denn auch die Neue Raffinerie AG (Nerag) mit 60% Elwerath- und 40% Preußag-Anteil, die auf dem Nachbargelände errichtet werden sollte. Die Schmierölraffinerie sollte nach Wunsch der Planer im VP/Roa zunächst nach einem – man ahnte es schon – Verfahren unter IG-Patenten arbeiten, doch nach einigen Kämpfen mit dieser Behörde konnten sich die Erdölgesellschaften mit einem US-amerikanischen Vacuum-Destillationsverfahren durchsetzen. Im Gegensatz zu dem IG-Verfahren nämlich war das amerikanische durchaus großindustriell erprobt. Jedoch werden nicht nur technische Gründe den Ausschlag gegeben haben, denn obwohl sie am Kapital nicht beteiligt waren, übten die Achnacarry-Konzerne in der Nerag, die nur von der Buchführung her – also nominell – von der Deurag getrennt war,[497] über den technischen Leiter der Deurag, den Niederländer Wilhelm Meyeringh/RD-S, einen nicht zu unterschätzenden Einfluß aus;[498] und da die RD-S gemeinsam mit der SO die wesentlichen amerikanischen Patente in der Raffinationstechnologie hielten, war die innerbetriebliche Entscheidung gegen das IG-Verfahren kaum verwunderlich.

Die Anlage wurde für einen Rohöldurchsatz von 140.000 Jahrestonnen ausgelegt, und als sie nach erstaunlich geringer Bauzeit 1937 in Betrieb ging,[499] deckte sie „auf Anhieb“ (Fröbe) 34,5% des deutschen Motorenölbedarfs und 65% des Bedarfs an hochwertigen Schmierölen. Die Auslandsabhängigkeit bei Motorenölen sank damit von 65% auf 31%. 1939, kurz vor Kriegsbeginn, sollte sie noch mit einer Top-Vakuum-

495 Rainer Fröbe, „Arbeit ...“ (1985), 136 f.

496 Hanns-Heinz Kasper, *Die Erdölgewinnung* ... (1974), 126. Rainer Fröbe, „Arbeit ...“ (1985), 136.

497 Ebd., 136 f.

498 Ebd., 131 f.

499 Die Deurag war 1931/32 unter den Bedingungen von Auftragsmangel und Arbeitskräfteüberschuß innerhalb eines Jahres errichtet worden. 1936/37 hatten sich diese Bedingungen erheblich verändert, doch trotzdem dauerte auch diese Montage nur ein Jahr.

anlage und einer Propan-Entasphaltierungsanlage ausgestattet werden, die Flugmotorenöl herstellte, bei einem Gesamtrohöldurchsatz von 267.000 Jahrestonnen.[500]

Die Kehrseite dieser Politik äußerte sich darin, daß man die Vercrackung der Rohöle in der älteren Deurag nun fast völlig aufgab. Nur die Rückstände der Schmierölraffination durften in den Dubbs-Cracköfen eingesezt werden.[501] Folge dieser vermeintlichen Autarkiepolitik – in Wirklichkeit eine staatlich-militärisch verbrämte IG-Marktpolitik – war, daß ein Großteil der erst 1932 errichteten Crackkapazitäten in Misburg ungenutzt blieb, ein Zustand, der den an der Nerag nicht beteiligten Achnacarry-Konzernen zumindest befremdlich erscheinen mußte. Doch auch anderen Interessenten sollten diese brachliegenden Kapazitäten ins Auge stechen.

Tabelle 14: Der Mineralölplan des Vierjahresplans (I): Der 18-Monate-Plan vom Oktober 1936 (in 1.000 Jahrestonnen)

	Autobenzin	Flugbenzin	∑Leichte TrSt	Treibgas	∑
Geschätzter Bedarf 1938	2.675	80	2.755	-	2.755
Vorgesehene Erzeugung durch					
A. Ausbau bisheriger Erzeugergruppen:					
Bestehende Hydrieranlagen					
(einschl. Methanol)			902	35	937
Erdölverarbeitung			395	10	405
Destillation, Schwelung etc.			34	-	
Motorenbenzol			400	-	400
Kraftspiritus			200	-	200
B. Anlagen des Vierjahresplans					
Hydrieranlagen			185	10	195
Fischer-Tropsch-Anlagen			570	59	629
∑ vorgesehene Erzeugung			2.686	134	2.820

Quelle: Birkenfeld, *Der synthetische* ... (1964), 229.

[500] Rainer Fröbe, „Arbeit ...“ (1985), 137–139.

[501] Ebd., 137.

Tabelle 15: Der Mineralölplan des Vierjahresplans (II):
Gesamtplanung vom 27. Mai 1937 – Abgestimmt auf Bedarf 1938
(in 1.000 Jahrestonnen)

	Autobenzin	Flugbenzin	Dieselöl	Heizöl	Schmieröl	Paraffin	Σ
Bedarf 1938	2.675,0	80,0	1.200,0	550,0	485,0	0,0	4.990,0
Σ Vorges. Erzgg	3.003,5 =100%	80,0 =100%	1.115,0 =100%	599,2 =100%	485,0 =100%	200,0	5.482,8 =100%
Davon durch:							
Hydrierung	1.663,0 = 55%	80,0 =100%	827,0 = 74%	305,0 = 51%	130,5 = 27%	100	3.105,5 = 57%
Fischer-Tropsch-Verf.	556,5 = 19%		78,5 = 7%		25,5 = 5%	70	730,5 = 13%
Erdölverarbeitung	150,0 = 5%		84,0 = 8%		329,0 = 68%		563,0 = 10%
Destillation, Schwelung etc.	34,0 = 1%		125,6 = 11%	294,2 = 49%		30	483,8 = 9%
Motorenbenzol	400,0 = 13%						400,0 = 7%
Kraftspiritus	200,0 = 7%						200,0 = 4%

Quelle: Birkenfeld, *Der synthetische* ... (1964), 230.

Tabelle 16: Der Mineralölplan des Vierjahresplans (III)
Gesamtplanung vom 31. Dezember 1937 – Abgestimmt auf Bedarf 1940
(in 1.000 Jahrestonnen)

	Autobenzin	Flugbenzin	Dieselöl	Heizöl	Schmieröl	Paraffin	Σ
Bedarf 1940	2.500,0	350,0	1.530,0	940,0	550,0	0,0	6.141,9
Σ Vorges. Erzgg	2.823,7 =100%	328,0 =100%	1530,0 =100%	785,7 =100%	548,9 =100%	271,9	6.288,2 =100%
Davon durch:							
Hydrierung	1.681,0 = 60%	328,0 =100%	1.275,0 = 83%	300,0 = 38%	127,0 = 23%	99,0	3.810,0 = 60%
Fischer-Tropsch-Verf.	581,0 = 20%		64,0 = 4%		37,0 = 7%	139,4	821,4 = 13%
Erdölverarbeitung	111,0 = 4%		88,5 = 6%	9,0 = 1%	384,9 = 70%	3,5	596,9 = 9%
Destillation, Schwelung etc.	50,7 = 2%		102,5 = 7%	476,7 = 61%		30,0	659,9 = 10%
Motorenbenzol	400,0 = 14%						400,0 = 8%
Kraftspiritus							0,0 = 0%

Quelle: Birkenfeld, *Der synthetische* ... (1964), 230.

Ölpolitik in der VP Geschäftsgruppe Rohstoffverteilung (VP/Rov)

Bekanntlich verfolgte Göring mit seinem VP alles andere als ein stringentes autarkiepolitisches Konzept mit Rüstungspriorität, sondern er versuchte lediglich, seine Machtposition gegen die Partei, gegen das RPrWM und Schacht, aber auch zusehends gegen das AA auszubauen, wozu jedes Mittel willkommen war.[502] Tatsächlich gab er sich, kaum war der VP verkündet und die erste Organisation festgelegt, als weit emsigerer Verfechter von Exportsteigerung und Rüstungskürzung als Schacht.[503] Umgekehrt

502 Alfred Kube, *Pour le* ... (1986), 182 und 185. AA: Ebd., 178–181.
503 Ebd., 175–177.

bedeutete das, daß sich all diejenigen Außenhandelsinteressen unter den Schutzmantel des VP flüchteten, die sich durch die genannten Staats- und Parteiinstitutionen der Diktatur nicht oder zu wenig repräsentiert fühlten;[504] zum Teil waren es aber auch die gleichen Industriellen, die auch beim RPrWM vorstellig geworden waren und die durch das Spielen auf zwei Klaviaturen zur wirtschaftstheoretischen Kakophonie und zur Orientierungslosigkeit der deutschen Politik beitrugen. Zu dieser Konfusion trat eine VP-interne Konkurrenz zwischen den Ämtern und Geschäftsgruppen.

Die auswärtige KW-Poltik des Devisenstabes[505] wurde ab November 1936 in der VP-Geschäftsgruppe Rohstoffverteilung (Rov) unter Direktor Eckert und seinem Referenten Acker fortgesetzt.[506] Im Frühjahr 1937 wechselte sie mit Acker ins VP/Roa/I und wurde im Sommer 1937 kurzfristig von der am 5. Mai 1937 neugeschaffenen VP/Geschäftsgruppe für Außenhandelsgeschäfte (von Jagwitz) geleitet.[507]

Zu den Ressortsitzungen wurden das RPrWM und das AA maßgeblich herangezogen und auch deren bereits bekannte Politik imitiert, eine Konzession in einem erdölproduzierenden Land zu erwerben, um im Tausch für Investitionsgüter und infrastrukturelle Leistungen der deutschen Schwerindustrie zu devisenfreiem Rohöl zu kommen. Die „großen" Projekte behielt sich jedoch das RPrWM vor, dessen devisenpolitische Zuständigkeit in letzter Konsequenz über Wohl und Wehe der auswärtigen Ölpolitik des VP/Rov entschied.[508] Dies war vor allem das Mexikoprojekt, das bereits im Februar 1936 wie Phönix aus der Asche des Irakprojekts gestiegen war, und welches unter direkter Leitung von RPrWM und OKM stand.[509] Als „Schnittmenge" dieser in den konkurrierenden Wirtschaftsressorts VP bzw. RPrWM betriebenen auswärtigen Ölpolitik fungierte der Leiter des Erdölgeologischen Instituts der PGLA und geowissenschaftliche Sachwalter des Reichsbohrprogramms, Alfred Bentz, der für beide Parteien Exkursionen vor Ort durchführte, als Unterhändler auftrat und den akademisch unverdächtigen Anstrich, den Professorentitel und das wachsende internationale Renommé dazu benutzte, um als *oil scout* auf den lateinamerikanischen Ölfeldern der Achnacarry-Konzerne für das neu entstandene „Deutschland" zu spionieren.[510]

---

504 Beispiele Spanien (Hisma-Rowak) und China (Hapro-Stamag): Alfred Kube, *Pour le* ... (1986), 163–175.

505 Siehe S. 215.

506 Acker figuriert später als Mitglied des am 5. Februar 1938 gegründeten Reichsamts für Wirtschaftsausbau: Betzhold, Lange, Siedersleben/Otto Wolff, Aktenvermerk re Ecuador – Erdölkonzession, mündlicher Bericht der Herren Professor Bentz und Direktor Werner Müller – Erkelenz am 18. des Monats über ihre Reise nach Ecuador vom 12. November 1938 bis 12. Januar 1939, v. 18 Januar 1939, NLfB 49017.

507 Vgl. Ordner VP, Ecuador allgemein, NLfB 49022.

508 RPrWM – Abschrift zu III 4279/37 – Besprechung über die Frage des Erwerbs von Erdölkonzessionen in Süd- und Mittelamerika am 14. April 1937, in: VP, Ecuador allgemein, NLfB 49022.

509 Helmut Mejcher, *Die Politik* ... (1980), 141–145 und Klaus Volland, *Das Dritte* ... (1976), 84–87. Siehe unten, S. 254 ff.

510 Klaus Volland, *Das Dritte* ... (1976), passim. Spionieren: Siehe unten, S. 236 f. und Fn. 661.

Ecuador

Etwa seit Anfang 1936 interessierte sich der Kölner Stahlkonzern Otto Wolff (OW) für eine Konzession in Ecuador. Erdölgeologisch zählten die bis dahin bekannten Lagerstätten Ecuadors wie die der nördlichen und südlichen Nachbarn Kolumbien bzw. Peru zur pazifischen Küstenregion, die auch in Kalifornien erhebliche Erdöllagerstätten barg.[511] 1935/36 befanden sie sich ausnahmslos auf der Halbinsel Santa Elena am Pazifik. Bis auf die Halbinsel Sta. Elena, wo seit Mitte der zwanziger Jahre[512] die Anglo-Ecuadorian Oil Company Ltd. (AEOL = RD-S) quasi als einziger Produzent in industrieller Größenordnung Erdöl förderte[513] und eine Oberflächenkartierung 1:10.000 durchgeführt hatte, war Ecuador erdölgeologisches Neuland, für das weitgehend noch nicht einmal geographische Karten existierten.[514] Denkbare Aufschlußgebiete außerhalb der Halbinsel Sta. Elena befanden sich zum einen in den nördlichen Küstenbezirken Manabi und Esmeralda, zum anderen in dem auf der Ostseite des Andenhauptkamms im 2.400 m ü. NN gelegenen Becken von Cuenca – Azogues.[515] Schon im November 1937

---

511 Kurze Übersicht der Entwicklung der Oelindustrie in Columbien unter dem Einfluss der Vereinigten Staaten von Nordamerika, NLfB 49030, Bl. 10.

512 Historischer Überblick über die in Ecuador tätigen Gesellschaften: Bentz, Geologische Begutachtung der Erdölmöglichkeiten in Ecuador, v. 12. Februar 1937, vol 1, Bl. 41 f., in: VP, Ecuador allgemein, NLfB 49022.

513 Insgesamt waren 8 Gesellschaften in Ecuador tätig (der Größe nach): AEOL (RD-S), die ecuadorianische Carolina Oil Company (Carolina), die ebenfalls zur RD-S zählende Ecuador Oilfields Ltd. (EOL, genannt Cautivo = British Controlled Oilfields Ltd. = RD-S), die ebenso zur RD-S gehörende Concepcion Ecuadorian Oilfilds (Concepcion), die ecuadorianische Ecuador Tropical Oil Company, die kanadische International Petroleum Company (IPC, hier IntPC, eine Tochter der SO), die ecuadorianische Petropolis Oil Company (Petropolis) und die ebenfalls ecuadorianische Yacimiento San Francisco (San Francisco): Bentz, Geologische Begutachtung der Erdölmöglichkeiten in Ecuador, v. 12. Februar 1937, Bd. 1, Bl. 42, in: VP, Ecuador allgemein, NLfB 49022. Zugehörigkeit von EOL und Concepcion zu RD-S: Siedersleben/OW Geschäftsleitung an RWM re Ecuador-Oelkonzession/Zusammenarbeit mit der Gruppe Standard Oil Company of New Jersey. Im Anschluss an die Besprechung vom 30. Mai des Jahres mit den Herren Ministerialdirigenten Dr. Schlotterer und Dr. Koppelmann, v. 13. Juni 1938, Bl. 3, in: VP, Ecuador allgemein, NLfB 49022.

514 Bentz, Vorläufiger Bericht über Beteiligungsmöglichkeiten an Ölkonzessionen in Ecuador, wahrscheinlich Dezember 1936, NLfB 49005, Bl. 1. Quelle ohne Autor und Datum. Es ergibt sich aus dem Berichtsaufbau (geologischer Abriß vor den wirtschaftlichen Möglichkeiten) und aus dem Stil, daß Bentz der Autor ist. *Post quem* Datierung auf Mitte Dezember 1936 bis Januar 1937 nach letzter Produktionsstatistik (fol. 1 und 8) und Vergleich mit NLfB 49004, v. 15. Dezember 1936 und Protokolle der Besprechungen v. 14. und 16. Dezember 1936 im VP/Rov. Kontext läßt die Vermutung zu, daß es sich bei dieser etwas längeren Ausarbeitung um einen Bericht handelt, den Bentz für das vorgesetzte Ministerium, RPrWM/Abteilung Bergbau verfaßte. Dieser Bericht lag dem ausführlichen, zweibändigen Bericht von Bentz, Geologische Begutachtung der Erdölmöglichkeiten in Ecuador, v. 12. Februar 1937, Bd. 1 und 2, NLfB 49007 zugrunde.

515 Bentz, Vorläufiger Bericht ... (vermutl. Dezember 1936, siehe Fn. 514), Bl. 13 f.

kam auch das Amazonasbecken in den Blick, allerdings nicht in den deutscher Geologen.[516]

Die Republik Ecuador war durch einen Staatsstreich zur Diktatur mutiert, und sie unterhielt enge diplomatische und wirtschaftliche Kontakte zur Diktatur zwischen Maas und Memel. Deutsche industrielle Interessen bestanden überwiegend im Aufbau der Infrastruktur, vor allem dem Aufbau der Fluglinie SEDTA seit 1935. Die SEDTA (Sociedad Ecuatoriana de Transportes Aéros) war ein Tochterunternehmen der Sociedad Colombo Alemana de Transportes Aéros (SCADTA), die sich 1924 mit dem Deutschen Aero Lloyd (Lufthansa-Vorläufer) zum Condor Syndikat zusammengetan hatte. Unter dem Weltkriegsveteran, ehemaligem Piloten und ab 1925 Direktor der SCADTA, dem energetischen Fritz W. Hammer, Mitglied im Reichsverband der deutschen Luftfahrtindustrie, wurde die ecuadorianische Luftlinie als Bestandteil des ganz Südamerika überspannenden Luftnetzes des Condor Syndikats aufgebaut, um deutschen Einfluß zu sichern.[517] Die Kontakte von OW liefen denn auch zunächst über Hammer, der ab Dezember 1936 in die dreiköpfige Kommission berufen wurde, die über die Konzession verhandeln sollte.[518]

Das unmittelbare Erdölinteresse des Otto Wolff-Konzerns gründete indessen auf Gutachten vom 22. Juli und 6. September 1936, die er sich von dem Deutsch-Ecuadorianer Dr. Walter Sauer über das bereits bekannte Erdölgebiet von Sta. Elena hatte ausstellen lassen, einem retirierten Bergrat, der an der Universität Guyaquil unterrichtete und exzellente Verbindungen zum ecuadorianischen Minenministerium (Minister Enrique Coloma Silva) und zum aktuellen Staatschef Federico Paez unterhielt.[519]

Beim Otto Wolff-Konzern (OW) handelte es sich um ein kapitalkräftiges Unternehmen der rheinisch-westfälischen Schwerindustrie; ähnlich wie die Gutehoffnungshütte und ihre Töchter Ferrostaal und Haniel & Lueg, mit denen er sich zuvor im Irakkonsortium im Orient engagiert hatte, war OW zunächst an Lieferaufträgen einerseits für einen Eisenbahnbau (Schienen), andererseits für Rotary-Bohrgeräte, Fördereinrichtungen und

---

516 Im November 1937 berichtete Hammer/SEDTA über große Explorationsaktivitäten der Bataafsche Petroleum Maatschappij (– RD-S) in den Provinzen Napo und Santiago-Zamorra. Abschrift Hammer/SEDTA an OW v. 13. November 1937, Bl. 2, in VP, Ecuador allgemein, NLfB 49022.

517 Wachtel, *Die Geschichte* ... (1984[3]), 37–41. Vgl. Robert H. Davis, *Historical Dictionary of Colombia: second edition*, Metuchen/New Jersey 1993, 468. Einfluß: Rothfischer, „Aufbau ..." (2000), 84–87.

518 Griesbach/E. Griesbach y Cia., Quito an Bentz, v. 1. April 1938, Bl. 2, in: VP, Ecuador allgemein, NLfB 49022. Reichsverband: VP, Geschäftsgruppe Rohstoffverteilung, Sitzung über die Frage des Erwerbs einer Ölkonzession in Ecuador und Venezuela am 16. 12. 36, in: VP, Ecuador allgemein, NLfB 49022. Hammer in der Kommission: VP/Rov, Niederschrift über die Frage des Erwerbs einer Ölkonzession in Ecuador am 28. 12. 36, Bl. 2, in: VP, Ecuador allgemein, NLfB 49022.

519 Gutachten: Abschrift OW für Bentz, W. Sauer, Orientierender Bericht über die Oel-Region der Halbinsel Santa Elena (Ancon) Ecuador, v. 6. September 1936, NLfB 49003, Bl. 1. Über Sauer: Abschrift OW, Quito an OW, Köln v. 10. März 1937, in: VP, Ecuador allgemein, NLfB 49022.

Pipelines interessiert, die ihre Tochterfirma Alfred Wirth & Co, Erkelenz herstellte.[520] Auch wenn US-amerikanische Bohrtechniker deutsche Bohrgeräte für rückständig hielten,[521] was von Wirth & Co durchaus eingeräumt wurde,[522] so stellte die Tauschmöglichkeit Ölanteile gegen Investitionsgüter doch das durchaus erprobte Denkmodell deutscher Schwerindustrieller und Schacht'scher Ministerialbürokraten dar, zumal die deutschen Geräte mit etwa RM 400.000 pro Stück unter dem Preis amerikanischer Rotary-Anlagen (ca. $ 80.000–120.000) zu haben waren, was sie auch für jede Tauschtransaktion begehrt machte.[523]

Es ist jedoch nicht auszuschließen, daß der Kölner Stahlkonzern über die Liefergeschäfte hinaus grundsätzlich den Einstieg ins Erdöl erwog, denn zur gleichen Zeit interessierte er sich für Ölkonzessionen im drittgrößten Erdölerzeugerland der Welt, Venezuela,[524] und bemühte sich im Januar 1937 um eine Beteiligung im mexikanischen Explorationsgebiet El Plan, dem Isthmus von Tehuantepec.[525] Im Laufe des Jahres 1937 sollten die Erdölaktivitäten von OW auch nach Brasilien ausgreifen.[526]

---

520 Schienen: Vgl. OW, Quito an Bentz in Guyaquil/ECU, v. 10. Dezember 1938. Bohrgeräte: Vgl. Werner Müller (Technischer Direktor der Wirth & Co, Erkelenz) auf der Besprechung am 2. März 1937, Niederschrift über die Besprechung re Ölkonzession Ecuador am 2. März 1937, nachmittags 16: 00 Uhr, beide in: VP, Ecuador allgemein, NLfB 49022.

521 So der Bohrfachmann der WIAG, Dr. Wolff, an den deutschen Gesandten in Mexiko Rüdt von Collenberg anläßlich der Mexiko-Exkursion von Dr. Wolff und Bentz im Februar 1936: Klaus Volland, *Das Dritte* ... (1976), 85 und 252 Fn. 12 f.

522 Werner Müller, „Neuzeitliche Rotary-Bohrapparate: Vortrag gehalten auf dem Welt-Erdölkongreß in Paris (14.–19. Juni 1937)", *Oel und Kohle* 13 (1937) 33, v. 1. September 1937, 825–830, hier 830.

523 RM: Werner Müller (Technischer Direktor der Wirth & Co, Erkelenz) auf der Besprechung am 2. März 1937, Niederschrift über die Besprechung re Ölkonzession Ecuador am 2. März 1937, nachmittags 16: 00 Uhr. $: Abschrift Oliver B. Hopkins, Direktor der in Ecuador tätigen kanadischen SO-Tochter International Petroleum Company, Toronto (IntPC) an M. Schlesinger/American Trading Company, Inc, New York, v. 10. Januar 1939, beide in: VP, Ecuador allgemein, NLfB 49022.

524 Niederschrift über die Besprechung re Erdölkonzession Ecuador am 2. März 1937, nachmittags 16:00 Uhr, Bl. 2, in: VP, Ecuador allgemein, NLfB 49022.

525 Bentz, Geologische Stellungnahme zu dem Angebot El Plan (Isthmus) von Tehuantepec, v. 26. Januar 1937, NLfB 49037, Bl. 3.

526 Hier in Zusammenarbeit der Alfred Wirth & Co (= OW) und der Kasseler geophysikalischen Explorationsfirma Piepmeyer & Co: Adolfo Gassert, Brasilien an die Handelskammer Bochum re Ausbeutung eines Petroleumvorkommens in Brasilien, v. 24. November 1937, Anlage zu Reichswirtschaftskammer Tgb.-Nr. 9088/38 A II 10-321 – an WiGru KSI , v. 29. Januar 1938 Anlage zu Wi Gru KSI an Bentz/PGLA, v. 1 Februar 1938, RBF 188, NA, T 401/7, 891–910. Vgl. Dr. Karl Schulz, Rio de Janeiro, Aktennotiz re Erdöl in Brasilien an IG, v. 20. Mai 1939, Anlage zu Ernst Rudolf Fischer/IG Berlin NW 7 Unter den Linden 82 an Bentz/Reichsstelle für Bodenforschung Berlin N 4 Invalidenstraße 44, v. 24. Juni 1939, RBF 188, NA, T 401/7, 882–890.

In Ecuador machte sich OW den Umstand zunutze, daß einige der einheimischen Feld- und Parzelleninhaber, die auf Sta. Elena in kleinstem Maßstab produzierten,[527] ihren Bohrverpflichtungen nicht nachgekommen waren und ihre Parzellen bzw. Konzessionen[528] dem ecuadorianischen Minenministerium heimfielen. Dies galt auch für die Achnacarry-Konzerne RD-S und SO, deren Töchter AEOL, EOL und Concepcion bzw. IntPC die Hoffnung aufgegeben hatten, in Ecuador, weiter als bekannt, Öl zu finden. Hier erwirkte OW von der ecuadorianischen Regierung die Option auf die Gesamtheit dieser heimgefallenen und heimfallenden Parzellen.[529] Zunächst waren dies nur drei kleinere Parzellen auf Sta. Elena (Parzellen 7 und 8 sowie ein ebenso kleines als „Zwickel“ bezeichnetes Gebiet zwischen einer AEOL und einer IntPC-Konzession) mit einer Gesamtfläche von nur etwa 570 bis 600 ha.[530] Diese Parzellen lagen jenseits der bekannten Grenzen der erschlossenen drei Lagerstätten (Ancón, Sta. Paula und La Orilla), hätten aber nach den Berichten von Sauer mit großer Zuverlässigkeit die Möglichkeit der Feldeserweiterung geboten, insbesondere, was die Erschließung eines neuen Ölhorizonts in größerer Teufe anging.[531]

Verhandlungsobjekt zwischen ecuadorianischer Regierung und OW war ferner die Beteiligung an der ecuadorianischen Gesellschaft Carolina Oil Company/Petropolis Oil Company des Dr. Illescas (auch Yllescas). Dieser betrieb in Guyaquil eine Raffinerie, deren wichtigster Kunde die im Aufbau befindliche ecuadorianische Eisenbahn war. Die Carolina-Petropolis war mit Sucres 400.000–500.000 (ca. $ 40.000–50.000) bei der italienischen Bank Scotoni hoch verschuldet, die den Aufbau der Eisenbahn betrieb und somit zugleich als Kunde und Gläubiger auftrat. Illescas' Gesellschaft fehlten an einer Ausweitung und Intensivierung der Produktion Kapital wie Interessen, so daß eine Beteiligung einer deutschen Bohrfirma günstige Voraussetzungen fand. So kam zwischen OW, Illescas und der ecuadorianischen Regierung die Verhandlungsvariante auf, daß der deutsche Konzern diese Bankforderung in Sperr- oder ASKI-Mark erwerben und dadurch den Kaufpreis für die Anteile mindern sollte.

Allerdings standen die Verhandlungen unter dem Druck von Zeit und Konkurrenten, die auf das offensichtlich hoffnungsvolle Öl-Neuland Ecuador drängten. Für Carolina-Petropolis hatten japanische Interessenten, die – neben den Briten – wegen der günstigen Schiffahrtsanbindung zu dieser Zeit in den Pazifikanrainern Südamerikas verstärkt in Erscheinung traten, bereits ein Angebot über $ 1.000.000 für die Übernahme der

527 Vgl. Bentz, Geologische Begutachtung der Erdölmöglichkeiten in Ecuador, v. 12. Februar 1937, vol 1, Bl. 42–44 und Abb. 11–18, in: VP, Ecuador allgemein, NLfB 49022.

528 Der Ausdruck „Konzession“ diente in den deutschen Übersetzungen nicht zur Unterscheidung von Explorations- bzw. Mutungs- bzw. Schürf- bzw. Produktionsgebieten wie im Deutschen Reich, da das ecuadorianische Bergrecht ganz anders gelagert war. Im Spanischen wurde für alles der Terminus *yacimientos* verwandt.

529 Bentz, Vorläufiger Bericht über die Erdölmöglichkeiten in Ecuador, v. 15. Dezember 1936, in: VP, Ecuador allgemein, NLfB 49022.

530 Bentz, Vorläufiger Bericht ... (vermutl. Dezember 1936, siehe Fn. 514), Bl. 9 f.

531 Abschrift Bergrat i. R. Dr. W. Sauer, Orientierender Bericht über die Oel-Region der Halbinsel Santa Elena (Ancon), Ecuador, v. 6. September 1936, NLfB 49003, Bl. 2.

Konzession gemacht, das die Gesellschaft mit einer überzogenen Forderung von $ 3.000.000 bislang abgelehnt hatte.[532]

Angesichts ihrer Devisenkalamität konnten deutsche Interessenten unmöglich bei solchem Poker mithalten; jedoch setzte OW einerseits auf das Kompensationsgeschäft (nach Muster der MOF in der BOD), andererseits auf die guten Verbindungen zur ecuadorianischen Diktaturregierung. Mit den Materiallieferungen für die Gesellschaft hätte OW den Großteil ihrer Beteiligung quasi in Naturalien bestreiten können. Außerdem wollte man Scotoni aus dem Eisenbahngeschäft drängen und den Aufbau der ecuadorianischen Infrastruktur – im Gegenzug für ecuadorianisches Zuvorkommen – selbst übernehmen, was OWs Naturalien-Anteil an der Carolina-Petropolis erhöht hätte.[533]

Eine andere Beteiligung sah man an der britischen Ecuadorian Oilfields Ltd. (nach ihrem produktiven Feld „Cautivo" genannt = British Controlled Oilfields Ltd., London), die für ihre gesamten ecuadorianischen Konzessionen $ 1.500.000 forderte. Dies war jedoch nur ein erstes Angebot, und es sollten noch „nähere Informationen durch Vertrauensleute vorsichtig eingezogen werden".[534]

Die Regierung Paez machte alle weiteren Verhandlungen grundsätzlich von der Gewährung des Sperrmarkkredits an die Carolina-Petropolis abhängig. Wegen dieser Forderung – Sperrmark wurden als eine Art Ersatzdevisen gegen Devisen gehandelt –[535] mußte in die Verhandlungen des Otto Wolff-Konzerns sehr bald die zuständige Überwachungsstelle für Devisen im RPrWM eingeschaltet werden.[536] Um Sicherheiten für ihre Lieferungen zu erhalten, beantragte der Konzern außerdem eine Ausfallbürgschaft des Reichs, die mit über RM 1 Million über der Bürgschaft lag, die das Irakkonsortium seinerzeit für die Lieferungen in den Irak gefordert hatten.[537] Im Sommer 1936 waren die Verhandlungen zwischen Ecuador und dem Deutschen Reich in dieser Angelegenheit so weit gediehen, daß sich die ecuadorianische Regierung am 14. August 1936 grundsätzlich dazu bereit erklärte, einer deutschen Firma – also OW – eine Erdölkonzession zu verleihen.[538]

Zu dieser Zeit wurde das Projekt bereits durch den Rohstoff- und Devisenstab betreut, und dort wurde der Rat erteilt, der Otto Wolff-Konzern möge sich zwecks Finanzierung mit namhaften Banken und anderen Konzernen der Montanindustrie bzw.

---

532 Vgl. Bentz, Geologische Begutachtung der Erdölmöglichkeiten in Ecuador, v. 12. Februar 1937, NLfB 49007, Bd. 1, Bl. 64 f.

533 Soltau und Bentz auf der VP-Ressortbesprechung am 18. Dezember 1936, VP/Rov, Sitzung über die Frage des Erwerbs einer Ölkonzession in Ecuador am 18. Dezember 1936, Bl. 2 f. in: VP, Ecuador allgemein, NLfB 49022. Teilnehmer siehe Fn. 575.

534 Bentz, Vorläufiger Bericht ... (vermutl. Dezember 1936, siehe Fn. 514), Bl. 13.

535 Vgl. Eckart Teichert, *Autarkie* ... (1984), 32 f.

536 Vgl. ORR Hartenstein/RPrWM auf der VP-Ressortbesprechung am 18. Dezember 1936, VP/Rov, Sitzung ... (vom 18. Dezember 1936, Fn. 533), Bl. 2 f.

537 Ausführungen MinR Soltau/RPrWM: Ebd., Bl. 2.

538 Abschrift Ho., Werner Deutelmoser/OW, Denkschrift Ecuador, v. 14. Dezember 1936, Bl. 1, in: VP, Ecuador allgemein, NLfB 49022.

der Erdölindustrie zu einem Studienkonsortium zusammenschließen, das den konzertierten Aufbau der ecuadorianischen Infrastruktur gewährleisten sollte. Dieses Studienkonsortium – weniger ein Explorationskonsortium als eine lose Vereinigung von Interessenten – wurde noch zu Zeiten des Rohstoff- und Devisenstabes am 22. September 1936 gegründet;[539] ihm gehörten folgende Konzerne an:

Otto Wolff, Deutsche Bank und Disconto Gesellschaft („De Di Bank"), Deutsche Überseeische Bank, Krupp, Ferrostaal (= GHH), Stahl-Union, Julius Berger Tiefbau AG und der zur Deutschen Bank gehörende Erdölkonzern DPAG-DEA.[540] Im Falle günstiger Aussichten in Südamerika und eines günstigen Verhandlungsverlaufs wollten die Konzessionäre später eine kapitalstarke Erdölgesellschaft aus der Taufe heben, die in der Lage wäre, die Kosten der Erschließung und Infrastruktur aufzubringen.[541]

Von seiner Anlage ähnelte das Projekt dem ursprünglichen Irakprojekt der rheinisch-westfälischen Schwerindustrie sehr, mit dem Unterschied, daß nun der Schwerpunkt viel deutlicher auf der Ölgewinnung lag als auf den Lieferungen und daß nun statt eines ariden Gebietes ein tropisches Gebiet erschlossen werden sollte. Da zugleich Konzessionen in Venezuela erworben werden sollten, später auch in Kolumbien und Nord-Peru,[542] war dieses Projekts auch großzügiger angelegt. Im Laufe des Spätsommers schien sich der allgemeine Charakter des Projekts gewandelt und erweitert zu haben, denn nun sollten nicht länger nur die Möglichkeiten für *Anschlußbohrungen*, also die devisenfreie Produktion in Ecuador geprüft werden, sondern es trat die Idee hinzu, *Aufschlußbohrungen* außerhalb Sta. Elenas durchzuführen, daß heißt, in vollkommen unerschlossenen und unzugänglichen tropischen Gebieten großräumig Exploration zu betreiben.[543] Offenbar wollte man von Seiten des Rohstoff- und Devisenstabes bzw. der ab Oktober 1936 damit befaßten VP/Rov das Projekt als eine Art Regierungsprojekt neuen Stils ganz groß aufziehen, denn man stellte dem Studienkonsortium einen Sperrmarkkredit in Höhe von RM 10 Millionen in Aussicht, der die Explorationskosten decken sollte.[544]

---

539 Elwerath, Entwurf, ohne Datum (nach 18. Dezember 1936), Bl. 1, in: VP, Ecuador allgemein, NLfB 49022.

540 VP/Rov, Sitzung über die Frage des Erwerbs einer Ölkonzession in Ecuador und Venezuela am 16. Dezember 1936, Bl. 1 f., in: VP, Ecuador allgemein, NLfB 49022. Teilnehmer siehe Fn. 567.

541 VP/Rov, Sitzung ... (am 16. Dezember 1936, Fn. 540), Bl. 2, in: VP, Ecuador allgemein, NLfB 49022.

542 Kolumbien: Ing. Karl Ermisch, Notiz über Erdöl in Kolumbien (für Herrn Prof. Dr. Bentz, Berlin) v. 13. und 15. Oktober 1936, NLfB 49031. Peru: Bentz an Schürmann/RD-S, 's Gravenhaage und Bentz an IntPC, Toronto, v. 7. November 1938, in: VP, Ecuador allgemein, NLfB 49022.

543 Vgl. Bentz, Vorläufiger Bericht ... (vermutl. Dezember 1936, siehe Fn. 514), Bl. 13 f.

544 Es konnte hier jedoch nicht ermittelt werden, ob für Venezuela und Ecuador insgesamt RM 10 Millionen vorgesehen waren oder ob für beide jeweils RM 10 Millionen, also RM 20 Millionen. Ersteres: Vgl. Elwerath, Entwurf ... (nach 18. Dezember 1936, siehe Fn. 539), Bl. 3 f. und Bentz auf der Ressortbesprechung am 12. November 1937, Bl. 3. Letzteres: Vgl. Niederschrift über die Besprechung re Erdölkonzession Ecuador am 2. März 1937, nachmittags 16: 00 Uhr, Bl. 2. Alle in: VP, Ecuador allgemein, NLfB 49022.

Um die Aussichten beurteilen zu können, erteilte das Studienkonsortium dem PGLA-Geologen Alfred Bentz den Auftrag, zur geologischen und wirtschaftlichen Begutachtung der angebotenen Parzellen und weiterer Gebiete nach Ecuador zu reisen. Im Zuge gleicher Reise sollte Bentz die grundsätzlichen Aussichten abschätzen, in Venezuela eine Konzession zu ergattern. Für die Kosten der Exkursion nach Ecuador und Venezuela kam das Studienkonsortium auf,[545] doch dürften sie sich in Grenzen gehalten haben, da die Reise nur einen Abstecher von Bentz' Mission in Mexiko darstellte, die er im Auftrag des RPrWM und des OKM zwischen Ende September und Ende Oktober durchführte.[546] Im November 1936 besuchte Bentz Ecuador, nahm dort Kontakt zu Bergrat i.R. Dr. Sauer auf, mit dem er das Ölgebiet von Sta. Elena besuchte, und ließ sich dort von den Vertretern der jeweiligen Gesellschaften über die Felder führen. Am 7. November 1936 entnahm er auf den drei Ecuadorianischen Feldern Erdölproben, die im Reich analysiert werden sollten.[547] Die Einsichten aus dieser akademisch verbrämten Industriespionage faßte er in mehreren *scouting*-Berichten zwischen Dezember 1936 und Februar 1937 zusammen; im Mai 1937 hielt er in seinem Institut für Erdölforschung im Rahmen des „Erdölgeologischen Kolloquiums" darüber eine Vorlesung.[548] Diese unmittelbare Verknüpfung von wirtschaftsimperialistischen Zielen mit der wissenschaftlichen Lehre sollte übrigens zu einem Markenzeichen des Instituts für Erdölforschung werden, so daß sich bald einige Expansionsziele des „Dritten Reiches" fast unverschleiert am Seminarplan der TH Hannover ablesen ließen.[549]

Sauer lieferte Bentz viele geologische Grundlagen, insbesondere über Gebiete, die Bentz wegen der Kürze der Exkursion nicht besuchen konnte. Hierzu zählte das hochgelegene innerandine Becken von Cuenca-Azogues mit seiner Antiklinale, das in erdölgeologischer Hinsicht noch völliges Neuland darstellte. Von Staatschef Federico Paez befragt, der über den Konzessionär Navarro private Ölinteressen in jenem Gebiet unter-

---

545 VP/Rov, Sitzung ... (am 16. Dezember 1936, Fn. 540), Bl. 2.

546 Klaus Volland, *Das Dritte* ... (1976), 87 und 254 Fn. 30.

547 Datum der Proben: Rohölanalysen Ecuador-Öl Santa-Paula, Paraffine-Crude High Cold Test [= Ancón, Atlanta-Sandstein Horizont, TK], Naphtene-Crude Low Cold Test [= Ancón, Socorro-Ton-Horizont, TK nach Bentz, Vorläufiger Bericht ... (vermutl. Dezember 1936, siehe Fn. 514), Bl. 5], als Anlage zu Elwerath an Bentz, v. 15. März 1937, in: VP, Ecuador allgemein, NLfB 49022.

548 „Wissenschaftliche Nachrichten", *Petroleum* 33 (1937) 21, v. 26. Mai 1937, 11.

549 Siehe die im Institut für Erdölforschung gehaltenen Vorträge von L. Sommermeier, „Die Erdöllagerstätten in der tschechoslowakischen Republik." am 9 Juni 1938, Sonderdruck Sommermeier aus *Petroleum* 35 (1939) S. 231, 322, 365 ff., NLfB 48416. H. Bürgl, Der geologische Bau und die Erdölvorkommen Ägyptens. Auszug aus einem Vortrag, gehalten im erdölgeologischen Kolloquium der Technischen Hochschule Hannover, am 16.5.1940, NLfB 48990. Dr. R. B. Behrmann, Die ölgeologische Erschließung Albaniens: Vortrag gehalten am Erdöl-Institut der Technischen Hochschule Hannover, am 20. Feb. 1941, Öl und Kohle, 37 (1940) Nr. 39, 15. Okt. 1941, 771–777 u. 875–880. Sonderdruck mit Widmung des Verf. an Herrn Dr. R. Teichmüller, NLfB 59463.

hielt, sprach Bentz dann eingehend über die Aussichten einer Erschließung der Hochebene mit deutscher Unterstützung. Die in dieser ecuadorianisch-deutschen Verständigung angedachten Pojekte waren ganz ansehnlich:

> „Es handelt sich um völliges Neuland, in dem bisher noch nicht gebohrt wurde. Das Öl müsste auf einer etwa 150 km langen Ölleitung zur Küste gebracht werden und einen etwa 2.600 m hohen Pass überwinden."[550]

Navarro unterbreitete bereits einen Vorschlag, wie die Deutschen für eine Kooperation in dem schwer zugänglichen Gebiet gewonnen werden könnten. Sie sollten eine transportable Bohranlage für eine Teufe von 2.000 Fuß (ca. 600 m) frei Guyaquil nebst Fachpersonal bereitstellen, während die ecuadorianische Seite den Inlandstransport übernähme. Von der im Fündigkeitsfall anlaufenden Produktion verlangte Navarro lediglich einen Förderzins von 8 %; eine Erweiterung der Navarro-Konzession, die nicht die ganze Antiklinale abdeckte, schien ein leichtes zu sein. Bentz, der sich über soviel Entgegenkommen freuen durfte, mußte den Eifer der Ecuadorianer bremsen:

> „Auf diesen Vorschlag erwiderte ich sowohl ihm wie dem Staatschef, dass das Projekt Cuenca für eine deutsche Gruppe nur in Verbindung mit einer Ölproduktion auf Santa Elena Interesse habe und dass daher zunächst die Vorfrage geklärt werden müsse, ob in dem dortigen Gebiet eine deutsche Beteiligung zustande komme. Es sei daher zwecklos, jetzt schon in Erörterungen über die Aussichten dieses unaufgeschlossenen Gebietes einzutreten, zumal die Transportschwierigkeiten in dem Gebiet Cuenca recht erheblich seien."[551]

Nachdem er auch Venezuela bereist hatte, kehrte Bentz im Dezember 1936 nach Berlin zurück, wo die VP/Rov sogleich eine Ressortsitzung auf den 14. Dezember 1936 einberief.[552] In seinem ausführlichen mündlichen Bericht schlug Bentz vor, das Venezuela-Projekt zurückzustellen, was als erstes Ergebnis der Sitzung auch festgehalten wurde. Der Bericht selbst liegt zwar nicht vor, läßt sich jedoch aufgrund des zwei Tage später dokumentierten Referats von Bentz sowie seiner bald darauf niedergelegten schriftlichen Berichte rekonstruieren:

Als Hauptschwierigkeit in Venezuela stellte er die Tatsache dar, daß die in diesem bedeutenden Erdölland stark präsenten internationalen Konzerne auf den infrastrukturell besser angeschlossenen Konzessionen im Westen des Landes säßen. Zwar seien noch „Gebiete an der Süd- und Ostseite des äusserst ergiebigen Kirikiri-Feldes" zu vergeben, hier müßten aber zuerst umfangreiche Explorationsarbeiten durchgeführt werden, bevor

---

550 Bentz, Vorläufiger Bericht ... (vermutl. Dezember 1936, siehe Fn. 514), Bl. 14. In der Region sollte eine transandine Pipeline erstmals durch Texaco und Gulf im Jahr 1969 fertiggestellt werden: *Petroleum Encyclopedia* (1970), 180 f.

551 Ebd. (Bentz, Vorläufiger Bericht ... (vermutl. Dezember 1936, siehe Fn. 514), Bl. 14 f.

552 VP/Rov, Sitzung über die Frage des Erwerbs einer Ölkonzession in Ecuador und Venezuela am 14. Dezember 1936, in: VP, Ecuador allgemein, NLfB 49022. Anwesend: Vorsitz Dk Eckert, Acker, Dr. von Bülow (alle VP/Rov), GesRat Dr. Fricke und LegSek Dr. Rahn (beide AA), MinR Dr. Arlt, ORR Hartenstein, Madinger, GerAss Gäthgens, RegInsp Fullgrath (alle RPrWM), Dr. von Coelln (VP/Amt für deutsche Roh- und Werkstoffe), Bentz (PGLA).

man an eine Produktion denken könne.[553] Bentz, der schon aus beruflichem Interesse jede Form von Exploration befürwortete, ging es nicht so sehr darum, dem Konsortium die teure Ölsuche in Dschungelgebieten zu ersparen und noch weniger, die schnelle Ausbeutung altbekannter und produzierender Lagerstätten zu propagieren. Vielmehr sollte seiner Ansicht nach – wie in der Erdölindustrie üblich – die Exploration auf die Grundlage einer gesicherten Ölproduktion gestellt werden, damit nicht nach wenigen Fehlbohrungen das ganze Projekt aus Sorge um die eingelegten Kapitalien abgeblasen würde. Die Konkurrenz der Achnacarry-Konzerne war im wichtigen Venzuela ungleich größer als im unerschlossenen Ecuador.

Aus gleichen Gründen, bloß mit umgekehrten Vorzeichen, setzte sich Bentz dagegen für Ecuador ein. Dieses Land hatte seine große Erkundungszeit 1926–1929 gesehen, als neben AEOL und EOL auch die SO-eigene IntPC noch mit großem Engagement bei Guyaquil und Ancón gebohrt hatte und auch die texanische Gulf Oil Corporation auf einigen Konzessionen bei Cautivo – alles auf Sta. Elena – tätig gewesen war. Mißerfolge und Rückschläge ließen das amerikanische Engagement spürbar zurückgehen, so daß sich die SO größtenteils und die Gulf Oil ganz aus Ecuador zurückgezogen hatten.[554] Nun meinte aber Bentz, Anhaltspunkte dafür zu haben, die bis dahin gültige britische „Gliederung der Schichten [sei] sehr schematisch und ging[e] von falschen theoretischen Voraussetzungen aus";[555] einerseits seien einige Schichten des Tertiär (sog. Clay Pebble Bed) unklar gedeutet, andererseits würden die Briten die sog. Shirt-Tone ins Tertiär stellen, die Bentz der Kreide zuordnete.[556] Im Grunde seien die von den Achnacarry-Konzernen getroffenen negativen Aussagen über Sta. Elena keineswegs abschließender Natur, man müsse das Gebiet einer geologischen Revision unterziehen.[557]

Ein neues stratigraphisches Modell würde die Aussichten dieses Erdölreviers wesentlich günstiger erscheinen lassen, als bisher angenommen. Bentz setzte hier optimistisch auf die Möglichkeiten des dritten erdölführenden Horizonts im Atlanta-Sandstein, der bislang ausschließlich im Feld Ancón durch die RD-S erschlossen worden war.[558] Ohne diesen „tiefsten und wichtigsten Horizont"[559] ließe sich der Lagerstätteninhalt der angebotenen drei Parzellen auf 300.000 Barrel („Zwickel") + 1.000.000 Barrel (Parzelle 7) + 3.300.000 Barrel (Parzelle 8) = 4.600.000 Barrel = rd. 655.000 t berechnen, die mit Flachbohrungen bis 500 m Teufe erbohrt werden könnten. Wenn man jedoch, wie Bentz, für eine Revision der stratigraphischen Beurteilung eintrat und annahm, daß der tiefste Ölhorizont auch unter den angebotenen Parzellen anwesend war, erhöhte sich

553 VP/Rov, Sitzung ... (am 16. Dezember 1936, Fn. 540), Bl. 2 f.

554 Vgl. Bentz, Geologische Begutachtung der Erdölmöglichkeiten in Ecuador, v. 12. Februar 1937, NLfB 49007, Bd. 1, Bl. 41 f.

555 Bentz, Vorläufiger Bericht ... (vermutl. Dezember 1936, siehe Fn. 514), Bl. 1.

556 Ebd., Bl. 3 f.

557 Ebd., Bl. 4.

558 Vgl. ebd., Bl. 6–8.

559 Ebd., Bl. 5.

deren Inhalt beträchtlich auf 3.300.000 Barrel („Zwickel") + 9.000.000 Barrel (Parzelle 7) + 19.300.000 Barrel (Parzelle 8) = 31.600.000 Barrel = rd. 4.500.000 t. Allerdings erforderte seine Erschließung Tiefbohrungen von mindestens 3.000–4.000 Fuß (1.000–1.300 m), für die schwere Rotary-Geräte eingesetzt werden müßten.[560] Mit anderen Worten: Im Gegensatz zur internationalen Meinung hielt Bentz Ecuador für einen erstklassigen Produzenten[561] und empfahl, zuzugreifen, bevor es sich die Achnacarry-Konzerne anders überlegten oder die offenbar finanzkräftigeren Interessenten aus Japan einem zuvorkämen. Mit einer gesicherten Produktion auf Sta. Elena könnte dann die ausgreifende Exploration in anderen Teilen Ecuadors finanziert werden, etwa im innerandinen Becken von Cuercas-Azogues.[562]

Die anwesenden Ressortvertreter rieten, Bentz solle seine Gründe in einer größeren Versammlung mit den industriellen Mitgliedern des Studienkonsortiums noch einmal darlegen. Vorab legte man jedoch bereits die Dimensionen des Projekts fest, wie der Bericht von Bentz es nahelegte:

> „Es kommen für die ersten 2 Jahre etwa 20 Bohrungen mit einer Durchschnittsteufe von 1200 m in Frage. Unter Zugrundelegung eines Durchschnittsbetrages von 120.000,-- RM pro Bohrung werden für das 1. Jahr unter Berücksichtigung der für die Anlegung einer Kondensationsanlage für Trinkwasser und ferner der Unterkunftsmöglichkeiten für die Arbeiter rund 1 1/2 Millionen nötig werden. Etwa Zweidrittel dieses Betrages werden durch deutsche Materiallieferungen gedeckt werden können, sodass für das 1. Jahr ein Devisenbetrag von rund 500.000,-- RM aufgebracht werden muss. Hierbei ist davon ausgegangen worden, dass die Bohrungen anfangs nur mit 3 Bohrapparaten durchgeführt werden."[563]

Da Bentz' geologisches Gutachten auf Sta. Elena eine kumulative Produktion ab Bohrbeginn von 4.500.000 t statt bislang angenommener 655.000 t voraussagte, wurde es nötig, sich mehr um den *downstream* zu bemühen, als man dies bislang getan hatte. So beschlossen die Ressortvertreter – wahrscheinlich auf Hinweis von Bentz –[564], um der zu gründenden Ölgesellschaft Raffinationskapazität in großem Ausmaß zur Verfü-

---

560 Ebd., Bl. 9 f. Bentz rechnete in diesem Fall mit einem Koeffizienten von 7,022 Barrel pro Tonne, infolge des höheren spezifischen Gewichts des Öls sowohl aus dem Socorro-Ton (2. Horizont, bis 0,86 g/cm³) als auch aus dem Atlanta-Sandstein (bis 0,87 g/cm³). Der hier sonst angewandte Durchschnittskoeffizient 7,3 Barrel pro Tonne geht von einem spezifischen Gewicht von 0,82 g/cm³ aus.

561 Als Bentz im Jahr 1939 mit den Geologen der IntPC (= SO) hierüber aneinander geriet, sollte ihm von deren Direktor Oliver Hopkins dieser geologische Alleingang noch einmal unter die Nase gerieben werden, der höhnisch anmerkte, „dass die besten Geologen seines Hauses wegen der weitergehenden Erkenntnisse des Herrn Prof. Dr. Bentz entlassen werden müssten". Kolportiert von Betzhold/Otto Wolff/Auslandsabteilung Berlin an den Präsident der American Trading Co. Inc., New York, Hans Sitarz, v. 25. April 1939, Bl. 2, in: VP, Ecuador allgemein, NLfB 49022.

562 Bentz, Vorläufiger Bericht ... (vermutl. Dezember 1936, siehe Fn. 514), Bl. 10–14.

563 VP/Rov, Sitzung ... (am 14. Dezember 1936, Fn. 552), Bl. 1 f.

564 Vgl. Bentz auf der Besprechung am 12. November 1937 über Erdölkonzession der Firma Otto Wolff in Ecuador, v. 18. November 1937, Bl. 3, in: VP, Ecuador allgemein, NLfB 49022.

gung zu stellen, die Deurag (34% Elwerath, 33% Preußag, 16,5% SO, 16,5% RD-S)[565] in Misburg mit ins Boot zu nehmen.[566]
Die Deurag-Elwerath als Baustein für die Raffination des anfallenden Öls an dem Konsortium zu beteiligen, lag nahe, weil ihre bisherigen Kapazitäten zur Benzinraffination in absehbarer Zeit frei werden würden. Dies hatte seinen Grund in der seit Anfang 1936 von IG und Wehrwirtschaftsoffizieren durchgesetzten Politik, die heimischen Erdölressourcen für die Schmierölproduktion aufzusparen.

Als zwei Tage später die Versammlung mit den Industrievertretern einberufen wurde, hatte Bentz seine Gründe zur Zurückstellung des Venezuelaprojekts bereits in einem Exposé zusammengestellt, das an die Teilnehmer ausgehändigt wurde.[567] Auf dieser Sitzung sollten die Gründungsmodalitäten für die Ölgesellschaft festgeklopft werden. Acker/VP betrachtete die Frage im Hinblick auf das japanische Interesse als sehr dringend, da ohne Gesellschaft kein Träger für das Sperrmarkabkommen vorhanden sei und auch die übrigen Finanzierungsfragen verschleppt würden.[568] Allerdings kam sowohl bei den Schwer- als auch den Erdölindustriellen nicht die rechte Begeisterung auf. Zum einen wurde das ecuatorianische Bergrecht, über das ein kritisches Gutachten zirkulierte,[569] als erheblicher Risikofaktor betrachtet. Schlicht/DPAG-DEA hielt es gar für unannehmbar[570] und forderte einen Sondervertrag sowie – über die geplante Reichsgarantie hinausgehende – Sicherheiten der öffentlichen Hand. Zum anderen schien die Zusammensetzung des Konsortiums Schwierigkeiten zu bereiten. Als der Plan bekanntgegeben wurde, die Deurag (= Elwerath) als Raffinationsunternehmen mit in dem Konsortium zu installieren, meldete Schlicht sogar Protest an.[571] Der Krupp-

565 Siehe S. 60.

566 VP/Rov, Sitzung ... (vom 14. Dezember 1936, Fn. 552), Bl. 2.

567 VP/Rov, Sitzung ... (am 16. Dezember 1936, Fn. 540), Bl. 2 f. Anwesend: Vorsitz Acker, von Bülow (beide VP/Rov), LegSek Dr. Rahn (AA), MinR Dr. Arlt, Madinger (beide RPrWM), Dr. von Coelln (VP/Roa), Bentz (PGLA), Dk Dr. Pollems (Deutsche Bank und Disconto Gesellschaft), Kraft (Deutsche Überseeische Bank), MinDk aD Deutelmoser, Dk Dr. Siedersleben, Dk Rudolf, Dr. Renelt (alle Otto Wolff), Dk Hagemann, Eschweiler (beide Krupp), Dr. Kirchfeld, Delvendahl (beide Ferrostaal = GHH), Dk Mediger, Dr. Rottmann (Stahl-Union), Dr. Konz (Julius Berger Tiefbau AG), Bergass Dr. [sic] Schlicht, Prokurist Greiser (beide DPAG-DEA), Hammer (Reichsverband der Deutschen Luftfahrtindustrie).

568 Ebd., Bl. 2 f.

569 Werner Deutelmoser, Denkschrift Ecuador, v. 14. Dezember 1936, Bl. 1, in: VP, Ecuador allgemein, NLfB 49022.

570 Am 14. Dezember 1936 hatte der Sohn des Konzernmanagers Deutelmoser/Otto Wolff, Werner Deutelmoser, ein bergrechtliches Gutachten über das ecuadorianische Erdölgesetz vom 8. Oktober 1921 erstellt, in dem er die Verfall-Klauseln betreffend die im voraus zu stellende Kaution (fol. 3 f.) und den nicht-progressiven, festen geldlichen Pachtzins (fol. 5) als unzumutbar bezeichnete. Er riet, Sondervereinbarungen auszuhandeln (fol. 8). Dieses Gutachten war den Teilnehmern vor der Sitzung zugegangen: Abschrift/Ho., Werner Deutelmoser, Denkschrift Ecuador, v. 14. Dezember 1936, Bl. 1–8, in VP, Ecuador allgemein, NLfB 49022.

571 VP/Rov, Sitzung ... (am 16. Dezember 1936, Fn. 540), Bl. 3 f.

Vertreter Hagemann äußerte Zweifel, daß seine Firma sich beteiligen werde, „weil sie weder Erdölinteressen habe, noch Röhren baue".[572] Offenbar paßte dem Krupp-Konzern auch die Initiative des Otto Wolff-Konzerns nicht, der bereits eine genaue Gliederung der zu gründenden Gesellschaft in eine Bankengruppe, eine Erdölgruppe, eine Hoch- und Tiefbaugruppe und eine Gruppe Schwerindustrie zur Geräte und Röhrenlieferung vorlegte. Als Hagemann Siedersleben/Otto Wolff scheinheilig fragte, wer denn seiner Ansicht nach die Führung des Konsortiums übernehmen sollte, antwortete Siedersleben ebenso scheinheilig, diese Frage habe „im Augenblick noch keine wesentliche Bedeutung" und bat Acker, „dass die Führungsfrage von hoher Hand entschieden werde". Acker lehnte dies ab. Die Konsorten sollten die Modalitäten schnellstmöglich unter sich ausmachen.[573]

Trotz der allgemeinen Bereitschaft der Schwerindustrie und der Banken, sich an dem großen Erdölkonsortium zu beteiligen, war man, was die Gründung des Konsortiums anging, wegen der tatsächlichen oder vorgetäuschten Konkurrenz zwischen DPAG-DEA und Elwerath keinen Schritt weitergekommen. Auch Krupp sprang ab. Acker blieb nichts anderes übrig, als die DPAG-DEA aufzufordern, bis zum 18. Dezember ihre Entscheidung zu formulieren, die übrigen Gesellschaften mit dem Hinweis zur Eile anzutreiben, daß eine Reichsgarantie erst nach vollzogener Gründung gewährt werden könne.[574]

Die Einigungsschwierigkeiten waren nicht das letzte Problem, dem sich das Ecuadorprojekt gegenübersehen sollte. Auf der für den 18. Dezember 1936 im VP/Roa anberaumten Ressortsitzung, auf der die Devisenverantwortlichen des RPrWM über die Aussichten des Sperrmarkkredits referierten, erschien plötzlich Major Rosencrantz aus der Substitutionsabteilung VP/Roa/II, um den schärfsten Protest des Leiters der Wirtschaftsgruppe Kraftstoffindustrie, Ernst Rudolf Fischer/IG, gegen die weitere Verfolgung des Ecuadorprojekts zu übermitteln. Als Grund nannte er:

> „Der Leiter der Wirtschaftsgruppe Kraftstoff-Industrie, Herr Fischer, vertrete die Ansicht, dass in 2 Jahren, wenn aus Ecuador Öl zu erwarten sei, die Durchführung des Vierjahresplanes bereits soweit fortgeschritten sein werde, dass für dieses Öl in Deutschland kein Bedarf sein werde."[575]

Die anwesenden Ressortvertreter beschlossen, es auf eine Konfrontation mit den Synthesevertretern im VP/Roa ankommen zu lassen und wollten die Frage, ob der Protest überhaupt zulässig sei, Amtschef Löb zur Entscheidung vorlegen.[576] Im Anschluß an die Sitzung entschied dieser,

---

[572] Ebd., Bl. 3.

[573] Ebd., Bl. 4.

[574] VP/Rov, Sitzung ... (am 16. Dezember 1936, Fn. 540), Bl. 5.

[575] VP/Rov, Sitzung ... (vom 18. Dezember 1936, Fn. 533), Bl. 1 f. Anwesend: Vorsitz: GesRat Dr. Fricke, Dr. Rahn (AA). MinR Soltau, ORR Hartenstein, Reichsbankrat Fischbach, Madinger (RPrWM). Acker, Dr. von Bülow (VP/Rov). Dr. von Coelln (VP/Roa). Bentz (PGLA).

[576] VP/Rov, Sitzung ... (vom 18. Dezember 1936, Fn. 533), Bl. 2.

„dass trotz der von der Wirtschaftsgruppe Kraftstoff-Industrie vorgebrachten Einwendungen die ecuadorianischen Ölprojekte weiterverfolgt werden sollen.“[577]

Trotz dieses Entschlusses stand das Projekt unter einem Unstern. Am gleichen Tag wurde die Deurag (= Elwerath) informiert, nachdem DPAG-DEA ihre schriftliche Entscheidung eingereicht hatte, sich ganz aus dem Projekt zurückzuziehen.[578] Die Elwerath, auf deren große, von deutschem Kapital bestimmte Raffinerie Deurag man bei diesem Projekt weder verzichten wollte noch konnte,[579] bekundete bereits beim ersten telefonischen Kontakt mit VP/Rov, daß sie zwar Interesse am Import leichter Rohöle habe, daß sie aber zur Auslastung ihrer Benzinkapazitäten bereits einen Vertrag über die Belieferung mit benzinreichem Rohöl aus Ost-Texas mit den Achnacarry-Konzernen (SO und RD-S waren zu je 16,5% an der Deurag beteiligt) eingegangen sei. Interesse für Öl anderer Provenienz bestünde „wahrscheinlich erst wieder im Jahre 1939“.[580]

In einer mündlichen Aussprache am selben Tag machte das Elwerath-Direktorium seine Kooperation mit dem Konsortium davon abhängig, alle zur Verfügung stehenden Unterlagen genauestens zu prüfen. Bentz war es, der die nötigen Unterlagen beibrachte und ein erstes Mal mit den Herren der Elwerath durchsprach.[581] Zu diesem Zeitpunkt war indessen noch nicht klar, daß die Elwerath die Verhandlungen mit solchen genauen Prüfungen nur hinauszögern wollte. Zu den nächsten beiden Sitzungen des Studienkonsortiums am 22.[582] und am 28. Dezember 1936 erschien der Erdölkonzern gar nicht erst.[583]

---

577 Ebd. (VP/Rov, Sitzung ... vom 18. Dezember 1936, Fn. 533), Bl. 3.

578 So Rahn/AA auf der Sitzung der Konsorten am 22. Dezember 1936: VP/Rov, Sitzung über die Frage des Erwerbs einer Ölkonzession in Ecuador und Venezuela am 22. Dezember 1936, Bl. 1, in: VP, Ecuador allgemein, NLfB 49022.

579 Als Alternativen hätten sich noch die Raffinerien der DPAG-DEA bzw. der MAWAG angeboten, von denen die letztere im Sommer 1937 angefragt wurde: Abschrift OW/Abteilung Ausland – La/Zi – an Dr. Grötzinger/MAWAG, Direktion Elwerath und Dr. Beil/WIAG, vom 7. Juli 1937, in: VP, Ecuador allgemein, NLfB 49022.

580 Elwerath, Entwurf ... (nach 18. Dezember 1936, siehe Fn. 539), Bl. 2.

581 Ebd., Bl. 1 und 2 f.

582 VP/Rov, Sitzung am 22. 12. 36 über die Frage des Erwerbs einer Ölkonzession in Ecuador, Bl. 1 f., in: VP, Ecuador allgemein, NLfB 49022. Anwesend: Vorsitz Acker (VP/Rov). LegSek Dr. Rahn (AA). MinR Arlt, Sonnenburg (RPrWM). Prof. Dr. Bentz (PGLA). Dr. von Coelln (VP/Roa/II). Osterwind (De Di Bank). Siedersleben, Dr. Betzhold. GehR Deutelmoser, Dr. Rudolph, Dr. Renelt (OW). Dr. Rottmann, Medinger (Stahlunion). Kirchfeld (Ferrostaal). Hammer, Simons (Reichsverband der deutschen Luftfahrtindustrie). Dr. Pfeiffer (Firma Julius Berger).

583 VP/Rov, Sitzung über die Frage des Erwerbs einer Ölkonzession in Ecuador am 28. 12. 36, Bl. 1 f., in: VP, Ecuador allgemein, NLfB 49022. Anwesend: Vorsitz Dk Eckert. LegSek Dr. Rahn (AA). MinR Arlt, Sonnenburg (RPrWM). Prof. Dr. Bentz (PGLA). Acker (VP/Rov). Dk Dr. Pollems (De Di Bank). Dk Dr. Pilder (Dr Bank). Siedersleben, GehR Deutelmoser, Dr. Betzhold, Dr. Renelt (OW). Dk Mediger (Stahlunion).

Ohne die Elwerath schien das Projekt nicht machbar; bereits am 22. Dezember 1936 stellte sich heraus, daß keins der Mitglieder des Studienkonsortiums bereit war, sich zu engagieren. Man erklärte sich lediglich zur Gewährung von Lieferkrediten bereit, und die Deutsche Bank sicherte großmütig ihre „finanzielle Beratung und ihre Mitwirkung bei Kreditgeschäften", namentlich dem Sperrmarkkreditgeschäft, zu. Trotz dieser brüchigen Allianz beschloß man, das AA sollte dem Gesandten in Quito mitteilen, daß

> „ein Konzessionsträger gegeben ist und daß die Reichsregierung bei Erteilung der Konzession bereit ist, auf die Devisenablieferung in Höhe von 25% bei der Genehmigung eines in Anspruch zu nehmenden Sperrmarkkredites zu verzichten, wobei die ecuadorianische Regierung Warenbestellungen in Höhe der fraglichen 25% in Deutschland vornimmt und den Gegenwert in Landeswährung zur Verfügung stellt"[584]

Am 28. Dezember 1936 beschlossen die Projektverantwortlichen, Fritz Hammer/SEDTA als Leiter einer Delegation loszuschicken, die aus „einem Ölfachmann und einem Bankenvertreter" bestehen sollte. Da die VP-Vertreter die Elwerath unbedingt mit im Boot haben wollten, wurde OW beauftragt, mit dem dilatorischen Konzern Kontakt aufzunehmen, der aus seinen Reihen den Ölfachmann für die Verhandlungsdelegation bestimmen sollte.[585]

Inzwischen machte die Elwerath schriftliche Einlassungen, die auf deutliche Weise zeigten, daß sie keine Neigung verspürte, an dem Konsortium beteiligt zu werden, das sie für unprofessionell hielt:

> „Es haben sich damals hauptsächlich solche Firmen zu diesem Konsortium zusammengeschlossen, die glaubten, zu einem grossen Exportgeschäft mit Ecuador zu kommen. Anscheinend stellte sich aber bei den späteren Verhandlungen heraus, dass eine Betätigung auf dem Erdölgebiet in Ecuador nur dann möglich ist, wenn man auch von vorherein einen Abnehmer für evtl. gewonnenes Erdöl findet. So kam man auf unsere Gesellschaft, von der man wusste, dass sie augenblicklich in grösserem Umfang Erdöl aus Amerika bezieht."[586]

Nach der ausbedungenen Gelegenheit zur genauen Prüfung war die Elwerath zu dem Bild gekommen, daß das Ecuadorprojekt mit seinem Pipelinebau und den nötigen Trinkwasseranlagen Millionen verschlingen würde. Solche Investitionen schienen der Geschäftsführung in einem von Staatsstreichen heimgesuchten Land nicht ratsam ohne umfassende Reichsgarantie. Ferner übte man Kritik am bereitgestellten Kreditrahmen. RM 10 Millionen seien allzu bald aufgebraucht, und wenn infolge Geldmangels die Explorationsarbeiten in Ecuador ins Stocken kämen, würde man sich vor den Achnacarry-Konzernen lächerlich machen.[587]

---

[584] VP/Rov, Sitzung am 22. 12. 1936 über die Frage des Erwerbs einer Ölkonzession in Ecuador, Bl. 2, in: VP, Ecuador allgemein, NLfB 49022.

[585] VP/Rov, Sitzung über über die Frage des Erwerbs einer Ölkonzession in Ecuador am 28. 12. 36, Bl. 2, in: VP, Ecuador allgemein, NLfB 49022.

[586] Elwerath, Entwurf ... (nach 18. Dezember 1936, siehe Fn. 539), Bl. 1 f.

[587] Ebd., Bl. 3 f.

Zwar erklärte sich die Erdölgesellschaft grundsätzlich dazu bereit, „eine kleine Beteiligung in einer zu bildenden Gesellschaft zu übernehmen",[588] doch offenbarte sie, daß sie im Grunde auf den autarkistischen Kurs der IG und des VP/Roa/II eingeschwenkt war:

> „Auch wir selbst sind nicht gewillt und nicht in der Lage, Millionenbeträge in Ecuador zu investieren. Denn wir benötigen im Jahre 1937 für die Durchführung eines gewaltigen Erschliessungsprogramms in Deutschland und für die Inbetriebsetzung einer grossen Schmierölfabrik viele Millionen. U.E. ist es für die deutsche Volkswirtschaft zweifelsohne erheblich wichtiger, dass alle irgendwie aussichtsreichen Gebiete in Deutschland auf Erdöl untersucht werden, als dass man dieserhalb nach Südamerika geht. Hierbei möchten wir auch darauf hinweisen, dass die Betätigung in amerikanischen Erdölgebieten deutschen Unternehmen bislang nur Verluste gebracht hat. Zu Erschliessungsarbeiten in Südamerika könnten deshalb nur ganz unverhältnismäßig günstige Gewinnaussichten verlocken, die in Ecuador nicht gegeben sind. Ausserdem wird es uns auch wahrscheinlich möglich sein, im Jahre 1939 für die Bearbeitung in unserer Raffinerie in genügender Menge Stoffe aus der Kohleveredlung zu bekommen. Wie Sie wissen, werden im Jahre 1937 und 1938 von Braun- und Steinkohlenunternehmern zahlreiche Anlagen gebaut, in denen nach den verschiedensten Verfahren Teeröle auf Benzin und Schmieröl verarbeitet wird. Aller Wahrscheinlichkeit nach werden bei diesen Verarbeitungsprozessen auch bestimmte Stoffe anfallen, die in unserer Raffinerie weiter veredelt werden können. Dass es uns sympathischer ist, derartige im Inlande beziehbare Stoffe zu verarbeiten als mit ungeheuren Kosten und grösstem Risiko Erdöl in Südamerika zu suchen, werden Sie verstehen."[589]

Am 23. Februar 1937 ließen sich die Direktoren der Elwerath und Deurag, Hans Brochhaus und Martin Schunck, herbei, persönlich bei der VP-Besprechung zu erscheinen.[590] Das Projekt beurteilte Brochhaus – wie zuvor sein Konkurrent Schlicht/DPAG-DEA – als „privatwirtschaftlich untragbar", forderte eine Neuaushandlung des Vertrags und offenbarte Kenntnisse des Deutelmoserschen Zirkulars, das ihm Schlicht wahrscheinlich hatte zukommen lassen. Insgesamt zeigte sich Brochhaus nur unter sehr vielen Sonderbedingungen bereit, sich in Ecuador zu engagieren, so z. B. daß die Bohrungen in Ecuador nicht vor Ablauf zweier Jahre stattfinden sollten, damit die Elwerath bis zum Beginn einer Förderung aus den Belieferungsverträgen mit den Achnacarry-Konzernen herauskommen könne.[591]

Ergebnis ihres Auftritts war denn auch, daß man beim VP das Eingeständnis machte, daß die „negative Beurteilung der Wirtschaftlichkeit in der heute vorgetragenen Form

---

588 Ebd., Bl. 7.

589 Ebd.

590 Niederschrift über die Besprechung re Erdölkonzession Ecuador am 23. Februar 1937, von 10:30 Uhr, in: VP, Ecuador allgemein, NLfB 49022. Anwesend: Vorsitz: Eckert (VP/Rov). Acker (VP/Roa/I/7). Prof. Dr. Francke (VP/Roa/II/4). Dr. von Coelln (VP/Roa/II/4). von Thümen (VP/Roa/II/3). LegSek Dr. Rahn (AA). Prof. Dr. Bentz (PGLA). Siedersleben, Dk Betzhold, Dr. Rehnelt (OW). GenDk Brochhaus, Dr. Schunck (Elwerath). Dk Werner Müller (Wirth & Co, Erkelenz).

591 Ebd, Bl. 1.

bis jetzt nicht bekannt war".[592] Trotzdem sollte die ecuadorianische Konzession nicht aufgegeben, sondern neue Besprechungen mit dem RPrWM, dem AA und der OW anberaumt werden, um das weitere Vorgehen zu klären.[593]

Über Wohl und Wehe des Projekts entschied seine Rentabilität. Bislang hatte noch kein Beteiligter ein Gutachten oder einen Voranschlag eingeholt. Nach dem Auftritt der Elwerathvertreter änderte sich dies. Wahrscheinlich infolge einer Absprache wandte sich die OW am 24. Februar 1937 an Elwerath, um die „Volkswirtschaftliche Kalkulation" über die Beschaffungs- und Raffinationskosten erstellen zu lassen im Vergleich mit Ost-Texas-Ölen. Was die Wirtschaftlichkeit des Ecuadorprojekts anlangte, war man durchaus bereit, sich eines besseren belehren zu lassen. Zwei Tage später erhielt die OW von der Elwerath die brüske Antwort, ohne ein genaues Analysenergebnis des Ecuadoröls sei eine volkswirtschaftliche Berechnung nicht möglich. Um Aussagen treffen zu können, bräuchte sie Proben in größerer Menge, um die Ausbeute beim Cracken einzuschätzen; ferner stellte sie an das Rohöl recht unwahrscheinliche Qualitätsanforderungen, bevor sie sich auf weitere Untersuchungen überhaupt einlasse: wenig Schwefel solle es haben, einen hohen Benzingehalt und das spezifische Gewicht sollte nicht unter 0,83 g/cm^3 bei 20°C liegen – es sollte eben ganz wie das Ost-Texasöl sein.[594]

Dann traf bei OW das angeforderte Rentabilitätsgutachten der Elwerath ein, von dem OW Bentz eine Abschrift zuschickte, mit dem zornigen Kommentar, man werde auf der anberaumten VP-Sitzung darauf zurückkommen. Das Schreiben war eine auf drei Seiten gestreckte Unwilligkeitserklärung, die gewünschte Berechnung vorzunehmen. Sie stellte in ebenso einfältiger wie kühner Weise Bentz' Gutachten in Frage, wobei sie ihm unausgesprochen Unwissenschaftlichkeit vorwarf,[595] täuschte Unkenntnis bezüglich der Frachtraten von Ost-Texas und Ecuador vor, bemängelte Unabschätzbarkeit der Kosten für die Wassergewinnung und kam auf Grundlage solch schwammiger Äußerungen zu dem ebenso schwammigen Ergebnis, „daß die Kosten der Gewinnung des Erdöls in Ecuador ganz unverhältnismäßig höher sind als die Kosten, die den großen Ölkonzernen, z. B. in Ost-Texas, entstehen". Die gewünschte volkswirtschaftliche Ausarbeitung zu erstellen könne die Elwerath-Deurag nicht leisten, da

---

592 Ebd., Bl. 1 f.

593 Ebd., Bl. 2.

594 Abschrift Elwerath an OW zHd Siedersleben, v. 26. Februar 1937, Anlage zu OW an Bentz, v. 1. März 1937, in: VP, Ecuador allgemein, NLfB 49022.

595 Bentz' Gutachten würde auf Nähe zu Förderparzellen setzen, die Erfahrung habe aber gelehrt, daß Ölführung nicht von Nachbarschaft abhängig sei. Der Vorwurf war hart, denn gerade Bentz hatte sein berufliches Leben in den Dienst der Idee gestellt, daß nur die wissenschaftliche Beurteilung von Stratigraphie und Tektonik die Ölsuche bestimmen sollte, und er war es, der den Heiligen Krieg gegen die Wünschelrutengänger-, „Schwindler"-, und *wildcatter*-Kategorien am eifrigsten führte. Außerdem ging Bentz in seinem Gutachten alles andere als von der Nähe zu den Förderparzellen aus, sondern von einer Revision der Stratigraphie: Abschrift Elwerath an OW, v. 27. Februar 1937, Bl. 2, Anlage zu OW an Bentz, v. 1. März 1937, in: VP, Ecuador allgemein, NLfB 49022.

> „wir selbst bei unserer augenblicklichen beispiellosen Arbeitsüberhäufung nicht in der Lage sind, uns hierum zu kümmern, weil unsere volkswirtschaftlich hochbedeutsame Tätigkeit im Inland vorgeht“[596]

Auf der Sitzung am 2. März 1937, auf der OW vortrug, gaben sich die OW-Vertreter sowie einige VP-Delegierte und Bentz unverdrossen.[597] Wirtschaftlichkeitsberechnung wie Conclusio der Elwerath betrachtete man als unbefriedigend. Im VP hielt man es mit Blick auf die abspringende Schwerindustrie und die unwilligen preußischen Erdölkonzerne für richtig, die Pläne für ein Konsortium zurückzustellen und das ganze Projekt als Otto Wolff-Projekt weiterzuverfolgen. OW konnte die erforderliche Beteiligung in Form von Lieferungen selbst aufbringen, wie der Direktor der OW-Tochter Alfred Wirth & Co, Werner Müller, darstellte, denn die für Ecuador vorgesehenen drei Bohranlagen inklusive Verrohrung machten einen Betrag von RM 1,6 Millionen aus. Im Gegensatz zum venezolanischen Projekt OWs (RM 10 Millionen), für das Schacht über den Reichsbankdirektor Blessing vom RPrWM aus jede Devisenbereitstellung untersagte, verursachten die Devisen für das Ecuadorprojekt kein Problem.[598]

Die Ausflüchte der Elwerath weckten inzwischen das Mißtrauen der Beteiligten. Um die Kosten des Projekts abschätzen zu können, waren Rohölanalysedaten notwendig, die zu liefern man die Elwerath-Deurag mit ihren Möglichkeiten zum Großversuch ausersehen hatte. Voreingenommenheit voraussetzend, wählte Bentz eine List, um Daten zu erhalten, die trotzdem unverfälscht wären. Er sandte Erdölproben ein, die er auf den Feldern Ancón und Sta. Paula in Ecuador eingesammelt hatte. Auf den Proben gab er die Provenienz der Sta. Paula an, die der beiden anderen Proben verschlüsselte er als „Paraffine-Crude High Cold Test“ (Ancón, Atlanta-Sandstein Horizont) und „Naphthene-Crude Low Cold Test“ (Ancón, Socorro-Ton Horizont),[599] andeutend, sie seien Vergleichsproben aus den USA.[600] Die ahnungslose Elwerath bestätigte die ausgezeichnete Qualität des Ecuador-Öls:

---

596 Abschrift Elwerath an OW, v. 27. Februar 1937, Bl. 2 f., Anlage zu OW an Bentz, v. 1. März 1937, in: VP, Ecuador allgemein, NLfB 49022.

597 Niederschrift über die Besprechung re Ölkonzession Ecuador am 2. März 1937, nachm. 16:00, Bl. 1, in: VP, Ecuador allgemein, NLfB 49022. Anwesend: Vorsitz Dk Eckert (VP/Rov). Dk Acker (VP/Roa/I/7). Dr. von Coelln (VP/Roa/II/4). von Thümen (VP/Roa/II/3). Attaché Dr. von Bülow (AA). Sonnenburg (RPrWM). Prof. Dr. Bentz (PGLA). Siedersleben, Dr. Betzhold, Rudolph, Dr. Lange (OW). Konsul a. D. Klammer (OW, Venezuela). Dk Werner Müller (Wirth & Co, Erkelenz). Folgend ebd.

598 Ebd. (Fn. 597), Bl. 2

599 Zuordnung nach Bentz, Vorläufiger Bericht ... (vermutl. Dezember 1936, siehe Fn. 514), Bl. 5.

600 Begriffe aus dem thermischen Cracken: Vgl. Harold F. Williamson, et al., *The American* ... (1963), 603–647.

„Die Oele sind, was den Schwefelgehalt anbetrifft0t, sehr gut. Wir glauben, daß sie in unserer Krackanlage glatt zu verarbeiten sind. Das Ecuador-Öl „Santa-Paula" ähnelt in seiner Ausbeute dem Ost-Texas-Rohöl. Die übrigen Proben bezeichnet mit „High Cold Test" dürften 3 % bezw. das Naphten-Öl „Low-Cold Test" etwa 6 % mehr Benzin plus Petroleum als das Ost-Texas-Rohöl ergeben"[601]

Diese Aussage schickte Bentz mit den Daten der Rohölanalyse an Eckert im VP/Roa,[602] an Betzhold/OW und an Rahn vom AA mit dem verhaltenen Hinweis, das Öl sei „nicht unwesentlich besser [...] als das schon als sehr gut geltende Öl von Osttexas".[603] Ihre Unwirtschaftlichkeitsbedenken hatte die Elwerath nun selbst widerlegt.

Da die Elwerath sich weiterhin sträubte, hatte die OW bereits einen eigenen Repräsentanten, Ott-Heinrich Carstanjen, nach Ecuador entsandt, der gemeinsam mit Hammer die Verhandlungen vor Ort führen sollte. Carstanjen war sehr ehrgeizig und schien sich die Angelegenheit des Sperrmarkkredits zur eigenen Sache machen zu wollen, wozu er als Firmenvertreter nicht befugt war.[604] In Ecuador unterhielt er Verbindung zur Regierung, von der er noch vor März 1937 ein Angebot über 70.000 ha Ölkonzession erhielt.[605] Am 5. März 1937 konnten die OW-Unterhändler ein weiteres Regierungsangebot melden, das die in unmittelbarer Nähe des Feldes Ancón gelegenen Parzellen der Conception Oil Fields (= RD-S) und der IntPC (= SO) umfaßte. Die Parzellen versprachen eine sehr hohe Produktion. Laut Absprache zwischen den OW-Unterhändlern und der ecuadorianischen Regierung sollten diese Parzellen wegen Nicht-Erfüllung der Bohrpflicht heimfallen und anschließend an die OW vergeben werden. Darüber hinaus konnten sie über die Vermittlung von Bergrat Dr. Sauer die transandine Hochebene von Cuenca eintauschen gegen ein Explorationsgebiet „nördlich von Ancón an der Küste".[606] Dieses Explorationsgebiet (Manabi/Esmeralda) sollte Bentz dem Stahlkonzern künftig wärmstens an Herz legen.

Die merkwürdige Obstruktion der Elwerath, die offensichtlich in Abstimmung mit der DPAG-DEA durchgeführt wurde, hatte ihren begründeten wirtschaftspolitischen Hinter-

601 Elwerath an Bentz, v. 15. März 1937 mit Analyseergebnissen im Anhang, in: VP, Ecuador allgemein, NLfB 49022.

602 Direktor Eckert figurierte noch am 2. März 1937 unter VP/Rov. Direktor Acker dagegen unter VP/Roa/I/7, Dr. von Coelln unter VP/Roa/II/4 und der spätere Mineralölstatistikexperte des RWM (und der frühen BRD) von Thümen unter VP/Roa/II/3: Niederschrift über die Besprechung re Ölkonzession Ecuador am 2. März 1937, nachmittags 16: 00 Uhr, in: VP, Ecuador allgemein, NLfB 49022.

603 Bentz an Eckert/Amt für deutsche Roh- und Werkstoffe, v. 31. März 1937, in: VP, Ecuador allgemein, NLfB 49022.

604 Vgl. Griesbach/E. Griesbach y Cia., Quito an Bentz, v. 1. April 1938, in: VP, Ecuador allgemein, NLfB 49022.

605 Niederschrift über die Besprechung re Ölkonzession Ecuador am 2. März 1937, nachm. 16:00 Uhr, Bl. 1, in: VP, Ecuador allgemein, NLfB 49022.

606 Abschrift/Zi, OW/Quito an OW/Abteilung Ausland, Berlin, v. 10. März 1937 mit Bezug auf Kabel vom 5. März 1937. in: VP, Ecuador allgemein, NLfB 49022.

grund. Die Erdölproduzenten hatten sich mit der Rolle abgefunden, die ihnen der Chemiegigant im System dessen zuwies, was er seit Herbst 1933 mit dem Kampfbegriff „Mineralölwirtschaft“ (statt Erdöl- oder Kohlenwasserstoffindustrie) belegte: der Rolle des kleinen, ungefährlichen Schmierölllieferanten. Seit Zustandekommen der Wirtschaftsgruppe Kraftstoffindustrie, auf deren Initiative die Einführung hoher Schmierölzölle und anderer Vergünstigungen zurückging, stürzte sich die Elwerath geradezu auf den Bau der Schmierölraffinerie Nerag in Misburg, eine Produktenpolitik, die sie davor mit der Entscheidung für die Dubbs-Crackanlage und das Konsortium mit den Achnacarry-Konzernen explizit nicht verfolgt und nicht zu verfolgen gedacht hatte.[607] Auch die DPAG-DEA wurde in das System der „Mineralölwirtschaft“ eingebunden – das heißt, als Konkurrent auf dem Benzinmarkt im Sinne der IG kaltgestellt: Über ihre Manager im VP/Roa/Forschung und Entwicklung (Krauch) förderte die IG mit Geldern der öffentlichen Hand den Bau von Syntheseanlagen der DPAG-DEA, die ihre Produkte mit IG-Patent statt auf Braunkohle- auf Rohölbasis herstellte.[608] Auch die Achnacarry-Konzerne RD-S und SO sollten dieser „Mineralöl“-Politik verpflichtet werden und erhielten das erste an der Küste gelegene Hydrierwerk auf Rohölbasis, Pölitz/Ostsee, von der öffentlichen Hand quasi zum Geschenk.[609]

Die Achnacarry-Konzerne sträubten sich keineswegs gegen diese Rolle. Als KW-politische Exekutivorgane der US-amerikanischen und der britischen Regierungen, die spätestens seit der Irak-Veranstaltung von 1935 das nationalsozialistische Deutsche Reich als Bedrohung ansahen, konnten sie das Reich über Lieferungen bei bestimmten Produkten wie Heizöl und Diesel in Abhängigkeit halten, gerade weil es sich auf dem Benzin- und Flugbenzinsektor autark machte. Das gewährleistete zumindest ein gewisses Maß an Kontrollierbarkeit und verhinderte, daß das Deutsche Reich mit seiner Ölpolitik überraschende Kurswechsel vollzog. Im Hinblick auf das deutsche Engagement im spanischen Bürgerkrieg war die Abhängigkeit von Öllieferungen, und damit die Wirksamkeit eines Embargos, eine nicht zu unterschätzende Waffe.

Mit der politischen Klappe wurden aber auch zwei ökonomische Fliegen geschlagen: einerseits verdienten die Achnacarry-Konzerne nicht schlecht an den Lieferungen und konnten ihre Position auf dem sicherheitspolitisch zwar brisanten, aber nach wie vor interessanten deutschen Markt sichern, andererseits verhinderten sie, daß sich das Deutsche Reich mit den *outsiders* – wie Davis und Sinclair – zusammentat, die ihr globales Hochpreiskartell unterminierten. Das deutsche Engagement in Spanien ließ ahnen, daß die deutsche Diktatur sich auch in andere begrenzte Konflikte stürzen würde, und der absehbare Öldurst würde den *outsiders* einen sicheren Absatz verschaffen. Sie eines Tages doch noch durch das Achnacarry-Kartell in die Kniee zu zwingen, wäre dann kaum mehr zu bewerkstelligen.

---

607 Vgl. Rainer Fröbe, „Arbeit ...“ (1985), passim. 136 f.

608 Vgl. Dirk Bavendamm, „Die Geschichte ...“ (1999), 206.

609 Beteiligung IG, SO und RD-S zu je einem Drittel. Vgl. Wolfgang Birkenfeld, *Der synthetische ...* (1964), 110. Vgl. Dieter Petzina, Autarkiepolitik ... (1968), 98. Vgl. Rainer Karlsch, *»Faktor ...«* (2003), 195–7.

Im Zusammenhang mit diesen vielfältigen, teils innerdeutschen, teils globalen Konkurrenzen stand das Angebot der Achnacarry-Konzerne an die Elwerath, die Benzin-Kapazitäten der Deurag mit hochqualitativen Rohölen aus Ost-Texas auszulasten.[610] Da sich die Elwerath als Hauptbetreiber der Benzinraffinerie Deurag darauf eingelassen hatte, das heimische Erdöl, im IG-Sinne einer strategischen Schmierölreserve, in der im Bau befindlichen Nerag zu Schmieröl zu verarbeiten, mußte sie für die Kapazitäten in der älteren Nachbarraffinerie Ersatz finden.

Hinter der Elwerath standen also, mit der IG auf der einen Seite und mit den Achnacarry-Konzernen auf der anderen, zwei sehr mächtige Gruppen, die nicht das geringste Interesse daran hatten, daß sich das Deutsche Reich auf drittem Wege und im großen Stil mit devisenfreien, natürlichen Kohlenwasserstoffen versorgte.

Auf vielfältige Einflußnahme ist daher die grundsätzliche Ressortbesprechung im RPrWM am 14. April 1937 zurückzuführen, auf der die neuen und alten KW-Experten zusammentrafen, um die in der Sitzung vom 18. Dezember 1936 innerhalb des VP so deutlich aufgebrochenen Gräben zuzuschütten und für die Lateinamerikaprojekte so etwas wie eine amtliche Sprachregelung auszugeben. Daß dies nur auf Kosten der einen oder anderen Seite gehen konnte, war nicht länger zu bemänteln. Doch war das Unterfangen doppelt schwierig, da hier nicht nur mehrere KW-politische Interessengruppen und zwei kohlenwasserstoffwirtschaftliche Ideologien miteinander konkurrierten, sondern auch zwei Wirtschaftsministerien, die den Streit allein zu verwalten trachteten. Vor dem Hintergrund dieses allgemeinen Ressortkampfes mit seinen vielfältigen taktischen und diplomatischen Manövern ist es auch zu sehen, wenn selbst altgediente Exportwirtschaftsverfechter wie Mulert/RPrWM und von Bülow/AA nicht mehr darum herum kamen, eine Lanze für den Autarkismus zu brechen.[611]

Für die zerrissene Interessenlage war das Ergebnis der Sitzung erstaunlich einmütig. Auf der Agenda standen nicht nur die Südamerikapläne der VP/Rov (Eckert) bzw. VP/Roa/I (Acker), sondern auch das RPrWM + OKM-Projekt Mexiko (Venezuela wurde als Projekt gehandelt, an dem auch das OKM Interesse zeigte). Diplomatisch wurden die jeweiligen Projekte den jeweiligen Interessen zugeordnet. Das Wort der „deutschen Mineralölwirtschaft" meinte im engeren Sinne die Gewerkschaft Elwerath, im weiteren Sinne bezeichnete es eine Strategie, nämlich die oben geschilderte, von IG und Achnacarry-Konzernen verfolgte „halbe Autarkie, halbe Abhängigkeit"; der Begriff

610 Diese Belieferung, die in der folgenden Quelle indirekt angesprochen wird, stieß – wie Bentz auf der Ressortbesprechung am 12. November 1937 verlauten ließ – „infolge des wirtschaftlichen Umschwunges in Amerika plötzlich auf unerwartete Schwierigkeiten" und wurde zurückgezogen: Besprechung am 12. November 1937 über Erdölkonzession der Firma Otto Wolff in Ecuador, v. 18. November 1937, Bl. 3, in: VP, Ecuador allgemein, NLfB 49022.

611 Abschrift RPrWM – III 4279/37 – Besprechung über die Frage des Erwerbs von Erdölkonzessionen in Süd- und Mittelamerika am 14. April 1937. Anwesend: Vorsitz: MR Dr. Mulert, MR Dr. Arlt, Ass. Burchardt, RBR Fischbach, ORR Dr. Hartenstein, RR Dr. Lenz, GA Dr. von Menges, RR Dr. Ter-Nedden, Sonnenburg, BR Wunderlich (alle RPrWM). Prof. Dr. Bentz (PGLA). ORR Dr. Fetzer, OI Feuermann, Dr.-Ing. Strommenger (alle OKM). Dr. von Bülow (AA). K.-H. von Thümen (VP/Roa).

der „allgemeinen deutschen Wirtschaft“ meinte im weiteren Sinne die exportorientierte, von Schacht seit je protegierte rheinisch-westfälische Schwerindustrie, im engeren den Otto Wolff-Konzern:

> „Die Frage des Erwerbs derartiger Erdölkonzessionen ist von 3 verschiedenen Gesichtspunkten aus zu betrachten. 1.) Vom Standpunkt der deutschen Mineralölwirtschaft. 2) Vom Standpunkt der Versorgung der Kriegsmarine. 3.) Vom Standpunkt des Interesses der allgemeinen deutschen Wirtschaft.
>
> Hinsichtlich der inländischen Ölversorgung ist ein dringendes wirtschaftliches Interesse an dem Erwerb von Erdölkonzessionen in den südamerikanischen Ländern nicht vorhanden. Die inländischen Verarbeitungsmöglichkeiten sind begrenzt. Für die Bearbeitung der aus etwaigen deutschen Erdölkonzessionen im Auslande gewonnenen Rohöle fallen die in Deutschland vorhandenen Verarbeitungsanlagen praktisch bis auf unbedeutende Ausnahmen aus, weil die überwiegende Mehrzahl der Verarbeitungsstätten bereits in enger Beziehung zum ausländischen Rohöl steht.[612] Die Neuerrichtung von Anstalten zur Verarbeitung der aus solchen Konzessionen etwa zu gewinnenden Öle kommt schon mit Rücksicht darauf, daß die Ausbeute derartiger Konzessionen fraglich und die Zufuhr der Öle nach Deutschland unsicher ist, nicht in Frage. Deutschland hat daher bekanntlich andere Wege der innerdeutschen Mineralölversorgung beschritten.
>
> Für die Kriegsmarine liegen die Verhältnisse anders. Der Bedarf der Marine an Mineralölen, insbesondere an Heizöl wird erheblich ansteigen. Die Marine ist daher an dem Erwerb von Konzessionen in Süd- und Mittelamerika, insbesondere in Mexiko und Venezuela, zur Sicherung ihrer Ölbasis lebhaft interessiert, soweit die Vorkommen auf der atlantischen Seite dieser Länder küstennah liegen. Das in der politischen Unsicherheit der süd- und mittelamerikanischen Staaten liegende Risiko wird hierbei von der Kriegsmarine nicht als ausschlaggebend erachtet. Für die Verarbeitung der Rohöle für die eigenen Zwecke wird die Kriegsmarine selbst Sorge tragen. Die Ölpolitik der Kriegsmarine wird die inländische Mineralölwirtschaft in keiner Weise stören.
>
> Die deutsche Wirtschaft hat im übrigen insofern ein Interesse an diesen Erdölkonzessionsfragen, als der an sich wünschenswerte weitere Ausbau unserer Handelsbeziehungen zu einzelnen südamerikanischen Ländern (z. B. Venezuela) nur möglich ist, wenn als Gegenleistung für deutsche Waren, außer Kaffee und ähnlichen Erzeugnissen, künftig für uns wichtigere dort anfallende Rohstoffe (besonders Erdöl) bezogen werden können.“[613]

Beschlossen wurde, daß das Mexiko- und das angedachte Venezuelaprojekt im Interesse des OKM durch RPrWM, OKM und Otto Wolff als Regierungsprojekte weitergeführt werden sollten. Für Ecuador wurde dagegen ein Regierungsinteresse abgelehnt. Konzessionserwerb oder Beteiligung seien „dem freien Ermessen interessierter Wirtschaftskreise überlassen [...]. Das Reich kann dabei der Wirtschaft das mit dem Erwerb derartiger Konzessionen in wenig aufgeschlossenen und politisch unzuverlässigen Ländern

---

612 Dies waren vor allem Lieferungen der Achnacarry-Konzerne SO und RD-S, die von IG und den auf Kurs gebrachten Erdölfirmen bewußt zur Ergänzung der Synthesebenzin- und Schmierölproduktion herangezogen wurden: Vgl. Oberkommando der Kriegsmarine – A IV Nr 1813 – an OKW, RWM, VP, AA re Ölversorgung der Kriegsmarine, v. 29. April 1940, Nbg. Dok. PS – 984, IfZ, PS-984, Bl. 5–9.

613 Abschrift RPrWM – III 4279/37 ... (Besprechung am 14. April 1937, Fn. 611), Bl. 1 f.

verbundene Risiko nicht in Form von Ausfallbürgschaften oder anderen weitergehenden Reichsbürgschaften abnehmen."

Diese diplomatische Sprachregelung erlaubte OW, das Ecuador-Projekt weiter zu betreiben, auch wenn die Garantien nicht mehr in Aussicht gestellt wurden.

Die Ölprojekte des RPrWM bis zu seiner Reorganisation im Februar 1938

Keppler als Konkurrent

Die Auseinandersetzung zwischen „Autarkisten" und Exportwirtschaftsanhängern beschränkte sich nicht allein auf das Gebiet der Kohlenwasserstoffe, das zur Einrichtung des VP den größten Beitrag geleistet hatte. Ende 1935 waren der Fe-Erzreferent des Büros Keppler, Paul Pleiger und sein Mitarbeiter und späterer OBH in Görings Reichswirtschaftsministerium (RWM), Oskar Gabel,[614] mit ähnlich kriegswirtschaftlicher Ausrichtung auf Konfrontationskurs zu den Mob-Wirtschaftsplänen OBH Schlattmanns gegangen. Hauptanliegen Kepplers und Pleigers war, die Erschließung heimischer, jedoch unrentabler Eisenerze bei Salzgitter voranzutreiben.[615] Als das Amt für deutsche Roh- und Werkstoffe im Oktober 1936 eingerichtet wurde, war Pleiger vom VP als Referatsleiter in der Abteilung IV übernommen worden,[616] wo er die autarkistische Eisenpolitik weiterbetrieb und Wege aufzeigte, die in Großbritannien zur Lösung von Verhüttungsproblemen ähnlich schlechter Erze beschritten worden waren.[617]

Im Zuge der Auflösung des Büros Keppler selbst im VP hatte Keppler neben der Abteilung Industrielle Fette sich von Göring auch einen geowissenschaftlichen Auftrag erteilen lassen.[618] Dieser ab November 1936 als „Arbeitsgebiet Keppler: Erforschung des deutschen Bodens" firmierende Stab von neun, allesamt der NSDAP angehörigen Geologen unter der Leitung des bisherigen PGLA-Präsidenten von Seidlitz[619] bemühte sich, bislang unwirtschaftliche Lagerstätten auf eine autarkistische Nutzung zu überprüfen bzw. neue zu erschließen.[620]

614 Vgl. Hans Kehrl, *Krisenmanager* ... (1973), 61 und 444 Fn. 8.

615 Richard J. Overy, *War* ... (1994), 97.

616 Dieter Petzina, *Autarkiepolitik* ... (1968), 60. Pleiger und Kehrl, die beide übernommen wurden, weigerten sich anfangs, nicht zuletzt wegen des wenig nationalsozialistischen Erscheinungsbildes des VP: Hans Kehrl, *Krisenmanager* ... (1973), 80 f.

617 Richard J. Overy, *War* ... (1994), 97–99.

618 Keesings-Archiv, 24. Oktober 1936, 2777. Vgl. die unpräzise Formulierung („Oberaufsicht über das Reichsamt für Bodenforschung") bei Hans Kehrl, *Krisenmanager* ... (1973), 80.

619 Vgl. Anwesenheitsliste, Protokoll der Besprechung am 12. November 1937 über Erdölkonzession der Firma Otto Wolff in Ecuador, v. 18. November 1937, in: VP, Ecuador allgemein, NLfB 49022.

620 Neun Geologen: Interview mit dem ehemaligen Keppler-Geologen Prof. Hanfried Putzer v. 8. Oktober 1993. Aufgaben: Interview mit Prof. Putzer v. 7. Dezember 1993. Firmierend: Jahrbuch der PGLA 1938, 32.

Dieses geowissenschaftliche Arbeitsgebiet stellte eine Konkurrenz zur übermächtigen PGLA dar, was von Schachts Bergabteilung unter OBH Schlattmann auch so verstanden wurde. Nun wurde die PGLA zum Schauplatz der Ressortstreitigkeiten: Zum Jahreswechsel 1936/37 gab es an der PGLA-Spitze einen schnellen, lautlosen Wechsel; von Seidlitz wurde aus der PGLA ausgeschlossen, und der Oberbergamtsdirektor J. Versé kam, schnell in den Professorenstand erhoben, auf seinen Posten. Von Seidlitz' Ausscheiden aus der Anstalt wurde im Jahrbuch mit keinem Wort erwähnt.[621] Einen Angriff auf die Zuständigkeit des RPrWM in Geologiefragen hatte es bereits im Herbst 1936 gegeben, als Oberberghauptmann Schlattmann Bentz seiner Verdienste um die Erdölerschließung halber zur Beförderung vom Bezirksgeologen zum Landesgeologen und Professor vorgeschlagen hatte – eine besondere Leitungs- und Besoldungsstufe der PGLA unterhalb der Abteilungsleiterebene. Bei der Reichsleitung der NSDAP war die Ernennung auf Widerstand gestoßen, weil Bentz nicht der Partei angehörte. Auf persönlichen Nachdruck von Schacht wurde der schwäbische „Demokraten-Dickschädel“[622] Bentz schließlich doch ernannt.[623] Daß es sich bei diesen recht drastischen Personalentscheidungen nicht um Bagatellen handelte, machte am 5. Januar 1937 ein mehrstündiger Besuch hoher Regierungsbeamter in der PGLA deutlich: Schacht, Staatssekretär Posse und OBH Schlattmann führten die Konkurrenten aus dem Preußischen Finanzministerium (Staatssekretär Landfried, Ministerialrat Westphal), dem Stabsamt Göring (Ministerpräsident Köhler, Ministerialrat Marotzke und dem Reichskriegsministerium (Oberst Thomas) durch die Abteilungen und Institute in der Invalidenstraße 44. In seiner Pressemitteilung stellte das RPrWM dann, trotz der üblichen harmoniestiftenden Verbrämung, unmißverständlich klar, daß zum einen die PGLA dem RPrWM unterstellt sei und daß zum anderen die PGLA zum „Gelingen des Vierjahresplanes“ vollkommen ausreiche.[624]

Obwohl man im Arbeitsgebiet Keppler neue Wege zu beschreiten glaubte, wenn man mit großem propagandistischen Aufwand jedem Hinweis aus der Bevölkerung über noch so unbedeutende Rohstoffvorkommen nachging, zeigte sich bald, daß gerade bei der Erschließung der Salzgitter und Gifhorner Eisenerze sich weder die PGLA noch die TGL ihre führende geowissenschaftliche Rolle streitig machen ließen. So suchten denn die VP-Geologen mit der PGLA zu kooperieren.[625] Die Bedeutung des Arbeitsgebiets Keppler ist – sieht man von der Entdeckung und Erschließung des niederschlesischen

---

621 Vgl. Personalbestand der Preuß. Geologischen Landesanstalt am 1. 4. 1937, *Jahrbuch der PGLA* 1936, 603–607.

622 So nach eigenem Bekunden: Walter E. H. Carlé, *Werner* ... (1988), 132.

623 Bentz, Supplement ... (11. Februar 1946, siehe Fn. 36), Bl. 2. Ernennung: Personalbestand der Preuß. Geologischen Landesanstalt am 1. 4. 1937, *Jahrbuch der PGLA* 1936, 603. Nicht in der Partei: Vgl. BA, BDC, DZ-Kartei.

624 „Besuch der Geologischen Landesanstalt durch Präsident Schacht“, Tätigkeitsbericht, *Jahrbuch der PGLA* 1936, 588 f.

625 Schriftwechsel der TGL und PGLA mit dem Arbeitsgebiet Keppler in: NLfB 47967. Vgl. Tätigkeitsbericht 1936 im Jahrbuch der PGLA 1937, 575 f.

Kupferschiefervorkommens 1937 ab – ohne Bedeutung geblieben.[626] Von der wissenschaftlichen Reputation konnten die Keppler-Geologen der Konkurrenz in der Invalidenstraße das Wasser nicht reichen; dies sollte sich erst ändern, als Keppler den im April 1937 aus Canton/China heimgekehrten Erdölmuttergesteinsspezialisten und „Erneuerer" Karl Krejci-Graf, ab 1. August 1937 Nachfolger des verstorbenen Otto Stutzer am Brennstoffgeologischen Institut der Bergakademie Freiberg/Sa., für seinen Stab gewann.[627]

Die im Reich wenig zur Geltung kommende geologische und rohstoffpolitische Tätigkeit seines Arbeitsgebiets „Erforschung des deutschen Bodens" – in erster Linie mehr montanstatistischer Natur – konnte Keppler indessen bei der wirtschaftlichen Vorbereitung des Anschlusses Österreichs gewinnbringend einsetzen.[628] Ganz das Gegenteil von Göring, der sich ab Oktober 1936 ebenfalls in der Österreichfrage profilieren sollte,[629] legte der das Rampenlicht der Öffentlichkeit scheuende und äußerst konsensfähige[630] Nationalsozialist Keppler, gemeinsam mit seinem Mitarbeiter Veesenmayer, den Grundstein für die weitere Südosteuropapolitik der deutschen Diktatur.[631] Er konnte dabei auf die Südosteuropastrategien der IG von 1934[632] und die des Mitteleuropäischen Wirtschaftstages (MWT) seit 1929/30 zurückgreifen, jenem großraumwirtschaftlichen Think-Tank der deutschen Großindustrie.[633] Im Juli 1937 übernahm er als Staatsekretär und offizieller Repräsentant des AA die politische Leitung des Anschlusses.[634]

Im Laufe des Jahres 1937 verschärfte sich die Eisenkrise, die angesichts des spanischen Bürgerkriegs und der anti-deutschen Haltung des Hauptlieferanten Schweden eine autarkische Versorgung angeraten erscheinen ließ.[635] Da die für Kontingentierung zuständige Überwachungsstelle für Eisen und Stahl des RPrWM sich dem Zugriff des VP sperrte, setzte Göring im Sommer auf Drängen der Wehrmacht Oberst von Hannecken/HWA als Generalbevollmächtigten für die Eisen- und Stahlwirtschaft ein.[636]

---

626 Vgl. Otto Eisentraut, *Der niederschlesische Zechstein und seine Kupferlagerstätte* (= Archiv für Lagerstättenforschung, 71), Berlin 1939.

627 Der Zeitpunkt seines Eintritts in den Keppler-Stab konnte nicht ermittelt werden. Am 25 Oktober 1938 bezeichnete ihn Keppler gegenüber Göring als „meinen Mitarbeiter auf dem Erdölgebiet": Keppler an Göring v. 25. Oktober 1938, RBF 181, NA, T 401/7, 779–781. Canton etc.: „Personales", *Petroleum* 33 (1937) 48, 8.

628 Vgl. Norbert Schausberger, *Der Griff* ... (1978), 411, 433–441, insb. 437 und 619 Fn. 155.

629 Ebd., 369–378.

630 Vgl. Hans Kehrl, *Krisenmanager* ... (1973), 41 f. et passim.

631 Keppler und Veesenmayer: Vgl. Norbert Schausberger, *Der Griff* ... (1978), 410 f. Südosteuropa: Ebd., 376–380.

632 Peter Hayes, *Industry* ... (1987), 128–132.

633 Vgl. Geschäftsbericht Theo von Wilmowsky/MWT auf der Mitgliederversammlung des MWT am 22. November 1938 über die Pläne deutscher Monopole in den Jahren 1929 bis 1931 zur Ausplünderung Südosteuropas, Dok. 6, *Anatomie* ... (1969), 86 f.

634 Norbert Schausberger, *Der Griff* ... (1978), 410–420.

635 Richard J. Overy, *War* ... (1994), 97–99.

636 Dieter Petzina, *Autarkiepolitik* ... (1968), 64.

Diese Maßnahme, die Rohstoffzuteilung für die Rüstungsbetriebe alternativ zum RPrWM zu regulieren, blieb weitgehend wirkungslos.[637] Pleiger, ehemals Eisenreferent im Büro Keppler, drängte die Ruhrmontanindustrie, insbesondere die Vereinigten Stahlwerke, zur Ausbeutung der Eisenerze bei Gifhorn und Salzgitter, die sich jedoch wegen der mangelnden Rentabilität sehr abgeneigt zeigten. Im Juli 1937 zog Pleiger daher mit Görings Rückhalt den staatseigenen Montankonzern „Reichswerke AG »Hermann Göring«" (Reichswerke) auf, um in staatlicher Regie diese Erze der Rüstung zur Verfügung zu stellen.[638] Diese Maßnahme, die anfangs noch nicht als bleibende Lösung gedacht war,[639] untergrub die Stellung der Montankonzerne, die Hausmacht Schlattmanns und Schachts im RPrWM, und in der unterschiedlichen Haltung zum neuen Staatskonzern zeichneten sich schnell die unterschiedlichen Interessen der einzelnen privaten Konzerne ab. Diese Reichswerke-Krise (Overy) vertiefte die Konkurrenz zwischen den beiden Wirtschaftsministerien und betrieb schließlich den Sturz Schachts, seinen Rücktritt als Reichswirtschaftsminister am 26. November 1937 und die Reorganisation des RPrWM im Februar 1938.[640]

Die Ölpolitik des RPrWM bis Februar 1938

Wenn in der Phase der Auseinandersetzung zwischen VP und RPrWM von November 1936 bis Sommer 1937 sich schon kein wirtschaftspolitischer Konsens finden ließ, so lavierten die beiden konkurrierenden Wirtschaftsministerien noch und gingen taktische Kompromisse ein. Seit sich der VP im Sommer 1937 auf einen reinen Autarkiekurs festgelegt hatte, fielen spätestens in der Auseinandersetzung um die Reichswerke sowohl diese Kompromisse als auch jede Verständigung weg, und zum Vorschein kam ein polykratisches Chaos ohne langfristige ölpolitische Strategie. Die Ölpolitik wurde nun in viel stärkerem Maße als vorher von äußeren Umständen und von Zufällen bestimmt. Im Machtvakuum entwickelten sich Partikularinstanzen prächtig, und Bentz sollte zum wichtigsten Regierungsvertreter für außenwirtschaftliche Ölprojekte avancieren.

Mexiko-Projekt bis November 1937

Ab Sommer 1937 betrieb das RPrWM unter Schacht, in dessen Ressort als GBW auch die wirtschaftliche Mobilisierung fiel,[641] im Verein mit OKM und AA das Mexiko-Projekt mit größerem Eifer als zuvor.

Begonnen hatten die deutschen Bemühungen in dem mittelamerikanischen Land, nachdem sich ab Dezember 1935, dank der Obstruktion der Briten, dem Irak-Projekt immer neue, unerklärliche Widerstände in den Weg gestellt hatten. Dazu kam, daß in

---

637 Gerhard T. Mollin, *Montankonzerne* ... (1988), 63.

638 Vgl. Hans Kehrl, *Krisenmanager* ... (1973), 103–107.

639 Vgl. Ankündigung von Hanneckens vor Montanindustriellen am 10 Januar 1938, die Reichswerke zu privatisieren: Franz Neumann, *Behemoth* ... (1998), 354.

640 Gerhard T. Mollin, *Montankonzerne* ... (1988), 52–77. Richard J. Overy, *War* ... (1994), 93–118.

641 Vgl. Dieter Petzina, *Autarkiepolitik* ... (1968), 69–71.

der Kohlenwasserstoffrage, die im Mittelpunkt der Auseinandersetzung zwischen IG, RKM, WStb, Heer, RLM und Luftwaffe auf der einen sowie dem RPrWM und OKM auf der anderen Seite stand, Ressortstrategien die Ölstrategien sehr wohl beherrschten. Im März 1936 hatte Keppler, der sich zu diesem Zeitpunkt noch größte Hoffnungen auf ein autarkistisches Treibstoffkommissariat machen konnte, jede deutsche Beteiligung im Irak rundweg abgelehnt.[642] Auch das RFM zeigte sich hinsichtlich der Chancen im Irak skeptisch.[643]

Die Finanzierungsschwierigkeiten und damit das Problem, die BOD nicht durch die deutsche Gruppe übernehmen zu können, hatten die beteiligten deutschen Regierungsstellen im Frühling 1936 nach anderen Möglichkeiten suchen lassen, Kapital für das Irakprojekt zu finden. Hier zauberten die Ölreferenten des OKM (Fetzer, Bastian, Adam) den unentwegten *outsider* William R. Davis aus dem Hut, mit dessen undurchsichtigem Firmennetzwerk bereits Gottfried Feder sein Raffinationsprogramm zum Laufen hatte bringen wollen. Das Rohöl sollte aus Mexiko, wo Davis mit der Regierung über das staatliche Konzessionsgebiet (Papantla-Distrikt) verhandelte, durch die Davis-Bohrgesellschaft Sabalo mit Sinclair-Beteiligung erbohrt und mit industriellen Gegenleistungen (Bohrgeräte)[644] aus dem Deutschen Reich devisenfrei gekauft werden; im Sommer 1934 war im Rahmen dieses Plans mit dem Bau der Hamburger Raffinerie der deutschen Davis-Tochter EUROTANK begonnen worden, wo die Rohöle raffiniert werden sollten.[645] Noch durch Feder und Keppler vermittelt, bestand seit 1934 ein Kontakt zwischen Fetzer von der Marineleitung und Davis, mit Plänen, auch die aufzubauende Marine mit mexikanischem Öl zu versorgen.[646] Dank der Umorientierung der Ölpolitik unter Schacht seit Sommer 1934 zerschlug sich dieser Plan einstweilen, und auch in Mexiko selbst hatte Davis auf Widerstand gebissen, da die neue mexikanische Regierung unter Lázaro Cárdenas (seit Ende 1934), bevor sie neue Konzessionen an ausländische Konzerne bewilligte, sich ausbedungen hatte, eine eigene staatliche Ölgesellschaft, die Petromex, zu gründen, was sich bis 1935 hinzog. Ähnlich wie in Rumänien, wo seit Mitte der dreißiger Jahre die internationalen Konzerne in ihrer Bewegungsfreiheit eingeschränkt wurden,[647] war man auch in Mexiko darauf bedacht, eine nationale Reserve an aussichtsreichen Terrains zu schaffen, die von der Weltpolitik der internationalen Konzerne unbehelligt bleiben sollten. Die staatseigene Petromex sollte zu selbstdefinierten Zwecken die Erschließung dieser Gebiete in Angriff nehmen.[648] Da sie ebenso wie ihre Nachfolgerin, die staatliche Erdölverwaltung AGPN, keinen eigenen Bohrbetrieb besaß, war sie darauf angewiesen, die Bohrungen entweder als Lohnboh-

642 Vgl. Klaus Volland, *Das Dritte* ... (1976), 86 f. und 253 Fn. 23.
643 Helmut Mejcher, *Die Politik* ... (1980), 138.
644 Hier gab es offenbar bereits Kritik der Amerikaner an der rückständigen deutschen Bohrtechnik: Klaus Volland, *Das Dritte* ... (1976), 85 und 252 Fn. 12.
645 Ebd., 83 f.
646 Ebd., 84 und 251 Fn. 8.
647 Vgl. Maurice Pearton, *Oil* ... (1971), 185–211.
648 Klaus Volland, *Das Dritte* ... (1976), 84.

rungen zu vergeben oder den ausführenden Gesellschaften Beteiligungen zu überschreiben.[649] Auf diese Beteiligungen setzten Davis und das OKM.

Mexiko, seit 1913 Erdölproduzent und Anfang der zwanziger Jahre zweitgrößter Produzent der Welt, baute, was die Entwicklung des Landes nach der Revolution von 1917 anging, auf seinen Erdölreichtum. Die Möglichkeiten waren jedoch sehr begrenzt, da die Förderung vor Gründung der Petromex ausschließlich durch die internationalen Konzerne betrieben wurde. Den Löwenanteil von 65 % produzierte Mitte der dreißiger Jahre die seit 1913 in Mexiko tätige Mexican Eagle Company (spanisch: Aguila),[650] die 1918/19 von ihrem Gründer Sir Weetman Pearson Viscount Cowdray zum Teil an die RD-S veräußert worden war.[651] Der Status der Gesellschaft im RD-S-Imperium war etwas unklar, da RD-S nur eine Minoritätsbeteiligung innehatte, sich aber trotzdem die Leitung vorbehielt. Gegenüber der neuen mexikanischen Regierung Cárdenas, der als ausgesprochen linker Politiker galt, die syndikalistische Bewegung nachhaltig förderte und exilierte Sozialisten und Kommunisten unterschiedlichster Provenienz aufnahm (z. B. Trotzki),[652] bemühte sich die Aguila um einen ausgleichenden Kurs, was in der Londoner Konzernspitze – insbesondere beim alternden Generaldirektor, Antikommunisten und Hitler-Fan Deterding – auf wenig Verständnis stieß.[653] Gleichfalls in Mexiko präsent – und ebenso unbeliebt – waren die US-amerikanischen Achnacarry-Konzerne SO und Gulf Oil sowie die *outsiders* Davis + Sinclair (Sabalo) und Cities Service.[654]

Das OKM hatte trotz der zeitweilig gegen *outsider* eingestellten Ölpolitik Schachts Davis nicht fallengelassen, von dessen EUROTANK sie ab 1936 Heizöllieferungen bezog – das Rohöl stammte 1936 aus den USA, vermutlich von Sinclair, und 1937 bereits aus den produktiven Bohrungen der Sabalo in Mexiko.[655]

Großadmiral Raeder und sein Ölreferent Fetzer – sich auf die vorjährige gutachterliche Tätigkeit von Alfred Bentz im Irak stützend – hatten im Februar 1936 den PGLA-

---

649 Kein Bohrbetrieb: Bentz, Geologische Stellungnahme zu dem Angebot El Plan (Isthmus) von Tehuantepec, v. 26. Januar 1937, NLfB 49037, Bl. 2. Lohnbohrungen: Bentz [an Fetzer/OKM], Bericht ueber die Moeglichkeiten von Erdoelbeteiligungen in Mexiko, v. 30. Oktober 1936, NLfB 49035, Bl. 4 f. und 7 (Acuña y Meier des deutschen Konsuls Meier). Dieser Bericht ist identisch mit dem bei Volland zitierten Bericht von Bentz an Fetzer: Klaus Volland, *Das Dritte* ... (1976), 254 Fn. 30 mit Verweis auf AA, Ha Pol, Petroleum I, Bd. 1.

650 Daniel Yergin, *Der Preis* ... (1991), 354.

651 George Elliot Sweet, *The History* ... (1978), 118.

652 Klaus Volland, *Das Dritte* ... (1976), 59 f.

653 Daniel Yergin, *Der Preis* ... (1991), 355 f. Nach Erbeutung des RD-S-Archivs in den Niederlanden im Mai 1940 wurde die RD-S Beteiligung an der Aguila von der Deutschen Revisions- und Treuhandgesellschaft mit 14 % bezeichnet, einen nicht bekannten %-Satz hielt die Canadian Eagle Oil Co, an der die Bataafsche 17% hielt, deren übrige Kapitalverteilung den deutschen Revisoren jedoch unbekannt war: Deutsche Revisions- und Treuhand-AG/Geschäftsstelle Den Haag, Vorläufiger Bericht über die Prüfung bei der N.V. Koninklijke Nederlandsche Maatschappij tot Exploratie van Petroleumbronnen in Nederlandsch-Indie und der N.V. de Bataafsche Petroleum Maatschappij in Den Haag, v. 24. August 1940, Anlagen NLfB 48178.

654 Daniel Yergin, *Der Preis* ... (1991), 354.

655 Klaus Volland, *Das Dritte* ... (1976), 84 und 252 Fn. 11.

Geologen nunmehr direkt beauftragt, die Aussichten der Davis-Konzession im Papantla-Distrikt/Vera Cruz, Mexiko zu prüfen.[656] Bentz zog wie üblich optimistische Schlüsse, die er in einem Gutachten vom 18. April 1936 zusammenfaßte.[657] In dem Gebiet hatten seit 1928 zwei Gruppen konkurriert: Huntley & Huntley, Pittsburgh, die nun für Davis' Sabalo arbeiteten, und die Aguila (= RD-S). 1928 war der Aguila mit der Mecatepec No. 4 die Erschließung des Feldes Poza Rica gelungen.[658] Zum Zeitpunkt von Bentz' erster Mexikoreise befand es sich mitten in der Erschließung, wobei Sabalo, Petromex und Aguila unter vertraglich keineswegs abgeschlossenen Verhältnissen nebeneinander Bohrungen niederbrachten. Bentz attestierte dem Feld *giant*-Qualitäten. Poza Rica war nicht nur eine junge Lagerstätte, die im Gegensatz zu den alten mexikanischen Feldern bei Tampico und der Golden Lane noch erhebliche Produktionsaussichten bot, sondern förderte mit hohen Drücken eruptiv aus hochporösen Ölträgern; außerdem hatten sich Sabalo, Petromex und Aguila auf eine schonende Ausbeutung des Feldes mit weiten Bohrabständen geeinigt, was dem Feld eine lange Lebensdauer in Aussicht stellte.[659]

Nach Bentz' Rückkehr im März 1936 kam es zur Aussprache der Ressorts, wobei das *outsider*-freundliche OKM gegen den Widerstand von RPrWM und RFM darauf drängte, Davis für das Irak-Projekt mit ins Boot zu holen und den Devisenerlös der im Herbst 1936 notgedrungen an die IPC verkauften BOD-Anteile (£ 600.000 = ca. RM 7.800.000) in dessen mexikanische Konzession zu stecken.[660] Weil Davis mit seiner

---

656 Direkt: Vgl. Hans-Jürgen Zetzsche, *Logistik*... (1986), 68, der aber sehr ungenau ist. Die Direktbeauftragung geht auch daraus hervor, daß Bentz seine Berichte vom 18. April 1936 und 30. Oktober 1934 an Fetzer/OKM erstattete: Vgl. Bentz [an Fetzer/OKM], Bericht... (vom 30. Oktober 1936, siehe Fn. 649), Bl. 1 f.

657 Erwähnt in Bentz [an Fetzer/OKM], Bericht... (vom 30. Oktober 1936, siehe Fn. 649), Bl. 1 f. und 3: Bentz ging im ersten Gutachten von einer ölführenden Fläche von 70 km^2 aus (was er im Oktober 1936 hinaufkorrigierte) bei einer minimalen Mächtigkeit von 150 m = 10, 5 Milliarden m^3. Bei einer angenommenen Porosität des Trägers von 15–20% machten hiervon 1.575.000.000–2.100.000.000 m^3 den Ölanteil aus. Hiervon sollten sich nach Bentz' Berechnung infolge des hohen Lagerstättendrucks über die Jahre hinweg insgesamt 30% fördern lassen (Entölungsprozentsatz), d.h. er kam auf eine Gesamtproduktion des Feldes von 472.500.000–630.000.000 m^3. Nach Klaus Volland, *Das Dritte*... (1976), 102 benutzte Bentz einen aufgerundeten Umrechnungsfaktor von 6,3 für die Umrechnung von m^3 in Barrel – bei handelsüblichen 158,988 l pro Barrel hätte es eigentlich ein Faktor von 6,29 sein müssen: Vgl. I. K. Turyn, *Petroleum-Vademecum*, Wien 1940. Damit kam er auf eine Gesamtproduktion von 2.976.800.000–3.969.000.000 Barrel (= 407.780.000–543.700.000 t). Im Oktober 1936 rundete er diese Aussichten nach oben auf 4,3 Milliarden Barrel (= 589.041.000 t) auf.

658 Huntley & Huntley, Report on Papantla, Vera Cruz, Mexico, v. 15. August 1932, NLfB 49034, Bl. 2.

659 Vgl. Bentz [an Fetzer/OKM], Bericht... (vom 30. Oktober 1936, siehe Fn. 649), Bl. 1–7. Den förderbaren Lagerstätteninhalt berechnete Bentz im Oktober 1936 mit 4,3 Milliarden Barrel = 589 Millionen Tonnen [Durchschnittskoeffizient 6,3] Zur Politik der schonenden Ausbeutung und der „Unitization" siehe S. 24.

660 Verkauf im Herbst: Helmut Mejcher, Die Politik... (1980), 141 f. £ 600.000: OKM an OKW... (vom 29. April 1940, siehe Fn. 612), Bl. 5 et passim. Nach Jäger/Ferrostaal waren es £ 750.000 in

Firma Sabalo in Mexiko jedoch einen Bestechungsskandal verursacht hatte, der sogar den Petromex-Präsidenten Ortiz Rubio die Stellung kostete („Sabalo-Skandal“),[661] hatte die deutsche Gesandtschaft ab Juni 1936 immer dringender von einer Kooperation mit Davis abgeraten.[662] Spätestens im September 1936 hatte sich auch das OKM dazu durchgerungen, Davis über kurz oder lang fallen zu lassen, und im September 1936 entsandte es Bentz ein zweites Mal nach Mexiko, um die Aussichten für die Betätigung einer eigenständigen deutschen Gesellschaft zu prüfen. Auf eigene Faust in Mexiko atlantiknahes Öl zu produzieren und über den Ozean zu transportieren, wurde nun zur offiziellen Strategie des OKM, dem bald ein strategischer Raffinationsstandort auf den Kanarischen Inseln vorschwebte und das – im Gegensatz zur IG und ihren heeresfixierten Wirtschaftsoffizieren – keinerlei Sicherheitsbedenken gegen den überseeischen Transportweg hatte.[663] Noch aus Mexiko konnte Bentz, der sich bei Davis‘ Geologen Huntley & Huntley in New York mit reichlich Material über das Feld Poza Rica versehen hatte,[664] in antisemitischem Tonfall eine Reihe von Beteiligungsangeboten melden, vor allem von der Petromex.[665] Die Aussichten, daß die mexikanische Regierung einer deutschen Konzession zustimmen würde, verdüsterten sich wegen des Sabalo-Skandals

Material und in bar: Jäger an Ernst Rudolf Fischer/RWM II Min.Öl., Memorandum über die Mosul Oil Fields Ltd., v. 23. Januar 1942. Anlage zu Ost Öl GmbH, Hptm Jäger an Chef OKW Abt Ro V, zHd Kpt z.S. Griebel re Iraq, v. 23. Jan. 1942, Bl. 5. Umrechnung: Schlumberger, Études ... (vom August 1934, siehe Kapitel 1, Fn. 290), Bl. 43–48 und 75 ff.

661 Vom Geologen der Petromex vor Ort [Resident, im Text Diktatfehler „Präsident“], Sam Katz/Petromex, erfuhr Bentz im Herbst 1936, Davis halte 50 % der Petromex, und es war offenbar sein Ziel – so paradox es klingt – Haupteigner dieser staatlichen Gesellschaft zu werden: Bentz [an Fetzer/OKM], Bericht ... (vom 30. Oktober 1936, siehe Fn. 649), Bl. 5.

662 Klaus Volland, *Das Dritte* ... (1976), 85.

663 Klaus Volland, *Das Dritte* ... (1976), 87. Vgl. Weissmüller/OKM – B.Nr. 15413 BB. V b – an Burandt/Dt. Ges. Mexiko re Erdölkonzession in Mexiko, v. 26. September 1936 als Anlage zu Fetzer/OKM – B.Nr. 17016 BB. V b- an das AA re Erdölkonzession in Mexiko, v. 21. Oktober 1936, Dok. 619, *Akten zur deutschen ... Serie C, Bd. 5.2* (1977), 1051 f. Kanarische Inseln: OKM an OKW ... (vom 29. April 1940, siehe Fn. 612), Bl. 7. Sicherheitsbedenken: Vgl. Helmut Mejcher, *Die Politik* ... (1980), 142 f.

664 Bentz [an Fetzer/OKM], Bericht ... (vom 30. Oktober 1936, siehe Fn. 649), Bl. 1. Material von Huntley: Huntley & Huntley, Report on Papantla, Vera Cruz, Mexico, v. 15. August 1932, NLfB 49034 sowie Abschriften William F. Jones/MIT, The general geological features of the Tabasco and Campeche region in their relation to the occurance of petroleum, nd, NLfB 49024, H.J. von Hagen, Preliminary report on the possibilities of finding oil and gas in commercial quantities in the states of Yucatan and Campeche and the territory of Quintana Roo, in the nation of Mexico, nd, NLfB 49039; vor allem: Huntley & Huntley, Estimated value Sabalo Transportation Co., S.A. properties Poza Rica field, district of Papantla, state of Vera Cruz, Mexico, v. 1. September 1936, NLfB 49033.

665 Tonfall: Bentz gelang der für die sich entwickelnde deutsche Identität notwendige Antisemitismus bereits sehr überzeugend, indem er Katz (*resident geologist* der Petromex) sogleich als „naturalisierten englischen Juden“ erkannte und rapportierte. Bentz [an Fetzer/OKM], Bericht ... (vom 30. Oktober 1936, siehe Fn. 649), Bl. 5. Melden: Ebd., Bl. 7–9. Vgl. Klaus Volland, *Das Dritte* ... (1976), 87.

zum Jahresende 1936 jedoch kurzzeitig, und überdies ließ Max Ilgner/IG, der sich ebenfalls gerade in Mexiko aufhielt, die versteckte Drohung ergehen, die mit der IG kooperierenden Achnacarry-Konzerne könnten durch ein deutsches Ölengagement in Mexiko verstimmt werden. Da der IG-Manager keinen Hehl aus der Ölstrategie machte, die die IG für ihr „Deutschland" vorgesehen hatte,[666] fürchtete Fetzer vom OKM den Konflikt mit den VP-Stellen, auch jenen nicht-autarkistischen, die sich mit dem Ecuador-Venezuela-Projekt befaßten (VP/Rov und VP/Roa/I), und drang auf größte Vertraulichkeit und Verschwiegenheit gegenüber den VP-Stellen.[667]

Obwohl die Regierung Cárdenas, die Waffenkäufe für die spanischen Republikaner tätigte, politisch offen zu den Gegnern der deutschen Diktatur zählte, war sie an einem deutschen Ölengagement sehr interessiert,[668] um ein Gegengewicht gegen die Achnacarry-Konzerne im Land zu schaffen. Dies stand im Kontext der langfristigen Bemühungen der Regierung Cárdenas, die Erdölindustrie zu verstaatlichen und die Situation der Beschäftigten zu verbessern, wobei einem möglichen deutschen Kooperationspartner die Rolle zugedacht war, das nötige *know how* bereitzustellen.[669] Eine wirtschaftspolitische Annäherung an das „Dritte Reich" konnte jedoch nur fernab des publizistischen Treibens geschehen, das in Mexiko durch eine starke kommunistische Lobby und ein idealistisches Engagement für die spanische Republik geprägt war.[670] Im Deutschen Reich lagen die Dinge ähnlich: Einerseits war man wegen des „Veracruz"-Skandals vom September 1936 gegenüber der mexikanischen Regierung offiziell verschnupft und reagierte mit einer Art Handelsembargo;[671] andererseits wollte man es sich – angesichts der von Bentz gemeldeten grundsätzlichen Möglichkeiten in Mexiko – nicht mit der Regierung Cárdenas verscherzen und saß die Noten aus Mexiko, ob das Deutsche Reich die mexikanische Republik nun boykottiere oder nicht, einfach aus.[672]

---

666 Diese Strategie beinhaltete a) autarkistische Produktion auf Basis der IG-Patente, zu rechtfertigen mit wehrwirtschaftlicher Argumentation; b) Belieferung durch die Achnacarry-Konzerne mit den Produkten und Mengen, die durch die autarkistische Produktion nicht hergestellt werden konnten: Ilgner, IG-Konzernbericht über meine Ibero-Amerika Reise Aug.–Dez. 1936. Allgemeiner Teil und Beobachtungen zu den einzelnen Ländern, 133, zititert nach Klaus Volland, *Das Dritte* ... (1976), 87 und 254 Fn. 33.

667 Klaus Volland, *Das Dritte* ... (1976), 87 f., 253 Fn. 29. und 254 Fn. 33.

668 Bentz wurden im September und Oktober 1936 von der mexikanischen Regierung vielfältige Beteiligungen in den für die Petromex reservierten Staatsterrains angeboten: Bentz [an Fetzer/OKM], Bericht ... (vom 30. Oktober 1936, siehe Fn. 649).

669 Vgl. Klaus Volland, *Das Dritte* ... (1976), 100.

670 Ebd., 65–79.

671 Im Sommer 1936 hatte die „Veracruz", ein mexikanischer Frachter, ausgerechnet in Hamburg versucht, tschechische Waffen für die Spanische Republik an Bord zu nehmen, die offiziell für Mexiko deklariert waren. Wegen Schwierigkeiten bei der Abfertigung verließ die „Veracruz" Hamburg ohne die Lieferung und lud in Antwerpen andere Waffen. Allerdings gingen in einem Zugabteil Dokumente verloren, die den wahren Bestimmungsort der Waffen verrieten, was von der belgischen Presse, der diese in die Hand fielen, weidlich ausgeschlachtet wurde: Klaus Volland, *Das Dritte* ... (1976), 72 f.

672 Klaus Volland, *Das Dritte* ... (1976), 75

Die mexikanische Verstimmung wegen des Sabalo-Skandals flaute bald wieder ab, und im Februar 1937 ergingen über den mexikanischen Botschafter in Frankreich neue Beteiligungsangebote an das „Dritte Reich".[673]

Wenngleich die IG mit den Implikationen des Mexiko-Projekts nicht einverstanden war – der unkontrollierbaren Konkurrenz durch devisenfreies, preisgünstigeres Erdöl[674] –, so hatte sie im Frühjahr 1937 entweder noch nicht die politische Handhabe, das Projekt zu stoppen, oder sie mußte sich in die Einsicht fügen, die Marine mit Heizöl nicht beliefern zu können. Außerdem brach im Jahr 1937 ein Stützpfeiler der IG-„Mineralölwirtschaft" weg: Die Achnacarry-Konzerne RD-S und SO, die bislang Heizöl an das OKM gegen Reichsmark geliefert hatten, nahmen im Zuge des Boykotts, der sich gegen Italiens Unterstützung der nationalspanischen Truppen richtete, auch das Deutsche Reich in die Pflicht und forderten für die Heizöllieferungen nun harte Devisen. In Ermangelung derselben mußten die Regierungsstellen wieder auf *outsiders* wie Davis zurückgreifen.[675] Mit einem Lieferungsstopp der Achnacarry-Konzerne konnte die IG nun nicht mehr drohen. Im Mai 1937 war die Mexikostrategie des OKM so „amtlich", daß Hitler, als anläßlich der Akkreditierung des mexikanischen Gesandten in Berlin, General Azcárate, nicht nur mexikanische Rohstoffe sondern auch die Spanienfrage diskutiert wurden, das Bekenntnis des mexikanischen Gesandten zur Spanischen Republik gnädig hinnahm und man sich sogar in herzlichem Einvernehmen trennte.[676]

Während die IG über ihre Wirtschaftsoffiziere im Sommer 1937 die Reorganisation des VP zu ihren Gunsten durchsetzte,[677] kam neues Leben in das Mexiko-Projekt, denn dort ging die Verstaatlichung der Erdölindustrie voran. Nach dem sog. Enteignungsgesetz vom November 1936 (Heimfall von Konzessionen) hatte die Regierung im März 1937 die Administración General del Petróleo Nacional (AGPN) als Nachfolgerin der Petromex aus der Taufe gehoben und sämtliche Ölvorkommen des Landes unter die Vollmacht des Staatspräsidenten gestellt.[678] Dies bedeutete noch keine Enteignung der Achnacarry-Konzerne, sondern stärkte zunächst nur die Position des Staates bei Explo-

673 Ebd., 89.

674 „(Im übrigen) wird von der deutschen Mineralöl-Wirtschaft der Standpunkt vertreten, daß in außergewöhnlichen Fällen die Einfuhr von Öl aus Mexiko durch den weiten Überseeweg praktisch gesperrt sein wird, und daß es für normale Zeiten nicht angebracht sein dürfte, die bisherigen Öllieferanten Deutschlands durch eine Neugründung in Mexiko aus ihrem Geschäft zu verdrängen, zumal die neu zu gewinnenden Quantitäten für den deutschen Markt keine Entlastung bedeuten würden und für den Absatz in ausländischen Gebieten die erforderliche Verkaufsorganisation fehlt [...]": Ilgner, IG-Konzernbericht über meine Ibero-Amerika Reise Aug.–Dez. 1936. Allgemeiner Teil und Beobachtungen zu den einzelnen Ländern, p. 133, zititert nach Klaus Volland, Das Dritte ... (1976), 87 und 254 Fn. 33.

675 OKM an OKW ... (vom 29. April 1940, siehe Fn. 612), Bl. 5.

676 Im Laufe der Zeit haben sowohl Neurath als auch Azcárate dieses Gespräch in unterschiedlichster Form wiedergegeben. Zur kritischen Interpretation: Vgl. Klaus Volland, *Das Dritte* ... (1976), 76–79.

677 Vgl. Dieter Petzina, *Autarkiepolitik* ... (1968), 64 und 117.

678 Klaus Volland, *Das Dritte* ... (1976), 88.

ration und Produktion. Am 21. August 1937 erging dann an die deutsche Gesandtschaft das Angebot der AGPN, eine deutsche Gesellschaft könne acht Bohrungen im Feld Poza Rica übernehmen. Das Angebot war für das OKM so verlockend, daß gleich am 24. und 26. August Ressortsitzungen mit RPrWM und AA einberufen wurden, auf denen Fetzer/OKM verkünden konnte, die VP-Stellen würden sich in dieses Projekt nicht mehr einmischen; als Ergebnis übermittelte man nach Mexiko ein grundsätzliches Interesse an der Option, bat sich aber Bedenkzeit aus.[679] Die Stellen hofften, daß sich über die 8 Bohrungen hinaus eine grundsätzliche Beteiligung am Aufbau einer verstaatlichten mexikanischen Erdölindustrie verwirklichen ließe. Zu diesem Zweck wurde Anfang September 1937 in Berlin die „Gesellschaft für überseeische bergbauliche Unternehmungen" (Überseeische) gegründet, deren Organisation die Dresdner Bank übernahm.[680] Die Überseeische, deren Fördergesellschaft die DPAG-DEA sein sollte,[681] hatte von Anfang an einen sehr staatlichen Charakter und galt gemeinhin als Tarnfirma des OKM.[682]

Mitte September 1937 reisten Bentz und ein Direktor der Dresdner Bank, Karl-Heinz Erk, als Unterhändler der Überseeischen nach Mexiko, um umfassende Beteiligungen auszuhandeln. Die Brisanz des Projekts war ihnen bewußt – im Reich opponierten die IG-„Autarkisten", von außen die in Mexiko verhaßten Achnacarry-Konzerne genauso wie die deutschfeindliche Öffentlichkeit in Mexiko. Daher sollte die Überseeische möglichst nicht als deutsche Gesellschaft in Erscheinung treten. In Erwartung weiterer Verstaatlichungsschritte wollten Bentz und Erk den Schulterschluß mit der mexikanischen Regierung suchen.[683] Bentz faßte etwas später die Kriterien für die Erdölkonzessionen bzw. Beteiligungen zusammen, deren politischer Charakter eine langfristige exploratorische Entwicklung, wie sie in der Erdölindustrie üblich war, unmöglich machte:

> „Bei der Suche nach einer deutschen Beteiligungsmöglichkeit an mexikanischen Ölfeldern musste davon ausgegangen werden, 1.) dass die zu erwartenden Gebiete mit einer möglichst grossen Wahrscheinlichkeit ölführend sind, 2.) dass das Gebiet durch andere Bohrungen bereits möglichst aufgeschlossen ist und 3.) dass durch möglichst geringe Entfernungen zur Küste die Transportmöglichkeiten günstig sind.
>
> Ausserdem machen es die politischen Verhältnisse in Mexiko notwendig, möglichst eng mit der staatlichen Administracion General del Petroleo Nacional zusammenzuarbeiten. Etwaige Beteiligungsmöglichkeiten an privaten Konzessionen mussten daher zurückgestellt werden, da die Rechtslage dieser Konzessionen im allgemeinen unsicher ist."[684]

---

[679] Ebd., 90.

[680] Klaus Volland, *Das Dritte* ... (1976), 91.

[681] Erk und Pilder/Dresdner Bank/Ausland – Direktion an Keppler/AA re Erdölgewinnung für deutsche Rechnung auf dem Isthmus von Tehuantepec, Mexico, v. 11. April 1939, Ordner Dresdner Bank Isthmus-Vertrag, RBF 137, NA, T 401/4, 1088 f.

[682] Klaus Volland, *Das Dritte* ... (1976), 97 und 265 Fn. 65.

[683] Ebd., 91.

[684] Bentz, Beteiligungsmöglichkeiten an mexikanischen Ölfeldern (Reise September/Oktober 1937), v. 15. Januar 1938, NLfB 49044, Bl. 73 f.

Bei ihrer Einreise in Mexiko kam es zu öffentlichen Protesten.[685] Aber auch hinter den Kulissen stießen sie auf Schwierigkeiten: Auf der ersten Besprechung mit dem Präsidenten der AGPN, Manuel Santillán, erfuhren sie, daß man den Deutschen statt 8 nur 2 Bohrungen zugedacht hatte. Schließlich gelang es Bentz und Erk, über die Bohrungen hinaus die gewünschte „Zusammenarbeit in grösserem Rahmen" zu vereinbaren, wie Bentz am 10. November in seinem Bericht an die beteiligten Ressorts niederlegte.[686] Diese sah vor, daß aus innenpolitischer Rücksichtnahme zwar keine Konzession an die Überseeische erteilt, ihr die AGPN jedoch „gewisse erdölhöffige Teile der nationalen Reserve zum Abbohren und restlosen Ausbeuten zur Verfügung stellen" würde:

> „Die uns bei der vorgesehenen Regelung zugestandenen Rechte der Erschliessung und Förderung würden jedoch praktisch einer Konzessionserteilung entsprechen."[687]

In einem zu schließenden Vertrag mit der AGPN ging es nur noch darum, den Prozentsatz der Abgaben in Erdöl an die Regierung (*royalties*) festzulegen:

> „Die nach Abzug des Förderzinses, der in Öl zu leisten ist, verbleibende Ölmenge würde je zur Hälfte zwischen der Administracion General und der deutschen Gesellschaft aufgeteilt. Bestimmungen des Vertrages versuchen eine Sicherheit dafür zu schaffen, dass die Gesellschaft ungestört arbeiten kann und im Falle von Arbeiterunruhen usw. von der Administracion General entschädigt wird."[688]

Nach solchen Bedingungen hätten sich die von Streiks geplagten Achnacarry-Konzerne die Finger geleckt. Auch in privatrechtlicher Hinsicht sollte die Überseeische von der Kooperation mit der AGPN profitieren. Die AGPN hatte sich bei den in Mexiko tätigen internationalen Gesellschaften das Vorrecht ausbedungen, 20 % ihrer Pipelinekapazitäten zu nutzen. Ein Teil dieser Nutzungsrechte sollte auf die Überseeische übergehen, die auch künftige staatliche Pipelines benutzen durfte.[689]

Bentz hatte sich durch verschiedenartigstes wissenschaftliches Material, teils auch durch eigene Anschauung von seinen Reisen im Februar und Oktober 1936, über die Gegebenheiten in Mexiko informiert:[690]

---

685 Klaus Volland, *Das Dritte* ... (1976), 92.

686 Klaus Volland, *Das Dritte* ... (1976), 92 f. und 255 Fn. 48. Dieser Bericht wurde am 19. November 1937 auf einer Ressortbesprechung zwichen OKM, RPrWM, AA, Dresdner Bank und Bentz in Berlin erörtert und ist identisch mit: Bentz, Bericht über den Stand der Verhandlungen über Ölmöglichkeiten in Mexiko, v. 10. November 1937, NLfB 49038. 2 Bohrungen, Zitat: Ebd., Bl. 1 f.

687 Bentz, Bericht ... (vom 10. November 1937, siehe Fn. 686), Bl. 2.

688 Ebd., Bl. 2 f.

689 Ebd., Bl. 3.

690 Vgl. H.J. von Hagen, Preliminary Report on the Possibilities of finding oil and gas in commercial quantities in the states of Yucatan and Campeche and the territory of Quintana Roo in the nation of Mexico, NLfB 49039. Abschrift – W VIII a N.A. 1918/37 – William F. Jones/MIT, The general geological features of the Tabasco and Campeche region in their relation to the occurrence of petroleum, NLfB 49024. Diese Berichte wurden Bentz offenbar vom AA zur Vorbereitung der Reise zugeleitet. Eigene Anschauung: Bentz – zu VIc – Geologische Stellungnahme zu dem Angebot El Plan (Isthmus) von Tehuantepec, v. 26. Januar 1937, NLfB 49037, Bl. 1.

„Meine Aufgabe bestand nun vor allem darin, zu untersuchen, welche Gebiete der nationalen Reserve in diesem Rahmen für die Zwecke einer deutschen Gesellschaft geeignet sind und wo und in welchem Umfange die Arbeiten beginnen könnten. Auch hierüber wurde mit Herrn Santillan völlige Einigung erzielt. Auf Grund dieser Besprechungen kommen zunächst folgende drei Gebiete in Frage: 1). El Plan (Isthmus). 2). Trocones y Potrerillo. 3). Ojital y Portrero."[691]

In allen drei Feldern, in denen sonst vor allem die Aguila (RD-S) tätig war, hielt die AGPN eine staatliche Reserve, die sog. Federalzone. Das war ein „Streifen von je 20 m Breite entlang den Fluss- und Bachläufen, die in diesem Falle das fündige und aufgeschlossene Feld durchziehen."[692] Die anvisierten Produktionsbohrungen würden in El Plan bereits nach 3 Monaten Öl bringen, in Troncones y Potrerillo erst nach 9–12 Monaten, desgleichen in Ojital y Portrero.[693] Über die reine Produktionsbohrerei in diesen Gebieten hinaus brachte Bentz jedoch im Gespräch mit Santillán den Plan ins Spiel, mit der Überseeischen auch exploratorisch tätig zu werden und neue Gebiete zu erschließen:

„Zunächst ist nur über eine Bohrtätigkeit in diesen drei mehr oder weniger erschlossenen Gebieten geredet worden. Es ist aber vorgesehen, dass die deutsche Gesellschaft auch weitere Gebiete aus der nationalen Reserve zu ähnlichen Bedingungen erhält, doch würde es sich dabei um noch nicht bohrreife Gegenden handeln, in denen zunächst umfangreiche geophysikalische Messungen angestellt werden müssten. Es dürfte dies wahrscheinlich erst in einer zweiten Etappe in Frage kommen, wenn die Ölführung sich günstig genug entwickelt hat und wenn Gewähr besteht, dass der vorgesehene Vertrag auch von der mexikanischen Seite loyal eingehalten wird."[694]

Diese Pläne wurden von Santillán dem Präsidenten Cárdenas mitgeteilt, der sie grundsätzlich befürwortete; Bentz unterbreitete seinerseits den Ressorts die Vereinbarungen als mögliche Vertragsgrundlage.[695] Durch Bentz und Santillán wurde der Überseeischen damit jene Schlüsselposition beim Aufbau der mexikanischen Erdölindustrie zugedacht, die bei ihrer Gründung implizit bereits angestrebt und derenthalben Erk und Bentz sich auf den Weg über den Ozean gemacht hatten. Da Mexiko eines der wichtigsten erdölproduzierenden Länder der Welt war, muß man feststellen, daß die Konzeption der Überseeischen zu diesem frühen Zeitpunkt bereits über die ursprüngliche wehrwirtschaftliche Funktion weit hinaus ging, auch wenn aus den ersten drei Lagerstätten keine – wie das OKM behaupten sollte – 10.000.000 Jahrestonnen herauszuholen waren.[696]

691 Bentz, Bericht ... (vom 10. November 1937, siehe Fn. 686), Bl. 4.

692 Ebd., Bl. 5.

693 Ebd., Bl. 5 und 7 f.

694 Ebd., Bl. 9 f.

695 Ebd., Bl. 10. Vgl. Klaus Volland, *Das Dritte* ... (1976), 93.

696 10.000.000 t: OKM an OKW ... (vom 29. April 1940, siehe Fn. 612), Bl. 4. Vgl. dagegen Klaus Volland, *Das Dritte* ... (1976), 101–103, der – allerdings nur aufgrund der primären Produktionsbohrungen, ohne die Erschließung neuer Felder, die im zweiten Jahr begonnen hätte, in Betracht zu ziehen – zu dem Urteil kommt, die Überseeische sei verhältnismäßig klein angelegt, und die

Das erstaunliche Entgegenkommen der Mexikaner im November 1937 hatte seinen Anlaß in den Streiks der Ölarbeiter, die seit Sommer 1937 das ohnehin prekäre Verhältnis zwischen den Achnacarry-Konzernen RD-S bzw. SO und der mexikanischen Regierung zusätzlich belasteten. Die üble Situation der Ölarbeiter und das unerbittliche Verhalten der Achnacarry-Konzerne ließen eine Fortsetzung der bisherigen Nationalisierungspolitik der Linksregierung Cárdenas nicht nur ratsam, sondern als einzig gangbaren Weg erscheinen. Stärker denn je mußte das minderwertige deutsche *know how* als eventueller Ersatz für die Achnacarry-Technologie in den Blick geraten, zumal sich die Deutschen durchaus mit der Rolle eines Juniorpartners der mexikanischen Regierung bescheiden und mit der Überseeischen nur in mexikanischer Einrahmung auftreten wollten.[697] Allerdings hatte man sich auf deutscher Seite auch größte Mühe gegeben, die wissenschaftlichen und technologischen Defizite wettzumachen, wozu der 2. World Petroleum Congress in Paris Mitte Juni 1937 die Gelegenheit geboten hatte. Bentz und Werner Müller, Direktor der Alfred Wirth & Co. des Otto Wolff-Konzerns nutzten die geologische Sektion des Kongresses als Plattform zur Eigenwerbung für die deutschen Explorationswissenschaften und für deutsche Bohr- und Produktionstechnologie.[698] Beinahe scheint es, daß die Präsentation des Reichsbohrprogramms und der Otto Wolffschen Gerätschaften in Paris ausschließlich für den mexikanischen Adressaten gedacht war, denn noch vor der Ressortbesprechung des Bentz-Berichts am 19. November 1937 kam Werner Müller in einem Memorandum über Mexiko zu der Ansicht:

> „Die Maßnahmen der deutschen Reichsregierung zur Erforschung der deutschen Bodenschätze haben auf diese Leute [mexikanische Regierung] einen außerordentlichen Eindruck gemacht. Die Art und Weise, wie wir das Reichsbohrprogramm durchgeführt haben, hat bei den Leuten die Überzeugung aufkommen lassen, daß sie uns als einen ehrlichen Partner ansehen können, weil die deutsche und die mexikanische Regierung das gleiche Bestreben haben, die Bodenschätze ihrer Länder zu erforschen und zu erschließen."[699]

Zusammenfassend läßt sich sagen, daß bei der Einfädelung des Mexiko-Projekts der Geologe Bentz für die deutsche Ölpolitik unentbehrlich wurde, als es ab Sommer 1936 darum ging, ohne die Mithilfe der US-amerikanischen *outsiders* Davis und Sinclair eine geeignete Konzession mit zügiger Inproduktion in atlantischer Lage zu finden. Die vor allem durch das OKM, aber auch durch das ältere NS-Superministerium RPrWM bzw. seine kriegswirtschaftliche Emanation des „Generalbevollmächtigten für die Wirtschaft

---

spätere Behauptung des OKM, 10 Millionen Jahrestonnen aus Mexiko zu beziehen, als vollkommen übertrieben betrachtet.

697 Vgl. Klaus Volland, *Das Dritte* ... (1976), 109 und 120. Einrahmung der Überseeischen: Vgl. Erks Vorschlag v. 12. Dezember 1937, die Überseeische sollte unbedingt eine mexikanische Tochter „mit einigen dekorativen Mexikanern im Aufsichtsrat" gründen: Ebd., 94 f. und 255 Fn. 53.

698 Vgl. Werner Müller, „Neuzeitliche ..." (1937), 825–830. Alfred Bentz, „Aufsuchung von Erdöl in Deutschland mit Reichsmitteln", *Oel und Kohle vereinigt mit Erdoel und Teer*, 13 (1937) 26, v. 8. Juli 1937, 667–669.

699 Zitat nach Klaus Volland, *Das Dritte* ... (1976), 100 und 257 Fn. 74.

im Kriege" (GBW) geleitete Ölpolitik folgte einer einfachen, sehr militärischen aber erdölindustriefremden Denkweise: Bereits erschlossene Lagerstätten vertraglich „erobern", deutsche Bohrgeräte aufstellen, schnell in Produktion gehen, Lagerstätteninhalt übers Meer schaffen und bunkern. Obwohl ihm niemand den Auftrag erteilt hatte, über diesen etwas kurzsichtigen Plan hinaus nach Explorationskonzessionen zu suchen, folgte der Erdölgeologe Bentz dem branchentypischen Muster: Dies sah vor, eine möglichst umfassende Kooperation in dem fremden Land auszuhandeln und sich vor allem die Möglichkeit der Erschließung weiterer Lagerstätten per Geophysik, Schürfbohrung und Aufschlußtiefbohrung offenzuhalten. Für den wissenschaftlichen Leiter der heimischen Erdölerschließung war diese professionelle Denkweise nur natürlich. Was die Referenten des OKM mit ihrem notorischen Faible für *outsiders*[700] angestoßen hatten, geriet dank Bentz'scher Systematik zu einem veritablen erdölimperialistischen Projekt. Nun bot es beste Aussichten, daß sich die Deutschen, in Nachahmung der britisch-niederländischen und US-amerikanischen Vorbilder, einem der erdölreichsten Länder der Welt auf lange Zeit in den Pelz setzten.

Ecuador-Projekt bis November 1937

Während das Mexiko-Projekt kriegswirtschaftliche (und ressortpolitische) Chefsache des RPrWM blieb und mit seinen £ 600.000,- ein stattliches Devisenpolster aus dem Erlös für die BOD-Anteile vorweisen konnte, hatte das Ecuador-Projekt der VP/Rov einen schwierigeren Stand. Das große Konsortium aus rheinisch-westfälischer Schwerindustrie, Banken und Erdölgesellschaften war nicht zustandegekommen, der Staat hatte seine Unterstützung in der Ressortsitzung am 14. April 1937 zurückgezogen. Die „Federführung" des Projekts behielt sich allerdings der VP vor, wo die Verantwortlichkeit nach Auflösung der VP/Rov auf Druck der Autarkisten auf Löbs VP/Roa überging. Hier führte Direktor Acker/VP/Roa /I die offizielle Betreuung weiter.[701] Anders als vor der

---

700 Vgl. die Sicht der Dinge im Schreiben OKM an OKW ... (vom 29. April 1940, siehe Fn. 612), Bl. 9: „Es ist festzuhalten, dass sich die Ölkonzerne seit den Ölsanktionen gegen Italien von der Belieferung der Marine zurückgezogen haben, dass sie beim spanischen Unternehmen sich nicht an der Versorgung der deutschen Kriegsfahrzeuge beteiligten und dass sie umgekehrt alles unternahmen, um die selbständigen Wege, welche die Marine bei dieser Sachlage im Interesse ihrer Versorgung gehen musste, zu vereiteln. Hauptsächlich bedienten sich die Ölkonzerne dabei des Hinweises, sie würden die Belieferung Deutschlands mit Mineralöl sofort einstellen mit der Folge, dass eine Benzinnot eintreten muss. Diese Drohungen der Ölkonzerne durften aber – und darauf hat die Marine immer wieder hingewiesen – nicht ernst genommen werden, weil es in der Welt Tausende von selbständigen Ölfirmen ausserhalb der Ölkonzerne gibt, unter welchen viele bereit gewesen wären, zu günstigen Bedingungen die Belieferung Deutschlands mit Betriebsstoffen aller Art zu übernehmen." Bei diesen vielen der Tausenden handelte es sich namentlich um 1.) Davis (noch aus der Ära Feder), 2.) Sinclair (im Konsortium mit Davis), 3.) Burgess und Inverforth (BOD). Im Verständnis der Marine kam das Öl in erster Linie aus der Zapfpistole.

701 Vgl. Bechthold/OW/Abteilung Ausland Berlin – La/Zi – an Bentz v. 15. September 1937 mit Anlage OW an Acker/VP/Roa v. 15 September 1937 und Anlage OW an VP/Roa v. 9. Oktober 1937, in: VP, Ecuador allgemein, NLfB 49022.

Ressortsitzung vom 14. April 1937 stellte – mit wachsendem Einfluß der IG-„Autarkisten“ in Löbs VP/Roa – diese ministerielle „Federführung“ nun eher hinderliches Schmuckwerk dar, gegen welches der Otto Wolff-Konzern, alle bürokratischen Widerstände ignorierend, das Projekt in Eigeninitiative vorantrieb. Seine Unterhändler – der Luftfahrtimperialist Fritz W. Hammer/SEDTA und der ehrgeizige OW-Mitarbeiter Ott-Heinrich Carstanjen – traten Mitte April 1937 in Verhandlung mit der ecuadorianischen Regierung, um einen definitiven Konzessionsvertrag auf Sta. Elena festzuklopfen.[702] In diese Verhandlung hinein platzte die Nachricht, daß auf Sta. Elena die Konzessionen der Conception (= ebenfalls RD-S) sowie der IntPC (= SO) wegen Nichterfüllung der Bohrverpflichtung heimfallen würden. Von Mai bis Anfang Juli überquerten mehrere hektische Kabel den Ozean, in denen die Berliner Auslandsabteilung des Konzerns den Unterhändlern einschärfte, aufs Ganze zu gehen und auch diese heimfallenden Konzessionen in den Regierungsvertrag mit aufzunehmen, doch waren zunächst die RD-S und Anfang Juli 1937 auch die SO schneller und vereitelten die Übernahme.[703] Bei diesem Wettlauf um die Produktions- und Anschlußbohrungskonzession auf Sta. Elena ging auch der von Bentz angeratene „Zwickel“ verloren, so daß sich die Schätzmenge des zu erwartenden Öls, das nun nur noch aus den Parzellen 7 und 8 gefördert werden würde, von 4,5 Millionen t auf 4 Millionen t verminderte.[704]

Doch die Ambitionen des Stahlkonzerns beschränkten sich nicht nur auf das bekannte produktive Gebiet, sondern richteten sich – um die von Bentz skizzierten, äußerst positiven Aussichten Ecuadors wahrzunehmen – auch auf eine großräumige Exploration.

Am 10. Juli 1937 meldeten die Unterhändler telegraphisch nach Berlin, daß OW von der ecuadorianischen Regierung eine Option auf eine riesige Explorationskonzession im unerschlossenen Nordwesten des Landes (Provinz Manabi) erhalten könnte.[705] Geologisch stellte der Küstenstreifen eine Fortsetzung der Halbinsel Sta. Elena dar, und Ölaustritte im Meer, die Bergrat Sauer häufiger beobachtet hatte, ließen es nicht unwahrscheinlich erscheinen, dort Öl zu finden; allerdings gab es von dem unwegsamen Gebiet nicht einmal geographische Karten.[706] Als man Bentz hinzuzog, riet der, unbedingt zuzugreifen:

---

702 Abschrift Vertragsentwurf zwischen der Regierung von Ecuador und der Firma Otto Wolff, v. 21. April 1937, Bl. 1., in: VP, Ecuador allgemein, NLfB 49022.

703 Abschrift Rundschreiben OW – La/Zi – an Grötzinger/MAWAG, Direktorium Elwerath und Beil/WIAG re Ecuador/Erdölkonzession, v. 7. Juli 1937, Bl. 3 f., Anlage zu OW – L/Ho. – an Bentz, v. 9. Juli 1937, in: VP, Ecuador allgemein, NLfB 49022.

704 Durchschrift OW/Abteilung Ausland Berlin – La/Zi – an Dr. Grötzinger/MAWAG, Berlin, Direktorium Elwerath, Hannover und Dr. Beil/WIAG, Kassel re Ecuador/Erdölkonzession, v. 7. Juli 1937, Bl. 2, mit Anschreiben OW/Abteilung Ausland Berlin – L/Ho. – an Bentz re Ecuador/Erdölkonzession, v. 9. Juli 1937, in: VP, Ecuador allgemein, NLfB 49022.

705 Abschrift Carstanjen/OW an OW/Abteilung Ausland Berlin, v. 15. Juli 1937, Anlage zu Betzhold/OW/Abteilung Ausland Berlin – La/Zi – an Bentz re Ecuador, Option auf die Provinz Manabi und Teil Esmeraldas, v. 29. Juli 1937, in: VP, Ecuador allgemein, NLfB 49022.

706 Ebd. Abschrift Walter Sauer, Petroleum an der Küste der Provinz Esmeraldas (Republik Ecuador), v. 26. Mai 1937, NLfB 49020.

„Unter Rückgabe der mir freundlicherweise überlassenen Karte glaube ich, dass der Vorschlag, zunächst eine Option auf die Provinz Manabi zu erhalten, durchaus beachtenswert ist. Die Provinz umfasst fast das gesamte Gebiet, das ausser der Halbinsel Santa Elena für Bohrungen im Tertiär westlich der Anden in Frage kommt. Allerdings ist das Gebiet geologisch so gut wie vollkommen unbekannt, so dass eine Untersuchung der Tertiär-Aufschlüsse eine Hauptaufgabe der nunmehr auszusendenden geologischen Expedition wäre. Sehr wünschenswert wäre es, wenn die Option nach Norden ausgedehnt werden könnte, und zwar entlang des Rio Quininde in die Provinz Esmeraldas. Die wünschenswerte Ergänzung habe ich auf der Karte grün umgrenzt.“[707]

Die von Bentz angeratene Erweiterung wurde von den Unterhändlern in Ecuador sogleich zum Verhandlungsgegenstand mit der Regierung gemacht,[708] und am 22. Juli wurde der Regierungsvertrag in dieser Hinsicht abgeändert: OW erhielt weitere 40.000 ha in einem schmalen Küstenstreifen in den Provinzen Manabi und Esmeralda.[709]

Inzwischen wurde das von der ecuadorianischen Regierung geforderte Sperrmarkvorhaben abgeschlossen. Nach „jahrelang sich hinziehenden“ Verhandlugen gab das RPrWM Sperrmark in Höhe von RM 5.000.000 frei, für die die ecuadorianische Regierung Käufe im Deutschen Reich tätigen konnte. Damit war für die ecuadorianische Regierung die wichtigste Bedingung zur Erteilung der Konzession an OW erfüllt, und nachdem sie dies im Dekret Nr. 79 am 9. August 1937 publiziert hatte, kam es am 24. August 1937 zur endgültigen Fassung des Vertrags und zur Unterzeichnung.[710] In der Konzessionsklausel Artikel 3, 3. Fassung, ließ sich OW, die aus der vertanen Chance vom April/Mai ihre Lehre gezogen hatte, nun für die nächsten 10 Jahre die Option auf sämtliche heimfallenden Parzellen und Konzessionen auf Sta. Elena überschreiben. Zusätzlich erhielt OW die bereits in Verhandlung befindlichen 40.000 ha in Manabi /Esmeralda auf 5 Jahre.[711]

Wie Bentz am 13. Juli 1937 geraten hatte, stellte OW ein Team von zwei Geologen (Wilhelm Kehrer + Kurt Kauter) zusammen, die die weiteren Untersuchungen vorneh-

---

707 Bentz an OW/Auslands-Abteilung re Ecuador-Ölkonzession, v. 13. Juli 1937, in: VP, Ecuador allgemein, NLfB 49022.

708 Abschrift Carstanjen ... (vom 15. Juli 1937, siehe Fn. 705).

709 Abschrift Vertragsentwurf zwischen der Regierung von Ecuador und der Firma Otto Wolff, v. 21. April 1937, 2. Fassung des Artikels Bl. 2, in: VP, Ecuador allgemein, NLfB 49022. Datum: Siedersleben/OW Geschäftsleitung an RWM re Ecuador-Oelkonzession/Zusammenarbeit mit der Gruppe Standard Oil Company of New Jersey. Im Anschluss an die Besprechung vom 30. Mai des Jahres mit den Herren Ministerialdirigent Dr. Schlotterer und Dr. Koppelmann, v. 13. Juni 1938, Bl. 8, in: VP, Ecuador allgemein, NLfB 49022.

710 Siedersleben/OW Geschäftsleitung an RWM re Ecuador-Oelkonzession/Zusammenarbeit mit der Gruppe Standard Oil Company of New Jersey. Im Anschluss an die Besprechung vom 30. Mai des Jahres mit den Herren Ministerialdirigent Dr. Schlotterer und Dr. Koppelmann, v. 13. Juni 1938, Bl. 6 f.. Zitiat: Ebd., Bl. 11. in: VP, Ecuador allgemein, NLfB 49022.

711 Abschrift Vertragsentwurf zwischen der Regierung von Ecuador und der Firma Otto Wolff, v. 21. April 1937, 3. Fassung des Artikels Bl. 2, in: VP, Ecuador allgemein, NLfB 49022. Datum: Siedersleben an RWM ... (vom 13. Juni 1938, siehe Fn. 710), Bl. 8.

men sollten. Im Oktober nahmen sie ihre Arbeit in Ecuador auf.[712] Die Aufgabe war zweigeteilt. Zum einen sollten sie den Verlauf der strittigen Schicht der *shirts* (tertiär oder kretazisch) auf Sta. Elena verfolgen, die über die Ölaussichten der OW-Konzession entschied. Erst wenn dies zur Zufriedenheit geklärt war, sollten Bohrungen in der Ölregion vorgenommen werden.[713]

Zum anderen sollten sie die jungfräuliche, selbst geographisch unerschlossene, Urwaldkonzession in Manabi/Esmeralda explorieren. Hier kam OW-Unterhändler und Luftfahrtpionier Hammer auf den Gedanken, das Gebiet aus der Luft zu kartieren. Die Methode der Luftbildgeologie war zwar noch sehr jung und keineswegs billig, wie bereits die Manager der BOD im Irak festgestellt hatten,[714] aber sie bedeutete eine ungeheure Zeitersparnis. Die Anregung hatte Hammer von den Ecuador-Repräsentanten der IntPC (= SO, Oliver Desmond Boggs) und der Bataafsche Peroleum Maatschappij (= RD-S, Dr. F. Th. Muller und W.G. Wieringa), die für ihre Konzessionsverhandlungen mit der Regierung Luftvermessungen der jeweiligen Gebiete bei Hammers SEDTA in Auftrag gegeben hatten.[715] Kaum war publik geworden, daß der deutsche Stahlkonzern eine erhebliche Explorationskonzession in Ecuador erworben hatte, drängte es nämlich die SO, über die vor OW geretteten Parzellen auf Sta. Elena hinaus 50.000 ha (500 km^2) Explorationsterrain in Ecuador zu erwerben, das sich direkt südlich an die Manabi/Esmeralda-Konzession der OW anschloß.[716] Beim Wettlauf um die heimfallenden Produktionskonzessionen war auch das Interesse der RD-S an Ecuador wiedererwacht, die neben ihren bisherigen drei ecuadorianischen Produktionsgesellschaften auf Sta. Elena AEOL, EOL und Concepcion nun mit der großen niederländischen *upstream*-Holding Bataafsche Petroleum Maatschappij (BPM) in den Amazonasprovinzen Napo und Santiago-Zamorra eine ausgedehnte Konzession erwarb, dort, wo in den sechziger Jahren durch Gulf + Texaco ausgezeichnete Lagerstätten erschlossen werden würden. Auch die RD-S trug sich mit dem Gedanken einer trans-andinen Pipeline vom Amazonasbecken zum Pazifik, was offenbar Verhandlungsgegenstand der RD-S mit der ecuadorianischen Regierung gewesen war.[717] Auf dem Höhepunkt dieses *scramble for Ecuador* im Sommer 1937 fiel die ecuadorianische Regierung einem Putsch zum Opfer; die

---

712 Siedersleben an RWM ... (vom 13. Juni 1938, siehe Fn. 710), Bl. 10.

713 Vgl. Bentz, Vorläufiger Bericht ... (vermtl. Dezember 1936, siehe Fn. 514), Bl. 3 f.

714 Siehe S. 197.

715 Fritz W. Hammer, an OW/Abteilung Ausland Berlin re Oel-Konzessionen, v. 13. November 1937, in: VP, Ecuador allgemein, NLfB 49022.

716 In den New Yorker Übernahmeverhandlungen zwischen OW und SO am 7./8. Mai 1938 kam Siedersleben zu dem Schluß, daß die Konzessionsbemühungen der SO direkte Folge seines Vertrags mit der ecuadorianischen Regierung gewesen seien. Ob ihm dies durch die SO-Manager bei den Verhandlungen angedeutet worden war, oder ob er sich einfach nur seine Pioniertat zugute halten wollte, muß dahingestellt bleiben: Siedersleben an RWM ... (vom 13. Juni 1938, siehe Fn. 710), Bl. 4.

717 Fotokopie Fritz W. Hammer an OW/Abteilung Ausland re Oel-Konzessionen, v. 13. November 1937, Bl. 2, in: VP, Ecuador allgemein, NLfB 49022. Gulf und Texaco: *Petroleum Encyclopedia* (1970), 181.

neue Regierung erklärte jedoch alle bisherigen Konzessionen für rechtsgültig und brachte die von der Vorgängerregierung geführten Verhandlungen zum Abschluß.[718] Auch erließ sie ein neues, für internationale Konzerne freundliches Erdölgesetz.[719]

Während sich die Ereignisse in Ecuador überstürzten, hielt sich die Begeisterung des Direktors Acker vom VP/Roa/I, bei dessen Abteilung die „Federführung" des Projekts lag, auffällig in Grenzen. Dies lag nicht zuletzt an der Verweigerungshaltung dessen, was seit 1936 nicht mehr Erdölindustrie sondern „Mineralölindustrie" genannt wurde und geschlossen hinter Ernst Rudolf Fischers/IG Wirtschaftsgruppe Kraftstoffindustrie stand. In einer Besprechung am 30. Juni und nochmals schriftlich Anfang Juli 1937 hatte OW versucht, eine der Erdölgesellschaften mit Raffinationsbetrieben für das Projekt zu gewinnen. Es waren dies die MAWAG Friedrich Grötzingers, abermals die Elwerath mit ihrer Raffinerie Deurag und die WIAG mit ihrer wacker erkämpften Raffinerie in Salzbergen.[720] Dr. Beil von der WIAG, die sich noch im Februar 1936 für eine Kooperation in Mexiko interessiert[721] und die sich bereit erklärt hatte, bis zur nächsten Konsortiumsbesprechung in Frankfurt am 15. Juli 1937 „Bohrtechnische Untersuchungen und Kalkulationen" beizusteuern,[722] behauptete nun:

> „Wie Sie wissen, sind wir nicht Interessenten für Auslandsrohöl, sodass von dieser Seite aus der Anreiz für uns fehlt. Darüber hinaus sehen wir aber die Verhältnisse für wenig günstig an sowohl in Bezug auf die Ausdehnung und erhoffte Ergiebigkeit der Konzession als auch bezüglich der Schwierigkeiten der Erschliessung, der langen Dauer derselben und schliesslich noch der Transportschwierigkeiten nach Deutschland."[723]

Die MAWAG mochte seit ihrem Engagement im Irak-Projekt kein Desinteresse an überseeischen Kohlenwasserstoffen mimen. Auch hatte sie sich schon grundsätzlich zur Teilnahme an dem Projekt bereit erklärt und für die geologischen Untersuchungen die

718 Geheimrat Rüter/AA auf der Besprechung am 12. November 1937: Protokoll der Besprechung am 12. November 1937 über Erdölkonzession der Firma Otto Wolff in Ecuador, v. 18. November 1937, Bl. 2, in: VP, Ecuador allgemein, NLfB 49022.

719 Siedersleben an RWM ... (vom 13. Juni 1938, siehe Fn. 710), Bl. 4 und 6.

720 Durchschrift OW/Abteilung Ausland Berlin – La/Zi – an Dr. Grötzinger/MAWAG, Berlin, Direktorium Elwerath, Hannover und Dr. Beil/WIAG, Kassel re Ecuador/Erdölkonzession, v. 7. Juli 1937 mit Anschreiben OW/Abteilung Ausland Berlin – L/Ho. – an Bentz re Ecuador/Erdölkonzession, v. 9. Juli 1937, in: VP, Ecuador allgemein, NLfB 49022. Wacker: Siehe S. 169.

721 Zur Reise Bentz/PGLA und Dr. Wolff/WIAG nach Mexiko, Februar 1936, vgl. S. 256 und Fn. 521.

722 Durchschrift OW/Abteilung Ausland Berlin – La/Zi – an Dr. Grötzinger/MAWAG, Berlin, Direktorium Elwerath, Hannover und Dr. Beil/WIAG, Kassel re Ecuador/Erdölkonzession, v. 7. Juli 1937, Bl. 5, mit Anschreiben OW/Abteilung Ausland Berlin – L/Ho. – an Bentz re Ecuador/Erdölkonzession, v. 9. Juli 1937, in: VP, Ecuador allgemein, NLfB 49022.

723 Abschrift WIAG – V. Dr. Bl./Sch. – an OW/Abteilung Ausland Berlin re Ecuador/Erdölkonzession, v. 10. Juli 1937, mit Anschreiben OW/Abteilung Ausland Berlin – L/Ku – an Bentz re Ecuador/Erdöl-Konzession, v. 12. Juli 1937, in: VP, Ecuador allgemein, NLfB 49022.

Entsendung ihres Geologen Dr. Bessin (ehemals Degas/IG) nach Ecuador angeboten.[724] Den Ausfall der IntPC-Parzellen und des „Zwickels" nahm sie nun zum Vorwand, um zu mauern:[725]

„Als uns die Tatsache bekannt wurde, daß der Gerechtsame-Besitz der Conception auf die A.E.O.L. übergegangen sei, erklärten wir in der Besprechung am 30. Juni vormittags, daß durch diese Tatsache für uns das Projekt um 50% des Interesses eingebüßt hätte und wir gaben gleichzeitig die Erklärung ab, daß im Falle des Verlustes der I.P.C.-Felder wir nicht mehr glauben, uns an dem Projekt beteiligen zu können.

Leider muß man heute annehmen, daß die Felder der I.P.C. nicht mehr in die deutsche Kombination eingebracht werden können. Die beiden verbleibenden Anschlußgebiete gestatten unseres Erachtens nicht, einen Dauerbetrieb zu entwickeln."[726]

Diese Aussagen widersprachen nicht nur dem einzig vorliegenden geologischen Gutachten, ihnen lagen auch Rentabilitätsprüfungen zugrunde, die die „Mineralölwirtschaft" vorzulegen sich bislang strikt geweigert hatte; mit anderen Worten: Das Rentabilititätsargument war vorgeschoben. Etwas deutlicher äußerte sich die Elwerath, die es nicht einmal für nötig befand, OW direkt zu antworten, sondern sich in einer Art Kampfansage nurmehr an Bentz wandte:

„Herr Dir. Siedersleben [Haupteigner der OW, TK] vertritt in einem Schreiben an uns sehr nachdrücklich die Auffassung, dass die vorstehend geschilderten Tatsachen für die ganze Angelegenheit [Ausfall der Conception + IntPC-Parzellen auf Sta. Elena, TK] nicht im negativen Sinne ausschlaggebend seien, zumal nunmehr die Regierung von Ecuador der Firma Otto Wolff die Vorhand für die gesamte Provinz Manabi für 3 bis 5 Jahre angeboten habe. Herr Dir. Siedersleben führt dann weiter aus, dass Sie diesen letzten Vorschlag als durchaus beachtenswert betrachten, obwohl das Gebiet geologisch so gut wie vollkommen unbekannt ist. Wir können uns aber nicht vorstellen, dass Sie uns ernsthaft zuraten können, ausgerechnet in Ecuador in einem vollkommen unbekannten Gebiet Bohrungen niederzubringen, wo zu den unübersehbaren wirtschaftlichen Bedingungen und den ungemein schwierigen Devisenverhältnissen noch der Umstand kommt, dass wesentliche geologische Erkenntnisse fehlen. Unter solchen Voraussetzungen können wir schliesslich auf dem Mond Konzessionen erwerben. Schliesslich haben wir ja in Deutschland selbst Gelegenheit genug, in unbekannten Gebieten im Tertiär zu bohren. Wir wären Ihnen wirklich dankbar, wenn Sie die Herren von Otto Wolff auf das besondere Risiko hinweisen würden, das in der Erschliessung eines neuen Gebietes liegt, in dem nur bestenfalls geophysikalische oder seismische Untersuchungsergebnisse zu gewinnen sind,

---

724 Durchschrift OW/Abteilung Ausland Berlin – La/Zi – an Dr. Grötzinger/MAWAG, Berlin, Direktorium Elwerath, Hannover und Dr. Beil/WIAG, Kassel re Ecuador/Erdölkonzession, v. 7. Juli 1937, Bl. 1 und 5, mit Anschreiben OW/Abteilung Ausland Berlin – L/Ho. – an Bentz re Ecuador/Erdölkonzession, v. 9. Juli 1937, in: VP, Ecuador allgemein, NLfB 49022.

725 In den folgenden Zitaten ist mit „I.P.C." nicht das im Irak tätige riesige Konsortium Iraq Petroleum Company gemeint, sondern die equadorianische SO-Tochter International Petroleum Company (bei mir als IntPC abgekürzt).

726 Abschrift Vorstand MAWAG an OW Berlin re Ecuador/Ölkonzession, v. 10. Juli 1937 mit Anschreiben OW/Abteilung Ausland Berlin – L/Ku – an Bentz re Ecuador/Erdöl-Konzession, v. 12. Juli 1937, in: VP, Ecuador allgemein, NLfB 49022.

das also durch Bohrungen zunächst noch in keiner Weise aufgeschlossen ist. Glückauf und Heil Hitler!"[727]

Nach drei Jahren Reichsbohrprogramm und Geophysikalischer Reichsaufnahme mußte die Behauptung, man könne neue Erdölfelder nach Altvätersitte allein durch Schürfbohrungen finden, auf den „Erneuerer" und Förderer der deutschen Erdölindustrie Bentz wie eine Ohrfeige wirken. Doch hatte die Elwerath seit 1927, als sie den Staat darum bat „mit irgendeinem Farbstift" auf der Karte einzutragen, wo sie ihren Bohrturm hinstellen sollte,[728] weithin sichtbar an Explorationssachverstand gewonnen, so daß die zum Ausdruck gebrachte Mischung aus Feigheit vor dem Risiko und Raffgier auf Kosten der öffentlichen Hand besonders fadenscheinig wirkte.

Um das Projekt auch weiterhin legitimieren zu können, mußte das von der „Mineralölwirtschaft" aufgebrachte Rentabilitätsargument – wie instrumentalisiert auch immer – widerlegt werden. Dazu gab OW bei ihrer Tochter Alfred Wirth & Co. einen Kostenvoranschlag in Auftrag, der bis zu diesem Zeitpunkt von keiner Seite erbracht worden war. Direktor Werner Müller/Wirth & Co kam zu einer recht vorsichtigen Schätzung – bei der er die von OW und möglicherweise auch von Bentz gehegte Illusion ausräumte, man könne die Kosten minimieren, indem man zunächst nur eine produktive Bohrung durchführte, um aus der laufenden Produktion den Rest der Erschließung zu bezahlen. Außer den Personalkosten für die Wartung aller technischen Anlagen in Ecuador und die Gründungskosten für die ecuadorianische Tochtergesellschaft[729] berechnete er den ersten Teil des Unterfangens – die Bohrkosten bis zum Fließen des Öls – für sechs Löcher von 1.500 m Teufe inklusive Fracht-, Montage- und Personalkosten für den Betrieb von drei Bohranlagen über zwei Jahre mit RM 3.157.800.[730] Unter Berücksichtigung der Kosten für den zweiten Teil – Produktion und Verschiffung – errechnete er unter Annahme mehrerer Unwägbarkeiten[731] eine Wirtschaftlichkeit bei einer Produktion ab etwa 40 Tagestonnen.[732]

727 Schunck und [Unleserlich]/Elwerath – 31/Si – an Bentz v. 15. Juli 1937, in: VP, Ecuador allgemein, NLfB 49022.

728 Brochhaus/Elwerath an Stoller /PGLA, v. 12. September 1927, Bl. 2, in: NLfB 93290. Zitat siehe S. 54.

729 Abschrift Werner Müller/Wirth & Co, Notiz re Kostenanschlag für Produktionsbohrungen in Ecuador, v. 27. Juli 1937, in: VP, Ecuador allgemein, NLfB 49022.

730 [Werner Müller] re Kostenanschlag für Produktionsbohrungen in Ecuador, v. 16. Juli 1937, in: VP, Ecuador allgemein, NLfB 49022.

731 Vor allem in der Frage der Gebühren für den Transport durch den Panamakanal: Siehe Fn. 785.

732 Werner Müller/Wirth & Co, Exposé re Rotary-Bohrungen in Ecuador, v. 27. Juli 1937, in: VP, Ecuador allgemein, NLfB 49022. Der Kostenanschlag für Produktion und Transport selbst fehlt.

Der Ressortkrieg zwischen VP und RPrWM heizte sich im Sommer 1937 durch die von Pleiger angezettelte Reichswerkegründung gegen Schacht und die rheinisch-westfälische Schwerindustrie zusätzlich auf.[733] Jetzt ließ sich das RPrWM, das noch im April 1937 jede Verantwortung für das Ecuador-Projekt abgelehnt hatte, die Gelegenheit nicht entgehen, gegen den sich immer deutlicher formulierenden Autarkismus des VP ölpolitisch ein deutliches Zeichen zu setzen – gegen die ganz offensichtlich von der IG in der Wirtschaftsgruppe Kraftstoffindustrie gleichgeschaltete preußische Erdölindustrie und für die rheinisch-westfälische Schwerindustrie. Mit der Freigabe der 5.000.000 Sperrmark für Ecuador[734] machte sich Schachts Ministerium zum vernehmlichen Fürsprecher auch dieses auswärtigen Ölprojekts. Für den 3. September 1937 wurde im VP/Roa eine Ressortbesprechung zwischen VP/Roa, RPrWM und AA anberaumt, auf der die seit je kooperierenden Ressorts RPrWM und AA festlegten, die „Federführung" des Projekts müsse dem RPrWM übergeben werden, wenn eine „nochmalige Nachprüfung" des AA „aus politischen Gründen die Ausbeutung der Konzession für unbedingt erforderlich hält."[735]

Als Carstanjen/OW Mitte September 1937 die auf Sta. Elena gelegene Parzelle der Tropical Oil Co. des Ecuadorianers Semeria für den Konzern gegen Materiallieferungen übernehmen wollte, wurde sein Ansinnen zwar durch Bentz nachhaltig unterstützt, der allerdings spezielle Nachweise bezüglich der Ausdehnung der *shirts* forderte,[736] doch kam das VP/Roa zu keiner Entscheidung. Semeria hielt sein Angebot nur bis zum 24. September 1937 aufrecht; die Zeit drängte also. Betzhold/OW/Abteilung Ausland hatte mit solchen Reibungsverlusten gerechnet und versuchte diese nun über Bentz aus dem Weg zu räumen:

> „Es ist nach dem augenblicklichen Stand der Konzessionsangelegenheit kaum anzunehmen, dass rechtzeitig, d.h. vor dem für ein Gegenangebot zur Bedingung gestellten äussersten Termin, dem 24.9. eine Entscheidung in den deutschen Behörden darüber gefällt werden kann, ob und bejahendenfalls in welcher Form unsere Konzession ausgebeutet werden soll. Deshalb ist mir selbst eine Stellungnahme zum Angebot des Herrn Semeria nicht möglich. Die Federführung für unser Vorhaben liegt z. Zt. in den Händen des Amts für deutsche Roh- und Werkstoffe. Ich bitte ergebenst, dortseits zu entscheiden, ob ich auf der vorstehend dargelegten Grundlage die Erwerbung der Konzession der Ecuadorian Tropical Oil Co. betreiben soll. Ich habe Herrn Professor Bentz, in der Annahme, dass dessen geologisches Urteil Sie unterstützen wird, Durchdruck dieses Schreibens übermittelt, mit der Bitte, Ihnen seine Ansicht mitzuteilen."[737]

---

733 Willy Boelcke, *Die deutsche Wirtschaft* ... (1983), 172–177.

734 Vor dem 9. August 1937: Siedersleben an RWM ... (vom 13. Juni 1938, siehe Fn. 710), Bl. 6 f.

735 So MinR Dr. Mulert später auf der Besprechung am 12. November 1937: Protokoll der Besprechung am 12. November 1937 über Erdölkonzession der Firma Otto Wolff in Ecuador, Bl. 2. in: VP, Ecuador allgemein, NLfB 49022.

736 Betzhold/OW/Abteilung Ausland Berlin – L/D – an Acker/VP/Roa re Ecuador/Erdölkonzession, v. 10. Oktober 1937, in: VP, Ecuador allgemein, NLfB 49022.

737 Betzhold/OW/Abteilung Ausland Berlin – La/Zi – an Acker/VP/Roa re Ecuador/Erdölkonzession, v. 15. September 1937, in: VP, Ecuador allgemein, NLfB 49022.

An Bentz schrieb er:

> „Ich wäre Ihnen zu Dank verpflichtet, wenn Sie dem Rohstoffamt Ihre Ansicht ehestmöglich mitteilen würden [...] [...] Wie ich aus Ihren früheren Äusserungen schliesse, werden Sie mit uns der gleichen Meinung sein, dass der Wert unserer Konzession sich durch diesen Gebietszuwachs in bemerkenswerter Weise erhöhen wird.“[738]

Trotz des Drängens kam beim VP/Roa auch bis Oktober 1937 keine Entscheidung zustande. Am 9. Oktober 1937, als die Option auf die Tropical-Konzession abgelaufen war, konnte der OW-Geologe Kehrer die nötige Absenz von *shirts* unterhalb der Tablazon-Schichten kabeln, und die OW richtete ein weiteres dringendes Schreiben an das VP/Roa, in dem sie eindrücklich auf die enorme Wertsteigerung der OW-Konzession durch den Ankauf hinwies. Der Inhalt des Schreibens war jedoch weniger für das dilatorische VP/Roa bestimmt als für die konkurrierende Abteilung VP/Außenhandelsgeschäfte sowie die Ministerien RPrWM und AA, die durchschriftlich informiert und auf diese Weise über die Verweigerungshaltung im VP/Roa informiert wurden.[739] Nach der vorbereitenden Sitzung vom 3. September 1937 war dies der Anlaß, den die Anti-Autarkisten benötigten; man wartete jedoch Bentz‘ Rückkehr aus Mexiko ab.[740] Am 12. November 1937 wurde eine Ressortbesprechung im RPrWM anberaumt, auf der dem VP die „Federführung“ für das Ecuador-Projekt aus den Händen genommen wurde. Botho Mulert/RPrWM begründete dies damit, daß die „nochmalige Nachprüfung“ des AA inzwischen erfolgt sei:

> „Mit Schreiben vom 19.10.1937 habe das Auswärtige Amt mitgeteilt, dass es aussenhandelspolitisch nachteilige Folgen in ganz Südamerika haben werde, wenn Deutschland die Konzession nicht aus eigener Kraft und mit eigenen Mitteln ausnütze.“[741]

Bentz, der sich als eifriger Verfechter des Projekts zu erkennen gab, brachte neue Bohrergebnisse aus Ecuador ins Spiel, die die Aussichten gegenüber seinem positiven Gutachten vom Jahreswechsel 1936/37 (4,5 bzw. jetzt nur noch 4 Millionen t) sogar

---

738 Betzhold/OW/Abteilung Ausland Berlin – La/Zi – an Bentz/PGLA, v. 15. September 1937, in: VP, Ecuador allgemein, NLfB 49022.

739 Betzhold/OW/Abteilung Ausland Berlin an Acker/VP/Roa re Ecuador/Erdölkonzession, v. 9. Oktober 1937, Anlage zu Betzhold/OW/Abteilung Ausland Berlin – La/Zi an Bentz v. 9. Oktober 1937, in: VP, Ecuador allgemein, NLfB 49022. Zu diesem Zeitpunkt hielt sich Bentz in Mexiko auf. OW nahm über Bentz‘ Mitarbeiter, den Geologen Dr. Kühne, im Institut für Erdölgeologie der PGLA Kontakt mit ihm auf: Notiz Schröder (Bentz‘ Sekretärin) auf dem Umschlag.

740 Vgl. Klaus Volland, *Das Dritte* ... (1976), 93.

741 MinR Dr. Mulert: Protokoll der Besprechung am 12. November 1937 über Erdölkonzession der Firma Otto Wolff in Ecuador, v. 18. November 1937, Bl. 2. in: VP, Ecuador allgemein, NLfB 49022. Anwesend: Vorsitz: MinR Dr. Mulert, MinR Dr. Arlt, MinR Seyboth, Reichsbankrat Rex, BR Wunderlich, GerAss Dr. von Menges, Referent Bersirsky, RegAss Wintterlin, RegOblnsp Wiese, RegInsp Füllgraf (alle RPrWM). Geheimrat Rüter, LegSek Dr. Pamperien, Attaché Dr. Moltmann (alle AA). MinR Niemetz, ORR Dr. Mundt, Oblnsp Deuschle (alle RFM). MinR Dr. Fetzer (OKM). Prof. Dr. Bentz (PGLA). RegR Klünner (VP/Gruppe für Außenhandelsgeschäfte). Präsident von Seydlitz (VP/Arbeitsgebiet Keppler). Hpt Freiherr von Stengel (VP/Roa). RegAss. Dr. Bergmann (VP/Geschäftsgruppe Devisen).

übertrafen; wegen der zu erwartenden Wertsteigerung empfahl er wärmstens den Ankauf der Tropical. Die allseits mit RM 10 Millionen bezifferten Erschließungskosten ließ er auf der Grundlage des Kostenanschlags von Wirth & Co nur zum Teil gelten, zumal sie sich beim Einsatz von nur einem oder zwei Bohrgeräten bald aus der laufenden Produktion decken ließen. Dabei könnte durch ein Hinauszögern der Inproduktion viel Geld gespart werden.[742] Resümierend glaubte er,

> „dass die Gewerkschaft Elwerath angesichts dieser Tatsache ihre Stellungnahme vom August d.J. einer Nachprüfung unterziehen werde, zumal die Durchführung der nordamerikanischen Versorgungspläne der Deurag infolge des wirtschaftlichen Umschwungs in Amerika plötzlich auf unerwartete Schwierigkeiten gestossen sei. Er [Bentz, TK] hält es nicht für ausgeschlossen, dass die deutsche Ölwirtschaft entgegen ihrer bisherigen Stellungnahme doch noch Interesse an Ecuador nimmt."[743]

In der Besprechung kam zum Ausdruck, daß das Ölprojekt aus devisenpolitischen Gründen weiterverfolgt werden solle. Lediglich Fetzer/OKM, der jenseits des Heizöldisputs treu zur autarkistischen Wirtschaftskonzeption seines Kriegsministers und dessen IG-Wehrwirtschaftsoffizieren stand, erhob Bedenken, die allerdings als unwesentlich abgetan wurden.[744] Die Wertsteigerung der OW-Konzession durch Ankauf der Tropical-Konzession wurde sowohl von Bentz als auch von Seyboth/RPrWM, Rüter/AA und von Stengel/VP/Roa bereits unter dem Gesichtspunkt einer späteren Veräußerung betrachtet.[745] Es wurde beschlossen, das Projekt weiterzuverfolgen, OW die Erlaubnis zum Zukauf zu erteilen und die Einstellung der deutschen Erdölgesellschaften angesichts der veränderten Sachlage einzuholen.[746] Als am 26. November 1937, dem Tag der offiziellen Entlassung Schachts als Reichs- und Preußischem Wirt-

---

742 Bentz auf der Ressortsitzung am 12. November 1937, Protokoll der Besprechung am 12. November über Erdölkonzession der Firma Otto Wolff in Ecuador, v. 18. November 1937, Bl. 3, in: VP, Ecuador allgemein, NLfB 49022.

743 Bentz auf der Ressortsitzung am 12. November 1937, Protokoll der Besprechung am 12. November über Erdölkonzession der Firma Otto Wolff in Ecuador, v. 18. November 1937, Bl. 3, in: VP, Ecuador allgemein, NLfB 49022. Man beachte die feine Unterscheidung in der Begrifflichkeit. Zwischen Bentz' „Ölwirtschaft" und Krauchs „Mineralölwirtschaft" liegen Welten. Es zeigt sich, daß die Akteure die Begriffe als subtile Waffen einsetzten.

744 Fetzer/OKM äußerte Wirtschaftlichkeitsbedenken, für die er nicht zuständig war, und Niemetz/RFM warnte vor dem Eingehen staatlicher Verpflichtungen in Form einer Reichsgarantie, was nicht mehr zur Debatte stand: Protokoll der Besprechung am 12. November über Erdölkonzession der Firma Otto Wolff in Ecuador, v. 18. November 1937, Bl. 3 f., in: VP, Ecuador allgemein, NLfB 49022. Abgetan: von Menges und Rex/RPrWM, ebd., Bl. 4.

745 Protokoll der Besprechung am 12. November über Erdölkonzession der Firma Otto Wolff in Ecuador, v. 18. November 1937, Bl. 4, in: VP, Ecuador allgemein, NLfB 49022.

746 Mulert: Protokoll der Besprechung am 12. November über Erdölkonzession der Firma Otto Wolff in Ecuador, v. 18. November 1937, Bl. 5, in: VP, Ecuador allgemein, NLfB 49022.

schaftsminister,[747] der positive Bescheid an OW erging, war es bereits zu spät: die Tropical hatte an die AEOL (RD-S) verkauft.[748]

Die Lateinamerika-Projekte nach Schachts Sturz bis zum Februar 1938

Das ecuadorianische Projekt wurde zum Jahreswechsel 1937/38 durch die Unterhändler des Otto Wolff-Konzerns, Ott-Heinrich Carstanjen und Fritz W. Hammer/SEDTA, vorangetrieben.[749] Als der SEDTA-Gründer Hammer bei einem Flugzeugabsturz in den Anden ums Leben kam, sorgten Carstanjens ehrgeizige Bemühungen, die Konzession durch Zukäufe von Optionen abzurunden und seine selbstherrlichen Verhandlungen mit der ecuadorianischen Regierung über Sperrmarkkredite für Mißstimmung in der deutschen *community*.[750] Bis Anfang April 1938 sollte es Carstanjen gelingen, eine Option auf das Konzessionsgebiet der Conception, ebenfalls im Ölgebiet von Sta. Elena, zu bekommen.[751]

Die Erkundung einerseits der Parzellen auf Sta. Elena, andererseits der Explorationskonzession Manabi/Esmeralda durch die OW-Geologen Wilhelm Kehrer und Kurt Kauter wurde von Bentz zentral gesteuert, an den sämtliche geologischen Berichte gingen und der die geographische und methodische Vorgehensweise bestimmte.[752] Letzteres bezog sich vor allem auf die Luftbildgeologie, die Bentz aus Kostengründen nur in abgespeckter Version haben wollte, und die Probenentnahme für die Foraminiferenbestimmung, welche von der Berliner „Mikrostelle" (Stelle für Mikropaläontologie, Staesche) der PGLA erledigt wurde.[753] Allerdings waren die Grenzen zwischen wissenschaftlicher Betreuung des Projekts und betriebspolitischer Einflußnahme fließend,

---

747 Die endgültige Aussprache bei Hitler zwischen Göring und Schacht hatte bereits am 1. November 1937 stattgefunden: Willy Boelcke, *Die deutsche Wirtschaft* ... (1983), 176.

748 Betzhold und Volck/OW/Abteilung Ausland Berlin – Dr. B./V./Ku an VP, VP/Roa, RPrWM und AA re Ecuador/Erdöl-Konzession, v. 7. Dezember 1937, Bl. 2, in: VP, Ecuador allgemein, NLfB 49022.

749 Fotokopie Fritz W. Hammer an OW/Abteilung Ausland re Oel-Konzessionen, v. 13. November 1937, in: VP, Ecuador allgemein, NLfB 49022.

750 Grisbach/Grisbach y Cia. Quito an Bentz, v. 1. April 1938, in: VP, Ecuador allgemein, NLfB 49022.

751 Auszug aus Brief Nr. E 175 von Carstanjen an OW, v. 13. April 1938, Anlage zu Betzhold/OW an Bentz, v. 4. Mai 1938, in: VP, Ecuador allgemein, NLfB 49022.

752 Vgl. Kauter an Bentz, v. 26. Juni 1938, in: VP, Ecuador allgemein, NLfB 49022. Berichte: Wilhelm Kehrer/Dr. K. Kauter, Bericht über die Geologie Esmeraldas – Jama, v. 24 November 1937. Kehrer/Kauter, Zur Geologie des Hinterlandes von Manta-Bahia, v. 19 Januar 1938, NLfB 49009.

753 Luftbildgologie: Bentz an OW, Auslandsabteilung re Flüge in Ecuador, v. 4. Dezember 1937. Vgl. Wilhelm Kehrer/Dr. K. Kauter, Bericht über den Flug nach der Provinz Esmeraldas, v. 21. April 1938, NLfB 49021. Forams: Kehrer an OW, v. 12. Februar 1938, Anlage zu Betzhold/OW an Bentz, v. 4. März 1938.

zumal die Erkundungstätigkeit der Geologen auch das *scouting* beinhaltete.[754] Diese kollegial verbrämte Form der Industriespionage wurde in Ecuador immer wichtiger, denn der *run* der Achnacarry-Konzerne RD-S, SO, Gulf Oil und Texaco hatte auf das Land eingesetzt,[755] und zum Jahreswechsel 1937/38 trafen erste Meldungen über Bohrerfolge ein.[756] Bentz, der dergestalt über alle Einzelheiten des Projekts auf dem laufenden gehalten wurde, spielte hier die Rolle eines Chefgeologen für OW, der zugleich mit staatlichem Segen handelte. Da im Januar/Februar 1938 administrative Vorgaben wegen des Interregnums im RWM auf sich warten ließen und Bentz und OW das Projekt praktisch in Eigenregie betrieben, bedeutete dies, daß Bentz sich diesen Segen selbst erteilte. In dieser hybriden Rolle des Chefgeologen, der die Fäden in der nationalen Ölpolitik zog, kam er, in sehr kleinem Maßstab, dem Vorbild des Geologen Sir John Cadman/APOC nahe.[757]

Die von Bentz auf der Ecuador-Besprechung vom 12. November 1937 gehegte Hoffnung, die Elwerath doch noch für das überseeische Rohöl gewinnen zu können, war nicht unbegründet. Am 15. Dezember 1937 konnte Bentz mit günstigen Meldungen über Bohrungen in unmittelbarer Nachbarschaft der OW-Parzellen auf Sta. Elena aufwarten, die eine weit größere und überdies eruptive Produktion aus dem nur 500 m tief gelegenen Socorro-Horizont brachten, als bislang bekannt. Was die Aussichten der beiden OW-Parzellen aber schlagartig verbesserte, war die Tiefbohrung AEOL Nr. 419, die in einer Teufe von 2000 m einen dritten, bislang unbekannten Ölhorizont angetroffen hatte. Die Produktion dieser Bohrung, die Bentz für „die beste Bohrung, die überhaupt an der Westküste von Südamerika gemacht wurde" hielt, war immens – täglich eruptierten 8.000 Barrel (ca. 1096 t);[758] hochgerechnet gab dieses eine Loch mit jährlich etwa 395.000 t genausoviel wie das gesamte Feld Nienhagen und fast doppelt soviel wie die erste Ausbaustufe von Leuna. Bentz nahm an,

> „dass auch die bisher sehr vorsichtig beurteilten Gebiete, insbesondere in der Umgebung des Schlammvulkans San Vicente ähnliche Lagerungsverhältnisse wie Ancon aufweisen und dass daher die zahlreichen an der Oberfläche beobachteten Öl- und Gasspuren ebenfalls auf grössere im tieferen Untergrund vorhandene Öllagerstätten zurückzuführen sind. Schätzungen des Ölvorrats, die ich im Anschluss an meine vorjährige Reise vorgenommen habe, sind durch

---

754 Vgl. Bericht Kehrers über wachsendes US-amerikanisches Interesse an der Struktur Manta/Manabi: Kehrer, Zusätzlicher Bericht über die Geologie der Umgebung von Manta, 31. März 1938, in: NLfB 49012. Vgl. Auszug Kehrer an OW, v. 28. Dezember 1938, Anlage zu OW an Bentz, v. 15. Februar 1938, in: VP, Ecuador allgemein, NLfB 49022.

755 Auszug aus Brief Nr. E 175 von Ott-Heinrich Carstanjen, Quito, v. 13. April 1938, Bl. 2, in: VP, Ecuador allgemein, NLfB 49022.

756 Betzhold/OW/Abteilung Ausland Berlin – La/Wa – an Bentz, v. 15. November 1937. Abschriften der Schreiben von Kehrer und Kauter an OW zw. 24. Dezember 1937 und 11. Januar 1938 als Anlagen zu OW/Abteilung Ausland – Mi/Ku – an Bentz re Ecuador, v. 15. Februar 1938, alle in: VP, Ecuador allgemein, NLfB 49022.

757 Zur Rolle Cadmans in der britischen Ölpolitik seit 1924: Robert W. Ferrier, *The History* ... (1982), Kap. 8 und 13. Vgl. James H. Bamberg, *The History* ... (1994), Kap. 1–4.

758 Bentz an Brochhaus, vom 15. Dezember 1937, Bl. 1 f., in: NLfB 49018.

diese neuen Funde überholt. Es wäre jedoch verfrüht, jetzt schon eine neue Berechnung aufzustellen, da selbstverständlich nähere Einzelheiten von beiden Bohrungen abgewartet werden müssen."[759]

Mit anderen, weniger bescheidenen Worten: Bentz unterstellte einem Großteil der 29.000 ha OW-Konzession auf Sta. Elena die Anwesenheit dieses höchst ergiebigen Horizonts mit gleichen Produktionsaussichten pro Bohrung. Dazu kam ein deutlich vermindertes Bohrrisiko durch den einfach zu erbohrenden Socorro-Horizont. Zur Erschließung hielt Bentz vier Bohrungen in den Parzellen 7 und 8 für ausreichend, die mit zwei Anlagen ausgeführt, und sinnvollerweise gleich bis zum tiefsten Horizont abgeteuft werden sollten, den Bentz auf den OW-Parzellen bereits in 1.200–1.500 m Teufe annahm.[760]

Bei Hans Brochhaus, dem Generaldirektor der Elwerath, die die Majorität sowohl an der Deurag, als auch an der Nerag hielt, führte die Nachricht einen Sinneswandel herbei. Es kam zu vertraglichen Absprachen mit der OW nicht nur hinsichtlich der Abnahme und Raffination, sondern auch zur Erschließung der Lagerstätten in Ecuador.[761] Was die Raffination betraf, sollten nicht nur die brachliegenden Crack-Kapazitäten der Deurag ausgelastet, sondern sogar neue geschaffen werden.[762]

Auch bei der Fortführung des Mexikoprojekts zeigte sich das RPrWM für die drohenden Warnungen der IG-„Autarkisten" wenig empfänglich. Nach Bentz' Rückkehr aus Mexiko wurde sein Bericht vom 10. November auf einer Ressortbesprechung zwischen OKM, RPrWM, AA, Dresdner Bank und Bentz am 19. November 1937 diskutiert.[763] Die Achnacarry-Interessen in Mexiko wurden hier eher als störend, denn als Objekt möglicher Rücksichtnahme empfunden; und wenn von der deutschen Gesandtschaft in Mexiko gemeldet wurde, die Aguila (RD-S) habe vorübergehend ihr Verhältnis zur AGPN verbessert, so wurde dies als Ansporn zum Weiterverhandeln empfunden. Man beauftragte den in Mexiko verbliebenen Unterhändler Erk/Dresdner Bank, vorrangig einen Vertrag über das Isthmusgebiet abzuschließen, weil Bentz hier die schnellste Inproduktion vorausgesagt hatte, und es wurde die Gründung einer mexikanischen Tochter (im Vertragsentwurf „sociedad") der Überseeischen avisiert.

In Mexiko konzentrierte sich Erk/Dresdner Bank über den Jahreswechsel 1937/38 dementsprechend auf einen Vertrag über das Isthmusgebiet, während die Gebiete Troncones y Portrerillo und Ojital y Portrero Ende Januar 1938 zurückgestellt wurden. Am 31. Januar 1938 meldete Erk sehr aufgeregt nach Berlin, er stehe unmittelbar vor Vertragsabschluß und bedürfe nur noch einer Vollmacht, die Bentz eilig überbringen

---

759 Ebd., Bl. 2, in: NLfB 49018.

760 Ebd., Bl. 2. Bentz an OW, Auslandsabteilung re Erdöl in Ecuador, v. 20. Juli 1938, Bl. 3, in: NLfB 49018.

761 Vgl. Siedersleben an RWM ... (vom 13. Juni 1938, siehe Fn. 710), Bl. 8. Vgl. Bentz an OW re Erdöl in Ecuador, v. 20. Juli 1938, Bl. 3, in: NLfB 49018.

762 BIOS 1016, 16. Vgl. evtl. Tätigkeitsberichte des Leiters der Ausbaureferate der RfWA und Vorläufer, 1936–1940, BA, R 3112/alt R 25/16.

763 Klaus Volland, *Das Dritte* ... (1976), 93. Folgend ebd.

sollte. Der Vertragsentwurf sah zunächst 100 Bohrungen vor, Regelung eventueller Streikfragen durch die AGPN und – in dieser Fassung – eine Abgabe von 10% *royalties*.[764]

Wieviel hätten die Lateinamerikanischen Konzessionen erbracht?

Mexiko

Die Angaben zu den drei mexikanischen Gebieten sind disparat. Das im Isthmusvertragsentwurf geregelte Gebiet hätte nach einer Hochrechnung einer Bohrung im Isthmusgebiet mit 81.923 m^3 pro Jahr, die Erk zur Berechnung des späteren maximalen *royalties*-Satzes anstellte, eine Reserve von 31 Millionen Barrel erbracht, die innerhalb von 5 Jahren vollständig hätte erbohrt und innerhalb von weiteren 7 Jahren vollständig hätte ausgebeutet werden können.

Angesichts der geologischen Parameter hätte dies den Einsatz von 5 Bohranlagen für insgesamt 100 Bohrungen bedeutet. VOLLAND kommt, unter Abzug der in Nachverhandlungen bis zum 26. Februar 1938 auf 20% verdoppelten *royalties*, auf eine durchschnittliche Jahreslieferung an das OKM von 327.540 t aus dem Isthmusgebiet und 730.000 t aus Troncones; für Ojital fehlen ihm Angaben.[765]

Berücksichtigt man dagegen den Verhandlungsstand der publik gemachten eiligen Meldung Erks Ende Januar 1938 (10% royalties) und rechnet eine realistischere, langsame Erschließungszeit, ergibt sich ein anderes Bild.

In seinem Bericht vom 10. November 1937 hatte Bentz eine langsame Ausbeutung empfohlen. Für das Isthmusgebiet (100 Bohrungen, weiche jungtertiäre Schichten, Teufe 1.000 m) rechnete er bei Einsatz eines leichten Bohrgeräts – vermutlich eines „pennsylvanischen" Seilschlaggeräts – mit Öl innerhalb von drei Monaten.[766] In Troncones (10–15 Bohrungen) dagegen, wo 2.200–2.500 m zum Teil sehr harten Kal-

---

[764] Vgl. Abschrift des Isthmus-Vertrags, Stand 26. Februar 1938 mit Änderungen v. 28. Februar 1938, als Anlage zu Erk/?/Dresdner Bank/Ausland Direktion an Keppler/AA re Erdölgewinnung für deutsche Rechnung auf dem Isthmus von Tehuantepec, Mexico, v. 11. April 1939, Ordner Dresdner Bank Isthmus-Vertrag, RBF 137, NA, T 401/4, 1088 f. Royalties: Klaus Volland, *Das Dritte* ... (1976), 98.

[765] Vgl. Klaus Volland, *Das Dritte* ... (1976), 102 f. Erk rechnete mit 6,3 Barrel pro m^3 und einer Fündigkeit von 60%, also 60 der 100 ins Auge gefaßten Bohrungen. Wieviel Bohrgeräte er einsetzen wollte, sagte er nicht, es läßt sich aber rekonstruieren. Bentz, Bericht ... (vom 10. November 1937, siehe Fn. 686), Bl. 5, ging in dem Gebiet wegen der weichen jungtertiären Schichten von einer kurzen Bohrzeit von 3 Monaten bis zum Antreffen von Öl in einer Teufe von 1.000 m aus, d.h. 4 Bohrungen pro Jahr. Erks Erschließungszeit von 5 Jahren für 100 Bohrungen am Isthmus ging also vom Einsatz von 5 Rotary-Anlagen aus. Vollands Zahlen können nicht übernommen werden, weil sie die durchschnittliche Jahresproduktion bezogen auf die Gesamtausbeutungszeit (ein Taschenspielertrick Erks, um die *royalties* drücken zu können) mit der absoluten durchschnittlichen Jahresproduktion vermischen. Außerdem geht Volland von einem spezifischen Gewicht des Öls von 1,0 g/cm^3 (= Wasser) aus, die spezifischen Gewichte der Öle sind aber in den Berichten extra jeweils angegeben.

[766] Bentz, Bericht ... (vom 10. November 1937, siehe Fn. 686), Bl. 5.

kes durchteuft werden mußten, riet er zum Einsatz einer schweren Rotary-Anlage, die nach 9–12 Monaten auf Öl treffen werde.[767] Für Ojital (10–15 Bohrungen, 2.100–2.300 m), wo bei hohem Lagerstättendruck die gleichen hervorragenden Produktionsbedingungen wie im angrenzenden Poza Rica herrschten, rechnete Bentz ebenfalls mit einer schweren Rotary-Anlage und 9–12 Monaten Bohrzeit bis zur Inproduktion.[768] Für eine Hochrechnung der Produktion lassen sich aus Bentz' Unterlagen einige durchschnittliche Produktionsangaben bereits fündiger Bohrungen als Referenzmaterial heranziehen; dieses Hochrechnungsverfahren wurde durchaus auch von den historischen Akteuren praktiziert.[769] Im Isthmusgebiet waren dies 7 Bohrungen aus dem Jahr 1936 mit einer Durchschnittsproduktion von 232 m^3 pro Tag (spezifisches Gewicht 0,935 g/cm^3).[770] In Troncones war dies die Petromex 5 mit 91.452 m^3 pro Jahr (spezifisches Gewicht 0,872 g/cm^3).[771] In Ojital rechnete Bentz mit Ölmengen und Produktionsbedingungen wie im Feld Poza Rica, wo die Durchschnittsförderleistung aller Sabalo-Bohrungen bei 5.000 Barrel pro Tag lag (Dichte 26 Grad Baumé = spezifisches Gewicht 0,987 g/cm^3).[772] Bei 360 Produktionstagen im Öljahr, einer Fehlbohrungsquote von 40%[773] und 158,988 Litern pro Barrel hätte sich nach Bentz der Beginn einer Produktion aus Mexiko folgendermaßen gestaltet:[774]

---

767 Ebd. (Bentz, Bericht ... (vom 10. November 1937, siehe Fn. 686), Bl. 6.

768 Ebd. (Bentz, Bericht ... (vom 10. November 1937, siehe Fn. 686), Bl. 7 f.

769 So von Erk: Klaus Volland, *Das Dritte* ... (1976), 102.

770 Bentz, Bericht ... (vom 10. November 1937, siehe Fn. 686), Bl. 5.

771 Ebd. (Bentz, Bericht ... (vom 10. November 1937, siehe Fn. 686), Bl. 7.

772 Huntley & Huntley, Report on Papantla, Vera Cruz, Mexico, v. 15. August 1932, NLfB 49034, Bl. 2. Umrechnung (140 ÷ (deg. Baumé und 130) = spez.Gew.) nach I. K. Turyn, *Petroleum-Vademecum* (1940), 43.

773 So Erk für Isthmus: Klaus Volland, *Das Dritte* ... (1976), 102.

774 Die durchschnittlichen Tagesproduktionszahlen berücksichtigen bereits den bekannten Abfall nach der Anfangsproduktion. Hier wurde ausdrücklich nur der Beginn der Produktion über 7 Jahre gewählt, weil sich infolge mangelnder Reservenberechnungen und lagerstättenmechanischer Unwägbarkeiten über den gesamten Produktionsverlauf mit den damaligen Mitteln (nur Primär- und Sekundärförderung) keine Aussagen machen lassen. Diese Zahlen dienen nur der allgemeinen Orientierung, um die politische Brisanz des Projekts zu ermessen.

Tabelle17: Produktionsaussichten in Mexiko Ende 1937 (Isthmus, Troncones + Ojital)
Brutto (Produktion)/Netto (abzgl. royalties) in Tonnen pro Jahr (Jato)

Isthmus (0,935 g/cm³, 1 Anlage, 78.091,200 Jahrestonnen pro Bohrung, 60 % Fündigkeit, erstes Quartal keine Produktion)

Jahr	Brutto	Netto (10% royalty)	Netto (20% royalty)
1. Jahr	34.469	31.022	25.575
2. Jahr	80.427	72.384	64.342
3. Jahr	126.387	113.748	110.110
4. Jahr	172.346	155.111	137.877
5. Jahr	218.304	196.473	174.643
6. Jahr	264.263	237.837	211.410
7. Jahr	310.222	279.200	248.178

Troncones (0,872 g/cm³, 1 Anlage, 79.746,144 Jahrestonnen pro Bohrung, 60 % Fündigkeit, erstes Jahr keine Produktion)

Jahr	Brutto	Netto (10% royalty)	Netto (20% royalty)
1. Jahr	-	-	-
2. Jahr	47.848	43.063	38.278
3. Jahr	95.695	86.126	76.556
4. Jahr	143.543	129.189	114.834
5. Jahr	191.391	172.252	153.113
6. Jahr	239.238	215.314	193.390
7. Jahr	287.086	258.377	229.669

Ojital (0,897 g/cm³, 1 Anlage, 256.702,8 Jahrestonnen pro Bohrung, 60 % Fündigkeit, erstes Jahr keine Produktion)

Jahr	Brutto	Netto (10% royalty)	Netto (20% royalty)
1. Jahr	-	-	-
2. Jahr	154.022	138.620	123.218
3. Jahr	308.043	277.239	246.434
4. Jahr	462.065	415.859	396.652
5. Jahr	616.087	554.478	492.870
6. Jahr	770.108	693.097	616.086
7. Jahr	924.130	831.717	739.304

Insgesamt

Jahr	Brutto	Netto (10% royalty)	Netto (20% royalty)
1. Jahr	34.469	31.022	25.575
2. Jahr	282.342	254.108	225.874
3. Jahr	530.125	477.113	424.100
4.Jahr	777.954	700159	622.363
5. Jahr	1.025.782	923.204	820.626
6. Jahr	1.273.609	1.146.248	1.018.887
7. Jahr	1.521.438	1.369.294	1.217.150

Allein nach diesem kostensparenden Minimalplan (nur drei Geräte im Einsatz, langsame Produktion, um den progressiven *royalties*-Satz niedrig zu halten) hätte die Millionengrenze bereits im sechsten Jahr nach Bohrbeginn überschritten werden können. Im ebenso denkbaren Hauruckverfahren hätte sich, insbesondere im Feld Ojital mit seinen hohen Ausbeuten pro Bohrung, mit gezieltem Einsatz mehrerer Geräte ein Vielfaches in kürzerer Zeit erbohren lassen.

Obwohl sich Erk und Santillán/AGPN einige Zeit nicht über die Höhe der *royalties* einigen konnten und schließlich von mexikanischer Seite ein Prozentsatz von mindestens 20% durchgesetzt wurde,[775] stand man Ende Februar 1938 unmittelbar vor Vertragsabschluß. Die Tatsache, daß die Beziehungen der Achnacarry-Konzerne zur mexikanischen Regierung wegen der Streiks so gut wie abgebrochen waren, rief bei der deutschen Gesandtschaft alles andere als Furcht hervor.[776] Der Vertrag wurde aus zwei Gründen nicht unterzeichnet: zum einen wegen der veränderten Situation in Mexiko nach der Enteignung der Achnacarry-Konzerne am 18. März 1938, zum anderen, weil seine eifrigsten deutschen Befürworter durch die Reorganisation des RPrWM Anfang Februar 1938 politisch ausgeschaltet wurden.

Tabelle 18: Nachgewiesene Reserven aus den lateinamerikanischen Projekten

	Frühjahr 1937	November/Dezember 1937
Mexiko (nur Isthmus)	4,6 Millionen t	4,6 Millionen t
Ecuador (nur Sta. Elena)	4,0 Millionen t	4,0 Millionen t + x

Ecuador

Auch für Ecuador liegen keine ausgearbeiteten Produktionspläne vor. In Betracht kamen von Ende 1936 bis Sommer 1937 drei Produktionsparzellen auf Sta. Elena für unmittelbaren Bohrbeginn und – entsprechend der Bohrdauer – anschließende Inproduktion, nämlich „Zwickel“ (insgesamt 15 Tief- und 30 Flachbohrungen), „Parzelle 7“ (80 Tief- und 330 Flachbohrungen) und „Parzelle 8“ (40 Tief- und 100 Flachbohrungen).[777] Nach Sommer 1937 entfiel die Aussicht auf den „Zwickel“, dafür rückten aber die Konzessionen der Tropical in den Blick. Die von Bentz und Otto Wolff angestrebte Reservenerweiterung über geologische und geophysikalische Explorationstätigkeit im Küstengebiet Manabi/Esmeralda konnte für Produktionspläne natürlich nicht herangezogen werden, weil man ohne eine fündige Bohrung keine Aussage über die potentielle Leistungsfähigkeit des Gebiets machen konnte. Es war aber gar nicht ausgeschlossen,

---

775 Der Prozentsatz erhöhte sich ab 10.000 Barrel Tagesproduktion progressiv um je einen Prozentpunkt pro 1.000 Barrel bis maximal 45%: Abschrift des Isthmus-Vertrags, Stand 26. Februar 1938 mit Änderungen v. 28. Februar 1938, als Anlage zu Erk/?/Dresdner Bank/Ausland Direktion an Keppler/AA re Erdölgewinnung für deutsche Rechnung auf dem Isthmus von Tehuantepec, Mexico, v. 11. April 1939, Vertragsartikel 11, Ordner Dresdner Bank Isthmus-Vertrag, RBF 137, NA, T 401/4, 1090–1135, hier 1107–1110.

776 Klaus Volland, *Das Dritte* ... (1976), 94–99.

777 Bentz, Vorläufiger Bericht ... (vermtl. Dezember 1936, siehe Fn. 514), Bl. 9 f.

daß eine *wildcat*-Bohrung in Manabi/Esmeralda fündig würde, so daß – ähnlich wie beim mexikanischen Beispiel – die folgenden Berechnungen lediglich die sichere Minimalproduktion wiedergeben, die sich die Akteure auf der Grundlage ihrer Daten erhoffen durften.

Diese anzulegende Minimalproduktion beschränkte sich ab Sommer 1937 auf „Parzelle 7" und „Parzelle 8" auf der Halbinsel Sta. Elena. Die Horizonte konnten wegen der Druckdiskrepanz nur aus unterschiedlichen Löchern gefördert werden.[778] Hier konnte aus den Socorro-Schichten (ca. 400–500 m) ein Naphtenerdöl von durchschnittlich 0,84 g/cm^3 gefördert werden – die Anfangsproduktion jeder Bohrung von 150 Barrel/Tag (20 Tagestonnen) fiel schnell auf 20–30 Barrel/Tag (2,7–4 Tagestonnen) ab; dann mußte gepumpt bzw. mit Kompressor gefördert werden, und die Produktion stabilisierte sich nach zwei Jahren bei 5–6 Barrel/Tag (0,7–0,8 Tagestonnen).[779] Der zweite, von Bentz für alle Parzellen, infolge Randwasserabschätzung der produzierenden Felder Ancón und Sta. Paula, als fündig vorausgesagte Atlanta-Sandstein[780] (max. 1.500 m) war ergiebiger: Mit einem Parraffinöl von durchschnittlich 0,837 g/cm^3 brachte hier jede Bohrung nach einer Anfangsproduktion von 1.000 Barrel/Tag (133 Tagestonnen) eine durchschnittliche Produktion von 500–600 Barrel/Tag (67–80 Tagestonnen). Diese Durchschnittsproduktion blieb über Jahre stabil, die Bohrungen förderten zum Teil bis zu 10 Jahren eruptiv, also ohne Produktionshilfen wie Pumpen oder Kompressoren.[781] Mit dem neu erschlossenen dritten Horizont, den Bentz unterhalb von 1.500 m bis 1.200 m annahm, erhoffte er seit Spätherbst 1937 eine Produktion von 8.000 Barrel/Tag (1096 Tagestonnen).[782]

Der Direktor der OW-Tochter Alfred Wirth & Co., Werner Müller, Erkelenz, hielt es in einer vorsichtigen Kostenschätzung für ratsam, auf Sta. Elena 3 schwere Rotary-Anlagen einzusetzen. Außer den Personalkosten für die Wartung der technischen Anlagen in Ecuador und den Gründungskosten für die ecuadorianische Tochtergesellschaft – vergleichsweise geringe Beträge – [783] berechnete er den ersten Teil des Unterfangens – die Bohrkosten bis zum Fließen des Öls – für sechs Löcher von 1.500 m Teufe inklusive Fracht-, Montage- und Personalkosten für den Betrieb von drei Bohranlagen über zwei Jahre mit RM 3.157.800.[784] Unter Berücksichtigung der Kosten für den zweiten Teil – Produktion und Verschiffung – errechnete er unter Annahme mehrerer Unwägbarkei-

778 Ebd. (Bentz, Vorläufiger Bericht ..., Fn. 514), Bl. 9.

779 Ebd. (Bentz, Vorläufiger Bericht ..., Fn. 514), Bl. 6.

780 Ebd. (Bentz, Vorläufiger Bericht ..., Fn. 514), Bl. 9 f.

781 Ebd. (Bentz, Vorläufiger Bericht ..., Fn. 514), Bl. 6.

782 Bentz an Brochhaus re Ecuador, v. 15. Dezember 1937, NLfB 49018. Kein spezifisches Gewicht angegeben, Umrechnung hier mit Durchschnittskoeffizient 7,3 (entsprechend 0,862 g/cm^3).

783 Abschrift Werner Müller/Wirth & Co, Notiz re Kostenanschlag für Produktionsbohrungen in Ecuador, v. 27. Juli 1937, in: VP, Ecuador allgemein, NLfB 49022.

784 [Werner Müller] re Kostenanschlag für Produktionsbohrungen in Ecuador, v. 16. Juli 1937, in: VP, Ecuador allgemein, NLfB 49022.

ten[785] eine Wirtschaftlichkeit bei einer Produktion ab etwa 40 Tagestonnen. Als Bohrzeit nahm Werner Müller 10–11 Monate für die ersten 6 Bohrungen an, unter Berücksichtigung der Tatsache, daß die Geologen das Gebiet nicht kannten und deshalb sehr häufig würden kernen wollen. Mit etwas mehr Kenntnis des Untergrundes ließen sich die Folgebohrungen innerhalb von je 8 Monaten abteufen.[786]

Wenn, wie Werner Müller vorschlug, die Bohrungen bis 1.500 m nur auf den dort vermuteten Atlanta-Sandstein niedergebracht würden, war im ersten Jahr keine Produktion zu erwarten, weshalb die Socorro-Produktion nicht mitgerechnet werden durfte. Bentz nahm ab Spätherbst 1937 sowohl für den Atlanta-Sandstein wie für den „Dritten Horizont" geringere Teufen an (1.200 m bzw. 1.500 m), womit in gleicher angenommener Bohrzeit zwei Horizonte erschlossen werden konnten.[787] Das bedeutete, daß Bentz eine Produktion aus dem Atlanta-Sandstein bereits innerhalb von 9 Monaten erhoffte. OW hatte mit der ecuadorianischen Regierung einen *royalties*-Satz von nur 5 % aushandeln können, der bei anwachsender Produktion progressiv bis maximal 8 % stieg.[788] Bei einer wiederum als *worst case* angenommenen Fehlbohrungsquote in den bereits produzierenden Gebieten von 40% und 360 Tagen im Erdöljahr hätte eine Produktion aus Ecuador folgendes Bild angenommen:[789]

785 So war niemandem bekannt, inwieweit sich die Panamakanalgebühr von $ 1,20 bis 1,25 pro Netto-Panamakanaltonne auf den Preis pro t Rohöl fob-Golf bis Deutsches Reich auswirken würde. Bentz hatte angesichts größerer Verschiffungen des AEOL-Öls nach Großbritannien und Frankreich angenommen, daß für Europa die bessere Qualität des ecuadorianischen Rohöls die Kanalgebühr aufwiege: Bentz, Vorläufiger Bericht ... (vermtl. Dezember 1936, siehe Fn. 514), Bl. 8 f. Die Elwerath kaufte texanisches Rohöl für RM 55,80 pro Tonne fob-Golf, davon betrug der Preis für das Rohöl allein RM 29,- pro Tonne; der Transport fob Golf betrug also RM 26,8 pro Tonne: Werner Müller/Wirth & Co, Exposé re Rotary-Bohrungen in Ecuador, v. 27. Juli 1937, in: VP, Ecuador allgemein, NLfB 49022.

786 Werner Müller/Wirth & Co, re Kostenanschlag für Rotary-Bohrungen in Ecuador, v. 16. Juli 1937, Bl. 2, in: VP, Ecuador allgemein, NLfB 49022.

787 Bentz an Brochhaus re Ecuador, v. 15. Dezember 1938, Bl. 2, in: NLfB 49018.

788 OW, Köln – Ausland B/Lt. – an Bentz und Werner Müller/Wirth & Co re Ecuador – Erdölkonzessionsverträge v. 29. Oktober 1938, Bl. 4, in: NLfB 49018. Der Satz war im Rohölgesetz von 1921/1931 mit 5–12 % angegeben: Abschrift (Übersetzung), Gesetz über Vorkommen oder Lagerstätten von Rohöl der Republic Ecuador, erlassen von der Nationalversammlung am 8. Oktober 1921, codifiziert mit den am 8. Oktober 1922 eingeführten Reformen, Ausgabe herausgegeben durch das Ministerium für öffentliche Arbeiten, Minen etc. mit Genehmigung der Nationalversammlung von 1931, Bl. 7, in: VP, Ecuador allgemein, NLfB 49022. SO mußte in Ecuador 12% abgeben: Durchschrift Betzhold, Lange, Siedersleben/OW, Aktenvermerk re Ecuador/Erdöl-Konzession: mündlicher Bericht der Herren Professor Dr. Bentz und Direktor Werner Müller – Erkelenz am 18. des Monats über ihre Reise nach Ecuador vom 12. November 1938 bis 12. Januar 1939, v. 18. Januar 1939, NLfB 49017, Bl. 7.

789 Diese Zahlen sind hypothetisch und berücksichtigen mehrere lagerstättenmechanische Unwägbarkeiten nicht. Sie dienen der allgemeinen Orientierung, um die politische Brisanz des Projekts ermessen zu können.

Tabelle 19: Produktionsaussichten in Ecuador Ende 1937: (OW-Parzellen auf Sta. Elena)
Brutto (Produktion)/Netto (abzgl. royalties) in Tonnen pro Jahr (Jato).

Vorbedingungen für die Hochrechnung:
Atlanta-Horizont, ca 1.200 m (0,837 g/cm³, 24.120–28.800 Jahrestonnen pro Bohrung, zu vertiefen auf „Dritten Horizont", ca. 1.500 m (durchschnittliches spezifisches Gewicht 0,862 g/cm³, 394.560 Jahrestonnen), 3 Anlagen, 60 % Fündigkeit, erstes Jahr eine 1/4-Jahresproduktion aus dem Atlanta-Horizont, zweites Jahr 2 1/4 Atlanta + 1 „Dritter" etc. Ab 7. Bohrung (3. Jahr) Bohr- und Umsetzzeit 9 Monate (6 Monate bis Atlanta-Horizont)).

Jahr	Jato brutto		Jato netto (92 %)	
	von	bis	von	bis
1. Jahr	10.851 –	12.960	9983 –	11.923
2. Jahr	807.894 –	826.848	743.263 –	760.700
3. Jahr	1.782.486 –	1.818.288	1.639.887 –	1.672.825
4. Jahr	2.757.078 –	2.809.728	2.536.512 –	2.584.950
5. Jahr	3.731.670 –	3.801.168	3.433.136 –	3.497.074
6. Jahr	4.706.262 –	4.792.608	4.329.761 –	4.409.109
7. Jahr	5.680.854 –	5.784.048	5.226.386 –	5.321.324

Dies stellte die hypothetische Produktion bei einem zügigen Einsatz von 3 Bohranlagen dar. Der Erlös aus der Erstproduktion hätte dann Transport und Einsatz weiterer Anlagen sehr leicht getragen.[790] Bei gleichen geologischen und konzessionellen Bedingungen sollten im Spätherbst 1938, als das Projekt gemeinsam mit der DEA wieder vorangetrieben wurde, Bentz, Werner Müller/Wirth & Co. und Große/DEA ebenfalls eine Ausbeutung mit 3 Geräten vorsehen, um so schnell wie möglich die Rentabilitätsschwelle von 200.000–400.000 Jahrestonnen zu überwinden.[791] Was Qualität und Derivate anging, konnte mit dem Einsatz einer einfachen Topp-Anlage vor Ort 20–25 % Benzin, 20 % Diesel und der Rest als Heizöl für die südamerikanische Küstenschiffahrt aus der Produktion gewonnen werden; es ließ sich aber auch ein wesentlich höherer Benzinanteil mit einer modernen Crack-Anlage anvisieren.[792]

---

790 Werner Müller/Wirth & Co, re Kostenanschlag re Rotary-Bohrungen in Ecuador, v. 16. Juli 1937, in: VP, Ecuador allgemein, NLfB 49022.

791 Betzhold, Lange, Siedersleben/Otto Wolff, Aktenvermerk re Ecuador – Erdölkonzession, mündlicher Bericht der Herren Professor Bentz und Direktor Werner Müller – Erkelenz am 18. des Monats über ihre Reise nach Ecuador vom 12. November 1938 bis 12. Januar 1939, v. 18 Januar 1939, NLfB 49017, Bl. 3.

792 So Große/DEA: Betzhold, Lange, Siedersleben/Otto Wolff, Aktenvermerk re Ecuador – Erdölkonzession, mündlicher Bericht der Herren Professor Bentz und Direktor Werner Müller – Erkelenz am 18. des Monats über ihre Reise nach Ecuador vom 12. November 1938 bis 12. Januar 1939, v. 18 Januar 1939, NLfB 49017, Bl. 2 und 5.

Der erste Mob-Plan der Erdölindustrie vom November 1937

Ende 1937 stand jedoch noch nicht zur Debatte, eine Raffinerie auf Sta. Elena/Ecuador zu bauen. Stattdessen strebte bekanntlich die Elwerath an, neue Crack-Kapazitäten in Misburg zu schaffen. Mit diesem Plan geriet Brochhaus, der die Erdölverarbeitungsseite in der Wirtschaftsgruppe Kraftstoffindustrie repräsentierte, in Konflikt mit der IG. Für deren Interessen versuchte Carl Krauch/IG (eigentlich kein Funktionär der WiGru) argumentativ durchzusetzen, daß nicht nur keine weiteren öffentlichen Gelder in den Ausbau von Raffinerien gesteckt, sondern auch die jährlich ca. RM 5.000.000 Reichsbohrbeihilfen gestrichen werden sollten. Als Argument diente die von der IG und ihren militärischen Sympathisanten seit 1935 gebetsmühlenhaft vorgetragene Formel von der Chancenlosigkeit der Erdölgewinnung.[793]

Der Angriff zielte auf die Substanz der Erdölindustrie. Um zu beweisen, was sie wirklich leisten könne, setzte die Erdölseite der Wirtschaftsgruppe Kraftstoffindustrie eine Expertenkommission ein, die einen ersten Produktionsplan für den Mobilisierungsfall (Mob-Plan) ausarbeiten sollte. Diese Kommission, durch den Elwerathmanager Dr.-Ing. Deicher und Bentz/PGLA geleitet, bestand aus den jeweiligen technischen Verantwortlichen auf den wichtigsten deutschen Feldern Nienhagen, Oberg, Reitbrook und Heide und berücksichtigte Produktionssteigerung, zusätzliche Bohrungen, Stahlkontingente, Transport und Arbeitskräfte. Im November 1937 lag der Mob-Plan als geheime Reichssache vor. Er beabsichtigte eine Produktionssteigerung von 900.000 t innerhalb von 12 Monaten:[794]

Tabelle 20: Mob-Plan der Erdölindustrie November 1937

Bei Kriegserklärung	600.000 t
nach 3 Monaten	606.100 t
nach 6 Monaten	963.100 t
nach 9 Monaten	1.135.100 t
nach 12 Monaten	1.503.600 t.

Dagegen gingen die rezentesten Mineralölplanungen des VP/Roa davon aus, daß bei einem geschätzten Mob-Bedarf (alle Produkte) von 6.141.900 t und einer Erzeugung von 6.288.200 t die Hydrierung mit geplanten 3.810.000 t rd. 60% bestreiten würden. Der Rest sollte sich auf Fischer-Tropsch-Synthese (13%), Teerschwelung, Destillation und andere braunkohlenchemische Verfahren (10%) sowie den Einsatz von Motorenbenzol als Beimischstoff (8%) verteilen. Der Erdölgewinnung war in dieser im Dezember 1937 für 1940 vorgelegten Rechnung ein konstantes Verharren auf der 600.000 t Marke (Produktion 1937), ein Anteil an der gesamten KW-Produktion von

793 BIOS 1016, 16. Vgl. evtl. Tätigkeitsberichte des Leiters der Ausbaureferate der RfWA und Vorläufer, 1936–1940, BA, R 3112/alt R 25/16.

794 BIOS 1016, 16 f.

9% und keine Steigerungsmöglichkeit prophezeit. Bei den einzelnen Produkten war sie mit 70% (385.900 t) ihrer Raffination aufs Schmieröl festgenagelt.[795]

Tabelle 21: VP/Roa, KW-Mob-Plan vom 31. Dezember 1937. Mengen in 1.000 t[796]

	Σ KW	Auto-benzin	Flug-benzin	Diesel	Heizöl	Schmieröl	Paraffin
Bedarf 1940	6.141,9	2.500	350	1.530	940	550	-
Prod 1940	6.288,2	2.823,7	328	1.530	785,7	548,9	271,9
Hydr	3.810,0 (60%)	1.681,0 (60%)	328,0 (100%)	1.275,0 (83)	300,0 (38%)	127,0 (23%)	99
F-T	821,4 (13%)	581,0 (20%)	-	64,0 (4%)	-	37,0 (7%)	139,4
Erdöl	596,9 (9%)	111,0 (4%)	-	88,5 (6%)	9,0 (1%)	384,9 (70%)	3,5
Erdöl	*100%*	*18,6%*	-	*14,8%*	*1,5 %*	*64,5 %*	*0,6%*
Schwel etc.	659,9 (10%)	50,7 (2%)	-	102,5 (7%)	476,7 (61%)	-	30
Benzol	400,0 (8%)	400,0 (14%)	-	-	-	-	-
Spiritus	-						

Wenn man aber die Zahlen der Mob-Steigerungen der Erdölindustrie – die ja nur über ein Jahr geplant waren – in die über zwei Jahre gedachte Rechnung einsetzte, kam ein schockierendes Ergebnis heraus: Bei unverändert hoher Schmierölerzeugung (384.900 t) würden zusätzlich 1.118.700 t in der Deurag eingesetzt werden können, die wegen der brachliegenden Crack-Kapazitäten ohne weitere Investitionen zu Autobenzin verarbeitet werden konnten. Bei einer hypothetischen Unverändertheit des Diesel-, Heizöl-, und Paraffinanteils am Gesamtdurchsatz hätte sich etwa folgendes Bild ergeben:

Tabelle 22: VP/Roa Bedarfszahlen vom 31. Dezember 1937 mit erstem Mob-Plan der Erdölindustrie in 1.000 t[797]

	Σ KW	Auto-benzin	Flug-benzin	Diesel	Heizöl	Schmieröl	Paraffin
Bedarf 1940	6.141,9	2.500	350	1.530	940	550	-
Erdöl	1.503,6 (25%)	864,7 (35%)	-	222,5 (15%)	22,5 (2%)	384,9 (70%)	9
Derivate in %	*100 %*	*57,5 %*	-	*14,8%*	*1,5 %*	*25,6%*	*0,6*

Da die Bedarfsdeckung durch die Erdölraffination mit geringen Investitionen erreicht werden konnte, hätten die zusätzlichen Derivatmengen die von VP/Roa geplanten Derivate vom militärischen Markt („Bedarf") verdrängt; das heißt, die Planungen hätten bei den anderen Erzeugergruppen erheblich nach unten korrigiert werden müssen. Im Bereich Autobenzin wären diese Plankürzungen am deutlichsten sichtbar geworden, da sich auch die Benzolmengen nicht reduzieren ließen, weil sie aus der Stahlherstellung ohnehin als Abfallprodukt anfielen. Selbst bei vollständiger Streichung aller anderen

795 Der Mineralölplan des Vierjahresplans (III) Gesamtplanung vom 31. Dezember 1937 (abgestimmt auf Bedarf 1940), Übersicht 20, Wolfgang Birkenfeld, *Der synthetische* ... (1964), 230.

796 Wolfgang Birkenfeld, *Der synthetische* ... (1964), 230. Erdöl: Kursive Zahlen: Anteil der Derivate an 100% Gesamtraffination.

797 Bedarf: Wolfgang Birkenfeld, *Der synthetische* ... (1964), 230. Erdöl nicht für 1940 sondern für Ende 1938: Titus Kockel nach BIOS 1016, 17. Kursive Zahlen: Anteil der Derivate an 100% Gesamtraffination.

Erzeugergruppen hätte die Hydrierung noch um 445.700 t (gut zwei Hydrierwerke in der Größenordnung Leunas 1933) abspecken müssen.

Die Zahlen des Mob-Plans der Erdölindustrie waren indessen Mindestzahlen, die sich auf einen einjährigen Ausbau bezogen und nicht auf den von VP/Roa geplanten zweijährigen. Nach zwei Jahren geplanter Mob-Vorbereitung wären sie erheblich größer gewesen. Solche Pläne konnten, als sie in der Wirtschaftsgruppe präsentiert wurden, wenig Liebe finden. Die schlechte Stimmung auf Seiten der Hydrierlobby dürfte sich beim Bekanntwerden der Ecuador- und Mexiko-Projekte kaum gebessert haben, zumal das von den IG-Managern und Thomas allzeit vorgebrachte Sicherheitsargument bei der Kriegsmarine, die Ozeantransporte als ihr Metier betrachten durfte, nicht verfing. Bei der Marine mußte der Landweg über die Schiene und eine unberechenbar von Niedrigwasser und Frost heimgesuchte Donau als das weit größere Transport- und Sicherheitsrisiko gelten.

Rechnet man die Zahlen der devisenfreien Produktion aus Lateinamerika in die Bedarfszahlen des VP/Roa vom Dezember hinein, ergibt sich folgendes Bild:

Tabelle 23: VP/Roa Bedarfszahlen vom 31. Dezember 1937 mit erstem Mob-Plan der Erdölindustrie + Lateinamerika in 1.000 t[798]

	Σ KW	Auto-benzin	Flug-benzin	Diesel	Heizöl	Schmieröl	Paraffin
Bedarf 1940	6.141,9	2.500,0	350,o	1.530,0	940,0	550,0	-
Erdöl DR	1.503,6		-	222,5 (15%)		384,9 (70%)	9
Erdöl MEX	225,9						
Erdöl ECU	743,3						
Erdöl Σ	2.472,8 (40%)	1508,4 (60%)	-	366,0 (24%)	37,1 (4%)	384,9 (70%)	14,8
Derivate in %	*100,0 %*	*61,0 %*	-	*14,8%*	*1,5 %*	*25,6%*	*0,6*

Diese Produktion wäre beim Einsatz von nur 3 Geräten in Mexiko und 3 Geräten in Ecuador innerhalb von 2 Jahren erzielt worden. Die ursprünglichen Deurag-Kapazitäten von 75.000–80.000 t Jahresdurchsatz[799] plus jener nicht näher definierten Kapazität einer 1936 erbauten Topp-Destillationsanlage[800] hatten für die anschwellende Ölflut keineswegs ausgereicht.

Ging man dagegen von einer längerfristigen friedlichen Entwicklung der überseeischen Erdölfelder aus, waren hier durch die Explorationskonzessionen in Mexiko und Ecuador ungeahnte Steigerungsmöglichkeiten vorhanden – alles zum RM-Preis. All diese Rechenmodelle, so hypothetisch sie sich hier präsentieren, waren den Akteuren bekannt, da die Pläne ja nicht verheimlicht, sondern in der WiGru und im VP als Argumentationsgrundlagen benutzt wurden, um die Leistungsfähigkeit der Erdölindustrie unter Beweis zu stellen.

798 Bedarf: Wolfgang Birkenfeld, *Der synthetische ...* (1964), 230. Erdöl nicht für 1940 sondern für Ende 1938: Titus Kockel nach BIOS 1016, 17. Kursive Zahlen: Anteil der Derivate an 100% Gesamtraffination.

799 „Inbetriebnahme ..." (1932), 21.

800 Rainer Fröbe, „Arbeit ..." (1985), 132.

Öl in der frühen „Ära Göring", Februar bis August 1938

1 Bentz und das Reichsbohrprogramm bis 1938

Reichsbohrprogramm bis Februar 1938

Der geowissenschaftliche Auftrag an Keppler konnte nichts daran ändern, daß die Zuständigkeit für das Reichsbohrprogramm bei der PGLA und hier beim Institut für Erdölgeologie unter Alfred Bentz verblieb. Auch die Gründung des VP-Konzerns Reichswerke – so verhängnisvoll sie sich im übrigen Montanbereich auswirkte –[1] blieb ohne größere Bedeutung für die Ölpolitik der Diktatur. Zwar erwarb der Konzern im August 1937 die Bergbau AG – Nachfolger des alten Raky Bohrbetriebs[2] – der in „Deutsche Schachtbau- und Tiefbohr AG" (ab dem „Anschluß" „Großdeutsche Schachtbau- und Tiefbohr AG" mit diversen Töchtern in Österreich und später der Tschechoslowakei) umbenannt wurde, und begann, sich am Reichsbohrprogramm zu beteiligen. Auch wenn ihm die Expansion nach „Mittel-" und Südosteuropa gelang und er sich 1942 mit dem Feld Lingen-Dalum im Emsland eine Erdölbasis erschloß, konnte der Reichswerke-Konzern zur mittlerweile etablierten deutschen Erdölindustrie nicht aufschließen.[3]

Das Reichsbohrprogramm wurde unterdessen unter Bentz' koordinierender Leitung mit pro Etappe (von Mai bis Mai) etwa RM 5 Millionen staatlicher Investition[4] weiter vorangetrieben. Bis 1938 wuchs die Zahl der Reichsbohrungen auf 280 an mit insgesamt etwa 250.000 Bohrmetern, für die die öffentliche Hand insgesamt RM 16,7 Mil-

---

1 Vgl. Richard J. Overy, *War* ... (1994), 144–174.

2 Die Erdölproduktion hatte 1930 die Preußag übernommen: Siehe S. 59.

3 BIOS 1017, 9 f.

4 Bericht Haack, Entwicklung der Metersätze, v. 29. August 1944, Bl. 2 ff. in NLfB 86678. Danach sank nur für die 2. und 3. Bohretappe der Etat unter die 5-Millionengrenze, von 1937–1945 betrug er wieder RM 5 Millionen.

lionen dazugeschossen hatte.[5] Die seit 1934 mit großem Aufwand betriebene Erdölexploration entwickelte sich bis 1938 im Verhältnis zu den vom RPrWM bereitgestellten Jahresetats kontinuierlich weiter.[6] Als Ergebnis dieses enormen Bohraufwands wurden innerhalb der ersten vier Bohretappen bis 1938 zwölf abbauwürdige Lagerstätten gefunden – bis 1945 sollten es dann insgesamt 25 werden.[7]

Die Produktion aus deutschen Erdölfeldern – im Verhältnis zum Import von Erdöl bzw. Erdölderivaten und zur Erzeugung synthetischer KW – nahm damit folgendes Bild an:

5 Liste der Reichsbohrungen in den 11 Bohretappen 1934–1945, o. Dat., NLfB 33087.

6 Bericht Haack, Entwicklung der Metersätze, v. 29. August 1944, Bl. 2 ff. in NLfB 86678. Vgl. abweichend Hans-Erich Volkmann, „Die NS-Wirtschaft ..." (1979), 269 f., der die kontinuierliche Investition in die Exploration als Stagnation begreift. Diese Interpretation würde richtig sein, wären die Investitionen in Produktionsbohrungen geflossen. Mit den subventionierten Explorationsbohrungen aber wurden nicht neue Ölsonden in alten Lagerstätten, sondern neue Lagerstätten finanziert, wodurch die preußischen Konzerne einen enormen Wachstumsschub erlebten.

7 Vgl. Alfred Bentz, „Ergebnisse der erdölgeologischen Erforschung Nordwestdeutschlands 1932–1947: ein Überblick", in: *Erdöl und Tektonik* ... (1949), 7–18, hier 8.

Tabelle 24: Kohlenwasserstoffe für das Deutsche Reich 1927–1938, Mengen in t
Gegenüberstellung Erdölproduktion – Synthese – Import
Erdölproduktion: alte Felder (vor Einsetzen des Reichsbohrprogramms)/NS Felder (durch Reichsbohrprogramm gefundene Felder)

Jahr	alte Felder (a	NS-Felder (b	Erdöl DR (b	Ölimport (c	Erdöl	Synthese (B)	
1927	96.904	-	96.904	1.888.167	1.985.071	1.000	1.986.071
1928	92.029	-	92.029	2.253.742	2.345.771	26.800	2.372.571
1929	103.306	-	103.306	2.711.062	2.814.368	67.600	2.881.968
1930	173.859	-	173.859	3.049.881	3.223.740	81.200	3.304.940
1931	228.522	-	228.522	2.968.155	3.196.677	107.600	3.304.277
1932	229.799	-	229.799	2.478.089	2.707.888	93.200	2.801.088
1933	238.511	-	238.511	2.755.800	2.994.311	108.400	3.102.711
1934	314.635	-	314.635	3.236.900	3.551.535	153.200	3.704.735
1935	415.457	11.925	427.382	3.888.500	4.315.882	240.800	4.556.682
1936	412.534	32.393	444.927	4.288.200	4.733.127	469.500	5.202.627
1937	420.440	30.277	450.717	4.351.600	4.802.317	765.800	5.568.117
1938†	427.370	124.728	552.098	5.002.800	5.554.898	896.400	6.451.298
1938¿			608.742		5.611.542		6.507.942

(a Wietze/Nienhagen/Oberg/Ölheim/Tegernsee/Volkenroda (produzierte von 1930–1938[8]). 1927–1932: Karl-Heinrich von Thümen, *Die deutsche* ... (1939), 524. 1933–1938: berechnet nach Hanns-Heinz Kasper, *Die Erdölgewinnung* ... (1974), 151–169.[9]
(b 1927–1932: Karl-Heinrich von Thümen, *Die deutsche* ... (1939), 524. 1933–1938: berechnet nach nach Hanns-Heinz Kasper, *Die Erdölgewinnung* ... (1974), 151–169.
(B): Wolfgang Birkenfeld, *Der synthetische* ... (1964), 225.
(c 1927: „Verarbeitung und Verteilung: Deutschland: Deutschlands Mineralölhandel im Dezember 1927", *Petroleum* 24 (1928) 5, 219. 1928: „Verarbeitung und Verteilung: Deutschland: Deutschlands Mineralölhandel im Dezember 1928", *Petroleum* 25 (1929) 7, 244–247. 1929–1932: „Erdölchronik und Statistik: der deutsche Mineralölhandel im Jahre 1931: Vergleichende Jahresübersicht", 2–4, in: *Petroleum* 28 (1932).[10]
ab 1933: Karl-Heinrich von Thümen, *Die deutsche* ... (1939), 542.
† ohne Österreich. ¿ mit Österreich, Karl-Heinrich von Thümen, *Die deutsche* ... (1939), 524.

---

8 Hanns-Heinz Kasper, *Die Erdölgewinnung* ... (1974), 128.

9 Diese Zahlen von Kasper beruhen auf der Grundlage der NS-offiziellen Statistik von Thümen. Sie stimmen mit den gerundeten Zahlen von Albert E. Gunther, „The German ..." (1947), 1273 überein, nur für den Import des Jahres 1937 divergieren die Zahlen. Hier liegen Gunther und die Nachkriegsstatistik von Thümen (1956) bei 452.000 bzw. 452.017 t. Für das Jahr 1938 divergieren die Gesamtzahlen für Kasper und Thümen geringfügig: T (1939): 608.742 t; K: 608.766 t. Die (amtlichen) Erdölzahlen bei Alfred Bentz, „Ergebnisse ..." (1949), 15 liegen durchweg höher.

10 Die vor-NS-Zahlen liegen etwas niedriger, da hier die Zollproduktgruppe Nr. 260 „andere Schmiermittel" nicht mit in die Statistik aufgenommen wurde. Ansonsten umfassen sowohl die vor-NS wie die NS-Zahlen von Thümen die Zollproduktgruppen 239 a – f, 239 h, 243 a (alt: 243 a und 243 b) und 245 a: Rohöl, Benzin, Petroleum, Diesel, Schmieröle, Heizöl, leichte Rückstände, schwere Rückstände, Benzol.

1936 verlor das Erdöl die führende Rolle, die es bis dahin innegehabt hatte. Die geringe Steigerung der Produktion von 1935 auf 1936 lag an der Drosselung der Förderung vor allem in Nienhagen,[11] die auf Initiative der Wehrwirtschaftler durchgeführt wurde. Die Initiative, eine strategische Schmierölreserve zu schaffen, hatte bekanntlich den politischen Zweck, die Erdölproduktion auf jene Produktbereiche zu beschränken, die die Synthese zu diesem Zeitpunkt nicht abdecken konnte, und sie damit als Konkurrenten im typischen Synthesebereich Benzin auszuschalten. Nachdem Ende Dezember 1935 Zollanreize für die Erdölindustrie geschaffen worden waren, begann 1936 in Nachbarschaft der Benzinraffinerie Deurag in Misburg am Mittellandkanal der Bau der Neuen Raffinerie AG (Nerag), die wiederum als Konsortium von den preußischen Erdölkonzernen betrieben wurde.[12]

Erdölkonzerne und Reichsbohrprogramm bis 1938

Zahlen für den Anteil der Gesellschaften an dieser Produktion, die Aufschluß geben könnten über die Nutznießer der NS-Wirtschaftsförderung, sind, wegen der gezielten Desinformationspolitik sowohl der Gesellschaften als auch der zuständigen geologischen Behörde nach dem Zweiten Weltkrieg, schwierig zu ermitteln.[13] Im Folgenden sollen jedoch exemplarisch die Produktionszahlen der Gesellschaften, die sie der britischen Militärbehörde nach 1945 nur für ihre *nordwest*deutschen Felder angegeben haben, vorgestellt werden. Weil die nordwestdeutsche Ölregion von allen Erdölregionen des Altreichs mit Abstand die ergiebigste Produktion erbracht hat, zeigen diese Zahlen die allgemeine Tendenz des Nutzens trotzdem recht gut. Für die Burbach-Kaliwerke AG werden die Produktionszahlen ihrer einzigen Lagerstätte in Thüringen verwendet. Danach verteilte sich die Produktion bis 1938 wie folgt:

[11] Hanns-Heinz Kasper, *Die Erdölgewinnung* ... (1974), 128.

[12] Ebd., 126.

[13] Vgl. ebd., 135, der sich auf das Unternehmen eingelassen hat, die Statistik aus zum Teil recht disparaten Quellen zu rekonstruieren. Seine Gesamtzahlen liegen jedoch erheblich unter den Angaben, die die Firmen der britischen Militärbehörde allein für ihre nordwestdeutschen Felder gemacht haben.

Deutsche Petroleum AG, fusioniert mit Deutsche Erdöl AG, ab 1940 Deutsche Erdöl AG (DPAG-DEA)

Alte Felder, NS-Funde, Anteil der NS-Funde an der nordwestdeutschen Gesamtproduktion der DPAG-DEA, Anteil DPAG-DEA an der deutschen Gesamtproduktion:

Tabelle 25: Produktion der DPAG-DEA 1927–1938

Alte Felder (vor Einsetzen des Reichsbohrprogramms)/NS Felder (durch Reichsbohrprogramm gefundene Felder)

	alte Felder	NS-Felder	(%)	Σ	%
1927	47.630 t	-	-	47.630 t	49,2
1928	46.907 t	-	-	46.907 t	51
1929	48.616 t	-	-	48.616 t	47,1
1930	62.563 t	-	-	62.563 t	36
1931	59.015 t	-	-	59.015 t	25,8
1932	52.415 t	-	-	52.415 t	22,8
1933	54.424 t	-	-	54.424 t	22,8
1934	60.378 t	-	-	60.378 t	19,2
1935	67.720 t	2.200 t	(3,3)	69.920 t	16,4
1936*	76.544 t	13.077 t	(17,1)	89.621 t	20,1
1937	73.247 t	8.938 t	(12,2)	82.185 t	18,2
1938†	77.790 t	28.492 t	(36,6)	106.282 t	19,3

†: ohne Österreich

*: schon vor dem Anlaufen des Reichsbohrprogramms förderte die DPAG-DEA bei Adolfsglück geringfügige Mengen Erdöl (1927/28 + 1933/34). Allerdings wurde die Lagerstätte erst durch die RB 209 a (Adolfsglück 4) und RB 342 (Adolfsglück 5) für eine größere Produktion erschlossen. Adolfsglück wird daher ab 1936 den NS-Feldern zugeschlagen.

Zahlen nach: BIOS 1017, Enclosure 2.

Die vor allem unter dem Generaldirektor Middendorf praktizierte Politik des Konzerns seit der Fusion 1925/26, sich tendenziell aus dem Erdöl zurückzuziehen, hatte sich deutlich niedergeschlagen. Auch wenn sich der größte preußische Erdölkonzern, der seit der Bankenfusion von Disconto-Gesellschaft und Deutscher Bank nunmehr wieder zu letzterer gehörte, bei der politischen Durchsetzung des Reichsbohrprogramms zurückhielt und sein Anteil an der deutschen Gesamtproduktion bis 1936 drastisch zurückging, profitierte er doch auch in besonderem Maß von der Wirtschaftsförderungsmaßnahme (zeitlich vor den Produktionszuwächsen liegt eine erhöhte Bohraktivität). In dieser Statistik bleiben die subventionierten Bohrungen unberücksichtigt, die ab 1934 auch in den alten Feldern durchgeführt wurden und deren Produktivität erhöhte. Bis 1938 konnte die DPAG-DEA drei neue Lagerstätten erschließen (Adolfsglück, Gifhorn und Heide), wobei sich Heide recht bald als deutscher *giant* entpuppte. Heide verdankte die DPAG-DEA nicht nur eine deutlich gesteigerte Produktion, sondern auch den Impuls, eine wieder stärker auf das Erdöl zugeschnittene Politik zu machen; d.h. die Investitionen vom Kohlebergbau verstärkt in Erdölexploration und -gewinnung umzulenken. Schon 1938 zeigte sich, daß die DPAG-DEA wieder zurück im Geschäft war.

Gewerkschaft Elwerath (Elwerath)

Alte Felder, NS-Funde, Anteil der NS-Funde an der nordwestdeutschen Gesamtproduktion der Elwerath, Anteil Elwerath an der deutschen Gesamtproduktion:

Tabelle 26: Produktion der Elwerath 1927–1938

Alte Felder (vor Einsetzen des Reichsbohrprogramms)/NS Felder (durch Reichsbohrprogramm gefundene Felder)

	alte Felder	NS-Felder	(%)	Σ	%
1927	37.873 t	-	-	37.873 t	39,1
1928	31.154 t	-	-	31.154 t	33,9
1929	34.702 t	-	-	34.702 t	33,6
1930	50.365 t	-	-	50.365 t	29
1931	46.491 t	-	-	46.491 t	20,3
1932	87.295 t	-	-	87.295 t	38
1933	116.655 t	-	-	116.655 t	48,9
1934	132.577 t	-	-	132.577 t	42,1
1935	143.123 t	-	-	143.123 t	33,5
1936	158.760 t	14.322 t	(8,3)	173.082 t	38,9
1937	163.316 t	11.842 t	(6,8)	175.158 t	38,9
1938†	159.586 t	10.967 t	(6,4)	170.555 t	30,9

†: ohne Österreich

Zahlen nach: BIOS 1017, Enclosure 5.

Die Gewerkschaft Elwerath, die unter der Leitung von Generaldirektor Brochhaus seit 1928 – mit geologischer Schützenhilfe der PGLA – die Erschließung von Nienhagen vorangetrieben und damit letztlich den Aufschwung in der deutschen Erdölindustrie ausgelöst hatte, war in den dreißiger Jahren sehr viel stärker im Erdöl engagiert, als die größere DPAG-DEA. Ihre Feldeserweiterungen im hannoverschen Erdölrevier garantierten ihr von 1932 bis 1938 Platz Eins der deutschen Produktionsstatistik. Die Verwertung des Erdöls in der Raffinerie Deurag in Misburg – zunächst gezielt als Crack-Benzin, ab 1935 auf Drängen der Armee und IG-Technokraten zusehends als Schmieröl – brachte infolge der deutschen Hochpreispolitik für Erdöl, ansehnliche Gewinne.[14]

Doch auch wenn sie bis 1938 dank des Reichsbohrprogramms fünf neue Lagerstätten erschließen konnte (Mölme, Fallstein, Broistedt, Abbensen, Meckelfeld), war ihr das Schicksal nicht hold. Die Lagerstätten zeigten sich als unergiebig oder problematisch auszubeuten. Die Gewinne aus dem Erdöl konnten nicht aussichtsreich reinvestiert werden. Damit zeichnete sich für die Elwerath ab 1938 das Problem ab, sich irgendwo neue, ergiebigere Lagerstätten anzueignen.

[14] Hanns-Heinz Kasper, *Die Erdölgewinnung* ... (1974), 126 und 132 f.

Preußische Bergwerks- und Hütten AG (Preußag = VEBAG = Freistaat Preußen)

Alte Felder, NS-Funde, Anteil der NS-Funde an der nordwestdeutschen Gesamtproduktion der Preußag, Anteil Preußag an der deutschen Gesamtproduktion:

Tabelle 27: Produktion der Preußag 1927–1938

Alte Felder (vor Einsetzen des Reichsbohrprogramms)/NS Felder (durch Reichsbohrprogramm gefundene Felder)

	alte Felder	NS-Felder	(%)	Σ	%
1927	-	-	-	-	
1928	-	-	-	-	
1929	-	-	-	-	
1930	6.412 t	-	-	6.412 t	3,7
1931	30.144 t	-	-	30.144 t	13,2
1932	33.243 t	-	-	33.243 t	14,5
1933	18.134 t	-	-	18.134 t	7,6
1934	7.519 t	-	-	7.519 t	2,4
1935	7.630 t	-	-	7.630 t	1,8
1936	7.038 t	-	-	7.038 t	1,6
1937	5.012 t	1.597	(24,2)	6.609 t	1,5
1938†	5.444 t	34.122	(86,2)	39.566 t	7,2

†: ohne Österreich

Zahlen nach: BIOS 1017, Enclosure 6.

Der staatliche *newcomer* hatte sich vor der Diktatur besonders aktiv an der Exploration in Niedersachsen beteiligt und war einer der ersten Konzerne, die Interessenpolitik der Erdölallianz gegen die Mittelständler durchzudeklinieren. Doch auch wenn er sich intensiv am Bohrprogramm beteiligte, so wollte ihm das Finderglück nicht lächeln. 1932 mit der alten Raky-Lagerstätte Berkhöpen/Edesse auf Platz Drei, rutschte die Produktion der Preußag kontinuierlich in den Keller. Erst mit Entdeckung des deutschen *giants* Reitbrook im Jahr 1937 (im Konsortium mit der amerikanischen DVOAG) begann wieder der Aufschwung. Mit dem Chefgeologen der Preußag, August Moos, verband Bentz das gemeinsame usurpatorische Eintreten für die Migrationstheorie im Jahr 1932. Tatsächlich war es Moos, dem Bentz die Konversion zu verdanken hatte. Als Moos 1937 unter antisemitischen Beschuß geriet, ermöglichte ihm Bentz, bei der Elwerath unterzukriechen und in Jugoslawien zu explorieren.[15] Kurzfristig sprang der aus China zurückgekehrte dritte bedeutende „Erneuerer" und spätere SS-HStuf, Karl Krejci-Graf, für ihn ein.[16]

15 Bentz' Protektion sollte ihm jedoch 1944 zum Verhängnis werden: Bentz, Supplement... (11. Februar 1946, siehe Kapitel 3, Fn. 36), Bl. 12. Vgl. Dietrich Hoffmann, *Die Erdölgewinnung in Norddeutschland*, Hamburg 1970.

16 „Personales", Petroleum 33 (1937) 48, 8+ BA, BDC, DZ-Kartei.

Burbach-Kaliwerke AG

Alte Felder in Thüringen, NS-Funde, Anteil, Anteil Burbach-Kaliwerke AG an der deutschen Gesamtproduktion:

Tabelle 28:Produktion der Burbach-Kaliwerke AG 1927–1938

Alte Felder (vor Einsetzen des Reichsbohrprogramms)/NS Felder (durch Reichsbohrprogramm gefundene Felder)

	alte Felder	NS-Felder	(%)	Σ	%
1927	-	-	-	-	
1928	-	-	-	-	
1929	-	-	-	-	
1930	4.250 t	-	-	4.250 t	2,5
1931	51.396 t	-	-	51.396 t	22,5
1932	15.785 t	-	-	15.785 t	6,9
1933	5.814 t	-	-	5.814 t	2,4
1934	1.750 t	-	-	1.750 t	0,6
1935	747 t			747 t	0,2
1936					
1937					
1938†					

†: ohne Österreich

Zahlen nach: Karl-Heinrich von Thümen, *Die deutsche* ... (1939), 524.

Der Kalikonzern Burbach-Kaliwerke AG, der 1930 in die Erdölproduktion und -suche eingestiegen war, gehörte zu den Konzernen, die sich aktiv für das Wirtschaftsförderungsprogramm der Diktatur eingesetzt hatten. Das Engagement in Thüringen änderte nichts daran, daß dieser Konzern ein Opfer seiner Hoffnung auf den thüringischen Zechstein wurde und mit Versiegen der Lagerstätte Volkenroda aus dem Erdölgeschäft wieder ausstieg.

Wintershall AG (WIAG)

Alte Felder, NS-Funde, Anteil der NS-Funde an der nordwestdeutschen Gesamtproduktion der WIAG, Anteil WIAG an der deutschen Gesamtproduktion:

Tabelle 29: Produktion der WIAG 1927–1938

Alte Felder (vor Einsetzen des Reichsbohrprogramms)/NS Felder (durch Reichsbohrprogramm gefundene Felder)

	alte Felder	NS-Felder	(%)	Σ	%
1927	-	-	-	-	
1928	-	-	-	-	
1929	-	-	-	-	
1930	-	-	-	-	
1931	2.749 t	-	-	2.749 t	1,2
1932	7.381 t	-	-	7.381 t	3,2
1933	17.111 t	-	-	17.111 t	7,2
1934	38.170 t	-	-	38.170 t	12,1
1935	84.671 t	-	-	84.671 t	19,8
1936	87.634 t	-	-	87.634 t	19,7
1937	100.503 t	1.326 t	(1,3)	101.829 t	22,6
1938†	100.326 t	3.306 t	(3,2)	103.632 t	18,8

†: ohne Österreich

Zahlen nach: BIOS 1017, Enclosure 4.

Die WIAG, auf den eigenen Explorationskonzessionen in Thüringen und Baden vom Glück nicht gerade verfolgt, gedieh umso mehr im Konsortium mit der Elwerath in Nordwestdeutschland. Dem Konzern, dessen Leitung am deutlichsten von allen Erdölkonzernen der NS-Politik zuneigte, gerieten Diktatur, Arisierung und Bohrprogramm zum Segen. 1935 überholte der *newcomer* den lange Zeit größten Konzern DPAG-DEA und erreichte Platz Zwei in der deutschen Produktionsstatistik.

Erdöl-Bergbau AG (EBAG), 1. Januar 1934: Deutsche Vacuum AG (DVOAG = Socony-Vacuum)

Alte Felder, NS-Funde, Anteil der NS-Funde an der nordwestdeutschen Gesamtproduktion der DVOAG, Anteil DVAOG an der deutschen Gesamtproduktion:

Tabelle 30: Produktion der EBAG bzw. DVOAG 1927–1938

Alte Felder (vor Einsetzen des Reichsbohrprogramms)/NS Felder (durch Reichsbohrprogramm gefundene Felder)

	alte Felder	NS-Felder	(%)	Σ	%
1927	*3.420 t*	-	-	*3.420 t*	*3,5*
1928	*4.777 t*	-	-	*4.777 t*	*5,2*
1929	*6.642 t*	-	-	*6.642 t*	*6,4*
1930	*7.769 t*	-	-	*7.769 t*	*4,5*
1931	*14.254 t*	-	-	*14.254 t*	*6,2*
1932	*16.496 t*	-	-	*16.496 t*	*7,2*
1933	*12.705 t*	-	-	*12.705 t*	*5,3*
1934	26.713 t	-	-	26.713 t	8,5
1935	43.211 t	-	-	43.211 t	10,1
1936	37.438 t	-	-	37.438 t	8,4
1937	33.242 t	876 t	(2,6)	34.118 t	7,6
1938†	27.904 t	32.329 t	(53,7)	60.233 t	10,9

kursiv: als EBAG
nicht kursiv: als DVOAG
†: ohne Österreich
Zahlen nach: BIOS 1017, Enclosure 3.

Die DVOAG stieg gleich groß ins deutsche Erdölgeschäft ein, indem sie am 1. Januar 1934 die EBAG des Sichelkonzerns (Grötzinger-Menouit) aufkaufte. Damit bekam sie die Produktion der besten Teile von Oberg in die Hand. Zuvor hatte die deutsche Tochter des US-amerikanischen und Achnacarry-Konzerns Standard Oil of New York (Socony-Vacuum) schon großräumige Exploration in Niedersachsen unternommen.[17] Durch Konsortien mit der staatlichen Preußag kam sie in den Genuß des Reichsbohrprogramms, was sich für die DVOAG mit dem Fund in Reitbrook, einem der beiden deutschen *giants,* mehr als bezahlt machte. Hier zeichnete sich die Bindung der DVOAG-Interessen an die des NS-Regimes bereits ab.

17 BIOS 1017, 13. f.

Internationale Tiefbohr AG Hermann von Rautenkranz (ITAG)

Alte Felder, NS-Funde, Anteil der NS-Funde an der nordwestdeutschen Gesamtproduktion der ITAG, Anteil ITAG an der deutschen Gesamtproduktion:

Tabelle 31: Produktion der ITAG 1927–1938

Alte Felder (vor Einsetzen des Reichsbohrprogramms)/NS Felder (durch Reichsbohrprogramm gefundene Felder)

	alte Felder	NS-Felder	(%)	∑	%
1927	1.092 t	-	-	1.092 t	1,1
1928	756 t	-	-	756 t	0,8
1929	1.823 t	-	-	1.823 t	1,8
1930	9.760 t	-	-	9.760 t	5,6
1931	7.317 t	-	-	7.317 t	3,2
1932	4.854 t	-	-	4.854 t	2,1
1933	5.061 t	-	-	5.061 t	2,1
1934	30.892 t	-	-	30.892 t	9,8
1935	32.955 t	-	-	¿	7,7 ¿
1936	19.334 t	¿		¿	4,4 ¿
1937	17.456 t	¿		¿	3,9 ¿
1938†	16.185 t	¿		¿	2,9 ¿

†: ohne Österreich

Zahlen nur für Nordwestdeutschland nach: BIOS 1017, Enclosure 3.

¿: Wegen des Felds Forst in Baden, ab 1935 in Produktion, dürfte die Gesamtproduktion der ITAG deutlich höher liegen.

Gewerkschaft Brigitta (Brigitta = RD-S + SO)

Alte Felder, NS-Funde, Anteil der NS-Funde an der nordwestdeutschen Gesamtproduktion der Brigitta, Anteil Brigitta an der deutschen Gesamtproduktion:

Tabelle 32: Produktion der Brigitta 1927–1938

Alte Felder (vor Einsetzen des Reichsbohrprogramms)/NS Felder (durch Reichsbohrprogramm gefundene Felder)

	alte Felder*	NS-Felder	(%)	Σ	%
1927	-	-	-	-	
1928	-	-	-	-	
1929	-	-	-	-	
1930	-	-	-	-	
1931	-	-	-	-	
1932	-	-	-	-	
1933	-	-	-	-	
1934	-	-	-	-	
1935	-	-	-	-	
1936	151 t	-	-	151 t	0,0
1937	747 t	-		747 t	0,2
1938†	3.841 t			3.841 t t	0,7

†: ohne Österreich

*: Die Brigittageologen nahmen zwar am Erdölgeologischen Austausch teil, Reichsdarlehen erhielt die britisch-amerikanische Gesellschaft aber nicht; das Feld Steimbke, und später Fuhrberg, Hambühren und Thören wurden mit eigenem Risiko erschlossen. Zahlen nach: BIOS 1017, Enclosure 4.

Verhältnis zwischen PGLA und Konzernen

Zweifellos konnte in den ersten vier Jahren des Reichsbohrprogramms mehr Erdöl außerhalb der bekannten Lagerstätten nachgewiesen werden, als der letzte Weimarer Präsident der PGLA, Krusch – wie er im Rekurs auf den beliebten und keineswegs taufrischen *wildcatter*-Spruch angeboten hatte – hätte trinken können, ohne Schaden an der Gesundheit zu nehmen.[18] Im weiteren Verlauf sollte denn auch der Förderanteil der neuen Lagerstätten den der alten hannoverschen Felder übersteigen und die deutsche Gesamtproduktion weiter anwachsen lassen.

Dennoch stand das Ergebnis in keinem Verhältnis zum Aufwand, der betrieben wurde, um die wenigen, tatsächlich existierenden Lagerstätten zu finden. Insbesondere, wenn man auf die Feldfunde und Produktionserfolge *nach 1945* bis in die siebziger Jahre vorausblickt, deren Lagerung nicht dem NS-Modell gehorcht, gewinnt man den

[18] Hans Closs, „Die geophysikalische ...“ (1974), 118. Rekurs: Daniel Yergin, *Der Preis* ... (1991), 320 et passim.

Eindruck, daß die mit Ausschließlichkeitsanspruch durchgepeitschte Lagerstättentheorie der „Erneuerer“[19] nicht ganz der Stein der Weisen gewesen ist.

Zum Zeitpunkt der ersten Feldfunde galt sie als wahr und richtig, und ihre Vertreter in der PGLA und der Erdölindustrie konnten sich im Erfolg sonnen. Mit der erweiterten Migrationstheorie und ihrer praktischen wirtschaftspolitischen Anwendung war es ihnen gelungen, das Deutsche Reich in einen zwar kleinen, aber dennoch hoffnungsvollen Erdölproduzenten zu verwandeln.

Das Institut für Erdölgeologie in der PGLA unter Bentz bot den organisatorischen Rahmen dafür, daß sich die staatliche Erdölgeologie als *wissenschaftliche* und *wirtschaftspolitische* Kraft entfalten konnte. 1938 konnte sich Bentz im Hinblick auf seine wissenschaftliche Kompetenz zugute halten,

- das umfassende Programm auf den Weg gebracht zu haben und nun autonom über die ermittelten Daten verfügen zu können,
- auf sämtliche geologischen und geophysikalischen Erdöldaten der Industrie und jeder anderen Körperschaft zurückgreifen zu können und damit die Rolle der wissenschaftlichen Zentralinstanz zu spielen,
- seine Datenbasis *auf eigenen Wunsch* erweitern zu können, z. B. indem er staatliche Geologen darüber entscheiden ließ, ob eine Reichsbohrung abgebrochen oder weitergeführt werden sollte, und nicht zuletzt
- über die wissenschaftliche Leitung des Prestigeprojekts Bohrprogramm das eigene erdölgeologische Credo zum Dogma erheben zu können.

Mit der fachlichen Entscheidungsgewalt über das Reichsbohrprogramm war auch die wirtschaftliche Macht der staatlichen Erdölgeologie erheblich gewachsen:

- Sie legte die Größe der Aufschlußkonzessionen fest und entschied damit über Wohl und Wehe der einzelnen Gesellschaften. Insbesondere kleinere Firmen konnten bei den neuen erforderlichen Großinvestitionen nicht mehr mithalten und gingen längerfristig zugunsten der Konzerne ein.[20]
- Dies galt auch, da sie entschied, welche Gesellschaft überhaupt am Bohrprogramm teilnehmen durfte, und welche nicht.
- Mit der fachlichen Entscheidung über die Vergabe der Bohrsubvention verwandelte sie sich in eine Schaltzentrale des Wirtschaftsdirigismus‘.

Als Ironie der Geschichte erscheint, daß diese „befehlswirtschaftliche“ Machtstellung des Bentz‘schen Instituts sich einer intimen Verständigung mit den Erdölkonzernen verdankte. Das Wissen um die symbiotische Abhängigkeit gab schließlich den Ausschlag, daß an der „liberalen Haltung des ehem. Reichsbeauftragten Prof. Bentz“[21] nicht

---

19 Titus Kockel, *Geologie* ... (2003), 183–204 und 232–259.

20 Vgl. Argumentation von Bentz über rheinische Geologie und Konzessionen, vom 24. Juli 1936, in: NLfB 103238.

21 Dr. Heermann, Westercelle (Dr. Hee/UB), Geologische, technische und bergrechtliche Grundlagen der Erdölaufschlußtätigkeit in Nordwest-Deutschland seit 1930: eine kritische Untersuchung zur Bilanz des Aufschlußprogramms, v. 14. Februar 1946, NLfB 87599, Bl. 6.

allzu großer Schaden entstehen konnte, als er mit weiteren „befehlswirtschaftlichen" Vollmachten ausgestattet wurde.

2 Ölpolitische Verschiebungen 1938

Im Jahr 1938 nahm das Tempo in den innen- und außenpolitischen Prozessen erheblich zu. Kennzeichnend für die politische Entscheidungsfindung war der zusehends informelle Charakter, ihre zunehmende Exklusivität und ihr zunehmender Spontanismus beim Reagieren auf äußere Impulse und auf selbstgeschaffene Probleme im Innern.[22] Die KW-Politik hatte hieran keinen geringen Anteil.

Reorganisationen im Frühjahr 1938

Umbildung der Ministerien

Beide existierenden Wirtschaftsministerien VP und RPrWM hatten bewiesen, daß sie nicht in der Lage waren, eine konsistente Wirtschaftspolitik durchzusetzen. Da Hitlers diffuse Formulierung von 1936 („in 4 Jahren kriegsfähig"),[23] keine wirtschaftsstrategische Grundsatzentscheidung war, sondern lediglich das Primat der Aufrüstung vorschrieb, verfolgten beide Ministerien zu gleicher Zeit autarkistische wie außenhandelswirtschaftliche Konzepte. Hierbei war die Konfusion und die Kollision von Interessen im VP größer als im RPrWM. Als dritte Agentur bemühte sich das RKM unter Blomberg, und darin der Wehrwirtschaftsstab unter Thomas, um eine Schlichtung zum eigenen Vorteil.[24] Eine vierte Agentur, die dieses ohnehin verwirrende Spiel um Macht und Einfluß zusätzlich durcheinanderbrachte, war Wilhelm Keppler, der sich, formal Göring unterstellt, seit Sommer 1936 mit der Österreichfrage befaßte. Den Autarkismus und die Südosteuropaorientierung der IG-Denkschriften verstärkte er durch die kryptoautarkistischen Ideen seines ehemaligen Büros und nunmehrigen VP-Geologenstabes; unter dem Eindruck seines Österreichauftrags entwickelte sich hieraus eine besondere rohstoffpolitische Großraumkonzeption mit südöstlicher Stoßrichtung. Mit seiner für die NS-Prominenz untypischen Kompromißbereitschaft stellte Keppler, der – anders als Göring oder Thomas – seine Machtambitionen zugunsten „der guten Sache" zurückge-

---

22 Wendt, *Außenpolitik* ... (1997), 70. Ian Kershaw, *Hitler 1936–1945*, Stuttgart 2000, passim.

23 Die Definition des Krieges ist sehr kontextabhängig. Noch in der „Wochenendkrise" vom 20. bis 23. Mai 1938 glaubten Hitler und Ribbentrop an einen „isolierbaren" Krieg: Alfred Kube, *Pour le* ... (1986), 266 f. Hitlers „in 4 Jahren kriegsfähig" von 1936 würde, übersetzt in die heutige Sprache, wohl heißen „in 4 Jahren verteidigungsfähig sein" bzw. „einsatzbereit für begrenzte friedensschaffende Maßnahmen" – ein sehr allgemeines Fernziel.

24 Vgl. Alfred Kube, *Pour le* ... (1986), 182 und 185 f.

stellt hatte, das dynamisierende Element dar, denn er konnte jederzeit bei Hitler intervenieren.[25]

Während es auf ministerieller Ebene vor allem um Zuständigkeiten ging, gerieten die Wirtschaftsinteressen, in deren Namen die Ressortkämpfe ausgetragen wurden, immer stärker in Konflikt miteinander:

Bereits im Dezember 1936 hatte die IG – über den Wirtschaftsoffizier Major Rosencrantz und die Wirtschaftsgruppe Kraftstoffindustrie schärfsten Protest gegen die Lateinamerikaprojekte eingelegt. Die Angelegenheit war als interne Angelegenheit des VP/Roa vom Amtschef Oberst Löb zugunsten der Auslandsprojekte entschieden worden.[26] Im Laufe des Jahres 1937 richtete sich das Interesse der IG auf eine grundsätzliche Bereinigung der Administrationsstrukturen in ihrem Sinne, um eine Wiederholung solcher Konzilianz auszuschließen.[27] Dies wurde umso einfacher, als der konfliktfreudige Schacht Hitler am 1. November 1937 um seinen Rücktritt gebeten hatte und damit ein wichtiges Hemmnis für Göring, als „kommendem Mann“, beseitigt war.[28] Dadurch wurden die drängenden rohstoffwirtschaftlichen Fragen keineswegs gelöst. Insbesondere fühlte sich die Marine, deren Stahlkontingentierung ebenso ungeklärt war wie ihre Treibstoffversorgung, durch von Hanneckens VP/Kontingentstelle zurückgesetzt.[29]

Am 5. November 1937 bat Blomberg die drei Oberbefehlshaber in die Reichskanzlei, wo man sich von Hitler ein klärendes Wort in der Auseinandersetzung erwartete, die sich zum Streit zwischen den Waffengattungen ausgewachsen hatte. Hitler versuchte, den aktuellen Kontingentierungskonflikt mit einem vierstündigen Monolog zu bagatellisieren, wobei er – wahrscheinlich durch Göring und Keppler instruiert – das Bild eines deutsch beherrschten Großwirtschaftsraums als Mittelweg zwischen Autarkie und Exportwirtschaft malte – ein Konzept, auf das keine der wirtschaftspolitischen Dienststellen das Patent hatte.[30] Dergestalt wurde die konkrete Entscheidung vertagt und das Pro-

---

25 Vgl. Norbert Schausberger, *Der Griff* ... (1977), 411 et passim. Idealismus auch: Hans Kehrl, *Krisenmanager* ... (1973).

26 Dr. Rahn/AA teilte diese Entscheidung Löbs im Anschluß an die Ressortbesprechung den Teilnehmern mit: VP/Rov, Sitzung ... (vom 18. Dezember 1936, Fn. 533), Bl. 3.

27 Dieter Petzina, *Autarkiepolitik* ... (1968), 63–67. Siehe S. 222.

28 Gebeten: Willy Boelcke, *Die deutsche* ... (1983), 176 f. Kommender Mann: Alfred Kube, *Pour le* ... (1986), 194.

29 Alfred Kube, *Pour le* ... (1986), 194 f.

30 Vgl. sog. Hoßbachprotokoll: Alfred Kube, *Pour le* ... (1986), 195 f. Vgl. Willy Boelcke, *Die deutsche* ... (1983), 193. Hitler folgte hierin den Mittel- und Südosteuropakonzeptionen, die, gegen Schacht, von Staatssekretär Posse auch im RPrWM, von Staatssekretär Bülow im AA vertreten wurden. Am effektivsten – und für das Hoßbachprotokoll vermutlich ausschlaggebend – waren die Vorstellungen der IG, deren Vowi in Größe eines statistischen Amtes via Verbindungsstelle „W“ seit Sommer 1934 ihre großraum- und wehrwirtschaftliche Konzeption in die NS-Regierung einspeiste. Über Göring und Keppler wurden sie in der Österreichfrage unmittelbar an Hitler herangetragen: Posse, AA: Eckart Teichert, *Autarkie* ... (1984), 105–142. Vowi: Vgl. Peter Hayes, *Industry* ... (1987), 129 f. „W“: Ebd., 140. Österreich: Norbert Schausberger, *Der Griff* ... (1977), 421–424 et passim.

blem sich selbst, das heißt, den konkurrierenden Interessengruppen, zur darwinistischen Lösung überlassen.

Nachdem mit seiner Bitte um Rücktritt am 16. November 1937 Schacht seine Niederlage offen eingestanden und am 26. November 1937 das wirtschaftspolitische Feld zugunsten Görings geräumt hatte, begann hinter den Kulissen ein hektisches Tauziehen, bei dem die verbliebenen Akteure auch Zufälligkeiten für ihre Position auszunutzen versuchten. Göring strebte nicht nur den Posten des neuen Wirtschaftsministers an, sondern zielte darauf, die Luftwaffenrüstung aus dem Zuständigkeitsbereich des Wehrwirtschaftsstabs zu lösen. Der Wehrwirtschaftsstab unter Thomas schaltete sich ein, um Görings kriegswirtschaftliche Kompetenz zurückzustutzen, wobei er forderte, den VP im Kriegsfalle aufzulösen.[31] Thomas' zuständiger Minister Blomberg stolperte jedoch im Dezember 1937 über die bekannte Hochzeitsaffäre („Blomberg-Fritsch-Krise"),[32] die Göring – wenn er sie nicht gar initiierte – zumindest zu einem kompletten Revirement in der Wehrmachtsfürung glänzend zu nutzen verstand. Hitler zeigte sich dagegen bemüht, Göring, der ihn an Popularität in den Schatten zu stellen drohte, nicht allzu mächtig werden zu lassen. Die Reorganisation des RPrWM zum Reichswirtschaftsministerium von eigenen Gnaden (RWM) hatte Hitler ihm am 26. November 1937 noch zugestanden, den Posten des Wirtschaftsministers aber enthielt er ihm vor, und so kam stattdessen Walther Funk als vergleichsweise schwache Gestalt ins Spiel. Ebenso enttäuschte er Görings Hoffnung auf den freigewordenen Posten des Kriegsministers, den er über die neue Konstruktion des OKW quasi selbst übernahm.[33] Görings auswärtigen Ambitionen legte er einen Riegel vor, indem er die Integrationsfigur anti-britischer Konservativer und der SS, Joachim von Ribbentrop, zum neuen Außenminister bestellte. In Ribbentrops Hause stand jedoch wiederum der AA-Staatssekretär und SS-Gruppenführer Wilhelm Keppler mit seinem Adlatus SS-Standartenführer Edmund Veesenmayer, die beide bei der Vorbereitung des „Anschluß" aktiv waren und mit Göring in der Österreichpolitik an einem Strang zogen.[34]

Dieser machtpolitische Umstrukturierungsprozess des „Dritten Reichs", am 1. November 1937 ins Rollen gekommen und am 5. Februar 1938 abgeschlossen, fand auf der Ebene der industriellen Interessengruppen seine Entsprechung, nur daß es hier tatsächlich um Konzepte und nicht um Personen ging. Ende 1937/Anfang 1938 hatten die Projekte für eine Ölversorgung aus Lateinamerika, die sowohl vom VP, als auch vom

---

31 Alfred Kube, *Pour le* ... (1986), 196–198.

32 Vgl. Richard J. Overy , *Goering* ... (1984), 69 f. Dagegen kritisch: Alfred Kube, *Pour le* ... (1986), 197 Fn. 94 f., der die Krise als nicht von Göring angezettelt interpretiert.

33 Schatten: Alfred Kube, *Pour le* ... (1986), 193 f. Reorganisation der Wirtschaft und WM-Revirement: Ebd., 196–198. Vgl. Dietrich Eichholtz, „Die »Großraumwehrwirtschaft« ... (1986), 70 f. AA-Revirement: Ebd.

34 Vgl. Wendt, „Außenpolitik ..." (1997), 74–76. SS: Hans-Jürgen Döscher, *Das Auswärtige Amt im Dritten Reich: Diplomatie im Schatten der Endlösung*, Berlin 1987, 145–158. Keppler und Veesenmayer: Ebd., 177–181. Norbert Schausberger, *Der Griff* ... (1977), 410–414, 497 et passim.

RPrWM, dem OKM und dem AA gefördert wurden, ein Stadium erreicht, wo sie das IG-Synthesekonzept namens „Mineralölwirtschaft“ in Frage stellten. In Höhe mehrerer Millionen Tonnen pro Jahr drohten sie, den deutschen Markt mit devisenfreiem, billigerem und – was angesichts der überheizten Rüstungskonjunktur auf dem Arbeitsmarkt anders als im Dezember 1933 von Bedeutung war – weniger arbeitsintensivem Öl zu überschwemmen.

Der IG-Manager Carl Krauch, Leiter der Abteilung Forschung und Entwicklung im VP/Roa, nahm deshalb Ende 1937 Abweichungen von Planzielen beim Ausbau der „Mineralölwirtschaft“ zum Vorwand, um seinen Vorgesetzten Löb, der für das Ecuadorprojekt einstand, bei Staatssekretär Körner/VP anzuschwärzen. Gleichzeitig unterbreitete er Körner, der ihm Unterstützung zusicherte, umfassende organisatorische Rationalisierungsvorschläge, die in der Folge in den Göring-Erlassen ihren Niederschlag fanden.[35]

Göring, zwei Fliegen mit einer Klappe schlagend, entschied die Kohlenwasserstofffrage auf Krauchs Grundlage. Per Erlaß vom 5. Februar 1938 löste er das VP/Roa unter Löb auf und erhob Krauchs Abteilung Forschung und Entwicklung zu einer eigenständigen Behörde zur Steuerung öffentlicher Investitionen, dem Reichsamt für Wirtschaftsaufbau (RfWA, „Reichsamt für IG-Ausbau“). Leiter wurde der IG-Verbindungsoffizier Czimatis, ab Dezember 1939 Krauch selbst.[36] Gleichzeitig reorganisierte Göring das RPrWM, dessen designierter Wirtschaftsminister Funk seinen Posten noch nicht antreten durfte.[37] VP/Roa/II, die bisherige von Fliegeroffizieren betriebene IG-fixierte Mineralölabteilung des Amts für deutsche Roh- und Werkstoffe unter Major von Heemskerck (Gruppe 1 – Mineralölerzeugung/Erstellung der Industrie: Dipl.-Ing. Obenaus. Gruppe 2 – Lagerhaltung/Transport/Abnahme/Tanklager: Gen a.D. Büchs. Gruppe 3 – Bedarf/Versorgung: Major Rosencrantz),[38] wurde nun in eine Erzeugungs- und eine Vertriebs- (besser: Kontingentierungs-)gruppe geteilt. Die Erzeugungsgruppe wurde als Abteilung für Industrieausbau/Mineralöl (Dipl.-Ing. Obenaus) dem RfWA zugeschlagen, die Vertriebsgruppe als Abteilung II Min.Öl dem RWM.[39]

Während das RfWA für die Investitionen in neue Kapazitäten zuständig war, sollte II Min.Öl die Logistik der Rohstoffe zu und von den Hydrierwerken, Fischer-Tropschanlagen bzw. Raffinerien organisieren. Nominell war das RfWA dem Ministerium unterstellt, aber die Verantwortlichkeiten waren so diffus voneinander abgegrenzt, daß das

---

35 Dieter Petzina, *Autarkiepolitik* ... (1968), 117.

36 Dietrich Eichholtz, „Die »Großraumwehrwirtschaft« ...“ (1986), 70. Dezember 1939: Dieter Petzina, *Autarkiepolitik* ... (1968), 121.

37 Willy Boelcke, *Die deutsche* ... (1983), 178 f.

38 Organigramm Stand 1. August 1937: Hans-Erich Volkmann, „Die NS-Wirtschaft ...“ (1979), 288.

39 Willy Boelcke, *Die deutsche* ... (1983), 180. Dipl.-Ing. Obenaus wandelte sich mit seiner Gruppe zu RfWA/Abteilung Industrieausbau/Hauptdezernate A/A14: Mineralöl: Vgl. Organigramm der RfWA Stand 21. März 1938: Wolfgang Birkenfeld, *Der synthetische* ... (1964), 117. Vgl. Ordner „Baureifeerklärungen“, RBF 118, NA, T 401/4, 1–89.

RfWA im Grunde unabhängig von ministeriellem Einfluß existierte.[40] Diese Organisation hatte weder etwas mit traditioneller preußischer Montanverwaltung zu tun, noch berücksichtigte sie das Prinzip der vertikalen Integration und der kontinuierlichen Reservenerneuerung durch geowissenschaftliche Exploration, wie sie die internationale Erdölindustrie kannte. Die neue administrative Gliederung spiegelte die Häppchenlogik der Chemischen Industrie wider, die bestens kompatibel war mit der kriegsökonomischen Kontingentierungsphilosophie Thomas'scher Prägung. Analog wurde zur Hauptaufgabe der übergeordneten Hauptabteilung II unter dem seit 1937 VP-Generalbevollmächtigten für die Eisen- und Stahlbewirtschaftung, Ex-HWA General von Hannecken, die Kontingentierung von Rohstoffen.[41] Oberberghauptmann Schlattmann, bis dato zentrale Gestalt in der NS-Montanadministration, formeller Leiter des Reichsbohrprogramms und seit 1935 wichtigstes Feindbild von IG und Wehrwirtschaftsoffizieren, wurde in den Ruhestand geschickt.[42] Seine Hauptabteilung III wurde nun degradiert und als einfache Abteilung II Bg. dem Kontingentierungsgeneral von Hannecken unterstellt. Leiter dieser neuen Bergabteilung II Bg. wurde, titularisch zwar Oberberghauptmann, aber mit erheblich verminderten Kompetenzen, Schlattmanns Gegenspieler, der Pleiger-Mitarbeiter Oskar Gabel.[43] Schließlich wurde auch die Abteilung für Außenhandel, eine Domäne Schacht'scher Wirtschaftspolitik, als Hauptabteilung V (Außenwirtschaft) unter dem bisherigen Leiter der VP/Geschäftsgruppe Außenhandelsgeschäfte, von Jagwitz, neu formiert. Für die Ölpolitik zentrale Gestalt wurde hier Gustav Schlotterer, der ebenfalls aus dem VP stammte.[44]

Ein dritte kohlenwasserstoffpolitische Notwendigkeit im Sinne der IG mußte es darstellen, die verantwortlichen Treibstoffreferenten im OKM (Fetzer, Bastian, Adam) kaltzustellen, die immer wieder als militärische Abnehmer für „konzernfreies" Erdöl auftraten und mit ihrer Vorliebe für *outsiders* die traditionellen Partner der IG, die Achnacarry-Konzerne SO und RD-S, vergrätzten. Spätestens bis zum 30. Mai 1938 war es dem mit der IG sympathisierenden Wirtschaftsoffizier Major Rosencrantz (Ex-VP/Roa/II/3, nun RWM/II Min.Öl) gelungen, als „Verbindungsoffizier des OKM" im RWM zu figurieren und dort – zumindest vorübergehend – kommissarisch die Treibstoffangelegenheiten des OKM wahrzunehmen.[45]

---

[40] Dietrich Eichholtz, „Die »Großraumwehrwirtschaft« ..." (1986), 70.

[41] Vgl. Rolf Dieter Müller, „Die Mobilisierung ..." (1988).

[42] Willy Boelcke, *Die deutsche* ... (1983), 181.

[43] Hans Kehrl, *Krisenmanager* ... (1973), 62 f.

[44] Vgl. Willy Boelcke, *Die deutsche* ... (1983), 182.

[45] Klaus Volland, *Das Dritte* ... (1976), 131 f.

Verzögerte Reorganisation der PGLA, März 1938–März 1939

Im Zuge dieser großen Strukturreform hätte es Sinn ergeben, auch eine Erzeugungsbehörde für natürliche Montanrohstoffe zu schaffen. Als Reorganisationsmasse kam dafür die PGLA in der Invalidenstraße 44 in den Blick, bislang nachgeordnete Behörde des RPrWM.[46] Ihr erster nationalsozialistischer Präsident von Seidlitz, der sich seit 1933 keine unbegründeten Hoffnungen auf eine „deutsche" geologische Anstalt hatte machen dürfen, war im Zuge des Ressortkriegs zwischen VP und RPrWM entlassen worden und leitete seither Kepplers Geologenstab im VP.[47]

Den Auftrag, die PGLA zu reorganisieren, bekam aber nicht er, sondern im Frühjahr 1938 SS-Gruppenführer und Staatssekretär im AA, Wilhelm Keppler, der bereits im Sommer 1937 bei der Rohstoffstatistik für den Vierjahresplan initiativ geworden war, und der bei der industriellen Durchdringung Österreichs vor dem Anschluß den Moderator gegeben hatte.[48] Der Reorganisationsauftrag war identisch oder stand zumindest in enger Beziehung mit dem Auftrag zur Rohstoffexploration und zur Arisierung von Betrieben in Österreich, den Keppler von Göring am 19. März 1938 erhielt.[49] Rohstoffe, insbesondere Fe-Erze, spielten beim „Anschluß" eine zentrale Rolle,[50] und so schien es nach dem Einmarsch deutscher Truppen am 12. März und dem „Wiedervereinigungs"-Gesetz vom 13. März 1938 geraten, den Posten für diese expansionistisch wichtige „großdeutsche" Einrichtung der NS-Prominenz vorzubehalten. Die Keppler-Geologen standen in der „südosteuropäischen" Tradition der IG, und sollten wesentlich zur Herausbildung der spezifisch Göring'schen Theorie zur Penetration südosteuropäischer Länder beitragen, die er erstmals im April 1938 vorstellte.[51] Im Kreise der Keppler-Geologen war von Seidlitz jedoch bereits so marginalisiert, daß sich in der Invalidenstraße 44 Bernhard Brockamp (Vizepräsident) und Arnold Cissarz (intern: „Zischarsch", Leiter der Abteilung Lagerstätten) als die maßgeblichen Partei-Geologen niederließen.[52] Von besonderer Bedeutung für die Kriegspolitik der deutschen Diktatur sollte die von Brockamp erst 1940 in Auftrag gegebene und vom nationalsozialistischen Gegenstück

---

46 Vgl. Alfred Kube, *Pour le* ... (1986), 199, der die Reorganisation unter Keppler bereits im Jahr 1938 für abgeschlossen hält.

47 Siehe S. 251.

48 Auftrag: Aussage Keppler, Fall 11, Nr. 170, p. 19475. Statistik: Norbert Schausberger, *Der Griff* ... (1977), 437. Moderator: Ebd., 475.

49 Vgl. Hanns-Heinz Kasper, *Die Erdölgewinnung* ... (1974), 56 mit Bezug auf Nbg. Dok. WI – 2503 c, Fall 11, Nr. 424, 30. Vgl. Willy Boelcke, *Die deutsche* ... (1983), 193 f. Vgl. Kehrls Rolle unter Keppler bei den Arisierungen in Österreich: Rolf Dieter Müller, *Der Manager* ... (1999), 48 f.

50 Norbert Schausberger, *Der Griff* ... (1977), 451–487.

51 Alfred Kube, *Pour le* ... (1986), 253 f. IG-Tradition: Ebd., 260.

52 Personalbestandsliste 1938, Jahrbuch der PGLA 1938. Vgl. Geheime Personalbestandsliste des Reichsamts für Bodenforschung, NLfB 24873. Maßgeblich: Walter E. H. Carlé, *Werner* ... (1988), 264.

zu Bentz, dem rastlosen Ex-VP-Geologen Rolf Teichmüller, angelegte Lagerstättenkartei werden.[53]

Im Grunde bedeutete der Auftrag an Keppler, die PGLA zu reorganisieren, nichts anderes, als eine Schacht treu ergebenene Behörde von enormer rohstoffwirtschaftlicher Bedeutung Görings Imperium anzugliedern. Im Fall der Geowissenschaften standen die VP-Autarkisten nicht auf der Gehaltsliste der IG, sondern trugen Parteiabzeichen oder SS-Uniform, womit für einige Beobachter ein wie auch immer gearteter „Partei"-Einfluß sich in der Anstalt zu manifestieren begann.[54] Auch wurde der traditionellen Geologenelite zum Tort, daß die in die PGLA eindringenden Autarkisten ihre fremdwortfeindliche, milde pathetische Bezeichnung ihrer Tätigkeit, die „Erforschung des deutschen Bodens" dem Disziplinbegriff Geologie überstülpten, die sie, wie sich ein Jahr später bei der Neugründung als „Reichsstelle für Bodenforschung" am 10. März 1939 zeigen sollte, infolge um sich greifender Sprechökonomie auch noch bis zur Zweideutigkeit abschliffen – unter „Bodenforschung" hatte man bislang die Erforschung von Ackerböden verstanden und nicht die geologische Erforschung des tieferen Untergrundes.[55]

Im Wilhelmstraßenprozess sollte Keppler behaupten, er habe sich bei der Gründung der Reichsstelle Zeit gelassen, außerdem sei er regionalistischem Widerstand der Länderanstalten begegnet – eine Behauptung, die aberwitzig erscheint, wenn man annimmt, die Akteure hätten zu diesem Zeitpunkt konkrete Kriegspläne bereits entwickelt und hätten ihre Reorganisationen unter dem Druck eines konquistorischen Programms vollzogen.[56] Tatsächlich zögerte sich die Gründung der Reichsstelle ein ganzes Jahr bis zum 10. März 1939 hinaus. Doch kam der Widerstand vor allem aus dem Institut für Erdölgeologie der PGLA, das Bentz leitete, und welches, mit seiner Außenstelle in Hannover, seiner Stelle für Mikropaläontologie („Mikrostelle") in Berlin und im Verein mit der geophysikalischen Abteilung der PGLA unter Otto Barsch bislang als geowissenschaftliche Schaltzentrale des Reichsbohrprogramms in Erscheinung getreten

---

53 Walter E. H. Carlé, *Werner* ... (1988), 366 f.

54 Vgl. Albert E. Gunther, „The German ..." (1947), 1097, der, wie üblich ohne Namensnennung, die Phase der Rohstoff- und v.a. die Ölpolitik unter Keppler'schem Einfluß zwischen 1938–1942 als „Party Phase" deklariert. Gunther schrieb Bericht und Publikation nicht nur auf Basis der Quellen, sondern vor allem beeinflußt durch Verhöre der ehemaligen Reichsamtsgeologen und der Erdölindustriellen und Techniker in Celle und Umgebung: Alfred Mayer-Gürr, „Der Alltag im Reichsamt für Bodenforschung zu Celle 1945–1947", in: Albert E. Gunther et al., *Geologische Forschungen in Nordwestdeutschland unter der britischen Militärregierung 1945–1947* (= Geol JB, Ser. A, 102) Hannover 1987, 23–44.

55 Infolge einer hyperkorrekten Übersetzung ins Englische (Ackerbodenforschung = Soil Exploration) sollten nach dem Krieg die in den National Archives der USA existierenden Akten des Reichsamts (Reichoffice for Soil Exploration) für das Auge des Ölhistorikers eine Weile unsichtbar bleiben: NA, T 401/1-7.

56 Aussage Keppler, Fall 11, Nr. 170, p. 19475. Die These eines festgefügten konquistorischen Plans von Hitler und Göring, spätestens seit 1936, ist oft vertreten worden. Stellvertretend für die Wirtschaftsgeschichte des „Dritten Reichs": Richard J. Overy, *Goering* ... (1984), 50 et passim.

war. Über seine Lehrfunktion an der TH Hannover/Institut für Erdölforschung, seine internationale Kongreßpräsenz und seine Auslandseinsätze für Kriegsmarine, RPrWM und VP hatte Bentz eine wirtschaftsgeologische Reputation gewonnen, die über die interne Stellung als „Landesgeologe und Professor" in der PGLA weit hinausging. Während die Ergebnisse der großen Strukturreform Anfang 1938 noch auf sich warten ließen,[57] zeichnete Bentz in Abwesenheit des Schlattmann-treuen Versé Anfang Februar 1938 vorübergehend als Präsident i.A.[58]

Am 25. März 1938, kurz nach dem „Anschluß", lud Göring die führenden österreichischen Industriellen zu einer berühmt gewordenen Donaudampferfahrt von Linz nach Tulln ein, auf der ihnen verkündet wurde, daß sie sich den deutschen Industrie- und Bankunternehmen zu unterwerfen hätten. Vor Göring und dem neuen Reichswirtschaftsminister Funk trug eine ganze Reihe von Industriellen und Wirtschaftsführern des „Dritten Reichs" ihre Konzepte vor.[59] Im Mittelpunkt stand die Rohstoffindustrie – einerseits die Eingliederung des größten österreichischen Montankonzerns, Alpine Montan AG, in das Reichswerke-Imperium, andererseits ein Ausbeutungsprogramm für andere Montanrohstoffe.[60] Über Keppler, der bei den Vorbereitungen zum „Anschluß" bekanntlich stark auf die Wirtschaftsgeologie seines Stabes zurückgegriffen hatte, wurden auch sein Vize-Präsident der zentralen geologischen Anstalt in Gründung, Brockamp, und Bentz geladen. Auf diesem Bootstrip zur Verteilung der Aufgaben müssen auch einige Fragen bezüglich der Zuständigkeiten bei der Steuerung der Erdölindustrie in einer Weise zur Sprache gekommen sein, die die „Partei" ins Hintertreffen brachte. Bentz resümierte das Ergebnis später in der üblichen, etwas trockenen Form:

> „In a short discussion I described the geological principles of the oil occurrences known until then in Austria and advised the application of the Reich drilling programme which had proved to be successful in NW-Germany, in Austria too. He [Göring, TK] concurred this view and charged me to carry out details."[61]

Die somit auf Österreich erweiterte Zuständigkeit von Bentz als wissenschaftlichem Leiter des Reichsbohrprogramms bedeutete eigentlich gar keinen Eingriff in Kepplers Auftrag, da Bentz ihm formal unterstellt war. Offenbar begann aber die „von der Partei"[62] übernommene PGLA, statt sich zur rohstoffimperialistischen Speerspitze zu härten, in Diadochenreiche zu zerfallen, denn Keppler mühte sich in der Folge, ein

---

[57] Zur Unklarheit der Situation vgl. Willy Boelcke, *Die deutsche* ... (1983), 178 f.

[58] Bentz, handschriftliche Verfügung vom 3. Februar 1938 auf Schreiben der Wirtschaftsgruppe Kraftstoffindustrie/Geschäftsführer – II/4235 – an Bentz re Ausbeutung eines Petroleumvorkommens in Brasilien, v. 1. Feb. 1938, RBF 188, NA, T 401/7, 891.

[59] Helmut Sündermann, *Die Grenzen fallen: von der Ostmark zum Sudetenland*, München 1939, 180 f. Willy Boelcke, *Die deutsche* ... (1983), 188 und 194 f. *„Anschluß" 1938* ... (1988), 632 nt. 7.

[60] Alfred Kube, *Pour le* ... (1986), 251.

[61] Bentz, Supplement ... (11. Februar 1946, siehe Kapitel 3, Fn. 36), Bl. 5.

[62] Zum „Partei"-Paradigma vgl. Richard J. Overy, *Goering* ... (1984), passim.

Gegengewicht zu Bentz zu schaffen. Auf dem Papier materialisierte sich im Laufe des Jahres 1938 ein „Forschungsinstitut der Reichsstelle für Bodenforschung", das Keppler bei der bereits 1936 von ihm gegründeten geophysikalischen Explorationsfirma „Gesellschaft für praktische Lagerstättenforschung" (Prakla) in Brieselang bei Berlin einrichten wollte. Das geplante Institut sollte einerseits die geophysikalischen Methoden weiterentwickeln, andererseits die „Erforschung der chemischen und physikalischen Probleme der Erdöllagerstätten unter Einschluß der benachbarten geochemischen Fragen" betreiben; Göring sollte die Schirmherrschaft übernehmen, die sich konkret in der Bewilligung von RM 600.000 zur Einrichtung des Instituts ausdrückte.[63] Mit diesem Plan gab Keppler dem Drängen des Erdölgeologen und Muttergesteinsspezialisten Karl Krejci-Graf nach, der die geochemischen und lagerstättenmechanischen Fragen bereits in seinem Beitrag zum Welterdölkongreß im Juni 1937 in Paris als Forschungslücke ausgemacht hatte.[64] Krejci-Graf war, offenbar wegen des beginnenden chinesisch-japanischen Kriegs, im Frühjahr 1937 aus Kanton zurückgekehrt, hatte nach einer Überbrückungszeit als Erdölgeologe für die Preußag bis Juli 1937 im August die Nachfolge des verstorbenen Otto Stutzer am Institut für Brennstoffgeologie der Bergakademie Freiberg/Sa. angetreten und figurierte inzwischen als Kepplers „Mitarbeiter auf dem Erdölgebiet".[65] Auch hatte Keppler Krejci-Graf für die Leitung dieses Forschungsinstituts vorgesehen.[66]

Bentz, ab Juli 1938 zu Görings Bevollmächtigtem für die Erdölgewinnung aufgestiegen, konnte in Zusammenarbeit mit der Bergabteilung des RWM diesen Angriff auf seine wissenschaftliche Alleinzuständigkeit auf dem Erdölgebiet verhindern;[67] im Zuge dieser Ambitionen trat Krejci-Graf gleichzeitig der NSDAP und der SS bei.[68] Erst Ende 1942 sollte eine ähnliche Forschungseinrichtung als „Reichsinstitut für Erdölforschung" in Hannover entstehen, allerdings nicht von Kepplers, sondern von Bentz' Gnaden.[69]

---

63 Abschrift Keppler an Göring, v. 25. Oktober 1938, Anlage zu MinR Gabel/RWM an Bentz, v. 12. Januar 1939, NA, T 401/7, 779–781. Bereits 1936: BIOS 1016, 65.

64 Vgl. Karl Krejci-Graf, „Grundlagen ...", *Oel und Kohle* 13 (1937).

65 „Personales", *Petroleum* 33 (1937) 48, 8. Vgl. *dtv-Atlas Weltgeschichte, Bd. 2: Von der Französischen Revolution bis zur Gegenwart*, hg. Hermann Kinder/Werner Hilgemann, München (25. erweiterte Auflage) 1991, 450–452. Mitarbeiter: Abschrift Keppler an Göring, v. 25. Oktober 1938, Anlage zu MinR Gabel/RWM an Bentz, v. 12. Januar 1939, NA, T 401/7, 780.

66 Vorgesehen: Abschrift Keppler an Göring, v. 25. Oktober 1938, Anlage zu MinR Gabel/RWM an Bentz, v. 12. Januar 1939, NA, T 401/7, 780.

67 MinR Gabel/RWM an Bentz, v. 12. Januar 1939, NA, T 401/7, 782.

68 NSDAP Mitgliedsnummer 323770 ab 21. 4. 1939, SS-HStuf, letzte Beförderung vom 21. 4. 1939, BA, BDC, DZ-Kartei.

69 1942: Abschrift Bentz/VP/BFE an Gömnert (As) re Gründung d. Erdölinst. in Hannover als Dste. des VJP, mit Org.-Schema, Aufgabenstellung und Kostenvoranschlägen, v. 13. Okt. 1942, IfZ, MA 144/3, R. 5945–5950 (Reichsmarschall, 9 [Ziffer 94] = NA, microcopy T 84, Roll 6, 5945–5950). Gnaden: Bentz/Reichsforschungsrat/Beauftragter für Mineralölforschung an Mentzel/Reichsforschungsrat/Präsident re Tgb.-Nr. Rf. 1801/43 Sr/Se. Schrb. v. 4. 8. 43 und Rf. 1713/43 Prof. Me/Se. Schrb . v. 27.7.43, v. 7. August 1943, in: BA, R 26 III/165. Gegründet wurde das RIEF erst im Dezember 1942: Pfannmüller/TH Hannover/Rektor an Mentzel/RFR re

Bentz und die neue Ölpolitik bis zum Sommer 1938

Fortsetzung des Reichsbohrprogramms

Infolge seines montanwirtschaftlichen Charakters wurde das heimische Erdölexplorationsprogramm nicht der Zuständigkeit der neugeschaffenen Mineralölabteilung (II Min.Öl) zugeschlagen, sondern verblieb in der Zuständigkeit der degradierten Bergabteilung II Bg. unter dem neuen Oberberghauptmann Oskar Gabel, der sich sogleich mit den Erfolgen des Bohrprogramms zu schmücken begann.[70] Praktisch wirkte sich jedoch die Kontinuität der Zusammenarbeit zwischen dem in der Bergabteilung verbliebenen Geheimrat Pasel und dem unangefochtenen wissenschaftlichen Leiter des Reichsbohrprogramms, Bentz, für die kurze Zeit bis zur abermaligen Umstrukturierung im Sommer 1938 viel deutlicher aus.

Dies betraf die verschiedenen Maßnahmen, die das alte RPrWM unter Schacht noch im Jahr 1937 zur wirtschaftlichen Mobilisierung getroffen hatte. Zum einen war dies ein Projekt, über eine Erdölbohrung auf der Insel Helgoland eine unmittelbare Rohölversorgung für das OKM zu bekommen. Die gemeinsamen Bemühungen von RPrWM, Bentz, der Gewerkschaft Norddeutschland (= Deutag) und dem OKM waren zwar fruchtlos geblieben,[71] hatten aber eine Zusammenarbeit zwischen der Marine und der Erdölindustrie, namentlich der DPAG-DEA angebahnt, die ihren norddeutschen *giant* Heide der Marine zur Verfügung stellen sollte.[72] Gleichzeitig hatte sie berechtigte Sorgen des OBA Clausthal geweckt, in dessen Zuständigkeitsbereich eingegriffen wurde.[73] Die Oberbergämter sollten sich ab 1943 bemühen, die Betriebsaufsicht auf den Erdölfeldern wieder unter Kontrolle zu bekommen.[74]

Ein zweiter Punkt betraf die verdeckten Mobilisierungsvorkehrungen des RPrWM bzw. des GBW, die bereits 1936 begonnen hatten. Hierunter fiel die VO über die Betriebspflicht („Betriebszwangsgesetz") vom 11. September 1936 und die VO über den

---

Etatentwurf 1944/45 des Reichsinstituts für Erdölforschung der Technischen Hochschule Hannover, vom 27. April 1944, in: BA, R 26 III/165.

70 Willy Boelcke, *Die deutsche* ... (1983), 158 und 369 Fn. 235.

71 Vgl. Bastian/Pelte (OKM), Schlattmann (RWM), Versé/Loebe (PGLA), Baurat Triebel (Kriegsmarine Hafenneubaudirektion Wilhelmshafen), Bergassessor Deilmann/Dr. Heidorn (Gewerkschaft Norddeutschland), Schriftwechsel re Tiefbohrung auf Helgoland, 10. Aug – 22. Okt. 1937, NLfB (Nummer fehlt).

72 Vgl. Schriftwechsel Bentz und DPAG-DEA im August 1939, in: NLfB 87077.

73 Vgl. Bastian/Pelte (OKM), Schlattmann (RWM), Versé/Loebe (PGLA), Baurat Triebel (Kriegsmarine Hafenneubaudirektion Wilhelmshafen), Bergassessor Deilmann/Dr. Heidorn (Gewerkschaft Norddeutschland), Schriftwechsel re Tiefbohrung auf Helgoland, 10. Aug– 22. Okt. 1937, NLfB (Nummer fehlt).

74 Vgl. Vorgang über Produktionstechnik (die Erhaltung des Lagerstättendrucks, Repressuringverfahren) von September 1943 bis August 1944, BA, R 3101/alt R 7/529. Die produktionstechnischen Einwände der Berg- und Oberbergämter sollten die unumschränkte kriegswirtschaftliche Zuständigkeit im *upstream* brechen, die Bentz ab Sommer 1942 ausübte.

Zusammenschluß von Bergbauberechtigten vom 23. Juli 1937.[75] Noch bevor die Erdölindustrie ihren ersten Mob-Plan vorlegen konnte, hatte sich das RPrWM darum bemüht, mit dem sog. Betriebszwangsgesetz die ausländischen Gesellschaften für eine beschleunigte Exploration ihrer Konzessionen in die Pflicht zu nehmen. Die Gesellschaften mußten Pläne für die Bearbeitung ihrer Konzessionen aufstellen und durch das RPrWM genehmigen lassen. Wenn sie keine Gnade fanden, das heißt, wenn nach Ansicht des RPrWM zu wenig exploriert wurde, bzw. wenn fündige Strukturen nicht zügig aufgeschlossen wurden, konnte die Erdölkonzession wieder aberkannt werden. Das fachliche Gutachten mit der Empfehlung, welche Entscheidung das Ministerium treffen sollte, schrieb Bentz.[76]

Im Fall der Gewerkschaft Brigitta (RD-S/SO) stießen die deutschen Mobilisierungsbemühungen allerdings auf wenig Gegenliebe. Der für die Tochterfirma verantwortliche Chefgeologe der Brigitta, Heinrich Schlüter, verstand es, seinen Bearbeitungsplan mit vielen Verzögerungen erst ein ganzes Jahr nach Erlaß des Betriebszwangsgesetzes, am 2. September 1937 einzureichen.[77] Erst im Mai 1937 war der Brigitta auf der Struktur Steimbke-Rodewald bei Nienburg/Weser ein sehr ansehnlicher Erdölfund gelungen; [78] doch die Betreiber hatten es nicht eilig mit der weiteren Aufschließung des neuen Feldes, ebenso wenig mit der Exploration ihrer anderen Konzessionen. Bentz schrieb ein vernichtendes Gutachten, in dem er Pasel vom Ministerium gegenüber zum Ausdruck brachte, daß die geologischen Möglichkeiten den Einsatz zum Teil doppelt so vieler Bohranlagen rechtfertigten, wie der Brigitta-Plan vorsah.[79] Das Zwangsprogramm legten Bentz und die Ministerialbeamten im März 1938 fest,[80] aber die Brigitta konnte glaubhaft auf die wegen der Erdölkonjunktur vollen Auftragsbücher der Kontraktoren verweisen, von denen sie sich wohlweislich abhängig gemacht hatte.[81] Diese verdeckte Obstruktion sollte Schlüter im Krieg mit der Belegung von Bohrapparaten für gezielte Fehlbohrungen erfolgreich weiterbetreiben.[82]

Im Laufe der Vorbereitungen auf zunehmend risikoreiche Expansionen kam auch die finanzielle Zuständigkeit für das Reichsbohrprogramm in die Hand der geologischen Behörde in der Invalidenstraße. Das heißt, nicht nur die Vergabekriterien wurden nach geologischer Maßgabe bestimmt, sondern es gelangte nun auch der Etat für die Investi-

---

75 Hanns-Heinz Kasper, *Die Erdölgewinnung* ... (1974), 318.

76 Bentz – zu VIc 3639/37 Geologische Stellungnahme zu dem Arbeitsprogramm der Gewerkschaft Brigitta (SO/RD-S), v. 9 September 1937, RBF 177, kein Titel, NA, T 401/7, 347–349.

77 Schriftwechsel Bentz – Schlüter/Brigitta Juli bis September 1937, RBF 177, kein Titel, NA, T 401/7, 350–355 f.

78 Mit der Bohrung Brigitta WA 14: BIOS 1017, 16.

79 Bentz – zu VIc 3639/37 Geologische Stellungnahme zu dem Arbeitsprogramm der Gewerkschaft Brigitta (SO/RD-S), v. 9 September 1937,RBF 177, kein Titel, NA, T 401/7, 347–349.

80 Bentz, PGLA Aktennotiz – VI c – für Präsident Versé, v. 12 März 1938, RBF 177, kein Titel, NA, T 401/7, 331.

81 Pasel/RWM II BG v. 17. Mai 1938, RBF 177, kein Titel, NA, T 401/7, 395 f.

82 Schriftwechsel Bentz – Schlüter/Brigitta 1939–1940, RBF 179, NA, T 401/7, 616–624, 644–648 und 690 ff.

tionen – zunächst jährlich ca. RM 5.000.000 – in die Verantwortung der Geologen, die für das Reich die Verträge mit der Industrie unterzeichneten.[83] Auf diese Weise wurde der letzte Anschein von bürokratischer Kontrolle beseitigt, und das staatliche Erdölprogramm im intimen Kreise der Erdölelite privatisiert.

Mexiko

Nach Auflösung der montanfreundlichen Strukturen in der Reichsadministration, insbesondere des RPrWM, im Februar 1938 hätte die Autarkie- und Großraumfraktion hinter Krauch und Keppler allen Grund haben können, sich vor den überseeischen Versorgungskonzepten in Sicherheit zu wiegen. Die Ereignisse ließen es jedoch nicht zu. Am 18. März 1938, acht Tage nach dem Einmarsch deutscher Truppen in Österreich, fünf Tage nach Proklamation des „Anschluß",[84] fiel eine der folgenreichsten Entscheidungen der globalen Ölpolitik seit Nationalisierung der russischen Lagerstätten: Die Regierung Cárdenas dekretierte die Enteignung aller mexikanischen Lagerstätten und ihre Überführung unter die Verwaltung eines staatlichen „Consejo Administrativo del Petróleo". Wenn die Enteignung auch *outsiders*, wie Cities Service, Sinclair und Davis traf, so wurden die Achnacarry-Konzerne Gulf, SO und vor allem RD-S, deren Aguila über 60% des mexikanischen Öls förderte, am meisten geschädigt. SO und RD-S hatten sich in der Frage der industriellen Beziehungen in den vergangenen Jahren unkooperativ gezeigt, was nach den Streikwellen von 1937 schließlich den Anlaß zur Nationalisierung gegeben hatte. Nach den Enteignungen gaben sich die beiden größten Ölkonzerne der Welt doppelt militant.[85] Der mexikanische Diplomat Genaro Fernandéz McGregor meinte, wenn nicht die deutsche Besetzung Österreichs gewesen wäre, hätten die Westmächte mit Gewalt für das Kapital ihrer Konzerne in Mexiko eingegriffen.[86] Für die Zeitgenossen spielte sich die aktuelle Weltpolitik im Spannungsfeld Spanien-Österreich-Mexiko ab, man steckte in einer sich zuspitzenden globalen Auseinandersetzung zwischen Kommunismus, westlichen Demokratien und Anti-Komintern, jenen kapitalistischen Diktaturen, die sich selbst als „totale" bzw. „totalitäre" Staaten bezeichneten, und die von den Kommunisten pauschal als „faschistisch" bezeichnet wurden.[87] Es erstaunte nicht, wenn – besonders in den westlichen Ländern – die personalisierende Berichterstattung der Zeit plötzliche Veränderungen im internationalen Wirtschaftsgefüge auf Verschwörungen zurückführte – und angesichts der deutschen Destabilisierungspolitik gegenüber Österreich und der Tschechoslowakei bot sich das säbelrasselnde deutsche Wirtschaftswunder namens

---

[83] Verträge ab 1939 von RWM auf RfB übergeganen. Bentz an Engel/Fachgruppe Erdölgewinnung und -verarbeitung, v. 16. Oktober 1945, in: NLfB 86424.

[84] Vgl. Ian Kershaw, *Hitler* ... (2000), 114–126.

[85] Produktionsanteile/unkooperativ: Daniel Yergin, *Der Preis* ... (1991), 354. Enteignung: Ebd. 359 f. Consejo: Klaus Volland, *Das Dritte* ... (1976), 104.

[86] Klaus Volland, *Das Dritte* ... (1976), 110.

[87] Vgl. Ian Kershaw, *Hitler* ... (2000), passim.

„Hitler“ für die Rolle des globalen Bösewichts geradezu an. So ließen denn SO und RD-S auf öffentlicher Ebene keinen Zweifel daran, daß sie die deutsche Regierung hinter den mexikanischen Streiks vermuteten, mithin auch hinter den Enteignungen. Das entsprach einer gängigen Einschätzung betreffs der deutschen Einflußnahme in Lateinamerika.[88] Eine direkte Einflußnahme der nationalsozialistischen Regierung auf Mexiko läßt sich jedoch nicht nachweisen; wegen der extremen Positionen im spanischen Bürgerkrieg, auch nach der Verurteilung des „Anschluß“ durch Mexiko im Völkerbund, wäre ein offenes Auftreten der Deutschen in Mexiko auch gar nicht möglich gewesen.[89] Dennoch dürfte das Bild von der Professionalität der deutschen Erdölindustrie, welches Bentz, Werner Müller und andere in Paris gemalt hatten, ebenso wie die verdeckten Vertragsanbahnungen bis Februar 1938 der mexikanischen Regierung den Eindruck vermittelt haben, bei der Entwicklung der eigenen Erdölindustrie zur Not auf einen leistungsfähigen und technologisch durchaus kompetenten Partner zurückgreifen zu können, wenn die anglo-amerikanischen Konzerne einmal vor die Tür gesetzt wären. Mit anderen Worten – ohne die deutschen Erdölbemühungen im Hintergrund hätte es die mexikanische Regierung kaum gewagt, die Konzerne zu enteignen.[90]

Nichtsdestoweniger bemühte sich die mexikanische Regierung, den offiziellen antifaschistischen Kurs weiterzusteuern, und beteuerte, keine Öllieferungen an das Deutsche Reich abgeben zu wollen. Angesichts der bekannten Tatsache, daß solche Lieferungen geradewegs in die Bunkerstationen der deutschen Kriegsmarine wandern würden, wo sie keinem anderen Zweck dienten, als deutsche Waffen für die nationalspanischen Truppen unter Franco zu transportieren und den Nachschub für die Legion Condor zu stellen, waren die mexikanischen Bekundungen glaubhaft.[91] Allerdings machte es die unversöhnliche Haltung von SO und RD-S, die 84% der Welttankertonnage hielten und zum weltweiten Embargo gegen Mexiko aufriefen, nicht leicht, solche Absichtserklärungen aufrecht zu erhalten.[92] Im Mai 1938, nachdem eine Maßnahme des US-Schatzamts die mexikanische Währung bedrohte und die britische Regierung die diplomatischen Beziehungen zu Mexiko abgebrochen hatte, bemühte sich die Regierung Cárdenas um eine geldliche Entschädigung der Achnacarry-Konzerne, konnte aber deren Forderungen nicht befriedigen.

Angesichts einer weltweiten Ächtung mexikanischen Öls, blieb, da die von den boykottierenden Konzernen unabhängigen Diktaturen Italien und Japan als Abnehmer ebenfalls ausfielen, der mexikanischen Regierung keine andere Wahl, als sich an das Deutsche Reich zu wenden, wenn sie nicht auf dem eigenen Öl sitzen bleiben wollte.[93] Ab

---

88 Klaus Volland, *Das Dritte* ... (1976), 109.

89 Vgl. Klaus Volland, *Das Dritte* ... (1976), 109–120. Völkerbund: Ebd., 111.

90 Dies muß Spekulation bleiben. Eine Darstellung der mexikanischen Seite ist wegen verschollener Quellen nicht möglich: Ebd., 257 Fn. 78.

91 Ebd., 116 f. Waffen/Logistik: Ebd., 80.

92 Daniel Yergin, *Der Preis* ... (1991), 360. Tonnage: Klaus Volland, *Das Dritte* ... (1976), 120.

93 Klaus Volland, *Das Dritte* ... (1976), 118–120.

dem 4. Mai 1938 fragten mexikanische Vertreter bei verschiedenen deutschen Stellen nach, ob nicht umfangreiche und langfristige deutsch-mexikanische Ölvereinbarungen gewünscht wären. Die Mexikaner hatten eine so schlechte Verhandlungsposition, daß sie sich auch auf Kompensationsgeschäfte – Öl gegen Industriegüter bzw. Reichsmark – einlassen wollten. Zur Bedingung machten sie lediglich, daß zwecks Gesichtswahrung US-amerikanische oder mexikanische Mittelsleute zwischengeschaltet werden müßten.[94] Hier bot sich einmal mehr der umtriebige William R. Davis an, der sich in der Presse in Mexiko bereits als „»Little Cesar« of Germany's efforts to build up her oil reserves" präsentierte.[95]

Auf deutscher Seite trafen die mexikanischen Dumping-Angebote keineswegs auf einhellige Begeisterung. Auf der einen Seite standen die traditionellen Befürworter mexikanischen Öls: im AA, in der deutschen Gesandtschaft und im OKM. Hier sah man die Aussichten für eine Erdölerschließung in deutsch-mexikanischer Kooperation äußerst positiv, auch wenn die Isthmus-Vertragsverhandlungen wegen der Enteignung einstweilen postponiert worden waren. Die Verhandlungen wurden – mit Davis als amerikanischem Feigenblatt – im April 1938 wieder aufgenommen und so weit vorangetrieben, daß ein Jahr später, im Mai 1939 der deutsche Gesandte melden konnte, Davis stehe unmittelbar vor einem Vertrag mit der mexikanischen Regierung, der ihm Bezugsrecht über die gesamte mexikanische Ölproduktion von 100.000 Barrel/Tag (ca. 4,5 Millionen Jahrestonnen), mit Steigerungsmöglichkeit auf 150.000 Barrel/Tag (7,4 Millionen Jahrestonnen) in die Hand gegeben hätte, sowie umfangreiche Bohrkontrakte auf dem Feld Poza Rica und Umgebung.[96]

Auf der anderen Seite hatten sich unter den Fahnen der IG die erbitterten Gegner überseeischer Ölimporte versammelt, die IG-Manager Krauch und Fischer sowie die in ihrem Gefolge reitenden Herolde des politischen Autarkismus', Thomas für das Militär und Keppler für die Partei. Diese hatten schon an der Isthmus-Lösung und den anderen lateinamerikanischen Projekten kein Gefallen finden wollen. Nun, nachdem der gesamte wirtschaftspolitische Apparat umstrukturiert und die montanfreundliche Ministerialbeamtenschaft in den Ruhestand versetzt worden war, sprachen diese Dumping-Angebote aus Mexiko all ihren Bemühungen Hohn. Allerdings hatten die Autarkisten mit dem neuen RWM nun die administrative Schlüsselposition für alle überseeischen Geschäfte inne. Als am 4. April 1938 das OKM um die Bewilligung der £ 600.000 aus dem Verkauf der BOD-Konzession für das mexikanische Projekt bat, erteilten ihm, nach gebührender Verzögerung, die RWM-Vertreter am 28. Mai 1938 abschlägigen Bescheid. In der einen Monat später nachgereichten Begründung stützte sich das RWM auf eine Besprechung bei Staatssekretär Körner/VP am 16. April 1938, wo die ölpolitisch inzwischen einschlägig bekannte Ansicht geäußert worden sei, der deutsche Bedarf ließe sich in absehbarer Zeit aus dem Inland decken, mithin gäbe es kein Interesse

---

[94] Ebd., 121–128.

[95] Agenturmeldung vom 5. April 1938: Klaus Volland, *Das Dritte* ... (1976), 126.

[96] Klaus Volland, *Das Dritte* ... (1976), 103–106.

an überseeischen Ölkonzessionen.[97] Was die deutsch-mexikanische Ölerschließung anging, unternahmen sowohl AA als auch OKM im Laufe des folgenden Jahres noch mehrmals Vorstöße beim RWM, bissen aber auf Granit.[98]

Bei den sowohl gleichzeitig als auch alternativ angebotenen Öllieferungen Mexikos an das Deutsche Reich konnte die neue RWM-Besetzung nicht so einfach ablehnen wie in der Frage der Konzessionen. Denn hier konnte das OKM mit seiner Dienstleistung für Francos nationalspanische Truppen triftige aktuelle Gründe ins Feld führen, warum es ausreichend mit Heizöl ausgestattet werden mußte. Unter dem Druck von AA und OKM, die auf den *outsider* Davis setzten, bewilligte das RWM einmalig $ 200.000 für Davis' EUROTANK zur Anmietung von Tankern. Auf dieser Grundlage schloß Davis einen Vertrag mit der mexikanischen Regierung über die Lieferung von insgesamt 1.018.000 Barrel (ca. 140.000 t) Rohöl gegen deutsche Stahlexportwaren.[99]

Angesichts dieser einfachen und preiswerten Belieferung, die zum Teil unmittelbar in die Spanientransporte der Kriegsmarine einfloß, kamen beim OKM längerfristige Versorgungskonzepte in den Blick.[100] Dies war kaum erstaunlich, da nach dem Abbruch der britisch-mexikanischen Beziehungen umfassende deutsch-mexikanische Ölverträge sich geradezu aufdrängten.[101] Gegen deutsche Stahlfertigprodukte sollte die auf den kanarischen Inseln gelegene „neuzeitige und sehr leistungsfähige" Raffinerie des *outsiders* CEPSA mit mexikanischem Rohöl beliefert werden; als Derivate waren Benzin, Flugbenzin, Diesel und Heizöl vorgesehen, die ins Deutsche Reich transportiert werden sollten. Anders als IG, Heer und Luftwaffe, sah die Kriegsmarine, die die Kanaren in ihre strategischen Überlegungen eingebaut hatte, im ozeanischen Transport keinerlei Sicherheitsprobleme. Zum Abschluß von Verträgen mit der CEPSA wurde denn auch im Mai 1938 ein Sachbearbeiter des OKM auf die Kanarischen Inseln entsandt.[102]

Solch ein Plan, nun sogar Derivate wie Flugbenzin einzuführen, für welches die IG bislang einziger Versorger gewesen war, mußte bei dem Chemiekonzern allergische Reaktionen hervorrufen. Doch meldete sich nicht dieser bei den deutschen Regierungsstellen zu Wort, sondern die mit ihm in langjährigen Vertragsverhältnissen stehenden Achnacarry-Konzerne SO und RD-S. Am 28. Mai 1938 intervenierten sowohl Prinz Hohenlohe als auch der Generaldirektor der Rhenania-Ossag (RD-S), Walter Kruspig beim AA, um die dortigen Beamten (v.a. Vortragender Legationsrat Davidsen) zum Abbruch der Verhandlungen mit Davis zu bringen. Als VLR Davidsen/AA sich weigerte,

---

97 OKM an OKW ... (vom 29. April 1940, siehe Kapitel 3, Fn. 612), Bl. 3 f. Vgl. Klaus Volland, *Das Dritte* ... (1976), 104 f. Hier ist das Datum der Besprechung mit 16. Juni 1938 angegeben.

98 Klaus Volland, *Das Dritte* ... (1976), 104–106. Der Zusammenhang von Strukturreform und Abwiegelung der lateinamerikanischen Projekte wurde von Volland nicht erkannt. So stellt sich bei ihm die RWM-Politik tatsächlich als ein vorsichtiger „mittlerer Kurs" dar: Ebd., 135. Vgl. ebd., 125 und 132.

99 Ebd., 129 f.

100 OKM an OKW ... (vom 29. April 1940, siehe Kapitel 3, Fn. 612), Bl. 6 f.

101 Klaus Volland, *Das Dritte* ... (1976), 130.

102 OKM an OKW ... (vom 29. April 1940, siehe Kapitel 3, Fn. 612), Bl. 7.

auf die Argumente des RD-S-Vertreters einzugehen, drohte Kruspig mit Intervention bei Göring.[103]

In der daraufhin am 30. Mai 1938 im RWM anberaumten Ressortsitzung zwischen Reichsverkehrsministerium (RVM), OKM, AA und RWM taten die IG-freundlichen Abteilungen des RWM den AA-Vertretern die neue Linie der deutschen Ölpolitik kund.

Rosencrantz/RWM II Min.Öl – obwohl aus der Luftwaffe stammend und als Lobbyist für IG-Interessen einschlägig bekannt, figurierte er hier als Verbindungsoffizier des OKM – präsentierte eine völlig neue Sachlage: Ohne greifbaren Ersatz sei die Kriegsmarine bislang auf Davis angewiesen gewesen. Man prüfe indessen, ob für die Geschäfte in Höhe von RM 13 Millionen nicht die Achnacarry-Konzerne einspringen könnten; Bedenken gegen eine mögliche Abhängigkeit habe das OKM nicht.[104] Verglichen mit den bisherigen Einschätzungen des OKM im Bezug auf die Achnacarry-Konzerne, stellte dies einen bemerkenswerten Sinneswandel dar. Schlotterer/RWM V spielte dagegen die Rolle des umsichtigen Bedenkenträgers. Die Handelsverbindung mit Davis würde sich negativ auf die ohnehin angespannten internationalen Beziehungen auswirken; in der Mexikofrage könne sich das Deutsche Reich nicht erlauben, eine eigene Ölpolitik gegen die Achnacarry-Konzerne zu betreiben.[105]

Unmittelbar im Anschluß an diese Informationsveranstaltung, die die Bezeichnung „Ressortbesprechung" nicht verdiente, bemühte sich das RWM, sämtliche Verhandlungen des AA mit mexikanischen Regierungs- bzw. Konsulatsvertretern zum sofortigen Abbruch zu bringen.[106] Auch das OKM hatte sich an die neue Achnacarry-freundliche Linie zu halten, und der Unterhändler, der sich auf dem Weg zu den Kanarischen Inseln befand, wurde per Funkspruch am 31. Mai 1938 zurückbeordert.[107]

Daß die NS-Regierung sich in ölpolitischer Hinsicht einen der fettesten Fische aus dem Netz ziehen ließ, machten die Brautwerbungen deutlich, die die Achnacarry-Konzerne im Laufe des Junis 1938 um die deutsche Regierung veranstalteten: Für die SO machte sich ihr Vizepräsident Harden auf den Weg nach Berlin und erklärte, SO wolle in umfassender Weise für die Kohlenwasserstoffbelieferung des Deutschen Reichs Sorge tragen. Der Amerikaner erklärte sich sogar bereit, die *outsider*-Geschäfte des OKMs zu billigen und bei ihrer Abwicklung koordinierend Hilfe zu leisten. Im Gegenzug solle die deutsche Regierung von mexikanischen Lieferungen über die bereits laufenden „Konzerngeschäfte" absehen.[108] Ein noch üppigeres Angebot machte die Konzernleitung der RD-S, die für den Fall, daß das Deutsche Reich auf mexikanische Lieferungen ganz und gar verzichtete, Lieferverträge in Höhe von £ 1.250.000 in Aussicht stellte (= RM 15.412.500). Deutsche Firmen sollten in diesem Umfang Röhren

---

103 Klaus Volland, *Das Dritte* ... (1976), 130.
104 Vgl. Ebd., 131 f.
105 Ebd., 132.
106 Ebd., 133.
107 OKM an OKW ... (vom 29. April 1940, siehe Kapitel 3, Fn. 612), Bl. 7.
108 Klaus Volland, *Das Dritte* ... (1976), 133 f.

für den Pipelinebau im Irak liefern.[109] Bedenkt man, daß der britisch-niederländische Konzern sich nur drei Jahre zuvor am Sturmlauf gegen deutsche Montaninteressen im Orient beteiligt hatte, die sich noch nicht einmal auf ein Zehntel dieser Summe beliefen, läßt sich die Bedeutung erahnen, die die RD-S ihren mexikanischen Ölinteressen und damit dem Boykott beimaß. Es zeigt auch, wie hoch auf einmal die Verhandlungsbasis des Deutschen Reiches lag – dank seines beharrlichen Engagements in Mexiko. Das RD-S-Angebot sah wie gesagt vor, auch die laufenden Liefergeschäfte mit Mexiko auszuschließen; doch die deutschen Verhandlungspartner im RWM konnten diese wegen der Marinetransporte nach Spanien nicht stornieren. Um des deutschen Einflusses in Lateinamerika willen hielt man es außerdem für unvertretbar, sich den mexikanischen Liefergesuchen gänzlich zu verschließen. So schlug das RWM das Angebot der RD-S aus.[110] Dies bedeutete allerdings nicht, daß man auf die Lieferungen der RD-S ganz verzichtet hätte. Tatsächlich sollte bis zum verdeckten Boykott anläßlich der Septemberkrise 1938 die RD-S als wichtigster Lieferant durch das RWM umhegt und umpflegt werden.[111] Das Abkommen zwischen dem RWM und der SO wurde am 13. Juli 1938 geschlossen.[112]

Ecuador

Das Ecuadorprojekt wurde nach der großen Umstrukturierung vom Februar 1938 in ähnlicher Achnacarry-freundlicher Weise administriert, wiewohl dies auf ältere Ansätze zurückging. Wegen der Widerstände, die sich dem Ecuadorprojekt im VP Ende 1937 in den Weg stellten, hatte OW Anfang Dezember die Regierung unter Druck gesetzt mit der Bemerkung, nötigenfalls mit einem der in Ecuador engagierten Achnacarry-Konzerne zu kooperieren.[113] Dies war keine leere Drohung, denn auch gegenüber Bentz, einem Befürworter des Projekts, offenbarte OW dieses Ansinnen. Zunächst war an ein Zusammengehen mit der RD-S gedacht, die auf das längste kontinuierliche Engagement in Ecuador zurückblicken konnte.[114] Doch reiste OW-Haupteigner Siedersleben zum Jahreswechsel 1937/38 zu Sondierungsgesprächen mit amerikanischen Ölgesellschaften

---

109 Ebd., 133.

110 Ebd., 135.

111 OKM an OKW ... (vom 29. April 1940, siehe Kapitel 3, Fn. 612), Bl. 8 f. Vgl. Klaus Volland, *Das Dritte* ... (1976), 105. Zur intimen Zusammenarbeit des Direktors der RD-S-Tochter Rhenania-Ossag, Dr. Walter Kruspig, mit dem Reichswirtschaftsministerium bis zu seinem mysteriösen Ableben auf der Rückreise von Rumänien im September 1939: Heinz Flieger, *Unter* ... (1961), 157.

112 Klaus Volland, *Das Dritte* ... (1976), 134 f.

113 Abschrift Betzhold und Volck/OW an VP, RPrWM und AA, re Ecuador/Erdölkonzession, v. 7. Dezember 1937, Bl. 2 f., in: VP, Ecuador allgemein, NLfB 49022.

114 Vgl. Bentz an OW, Auslandsabteilung re Flüge in Ecuador, v. 4. Dezember 1937, in: VP, Ecuador allgemein, NLfB 49022.

nach New York[115] und nahm zunächst Kontakt mit den texanischen Achnacarry-Konzernen Texaco und Gulf Oil auf, die sich ebenfalls in Ecuador zu engagieren begannen.[116]

OW, die über die Bohrgesellschaft Wirth & Co. hinaus nicht die nötige Konzernstruktur zur Verarbeitung des Erdöls und zum Vertrieb der Derivate hatte, verfolgte mit diesen Verhandlungen durchaus die Politik des maximalen Gewinns. Zwar hatte sich die Elwerath Mitte Dezember 1937 schließlich bereitgefunden, lateinamerikanische Öle zu raffinieren,[117] doch gingen OW die „Ideen der deutschen Oelgesellschaften oder z. B. der Texas Oil Co." nicht weit genug.[118] Anfang Mai 1938 befand sich OW bereits in Verhandlungen mit der SO, die in Ecuador mit ihrer kanadischen Tochter IntPC tätig war.[119]

Die Verhandlungen fanden parallel zum Vorstoß von SO und RD-S bei Göring gegen mögliche Öllieferungen aus Mexiko statt, und hinter der Offerte der SO steckte – wie weitere Verhandlungen zeigten – denn auch ein konzertiertes Vorgehen dieser beiden Achnacarry-Konzerne.[120] Nachdem auf der Ressortbesprechung vom 30. Mai 1938 die RWM-Referenten die neue Linie in der Mexikofrage bekanntgegeben hatten, signalisierten Schlotterer und Koppelmann in einer Besprechung mit OW am selben Tag auch ihr Einverständnis mit der SO-Kooperation in Ecuador.[121]

Hatte die Verhandlungen bis Ende Mai 1938 noch die deutsche Tochter der SO, die DAPG geführt, so konkretisierten sich die Vorschläge nach der US-amerikanisch-britischen Intervention bei der deutschen Regierungsspitze in Gesprächen mit Vertretern der IntPC (Vizepräsident Le Sueur) sowie deren Mutter SO und der OW (Siedersleben) in New York am 7. und 8. Juni 1938. Über ein britisches Mitglied des *board of directors* der IntPC, Montague Piesse, war personell auch die Verbindung zum RD-S Konzern hergestellt.[122]

Die SO wollte alle Konzessionen im Erdölgebiet Sta. Elena – umgerechnet etwa 67.000 ha, wovon die OW 29.000 ha hielt – in einem Konsortium zusammenfassen, bei dem sie mit einer Bareinzahlung von $ 150.000,- 51% des Kapitals übernehmen wollte; mit ihren Konzessionen sollte OW mit 23%, die RD-S-Töchter mit zusammen 22%, die übrigen Kleinfirmen mit 4% beteiligt werden.[123] Die OW-Explorationskonzession in

---

115 Vgl. Betzhold/OW/Abteilung Ausland Berlin – La/Zi – an Bentz re Ecuador/Erdölkonzession, v. 13. Januar 1938, in: VP, Ecuador allgemein, NLfB 49022.

116 Siedersleben an RWM ... (vom 13. Juni 1938, siehe Kapitel 3, Fn. 710), Bl. 8. Engagement: Auszug aus Brief Nr. E 175 von Ott-Heinrich Carstanjen, Quito, v. 13. April 1938, Bl. 2, in: VP, Ecuador allgemein, NLfB 49022.

117 Siehe S. 277.

118 Siedersleben an RWM ... (vom 13. Juni 1938, siehe Kapitel 3, Fn. 710), Bl. 8 f.

119 Betzhold/OW, Abteilung Ausland an Bentz re Ecuador/Erdölkonzession, v. 4. Mai 1938, Bl. 2, in: VP, Ecuador allgemein, NLfB 49022.

120 Siedersleben an RWM ... (vom 13. Juni 1938, siehe Kapitel 3, Fn. 710), Bl. 9 f.

121 Ebd., Bl. 1.

122 Ebd., Bl. 9 f.

123 Ebd., Bl. 9 f.

Manabi/Esmeralda, 40.000 ha, wollte die IntPC auf eigene Rechnung bearbeiten und im Falle der Fündigkeit mit OW 50% : 50% ausbeuten. Für OW entfiel auf diese Weise jede Investition und jedes Bohrrisiko; als Gegenwert konnte sie zwischen Dividendenausschüttung in Devisen oder in Rohöl wählen.[124] Wenngleich die SO-Vertreter sich skeptischer über die Ölaussichten der OW-Konzessionen auf Sta. Elena äußerten als Bentz, und nur 1/10 des von Siedersleben geforderten Gegenwertes als Kapital einbringen wollten,[125] war das Angebot sehr verlockend. Die SO wollte sogar überdenken, einen von OW geforderten Abschlag für den mit der OW-Konzession verbundenen Sperrmarkkredit des RWM zu zahlen. Dieser sollte in Form eines Sperrmarkkredits der SO an die ecuadorianische Regierung ausfallen, zum Zwecke von Aufträgen der ecuadorianischen Regierung an OW, sowie in direkten Lieferaufträgen der SO an die OW im Wert von RM 10–20 Millionen, zahlbar in Ölmark.[126]

Für ihr großes Interesse an einer Kooperation mit der OW gaben die SO-Vertreter zwei Gründe an: die Sorge, auch in anderen lateinamerikanischen Ländern als Mexiko vor die Tür gesetzt zu werden, und die Tatsache, daß wegen des Sperrmarkabkommens OW nicht nur größter Konzessionär im Ölgebiet von Sta. Elena, sondern auch der sicherste Konzessionär im putschgebeutelten Ecuador sei. Vor dem Hintergrund des letzten ecuadorianischen Staatsstreichs im Frühjahr 1938 und angesichts der argentinischen und brasilianischen Bestrebungen zur Nationalisierung ihrer Erdölindustrie waren diese Versicherungen nicht unglaubhaft.[127] Allerdings sicherte sich die SO die Kontrolle über die Ölerschließung in Ecuador, was im Hinblick auf die Intervention in der Mexikofrage auch dazu diente, einer unberechenbaren deutschen Regierung die Möglichkeit zu ölpolitischen Eskapaden zu nehmen und sie – in diesem, wie in jenem Fall mit reichlich Zucker – auf dem in Achnacarry vereinbarten Pfad zu halten.

Das Entgegenkommen, welches die deutsche Regierung der SO, dem ältesten aller Ölkonzerne, erwies, sprengte den Konsens, der SO und RD-S in der Mexikofrage als strikte Kämpfer des Boykotts geeint hatte. Vor dem Hintergrund der krisenhaften Achnacarry-Vereinbarungen – der ursprünglichen Idee von 1928, ihrer Novellen von 1930, 1936 und dem gescheiterten Caltex-Abkommen von 1937 – schien es offenbar für die SO unerreichbar oder nicht sinnvoll, das globale Hochpreiskartell durchzusetzen. Sie brach mit den übrigen Kartellmitgliedern.[128] Der epochemachende Versuch, die Preiskriege zwischen den Konzernen zu beenden und die globalen Ölfluten einzudämmen, war nach 10 Jahren gescheitert. Erst nach dem Zweiten Weltkrieg sollten die Bestrebungen mit den neuen Kooperationsverträgen der „Sieben Schwestern" (SO +

---

124 Ebd., Bl. 5 f.

125 Ebd., Bl. 7 und 10.

126 Ebd., Bl. 7 und 9.

127 Ebd., Bl. 10 f. Brasilien: Vgl. Dr. Karl Schulz, Rio, Aktntz re Erdöl in Brasilien, v. 20. Mai 1939, Anlage zu Ernst Rudolf Fischer/IG Berlin NW 7, Unter den Linden 82, an Bentz/Reichsstelle für Bodenforschung, Berlin N 4, Invalidenstraße 44, v. 24. Juni 1939, RBF 188, NA, T 401/7, 887 f.

128 James H. Bamberg, *The History* ... (1994), 115.

Socony-Mobil + Socal-Chevron + Texaco in Saudi Arabien und Gulf + RD-S + APOC-AIOC-BP in Kuwait) wiederaufgenommen werden.[129]

Südosteuropa

In mancher Weise ähnelte diese neue deutsche Ölpolitik der Strategie, die Schacht bereits im Frühjahr bis Sommer 1934 verfolgt hatte, nämlich ergänzend zur IG-Synthese auf deren Vertragspartner, die Achnacarry-Konzerne SO und RD-S, zurückzugreifen. Beide Male waren durch Importprojekte, in denen *outsiders* und/oder die deutsche Montanindustrie eine Schlüsselrolle spielten, die Substitutionsinteressen der IG in Gefahr geraten. Beide Male fand mit erheblicher Hilfestellung der IG ein Ministerwechsel statt. Der Spontanismus, mit dem das Regime auf den Interessendruck von unten reagierte, ergab allerdings nur Sinn, wenn die Logik des Regimes die Macht über jegliche politischen Konzepte stellte.

Dies war ganz offensichtlich der Fall; und die durch den Machtblock Göring repräsentierte neue deutsche Ölpolitik setzte für ihre imperialistische Einflußnahme im Südosten auf friedliches Einvernehmen mit den Westmächten und ihren Ölkonzernen.[130]

Anfang April 1938 hatte Göring auch Rumänien – als größten europäischen Erdölproduzenten nach der UdSSR – auf die Durchdringungsagenda gesetzt.[131] Seit den Tagen der deutschen Besetzung der Muntenia im Ersten Weltkrieg und der militärischen Verwaltung des rumänischen Öls durch den „Wirtschaftsstab“ 1916–1918 [132] wurden die rumänischen Erdölmöglichkeiten von den Wehrwirtschaftlern, „Südosteuropäern“, Autarkisten und Deutschen Bankern grundsätzlich überschätzt,[133] die gebannt auf die 1937 gut 7 Millionen Jahrestonnen Produktion blickten, ohne sich Gedanken über den Produktionsrückgang seit 1936[134] oder die mageren Aussichten für Erdölexploration zu machen, die die rumänische Berggesetzgebung zusätzlich erschwerte.[135] Nach politischen Unruhen in Rumänien, die im Februar 1938 zur Auflösung aller Parteien, einer neuen Verfassung und zu einer Regierung der „Nationalen Einheit“ unter König Carol geführt hatten,[136] schien ein umfassendes deutsch-rumänisches Abkommen über zusätzliche Erdöllieferungen gegen deutsche Waffen in die Nähe zu rücken. Aber die Bemühungen, die Schlotterer/RWM, Wiehl/AA und der deutsche Gesandte in Rumänien, Fabricius, ab April 1938 zur Ausweitung rumänischer Exporte ins Deutsche Reich unternahmen, scheiterten – trotz großzügiger Angebote Görings, der sich in die Ver-

---

129 Daniel Yergin, *Der Preis* ... (1991), 544–641.
130 Vgl. Alfred Kube, *Pour le* ... (1986), 250–276.
131 Alfred Kube, *Pour le* ... (1986), 254.
132 Maurice Pearton, *Oil* ... (1971), 76–93.
133 Vgl. Philippe Marguérat, *Le IIIe Reich et le pétrole roumain*, Genf 1977, 23 f.
134 Vgl. Tabelle bei Philippe Marguérat, *Le IIIe* ... (1977), 57.
135 Vgl. Maurice Pearton, *Oil* ... (1971), 205–214.
136 Ebd., 212.

handlungen einschaltete – am Widerstand der Rumänen. Die rumänische Regierung, die empfindlich auf den „Anschluß“ und die unverhohlenen Ansprüche Görings in Südosteuropa reagierte, suchte sich stärker an die kleine Entente und die Westmächte anzulehnen.[137] Dies zeigte sich auch im Entgegenkommen der rumänischen Regierung gegenüber den internationalen Ölgesellschaften, das eine Revision des nationalistischen Bergrechts von 1937 auf der Grundlage einer Denkschrift der Astra Romana (RD-S) in Aussicht stellte.[138] Je steiniger im Sommer 1938 sich der deutsche Weg nach Südosten offenbarte, desto eindringlicher beharrten die IG-Manager im Reichsamt für Wirtschaftsausbau auf der lebensnotwendigen Bedeutung, die die rumänischen Erdöllieferungen für den Mob-Bedarf hätten.[139]

Zweiter Schwenk in der Ölpolitik: Die große VP-Reform im Sommer 1938

Sudetenkrise 1938

Diese neue Ölpolitik sollte jedoch unter erheblichen Druck geraten. Seit Anfang 1938 schürten Hitler und Ribbentrop die Sudetenkrise – propagandistisch und finanziell durch Berlin unterstützte Terrorakte der Sudetendeutschen Partei in der CSR, die den Einsatz der tschechischen Sicherheitskräfte herausforderten, was wiederum in Großbritannien als Unterdrückung der deutschen Minderheit verstanden wurde.[140] Mit einer Teilmobilmachung hatte die CSR am 20. – 23. Mai 1938 die „Wochenendkrise“ heraufbeschworen.[141] Seither forderte Hitler eine zeitlich konkretisierte Angriffsplanung gegen die Tschechoslowakei. Ein zentraler Aspekt der Angriffsplanung war die Fertigstellung des Westwalls, der bei einem deutschen Angriff auf die Tschechoslowakei die Franzosen davon abhalten sollte, ihrerseits im Deutschen Reich zu intervenieren. Der Konflikt war als „Blitzkrieg“, als begrenzte friedensschaffende Maßnahme geplant, wiewohl Hitler die Aussichten im Bündnisfall mit Frankreich positiv einschätzte.[142] Außenpolitisch setzte Ribbentrop das Mittel der Kriegsdrohung inflationär ein.[143]

Die Einschätzung der Militärs zur Führbarkeit eines Krieges gegen den gut gerüsteten Nachbarstaat war geteilt, Kritik kam vor allem vom Generalstab des Heeres (Generaloberst Beck), der im Falle eines Hineinziehens von Frankreich und Großbritannien in

---

137 Alfred Kube, *Pour le* ... (1986), 263.

138 Maurice Pearton, *Oil* ... (1971), 207 f.

139 Alfred Kube, *Pour le* ... (1986), 263 f.

140 Vgl. Ian Kershaw, *Hitler* ... (2000), 136 f.+ 147 f. Vgl. „Sudetendeutsche Partei“ (1997), in: *Enzyklopädie des Nationalsozialismus*, Wolfang Benz/Hermann Graml/Hermann Weiß (Hg.), Stuttgart 1997, 754 f. Terrorakte: Vgl. Alfred Kube, *Pour le* ... (1986), 266.

141 Ian Kershaw, *Hitler* ... (2000), 151 f.

142 Eine erste Ausarbeitung, ohne Zeitplan von Hitler am 21. April 1938 in Auftrag gegeben, war am 20. Mai als „Fall Grün“ vorgelegt worden und mußte nun revidiert werden: Ebd., 149 und 153 f.

143 Ebd., 150 f.

den Konflikt die sichere Niederlage des Deutschen Reichs voraussagte. In diesen nicht zuletzt durch interne Konkurrenz mit der Planungsinstanz OKW stimulierten Ruf zur Vorsicht[144] stimmte Göring mit ein, der das Rüstungsniveau der Armee noch für zu gering hielt, eine kriegerische Lösung um jeden Preis ausschließen wollte und daher Verhandlungen mit dem Westen anbahnte.[145]

Die allgemeine Kriegspsychose vom Sommer 1938[146] machte auch vor den Toren von Görings Planern nicht halt. Die organisatorischen Veränderungen vom Februar 1938 hatten zwar den industriellen Interessenskonflikt bei der Rohstofferzeugung zugunsten der IG entschieden, nicht aber die Frage, wer für die öffentlichen Investitionen in Rüstungs- und Substitutionsindustrien zuständig sein durfte. Hier kollidierten die Vorstellungen Krauchs und des Reichsamts für Wirtschaftsausbau einerseits mit der Planungsinstanz des Rohstoffamts unter Löb, andererseits mit den Ansprüchen der Wirtschaftsstäbe der Waffengattungen, die über die Rüstungsbetriebe auf die Substitutionsindustrien Einfluß nahmen.[147] Auf dem Kohlenwasserstoffsektor betrug – allen Ausbauplänen zum Trotz – die Auslandsabhängigkeit über 60%; und nun hatte man sich gerade erst auf ein umfassendes Lieferprogramm durch die Konzerne der sog. ABC-Staaten (Amerika – Britannien – China)[148] eingelassen. Die Krisenhaftigkeit dieser Entscheidung wurde nirgendwo nervöser zur Kenntnis genommen als bei der Allianz für die mexikanischen Ölprojekte: bei der Marine und bei Bentz; während der Septemberkrise 1938 sollten sich die Befürchtungen, die diese Gruppe vor einem möglichen Boykott der deutschen Versorgung durch SO und RD-S hegte, bewahrheiten.[149]

Krauchs Forderungen im Sommer 1938

Im Laufe des Junis 1938 setzte Krauch Göring auf dessen Landsitz Karinhall unter Druck, die gesamten VP-Strukturen zu revidieren. Als Sachargument dienten die besorgniserregenden Zahlen über die Mob-Bedarfsdeckung bei den Grundstoffen, als Machtargument der wachsende Einfluß der Wehrmacht – über die Göring keine Gewalt hatte – in der Wirtschaftspolitik.[150] Am 30. Juni 1938 legte der IG-Manager den „Schnellplan" für die Erzeugung von Explosivstoffen vor. Dieser wurde kurz darauf, am 12. Juli 1938, in den „Wehrwirtschaftlichen Neuen Erzeugungsplan", auch „Karinhall-

144 Vgl. Ebd., 153–155.

145 Alfred Kube, *Pour le* ... (1986), 267–273.

146 Ian Kershaw, *Hitler* ... (2000), 140 f. und 161 f.

147 Dieter Petzina, *Autarkiepolitik* ... (1968), 117 f. Alfred Kube, *Pour le* ... (1986), 259.

148 Vgl. Alfred Kube, *Pour le* ... (1986), 163–171.

149 Bentz Vortrag einer vertraulichen Mitteilung des Marineattachées für die ABC-Staaten, Fregattenkapitän Niebuhr, Betzhold, Lange, Siedersleben/OW, Aktenvermerk re Ecuador/Erdöl-Konzession: mündlicher Bericht der Herren Professoren Dr. Bentz und Direktor Werner Müller-Erkelenz am 18. des Monats über ihre Reise nach Ecuador vom 12. November 1938 bis 12. Januar 1938, Bl. 5, NLfB 49017. Vgl. OKM an OKW ... (vom 29. April 1940, siehe Kapitel 3, Fn. 612), Bl. 8 f.

150 Dieter Petzina, *Autarkiepolitik* ... (1968), 118 f. und 122 f.

plan“ oder „Krauchplan“, eingebettet,[151] der das öffentliche Erzeugungsprogramm nur noch auf die unmittelbar zur Kriegsführung notwendigen Bereiche Explosive und chemische Kampfstoffe, Kohlenwasserstoffe, Elastomere (synthetischen Kautschuk „Buna“) und Leichtmetalle einengte. Mit diesen Beschränkungen wurden die Erzeugungsprogramme anderer Industrien, die in Löbs Planungen noch existierten, zugunsten der Produktbereiche der IG vollständig verdrängt.[152]

Im Gefolge der inhaltlichen Zuspitzung plante Krauch die vollständige organisatorische Reform: Am 4. Juli 1938 legte er eine Denkschrift zur abermaligen Reorganisation des Vierjahresplans vor, um ihn endgültig kriegstauglich zu machen.[153] In einer Denkschrift vom 16. Juli 1938 forderte er von Göring umfassende Vollmachten (Weisungsbefugnis gegenüber den obersten Reichsbehörden, eigenes Stahlkontingent, Freiheit bei Planung und Durchführung etc.) zur Durchsetzung des Karinhallplans, die Göring gegenüber der Konkurrenz von der Wehrmacht jedoch nicht durchsetzen konnte, bzw. nicht billigen mochte, um nicht die Kontrolle über Krauch zu verlieren. Am 16. Juli 1938, als Göring den Karinhallplan per Erlaß offiziell verkündete, stellte er die Forderungen Krauchs – ähnlich 1936 – auf eine breitere Grundlage als vom Initiator beabsichtigt, indem er die Ernennung einer ganzen Reihe von Bevollmächtigten und Beauftragten auch in anderen Bereichen der Industrie als der Grundstoffindustrie ankündigte (Die VP-Beauftragten rangierten in ihrer Bedeutung unterhalb der VP-Bevollmächtigten).[154] Damit hatte Göring die Gewähr, daß die neue Wirtschaftsadministration des bevorstehenden Krieges, die zugleich eine neue Industrieverfassung darstellen würde,[155] vor allen anderen seine eigene Machtposition stützte.

Ölpolitische Konkurrenten Krauchs und ihre Schwerpunkte

Die Machtfrage war stets genauso wichtig wie die Inhalte. Hier hatte Göring mit dem Ehrgeiz des OKW/WStb zu rechnen, der die Krise zum willkommenen Anlaß nahm, bei der wirtschaftlichen Mobilisierung mitzutun – deren Ausrichtung auf einen totalen Krieg predigte Thomas ja seit 1928 als das höchste Glück der Wertschaffung. Übergriffe der Wehrwirtschaftsorganisation auf die Kohlenwasserstoffwirtschaft standen zu erwarten, denn die Rohstoffabteilung des Wirtschaftsstabs (Oberstleutnant Becht) und ihr Kohlenwasserstoffreferat V (Korvettenkapitän Griebel) hatten beim Einmarsch deutscher Truppen in Österreich (10. März 1938)[156] die gesamte Verteilungsorganisation in Eigenregie durchgeführt, ohne jede Hinzuziehung der Mineralölabteilung im neuen

---

[151] Ebd., 118 f. und 124. Alfred Kube, *Pour le* ... (1986), 258 f.
[152] Dieter Petzina, *Autarkiepolitik* ... (1968), 124 f.
[153] Alfred Kube, *Pour le* ... (1986), 259 f.
[154] Dieter Petzina, *Autarkiepolitik* ... (1968), 120.
[155] Vgl. Wolfgang Birkenfeld, *Der synthetische* ... (1964), 118.
[156] Vgl. Ian Kershaw, *Hitler* ... (2000), 126.

RWM unter Ministerialdirigent von Heemskerck.[157] Bei dem Unternehmen hatte man ziemlich improvisiert, wobei Griebels Referat die Truppenversorgung in recht flexibler Weise mit den großen Tankstellenketten abgestimmt hatte, die offenbar die Panzer an ihren Zapfsäulen betankten.[158] Dieses durch Flexibilität und unbürokratische Lösungen gekennzeichnete Modell wollte Griebel denn auch ab Juni 1938 als alleinige Truppenversorgung in einem „Arbeitsstab" für den Kriegsfall etablieren. In einem „Verteilerausschuß" sollten die Industrievertreter der Vertriebsorganisationen B.V. (VSt und andere), DAPG (= SO), Degas (= IG), DVOAG (=Socony), Nitag (= WIAG), Olex (=AIOC), Rhenania-Ossag (= RD-S) und Wifo (RPrWM) präsent sein,[159] während das Steuerungsinstrument bei einem „Technischen Ausschuß" gelegen hätte, in dem neben den OKW/WStb-Vertretern, der Überwachungsstelle für Mineralöl (Reichsbeauftragter Raab) und der Mineralölabteilung des RWM (von Heemskerck) auch die Vertreter der KW-Erzeugung – vor allem die IG – vertreten sein sollten. Über diesen Technischen Ausschuß plante Griebel, entsprechend den Wehrmachtsanforderungen, die sein Referat bestimmte, Einfluß auf die Erzeugungsseite zu bekommen – sein Fuß in der Tür der Kohlenwasserstoffindustrie.[160]

Während die Chemische Industrie von der Erzeugerseite und das OKW von der Verbraucherseite her die Kohlenwasserstoffindustrie zu steuern und mithin zu beherrschen versuchten, bemühte sich Göring, die Kontrolle zu behalten. Als Mittel dienten die auswärtigen Ölinteressen der rheinisch-westfälischen Schwerindustrie sowie die Interessen der heimischen Erdölindustrie. Erstere wurden in der Außenhandelsabteilung des RWM durch Gustav Schlotterer gesteuert, der die – zunächst fruchtlosen – Importverhandlungen mit Rumänien koordinierte[161] und ebenso in der Frage der Kooperation mit der SO – sei es bezüglich Ecuadors, sei es bezüglich der Eindämmung mexikanischer Lieferungen – die Richtlinien herausgab. Für letztere zeichnete offiziell die Bergabteilung des RWM unter Oskar Gabel verantwortlich.[162] Sowie geologischer Sachverstand für Verständnis, Definition und mithin politische Steuerung der Projekte notwendig wurde, wie dies bei den Erzeugungsprojekten in Ecuador und beim Reichsbohrprogramm unbedingt der Fall war, trat als tatsächlicher Ideengeber und Koordinator Alfred Bentz in Erscheinung. An Schlotterers Richtlinie von Ende Mai 1938, daß mit der SO zu kooperieren

---

157 von Heemskerck/RWM – I Minöl 699/38 g. an Oberstleutnant Becht/OKW re Vorschlag über die Lenkung der Mineralölversorgung in Sonderfällen und im Kriege – W Ro V Az.11 k 20 Va, v. 5. September 1938, BA-MA, RW 19/347, Bl. 71–73, hier 71.

158 Abschrift Griebel/OKW/WStb/Ro V – W Ro V (Az. 11 k 20), Vorschlag über die Lenkung der Mineralölversorgung in Sonderfällen und im Kriege durch einen Arbeitsstab, v. 15. Juni 1938, Anlage zu Becht/OKW/WStb/Ro an von Heemskerck/RWM, v. 17. August 1938, BA-MA, RW 19/347, Bl. 66–70, hier 66.

159 Ebd., Bl. 69.

160 Ebd., Bl. 69 f.

161 Vgl. Alfred Kube, *Pour le* ... (1986), 263 und Fn. 87–89.

162 Siehe S. 310.

sei, wollte sich Bentz im Falle Ecuadors durchaus nicht halten. Auf einer Besprechung mit OW-Vertretern und Generaldirektor Brochhaus/Elwerath Anfang Juli 1938 befürwortete Bentz einen Gegenvorschlag, den die Elwerath zu den Angeboten der SO den OW-Vertretern unterbreitete.[163] Die beiden OW-Geologen Kehrer und Kauter, die nicht nur im Erdölrevier Sta. Elena tätig waren, sondern seit Ende 1937 sehr emsig die völlig unerschlossene OW-Konzession Manabi/Esmeralda mittels Luftbildgeologie und zu Fuß im Urwald erforschten,[164] hatten in beiden Gebieten je eine neue aussichtsreiche Antiklinale entdeckt, womit die Ölaussichten gegenüber dem in New York mit der SO verhandelten Stand auf das Doppelte stiegen.[165] Während die OW durchaus geneigt war, durch die umfassende Kooperation mit der SO das Bohrrisiko abzugeben, auch wenn dies im Falle von außerordentlichen Fündigkeiten nur einen verhältnismäßig begrenzten Gewinn an Öl bzw. Devisen versprach (23 %), riet Bentz dazu, das Sicherheitsdenken aufzugeben und die Erschließung und Ausbeutung in Eigenregie bzw. in Kooperation mit der Elwerath durchzuführen. Hierbei wandte er sich entschieden gegen die SO, die mehr an Manabi/Esmeralda interessiert war als an den Parzellen 7 und 8 auf Sta. Elena. Bentz warnte davor, daß die SO die gesamte ecuadorianische Konzession von OW nur zu dem Zwecke in die Hand bekommen wollte, um einen möglichen Konkurrenten ihrer peruanischen Produktion auszuschalten. In dem Fall würde der US-amerikanische Konzern die Konzession zum Schaden von OW brach liegen lassen oder nur zögerlich entwickeln. Dagegen seien die bekannten Parzellen 7 und 8

> „vollkommen bohrreif und bilden das Rückgrat Ihres ganzen Vertrages. Irgendwelche geophysikalischen oder geologischen Arbeiten kommen für diese Parzellen überhaupt nicht in Frage. Die Gebiete sind vollkommen bohrreif, so dass eine Verzögerung der Bohrarbeiten auch den Ecuadorianern gegenüber nicht gut verantwortet werden kann."[166]

---

163 Seine dort geäußerten Ansichten sollte er am 20. Juli 1938 noch einmal zusammenfassen: Bentz an OW, Auslandsabteilung re Erdöl in Ecuador, v. 20. Juli 1938, Bl. 5, in NLfB 49018.

164 Vgl. Berichte mit Kartenskizzen und Fotos: Kehrer/Kauter, Bericht über die Geologie Esmeraldas – Jama, v. 24. November 1937, NLfB 49013. Kehrer/Kauter, Bericht über die weitere Umgebung von Manta, v. 21. und 31. März 1938, NLfB 49012. Kehrer/Kauter, Bericht über den Flug nach der Provinz Esmeraldas, NLfB 49021. Arbeitsfortschritt auch: Kauter an Bentz, v. 26. Juni 1938, in: VP, Ecuador allgemein, NLfB 49022.

165 Auf Sta. Elena beim Schlammvulkan bei St. Vicente: Bentz an OW, Auslandsabteilung re Erdöl in Ecuador, v. 20. Juli 1938, Bl. 1 f., in: NLfB 49018. Vgl. Kauter, Zur Geologie der Halbinsel Sta. Elena, v. 1. Juni 1938, NLfB 49011, Bl. 7 f. In Esmeraldas beim Rio Viche Kehrer/Kauter, Geologischer Bericht über eine Reise durch Esmeraldas, v. 20. Juni 1938, NLfB 49015, Bl. 2, die Kehrer und Kauter allerdings noch recht tastend beschrieben. Vgl. die klarere Deutung von Bentz: Bentz an OW, Auslandsabteilung re Erdöl in Ecuador, v. 20. Juli 1938, Bl. 2, in: NLfB 49018. Verhandelt waren am 7. und 8. Juni 1938 in New York die Parzellen 7 und 8 als „bohrreif", während man für Manabi/Esmeralda lediglich die Antiklinale von Manta annahm.

166 Bentz an OW, Auslandsabteilung re Erdöl in Ecuador, v. 20. Juli 1938, Bl. 4, in: NLfB 49018.

Auch die beiden neuen Antiklinalen, die noch „zusätzliche geologische Untersuchungen oder kleine Schurfarbeiten“ erforderten, schilderte Bentz als verhältnismäßig weit erschlossen.[167]

Mit dieser optimistischen geologischen Einschätzung sollte Bentz sowohl bei OW wie beim RWM ab Oktober 1938 für einen Sinneswandel sorgen, womit das Projekt gegen die inzwischen von deutscher Seite als Versorger des „Dritten Reichs“ kritischer beurteilte SO als rein deutsches Vorhaben weiter verfolgt wurde – allerdings nicht in Zusammenarbeit mit der Elwerath, sondern der DPAG-DEA.[168]

Ebenso wurden – gegen Schlotterers Richtlinie – die Pläne, in Mexiko nicht nur Lieferungen zu erhalten, sondern zu einer eigenen Ölbasis zu kommen, durch AA, OKM und Dresdner Bank auch im Sommer 1938 weiter verfolgt. Die Verhandlungen waren nach dem 18. März 1938 von der mexikanischen Regierung mit Verweis auf die durch den Boykott entstandene Absatzkrise ausgesetzt worden. Dennoch bemühten sich ihre deutschen Verhandlungspartner um eine Wiederaufnahme der Vertragsverhandlungen, wogegen Schlotterer/RWM Protest einlegte, sowohl beim AA als auch beim OKM. Diesen zum Trotz wurde das Projekt weiterverfolgt, und Anfang September 1938 war es so weit gediehen, daß das OKM beim RWM den Antrag zur Freistellung der £ 600.000 stellte. Diese wurde verweigert.[169]

Seit der Dampferfahrt vom 25. März 1938 übernahm Bentz die Ausdehnung des Explorationsprogramms auf Österreich. Erster Schritt war die Durchführung der – rein staatlichen – geophysikalischen Reichsaufnahme, die mit Hilfe der Unterlagen aus der Montanistischen Hochschule Leoben schnell vorankam.[170] In einem zweiten Schritt arbeitete er ab Frühsommer 1938 gegen die Interessen der Achnacarry-Konzerne auf die Harmonisierung des österreichischen Berggesetzes mit dem für die deutsche Erdölelite geschaffenen reichsdeutschen Gesetzeskanon hin.

---

167 Ebd., Bl. 2 f.

168 Vgl. Schriftwechsel und Besprechungsnotizen ab Oktober 1938, in: VP, Ecuador allgemein, NLfB 49022. Vgl. Betzhold, Lange, Siedersleben/OW, Aktenvermerk re Ecuador/Erdöl-Konzession: mündlicher Bericht der Herren Professoren Dr. Bentz und Direktor Werner Müller-Erkelenz am 18. des Monats über ihre Reise nach Ecuador vom 12. November 1938 bis 12. Januar 1938, Bl. 1–13, NLfB 49017. Kritischer: Äußerung Bentz über eine vertrauliche Mitteilung des Marine-Attachés für die ABC-Staaten, Fregattenkapitän Niebuhr, daß die maßgeblichen US-Gesellschaften in der Septemberkrise 1938 einen versteckten Boykott des „Dritten Reichs“ durchgeführt hätten: Ebd., Bl. 5. Zum versteckten Boykott vgl. OKM an OKW ... (vom 29. April 1940, siehe Kapitel 3, Fn. 612), Bl. 8–10.

169 Klaus Volland, *Das Dritte* ... (1976), 103–106.

170 Alois Kernbauer, „Geologie und Österreichs Geologen während der NS-Zeit: Streiflichter auf das Verhältnis von Wissenschaft und Politik“, in: *Geschichte der Erdwissenschaften in Österreich: Tagung, 22. Februar 1999 in Graz* (= Berichte der Geologischen Bundesanstalt, Bd. 51), Wien 2000, 83–87, hier 85.

Die Interessen der preußischen Erdölkonzerne, die bislang nicht oder nur kaum in Österreich vertreten waren, an dem jungen Produzenten waren sehr groß. Sowohl Explorations- („Freischürfe") als auch Produktionskonzessionen („Grubenmaße") im österreichisch-tschechoslowakischen Erdölrevier „Wiener Becken" befanden sich in Händen westlicher Gesellschaften: vor allem der Rohölgewinnungs AG (RAG = RD-S + Socony), der österreichisch-schweizerischen Erdölproduktions Gesellschaft (EPG), an der der österreichische Erdölgeologe Karl Friedl beteiligt war, und der britisch-österreichischen Steinberg-Naphta AG.[171] Nach den Bedingungen des österreichischen Allgemeinen Bergrechts (Kaiserliches Patent vom 23. Mai 1854)[172] richteten sich weder Freischürfe noch Grubenmaße nach geologischen Kriterien, sondern wurden von den Ölgesellschaften als beliebige geographische Terrains an der Oberfläche ausgehandelt.[173] § 38 gestattete den Inhabern überdies den freien Handel mit den Konzessionen.[174] Über eine Harmonisierung der Berggesetzgebung sollte nach deutschem Dafürhalten nun dieser Zustand im Sinne der unterrepräsentierten deutschen Interessen bereinigt werden. Die Ausgangs- und Motivationslage schilderte 1940 rückblickend der Chefgeologe und Vorstandsmitglied der WIAG, Zentgraf, gegenüber Bentz:

> „Als wir uns im Jahre 1938 gleich nach der Wiedereingliederung der Ostmark in das Reich für das Erdöl im Wiener Becken interessierten, befanden sich die aussichtsreichsten Gebiete bereits in Händen von Gesellschaften mit ausländischen Interessen, so daß wir uns leider mit der Übernahme der weniger hoffnungsvollen Felder abfinden mußten. Im Zuge dieser allgemein getroffenen Feststellung und mit Rücksicht auf die geringen Arbeiten dieser Unternehmungen in ihren Freischürfen, haben Sie noch im gleichen Jahr den Erlaß des Bitumengesetzes für die Ostmark in die Wege geleitet."[175]

Allerdings wagte man im RWM nicht, die Freischürfe der westlichen Gesellschaften anzutasten, was der grundsätzlichen Politik des Ministeriums auch widersprochen hätte. Eine erste Änderung des Bergrechts, die die Spekulation untersagte, wurde auf Veranlassung eines Entwurfs von OBH Gabel/RWM vom 1. April 1938 durch den

---

171 Hanns-Heinz Kasper, *Die Erdölgewinnung* ... (1974), 56 f. Dieter Sommer, „Zur Geschichte des Kohlenwasserstoffbergbaues in Österreich", in: Friedrich Brix/Ortwin Schultz, *Erdöl und Erdgas in Österreich*, Wien 1993, 387 – 395, hier 390 f. Vgl. Albert E. Gunther, „The German ..." (1948), 22.

172 von Hannecken i.A. RWM/II Bg – II Bg 1575/38 – an den Reichsstatthalter in Österreich (österreichische Landesregierung), den Beauftragten des Führers für die Volksabstimmung in Österreich Glt. Bürckel und den Reichsbeauftragten für Österreich StS Keppler, v. 11. April 1938, BA, R 3101/alt R 7/154, Bl. 194 f. mit Entwurf in der Anlage, ebd., Bl. 199.

173 Albert E. Gunther, „The German ..." (1948), 22.

174 RWM/II. Bg. 310038 – Zl. 162.477-OB/1-1938 re Abänderung des § 38 des Allgemeinen Berggesetzes: Begründung, BA, R 3101/alt R 7/154, Bl. 76 Rekto/Verso. Vgl. Albert E. Gunther, „The German ..." (1948), 22, der, die NS-Vorurteile übernehmend, diese Praxis als „coffee-house speculation" denunziert.

175 Zentgraf/WIAG an Bentz/VP/BFE, v. 6. Juni 1940, in: NLfB 65518.

Reichsstatthalter Seyß-Inquart am 19. Mai 1938 erlassen.[176] Parallel dazu bemühte sich die Bergabteilung des RWM um eine vollkommene Rechtsangleichung an die deutschen Bestimmungen. Dies betraf das Lagerstättengesetz vom 4. Dezember 1934,[177] die Ausführungs-VO zum Lagerstättengesetz vom 14. Dezember 1934,[178] das Gesetz zur Überleitung des Bergwesens auf das Reich vom 28. Februar 1935,[179] das Gesetz zur Erschließung von Bodenschätzen vom 1. Dezember 1936[180] und die VO über die Zulegung von Bergwerksfeldern vom 25. März 1938.[181] Die Bergrechts VO für das Land Österreich wurde am 20. Mai 1938 erlassen.[182]

Dies verhalf den deutschen Gesellschaften keineswegs zu einer besseren Position, da Österreich ja kein exploratorisches Entwicklungsland wie das Deutsche Reich im Jahre 1934 war, wo die wesentlichen Neuaufschlüsse mit Hilfe von Anreizen jenseits der Altvertragsgebiete erzielt worden waren. Daher bemühte sich Bentz – was beim Reichsbohrprogramm mangels älterer Interessen nicht nötig gewesen war – um eine gesetzliche Fixierung der Konzessionsvergabepraxis nach geologischer Struktur. In seiner Begründung für das österreichische Bitumengesetz hob er die Notwendigkeit hervor, die österreichischen Lagerstätten auf „rationelle" Weise zu erschließen und auszubeuten, was durch die Freischürferegelung des Allgemeinen Bergrechts verhindert werde. Daher sollte der Staatsvorbehalt eingeführt werden und die bestehenden Freischürfe nach einer Übergangszeit von 2 Jahren erlöschen.[183] Die technokratische Begründung bemäntelte nur schlecht den wahren Zweck des Bitumengesetzes, nämlich die bestehenden Konzessionsverhältnisse zu ändern.[184] Während das RWM eine Vereinheitlichung des Bergrechts unter seiner Bergbauabteilung anstrebte, arbeiteten der Reichsbeauftragte Keppler und sein Stellvertreter Kehrl bei der Arisierung der österreichischen Industrie gegen die Partikularinteressen des Gauleiters von Wien, Bürckel.[185] Dazu kam die

---

176 O. Gabel, Vorschläge für die Durchführung der bergbaulichen Aufgaben in Österreich, v. 1. April 1938, BA, R 3101/alt R 7/154, Bl. 234 Rekto–236 Rekto und Gesetz zur Abänderung des § 38 des Allgemeinen Berggesetzes, v. 19. Mai 1938, Gesetzblatt für das Land Österreich, 1938, Nr. 140.

177 RGBl. 1934, I, 1225.

178 RGBl. 1934, I, 1261.

179 RGBl. 1935, I, 315.

180 RGBl. 1936, I, 199.

181 RGBl. 1938, I, 345. Alle in: Entwurf – zu II Bg 1575/38 – Bergrechtsverordnung für das Land Österreich, Anlage zu von Hannecken i.A. RWM/II Bg – II Bg 1575/38 – an den Reichsstatthalter in Österreich (österreichische Landesregierung), den Beauftragten des Führers für die Volksabstimmung in Österreich Glt. Bürckel und den Reichsbeauftragten für Österreich StS Keppler, v. 11. April 1938, BA, R 3101/alt R 7/154, Bl. 199.

182 RGBl. 1938, I, 580.

183 Abschrift Entwurf einer Begründung zum Bitumengesetz, BA, R 3101/alt R 7/154, Bl. 88. Der Entwurf stammt, wie obiges Schreiben von Zentgraf zeigt, ursprünglich von Bentz; das geologische Begründungsmuster legt dies ebenfalls nahe.

184 Vgl. Hanns-Heinz Kasper, *Die Erdölgewinnung* ... (1974), 57. Vgl. Dieter Sommer, „Zur Geschichte ..." (1993), 392 f.

185 Vgl. Affidavit Seyß-Inquart, v. 12. September 1946, Nbg. Dok. NG – 2213, IfZ, MA 1563/25.

Schnäppchenjägerei der deutschen Industrie in der Arisierungsfrage, etwa der Übernahme der Fanto AG durch die DPAG-DEA,[186] die damit in Konflikt mit Kehrl und Keppler geriet.[187] Innerhalb dieser polykratischen Strukturen kam eine einfache Übernahme der Freischürfe nicht voran, und so blieb den deutschen Erdölkonzernen nichts übrig, als sich in kleinem Maßstab in die österreichische Exploration einzukaufen. So übernahm die ITAG 50 % der Steinberg-Naphta und die DPAG-DEA erwarb 20 Freischürfe der kanadischen van Sickle. Die Interessen der RAG (RD-S + Socony) blieben gemäß der 2-Jahresregelung unangetastet.[188]

Ebenso schaltete sich Bentz in die ost- und südosteuropäischen Erdölbestrebungen ein. Hierbei kooperierte er, seit er das Reichsbohrprogramm mit Görings Bewilligung auf Österreich ausgedehnt hatte, mit den österreichischen Erdölgeologen, die sich traditionell im Donauraum und in Südosteuropa gut auskannten.[189] In Österreich, dessen rezente Funde ab 1930[190] in der Erdölindustrie eine Technokratiebewegung ausgelöst hatten,[191] war die Zunft durch den Erdölunternehmer und Geologen Karl Friedl/EPG, Prof. Petraschek/Montanistische Hochschule Leoben und den ehemaligen Geologen der alten DPAG, L. Sommermeier, sowohl in den Gesellschaften, als auch in den öffentlichen Einrichtungen namhaft vertreten. Sommermeier berichtete im April 1938 über die Erdölaussichten Jugoslawiens, in dessen Norden in der „Murinsel" (Südrand des pannonischen Beckens) bei Peklenica und Selnica seit 1884 gebohrt und eine geringe Produktion erreicht wurde. 1937 hatte die SO in der Region das Feld Lispe entdeckt, das 1938

186 Hanns-Heinz Kasper, *Die Erdölgewinnung* ... (1974), 58 mit Verweis auf Schreiben Dr. Kimmich/DPAG-DEA an Abs/DB v. 21. März 1938, ehem. DZA, Deutsche Bank, Nr. 15843, DEA, Bl. 66.

187 Vgl. Rolf Dieter Müller, *Der Manager* ... (1999), 47–49.

188 Albert E. Gunther, „The German ..." (1948), 22 f.

189 So war Friedl bezüglich Polens bereits in den zwanziger Jahren als junger Spezialist hervorgetreten und hatte in Boryslaw das Torpedieren eingeführt: „Personales", *Petroleum* 19 (1923) 7, 193 f.

190 Vgl. Karl Friedl, „Zur Geologie des ersten Erdölfundes in Niederösterreich", *Petroleum* 26 (1930) 40, 987–992. „Produktion: Österreich: Die Erdölbohrungen in Österreich", *Petroleum* 26 (1930) 37, 940–944. Vgl. Dieter Sommer, „Zur Geschichte ..." (1993), 389 f.

191 August Moos, „Geologische und geophysikalische Methoden zur Erschließung von Erdöllagerstätten", in: *Chemische, physikalische* ... (1930) (= Das Erdöl ... (1929–1932) [= „Engler-Höfer"], 485–600. „Produktion: Österreich – Die Erdölbohrungen in Österreich", Petroleum 26 (1930) 37, v. 10. September 1930, 940–944. Vgl. Karl Friedl, „Über die jüngsten Erdölforschungen im Wiener Becken, *Petroleum* 23 (1927) 6, 189–239. Petraschek/Montanistische Hochschule Leoben hatte 1934 eine magnetische Untersuchung in Österreich vorgeschlagen, wie kurz zuvor Barsch/PGLA: *Petroleum* 30 (1934) 50, Beilage, 3. p. Zur Gründung des ÖPI, siehe S. 74. Biographien: Arthur Kröll, „Gedenken an Prof. Dr. Dr. Karl Friedl zum 100. Geburtstag", *Erdöl Erdgas Kohle* 115 (1999) 1, v. 1. Jan. 1999, 43. und Alois Kernbauer, „Geologie ..." (2000), 87.

bereits 40.000 Jahrestonnen erbrachte.[192] Auf Sommermeiers Empfehlung hin, mit der jugoslawischen Regierung Verhandlungen über Explorationskonzessionen anzustreben,[193] begann sich die Elwerath für das Gebiet zu interessieren,[194] die auf Bentz' Veranlassung den bei der Preußag nicht länger geduldeten jüdischen Geologen August Moos nach Jugoslawien schickte.[195]

Ebenso hielt Sommermeier im Juni 1938 einen Vortrag an Bentz' Institut für Erdölforschung der TH Hannover über die Erdölerschließungsmöglichkeiten in der Tschechoslowakei, die am Nordrand des Wiener Beckens bei Hodonin (späteres Göding/Protektorat) und Gbely (späteres Egbel/Slowakei) seit den 1920ern eine Erdölproduktion hatte.[196] Auch die Wissenschaftler wollten für alle Eventualitäten gerüstet sein.

Der Bevollmächtigte für die Erdölgewinnung (17./28. Juli 1938)

Die Omnipräsenz in Erdölfragen des Geologen Bentz nutzte Göring, um in der neuen Wirtschaftsverfassung einen Ausgleich zu Krauch zu schaffen. Im Kohlenwasserstoffbereich hatte Göring die Erdölseite nie ganz fallen gelassen, sondern seit 1936 konsequent weiter gestützt. Am 17. Juli 1938 beorderte er Alfred Bentz ins Luftfahrtministerium, wo er in einer offenbar kurzen Besprechung mit diesem, Gritzbach und Körner Bentz zu seinem „Bevollmächtigten für die Erdölgewinnung" bestimmte;[197] die schriftliche Bestätigung folgte am 28. Juli 1938.[198]

Hierin hieß es:

> „Es ist Ihre Aufgabe, das Aufsuchen neuer Erdölquellen und die Vorbereitung ihrer Erschliessung mit jedem möglichen Nachdruck zu fördern, hierzu die laufenden Arbeiten fortdauernd zu kontrollieren, ihnen entgegentretende Hindernisse schnellstens auszuräumen und für ihre ordnungsgemässe Weiterführung alle notwendigen Voraussetzungen zu sichern"[199]

---

[192] Gutachten SELNICA Jugoslawien, 14. März 1939, NLfB 48630, Bl. 86. Autor wahrscheinlich Moos.

[193] L. Sommermeier, Zusammenfassung der Aussichten für die Erschliessung von Erdölfeldern in Jugoslavien, v. 24. März 1938, NLfB 48628.

[194] Schriftwechsel Bentz – Elwerath in NLfB 48799 und NLfB 48439.

[195] Bentz, Supplement ... (11. Februar 1946, siehe Kapitel 3, Fn. 36), Bl. 12.

[196] L. Sommermeier, Die Erdöllagerstätten in der tschechoslowakischen Republik. Vortrag gehalten von Dr. L. Sommermeier in Hannover am 9 Juni 1938. Sonderdruck Sommermeier aus *Petroleum* 35, 231,322,365 (1939), NLfB 48416.

[197] Bentz, Supplement ... (11. Februar 1946, siehe Kapitel 3, Fn. 36), Bl. 5.

[198] Abschrift Ministerpräsident Generalfeldmarschall Göring, Beauftragter für den Vierjahresplan, an Bentz, Leiter des Instituts für Erdölgeologie an der Geologischen Landesanstalt, v. 28. Juli 1938, in: NLfB 86534. Vgl. Erlaß VP. St.M.Dev.5153 –, v. 28. Juli 1938, BA, R 3101/alt R 7/155, Bl. 30. Vgl. Wolfgang Birkenfeld, *Der synthetische* ... (1964), 118. Dieter Petzina, *Autarkiepolitik* ... (1968), 121.

[199] Abschrift Ministerpräsident Generalfeldmarschall Göring, Beauftragter für den Vierjahresplan, an Bentz, Leiter des Instituts für Erdölgeologie an der Geologischen Landesanstalt, v. 28. Juli 1938, in: NLfB 86534.

Die Ermächtigung, Weisungen im Sinne der Vollmacht zu erteilen, wurde nur für die obersten Reichsbehörden, Reichsstatthalter und Oberpräsidenten eingeschränkt, bei denen sich Göring vorbehielt, unmittelbar aufzutreten. Der Auftrag sollte sowohl im Ganzen als auch bei einzelnen grundlegenden Entscheidungen mit Carl Krauch abgestimmt werden – der als Bevollmächtigter noch nicht ernannt war. Zwar sollten die bisherigen Aufgaben des Leiters des Erdölgeologischen Instituts von dem Auftrag unberührt bleiben, doch eröffnete gerade eine Verquickung der beiden in Personalunion ausgeübten Ämter die Möglichkeit einer gezielten Steigerung der deutschen und auswärtigen Erdölgewinnung, wie sie Göring angesichts der Krise geboten schien.[200]

Als Krauch am 22. August 1938 zum „Bevollmächtigten für Sonderfragen der chemischen Erzeugung" eingesetzt wurde, fand die Konkurrenzstellung wohl wenig Beifall. Im Zuge der Septemberkrise 1938, als die Achnacarry-Konzerne – die vom RWM gerade erst für umfangreiche Lieferungen des „Dritten Reichs" herangezogen worden waren – einen versteckten Boykott betrieben,[201] konnte sich Krauch besser profilieren. Insbesondere ihre Vorlagenarbeit zur Eroberung bzw. Beherrschung polnischer, sowjetischer und rumänischer Erdölregionen, die sich in der Erdöldenkschrift von Thomas' WStb vom April 1939 niederschlugen, sollte sich das RfWA auf Bentz' Domäne besser profilieren.[202] Krauchs Position wurde bald zum „Generalbevollmächtigten" (GB Chem) auf- und die von Bentz zum bloßen „Beauftragten für die Förderung der Erdölgewinnung" (BFE) abgewertet.[203]

Aufgaben des Bevollmächtigten/Beauftragten für die Förderung der Erdölgewinnung

In den allgemeinen Kriegsvorbereitungen im Sommer 1938, die auch zur Stärkung der jeweiligen Macht getroffen wurden, bedeutete dieser Auftrag für Bentz eine deutlich höhere Position am komplizierten Himmel der deutschen Kohlenwasserstoffwirtschaft. Bislang Mentor und Gutachter der Erdölinteressen avancierte er nun zum Befehlsgeber gegenüber der Industrie.

Zuvor hatte er mit seiner mehrteiligen geologischen Schaltzentrale in Berlin und Hannover (Institut für Erdölgeologie mit „Mikrostelle", PGLA Berlin; Erdölgeologischer Austausch in der Außenstelle Hannover; Institut für Erdölforschung, TH-Hannover) zwar keine Weisungsbefugnis gegenüber der Industrie gehabt, aber doch per

200 Ebd.

201 Äußerung Bentz über eine vertrauliche Mitteilung des Marine-Attachés für die ABC-Staaten, Fregattenkapitän Niebuhr, daß die maßgeblichen US-Gesellschaften in der Septemberkrise 1938 einen versteckten Boykott des „Dritten Reichs" durchgeführt hätten: Betzhold, Lange, Siedersleben/OW, Aktenvermerk re Ecuador/Erdöl-Konzession: mündlicher Bericht der Herren Professoren Dr. Bentz und Direktor Werner Müller-Erkelenz am 18. des Monats über ihre Reise nach Ecuador vom 12. November 1938 bis 12. Januar 1938, Bl. 1–13, NLfB 49017, Bl. 5. Zum versteckten Boykott vgl. OKM an OKW ... (vom 29. April 1940, siehe Kapitel 3, Fn. 612), Bl. 8–10.

202 Dietrich Eichholtz, „Die »Großraumwehrwirtschaft« ..." (1986), 72 f.

203 Vgl. Erlasse: BA, R 3101/alt R 7/155, Bl. 30 ff.

Anreiz (Reichsbohrbeihilfen) die gesamte *Exploration* lenken können. Die wichtigste zusätzliche Funktion des Bevollmächtigten bzw. Beauftragten für die Förderung der Erdölgewinnung (BFE) sollte nun das Aufstellen von Mob-Plänen für die *Produktion* sein. Damit wurde er zur Regulativinstanz für den gesamten *upstream*.

Erfahrung hatte hier Bentz bereits beim ersten freiwilligen Mob-Plan der deutschen Erdölindustrie vom November 1937 gesammelt. Hier waren sämtliche im Deutschen Reich verfügbaren Bohrgeräte von der Fachgruppe für Erdölgewinnung erfaßt, die nach geologischen Kriterien – im allgemeinen einem vage geschätzten Mindestabstand von 30–200 m – auf den Feldern der Gesellschaften eingesetzt werden sollten. Mit den Mob-Plänen erhielt Bentz die Befehlsgewalt über die Produktion der Firmen.[204]

Diese Steuerungsgewalt beschrieb Göring auf dem Nürnberger Reichsparteitag im Herbst 1938 vor Vertretern der DAF in anschaulicher Weise:

> „Wo Erdöl vorkommt, ist es angebohrt. Überall sitzen Pfropfen drauf. Ich brauch nur zu drehen, und schon strömt das kostbare Gut des Erdöls zur Verwertung heraus..."[205]

Die kriegswirtschaftliche Befehlsfunktion bestand jedoch eher auf dem Papier. Die Entwicklung zeigte, daß die Zahlen für die Soll-Produktion, die während des Krieges „ohne Rücksicht auf die Wirtschaftlichkeit bis zur Höchstleistung" gesteigert werden mußten,[206] tatsächlich von den „Feldesbeauftragten" aufgestellt wurden. Dies waren die technischen Direktoren der großen Gesellschaften selbst,[207] die im Auftrag des RWM als Mob-Beauftragte handelten.[208] Eingesetzt wurden sie von der Verbandsorganisation der Industrie, der Fachgruppe Erdölgewinnung in der Wirtschaftsgruppe Kraftstoffindustrie unter Hubrig/DPAG-DEA.[209]

Komplementär dazu fungierte die neu ins Leben gerufene „Arbeitsgemeinschaft Erdölgewinnung und -verarbeitung" unter Hans Brochhaus/Elwerath als zentrale Organisation der Erdölindustrie für den *downstream*.[210]

Zur Aufstellung der Produktionspläne hätte Bentz den nötigen Sachverstand auch gar nicht gehabt. Ähnliches galt für die Logistik des Bohrgeräteeinsatzes, die Anforderun-

---

[204] Vgl. Albert E. Gunther, „The German ..." (1947), 1272.

[205] Zitat nach Hanns-Heinz Kasper, *Die Erdölgewinnung* ... (1974), 55 mit Verweis auf *Dokumente der Deutschen Politik, 7 Bde.* (hg. F. A. Six, Berlin 1938–1941), Bd. 6, 549.

[206] So beschlossen auf einer Besprechung in Hannover am 5. September 1939 zwischen Bentz, Deicher/Elwerath und Riemschneider/OBA Clausthal: OBR Riemschneider/OBA Clausthal – V.S. 717 – an Geheimrat Pasel/RWM/II Bg. re Leistungssteigerung in der Erdölgewinnung, v. 7. September 1939, BA, R 3101/alt R 7/1099, Bl. 4 Rekto/Verso.

[207] BFE Bentz an Geheimrat Pasel/RWM/II Bg., v. 18. September 1939 mit Mob-Plan in der Anlage, BA, R 3101/alt R 7/1099, Bl. 7 Rekto/Verso.

[208] Vgl. Dr.-Ing. Deicher, Beauftragter des Reichswirtschaftsministers für die technische Durchführung der Erdölgewinnung im Mobfall, Nienhagen – Dr.D/F. – an Prof. Dr. Bentz, Reichsstelle für Bodenforschung, Berlin, v. 13. Dezember 1940, RBF 179, NA, T 401/7, 616 f.

[209] BIOS 1016, 19 f.

[210] BIOS 1016, 19 f.

gen bei den Arbeitsämtern[211] und die Steuerung der Materialaufträge an die Fertigungsindustrie über den Düsseldorfer „Stahlhof".[212] Im selbstgestrickten kriegswirtschaftlichen Netz bestimmten die Erdölkonzerne sich weitgehend selbst. Bentz kam zum Einsatz, wenn es galt, kleine Firmen der Erdölindustrie im Interesse der Konzerne herumzukommandieren,[213] Forderungen gegenüber anderen Industriebranchen und NS-Machtblöcken durchzudrücken, Expansionswünsche gegenüber den Machthabern zu formulieren[214] und Profitinteressen und steuerliche Vergünstigungen gegenüber staatlichen Instanzen einzuklagen.[215]

Trotz intimer Kooperation zwischen Industrie und Beauftragtem bedeutete Bentz' Bestellung im Sommer 1938 das Ende einer auf freiem Tausch basierenden Erdölökonomie und läutete die Phase der regulierten Kriegswirtschaft ein.

---

211 Vgl. Dr.-Ing. Deicher, Beauftragter des Reichswirtschaftsministers für die technische Durchführung der Erdölgewinnung im Mobfall, Nienhagen – Dr.D/F. – an Prof. Dr. Bentz, Reichsstelle für Bodenforschung, Berlin, v. 13. Dezember 1940, RBF 179, NA, T 401/7, 616 f.

212 BFE Bentz – VI c 883/40 – an GenLt Thomas/OKW/Wi Rü Amt re Sicherstellung der Kraftstoffversorgung, v. 13. April 1940, mit Bezug auf Schrb Körner V.P. 5928 – v. 3. April 1940, mit ds an StS Körner/VP, Dr.-Ing. D. Deicher/Elwerath, Dk Hubrig/DPAG-DEA und FGr EÖG, Ordner Generalfeldmarschall Göring Beauftragter für den Vierjahresplan 1938–1940, RBF 96, NA, T 401/5, 962–966.

213 Schriftwechsel zwischen Bentz und Fachgruppe Erdölgewinnung zwecks Ruinierung der Skandinavischen Petroleum GmbH, NLfB 76301 = RBF 174, Ordner Gemeinschaftshilfe der Wirtschaft, NA, T 401/7.

214 Schriftwechsel zwischen Bentz, DEA, Prakla und Keppler zwecks Aushandlung eines für die Konzession der DEA möglichst günstigen Staatsvertrages mit der Slowakei, Januar 1940, NLfB 48253.

215 Vgl. Schriftwechsel zwischen Bentz, Vertretern der Erdölindustrie, Reichskommissar für die Preisbildung und Reichsfinanzministerium zwecks Steuerbefreiung der Erdölindustrie und Steigerung des Profits, 1940–1942, NLfB 76302.

Schluß

1 Ergebnisse

Am Anfang dieser Arbeit stand der Geologe Alfred Bentz. Bei der Suche nach seinem Platz in der frühen NS-Ölpolitik stellte sich heraus, daß eine zusammenhängende Darstellung derselben noch fehlte, ja, daß die bisherigen Interpretationen den Verwicklungen, wie sie das Quellenmaterial andeutete, nicht entfernt gerecht werden. Hier schien ein breiterer Ansatz geboten, und so ist aus dem wissenschaftsgeschichtlichen Teilunternehmen – der Leser möge es verzeihen – eine Arbeit über die Ölpolitik an sich geworden.

Wie sah diese aus? Gab es überhaupt eine einheitliche KW-Politik, und wenn ja, war sie nur an autarkistisch-rüstungspolitischen Zielen orientiert, paßte sie sich in ein globaleres System ölpolitischer Initiativen ein oder war sie dem Wandel unterworfen?

Es ist deutlich geworden, daß ohne den globalen Kontext – die Auseinandersetzung zwischen Achnacarry-Konzernen und *outsiders* im Zeitalter der Ölschwemme – die deutsche Ölpolitik zwischen 1928 und 1938 nicht zu verstehen ist. Im Kalkül der einen wie der anderen spielte das Deutsche Reich als Markt eine wichtige Rolle, und sie griffen immer wieder in die Entwicklung ein.

Für die deutsche Ölpolitik konnte gezeigt werden, daß Autarkisierung und Wehrhaftmachung der deutschen Kohlenwasserstoffwirtschaft, wie sie sich 1938 präsentierte, mitnichten einem nationalsozialistischen, staatlichen oder gar Hitlerschen Generalplan folgte. Eine Autarkiepolitik, die die Bezeichnung verdient hätte, gab es zu keiner Zeit. Stattdessen orientierte sich die deutsche Ölpolitik mit auffälligem Spontanismus an den jeweiligen tagespolitischen Gegebenheiten und vollzog mehrmals radikale Richtungswechsel. Kein Kapitän steuerte dieses Schiff. Eine Handvoll zerstrittener Erste-Klasse-Passagiere mit entgegengesetzten Reisezielen balgte sich um den Platz am Steuer, während von außen die Winde bliesen. Die Maßnahmen von 1938 erscheinen so als zufällig letzte Vorkriegsposition auf einem beispiellosen, dynamischen Schlingerkurs.

Verantwortlich für die Planlosigkeit war, daß es im Deutschen Reich keinen wirklichen Erdölkonzern gab mit den nötigen Attributen der vertikalen Integration, der Mindestgröße, des technischen und geologischen Sachverstands, der – wie in den USA, in Großbritannien, Frankreich oder Italien, sich die Ölpolitik des Landes unterworfen hätte. Stattdessen drängten die internationalen Konzerne, die *outsiders* und die im Deutschen Reich traditionell starken Industriezwiege Chemie und Bergbau auf das Betätigungsfeld. Sie instruierten ihre Agenturen und Agenten in Partei und Regierung auf unterschiedliche Weise.

Auch gab es im Deutschen Reich keine Öladministration, die allseits anerkannt worden wäre. Stattdessen übernahmen diesen Part die verschiedensten Regierungs- und Parteiagenturen. Diesen Agenturen ging es weniger um ölpolitische Konzepte als um Machterhalt oder -ausweitung. Sie übernahmen die Anstöße aus der Industrie nicht ungefiltert, sondern fälschten sie ab oder verstärkten sie. Unter den Bedingungen der totalen Elitenherrschaft war die Erosion der Bürokratie vorgezeichnet, und das Umorganisieren von Konkurrenzministerien wurde bald zum machtpolitischen Lieblingssport.

Zwischen 1928 und 1938 änderten sich auch die ölpolitischen Ziele. Am wichtigsten und standhaftesten war die Substitutionspolitik der IG, die das Regime als staatliches Ausführungsorgan für ihr nicht lebensfähiges Programm brauchte. Nur um die staatliche Unterstützung nicht zu verlieren, machte das Programm zwischen 1933 und 1938 einen radikalen Funktionswandel durch: Es wurde begonnen als arbeitsintensives Allheilmittel zur Linderung der Arbeitslosigkeit und war für strukturschwache und sogar Grenzregionen vorgesehen. Die Ölinteressen der Konkurrenten der IG auf dem Ölsektor, vor allem, wenn sie erfolgreich waren, schienen aber immer wieder Abwehrmaßnahmen und neues, radikaleres Engagement nötig zu machen. Die IG bewies äußerste Skrupellosigkeit, wenn es darum ging, auf die nationale Sicherheit zu pochen, und Versorgungspanik zu schüren. Hierbei wurde sie lange von den Achnacarry-Konzernen SO und RD-S unterstützt (man kann nicht oft genug wiederholen, daß die sog. Autarkiepolitik ab 1936 tatsächlich eine IG-Achnacarry-Politik war). 1938 diente dann das Syntheseprogramm ausschließlich der KW-Produktion für den Kriegsfall.

Hier noch einmal die Interessen, Agenturen und ölpolitischen Wendepunkte im Überblick.

Interessen

Der deutschen Ölpolitik lagen mehrere ölwirtschaftliche Strategien mit einander widersprechender Zielrichtung zugrunde. Ausgangsüberlegungen aller Strategien 1927/28 waren die enormen Wachstumschancen, die der geringe Motorisierungsgrad im Deutschen Reich für die Zukunft in Aussicht stellte und die Tatsache, daß es im Deutschen Reich keine etablierte Ölindustrie gab, die diese enormen Wachstumschancen hätte wahrnehmen können. Dementsprechend kennzeichnete sie alle ein deutlicher Hang zum Polarismus in der Initiative: Überoptimismus, wenn es darum ging, die Vorteile der Strategie herauszustreichen; düstere Krisenszenarien, wenn es die Nachteile anderer

Strategien vorzuführen galt; und im Angesicht eines möglichen drohenden Scheiterns Hysterie und Panikreaktion. Ein weiteres Charakteristikum der Strategien bestand in ihrer Methodengebundenheit. Das Ziel konnte sich ändern, die Methode, mit der die jeweilige Interessengruppe Kohlenwasserstoffe zu erzeugen oder zu vertreiben gedachte, die Geschäftsgrundlage, blieb im allgemeinen unverändert.

Die Strategien gingen grundsätzlich von industriellen Interessengruppen aus. Die wichtigsten in- und ausländischen Gruppen, die zwischen 1928 und 1932 initiativ wurden, waren:

- Die deutsche Chemische Industrie, verkörpert durch den *global player* IG Farbenindustrie AG. 1925 hatte die Aussicht, Benzin auf hochdruckchemischem Wege aus Braunkohle und Wasser zu synthetisieren und damit auf dem mangelgeprägten Weltmarkt zu reüssieren, zum Ankauf der Bergiuspatente aus dem zusammengebrochenen Stinnes-Ölimperium geführt und die Fusion der großen Konzerne Bayer, BASF und Hoechst vorangetrieben. Von der sog. mitteldeutschen Braunkohlenindustrie rund um Bitterfeld, die den Synthesebestrebungen deutliche Impulse gegeben hatte, erbte die IG die Neologismen „Mineralöl" und „Mineralölwirtschaft", die mit propagandistischer Absicht vom Ursprung der Kohlenwasserstoffindustrie als Petroleum- bzw. Erdölindustrie ablenken und eine neue Sammelbezeichnung aufmachen wollten, in der die Synthetisierung von Kohlenwasserstoffen – und die Betätigung branchenfremder Industrien – Berücksichtigung fänden. Die Ölstrategie der IG war nicht nur *upstream* organisiert, sondern auch *downstream* mit der ehemaligen Stinnes-Vertriebsgesellschaft API/Degas, die über ein eigenes Tankstellennetz verfügte. 1927, als im neugebauten Leunawerk die Benzinproduktion in industrieller Größenordnung anlief, wurde die Ölstrategie der IG infolge des dramatischen Wandels der Weltmarktlage über Nacht hinfällig, weil ihre Produkte auf lange Sicht unrentabel bleiben würden. Seither befand sich die IG in einer Defensivposition, sogar intern hatte das Ölprojekt gegen das Aus zu kämpfen. Unter den Bedingungen der Wirtschaftskrise gelang es bis 1932 den Verfechtern der Hochdrucksynthese, namentlich Carl Bosch und Carl Krauch, den Konzern auf die Benzinsynthese festzulegen, indem sie durch intensive Lobbypolitik die Reichsregierung dazu brachten, protektionistische Gesetze zu erlassen. Diese machten den Import von Fertigprodukten weniger attraktiv und förderten die Rentabilität heimischer Benzine. Zu gleicher Zeit schloß der Konzern komplexe vertragliche Abkommen mit den beiden größten Achnacarry-Ölgesellschaften Standard Oil Company of New Jersey und Royal Dutch-Shell Group, die die Belieferung der IG-Tankstellen mit Weltmarktbenzin, Technologietransfer, vor allem aber die Exklusivität des deutschen Marktes für das IG-Synthesebenzin im Falle einer Überproduktion vorsahen. Für den weiteren Verlauf der Entwicklung sicherten staatlicher Protektionismus und Kooperation mit den Achnacarry-Konzernen das Überleben des Ölprojekts der IG.
- Die Achnacarry-Konzerne Standard Oil of New Jersey, Royal Dutch-Shell und Anglo Persian Oil Company, die mit ihren Töchtern DAPG (heute Exxon), Rhenania-Ossag

(heute RD-S) und Olex (heute BP-AMOCO) die größten Tankstellenketten im Deutschen Reich besaßen. Als Markt der Zukunft spielte der deutsche Markt keine unbedeutende Rolle im Kalkül der Superkonzerne, zumal er im Angesicht der Ölflut ab 1927/28 ein gesichertes Absatzgebiet versprach. Als preisregulierendes Instrument des globalen Achnacarry-Abkommens auf dem deutschen Markt bemühten sich die Achnacarry-Konzerne, gegenüber den übrigen Kohlenwasserstoffinteressen mit deutscher *downstream*-Organisation die sog. Betriebsstoffkonvention durchzusetzen – eine kartellistische Verkaufsregelung mit festgelegten Verkaufsquoten nach Marktpräsenz. Wenn die wichtigsten anderen deutschen bzw. sowjetischen Interessengruppen sich auch einbinden ließen, stieß die Betriebsstoffkonvention auf den erbitterten Widerstand der unabhängigen Tankstellenbesitzer und der *outsiders*. Während SO und RD-S sich in eine enge Kooperation mit der IG einbanden, verfolgte der britische Staatskonzern APOC eine unabhängigere Politik, die auch stärker den Wünschen der britischen Regierung angepaßt war. Daher waren es vor allem erstgenannte, die sich die Motorisierungspläne einer NSDAP-Regierung zunutze machen wollten. Zunächst hatten die Achnacarry-Konzerne reine *downstream*-Interessen im Deutschen Reich, also die Belieferung ihrer Vertriebsorganisationen mit Fertigprodukten, vor allem ihrer Tankstellen mit fertigem Benzin. Mit zunehmendem Protektionismus begannen sie jedoch ab 1931, auch *upstream* in Nordwestdeutschland tätig zu werden. Für die Raffination des im Deutschen Reich erbohrten Öls gingen SO und RD-S eine neue vertragliche Koalition mit Konzernen der aufstrebenden hannoverschen Erdölindustrie ein. Ab 1930 rechnete über internationale Preisabsprachen auch die sowjetische Erdölindustrie zur Achnacarry-Gruppe, die mit ihrer deutschen Tochter Derop (heute Aral) eine Tankstellenkette im Deutschen Reich aufgezogen hatte.

- Die <u>rheinisch-westfälische Schwerindustrie</u>. Sie unterteilte sich in zwei Gruppen: Zum einen die <u>Benzol-Interessen</u> um den größten dieser Konzerne, die Vereinigten Stahlwerke unter Albert Vögler. Das bei den Hochofenprozessen als Abfallprodukt anfallende Benzol ließ sich als Beimischstoff verwenden und verbesserte die Klopfeigenschaften des Benzins. Schon frühzeitig hatten die Stahlproduzenten daher im Benzol-Verband (heute Aral) ein gemeinsames *downstream*-Instrument geschaffen, dessen Grundbedarf an normalem Benzin durch sowjetische Lieferungen sichergestellt wurde. Mit Aufnahme eines eigenen Vertriebs im Deutschen Reich über die Tankstellenkette Derop (heute ebenfalls Aral) beendeten die Sowjets 1927 das Vertragsverhältnis. Seither begann die Benzol-Gruppe mit dem Fischer-Tropsch-Verfahren zum Teil eigene Benzin-Syntheseverfahren zu entwickeln, zum Teil setzte sie auf die Lizenzverwendung von IG-Patenten. Ihre Ölstrategie bestand, ähnlich der der IG, in einer Fortsetzung des Benzin-Protektionismus und einer staatlichen Unterstützung für die Syntheseprojekte.
- Zum anderen die <u>Bohrgeräte-, Röhren- und Eisenbahngruppe</u> um die Gutehoffnungshütte mit ihrer *upstream*-Tochter Haniel & Lueg und ihren *downstream*-Töchtern Ferrostaal und Ölhag. Hierzu gehörte ebenfalls der Otto Wolff-Konzern mit seiner Bohrgerätefirma Wirth & Co, sowie der Röhrenkonzern Mannesmann und der auf

Eisenbahnbau spezialisierte Friedrich Krupp-Konzern. Diese Gruppe trat mit ihren Ölinteressen weniger im Deutschen Reich selbst in Erscheinung, als in den großen Erdölregionen der Welt, namentlich in Rumänien und ab 1932 als Industriekonsortium im Irak. Über die *downstream*-Gesellschaft Ölhag war die GHH zudem etwas undurchsichtig mit einem US-amerikanischen *outsider* verbunden. Im Irak kooperierten die Konzerne des Industriekonsortiums mit britischen *outsider*-Interessen und mit der italienischen AGIP. Infolge Devisenmangels sollten die deutschen Anteile an der Irak-Gesellschaft in Gestalt von Materiallieferungen – Bohrgeräte, Eisenbahnbau, Pipelines – in das Irak-Projekt einfließen, für welche die Gruppe vom Deutschen Reich eine erhebliche Ausfallbürgschaft forderte.

- Die US-amerikanischen *outsiders* Sinclair Consolidated, North European Oil Company und William R. Davis. Erstere entwickelten im Zuge des deutschen Protektionismus sowohl *upstream*- als auch *downstream*-Interessen im Deutschen Reich. Sinco, die schon mit dem Stinnes-Ölimperium kooperiert hatte, war im Rheinland mit einer Vertriebsgesellschaft präsent und explorierte ab 1930 in Mecklenburg bei Lübtheen; die NEOC machte ebenfalls 1930 im Freistaat Oldenburg mit einer Großkonzession der hannoverschen Erdölindustrie vor, in welchen Größenordnungen die Erdölsuche stattfinden muß, wenn sie Aussicht auf Erfolg haben will. Davis dagegen konzentrierte sich auf ein reines *downstream*-Projekt: Den protektionistischen deutschen Benzinzoll wollte er durch die Einfuhr von Rohöl umgehen, das in einer zu bauenden Großraffinerie im Hamburger Hafen zu Benzin raffiniert werden sollte. Die *outsider*-Strategien setzten zum einen auf ein staatliches Benzinmonopol, von dem sie über die unabhängigen Tankstellenbesitzer zu profitieren hofften, andererseits auf eine Fortsetzung des deutschen Benzin-Protektionismus, der den Import von Achnacarry-Benzin verhinderte. Wenn die *outsiders* auch vertikal integrierte Konzerne waren, gaben sich die Konzernherren betont autokratisch, womit sie mit dem mittelständischen NSDAP-Mainstream durchaus kompatibel waren.
- Der unabhängige Kohlenwasserstoffmarkt, insbesondere Benzinmarkt. Im Deutschen Reich existierten zwar mit den großen Tankstellenketten bereits deutliche monopolistische Strukturen, doch spielten die unabhängigen Tankstellen und Garagenbesitzer am Ende der Weimarer Republik immer noch eine Rolle. Die klein- bis mittelständische Organisation des Kohlenwasserstoffhandels und -vertriebs hatte im Deutschen Reich seit dem 19. Jahrhundert Tradition, und aus den Abwehrkriegen gegen die SO entstand hier ein erheblicher Nationalismus. Dieser unabhängige Kohlenwasserstoffhandel verbündete sich in der Zeit der Preiskriege 1929–1932 mit *outsider*-Gesellschaften, um das Achnacarry-Preis- und Quotenkartell der Betriebsstoffkonvention auszuhebeln. Ihre Ölstrategie zielte – ganz in historischer Tradition – auf den Erlaß eines staatlichen Benzinmonopols, das die Quotenregelung aus den Händen der Superkonzerne nehmen und in die des Staates legen sollte, der im Hinblick auf ihre Wählerstimmen den mittelständischen Verbänden größeres Gewicht beimessen würde.

- *Last, not least* die hannoversche bzw. – ab 1930 – preußische Erdölindustrie, die einen historischen Sonderfall darstellte. Nach dem Zusammenbruch des Stinnes-Ölimperiums 1924 war bei ihr die Kapitalkonzentration rückläufig und die Gesamtsituation krisenhaft. Die Konzerne waren im Verhältnis zur Chemischen oder zur Schwerindustrie unbedeutend, selbst was die Ölinteressen betraf. Denn im Vergleich zu diesen war ihre *downstream*-Organisation ungenügend; die wenigen Raffinerien zur Verarbeitung des hannoverschen Öls waren – bis auf die Mineralöl- und Asphaltwerke AG der Erdöl-Bergbau AG – unabhängig; und nachdem die Deutsche Petroleum AG-Deutsche Erdöl AG ihre Olex an die britische APOC verkauft hatte, besaß keine der hannoverschen Erdölgesellschaften mehr eine Tankstellenkette. *upstream* sah es nicht besser aus; bis auf EBAG und DPAG-DEA, die je einen Geologen beschäftigten, griffen die Gesellschaften auf den Sachverstand der Staatsgeologen der PGLA zurück, womit sie den gesamten Bereich der Reservenerneuerung und -strategie in die Hände des Staates legten. Im Sog der Wachstumschancen, die die bevorstehende Motorisierung im Deutschen Reich in Aussicht stellte, begannen jedoch die Gesellschaften Gewerkschaft Elwerath und EBAG unter Anleitung der Staatsgeologen ab 1928, die alten Felder Nienhagen und Oberg zu erweitern, wobei sie sehr erfolgreich waren. Sie traten damit eine Entwicklung los, die Größe, Struktur und Bedeutung der hannoverschen Erdölindustrie rapide veränderte. Nicht nur stellten die neugefundenen Ölfluten die Konzerne vor das ungelöste Raffinationsproblem – die Anton Raky AG ging 1930 nach ihren Funden in Berkhöpen deswegen sogar zugrunde – sondern sie lockten auch die oben genannten *outsiders* auf den Plan, die die norddeutsche Tiefebene nun als sehr aussichtsreich einzuschätzen begannen. Die PGLA selbst führte eine hybride Rolle als naturwissenschaftliche Sub-Agentur des Freistaats Preußen einerseits und als *upstream*-Bestandteil der hannoverschen Erdölindustrie andererseits. Bei ihr führte die Entwicklung der Bohrtätigkeit seit 1928 zu einem rapide anschwellenden Bestand an geologischen Daten und Erkenntnissen, der bis 1930 eine neue wissenschaftliche Systematik und einen damit verbundenen administrativen Führungsanspruch gegenüber den eigentlich zuständigen Bergämtern freisetzte. Nach dem Überraschungsfund von Volkenroda 1930 setzte eine internationale, sehr kontrovers geführte Diskussion über die erdölgeologischen Aussichten der norddeutschen Tiefebene ein. Nach Ansicht einer ebenso technokratisch wie „deutsch" denkenden Gruppe junger „Erneuerer" oder „Modernisierer", die zum Teil aus der preußischen Erdölindustrie, zum Teil aus öffentlichen Einrichtungen stammten, entsprachen 1932 die Aussichten Niedersachsens in etwa denen von Texas, einer der bedeutendsten Erdölregionen der Welt. Das einzige, was der preußischen Erdölindustrie fehlte, waren die Geldmittel, die risikoreiche Erschließung dieser ungeheuren Ölmengen anzugehen. Diese, sowie eine Aufrechterhaltung des Zollprotektionismus' forderte sie von der Reichsregierung, von der preußischen Regierung verlangte sie eine Änderung des preußischen Bergrechts in Richtung Staatsvorbehalt, um bei der Ölerschließung nicht durch kleine und mittelständische Betriebe behindert zu werden.

Agenturen

Da keine der Ölstrategien sich mit marktwirtschaftlichem Instrumentarium durchsetzen ließ, wandten sich die genannten Interessengruppen an politische oder öffentliche Agenturen, oftmals Ministerien, um für politische Unterstützung zu werben. Diese Agenturen griffen die Initiativen zum Teil bereitwillig auf, aber zur Zeit der Weimarer Republik kam es nicht mehr zu einer Abstimmung der verschiedenen Interessen. Das sich etablierende System der Diktatur ab 1933 mit seinem charakteristischen Mangel an demokratischer Opposition stieß dagegen einen zunächst langsamen, dann immer schneller werdenden Prozess administrativer Desintegration an, da oppositionelle Strömungen nun innerhalb der Regierung bzw. der Partei selbst aufeinanderprallten. Strukturell kam es dabei sogar zur Aufsplitterung älterer und zur Formierung neuer Agenturen. Für die industriellen Ölinteressen hatte das zur Folge, daß sie in den meisten Fällen nicht einfach umgesetzt, sondern für die machtpolitischen Zwecke der jeweiligen Agentur instrumentalisiert und dadurch abgeschwächt, verstärkt oder in eine andere Richtung abgelenkt wurden. Umgekehrt trugen die – sei es realen, sei es nur wahrgenommenen – Aussichten in der Kohlenwasserstoffwirtschaft und ihre zivile wie militärische Bedeutung erheblich zur Dynamik des administrativen Desintegrationsprozesses bei. Von den Ölinteressen betrachtet bedeutete die Polykratie mitnichten ein Chaos, sondern lediglich eine Anpassung der eigenen Ziele – nicht der Methoden – an den jeweils neuen Diskurs bzw., so das möglich war, die Anpassung der politischen Agenturen an die eigene Strategie. Unter den Bedingungen der Diktatur wurde der ohnehin bestehende Interessengegensatz nur verstärkt und die radikalisierende Entwicklung beschleunigt.

Als Agenturen boten sich zwischen 1928 und 1932 folgende Ministerien bzw. öffentliche Körperschaften an:

- Das Reichswirtschaftsministerium als übergeordnetes Wirtschaftsministerium ohne Mittelinstanz und als administrative Instanz für den Außenhandel. Hier lancierten ihre Strategien die IG, die rheinisch-westfälische Schwerindustrie (beide Gruppen) und die hannoversche Erdölindustrie.
- Das Auswärtige Amt als administrative Instanz für den Außenhandel. Traditionell arbeiteten RWM und AA eng miteinander und verfolgten ähnliche Ziele. Hier kam vor allem der außenwirtschaftliche Ansatz der rheinisch-westfälischen Schwerindustrie, Gruppe Bohrgeräte etc. zum tragen.
- Das Preußische Ministerium für Wirtschaft und Arbeit als *de facto* Wirtschaftsministerium für die industrialisierten Teile des Reichs. Hier wurden vor allem die Benzol-Gruppe der rheinisch-westfälischen Schwerindustrie und die hannoversche Erdölindustrie initiativ.
- Das Reichswehrministerium und das Reichsluftfahrtministerium. Hier fand die IG ihre treueste Agentur.

- Die Reichsbank als devisenpolitische Schaltzentrale. Über die Reichsbank und deren neuen Präsidenten Schacht ab 1933 wurden die Achnacarry-Konzerne initiativ.
- Die NSDAP. Hier wurden gleichzeitig an unterschiedlichen Stellen die IG, die *outsiders* und unabhängigen Tankstellenbesitzer und die Bohrgeräte-Gruppe der rheinisch-westfälischen Schwerindustrie vorstellig.

Ölpolitik

Die Wirtschaftsadministration der Weimarer Republik blieb statisch, trotz krisenhafter Entwicklung in der Weltwirtschaftskrise. Die Regierung Brüning strebte einen Ausgleich der Interessen sowohl in- als auch ausländischer Konzerne an. Dies schlug sich in einer protektionistischen Zollgesetzgebung auf der einen Seite, und der Begünstigung des Achnacarry-Systems mit seiner Betriebsstoffkonvention auf der anderen nieder. Ab 1931 wurden die Interessen einer kohlenwasserstoffpolitischen Randgruppe, der ostelbischen Junker, per Gesetz verankert, das für alle Vertriebsgesellschaften den Beimischzwang von aus Kartoffeln gewonnenem Methylalkohol vorsah. Abgesehen von den dadurch verursachten Tankschäden zeigte der Beimischzwang am deutlichsten, wie wenig die Regierung Brüning die Bedeutung der Motorisierung und damit einer gezielten KW-Politik im Deutschen Reich erkannt hatte. Daher wurde für alle Interessengruppen eine Regierung Hitler besonders interessant.

Innerhalb der NSDAP fand jedoch die erste Desintegration und der erste Richtungswechsel bereits zwischen 1931 und 1932 statt. Ein ölpolitisches Konzept war bei der NSDAP erst im Sommer 1931 aufgekommen, nachdem die IG um Wohlverhalten bei Hitler geworben und eine NSDAP-Delegation unter Otto Wagener zur Besichtigung des Leunawerks eingeladen hatte. Wagener war denn auch der wichtigste Befürworter der autarkistischen IG-Synthesestrategie innerhalb der Partei. Nachdem Wagener 1932 durch Gottfried Feder zu Fall gebracht und als wirtschaftspolitische Zentralinstanz der NSDAP abgelöst wurde, ersetzte Feder das konzernfreundliche Konzept durch ein mittelstandsfreundliches Konzept. Dieses basierte zu großen Teilen auf der kombinierten Ölstrategie der unabhängigen Tankstellenbesitzer und der *outsiders*: Die *outsiders*, namentlich William R. Davis, sollten Rohöl importieren und im Reich in neu zu bauenden Raffinerien zu Fertigprodukten verarbeiten. Das Benzin sollte über ein allgemeines Benzinmonopol staatlich quotiert werden, mit deutlicher Bevorzugung der klein- und mittelständischen Vertriebsinteressen. Ein drittes Element nahm im Spätsommer 1932 Impulse der rheinisch-westfälischen Schwerindustrie – Bohrgeräte-Gruppe – und einiger mittelständischer Bohrunternehmen auf, die ein umfassendes heimisches Bohrprogramm forderten.

Mit Antritt der Regierung Hitler wurde Feder – als zweiter Staatssekretär im RWM – die zentrale Gestalt in der deutschen Ölpolitik. Das mit öffentlichen Mitteln geförderte *outsider*-, Tiefbohr- und Tankstellenbesitzerprogramm sollte in einer universalen, nationalistischen und mittelständisch orientierten Neuordnung der Kohlenwasserstoffwirtschaft durch ein allgemeines KW-Gesetz gipfeln. Ziel der Neuordnung war die Überwindung der Wirtschaftskrise, vor allem der Arbeitslosigkeit, durch die umfassende industrielle Umstrukturierung des Deutschen Reichs von alter Technologie auf neue, wofür das Schlagwort der Motorisierung stand.

Gegen dieses Programm erhob sich der Widerstand der preußischen Erdölkonzerne, die das Tiefbohrprogramm in falsche, das heißt mittelständische, Hände geraten sahen. Mit ihrem technokratischen Sub-Agenten Bentz/PGLA und der Agentur des Preußischen Ministeriums für Wirtschaft und Arbeit bildeten sie eine Erdölallianz, um das Bohrprogramm unter dem Vorwand der geologischen und exploratorischen „Vernünftigkeit" nach ihren Bedürfnissen auszurichten. Gleichzeitig intervenierten IG und Benzol-Gruppe, deren Synthese-Interessen durch die Feder'sche Universallösung in Frage gestellt wurden, in einer Synthese-Konföderation über das RWM und beim Reichswirtschaftsrat. Als Argument diente der IG die wehrwirtschaftliche Bedeutung einer autarken Benzin- und später Flugbenzinproduktion, während die Benzol-Gruppe die hohe Arbeitsintensität der Synthese hervorhob, die zum Zeitpunkt der Wirtschaftskrise als erheblicher Vorteil eines alternativen Synthese-Programms gelten mußte. Letztere Argumentation fiel vor allem bei Hitler auf fruchtbaren Boden. Beide Vorstöße wurden im Herbst 1933 wirksam; Feder gab das bisherige Import- und Raffinationsprojekt zugunsten von Erdölallianz und Synthese-Konföderation auf der *upstream*-Seite auf, hielt aber an einer, nun „Mineralölgesetz" genannten, Universallösung für den Vertrieb fest. Dies beschwor zusätzlich den Widerstand der Achnacarry-Konzerne herauf, deren *downstream*-Interessen in Gefahr gerieten. Am 1. Dezember 1933 kam auch das „Mineralölgesetz" endgültig vom Tisch, nicht zuletzt dank der enormen Einlagerungsangebote, die die RD-S an Göring gemacht hatte. Zu diesem Zeitpunkt betätigten sich Schacht und Göring gemeinsam an der Demontage des Feder'schen Programms; und danach sollte die deutsche Ölpolitik auch nie wieder zu einem universalen Ansatz zurückfinden.

In unmittelbarer Folge dieser Entscheidung peitschte die IG einen Exklusivertrag mit dem RWM durch, der eine Preissubvention des unrentablen IG-Benzins vorsah sowie eine Abnahmegarantie für eine noch zu steigernde Produktion von Synthesebenzin. Durch diese Regelung wurden die Synthese-Interessen der Benzol-Gruppe ausgebootet, die daher auf Oppositionskurs gegen die IG einschwenkte, ihr altes Fischer-Tropsch-Verfahren wieder aus der Schublade zog und über den Wirtschaftsbeauftragten Hitlers, Keppler, Einfluß zu nehmen versuchte. Gleichzeitig gelang es der Erdölallianz bis Anfang Januar 1934, ein umfassendes – ebenfalls mit Arbeitsbeschaffung legitimiertes – öffentlich subventioniertes Explorationsbohrprogramm mit Feder auszuhandeln. Beide Projekte wurden für das erste Jahr mit ca. RM 5 Millionen angesetzt, das Explorationsprogramm sollte in weiteren Etappen bis zu einer Grenze von RM 20 Millionen öffentliche Gelder in Anspruch nehmen.

Bis hierher hatte die Ölpolitik des NS-Regimes bereits einen fundamentalen Richtungswechsel vorgenommen: von einem nationalistischen, gleichwohl nicht-autarkistischen Programm des deutschen Mittelstandes und der *outsiders* zu einem Programm der großen Konzerne der Chemischen Industrie, der Achnacarry-Konzerne und der preußischen Erdölkonzerne.

Bis zum Frühsommer 1934 wurde diese Politik weniger von der Regierung als von den jeweiligen Interessengruppen weiterbetrieben. Nach der inneren und äußeren Regimekrise setzte sich einerseits Schacht als neue Wirtschaftsinstanz durch, andererseits erhielt die Reichswehr mit ihren Forderungen ein deutlich größeres Gewicht. Unter Schacht formierte sich über die Fusion von RWM und PrMWuA ein neues Superministerium, das RPrWM, dessen Industriepolitik sich wegen der traditionell starken preußischen Mittelinstanz deutlich an den Interessen der Montanindustrie ausrichtete. Durch das RPrWM wurde die vormalige Erdölallianz auf der Ebene einer Obersten Reichsbehörde neu zusammengefaßt und erhielt in der Bergabteilung durch Oberberghauptmann Schlattmann enormen Rückhalt. Dessen Bestrebung zur horizontalen und vertikalen Integration von Zuständigkeiten leisteten die aus der preußischen Erdölindustrie stammenden bergrechtlichen Impulse beträchtlichen Vorschub. Die Initiativen der preußischen Erdölindustrie und der PGLA im Herbst 1934, die sich aus den technischen und konzernpolitischen Erfordernissen des Bohrprogramms ableiteten, trugen entscheidend zur Harmonisierung der in deutschen Ländern existierenden Berggesetzgebungen bei. Ein weiteres Erzeugungsprojekt, das durch die Bergabteilung des RPrWM koordiniert wurde, war die Braunkohle-Benzin AG, die auf den Druck der Reichswehr ins Leben gerufen wurde. Hier nahm Schlattmann sogar Keppler die Betreuung des Fischer-Tropsch-Verfahrens aus der Hand und brachte die Benzol-Gruppe auf seine Seite, indem einige der Brabag Werke als Fischer-Tropsch-Werke geplant wurden. Ebenso wurden auch alle auswärtigen kohlenwasserstoffpolitischen Aktivitäten, namentlich der Import, durch das RPrWM koordiniert. Mit dem RPrWM gab es zum ersten Mal eine Agentur, die in der Lage war, alle kohlenwasserstoffpolitischen Belange zu einer nationalen Ölpolitik zusammenzuführen.

Als Anfang 1935 die ersten Funde den Erfolg des Reichsbohrprogramms zu enthüllen schienen, bekamen Bohrprogramm und heimische Erdölförderung ein viel stärkeres Gewicht in der deutschen Ölpolitik als die im Vergleich langsamer voranschreitenden Syntheseprogramme. Zudem förderte der montanistische Schwerpunkt im RPrWM die Synthese-Interessen der Schwerindustrie mehr als die der IG, die über den Benzinvertrag und ein paar Lizenzeinnahmen hinaus von der deutschen Ölpolitik nicht mehr profitierte. Öl der Montanindustrie – gleichviel ob natürlich oder synthetisch – statt Öl der Chemischen Industrie zeichnete sich als Generallinie der deutschen Ölpolitik ab 1935 ab. Damit wurde die vorher eingeschlagene Richtung abermals korrigiert.

Diese Kurskorrektur ging vor allem zulasten der IG. Um ihr Syntheseprogramm vor einer zu einseitig auf den Bergbau ausgerichteten Ölpolitik zu retten, spielte die IG zwischen Herbst 1934 und Frühjahr 1935 die wehrpolitische Karte. Unter Berufung auf einen eklatanten Schmierölmangel in einem angenommenen Ernstfall machte der Konzern mit zweifelhafter Zahlengrundlage geltend, daß die preußische Erdölindustrie von der Benzinproduktion auf Schmieröl umgesteuert werden müßte. Vor dem Hintergrund der neuen Aufrüstungseuphorie ab 1935 fielen die IG-Denkschriften bei der aufstrebenden Wehrwirtschaftsorganisation in der neuen Wehrmacht bzw. dem Reichskriegsministerium auf fruchtbaren Boden. Ebenso trug die IG ihre wehrpolitische Argumentation erfolgreich gegenüber Görings neuer Luftwaffe vor; hier konnte der Chemiekonzern mit Recht darauf verweisen, als einziger Erzeuger für qualitativ hochwertiges Flugbenzin bereit zu stehen.

Schließlich machte sich im Mai 1935 das RKM zum Sprachrohr der IG und forderte vom RPrWM eine deutlicher an der Rüstung orientierte KW-Politik. Hierzu verlangte das RKM, das RPrWM solle die Kohlenwasserstoffkompetenz ab- und einem flexibel und unbürokratisch geführten Stab unter Leitung von IG-Managern übergeben. Seit sich Ölinteressen nicht mehr arbeitskonjunkturell rechtfertigen ließen, bestimmte der wehrpolitische Ton die deutsche Ölpolitik; daß aber die eigenen Blockadeargumente selbst die IG nicht ernstnahm, stellte sie unter Beweis, indem sie für die Versorgung der Kriegsmarine mit Heizöl umfassende Lieferungen durch die Achnacarry-Konzerne vorsah. Dieser Achnacarry-freundliche Pseudoautarkismus (IG-Synthese plus Achnacarry-Lieferungen) entsprach ganz den vertraglichen Bindungen, die die IG 1928 – 1930 mit den beiden wichtigsten Achnacarry-Konzernen – der Standard Oil Company of New Jersey und der Royal Dutch-Shell Group – eingegangen war, und er sollte bis 1938 eine Konstante in der deutschen Ölpolitik bleiben. Über die IG behielten die Achnacarry-Konzerne einen Fuß in der deutschen Tür. Als Schacht-Gegner präsentierte sich auch Keppler, der sein krypto-autarkistisches Projekt an das RPrWM verloren hatte und sich nun als „Vermittler“ zwischen RKM und RPrWM einschaltete, um deren Konflikt für die eigenen Zwecke auszunutzen.

1935 gelang es Schacht, der sich auf die neue wehrpolitische Argumentationsweise einließ, den Angriff auf seine Zuständigkeit im Kohlenwasserstoffsektor abzuwehren, indem er für die Marineversorgung das devisenfreie Versorgungskonzept der Bohrgerätegruppe der Schwerindustrie im Irak reaktivierte. Grundlage für den Erfolg seiner Argumentation war ein überoptimistisches Gutachten von Bentz, der eigens in den Irak entsandt wurde. Im Irak arbeiteten die Agenturen RPrWM, AA und Oberkommando der Marine. Ab Sommer 1935 wurde neben der heimischen Erdölerschließung nun auch das Irak-Projekt als offizielle deutsche KW-Politik betrieben, ebenfalls ein Projekt der Montanindustrie. Nun verfolgte die deutsche Ölpolitik eine Achnacarry-feindliche und IG-feindliche Linie, die sowohl eine Versorgung durch heimisches Synthesebenzin der Brabag, durch heimisches Erdöl der preußischen Erdölindustrie als auch eine Versorgung durch eine überseeische Erdölbasis der deutschen Schwerindustrie anstrebte.

Gegen diese vermeintlich einseitige Politik – Kohlenwasserstoffe sind ein montanistischer Rohstoff – formierte sich eine breite Phalanx von Schacht-Gegnern. Als Agenturen standen bereit: die durch das Heer geprägte Wehrwirtschaftsorganisation des Wehrmachtamts, die der Luftwaffe sowie das preußische Staatsministerium unter Göring; als Interessengruppen firmierten die IG, aber auch all jene nicht-etablierten Rohstoff- und Handelsinteressen, die sich durch das RPrWM unterrepräsentiert fühlten und entweder bei Göring im Außenhandel oder bei Keppler in der Binnenwirtschaft

Zuflucht suchten. Als Ende 1935 das Irak-Projekt der Bohrgeräte-Gruppe am Widerstand der Briten scheiterte und zum Jahreswechsel eine schwere Ölkrise heraufbeschwor, fiel diese breite aber lockere Schlachtlinie über das RPrWM und seinen Alleinzuständigkeitsanspruch her. Im darauffolgenden Machtpoker setzte sich Göring bis April 1936 als jener Treibstoff- (und nun auch Devisen-) kommissar durch, den ein Jahr zuvor die IG gefordert hatte. Es zeigte sich jedoch, daß die IG-Interessen nur eine unter vielen Initiativen darstellten, die Göring zur Macht empor trugen. Görings Rohstoff- und Devisenstab verfolgte mitnichten die pseudoautarkistische Strategie der IG. Mit dem Ecuador-Projekt des Otto-Wolff-Konzerns förderte sie ein Projekt zur Gewinnung einer überseeischen Erdölbasis auf dem üblichen Kompensationsweg, das sich über eine Involvierung der Fluglinien des Condor-Syndikats in das große Puzzle des Göring'schen Luftfahrtimperialismus in Südamerika einpaßte. Otto Wolff stand kurz davor, als ein bedeutender Akteur in die südamerikanische Erdölförderung – vor allem in Venezuela, Mexiko, Brasilien und ab 1937 Kolumbien – einzusteigen. Zu diesen überseeischen Projekten stand die Politik der IG in krassem Widerspruch, die mit einer Abteilung im Rohstoff- und Devisenstab nun selbst hoheitliche Aufgaben in der KW-Politik wahrnahm. Sie nämlich legte nun Planungen zum zügigen Ausbau ihrer pseudoautarkistischen Ölwirtschaft vor, in der die preußische Erdölindustrie auf die Rolle des Schmierölfabrikanten festgelegt und damit als Benzinkonkurrent kaltgestellt werden sollte. Letzteres gelang ihr, indem sie in der sich zuspitzenden Auseinandersetzung zwischen Göring und Schacht von letzterem die Zustimmung zur Formierung eines neuen Wirtschaftsverbandes erwirkte, der die preußische Erdölindustrie dem Zugriff der Wirtschaftsgruppe Bergbau entzog.

Im Herbst 1936 erweiterte Göring den Rohstoff- und Devisenstab zu einem veritablen Konkurrenzministerium zum RPrWM, das unterschiedslos überseeische wie autarkistische Ölprojekte betreute. Diese Ambivalenz sorgte für erhebliche Spannungen innerhalb des Vierjahresplanamts für deutsche Roh- und Werkstoffe.

Dagegen konzentrierte sich das RPrWM – im Verein mit dem AA und dem OKM – auf seine wehrpolitische Funktion und förderte mit Nachdruck das aus der Asche des Irakprojekts entstandene Projekt zur devisenfreien Versorgung der Kriegsmarine mit Heizöl aus Mexiko über den *outsider* Davis. Gleichzeitig verfolgte es die Alternative, eine deutsche Erdölbasis in Mexiko mit Hilfe einer Marinetarngesellschaft, der Gesellschaft für überseeische bergbauliche Unternehmungen („Überseeische") zu gewinnen, an der die Dresdner Bank maßgeblich beteiligt war. Wegen ihres Transporteinsatzes im Spanischen Bürgerkrieg konnte die Kriegsmarine auf Priorität pochen. Im Sommer 1937 übernahm das RPrWM das Ecuadorprojekt aus der Zuständigkeit des Vierjahresplans. Mit dem Reichsbohrprogramm schrieb das RPrWM den autarkistischen Teil seiner Politik fort. Sowohl für das Ecuador-Projekt des Vierjahresplans, als auch für das Mexiko-Projekt des RPrWM trat Bentz als geologischer Gutachter, als Verhandlungsführer mit den Regierungen vor Ort und als maßgeblicher Förderer auf. Seine optimistischen Gutachten bestimmten die Zahlenspiele, die auf Ebene der politischen Agenturen durchgeführt wurden. Im Reichsbohrprogramm hatte er als geologische Steuerungsinstanz die reservenstrategische Schlüsselstellung inne.

Zwischen Herbst 1936 und Ende 1937 wurde die deutsche Ölpolitik von zwei konkurrierenden Agenturen bestimmt, jedoch ähnelten sie sich inhaltlich sehr. Beide setzten zugleich auf heimische Autarkie wie auf überseeischen Wirtschaftsimperialismus. Beide förderten gleichzeitig die überseeischen Interessen der Bohrgeräte-Gruppe der Schwerindustrie und die Ölinteressen einer mittlerweile nach IG-Maßgabe zur „Mineralölwirtschaft" formierten Chemischen und preußischen Erdölindustrie.

Diese inkonsistente Politik führte abermals zur Krise und zum neuerlichen Richtungswechsel. Ende 1937 entpuppten sich die lateinamerikanischen Projekte als so aussichtsreich, daß sie das gesamte kostspielige Syntheseprogramm der IG überflüssig machten. Die preußische Erdölindustrie scherte aus der „Mineralölwirtschaft" aus, um nun auf die Benzinraffination lateinamerikanischer Rohöle zu setzen. Doch war das Equilibrum zwischen den beiden Wirtschaftsministerien durch Schachts Sturz bereits zerstört, so daß es der IG nicht schwer fiel, im zum Jahreswechsel einsetzenden Machtkampf der Agenturen Göring eine umfassende Reorganisation der Wirtschaftsadministration vorzuschlagen, die die Rebellion der preußischen Erdölindustrie im Keim erstickte und die Administrierung der überseeischen Projekte durch IG-freundliche Beamte durchsetzte.

Nach diesem neuerlichen Kurswechsel wurde die deutsche Ölpolitik unter Göring ab Februar 1938 ganz auf die Interessen der IG ausgerichtet. Die von der preußischen Erdölindustrie geplante Umsteuerung der Raffination von Schmieröl auf Benzin wurde durch Abschaffung des Amts für deutsche Roh- und Werkstoffe verhindert. Zugleich wurden die überseeischen Interessen liquidiert: in Mexiko, indem das neue RWM die Freigabe von Devisen verweigerte, in Ecuador, indem es den Verkauf der Otto Wolff-Konzession an die SO betrieb. Allerdings blieb dadurch die drängende Heizölversorgung der Marine für die Fortsetzung ihres Spanienauftrags ungeklärt. Durch Kepplers Aktivität in Österreich war bereits im Vorjahr ein allgemeiner Expansionskurs mit Ziel Südosteuropa, in ölpolitischer Hinsicht vor allem Rumänien, vorgezeichnet worden, der sich auf ältere IG-Expertisen stützte. Kurz nach dem Anschluß Österreichs kam diese Politik in eine neuerliche Krise, als mit der Enteignung der Achnacarry-Konzerne in Mexiko dem Deutschen Reich seitens der mexikanischen Regierung unvermittelt eine Großbelieferung mit mexikanischem Öl zu Reichsmarkpreisen angeboten wurde. Angesichts der Marinepriorität blieb den IG-freundlichen Administratoren im RWM nichts anderes übrig, als auf die Angebote einzugehen. Dies rief die Achnacarry-Konzerne SO und RD-S auf den Plan, denen daran gelegen war, die Enteignung durch einen international wasserdichten Boykott Mexikos zu ächten. Für sie war die Konstellation Ende Mai 1938 so brisant, daß im Falle der SO die Konzernleitung aus New York anreiste, um Göring zum Ersatz für mexikanische Importe eine Generalbelieferung mit allen Produkten, die die IG nicht herstellen konnte, zu Reichsmarkpreisen anzubieten. Von der RD-S kamen ähnlich verlockende Angebote, aber ein Abkommen wurde nur mit der SO geschlossen, die nach einigen Verhandlungen begrenzten Importen aus

Mexiko zustimmte. Damit scherte die SO aus dem internationalen Konsens der Boykotteure aus, was zum endgültigen Auseinanderbrechen des Achnacarry-Kartells führte.

Nun steuerte die Ölpolitik unter Göring den Kurs nicht-kriegerischer, wirtschaftsimperialistischer Expansion nach Südosteuropa mit freundlicher Billigung und Unterstützung durch die US-amerikanische SO. Noch bevor sich dieser abermals korrigierte Kurs in der Ölpolitik bemerkbar machen konnte, verhinderte die Vabanque-Politik Hitlers gegenüber der Tschechoslowakei diese blockadetechnisch riskante Ölpolitik.

Durch die Sudetenkrise angespornt, kalkulierte Krauch als maßgeblicher Akteur in der Göringschen Ölpolitik die Loslösung vom Westen und strebte ab Juni 1938 an, die deutschen Kohlenwasserstoffindustrien unter IG-Führung kriegstauglich zu machen. Hierfür forderte er von Göring diktatorische Vollmachten. Göring relativierte auch diese Initiative der IG indem er, noch bevor er Krauch mit einer Vollmacht ausstattete, Bentz zu seinem Beauftragten für die Erdölgewinnung machte und diesen Bereich dem Zugriff der IG entzog. Mit den Vollmachten für Bentz und Krauch nahm die deutsche Ölpolitik erst jetzt, im Sommer 1938, Kurs auf den Krieg.

Bentz

In dieser Ölpolitik, deren Merkmale Überkomplexität der Interessen, ständig wechselnde Allianzen und spontanes Reagieren auf äußere Veränderungen waren, spielte der Geowissenschaftler Bentz eine nicht unwesentliche Rolle für zwei Interessengruppen – die preußische Erdölindustrie und die Bohrgeräte-Gruppe der rheinisch-westfälischen Schwerindustrie.

Als Förderer der preußischen Erdölindustrie trat er bereits in ihrer Entwicklungsphase zwischen 1928 und 1932 in Erscheinung. Das Verhältnis war symbiotisch: Die preußische Erdölindustrie verfügte anfangs über keinen nennenswerten geowissenschaftlichen Sachverstand und war daher für ihre Reservenstrategien auf die freundliche Hilfestellung der Erdölgeologen aus der PGLA angewiesen. Diese Kooperation führte zum durchschlagenden Erfolg der Branche, die in diesem Zeitraum auch erst die notwendige Größe erreichte, Wirtschaftsstrategien zu formulieren. Umgekehrt war aber auch die staatliche Erdölgeowissenschaft auf ein Wohlergehen der Industrie angewiesen, da nur diese die nötige Bereitschaft aufbrachte, die extrem kostspieligen Bohrungen niederzubringen, die allein in der Lage waren, den Erkenntnishorizont der Geowissenschaftler zu erweitern.

In diesem gegenseitigen Abhängigkeitsverhältnis entwickelte sich im Zeitraum 1928–1932 beim Staat und in der Industrie eine junge, technokratisch gesonnene Geologenelite, die den wissenschaftlichen Diskurs ganz und gar auf die Bedürfnisse der Erdölindustrie abstimmte und diese mit den neuesten amerikanischen Methoden aus ihrer Rückständigkeit lösen wollte. Auf der Erdöltagung der Deutschen Geologischen Gesellschaft wurde der Beweis dafür erbracht, daß über richtig oder falsch einer naturwissenschaftlichen Theorie nicht ihre allgemeine gesellschaftliche Akzeptanz im gegebenen Zeitpunkt entscheidet, sondern allein der ökonomische Druck, unter dem eine hiervon betroffene relevante Industrie steht. Bentz, der im geologischen Disput anfangs nicht zu den Wortführern zählte, wurde dennoch zur Zentralfigur dieser jungen Technokraten, da er nicht nur über erhebliches organisatorisches Talent, sondern in der traditionellen PGLA auch über exquisite Verbindungen zur Bergverwaltung und zum preußischen Wirtschaftsministerium verfügte. Mit aufpoliertem theoretischem Rüstzeug gelang den Erneuerern, für die Bentz auftrat, die Vision vom zweiten Texas in der norddeutschen Tiefebene in ein konkretes, öffentlich bezuschußtes Explorationsprogramm umzuwandeln. Als dieses Programm im Januar 1934 nach gehörigem lobbyistischem Druck, an dem sich Bentz maßgeblich beteiligte, bewilligt wurde, übernahm das neugegründete erdölgeologische Institut unter Bentz sogleich die naturwissenschaftliche und damit die strategische Führung und sollte sie bis 1948 behalten.

Die Symbiose zwischen Bentz' erdölgeologischem Institut und der preußischen Erdölindustrie dauerte bis 1938 an, bis zu dem Zeitpunkt, da aus dem öffentlich betreuten Geldsegen ein staatlicher Produktionszwang zu erwachsen begann. Jenseits des Bohrprogramms setzte eine Entfremdung jedoch 1936 ein. Es stellte sich heraus, daß die Erdölindustrie nicht gewillt war, den ausgreifenden Erneuerungsplänen des staatlichen Erdölgeologen im Hinblick auf eine moderne überseeische Exploration zu folgen und es vorzog, den von der IG zugewiesenen Platz im sicheren aber perspektivenarmen Konzept der „Mineralölwirtschaft" einzunehmen. Zu diesem Zeitpunkt setzte Bentz auf die rheinisch-westfälische Schwerindustrie, die mehr Mut zum Risiko, großzügigere Kapitalausstattung und internationalere Denkweise auszeichnete. Im Irak lediglich Gutachter betätigte sich Bentz in Lateinamerika als maßgeblicher Exponent einer wirtschaftsimperialistischen Ölpolitik mit weitgesteckten Zielen. Er tat dies mit einigem Erfolg.

Als technokratischer Erneuerer der Erdölindustrie auf der Staatsseite war Bentz mitverantwortlich für den permanenten Wandel und die Radikalisierung der deutschen Ölpolitik, wenn auch stets nur mittelbar und als Gegner zu anderen Strategien. Die Propagierung des Bohrprogramms als kohlenwasserstoffpolitisch probatere Alternative trug 1933 zur Unterhöhlung des Feder'schen Universalprogramms bei. Der Erfolg „seines" Reichsbohrprogramms zum Jahreswechsel 1934/35 stärkte die montanistischen Tendenzen im RPrWM, welche ihrerseits die hysterischen Reaktionen der IG und ihren Ruf nach dem Treibstoffkommissar heraufbeschworen. Sein übertriebenes Gutachten in Sachen Irak im Frühjahr 1935 war mittelbar dafür verantwortlich, daß die Übernahme der British Oil Development Company zur Regierungspolitik erhoben wurde – mit all ihren internationalen Konsequenzen bis hin zum Ölschock. Sein energetisches Vorantreiben der mexikanischen und ecuadorianischen Projekte und ihre bevorstehenden umfassenden Erfolge provozierten Ende 1937 abermals die Panikreaktion der IG. Faktisch gingen die weittragenden Erdölstrategien der naturwissenschaftlichen Sub-Agentur Bentz über die Erfolge des Bohrprogramms nicht hinaus. Doch wenn die IG mit ihrem unrentablen Ölprojekt stets den historisch sichtbaren Teil

Göring als kohlenwasserstoffpolitischer Gegenpol zu Krauch für den bevorstehenden Krieg eingesetzt.

2 Ausblick[1]

Der Interessenkonflikt sollte sich während des Krieges weiter zuspitzen, wobei die Interessengruppen immer deutlicher den Status kriegswirtschaftlicher Agenturen erlangten. Zunächst einte die nationale Klammer der Kriegsanstrengung die divergierenden Interessen und Agenturen, was einen nicht unerheblichen Teil ihrer Aggression und Schlagkraft bei den Blitzkriegen ausmachte. Doch wenn für die Öleroberungsstrategien Richtung Polen noch zunächst die vielfältigen ins Leben gerufenenen IG-Agenturen verantwortlich zeichneten, sollte mit Keppler und seinem neuen Erdölfunktionär Krejci-Graf der Weg nach Rumänien bereitet werden.

Bentz sollte nach einem schier unlösbaren Konflikt der preußischen Erdölkonzerne um die Verteilung der österreichischen Beute im Jahr 1940 vom Konzept einer funktionierenden, in Südosteuropa tätigen „Deutschen Gruppe" abrücken, als mit der Besetzung Frankreichs der 23,5%-Anteil der CFP am irakischen Großkonsortium in deutsche Hände fiel. In der vertraut anmutenden wirtschaftsimperialistischen Atmosphäre der Agenturen RWM und AA unter dem Dach von Görings regelmäßigen Ölbesprechungen sollte Bentz im Sommer 1940 darauf dringen, die Lagerstätten bei Kirkuk – die wirklich guten des Iraks – zu erobern, da andernfalls eine Versorgung Kontinentaleuropas mit Öl nicht zu erreichen sei. Auf dieser Grundlage und in Rücksprache mit dem ehemaligen Rivalen sollte Ernst Rudolf Fischer daraufhin im September 1940 die Blaupause zu einer sehr großen, formal staatlichen Ölgesellschaft zur Einverleibung aller anglo-amerikanischen Interessen im Irak und in Persien entwerfen. Zur Erreichung dieser Ziele gab sich diese „Kontinentale Öl AG" ein paar Monate später die Marschroute über die sowjetischen Lagerstätten bei Majkop, Groznij und Baku.[2]

Je näher die Eroberung bedeutender Öllagerstätten rückte, desto unbedeutender wurde das Syntheseprogramm, das über einen entscheidenden Makel verfügte, der ihm in der Frühphase noch zum Durchbruch verholfen hatte: Synthetisch erzeugtes Öl war

---

1 Vgl. u.a. Albert E. Gunther, „The German ..." (1947/8). Wolfgang Birkenfeld, „Illusionen am Kaukasus 1942/43", in: *Wissenschaft, Wirtschaft und Technik: Studien zur Geschichte – Wilhelm Treue zum 60. Geburtstag*, hg. v. Karl-Heinz Manegold, München 1969, 85–91. Maurice Pearton, *Oil* ... (1971). Hanns-Heinz Kasper, *Die Erdölgewinnung* ... (1974). Hanns-Heinz Kasper, „Das Erdöl in den Raubplänen des deutschen Faschismus in Vorbereitung und bei der Durchführung des Zweiten Weltkrieges", *JWG* 1976, 2, 55–77. Dietrich Eichholtz, „Der Raubzug ..." (1976). Philippe Marguérat, *Le IIIe* ... (1977). Thomas Sandkühler, *»Endlösung« in Galizien: der Judenmord in Ostpolen und die Rettungsinitiativen von Berthold Beitz 1941*, Bonn 1996. Pascale Gemignani-Saxstad, *La France* ... (1998) und Rainer Karlsch, *Faktor* ... (2003).

2 Titus Kockel, „Eine Quelle ..." (2003). Vgl. Dietrich Eichholtz, „Öl, Krieg, Politik: Deutscher Ölimperialismus 1933–1942/43", *ZfG* 51 (2003) 6, 493–510.

arbeitsintensiv. Es sollte die IG mit der Kontinentalen Öl AG 1940/41 nun selbst ins Erdölgeschäft einsteigen.

Die Frage nach der deutschen Ölerzeugung blieb weiterhin offen. 1942, als die Kaukasusoffensive anrollte, sollte sie gegen Thomas und Krauch zugunsten des „schwäbischen Demokraten-Dickschädels" Bentz entschieden werden. Trotz des Scheiterns der Ölpläne in Stalingrad sollte Bentz seine umfassenden Kompetenzen beibehalten, die ihn zum Herrn über Erdölproduktion, Stahlkontingente, bezahlte Arbeitskräfte und Kriegsgefangene sowie über Tod und Leben der jüdischen Arbeitssklaven in der polnischen Erdölindustrie machten.

Dank nachdrücklicher Protektion der North German Oil Control sowie des für Naturwissenschaft zuständigen Besatzungsoffiziers und ersten Ölhistorikers des „Dritten Reichs", Gunther, sollte es Bentz nach dem Krieg erspart bleiben, sich vor einem Gericht für seine technokratische Rolle in der deutschen Ölpolitik verantworten zu müssen.[3]

[3] Schriftwechsel zwischen NGOC und CIB über das Entnazifizierungsproblem Alfred Bentz in: PRO, FO 1039/475. Siehe S. 16.

Anhang

1 Abkürzungen

Σ	Summe
A-Fall	Kriegsfall, auch > Mob-Fall
AA	Auswärtiges Amt (> RAM)
AAPG	American Association of Petroleum Geologists
ABC-Staaten	Amerika, Britannien, China
ACEX	Administratie Comerciala pentru Prospectiuni si Explorari Miniere (staatliche Explorationsgesellschaft in Rumänien, seit Januar 1939)
AEOL	Anglo Ecuadorian Oil Fields Ltd. (= RD-S)
AGIP	Azienda Generale Italiana Petroli
AGPN	Administración General del Petróleo Nacional
Aguila	Aguila Mexicana SA = Mexican Eagle Company (Größte erdölproduzierende Gesellschaft in Mexiko, von der RD-S dominiert. 1938 enteignet.)
AIMME	American Institute of Mining and Metallurgical Engieneers
AIOC	Anglo-Iranian Oil Company (vor 1935 APOC, nach 1954 BP, heute BP-AMOCO)
APA, A Pol A	Außenpolitisches Amt der NSDAP
API	American Petroleum Institute, New York
API, Berlin	AG für Petroleum-Industrie, Berlin (Verkaufsorganisation der Evag, 1923–1925 Bestandteil der Stinnes-Riebeck Öl AG, ab 1925 weitgehend zur Vertriebsorganisation Degas umgebaut)
APOC	Anglo-Persian Oil Company (vor 1909 d'Arcy, nach 1935 AIOC, nach 1954 BP, heute BP-AMOCO)

Aral	*siehe* Benzol-Verband, Derop
ArbGem Erdöl	Arbeitsgemeinschaft Erdölgewinnung
As	Abschrift
ASKI	Ausländersonderkonten für Inlandszahlung
B.V.	Benzol-Verband GmbH, Bochum
BA	Bunderarchiv Berlin
BAAPG	Bulletin of the American Association of Petroleum Geologists
BAMA	Bundesarchiv Militärische Abteilungen, Freiburg i.Br.
BAOR	British Army on the Rhine
BB (> DEA)	Bankhaus Bleichroeder (ab 1912 mit Disconto-Gesellschaft Bank der DEA)
BDC	Berlin Document Center (seit dt. Anschluß Bestandteil des BA, Berlin)
BEAG	Bremer Erdöl AG
BFE	Beauftragter für die Förderung der Erdölgewinnung (Bentz)
Bergass	Bergassessor
BGLA	Badische Geologische Landesanstalt
BGR	Bundesanstalt für Geowissenschaften und Rohstoffe
BH	Berghauptmann
BHR	Business History Review
BIOS	British Intelligence Objective Sub-Committee
BMF	Der Bevollmächtigte für Mineralölforschung beim Reichsforschungsrat (Bentz). Im Briefkopf: „Der Reichsmarschall des Großdeutschen Reiches – Präsident des Reichsforschungsrates – Der Bevollmächtigte für Mineralölforschung“
BMI	Bayerische Mineralöl Industrie AG
BOD	British Oil Development Company
BP	British Petroleum (Verkaufsorganisation der Deutschen Bank in GB bis zum Ersten Weltkrieg, dann sequestriert und von der APOC übernommen); ab 1954 namensstiftend für den gesamten Konzern
BPM	Bataafsche Petroleum Maatschappij, Explorationstochter der RD-S
BR	Bergrat
Brabag	Braunkohle-Benzin AG
BTG	Blätter für Technikgeschichte
BV	Benzol-Verband GmbH, Bochum

C	chemisches Zeichen für Kohlenstoff
Ca	chemisches Zeichen für Kalzium
Carolina	Carolina Oil Company, ecuadorianisch
Cautivo (EOL)	Ecuadorian Oilfields Ltd. (= British Controlled Oilfields Ltd.)
CEPSA	
CFP	Compagnie Française de Pétrole
CGP	Comisariatul General al Petrolului (allg. Öl-Kommissariat in Rumänien, gegr. 16. Jan. 1940: Pearton, Oil ... (1971), 233)
Conception	Concepcion Ecuadorian Oilfields, ecuadorianisch
Creditul Minier	Staatl. Explorationsfirma in Rumänien, gegr. 1919
CSR	Tschechoslowakische Republik
d' Arcy	>Anglo-Persian Oil Company
DAF	Deutsche Arbeitsfront
DAPG	Deutsch-Amerikanische Petroleum Aktien-Gesellschaft, Hamburg (= deutsche Tochter der Standard Oil Co., ab 1911 der Standard Oil Co. of New Jersey)
DB	Deutsche Bank
DEA	Deutsche Erdöl Aktiengesellschaft, Berlin (vor 1911 DTA, ab 1925/26 DPAG-DEA, ab 1940 DEA, ab 1970 Deutsche Texaco Company, ab 1988 RWE-DEA, ab 2002 Deutsche Shell AG). Tochter von DG und BB, ab 1929 Tochter der DB
De Di Bank	Deutsche Bank und Discontogesellschaft = Deutsche Bank (nach Fusion mit der Disconto-Gesellschaft)
Degas	Deutsche Gasolin AG (= Stinnes-Riebeck Öl AG, nach 1925 = IG Farbenindustrie AG)
Derop	»Derop« Deutsche Vertriebsgesellschaft für russische Öl-Produkte AG, Berlin, ggr. 1928
Derunapht	Deutsch-Russische Naphta-Gesellschaft mbH, Berlin, ggr. 1926
Derupag	Deutsch-Rumänische Petroleum-AG, Berlin
Deurag	Deutsche Raffinerie AG, Misburg/Hannover
Deutag	Deutsche Tiefbohr AG
Deutsche Vacuum	Deutsche Vacuum Oel AG, Hamburg (auch DVOAG oder Vacuum, nach 1911 Tochter der Socony bzw. Socony-Vacuum)
DG	Disconto-Gesellschaft
DGE	Deutsche Gesellschaft für Erdölforschung
DGG	Deutsche Geologische Gesellschaft

DGM	Deutsche Gesellschaft für Mineralölforschung
Dk	Direktor
DMM	Deutsches Museum München
DPAG	Deutsche Petroleum AG (1904 gegründete Holdinggesellschaft für alle Erdölinteressen der Deutschen Bank – Steaua Romana, DPVG, EPU etc. 1925 von der DEA übernommen.)
DPAG-DEA	Deutsche Petroleum AG fusioniert mit Deutsche Erdöl AG (vor 1925/26 DPAG bzw. DEA, ab 1940 DEA, ab 1970 Deutsche Texaco Company, ab 1988 RWE-DEA, ab 2002 Deutsche Shell AG)
DPVG	Deutsche Petroleum-Verkaufs-Gesellschaft
DR	Deutsches Reich
DRB	Deutsche Reichsbahn
DrBank	Dresdner Bank
DRT	Deutsche Revisions- und Treuhand AG
Dste.	Dienststelle
Dt.Ges.	Deutsche Gesandtschaft
DTA	Deutsche Tiefbohr Actiengesellschaft, Berlin (1899–1911, danach DEA)
DVOAG	Deutsche Vacuum Oel AG, Hamburg (deutsche Tochter der Standard Oil Company. Nach 1911 der Standard Oil of New York, Ende der 1920: Socony-Vacuum). Auch Deutsche Vacuum oder einfach Vacuum abgekürzt.
DZA	Deutsches Zentralarchiv, Potsdam (nach dt. Anschluß in das BA Berlin überführt)
EBAG	»Ebag« Erdölbergbau AG
EBR	Erster Bergrat
Elwerath	Gewerkschaft Elwerath
EPG	Erdölproduktionsgesellschaft
EOL (Cautivo)	Ecuadorian Oilfields Ltd. (= British Controlled Oilfields Ltd.)
Erka	Reichs-Kredit-Gesellschaft AG
ETOC	Ecuador Tropical Oil Company, ecuadorianisch
Fe	chemisches Zeichen für Eisen
fob	free on board. Bezeichnung des Ölhandels. Preis des Öls an einem bestimmten Verladehafen oder einer Hafenregion ohne die noch hinzukommenden Frachtkosten.
Fgr EÖG	Fachgruppe Erdölgewinnung

GB Chem	Generalbevollmächtigter für Grundfragen der chemischen Erzeugung (Krauch)
GBW	Generalbevollmächtigter für die Kriegswirtschaft
GdW	Generalrat der Wirtschaft
GehR	Geheimrat
Gen.d.Inf.	General der Infanterie
GenMaj.	Generalmajor
GenOst.	Generaloberst
GerAss	Gerichtsassessor
GenDk	Generaldirektor
Ges	Gesandter (Ministerialbeamter des AA)
GesR	Gesandtschaftsrat (Ministerialbeamter des AA)
Gestapa	Geheimes Staatspolizeiamt
Gew	Gewerkschaft
Glt.	Gauleiter
GHH	Gutehoffnungshütte, Oberhausen. Erdölunternehmen: Bohrfirma Haniel & Lueg, Düsseldorf (seit 1924 in Hannover tätig) + Ferrostaal AG, Essen (1932–1936) im Irak tätig)
GIfWuE	Generalinspekteur für Wasser und Energie
GIP	Geophysikalisches Institut Potsdam
GIWE	Generalinspekteur für Wasser und Energie
GK	Generalkonsul
GLU, besser TGL	Thüringische Geologische Landesuntersuchung, Jena
GRA	Geophysikalische Reichsaufnahme
GRC	Geophysical Research Company
Greiserwerke	Georg Greiser Bergbau, Hannover
Gulf Oil	Gulf Oil Corporation
GWU	Geschichte in Wissenschaft und Unterricht
H	chemische Bezeichnung für Wasserstoff
HC	Kohlenwasserstoffe (engl. *hydrocarbons*)
HMG	His/ Her Majesty's Government (britische Regierung)
HMSO	Her Majesty's Stationary Office
Hptm.	Hauptmann
HWaA, HWA	Heereswaffenamt

IChT	Institut für Chemische Technologie der Technischen Hochschule München
IfZ	Institut für Zeitgeschichte
IG	IG Farbenindustrie AG (ab Fusion 1925). Auch IG Farben abgekürzt
IHK	Industrie- und Handelskammer
IntPC [IPC]	International Petroleum Company, kanadisch (= SO). In den Quellen IPC abgekürzt. Nicht zu verwechseln mit dem Achnacarry-Konsortium IPC (Iraq Petroleum Company) im Irak
IPC	Iraq Petroleum Company (Gründung 1928. AIOC 23,75 %/RD-S 23,75 %/CFP 23,75 %/SO 11,875 %/Socony 11,875 %. Nachfolger der TPC)
IPK	Internationale Petroleum Kommission (Kommission zur Normierung von KW für Handel und Industrie; Gegründet 1907; 1932 wiederbelebt; Vorläuferin der DGE/DGM)
IPT	Institution of Petroleum Technologists, London
IRDP	Industria Romana de Petrol (staatliche rumänische Ölfirma)
ITAG	Internationale Tiefbohrgesellschaft Hermann von Rautenkranz KG, ab 1925 Internationale Tiefbohr AG (mit Gewerkschaft Sidonie, Gewerkschaft Krug von Nidda)
Jato	Jahrestonnen
JWG	Jahrbuch für Wirtschaftsgeschichte
Kpt.z.S.	Kapitän zur See
KW	Kohlenwasserstoffe
KWI	Kaiser Wilhelm Institut
LegSek	Legationssekretär (Ministerialbeamter des AA)
LR	Legationsrat (Ministerialbeamter des AA)
MAWAG	Mineralöl- und Asphaltwerke, Berlin
Mikrostelle	Stelle für Mikropaläontologie der PGLA (ab 1934)
MinDg	Ministerialdirigent
MinDk	Ministerialdirektor
MinR	Ministerialrat
MIT	Masachusetts Institute of Technology
Mob-Bedarf	Mobilisierungsbedarf = Kriegsbedarf
Mob-Fall	Mobilisierungsfall = Kriegsfall, A-Fall
MOF	Mosul Oil Fields Limited (= BOD)

MRR	Ministerrat für die Reichsverteidigung
MWT	Mitteleuropäischer Wirtschaftstag
NA	National Archives, Washington
NEOC	North European Oil Company, ein US-amerikanischer *outsider*
Nerag	Neue Raffinerie AG, Misburg/Hannover
Nitag	Naphta-Industrie und Tankanlagen AG
NLfB	Niedersächsisches Landesamt für Bodenforschung
non-Fe	Nichteisenmetalle
Nordöl, Nordöl AG	Norddeutsche Mineralöl AG (hervorgegangen aus Georg Greiser Bergbau, Hannover (Greiserwerke))
NS	Nationalsozialismus, nationalsozialistisch
OBA	Oberbergamt
Ob.d.H.	Oberbefehlshaber des Heeres
Ob.d.L.	Oberbefehlshaber der Luftwaffe
Ob.d.M.	Oberbefehlshaber der Kriegsmarine
OBH	Oberberghauptmann (Leiter der gleichnamigen Abteilung Bergbau („Der Oberberghauptmann") im Preußischen Ministerium für Wirtschaft und Arbeit bis Sommer 1934, von Sommer 1934 bis 1942 der „Abteilung Bergbau" der Hauptabteilung II im RWM (II Bg.), von 1942 bis 1945 der wieder „Der Oberberghauptmann" benannten Abteilung.
OBR	Oberbergrat
Olea	Oleawerke AG für Mineralöl-Industrie, Halle (vor 1923 Sichel-Konzern, ab 1923 Stinnes-Konzern, nach 1925/26 MAWAG)
Ölhag	Allgemeine Oelhandelsgesellschaft mbH »Oelhag«, Hamburg (=Gutehoffnungshütte)
OKM	Oberkommando der Kriegsmarine
OKW	Oberkommando der Wehrmacht
ÖPI	Österreichisches Petroleum Institut
ORR	Oberregierungsrat
Ossag	Oelwerke Stern-Sonneborn AG, Hamburg (1925 fusioniert mit Mineralölwerke Rhenania, Düsseldorf zu Rhenania-Ossag Mineralölwerke AG, Düsseldorf = RD-S, nach 1945 Deutsche Shell AG)
Ost	Oberst
Otl	Oberstleutnant
OW	Otto Wolff, Köln

p.a.	per annum (pro Jahr)
Petropolis	Petropolis Oil Company, ecuadorianisch
PGLA	Preußische Geologische Landesanstalt
PPAG	Petroleum-Produkte AG (Als deutsche Vertriebsgesellschaft von der Shell Transport and Trading 1902 aus Gehlig-Wachenheim & Co, Hamburg neu gegründet. 1906 an Deutsche Bank, ab dann DPVG)
Prakla	Gesellschaft für praktische Lagerstättenforschung
Preußag	Preußische Bergwerks- und Hütten AG, Berlin
PrGS.	Preußische Gesetzessammlung
PrMHuG	Preußisches Ministerium für Handel und Gewerbe (1890-1932). Ab 1932 (mit wiedereingegliedertem Preußischen Ministerium für Öffentliche Arbeiten): Preußisches Ministerium für Wirtschaft und Arbeit
PrMWuA	Preußisches Ministerium für Wirtschaft und Arbeit (1932-1934). Vor 1932 PrMHuG, nach 1934 RPrWM
PRO	Public Record Office, Kew
RAG	Rohölgewinnungs AG
RAF	Royal Air Force
Raky	Anton Raky AG, Salzgitter
RAM	Reichsaußenminister (> AA)
RB	Reichsbohrung(en)
RBF	Reichsamt für Bodenforschung (amerikanische Signatur)
RBP	Reichsbohrprogramm
RD-S	Royal Dutch-Shell Group (seit Fusion von Royal Dutch und Shell Transport and Trading 1907)
RegAss	Regierungsassessor
RegInsp	Regierungsinspektor
RegObInsp	Regierungsoberinspektor
RegR	Regierungsrat
Reichsführer	Reichsführer SS und Chef der deutschen Polizei (Himmler)
Reichswerke	Reichswerke Hermann Göring
RfB	Reichsstelle/ Reichsamt für Bodenforschung (im Text)
RFM	Reichsfinanzministerium
RfMinÖl	Reichsstelle für Mineralöl
RFR	Reichsforschungsrat

RFSSuChdDtPol	Reichsführer SS und Chef der deutschen Polizei (Himmler)
RfWA	Reichsamt für Wirtschaftsausbau
RGBl.	Reichsgesetzblatt
Rhenania	Mineralölwerke Rhenania AG (vor 1917 Rhenania Benzinwerke GmbH, ab 1925 Rhenania-Ossag Mineralölwerke AG, Düsseldorf, nach 1945 Deutsche Shell AG = deutsche Tochter der Royal Dutch-Shell Group)
Rhenania-Ossag	Rhenania-Ossag Mineralölwerke AG, Düsseldorf (vor 1925 Mineralölwerke Rhenania AG, nach 1945 Deutsche Shell AG = deutsche Tochter der Royal Dutch-Shell Group)
RKei	Reichskanzlei
RKM	Reichskriegsministerium (vor 1935 RWeM)
RKU	Reichskommissar für die Ukraine (Rosenberg)
RLM	Reichsluftfahrtministerium
RMF	Reichsminister der Finanzen
RMfRK, RMRuK	Reichsministerium für Rüstung und Kriegsproduktion (Speer-Ministerium)
RMVuP	Reichsministerium für Volksaufklärung und Propaganda
Roa	„Rohstoffamt" = Vierjahresplan/Amt für deutsche Roh- und Werkstoffe (unter Ost Löb 1936–1938)
ROP	Russian Oil Products Ltd. [Bamberg 112] ab 1924 offensiv auf GB Markt bis 1928 viertgrößte Vertriebsorg nach RD-S, SO und APOC (BP) > Achnacarry
Rov	Vierjahresplan/Geschäftsgruppe Rohstoffverteilung (unter Glt Josef Wagner, 1936–Sommer 1937)
RPrWM	Schachts Reichs und Preußisches Wirtschaftsministerium, ab 1935 Reichswirtschaftsministerium (RWiM) genannt (vor 1934 RWM bzw. PrMWuA, ab 1938 RWM)
RSHA	Reichssicherheitshauptamt
RuK. Abt. Min.-Öl	Reichsministerium für Rüstung und Kriegsproduktion – Abteilung Mineralöl
RukMin.	Reichsministerium für Rüstung und Kriegsproduktion
RVK	Reichsverteidigungskommissar
RWE-DEA	Fusionierter Energiekonzern, 1987 entstanden aus den Rheinisch-Westfälische Electritätswerken des westdeutschen Kohlezars Hugo Stinnes – der kurz vor seine Tod 1924 einen großen Erdölkonzern geplant hatte – und der Deutschen Texaco, vorm. DEA. Tankstellennetz „DEA". RWE AG wird damit zu einem sehr großen Energiemischkonzern mit mehreren Rohstoffgrundlagen, ähn-

	lich der Stinnes'schen Konzeption. Expansion in die Ex-DDR, PL und C. [Bav 260–269]
RWeM	Reichswehrministerium (ab 1935 RKM)
RWiM	Reichswirtschaftsministerium, NS-Abkürzung (> RWM, bzw. RPrWM).
RWM	Reichswirtschaftsministerium (auch RWiM)
San Francisco	Yacimiento San Francisco, ecuadorianisch
Schrb.	Schreiben
SIG	Standard-IG Corporation (seit 1929)
Sinco	Sinclair Consolidated Oil, ein US-amerikanischer *outsider*
SO	Standard Oil Company (nach Auflösung des Trusts 1911 Standard Oil Company of New Jersey (SO), nach 1945 Esso. Später EXXON. Ab 1998 EXXON-Mobil)
SOCAL	Standard Oil Company of California (nach 1945 Chevron).
Socony	Standard Oil Company of New York (ab Ende der zwanziger Jahre durch Fusion mit Vacuum Oil Co. zu Socony-Vacuum. Später Mobil Oil, ab 1998 EXXON-Mobil)
SS-HStuf	SS-Hauptsturmführer
SS-Staf	SS-Standarten- Führer
StS	Staatssekretär
Te.Ho. Braunschweig	Technische Hochschule Braunschweig.
Texaco	Texas Company
TGCAGS	Transactions – Gulf Coast Association of Geological Society
TGL	Thüringische Geologische Landesuntersuchung, Jena
TLU, TGL	Thüringische Geologische Landesuntersuchung, Jena
TPC	Turkish Petroleum Company (Gründung März 1914. APOC 47,5 %/RD-S 22,5 %/Deutsche Bank 25 %/Gulbenkian 5 %. Von 1920 bis 1927 neue Beteiligungen, ab 1927 IPC)
TTV	Tiefbohrtechnischer Verein
TWM	Thüringisches Wirtschaftsministerium
Überseeische	Gesellschaft für überseeische bergbauliche Unternehmungen (ggr. September 1937, Dresdner Bank)
Vacuum	Deutsche Vacuum Oel AG, Hamburg (>DVOAG)
VK	Vizekonsul
VLR	Vortragender Legationsrat (Ministerialbeamter des AA)
VO	Verordnung

VoWi	Volkswirtschaftliche Abteilung der IG Farbenindustrie AG
VP	Vierjahresplan
VP/Roa	„Rohstoffamt" = Vierjahresplan/Amt für deutsche Roh- und Werkstoffe (unter Ost Löb 1936–1938)
VP/Rov	Vierjahresplan/Geschäftsgruppe Rohstoffverteilung (unter Glt Josef Wagner, 1936–Sommer 1937)
WaStiKo, WaSt	Waffenstillstandskommision zwischen Deutschland und Frankreich, ab Juni 1940
WFG	Wehrforschungs-Gemeinschaft (ab August 1944)
WIAG	Wintershall AG
Wifo	Wissenschaftliche Forschungsgesellschaft
WiGru	Wirtschaftsgruppe
WiGru KSI	Wirtschaftsgruppe Kraftstoffindustrie
WStb	Wehrwirtschaftsstab (Thomas)
W Wi	Wehrwirtschaftliche Abteilung der Wehrmacht (Thomas)
WTI	Wissenschaftlich-Technischer Informationsdienst
ZDGG	Zeitschrift der Deutschen Geologischen Gesellschaft
ZfG	Zeitschrift für Geschichtswissenschaft
ZGI	Zentrales Institut für Geologie, Invalidenstraße 44, Berlin DDR

2 Verzeichnis der Quellen

Um die ölpolitischen Konzepte der frühen Diktatur kontextualisieren zu können, wurde in erster Linie auf die Quellen des Archivs des Niedersächsischen Landesamtes für Bodenforschung (NLfB) in Hannover zurückgegriffen, in das die Akten des Reichsamts unter Keppler und das sog. Erdölarchiv des Reichsamts unter Bentz eingegangen sind. Die Aktenbestände des Archivs wurden in den frühen Achtzigern nach Pertinenzen aufgesplittert und sind nur noch über EDV-Stichwörter zu recherchieren. Folgende Quellen wurden eingesehen:

Protokolle der Erdölgeologischen Austauschsitzungen 1–53 (1934–1938), ohne Signatur. Protokolle der Erdölgeologischen Austauschsitzungen 54–69 (1939 – 1942), ohne Signatur. 007758. 008723. 008724. 023400. 023422. 024524. 024525. 024526. 024528. 024529. 024873. 030566. 030593. 033087. 041922. 047215. 047424. 047626. 047863. 047956. 047965. 047966. 047967. 048178. 048245. 048253. 048416. 048439. 048628. 048630. 048799. 048990. 049003. 049004. 049005. 049007. 049009. 049011. 049012. 049013. 049015. 049017. 049018. 049020. 049021. 049022. 049024. 049030. 049031. 049033. 049034. 049035. 049037. 049038. 049039. 049039. 049044. 049058. 049070. 049073. 049073. 049077. 049245. 049349. 052839. 059463. 059856. 065462. 065518. 065936. 066179. 068050. 073861. 073888. 075078. 076301. 076302. 076309. 076550. 078873. 080251. 084568. 085452. 085457. 085458. 085459. 085460. 086424. 086534. 086629. 086678. 086764. 086765. 087077. 087258. 087599. 087991. 087992. 087994. 087996. 087997. 087998. 088000. 088003. 092868. 092872. 093290. 095682. 095686. 096999. 097000. 099462. 099463. 101967. 101978. 101979. 103180. 103181. 103198. 103220. 103230. 103231. 103234. 103235. 103235. 103238. 104619. 104626. 104627. 104629. 106293. 106295. 106297. 107676. 108143. 108146. 108147. 108148. 108149. 108153. 108155. 108156. 108167.

Zum Teil ließ sich das archivalische Manko der hannoverschen Quellen durch den Mikrofilmbestand T 401 (Reichsoffice for Soil Exploration) aus den National Archives Washington, USA ausgleichen, der ergänzendes, unzerstörtes Material aus dem Erdölarchiv beinhaltet.

Ferner wurden aus dem Bundesarchiv Berlin (BA) eingesehen:

NS 19 – PersStab RFSS,
R 2 – RMRuK/ZP,
R 26 I – VJP, Zentrale,
R 26 III – Reichsforschungsrat,
R 26 IV – VJP, Ernährung,
R 3101 – RWM (Ost),

R 3101/alt R 7 – RWM (West).

Aus der Zweigstelle Berlin Hoppegarten (BA) die Bestände:
R 13 XXIII – WiGru KraftStInd,
R 176 – Kontinentale Öl AG,
R 71 – RfB,
R 8 VII – RfMinÖl,
R 8128 – ArbGem Erdöl.

Aus dem Preußischen Geheimen Staatsarchiv Berlin (GStA PK) der Bestand:
I. HA Rep. 121 E V 8.

Aus dem Bundesarchiv-Militärische Abteilungen, Freiburg/Br. (BA-MA) die Bestände:
RW 19 und WI VI (Wehrwirtschafts- und Rüstungsamt).

Aus dem Archiv des Deutschen Museums, München (DMM) der Bestand:
BIOS – CIOS – FIAT.

Aus dem Archiv des Instituts für Zeitgeschichte, München (IfZ) die Bestände:
FD 47. MA 144. MA 190. MA 219. MA 325. MA 568. MA 638. MA 1300.
MA 1555. PS – 984.

Im Public Record Office, London (PRO) der Bestand:
FO 1039.

Es wurden Interviews geführt mit:
Prof. Dr. Hanfried Putzer am 8. Oktober 1993 und am 7. Dezember 1993.
Prof. Dr. Alfred Mayer-Gürr am 25. Mai 1994.
Prof. Dr. Helmuth Fahrion am 30. März 1999.

3 Literaturverzeichnis

Zeitschriften

Archiv für Lagerstättenforschung der Geologischen Bundesanstalt, Wien.

Archiv für Lagerstättenforschung, Berlin.

Bulletin of the American Association of Petroleum Geologists (BAAPG), Tulsa/Oklahoma.

Business History Review (BHR), Boston/Massachusetts.

Erdöl und Teer, Berlin.

Erdöl – Zeitschrift für Bohr und Fördertechnik, Wien.

Geologie, Berlin.

Geologisches Jahrbuch. Herausgegeben von der Bundesanstalt für Bodenforschung und den Geologischen Landesämtern der Bundesrepublik Deutschland, Hannover.

Geologisches Jahrbuch. Herausgegeben von der Preußischen Geologischen Landesanstalt, Berlin.

ICON – Journal of the International Committee for the History of Technology, London.

Jahrbuch für Geschichte, Berlin.

Jahrbuch für Wirtschaftsgeschichte (JWG), Berlin.

Kali, verwandte Salze und Erdöl. Zeitschrift für die Kali- Steinsalz- und Erdölindustrie sowie das Salinenwesen, hg. Deutscher Kaliverein e.V., Berlin, Halle/S.

Kölner Zeitschrift für Soziologie und Sozialpsychologie, Köln.

Lagerstätten-Chronik. Monatliche Mitteilungen lagerstättenkundlichen und bergwirtschaftlichen Inhalts aus dem Archiv der kgl. Geologischen Landesanstalt zu Berlin/der Preußischen Geologischen Landesanstalt, Berlin.

Zeitschrift für praktische Geologie mit besonderer Berücksichtigung der Lagerstättenkunde. hg. von F. Beyschlag und P. Krusch, Halle/S.

Mitteilungen der Abteilung Geologie, Paläontologie und Bergbau am Landesmuseum „Joanneum", Graz.

Oel und Kohle, bzw. Oel und Kohle vereinigt mit Erdöl und Teer, bzw. Oel und Kohle vereinigt mit Erdöl und Teer, vereinigt mit Petroleum, Berlin.

Österreichischer Kalender für Berg, Hütte, Energie.

Oil and Gas Journal, Tulsa/Oklahoma.

Petroleum, Wien.

The Petroleum Times, Maidstone/Kent.

Social Studies of Science, London.

Technology and Culture, London.

Vierteljahreshefte für Zeitgeschichte (VfZG), München.

Wissenschaftlich-Technischer Informationsdienst (WTI), Berlin.

Zeitschrift der Deutschen Geologischen Gesellschaft (ZDGG), Berlin und Stuttgart.

Zeitschrift für angewandte Geologie, Berlin.

Zeitschrift für Geophysik, Würzburg.

Zeitschrift für Geschichte der Naturwissenschaft, Technik und Medizin, Berlin.

Zeitschrift für Geschichtswissenschaft (ZfG), Berlin.

Zeitschrift für praktische Geologie mit besonderer Berücksichtigung der Lagerstättenkunde, Halle/S.

Sammelbände, Monographien, Aufsätze

Akten der Reichskanzlei: Regierung Hitler, Teil I 1933/1934, Boppard 1983.

Akten der Reichskanzlei: Regierung Hitler, Teil II 1934/35, Boppard 1999.

Albrecht, Helmuth, „Das Erdölvorkommen von Volkenroda", *Petroleum* 28 (1932), 18, S. 11–16.

Anatomie des Krieges: neue Dokumente über die Rolle des deutschen Monopolkapitals bei der Vorbereitung und Durchführung des zweiten Weltkrieges, hg. Dietrich Eichholtz/Wolfgang Schumann, Berlin 1969.

„Anschluß" 1938: eine Dokumentation, hg. Heinz Arnberger/Winfried R. Garscha/ Christa Mitterrutzner (hg. Dokumentationsarchiv des österreichischen Widerstands), Wien 1988.

Aronson, Shlomo, *Reinhard Heydrich und die Frühgeschichte von Gestapo und SD*, Stuttgart 1971.

Bamberg, James H., *The History of the British Petroleum Company, Bd. 2: The Anglo-Iranian years 1928–1954* (Bd. 1 = Ferrier, Robert W.), Cambridge 1994.

Barsch, Otto, „Erdöl und Geophysik in Nordwestdeutschland" (Vortrag gehalten auf der Erdöltagung in Hannover am 5. Mai 1932)", in: *Die Erdöltagung ... (1932)*, S. 437–449.

Barsch, Otto, „Die geophysikalische Reichsaufnahme als Grundlage für die Erschließung neuer Lagerstätten: Vortrag anläßlich der wissenschaftlichen Tagung der Deutschen Gesellschaft für Mineralölforschung und der Brennkrafttechnischen Gesellschaft e. V am 5. November 1936", *Oel und Kohle vereinigt mit Erdoel und Teer* 12 (1936) 45, v. 1. Dezember 1936, S. 1035–1039.

Barsch, Otto, „Die planmäßige geophysikalische Erforschung Deutschlands als Grundlage weiterer erdölgeologischer Aufschlußarbeiten", *Oel und Kohle* 1 (1933) 1, S. 79–81.

Barton, Donald C., „Petroleum potentialities of Gulf Coast petroleum province of Texas and Louisiana", *BAAPG* 24 (1930) 11, S. 1379–1400.

Barton, Donald C., „Zur Bildung der Erdöllagerstätten", *Petroleum* 28 (1932) 22, S. 9–16.

Bavendamm, Dirk, „1899–1999: 100 Jahre RWE-DEA: die Geschichte des Unternehmens", in: 1999: 100 Jahre RWE-DEA, hg. RWE-DEA Aktiengesellschaft für Mineralöl und Chemie, Hamburg 1999, S. 171–277.

„Die Bedeutung der russischen Erdölproduktion für den deutschen Markt", *Petroleum* 23 (1927) 18, S. 774–777.

Behme, Fr., „Woher stammt das Erdöl in Deutschland und wo sind neue Erdölfelder zu suchen?", *Petroleum* 24 (1928) 4, S. 130–134.

Behme, Fr., „Zur Geschichte der hannoverschen Erdölindustrie“, Sondernummer „Das Erdöl in Deutschland“, *Petroleum* 27 (1931) 11, S. 188–192.

Bentz, Alfred, „Aufsuchung von Erdöl in Deutschland mit Reichsmitteln“, *Oel und Kohle vereinigt mit Erdoel und Teer*, 13 (1937) 26, v. 8. Juli 1937, S. 667–669.

Bentz, Alfred, „Die Entwicklung der Erdölgologie“, *ZDGG*, Bd. 100, 1948, Hannover 1950, S. 188–197.

Bentz, Alfred, „Erdölgeologie als Grundlage eines planmäßigen Bohrprogrammes“ (Fachgruppenvortrag auf der Tagung der Deutschen Gesellschaft für Mineralölforschung), *Oel und Kohle*, 1 (1933), S. 82–84.

Bentz, Alfred, „Das Erdöl in Deutschland: die geologischen Grundlagen der norddeutschen Erdölvorkommen“, *Petroleum* 27 (1931) 15 (= Sondernummer „Deutschland“ II), S. 259–266.

Bentz, Alfred, „Das Erdöl in Deutschland und seine Aufschließung“, (Übersichtsvortrag auf der Tagung der Deutschen Gesellschaft für Mineralölforschung), *Oel und Kohle*, 1 (1933), S. 29–31.

Bentz, Alfred (Hg.), *Erdöl und Tektonik in Nordwestdeutschland*, Hannover/Celle 1949.

Bentz, Alfred, „Ergebnisse der erdölgeologischen Erforschung Nordwestdeutschlands 1932–1947: ein Überblick“, in: *Erdöl und Tektonik* ... (1949), S. 7–18.

Bentz, Alfred, „Die geologischen Grundlagen der nordeutschen Erdölvorkommen“, *Petroleum* 27 (1931) 15, S. 259–266.

Bentz, Alfred, „Geologische Studienreise in Nordamerikanischen Erdölfeldern“, *Petroleum* 30 (1934) 22, S. 1-16. Ebd. 27, S. 5–12. Ebd. 31, S. 7–14. Ebd. 35, S. 5–15.

Bentz, Alfred, „Geologische Voraussetzungen für das Auftreten von Erdöllagerstätten in Deutschland (Vortrag gehalten auf der Erdöltagung in Hannover am 5. Mai 1932; mit 5 Abbildungen)“, in: *Die Erdöltagung* ... (1932), S. 369–389.

Bentz, Alfred, „The History of the German Geological Survey: a paper read to a party of British geologists visiting Celle, Jul 1946“, *Geological Magazine*, 84 (1947) 3, S. 169–177.

Bentz, Alfred, „Ist Unterfranken erdölhöffig“, *Petroleum* 28 (1932) 18, S. 1–10.

Bentz, Alfred, „Erdölgeologie als Grundlage eines planmäßigen Bohrprogramms“, *Oel und Kohle* 1 (1933) 1, S. 82–84.

Bentz, Alfred, „Der mesozoische Untergrund des Norddeutschen Flachlandes und seine Erdölhöffigkeit“, in: *Deutsches Erdöl*, hg. Otto Sutzer (= Schriften aus dem Gebiet der Brennstoff-Geologie, 7), Stuttgart 1931, S. 5–25.

Bentz, Alfred, „Professor Dr. Josef [sic] Stoller und die Entwicklung des deutschen Erdölbergbaues“, *Petroleum* 26 (1930) 49, S. 1204–1206.

Bentz, Alfred, „Salzstöcke und Erdöllagerstätten: ein Vergleich mit besonderer Berücksichtigung der deutschen Vorkommen“, *Petroleum* 24 (1928) 26, S. 1157–1164.

Bentz, Alfred, „Salzstöcke und Erdöllagerstätten“, *Kali* 23 (1929), S. 341–344.

Bentz, Alfred, „Die verschiedenen Erdölhorizonte Norddeutschlands, deren primäre oder sekundäre Entstehung“, *2. Jb. Deutsch. Nation. Kommitees Internat. Bohrkongresse*, Berlin 1932, S. 21–88.

Bentz, Alfred, „Walter Kauenhowen †“, *Oel und Kohle* 38 (1942) 35, v. 15. September 1942, 1069 f.

Bentz, Alfred, „Wie ist die Erdölhöffigkeit Deutschlands heute zu beurteilen?“ *Oel und Kohle vereinigt mit Erdoel und Teer*, 11 (1935), S. 847–850.

Bentz, Alfred, „Zur Entstehung der hannoverschen Erdöllagerstätten“, *Petroleum* 28 (1932) 13, S. 1–10.

Bentz, Alfred/Closs, Hans, „Erdöl und geophysikalische Reichsaufnahme in Großdeutschland“, *Oel und Kohle vereinigt mit Erdoel und Teer*, 15/35 (1939) 41, v. 1. November 1939, S. 731–740.

Berendes, Hubert, „Aus den deutschen Erdölgebieten“, *Petroleum* 26 (1930) 1, S. 15 f.

Berendes, Hubert, „Die Bergingründungen und andere Ölinteressen der I. G. Farbenindustrie-A.-G.“ *Petroleum* 24 (1928) 5, S. 201–205.

Berendes, Hubert, „Der deutsche Erdölbergbau an der Jahreswende“, *Petroleum* 28 (1932) 13, S. 14–16.

Berendes, Hubert, „Der deutsche Erdölbergbau in der ersten Hälfte 1930, *Petroleum* 26 (1930) Anhang Erdöl-Chronik und -Statistik ix, S. 1–5 .

Berendes, Hubert, „Zur Entwicklung der hannoverschen Ölindustrie“, *Petroleum* 27 (1931) 11, S. 192–197.

Die Bergwerke Deutschlands: auf bergwirtschaftlicher und lagerstättenkundlicher Grundlage, hg. Paul Hülsemann, Stuttgart 1930.

„Betriebsstoffe und Straßenbau auf der internationalen Automobilausstellung in Köln 1927“, *Petroleum* 23 (1927) 29, S. 1255–1270.

Beyerchen, Alan D., *Scientists under Hitler: politics and the physics community in the Third Reich*, New Haven 1977.

Big Business and the Wealth of Nations, hg. Alfred D. Chandler, Cambridge 1997.

BIOS 1016 siehe The War Structure ...

BIOS 1016, Supplement siehe Schirner, Karl.

BIOS 1017 siehe The War Structure ...

Birkenfeld, Wolfgang, „Illusionen am Kaukasus 1942/43“, in: *Wissenschaft, Wirtschaft und Technik: Studien zur Geschichte – Wilhelm Treue zum 60. Geburtstag*, hg. Karl-Heinz Manegold, München 1969, S. 85–91.

Birkenfeld, Wolfgang, *Der synthetische Treibstoff 1933–1945: ein Beitrag zur nationalsozialistischen Wirtschafts- und Rüstungspolitik*, Göttingen 1964.

Boelcke, Willy, *Die deutsche Wirtschaft 1930–1945: Interna des Reichswirtschaftsministeriums*, Düsseldorf 1983.

Boog, Horst/Förster, Jürgen/Hoffmann, Joachim/Klink, Ernst/Müller, Rolf-Dieter/Ueberschär, Gerd R., *Der Angriff auf die Sowjetunion: Bd. 1: die deutsche Kriegspolitik und die Sowjetunion* (Das Deutsche Reich und der Zweite Weltkrieg: Bd. 4, hg. Militärgeschichtliches Forschungsamt), Stuttgart 1983.

Boog, Horst/Rahn, Werner/Stumpf, Reinhard/Wegner, Bernd, *Der globale Krieg: die Ausweitung zum Weltkrieg und der Wechsel der Initiative 1941–1943* (Das Deutsche Reich und der Zweite Weltkrieg, Bd. 6, hg. Militärgeschichtliches Forschungsamt), Stuttgart 1990.

Brack, Ullrich, *Deutsche Erdölpolitik vor 1914: eine Fallstudie zu den Problemen der Marktbeherrschung und Staatsintervention im Wilhelminischen Deutschland*, Hamburg 1977.

Brückmann, Generalkonsul, „Die Kohlenverflüssigung und ihre Bedeutung für die Weltwirtschaft“, *Petroleum* 24 (1928) 1, S. 26–32.

Cadman, John, „Die Wissenschaft in der Erdölindustrie“, *Petroleum* 29 (1933) 39, Beilage, S. 1–8.

Carlé, Walter E. H., *Werner- Beyrich – v. Koenen – Stille: ein geistiger Stammbaum wegweisender Geologen* (= Geol JB, ser. A, 108), Hannover 1988.

Chandler jr., Alfred D., *Scale and Scope: The Dynamics of Industrial Capitalism*, Cambridge/Massachusetts 1990.

Chemische, physikalische, geologische und geophysikalische Untersuchungsmethoden des Erdöls und seiner Produkte, hg. J. Tausz (= Das Erdöl ... (1929–1932) [= „Engler-Höfer"], Bd. 2), Leipzig 1930.

Closs, Hans, „Die geophysikalische Reichsaufnahme und ihre Vorgeschichte", in: *Zur Geschichte der Geophysik: Festschrift zur 50-jährigen Wiederkehr der Gründung der Deutschen Physikalischen Gesellschaft*, hg. H. Birett et al., Berlin 1974, S. 115–130.

Closs, Hans/Wolff, Wilhelm, „Die Entwicklung der Geophysikalischen Reichsaufnahme Deutschlands bis Ende 1938", *Oel und Kohle vereinigt mit Erdoel und Teer* 15 (1939) 14, v. 9. April 1939, S. 275–284.

Constant II, Edward W., „Science *in* Society: Petroleum Engineers and the Oil Fraternity in Texas, 1925–65", *Social Studies of Science* 19 (1989), S. 439–472.

Czichon, Eberhard, *Wer verhalf Hitler zur Macht? Zum Anteil der deutschen Industrie an der Zerstörung der Weimarer Republik*, Köln 1967.

Das Deutsche Reich und der Zweite Weltkrieg, Bd. 1 = Deist, Wilhelm/Messerschmidt, Manfred/Volkmann, Hans-Erich/Wette, Wolfram, *Ursachen* ... (1979).

Das Deutsche Reich und der Zweite Weltkrieg: Bd. 4/1, hg. Militärgeschichtliches Forschungsamt, Stuttgart 1983 = Boog, Horst et al., *Der Angriff*... (1983).

Das Deutsche Reich und der Zweite Weltkrieg: Bd. 6, hg. Militärgeschichtliches Forschungsamt, = Boog, Horst et al., *Der Globale Krieg* ... (1990).

Davis, Robert H., *Historical Dictionary of Colombia: second edition*, Metuchen/New Jersey 1993.

Deichmann, Ute, „The Expulsion of German-Jewish Chemists and Biochemists and their Correspondence with Colleagues in Germany after 1945: The Impossibility of Normalization?", in: Szöllösi-Janze (Hg.), *Science* ... (2001), S. 243–280.

Deist, Wilhelm, „Die Aufrüstung der Wehrmacht", in: Wilhelm Deist et al., *Ursachen und Voraussetzungen der deutschen Kriegspolitik* (Das Deutsche Reich und der Zweite Weltkrieg, Bd. 1, hg. Militärgeschichtliches Forschungsamt), Stuttgart 1979, S. 371–529.

Deist, Wilhelm/Messerschmidt, Manfred/Volkmann, Hans-Erich/Wette, Wolfram, *Ursachen und Voraussetzungen der deutschen Kriegspolitik* (Das Deutsche Reich und der Zweite Weltkrieg, Bd. 1, hg. Militärgeschichtliches Forschungsamt), Stuttgart 1979.

Detlefsen, Gert Uwe, *Die Stinnes Reedereien: eine Darstellung der Schiffahrtsinteressen des Großindustriellen Hugo Stinnes, seiner Nachfahren Hugo jr., Otto und Matthias Stinnes sowie ihrer Reedereien*, Bad Segeberg 1998.

Deutsches Erdöl, hg. Otto Sutzer (= Schriften aus dem Gebiet der Brennstoff-Geologie, 7), Stuttgart 1931.

Deutsches Erdöl: II. Folge, hg. Otto Sutzer (= Schriften aus dem Gebiet der Brennstoff-Geologie, 9), Stuttgart 1934.

Dokumente der Deutschen Politik, Bde. 1–7, hg. Franz. A. Six, Berlin 1938–1941.

Domarus, Max (Hg.), *Hitler: Reden und Proklamationen 1933–1945*, 2 Bde. (in 4 Teilbänden), Wiesbaden 1973.

Döscher, Hans-Jürgen, *Das Auswärtige Amt im Dritten Reich: Diplomatie im Schatten der Endlösung*, Berlin 1987.

Dreher, Otto, „Das Archiv des Erdöl-Gelogen", *Petroleum* 21 (1925) 27, S. 1689–1694.

Dreher, O., „Das Bohrarchiv des Erdölgeologen, erläutert an dem Beispiel »Deutschland«", *Petroleum* 28 (1932) 31, S. 16–21.

Dreher, O., „Zeichen für Bohrungen auf Ölfeld-Karten", *Petroleum* 28 (1932) 31, 22.

dtv-Atlas Weltgeschichte, Bd. 2: Von der Französischen Revolution bis zur Gegenwart, hg. Hermann Kinder/Werner Hilgemann, München (25. erweiterte Auflage) 1991.

Eichholtz, Dietrich, „Der »Anschluß« Österreichs 1938 und die Südostexpansion der Deutschen Bank", *Jahrbuch für Wirtschaftsgeschichte* (1988) iv, S. 203–248.

Eichholtz, Dietrich, „Carl Bosch: Benzin und Aufrüstung", in: Sturz ins Dritte Reich: Historische Miniaturen und Porträts 1933/35, hg. Helmut Bock/Wolfgang Ruge/Marianne Thomas, Leipzig etc. 1983, S. 250–258.

Eichholtz, Dietrich, *Deutsche Politik und rumänisches Öl (1938–1941)*, Leipzig 2005.

Eichholtz, Dietrich, „Das Expansionsprogramm des deutschen Finanzkapitals am Vorabend des zweiten Weltkrieges", in: *Der Weg in den Krieg: Studien zur Geschichte der Vorkriegsjahre (1935/36 bis 1939)*, hg. Dietrich Eichholtz/Kurt Pätzold, Köln 1989, S. 1–39.

Eichholtz, Dietrich, *Geschichte der deutschen Kriegswirtschaft 1933–1945: Bd. 1: 1939–1941*, Berlin 1969.

Eichholtz, Dietrich, *Geschichte der deutschen Kriegswirtschaft 1933–1945: Bd. 2: 1941–1943*, Berlin 1985.

Eichholtz, Dietrich, *Geschichte der deutschen Kriegswirtschaft 1933–1945: Bd. 3: 1943–1945*, Berlin 1996.

Eichholtz, Dietrich, „Die »Großraumwehrwirtschaft« für den großen Krieg: zwei geheime Memoranden der Reichsstelle für Wirtschaftsausbau vom Frühjahr/ Sommer 1939, *Bulletin des Arbeitskreises „Zweiter Weltkrieg"*, Nr. 1–4 (1986), S. 70–161.

Eichholtz, Dietrich, „Hermann Göring: »...dann kommt die Stunde, wo Deutschland reich ist«", in Kurt Pätzold/Manfred Weißbecker (Hg.), *Stufen zum Galgen: Lebenswege vor den Nürnberger Urteilen*, Leipzig 1996, S. 18–54.

Eichholtz, Dietrich, „Institutionen und Praxis der deutschen Wirtschaftspolitik im NS-besetzten Europa", in: Richard J. Overy et al. (Hg.), Die „Neuordnung" Europas: NS-Wirtschaftspolitik in den besetzten Gebieten, Berlin 1997, S. 29–62.

Eichholtz, Dietrich, „Öl, Krieg, Politik: Deutscher Ölimperialismus 1933 – 1942/43", *ZfG* 51 (2003) 6, S. 493 – 510.

Eichholtz, Dietrich, „Der Raubzug des faschistischen deutschen Imperialismus zu den Erdölquellen des Kaukasus 1941–1943", *JfG*, 14 (1976), S. 445–502.

Eichholtz, Dietrich, „Wirtschaftskollaboration und Ostgesellschaften", in: Europa unterm Hakenkreuz, suppl. 1, Berlin 1994, S. 433–459.

Eichholtz, Dietrich, „Zum Anteil des IG-Farben-Konzerns an der Vorbereitung des zweiten Weltkriegs: ein Dokument zur staatsmonopolistischen Kriegsplanung des faschistischen deutschen Imperialismus", *JWG* 1967/II, S. 107–115.

Eichholtz, Dietrich/Gossweiler, Kurt, *Faschismusforschung: Positionen – Probleme – Polemik*, Berlin 1980.

Eisentraut, Otto, *Der niederschlesische Zechstein und seine Kupferlagerstätte* (= Archiv für Lagerstättenforschung, 71), Berlin 1939.

Engler, C., *Die Chemie und Physik des Erdöls* (= Das Erdöl ... (1909–1926) [„Engler-Höfer"], Bd. 1), Leipzig 1913

Engler, C./Höfer, H., »Entstehung des Erdöls« aus Höfer, Hans, „Erster Teil (Geologie)", in: *Die Geologie, Gewinnung und der Transport des Erdöls*, hg. Hans Höfer (= Das Erdöl, seine Physik, Chemie, Geologie, Technologie und sein Wirtschaftsbetrieb in fünf Bänden, hg. C. Engler/Hans Höfer, Bd.2) Leipzig 1909.

Erdöl und Tektonik in Nordwestdeutschland, siehe Alfred Bentz, *Erdöl und Tektonik* ...

Das Erdöl, seine Physik, Chemie, Geologie, Technologie und sein Wirtschaftsbetrieb in fünf Bänden [+ einem sechsten Band], hg. C. Engler/Hans Höfer, Leipzig 1909–1925 [= „Engler-Höfer"].

Das Erdöl, seine Physik, Chemie, Geologie, Technologie und sein Wirtschaftsbetrieb in fünf Bänden, hg. J. Tausz, Leipzig 1929–1932 [= „Engler-Höfer" Neuauflage].

Erdöltagung der Deutschen Geologischen Gesellschaft in Hannover: 5.–7. Mai 1932: Vorträge und Verhandlungen (= *ZDGG* 84 (1932) 6, S. 361–512 und 6 Tafeln), Berlin/Stuttgart 1932.

Faber, Alfred, „Frankreichs auswärtige Erdölpolitik seit Kriegsende (1918–1923)", *Petroleum* 20 (1924) 1, S. 13–15. Ebd. 2, S. 48–51. Ebd., 3, S. 85–88. Ebd. 4, S. 117–121.

Faber, Alfred, *Die neueste Entwicklung der Welterdölwirtschaft und die Mineralöllage Deutschlands*, Halle 1926.

Faber, A., „Die Versorgung Deutschlands mit natürlichen und künstlichen Mineralölen in den Jahren 1914 bis 1927", *Petroleum* 24 (1928) 15, S. 644–652.

Fahrion, Helmut, Die Gewerkschaft Elwerath – Chronik eines Unternehmens 1866–1969, Hannover 1987.

Feder, Gottfried, „Wirtschaftspolitische Grundlagen der Versorgung Deutschlands mit Mineralölen und bituminösen Stoffen", Rahmenvortrag gehalten auf der Tagung der Deutschen Gesellschaft für Mineralölforschung vom 17.–19. September 1933, *Oel und Kohle*, 1 (1933), Heft 1 v. 1. Dezember 1933, S. 20–24.

Feldman, Gerald D., „Die Deutsche Bank vom Ersten Weltkrieg bis zur Weltwirtschaftskrise 1914–1933", in: Lothar Gall et al., *Die Deutsche* ... (1995), S. 138–314.

Feldman, Gerald D., *Hugo Stinnes: Biographie eines Industriellen 1870–1924*, München 1998.

Ferrier, Robert W., *The History of the British Petroleum Company, Bd. 1: The Developing Years, 1901–1932*, Cambridge 1982.

Fetzer, Fritz, *Ölpolitik der Großmächte unter kriegswirtschaftlichen Gesichtspunkten: das japanische Beispiel*, Hamburg 1935.

Fischer, Ernst Rudolf, „Aufbau und Aufgaben der Wirtschaftsgruppe Kraftstoffindustrie", Vortrag auf der gemeinsamen wissenschaftlichen Tagung der Deutschen Gesellschaft für Mineralölforschung und der Brennkrafttechnischen Gesellschaft", *Oel und Kohle* 12 (1936) 43, v. 15. November 1936, S. 990 f.

Fischer, Ernst Rudolf, „Die Grundlagen der deutschen Mineralölwirtschaft", in: Karl-Heinrich von Thümen, *Die deutsche Mineralölwirtschaft: Jahrbuch der deutschen Mineralölwirtschaft 1939/40*, Frankfurt/M. 1939, 23–27.

Fischer, Ernst Rudolf, „Nationale Mineralölwirtschaft: Von Dr. E. R. Fischer, Leiter der Fachgruppe Mineralöle und Mineralölprodukte der Wirtschaftsgruppe Chemische Industrie: Auszug aus dem Vortrag anläßlich der wissenschaftlichen Tagung der Deutschen Gesellschaft für Mineralölforschung und der Brennkrafttechnischen Gesellschaft e. V. am 26. September 1935", *Oel und Kohle vereinigt mit Erdoel und Teer*, 11 (1935), S. 779–781.

Fischer, Fritz, *Bündnis der Eliten: zur Kontinuität der Machtstrukturen in Deutschland 1871–1945*, Düsseldorf 1979.

Fischer, Fritz, *Griff nach der Weltmacht: die Kriegszielpolitik des kaiserlichen Deutschland 1914/18*, Düsseldorf (3. Auflage) 1964.

Flieger, Heinz, *Unter der gelben Muschel: die Geschichte der deutschen Shell*, Düsseldorf 1961.

Förster, Fren, *Geschichte der deutschen BP 1904–1979*, Hamburg 1979.

Frei, Norbert, *Der Führerstaat: nationalsozialistische Herrschaft 1933–1945*, München 1993.

Friedensburg, Ferdinand, *Die Bedeutung des Bergbaus in der Weltwirtschaft und Weltpolitik*, Berlin 1953.

Friedl, Karl, „Die Erdölproduktion Polens, ihre Vergangenheit, ihre Gegenwart und ihre Zukunft" *Petroleum* 20 (1924) 10, v. 1. April 1924, S. 371–381.

Friedl, Karl, „Polen", in: *Spezielle Geologie* ... (1930) (= *Das Erdöl* ... (1929–1932) [= „Engler-Höfer"], Bd. 2), S. 72–130.

Friedl, Karl, „Über die jüngsten Erdölforschungen im Wiener Becken, *Petroleum* 23 (1927) 6, S. 189–239.

Friedl, Karl, „Zur Deutung der westgalizischen Erdölvorkommen", *Petroleum* 19 (1923) 7, S. 185–191.

Friedl, Karl „Zur Geologie des ersten Erdölfundes in Niederösterreich", *Petroleum* 26 (1930) 40, S. 987–992.

Fröbe, Rainer, „Arbeit für die Mineralölindustrie: das Konzentrationslager Misburg", in: Rainer Fröbe et al., *Konzentrationslager* ... (1985), S. 131–275.

Fröbe, Rainer/Füllberg-Stolberg, Claus/Gutmann, Christoph/Keller, Rolf/Obenaus, Herbert/Schröder, Hans Hermann, *Konzentrationslager in Hannover: Kz-Arbeit und Rüstungsindustrie in der Spätphase des Zweiten Weltkriegs*, Hildesheim 1985.

Fröhlich, Elke, „Oberkommando der Kriegsmarine", in: *Enzyklopädie des Nationalsozialismus*, hg. Wolfgang Benz/Hermann Graml/Hermann Weiß, München 1997, S. 621.

Fulda, Ernst, „Erdöl und Salz", *Zeitschrift für Praktische Geologie* 28 (1920) 9, S. 144–147.

Fulda, Ernst, „Der Hauptdolomit des Mittleren Zechsteins als Erdölmuttergestein", *Kali* 25 (1931) 13, v. 1. Juli 1931, S. 193–198.

Fulda, Ernst, „Die Stratigraphie des Thüringischen Zechsteins nach Tiefbohrergebnissen", *JbPGLA* 47 (1926), S. 208–220.

Galey, John T., „The anticlinal theory of oil and gas accumulation: Its role in the inception of the natural gas and modern oil industries in North America", in: *Geologists and Ideas: a History of North American Geology*, hg. Ellen T. Drake/William M. Jordan, Boulder/COL 1985, S. 423–442.

Gemignani-Saxstad, Pascale, *La France, le pétrole et le proche orient de 1939 à 1958*, Paris (These microfichiée) 1998.

Gerretson, Frederic Carl, *History of the Royal Dutch*, 4 Bde., Leiden 1958.

Geschichte der Kaiser-Wilhelm-Gesellschaft im Nationalsozialismus: Bestandsaufnahmen und Perspektiven der Forschung, 2 Bde., hg. Doris Kaufmann (= Geschichte der Kaiser-Wilhelm-Gesellschaft im Nationalsozialismus, hg. Reinhard Rürup/Wolfgang Schieder i/1), o. O. 2000.

Gewinnung und der Transport des Erdöls, hg. Hans Höfer (= Das Erdöl, seine Physik, Chemie, Geologie, Technologie und sein Wirtschaftsbetrieb in fünf Bänden, hg. C. Engler/Hans Höfer, Bd. 2) Leipzig 1909.

Geyer, Michael, *Aufrüsten oder Sicherheit: die Reichswehr in der Krise der Machtpolitik 1924–1936*, Wiesbaden 1980.

Gibb, George S./Knowlton, Evelyn H., *History of the Standard Oil Company (New Jersey), Bd. 2: The Resurgent Years 1911–1927*, New York 1956.

Giebelhaus, August W., „The Emergence of the Discipline of Petroleum Engineering: An International Comparison", *ICON – Journal of the International Committee for the History of Technology* 2 (1996), S. 108–122.

Grobba, Fritz, *Irak*, Berlin 1941.

Grobba, Fritz, *Männer und Mächte im Orient: 25 Jahre diplomatischer Tätigkeit im Orient*, Göttingen 1967.

Gross, Raphael, *Carl Schmitt und die Juden: eine deutsche Rechtslehre*, Fankfurt/M. 2000.

Gründer, W., „Erdölgewinnungsmethoden und restlose Entölung ölführender Schichten", *Petroleum* 28 (1932) 44, S. 1–7.

„Die Gründung der Gesellschaft am 8. und 9. Mai 1933", *Oel und Kohle*, 1 (1933) 1, S. 10–16.

Guntau, Martin, „Die Entwicklung der geowissenschaftlichen Lehre an der Bergakademie Freiberg seit Gründung der Hochschule im Jahre 1765", *Zeitschrift für geologische Wissenschaften* 3 (1975) 12, S. 1579–1594.

Guntau, Martin, „The history of the origins of the Prussian geological survey in Berlin (1873)", *History and Technology* 5 (1988), S. 51–58.

Guntau, M./Wirth, U., „Zur Entstehungsgeschichte der Preußischen Geologischen Landesanstalt in Berlin", *Zeitschrift für angewandte Geologie* 29 (1983) 12, S. 616–621.

Gunther, Albert E., BIOS 1016 siehe The War Structure ...

Gunther, Albert E., BIOS 1017 siehe The War Structure ...

Gunther, Albert E. et al., *Geologische Forschungen in Nordwestdeutschland unter der britischen Militärregierung 1945–1947* (= Geol JB, ser. A, 102), Hannover 1987.

Gunther, Albert E., „The German War for Crude Oil in Europe 1934–1945", *Petroleum Times* 1947, S. 1095–99, 1147–52, 1211–15 und 1272–74.

Gunther, Albert E., „The German War for Crude Oil in Europe 1934–1945", *Petroleum Times* 1948, S. 22–26, 65–68, 84, 113–121, 169–171, 217–222, 266–271, 314–320, 367–373, 421–425, 436 und 470–475.

Gunther, Albert E., „A Note on the Oil Fields Investigations and Military Government at Celle 1945–1947", in: *Geologische Forschungen in Nordwestdeutschland unter der britischen Militärregierung 1945–1947* (= Geol JB, ser. A, 102) Hannover 1987, *S. 13*–21.

Günther, Renate, „Das Petroleumabkommen im Bukarester Friedensvertrag von 1918", *JWG* 1968, iv.

Haase, F., *Die Erdoel-Interessen der Deutschen Bank und der Direktion der Disconto-Gesellschaft in Rumänien*, Berlin 1922.

Hammerstein, Notker, *Die Deutsche Forschungsgemeinschaft in der Weimarer Republik und im Dritten Reich: Wissenschaftspolitik in Republik und Diktatur 1920–1945*, München 1999.

Handbuch des Aufbaus der gewerblichen Wirtschaft, Bd. 3, hg. Hermann Teschemacher, Leipzig 1937.

Hayes, Peter, *Industry and Ideology: IG Farben in the Nazi Era*, Cambridge 1987.

Heidbrink, Ingo, „Mit Erdöl auf Reisen – deutsche Binnentankschifffahrt seit 1887: überarbeitete Fassung des Vortrages am 12.11.1999 im Deutschen Erdölmuseum", *Ölpost* 6 (2000) 2, Beilage, S. B.1–B.4.

Henriques, Robert, *Marcus Samuel: First Viscount of Bearsted and Founder of the »Shell« Transport and Trading Company, 1853–1927*, London 1960.

Hitler, Adolf, *Monologe im Führerhauptquartier 1941–1944*, hg. Werner Jochmann, Hamburg 1980.

Höfer, Hans, *Das Erdöl und seine Verwandten: Geschichte, physikalische und chemische Beschaffenheit, Vorkommen, Ursprung, Auffindung und Gewinnung des Erdöls*, Braunschweig 1888.

Höfer, Hans, *Das Erdöl und seine Verwandten: Geschichte, physikalische und chemische Beschaffenheit, Vorkommen, Ursprung, Auffindung und Gewinnung des Erdöls*, Braunschweig 1912.

Höfer, Hans, *Das Erdöl und seine Verwandten: Geschichte, physikalische und chemische Beschaffenheit, Vorkommen, Ursprung, Auffindung und Gewinnung des Erdöls*, Braunschweig (4. überarbeitete Auflage) 1922.

Höfer, Hans, „Erster Teil (Geologie)“, in: *Die Geologie, Gewinnung und der Transport des Erdöls*, hg. Hans Höfer (= Das Erdöl, seine Physik, Chemie, Geologie, Technologie und sein Wirtschaftsbetrieb in fünf Bänden, hg. C. Engler/Hans Höfer, Bd. 2) Leipzig 1909.

Hoffmann, Dietrich, *Die Erdölgewinnung in Norddeutschland*, Hamburg 1970.

Hubatsch, Walther, *Entstehung und Entwicklung des Reichswirtschaftsministeriums 1880–1933*, Berlin 1978.

Hughes, Thomas Parke, „Technological Momentum in History: Hydrogenation in Germany 1898–1933“, *Past and Present* 44 (Aug 1969).

Hughes, Thomas Parke, „Das »technologische Momentum« in der Geschichte: zur Entwicklung des Hydrierverfahrens in Deutschland 1898–1933“, *Moderne Technikgeschichte*, hg. Karin Hausen und Reinhard Rürup, Köln 1975, S. 358–383.

„Inbetriebnahme der Mineralölraffinerie in Misburg“, *Petroleum* 28 (1932) 18, S. 21–24.

Kaienburg, Hermann (Hg.), *Konzentrationslager und deutsche Wirtschaft 1939–1945*, Opladen 1996.

Kamps, H.-J., „Die Bildung und Entwicklung zentraler geologischer Institutionen in Berlin in der Periode von der Entstehung des deutschen Imperialismus bis zum Inferno des faschistischen Krieges“, *Zeitschrift für angewandte Geologie* 33 (1987) 6, S. 148–153.

Kamps, Hans-Jürgen, „Die Einführung dynamischer Kriterien in die Erdöl-Ergas-Geologie – eine neue Qualität der regionalen Forschung und der Lagerstättenkunde“, in: *Erdölgeologie: Geschichte und Gegenwart*, Berlin 1989, S. 21–26.

Kamps, H., „Ergebnisse der Erforschung der Geschichte des Zentralen Geologischen Instituts und seiner Vorgängerinstitutionen in Berlin für die Auseinandersetzung mit der bürgerlichen Ideologie“, *WTI*, ser. A, 1/28 (1987), S. 20–25.

Karlsch, Rainer/Stokes, Raymond G., *Faktor Öl: Die Mineralölwirtschaft in Deutschland 1859–1974*, München 2003.

Kasper, Hanns-Heinz, *Die Erdölgewinnung Deutschlands in der Zeit von 1933–1945*, Dresden (Diss. masch.) 1974.

Kasper, Hanns-Heinz, „Das Erdöl in den Raubplänen des deutschen Faschismus in Vorbereitung und bei der Durchführung des Zweiten Weltkrieges“, *JWG* 1976, 2, S. 55–77.

Kauenhowen, Walter, „Durch welche Mittel kann die deutsche Erdölproduktion gehoben werden?“, *Petroleum* 24 (1928) 17, S. 729–739.

Kauenhowen, Walter, „Das größte Erdölfeld der Welt und die wirtschaftlichen Folgen seiner Entdeckung“, *Petroleum* 28 (1932) 22, S. 7 -9.

Kauenhowen, Walter, „Paläogeographie und Erdölbildung, erläutert an den deutschen Provinzen“, *Petroleum* 26 (1930) 6, S. 174–179.

Kauenhowen, W., *Die Verwässerung von Erdölfeldern, ihre Urachen und Bekämpfung*, Berlin 1928.

Kehrl, Hans, *Krisenmanager im Dritten Reich. 6 Jahre Frieden – 6 Jahre Krieg. Erinnerungen*, Düsseldorf 1973.

Kent, Marian, *Moguls and Mandarins: Oil, Imperialism and the Middle East in British Foreign Policy 1900–1940*, Oxford 1993.

Kent, Marian, *Oil and Empire: British Policy and Mesopotamian Oil 1900–1920*, London 1976.

Keppner, Gerhard, *Zündstoff Erdöl: das Ende des Öl-Zeitalters*, Wien 1979.

Kernbauer, Alois, „Geologie und Österreichs Geologen während der NS-Zeit: Streiflichter auf das Verhältnis von Wissenschaft und Politik“, in: *Geschichte der Erdwissenschaften in Österreich: Tagung, 22. Februar 1999 in Graz* (= Berichte der Geologischen Bundesanstalt, Bd. 51), Wien 2000, S. 83–87.

Kershaw, Ian, *Hitler 1889–1936*, Stuttgart 1998.

Kershaw, Ian, *Hitler 1936–1945*, Stuttgart 2000.

Kertz, Walter, *Geschichte der Geophysik,* hg. Ruth Kertz/Karl-Heinz Glaßmeier, Hildesheim 1999.

Kessler, J. B. Aug., „Plan zur Erzielung des Gleichgewichts zwischen Welterdölproduktion und Weltverbrauch: mit Einschluß Rußlands und in Übereinstimmung mit dem amerikanischen Recht“, *Petroleum* 28 (1932) 11, S. 1–7.

Knorre, Werner v., „Die russische Erdölwirtschaft“, *Petroleum* 23 (1927) 9, S. 341–364. Ebd. 12, S. 495–518. Ebd. 18, S. 715–750.

Kockel, Carl Walter, „Bulgarien“, in: *Spezielle Geologie* ... (1930) (= *Das Erdöl* ... (1929–1932) [= „Engler-Höfer“], Bd. 2, S. 160–163

Kockel, Titus, „Eine Quelle zur Kontinentale Öl AG aus dem Jahr 1940: E. R. Fischer (Reichswirtschaftsministerium, II Min.Öl), Die Versorgung Europas mit Mineraloel vor dem Kriege, Ermittlung des Nachkriegsverbrauchs und Sicherung der Belieferung, 1940, September 1940“, *JWG* 2003/1, S. 175–208.

Kockel, Titus, *Geologie und deutsche Ölpolitik 1928–1938*, Berlin (Diss. online) 2003.

Köhler, Hans, *Die neueste deutsche Ölpolitik und ihre wirtschaftlichen Grundlagen*, Köln 1935.

Köhler, R., „Anfänge der Reflexionsseismik in Deutschland“, in: *Zur Geschichte der Geophysik: Festschrift zur 50-jährigen Wiederkehr der Gründung der Deutschen Physikalischen Gesellschaft*, hg. H. Birett et al., Berlin 1974, S. 99–113.

Kölbel, Heinrich, „Die Internationalen Geologenkongresse von 1878 bis 1956, ihre Bedeutung und Beschlüsse“, *Geologie* 9 (1960) 4, S. 346–390.

Kraiß, A., „Die Geologie der Ölkreide von Heide in Holstein“, in: *Deutsches Erdöl*, hg. Otto Sutzer (= Schriften aus dem Gebiet der Brennstoff-Geologie, 7), Stuttgart 1931, S. 26–78.

Kraiß, Alfred, „Die geologischen Verhältnisse des Teilölfeldes Dannhorst bei Nienhagen“ (Vortrag gehalten auf der Erdöltagung in Hannover am 6. Mai 1932)“, in: *Die Erdöltagung ... (1932)*, S. 492–497.

Kraiß, Alfred, „Zum Lagerstätteninhalt der hannoverschen Erdöllager“ (Vortrag gehalten auf der Erdöltagung in Hannover am 5. Mai 1932)“, in: *Die Erdöltagung ... (1932)*, S. 395–429.

Krammer, Arnold, „Fuelling the Third Reich“, *Technology and Culture* 19 (1978), S. 394–422.

Krejci-Graf, Karl, *Erdöl,* Berlin 1936.

Krejci-Graf, Karl, *Grundfragen der Ölgeologie* (= Schriften aus dem Gebiet der Brennstoff-Geologie, 4), Stuttgart 1930.

Krejci-Graf, Karl, „Grundlagen“, *Oel und Kohle* 13 (1937).

Krejci-Graf, Karl, „Notizen zur Ölgeologie und Salztektonik“, *Petroleum* 28 (1932) 5, S. 1–7.

Krejci-Graf, Karl, „Radium und Helium in Erdöllagerstätten“, *Petroleum* 28 (1932) 14, S. 12–14.

Krejci-Graf, Karl, *Die rumänischen Lagerstätten* (= Schriften aus dem Gebiet der Brennstoff-Geologie, 1), Stuttgart 1929.

Krejci-Graf, Karl, *Über die Bedeutung „trocken“ in Wissenschaft und Praxis*, Frankfurt/M. 1984.

Krejci-Graf, Karl, „Zur Bildung bituminöser Sedimente“, in: *Erdöl-Muttersubstanz* (= Schriften aus dem Gebiet der Brennstoff-Geologie, 10), Stuttgart 1935, S. 71–94.

Der Krieg gegen die Sowjetunion 1941–1945: eine Dokumentation zum 50. Jahrestag des Überfalls auf die Sowjetunion, hg. Reinhard Rürup, Berlin 1991.

Krieger, Karsten, „Sudetendeutsche Partei“ (1997), in: *Enzyklopädie des Nationalsozialismus*, Wolfang Benz/Hermann Graml/Hermann Weiß (Hg.), Stuttgart 1997, S. 754 f.

Krieger, Karsten, „Wehrpflicht“, in: *Enzyklopädie des Nationalsozialismus*, Wolfang Benz/Hermann Graml/Hermann Weiß (Hg.), Stuttgart 1997, S. 799 f.

Kröll, Arthur, „Gedenken an Prof. Dr. Dr. Karl Friedl zum 100. Geburtstag“, *Erdöl Erdgas Kohle* 115 (1999) 1, v. 1 Jan 1999, 43.

Kube, Alfred, „Hermann Göring – zweiter Mann im »Dritten Reich«“, in: Ronald Smelser/Rainer Zitelmann, *Die Braune Elite: 22 biographische Skizzen*, Darmstadt 1989, S. 69–83.

Kube, Alfred, *Pour le mérite und Hakenkreuz: Hermann Göring im Dritten Reich*, München 1986.

Kühn, P., „Zur Geologie und zur Geschichte der Geologie im Berliner Raum“, *Zeitschrift für angewandte Geologie* 33 (1987) 6, S. 159–165.

Kühn, P./Rohrbeck, F., „Die Preußische Geologische Landesanstalt in Berlin während der Zeit des Faschismus: Büro Keppler – Reichsamt für Bodenforschung“, *WTI*, ser. A, 1/28 (1987), S. 26–37.

Laske, E., „Der deutsche Ölbergbau, seine Entwicklung und Zukunft“, *Petroleum* 26 (1930) 45, S. 1091–1095.

Leibnitz, E., „Ubbelohde an der Technischen Hochschule Berlin“, in: *Leo Ubbelohde: sein bisheriges Lebenswerk*, Karlsruhe 1951, S. 43–47.

Lenz, Wilhelm, „Reichwirtschaftsministerium: Behördengeschichte“, in: Bundesarchiv Koblenz, *Reichwirtschaftsministerium*, Koblenz 1991, S. xi–xxv.

Leo Ubbelohde: sein bisheriges Lebenswerk, Karlsruhe 1951.

Lindner, Stephan H., *Das Reichskommissariat für die Behandlung feindlichen Vermögens im Zweiten Weltkrieg: eine Studie zur Verwaltungs-, Rechts- und Wirtschaftsgeschichte des nationalsozialistischen Deutschlands (Diss.)*, Stuttgart 1991

Marguérat, Philippe, *Le IIIe Reich et le pétrole roumain*, Genf 1977.

Mautner, Wilhelm, „Chronik der Erdölwirtschaft und Erdölpolitik: November 1928“, *Petroleum* 25 (1929) 5, S. 160–168.

Mautner, Wilhelm, „Chronik der Erdölwirtschaft und Erdölpolitik: Dezember 1928“, *Petroleum* 25 (1929) 12, S. 387–398.

Mautner, Wilhelm, „Chronik der Erdölwirtschaft und Erdölpolitik: Jänner und Februar 1929“, *Petroleum* 25 (1929) 20, S. 675–684.

Mautner, Wilhelm, „Chronik der Erdölwirtschaft und Erdölpolitik: März–April 1929“, *Petroleum* 25 (1929) 28, S. 991–1002.

Mautner, Wilhelm, „Chronik der Erdölwirtschaft und Erdölpolitik: Mai–Juni 1929“, *Petroleum* 25 (1929) 43, S. 1423–1438.

Mautner, Wilhelm, „Chronik der Erdölwirtschaft und Erdölpolitik: Juli–August 1929“, *Petroleum* 25 (1929) 47, S. 1558–1574.

Mautner, Wilhelm, „Chronik der Erdölwirtschaft und Erdölpolitik. Januar bis Februar 1930“, *Petroleum* 26 (1930) Anhang Erdöl-Chronik und -Statistik iii, S. 1.

Mautner, Wilhelm, „Chronik der Erdölwirtschaft und Erdölpolitik: März–April 1930, III“, *Petroleum* 26 (1930), Anhang Erdöl-Chronik und -Statistik vii, S. 2–7.

Mautner, Wilhelm, „Chronik der Erdölwirtschaft und Erdölpolitik: September–Oktober 1931", *Petroleum* 28 (1932) 3, Anhang, S. 2–6. Ebd., 4, Anhang, S. 2–7. Ebd., 5, S. 2–8. Ebd., 6, Anhang, S. 2–8.

Mautner, Wilhelm, „Chronik der Erdölwirtschaft und Erdölpolitik: November–Dezember 1931", *Petroleum* 28 (1932) 10, Anhang, S. 2–5. Ebd., 11, Anhang, S. 2–5. Ebd. 14, Anhang, S. 2–6. Ebd., 24, Anhang, S. 2–6.

Mautner, Wilhelm, „Chronik der Erdölwirtschaft und Erdölpolitik: Erstes Vierteljahr 1932", *Petroleum* 28 (1932) 14, Anhang, S. 5–8. Ebd., 24, S. 5–8. Ebd., 25, Anhang, S. 1–4. Ebd., 27, Anhang, S. 1–3.

Mautner, Wilhelm, „Chronik der Erdölwirtschaft und Erdölpolitik: Zweites Vierteljahr 1932", *Petroleum* 28 (1932) 40, Anhang, S. 1–8. Ebd., 42, S. 1–8.

Mautner, Wilhelm, „Chronik der Erdölwirtschaft und Erdölpolitik: Drittes Vierteljahr 1932", *Petroleum* 28 (1932) 50, Anhang, S. 1–4. Ebd., Anhang, S. 1–4.

Mautner, Wilhelm, „Chronik der Erdölwirtschaft und Erdölpolitik: Situationsbericht v. 17. Oktober 1932", *Petroleum* 28 (1932) 42, S. 17 f.

Mautner, Wilhelm, „Erdöl, Erdölreserven und Energiewirtschaft" (nach Oil and Gas Journal, 26. Dezember 1929), *Petroleum* 26 (1930) 51, S. 1229–1237.

Mautner, Wilhelm, „Des Kessler-Planes zweite Fassung", *Petroleum* 28 (1932) 15, S. 1–4.

Mautner, Wilhelm, „Die Koninklijke Nederlandsche Petroleum Mij. im Jahre 1932", *Petroleum* 28 (1932) 24, S. 17–24.

Mautner, Wilhelm, „Mossulöl für Europa: Europa-Ausrüstung für Mossulöl", *Frankfurter Zeitung* 1930, Nr. 678.

Mautner, Wilhelm, „Die »Neue Ära« in der Petroleumindustrie: das Problem der Produktionsregelung und die Welterdölförderung 1928", *Petroleum* 25 (1929) 6, S. 206–218.

Mautner, Wilhelm, „Die Standard Oil Company" *Petroleum* 22 (1926), S. 1012.

Mautner, Wilhelm, „»Unitization« der Ölfelder", *Petroleum* 26 (1939) 49, v. 3. Dezember 1930, S. 1169–1180.

Mautner, Wilhelm, „Wie wird die Welt in der Zukunft ihren Petroleumbedarf decken?", *Petroleum* 23 (1927) 7, S. 273–281.

Mayer-Gürr, Alfred, „Der Alltag im Reichsamt für Bodenforschung zu Celle 1945–1947", in: Albert E. Gunther et al., *Geologische Forschungen in Nordwestdeutschland unter der britischen Militärregierung 1945–1947* (= Geol JB, ser. A, 102) Hannover 1987, S. 23–44.

Mechtiev, Shafajat F./Salaev, S. G./Buniat-Zade, Z. A., „Zur Entstehungsgeschichte der Erdölgeologie", in: *Erdölgeologie: Geschichte und Gegenwart*, Berlin 1989, S. 39–41.

Medizin, Naturwissenschaft, Technik und Nationalsozialismus: Kontinuitäten und Diskontinuitäten, hg. Christoph Meinel, Stuttgart 1994.

Mehrtens, Herbert, „Das »Dritte Reich« in der Naturwissenschaftsgeschichte: Literaturbericht und Problemskizze, in: *Naturwissenschaft, Technik und NS-Ideologie: Beiträge zur Wissenschaftsgeschichte des Dritten Reichs*, hg. Herbert Mehrtens/ Steffen Richter, Frankfurt 1980, S. 15–87.

Mehrtens, Herbert, „Der französische Stil und der deutsche Stil: Nationalismus, Nationalsozialismus und Mathematik 1900 - 1940", in: Cohen, Y./ Manfrass, K. (Hg.), *Frankreich und Deutschland: Forschung, Technologie und industrielle Entwicklung im 19. und 20. Jahrhundert*, München 1990.

Mehrtens, Herbert, „Kollaborationsverhältnisse: Natur- und Technikwissenschaftler im NS-Staat und ihre Historie", in: *Medizin, Naturwissenschaft, Technik und Nationalsozialismus: Kontinuitäten und Diskontinuitäten*, hg. Christoph Meinel, Stuttgart 1994, S. 13–32.

Meier-Dörnberg, Wilhelm, *Die Ölversorgung der Kriegsmarine 1935–1945* (Einzelschriften zur militärischen Geschichte des Zweiten Weltkriegs 11), Freiburg 1973.

Mejcher, Helmut, „Die Bagdadbahn als Instrument deutschen wirtschaftlichen Einflusses im Osmanischen Reich", *Geschichte und Gesellschaft* 1 (1975) 4, S. 447–481.

Mejcher, Helmut, „Banking and the German Oil Industry 1890–1939" in: *Oil in the World Economy*, hg. R. W. Ferrier and A. Fursenko (= The international economic history congress Bern 1986, B 10), Bern 1986, S. 34–34.

Mejcher Helmut, *Imperial Quest for Oil: Iraq 1910–1928*, London 1976.

Mejcher, Helmut, „The International Petroleum Cartel (1928), Arab and Turkish Oil Aspirations and German Oil Policy towards the Middle East on the Eve of World War II", in: Gantzel et al., *Oil ... (*1984), S. 27–59.

Mejcher, Helmut, „North Africa in the Strategy and Politics of the Axis Powers 1936–1943", *Cahiers de Tunisie*, 29 (1981) 117/118, S. 629–648.

Mejcher, Helmut, *Die Politik und das Öl im Nahen Osten: Bd. 1: Der Kampf der Mächte und Konzerne vor dem Zweiten Weltkrieg*, Stuttgart 1980.

Mejcher, Helmut, *Die Politik und das Öl im Nahen Osten: Bd. 2: die Teilung der Welt 1938–1950*, Stuttgart 1990.

Michalka, Wolfgang (Hg.), *Nationalsozialistische Außenpolitik*, Darmstadt 1978.

Michels, F., „Prüfung eines Wünschelrutengängers durch die Deutsche Gesellschaft für Mineralölforschung", *Oel und Kohle* 2 (1934) 1, v. 31. Januar 1934, S. 15–17.

Milward, Alan, *Der Zweite Weltkrieg. Krieg, Wirtschaft, Gesellschaft 1939–1945*, München 1977.

Mintrop, Ludger, „Die Entwicklung der Sprengseismik", *Zeitschrift für Geophysik* 1953, Sonderband, S. 101–122.

Modelle für ein deutsches Europa: Ökonomie und Herrschaft im Großwirtschaftsraum, Berlin 1992.

Mollin, Gerhard T., *Montankonzerne und Drittes Reich*, Göttingen 1988.

Mommsen, Hans, „Nationalsozialismus als vorgetäuschte Modernisierung", in Mommsen, Hans, *Der Nationalsozialismus und die deutsche Gesellschaft: ausgewählte Aufsätze*, Frankfurt/M. 1991, S. 297–327.

Monke, H./Beyschlag, F., „Über das Vorkommen des Erdöls", *Zeitschrift für praktische Geologie* (1905) 1, S. 1–5. Ebd. 2, S. 65–69. Ebd. 12, S. 421–426.

Moos, August, „Die Erdöllagerstätte am Salzstock von Ödesse" (Vortrag gehalten auf der Erdöltagung in Hannover am 6. Mai 1932)", in: *Die Erdöltagung ... (1932)*, S. 465–480.

Moos, A., „Die Erdöllagerstätten Europas in ihrer Abhängigkeit vom geologischen Bau des Erdteils", in: *Spezielle Geologie* ... (1930) (= *Das Erdöl* ... (1929–1932) [= „Engler-Höfer"], Bd. 2), S. 1–18.

Moos, A., „Europäische Türkei", in: *Spezielle Geologie* ... (1930) (= *Das Erdöl* ... (1929–1932) [= „Engler-Höfer"], Bd. 2), S. 164 f.

Moos, August, „Geologische und geophysikalische Methoden zur Erschließung von Erdöllagerstätten", in: *Chemische, physikalische* ... (1930) (= Das Erdöl ... (1929–1932) [= „Engler-Höfer"], S. 485–600.

Moos, August, „Zur Bildung der europäischen Erdöllagerstätten", *Petroleum* 27 (1931) 40, S. 711–724.

Müller, Rolf-Dieter, *Der Manager der Kriegswirtschaft: Hans Kehrl: ein Unternehmer in der Politik des Dritten Reiches*, Essen 1999.

Müller, Rolf Dieter, „Die Mobilisierung der deutschen Wirtschaft für Hitlers Kriegführung", in: Bernhard R. Kroener et al., *Kriegsverwaltung, Wirtschaft und personelle Ressourcen 1939–1945* (Das Deutsche Reich und der Zweite Weltkrieg, Bd. 5/1, hg. Militärgeschichtliches Forschungsamt), Stuttgart 1988, S. 347–689.

Müller, Werner, „Neuzeitliche Rotary-Bohrapparate: Vortrag gehalten auf dem Welt-Erdölkongreß in Paris (14.–19. Juni 1937)", *Oel und Kohle* 13 (1937) 33, v. 1. September 1937, S. 825–830.

Murawski, Hans, *Geologisches Wörterbuch*, Stuttgart 1977.

Napuch, Yury, *Die Sowjetunion, das Erdöl und die Ursachen des Kalten Krieges*, Frankfurt/M. 1986.

„Die neuen Konzentrationen in der deutschen Erdölindustrie", *Petroleum* 19 (1923) 20, 687–699.

„Die neuen Tiefbohrungen im Erdölgebiet von Hannover", *Petroleum* 26 (1930) 45, S. 1095–1099.

„Die neuesten wissenschaftlichen Forschungsergebnisse aus dem Gebiete des Erdöles und Asphaltes", *Petroleum* 28 (1932) 7, S. 9 f.

Neumann, Franz, *Behemoth: Struktur und Praxis des Nationalsozialismus 1933–1945*, hg. Gert Schäfer, Frankfurt 1998^{n} (1. Auflage 1944).

Nowell, Gregory P., *Mercantile States and the World Oil Cartel 1900–1939*, Ithaca 1994.

Obenaus, Herbert, „Die Außenkommandos des Konzentrationslagers Neuengamme bei Hannover", in: Hermann Kaienburg (Hg.), *Konzentrationslager und deutsche Wirtschaft 1939–1945*, Opladen 1996, S. 211–226.

„Die österreichischen Erdölbohrungen", *Petroleum* 28 (1932) 47, Beilage.

Oil and Petroleum Yearbook, hg. Walter E. Skinner, London 1932.

Oswald, W. A., *Deutsches Oel: vom Suchen, Gewinnen und Veredeln*, hg. Deutsche Vacuum Oel Aktiengesellschaft, Hamburg o. J. (nach 1934, vor 1936).

Overy, Richard J., *Goering: the ‚iron man'*, London 1984.

Overy, Richard J., *War and Economy in the Third Reich*, Oxford 1994.

Owen, Edgar Wesley, *Trek of the Oil Finders: a history of exploration for petroleum*, Tulsa/Oklahoma 1975.

Pätz, Herbert, „Zur Geschichte des Wissenschaftszweiges »Erdölgeologie«", *Geologie* 19 (1970) 6, S. 637–659.

Pätz, Hermann „Die anorganischen Kohlenwasserstoffgenesevorstellungen und ihre Beziehungen zum inneren Aufbau der Erde", in: *Erdölgeologie: Geschichte und Gegenwart*, Berlin 1989, S. 105–111.

Payton-Smith, Derek J., *Oil: a Study of War-time Policy and Administration* (History of the Second World War, United Kingdom Civil Series, hg. Sir Keith Hancock), London 1971.

Pearton, Maurice, *Oil and the Romanian State*, Oxford 1971.

Petzina, Dieter, *Autarkiepolitik im Dritten Reich: der nationalsozialistische Vierjahresplan*, Stuttgart 1968.

Pfeiffer, Dieter, „Dokumente zur Geschichte des staatlichen geologischen Dienstes in Preußen", *Geol JB*, ser. A, 15 (1974), S. 141–209.

Picker, Henry, *Hitlers Tischgespräche im Führerhauptquartier: mit einem Vorwort von Percy Ernst Schramm*, Stuttgart 1963.

Plumpe, Gottfried, *Die I. G. Farbenindustrie AG: Wirtschaft, Technik und Politik 1904–1945*, Berlin 1990.

Pollmeier, Heiko, „Reichsreform", in: *Enzyklopädie des Nationalsozialismus*, hg. Wolfgang Benz/Hermann Graml/Hermann Weiß, München 1997, S. 689.

„Prijzenoorlog op de Duitsche benzinemarkt“, in: *Petroleumboek 1929/30: uitgave van het dagblad „De Telegraaf“*, o. O., o. J., S. 158–161.

Prinz, Michael, „Nachwort“, in: Ders. (Hg.) *Nationalsozialismus und Modernisierung*, Darmstadt 1994, S. 335–361.

Proceedings of the World Petroleum Congress London 1933, Bd. 1, London 1934.

„Produktion – Deutschland: Die Zahl der im Erdölbergbau Deutschlands beschäftigten Betriebe“, *Petroleum* 23 (1927) 2, 43.

Rasch, Manfred, „Forschung zwischen Staat und Industrie: Überlegungen zu einer Forschungsgeschichte der Kaiser-Wilhelm-Gesellschaft im »Dritten Reich«, in: *Geschichte der Kaiser*... (2000), S. 373–397.

Rasch, Manfred, *Geschichte des Kaiser-Wilhelm-Instituts für Kohlenforschung 1913–1943*, Weinheim 1989.

Rasche, Emil, *Die sechste Großmacht: Männer und Mächte um Erdöl*, Frankfurt/M. 1951.

Rautenkranz, August, „Das Rotary-Bohrsystem und seine erste Anwendung im hannoverschen Erdölgebiet Nienhagen“, *Petroleum* 22 (1926) 12, S. 443–447.

Redepenning, Karl, „Aufgaben und Ziele der Erdölgewinnung in Nordwestdeutschland“, *Petroleum* 24 (1928) 26, S. 1173–1175.

Reich, Hermann, „Welche praktischen Anforderungen müssen an neu auftauchende geophysikalische Verfahren und Instrumente gestellt werden?“, *Oel und Kohle* 1 (1933) 1, S. 84–87.

Renneberg, Monika/Walker, Mark (Hg.), *Science, Technology and National Socialism*, Cambridge 1994.

Roederer, W. R., „Übersicht über Ubbelohdes Arbeiten als Wissenschaftler und Lehrer“, in: *Leo Ubbelohde: sein bisheriges Lebenswerk*, Karlsruhe 1951, S. 15–30.

Sandkühler, Thomas, *»Endlösung« in Galizien: der Judenmord in Ostpolen und die Rettungsinitiativen von Berthold Beitz 1941*, Bonn 1996.

Sandkühler, Thomas, „Zwangsarbeit und Judenmord im Distrikt Galizien des Generalgouvernements: die Rettungsinitiativen von Berthold Beitz“, in: Hermann Kaienburg (Hg.), *Konzentrationslager und deutsche Wirtschaft 1939–1945*, Opladen 1996, S. 239–262.

Sarjeant, William A. S., *Geologists and the History of Geology: an international bibliography from the origins to 1978*, New York 1980.

Schacht, Hjalmar, *76 Jahre meines Lebens*, Bad Wörishofen 1953.

Schausberger, Norbert, *Der Griff nach Österreich: der Anschluß*, Wien 1978.

Schirner, Karl, The Way of the German Crude Oil Industry (Supplement to Part IV, Section 1), DMM, Reports on German and Japanese Industry (BIOS, CIOS, FIAT)/BIOS Final Report 1016, Supplement, London o. J. (1946)

Schlicht, Günter, „Erdöl“, in: *Die Bergwerke Deutschlands: auf bergwirtschaftlicher und lagerstättenkundlicher Grundlage*, hg. Paul Hülsemann, Stuttgart 1930, S. 351–373.

Schmidt, W., „Der deutsche Mineralölhandel 1913–1924“, *Petroleum* 21 (1925) 25, S. 1549–1553.

Schreiber, Gerhard/Stegemann, Bernd/Vogel, Detlef, *Der Mittelmeerraum und Südosteuropa* (Das Deutsche Reich und der Zweite Weltkrieg, 3, hg. Militärgeschichtliches Forschungsamt), Stuttgart 1984.

Schreiter, E., „Referate über erdölgeologische Literatur“, *Petroleum* 28 (1932) 5, 9, 14 und 22.

Schriften aus dem Gebiet der Brennstoff-Geologie, Herausgegeben von Prof. Dr. Otto Stutzer, Vorstand des Instituts für Brennstoffgeologie an der Bergakademie Freiberg, Sa. (1–10), Stuttgart 1929–1935.

Schuh, Fr., „Die Isanomalenkarte der magnetischen Vertikalintensität von Mecklenburg und die neue Kossmat'sche Karte der Schwereanomalien Nordwestdeutschlands" (Vortrag gehalten auf der Erdöltagung in Hannover am 5. Mai 1932)", in: *Erdöltagung der Deutschen Geologischen Gesellschaft in Hannover: 5.–7. Mai 1932: Vorträge und Verhandlungen* (= *ZDGG* 84 (1932) 6, S. 361–512 und 6 Tafeln), Berlin/Stuttgart 1932, S. 449–454.

Schultz, H.-D., „Versuch einer Historisierung der Geographie des Dritten Reichs am Beispiel des geographischen Großraumdenkens", in: *Geographie und Nationalsozialismus* (Urbs et Regio, 51) Kassel 1989, S. 1–75.

Schwarz, Robert, „Die Erdöltagung in Hannover vom 5. bis 7. Mai 1932", *Petroleum* 28 (1932) 20, Beilage, S. 1–8.

Semjonow, Juri, *Erdöl aus dem Osten: die Geschichte der Erdöl- und Erdgasindustrie in der Sowjetunion*, Düsseldorf 1973.

Shaffer, Ed, *The United States and the Control of World Oil*, New York 1983.

Sohn-Rethel, Alfred, *Ökonomie und Klassenstruktur des deutschen Faschismus'*, Frankfurt/M. 1974.

Sommer, Dieter, „Zur Geschichte des Kohlenwasserstoffbergbaues in Österreich", in: Friedrich Brix/Ortwin Schultz, *Erdöl und Erdgas in Österreich*, Wien 1993, S. 387 – 395.

Sommermeier, L., „Jugoslawien", in: *Spezielle Geologie* ... (1930) (= *Das Erdöl* ... (1929–1932) [= „Engler-Höfer"], Bd. 2), S. 166–185.

Sommermeier, L., „Tschechoslowakei", in: *Spezielle Geologie* ... (1930) (= *Das Erdöl* ... (1929–1932) [= „Engler-Höfer"], Bd. 2), S. 131–145.

Sommermeier, L. „Vergangenheit und Zukunft der deutschen Erdölproduktion", *Petroleum* 22 (1926) 3, S. 84–89.

Spezielle Geologie des Erdöls in Europa ausschließlich Rußland, hg. J. Tausz (= Das Erdöl ... (1929–1932) [= „Engler-Höfer"], Bd. 2), Leipzig 1930.

Stein, Paul, *Leitfaden der Tiefbohrtechnik*, Berlin 1932.

Stille, Hans, „Zur Frage des Auftretens und Fehlens des Erdöles neben den niedersächsischen Salzpfeilern" (Diskussionsbemerkung zu den Vorträgen der Herren Schleh, Moos, Strobel und Kraiß), in: *Die Erdöltagung ... (1932)*, S. 498 f.

Stokes, Raymond G., *Opting for Oil*, Cambridge 1994.

Stokes, Raymond G., „The Oil Industry in Nazi Germany 1936–1945", *BHR* 59 (summer 1985), S. 254–277.

Stoller, J., *Das Erdölgebiet Hänigsen-Obershagen-Nienhagen in der südlichen Lüneburger Heide* (Archiv für Lagerstättenforschung, Heft 36*)*, Berlin 1927.

Stoller, J., „Neuaufschlüsse im nordwestdeutschen Erdölgebiet", Sondernummer „Das Erdöl in Deutschland", *Petroleum* 27 (1931) 11, S. 183–188.

Stoller, J., „Das Vorkommen des Erdöls und seiner Verwandten in Deutschland", in: *Spezielle Geologie* ... (1930) (= *Das Erdöl* ... (1929–1932) [= „Engler-Höfer"], Bd. 2), S. 197–287.

Strobel, E., „Die Erdölgebiet von Nienhagen" (Vortrag gehalten auf der Erdöltagung in Hannover am 6. Mai 1932)", in: *Die Erdöltagung ... (1932)*, S. 481–491.

Stuart, Murray, „Ölhaltiger Dolomitkalkstein", *Petroleum* 28 (1932) 20.

Stutzer, Otto, „Die ältesten Erdölsonden: Bemerkungen zum Thema 'Titusville oder Wietze'", *Petroleum* 28 (1932) 18, S. 10.

Stutzer, Otto, *Das Erdöl*, Berlin 1931.

Stutzer, Otto, *Erdöl: allgemeine Erdölgeologie und Überblick über die Geologie der Erdölfelder Europas* (= Die wichtigsten Lagerstätten der «Nicht-Erze«, Bd. 1), Berlin 1931.

Stutzer, Otto, „Irak-Öl: ein Überblick über den Stand seiner Erschließung", *Petroleum* 28 (1932) 44.

Stutzer, Otto, „Rückblick auf die Erdöltagung in Hannover", *Petroleum* 28 (1932) 22, S. 1–3.

Stutzer, Otto, „Rundfrage: »Was ist Ihre Meinung? Lagerte sich die Muttersubstanz des in Hannover geförderten Erdöls im Mesozoikum ab, oder entstammt das Öl dem Zechstein?«", in: *Deutsches Erdöl: II. Folge*, hg. Otto Stutzer (= Schriften aus dem Gebiet der Brennstoff-Geologie, 9), Stuttgart 1934, S. 77–98.

Suida, Hermann, „Ubbelohde als Leiter der Internationalen Petroleum-Kommission", in: *Leo Ubbelohde: sein bisheriges Lebenswerk*, Karlsruhe 1951, S. 36–42.

Sündermann, Helmut, *Die Grenzen fallen: von der Ostmark zum Sudetenland*, München 1939.

Sweet, George Elliot, *The History of Geophysical Prospecting*, Los Angeles (3. Auflage) 1978.

Szöllösi-Janze, Margit (Hg.), *Science in the Third Reich*, New York 2001.

Szöllösi-Janze, Margit, „National Socialism and the Sciences: Reflections, Conclusions and Historical Perspectives", in: Dies. (Hg.), *Science in the Third Reich*, New York 2001, S. 1–35.

Teichert, Eckart, *Autarkie und Großraumwirtschaft in Deutschland 1930–1939*, München 1984.

Thomas, Georg, *Geschichte der deutschen Wehr- und Rüstungswirtschaft (1918–1843/45)*, hg. Wolfgang Birkenfeld, Schriften des Bundesarchivs, Boppard/Rhein 1966.

Thümen, Karl-Heinrich v., *Die deutsche Mineralölwirtschaft: Jahrbuch der deutschen Mineralölwirtschaft 1939/40*, Frankfurt/M. 1939.

Thümen, Karl-Heinz v., *Die deutsche Mineralölwirtschaft: eine zusammenfassende Darstellung der wirtschaftlichen, rechtlichen und organisatorischen Verhältnisse, 2. Auflage des Jahrbuches der Deutschen Mineralölwirtschaft 1939/40*, Hamburg 1956.

Treue, Wilhelm, „Hitlers Denkschrift zum Vierjahresplan 1936", *VfZG* 3 (1955), S. 184–210.

Turner, Henry Ashby, *Die Großunternehmer und der Aufstieg Hitlers* (aus dem Amerikanischen von Hildegard Möller und Marina Münkler) Berlin 1985.

Turner Jr., Henry Ashby, „Otto Wagener – der vergessene Vertraute Hitlers", in: Ronald Smelser/Enrico Syring/Rainer Zitelmann, *Die Braune Elite II: 21 weitere biographische Skizzen*, Darmstadt 1993, S. 243–253.

Turyn, I. K., *Petroleum Vademecum*: Bd. 1, Wien (13. Auflage) 1940.

Tyrell, Albrecht, „Gottfried Feder – der gescheiterte Programmatiker", in: Ronald Smelser/Rainer Zitelmann, *Die Braune Elite: 22 biographische Skizzen*, Darmstadt 1989, S. 28–40.

Ubbelohde, Leo, „Ankündigung einer internationalen Vergleichstabelle für alle technischen Öl-Viskosimeter", *Petroleum* 28 (1932) 3, S. 17–24.

Ubbelohde, Leo, „Der Aufstieg der Mineralölwissenschaft: dem Welt-Petroleum-Kongreß in Paris 1937 gewidmet", *Oel und Kohle* 13 (1937) 24, v. 15. Juni 1937, S. 521–524.

Ubbelohde, Leo, „Die Bestrebungen zur internationalen Vereinheitlichung der Zähigkeitsbestimmungen", *Petroleum* 28 (1932) 17, Anhang, S. 1–3.

Ubbelohde, Leo „Die Entstehung der Deutschen Gesellschaft für Mineralölforschung und des neuen deutschen Mineralölwirtschaftsplanes", *Oel und Kohle*, 1 (1933), S. 7–9.

Ubbelohde, Leo: eine Festschrift zur Ehrung anläßlich der Vollendung seines 80. Lebensjahres, o. O. 1956.

Ubbelohde, Leo „Die Internationale Petroleum-Kommission (I. P. K.): Zum Wiederbeginn der internationalen Gemeinschaftsarbeit", *Petroleum* 27 (1931) 41, S. 739–746.

Ubbelohde, Leo, „Nationale und internationale Gemeinschaftsarbeit", *Petroleum* 29 (1933) 10, Beilage Druckschrift der IPK 18705, v. 9. März 1933, 1 f.

Ubbelohde, Leo, „Österreichische Petroleum-Kommission", *Petroleum* 29 (1933) 10, Beilage Druckschrift der IPK 18705, v. 9. März 1933, S. 2–4.

Ubbelohde, Leo, „Das Rohstoffproblem", in: *Jahrbuch für nationalsozialistische Wirtschaft*, hg. Otto Mönckmeier, Stuttgart 1935, S. 220–240.

Ubbelohde, Leo, „Stand und Zukunftsaufgabe der Mineralölforschung : von Prof. Dr. L. Ubbelohde, Direktor des Chemisch-technischen Instituts der Technischen Hochschule", *Oel und Kohle vereinigt mit Erdoel und Teer*, 11 (1935), S. 775–778.

Ubbelohde, Leo, „Stand und Zukunftsaufgaben der Mineralölforschung", Vortrag auf der gemeinsamen wissenschaftlichen Tagung der Deutschen Gesellschaft für Mineralölforschung und der Brennkrafttechnischen Gesellschaft", *Oel und Kohle* 12 (1936) 43, v. 15. November 1936, S. 983–988 f.

Udluft, Hans et al., *Die Preußische Geologische Landesanstalt 1873–1939* (Beihefte zum Geologischen Jahrbuch, Heft 78), Hannover 1968.

Ueberschär, Gerd R., „Wehrmacht", in: *Enzyklopädie des Nationalsozialismus*, hg. Wolfgang Benz/Hermann Graml/Hermann Weiß, München 1997, S. 98–107.

Veen, Frederick R. van, „Van der Gracht's Introduction of European Geoligical Ideas to the USA in the Early Part of the 20th Century", *Oil-Industry History*, 1 (2000) 1, S. 3–9.

Veen, F. R. van, *Willem van Waterschoot van der Gracht 1873–1943: een biografie*, Delft 1996.

Volkmann, Hans-Erich, „Die NS-Wirtschaft in Vorbereitung des Krieges", in: Wilhelm Deist et al., *Ursachen und Voraussetzungen der deutschen Kriegspolitik* (Das Deutsche Reich und der Zweite Weltkrieg, Bd. 1, hg. Militärgeschichtliches Forschungsamt), Stuttgart 1979, S. 177–368.

Volland, Klaus, *Das Dritte Reich und Mexiko: Studien zur Entwicklung des deutsch-mexikanischen Verhältnisses 1933–1942 unter besonderer Berücksichtigung der Ölpolitik*, Frankfurt/M. 1976.

„Vom Bau der neuen Erdölraffinerie in Misburg", *Petroleum* 28 (1932) 13, S. 17 f.

Heemskerck, Hans-Eduard v., „Geleitwort", in: Karl-Heinrich von Thümen, *Die deutsche* ... (1939), 21.

Walther, C., „Ubbelohde auf den Welt-Erdöl-Kongressen in London 1933 und Paris 1937", in: *Leo Ubbelohde: sein bisheriges Lebenswerk*, Karlsruhe 1951, S. 55–65.

The War Structure of the German Crude Oil Industry 1934–1945: vol 1 Government Control (Oil Fields Investigation Part IV, Section 1. Reported by Major A. E. Gunther on behalf of The Ministry of Fuel and Power), British Intelligence Objectives Sub-Committee, 32, Bryanston Square, London, W.1. (BIOS) Final Report 1016, London o. J. (1946).

The War Structure of the German Crude Oil Industry 1934–1945: vol 2 Private Industry (Oil Fields Investigation Part IV, Section 2. Reported by Major A. E. Gunther on behalf of The Ministry of Fuel and Power), British Intelligence Objectives Sub-Committee, 32, Bryanston Square, London, W.1. (BIOS) Final Report 1017, London o. J. (1946).

Warth, Paul v. d., „Erdölwirtschaft: Rechtsform und wirtschaftliche Struktur der Erdölunternehmungen", *Oel und Kohle* 12 (1936) 42, v. 8. November 1936, S. 975–982.

Wegner, Bernd, „Der Krieg gegen die Sowjetunion 1942/43“, in: Horst Boog et al., *Der globale Krieg: die Ausweitung zum Weltkrieg und der Wechsel der Initiative 1941–1943* (Das Deutsche Reich und der Zweite Weltkrieg, Bd. 6, hg. Militärgeschichtliches Forschungsamt), Stuttgart 1990, S. 761–1102.

Weiß, Hermann, „Feder, Gottfried: Parteitheoretiker der NSDAP: geb. 27. 1. 1883 in Würzburg: gest. 24. 9. 1941 in Murnau/Obb.“ in: Hermann Weiß (Hg.), Biographisches Lexikon zum Dritten Reich, Frankfurt/M. 1998, S. 118–120.

Weiß, Hermann, „Freundeskreis Reichsführer SS“, in: *Enzyklopädie des Nationalsozialismus*, hg. Wolfgang Benz/Hermann Graml/Hermann Weiß, München 1997, S. 471 f.

Weiß, Hermann, „Reichsluftfahrtministerium“, in: *Enzyklopädie des Nationalsozialismus*, hg. Wolfgang Benz/Hermann Graml/Hermann Weiß, München 1997, S. 682 f.

„Der Welt-Erdölkongreß in London, 19.–25. Juli 1933“, *Petroleum* 29 (1933) 35, Beilage Mitteilungen der Internationalen Petroleum-Kommission IPK Nr. 18857, S. 1–16.

Wendt, Bernd-Jürgen, „Außenpolitik“, in: *Enzyklopädie des Nationalsozialismus*, Wolfang Benz/Hermann Graml/Hermann Weiß (Hg.), Stuttgart 1997, S. 66–84.

Wetzel, Juliane, „Nürnberger Gesetze“, in: *Enzyklopädie des Nationalsozialismus*, hg. Wolfgang Benz/Hermann Graml/Hermann Weiß, München 1997, S. 620.

Williamson, Harold F./Andreano, Ralph L./Daum, Arnold R./Klose, Gilbert C., *The American Petroleum Industry: the Age of Energy 1899–1959*, Evanston 1963.

Williamson, Harold F./Daum, Arnold R., *The American Petroleum Industry: the Age of Illumination 1859–1899*, Evanston 1959.

Winkler, Heinrich August, *Deutsche Geschichte vom Ende des Alten Reiches bis zum Untergang der Weimarer Republik*, Bonn 2000.

„Wissenschaftliche Nachrichten: die geologische Forschungsarbeit in der UdSSR“, *Petroleum* 28 (1932) 27, S. 16.

„World Petroleum Congress, London 1933: iii“, *Petroleum* 29 (1933) 39, S. 1–5.

Yergin, Daniel, *Der Preis: die Jagd nach Öl, Geld und Macht*, Frankfurt/M. 1991.

Zaepke, Oscar, „Ubbelohde als Gründer und Leiter der Deutschen Gesellschaft für Mineralölforschung“, in: *Leo Ubbelohde: sein bisheriges Lebenswerk*, Karlsruhe 1951, S. 47–54.

Zetzsche, Hans-Jürgen, *Logistik und Operationen: die Mineralölversorgung der Kriegsmarine im Zweiten Weltkrieg*, Kiel 1986.

Zierold, Kurt, *Forschungsförderung in drei Epochen*, Wiesbaden 1968.

Zur Geschichte der Geophysik: Festschrift zur 50-jährigen Wiederkehr der Gründung der Deutschen Physikalischen Gesellschaft, hg. H. Birett et al., Berlin 1974.

Indizes

1 Index der Firmen, Behörden und Dienststellen

2 Index der Personen

www.ingramcontent.com/pod-product-compliance
Lightning Source LLC
LaVergne TN
LVHW081327011026
849161LV00013BB/2862